Fray Agustín Farfán

Tratado breve de medicina y de todas las enfermedades

Estudio selección y notas de Marcos Cortés Guadarrama

El Paraíso en el Nuevo Mundo, 11
Colección patrocinada por el
Proyecto CB SEP-Conacyt 2012: 179178

El Paraíso en el Nuevo Mundo contribuye al reconocimiento del pasado colonial hispanoamericano a partir de ediciones, críticas o anotadas, de textos significativos de los siglos xvi-xviii. Su nombre no solo recuerda aquella homónima obra de León Pinelo en la que el Edén estaría situado en las Indias Occidentales, sino también el que su autor fue recopilador de un primer repertorio bibliográfico indiano en 1629, su famoso *Epítome de la bibliotheca oriental i occidental* [...], en el que consignara los títulos hasta entonces publicados por las imprentas virreinales. La obra de Pinelo reúne entonces los dos polos de aquella metáfora borgiana que concebía el Paraíso Terrenal como una biblioteca, metáfora que esta colección pretende evocar a la manera de un nuevo y letrado Jardín de las Delicias.

UNIVERSIDAD AUTÓNOMA
DE SAN LUIS POTOSÍ

Fray Agustín Farfán

Tratado breve de medicina y de todas las enfermedades

Estudio, selección y notas
de Marcos Cortés Guadarrama

Iberoamericana - Vervuert - 2020

Amor de Dios, 1 – E-28014 Madrid
Tel.: +34 91 429 35 22
Fax: +34 91 429 53 97

Elisabethenstr. 3-9 – D-60594 Frankfurt am Main
Tel.: +49 69 597 46 17
Fax: +49 69 597 87 43

info@iberoamericanalibros.com
www.iberoamericana-vervuert.es

ISBN 978-84-9192-114-1 (Iberoamericana)
ISBN 978-3-96456-970-7 (Vervuert)
ISBN 978-3-96456-971-4 (ebook)

Depósito Legal: M-18609-2020

Impreso en España

Diseño de cubierta: Rubén Salgueiros

Imagen de cubierta: Ilustración de Gaspar Becerra para *Anatomia del corpo humano* de Juan Valverde de Amusco, Roma: er Ant. Salamanca, et Antonio Lafrerj (1560). The US National Library of Medicine.

Este libro está impreso íntegramente en papel ecológico sin cloro.

Lejos de los centros urbanos, en las minas o pueblos donde la mayoría de la población era indígena, una parte de la vida de los individuos de la temprana sociedad novohispana ocurría sin la intervención del indígena curandero o más aún, sin la intervención del médico cristiano de formación universitaria. Pero todo mundo, en un momento determinado, precisa de la ayuda médica ortodoxa, de sus métodos, de sus remedios y del poder paliativo de una fuerte tradición; de un arte consagrado a dejarse la piel para hacer la diferencia entre la vida o la muerte. Toda una cosmovisión legendaria y artesanal, con su respectiva construcción poética, entraba en juego en ese momento de necesidad por culpa de alguna enfermedad. En parte, los postulados de la Iglesia católica hicieron de esa intervención médica una delicada armonía donde el cuerpo, el alma, la salud y la enfermedad estaban en íntima relación con los conceptos del bien, del mal, la luz y las tinieblas. Sin lugar a dudas estas correlaciones y correspondencias complementan una parte poco atendida de nuestra literatura novohispana. Y es que, efectivamente, eso era la medicina arcaica de la temprana modernidad: una delicada red de equilibrios y contrastes que tiene su fundamento en el folklor y, como tal, se nos ofrece no solo como historia de la ciencia, sino también, seleccionando partes claves de un vasto repertorio, como literatura. Esta edición de uno de los tratados médicos más populares de la Nueva España, con dos impresiones, en 1592 y 1610 (empatado con las dos ediciones novohispanas, 1672 y 1674, del *Tesoro de medicinas* del venerable Gregorio López), intenta rendirle justicia a este hecho. El cuidadoso estudio, selección, edición y anotación de la obra del agustino fray Agustín Farfán no decepcionará ni al erudito ni al que apenas comienza a darse una vaga idea de ese tiempo de médicos inmersos en un humanismo que aún heredaba mucho de sus procederes y creencias de la medicina hispánica medieval.

Esperamos que esta edición —y el provocativo estudio introductorio que le antecede— sean campo fértil para la reflexión sobre un aspecto fundamental de la vida que hoy, en plena enfermedad, como ayer en medio de las periódicas angustias por la muerte, nos obliga a reconocernos en nuestro pasado novohispano.

Índice

Estudio introductorio

Tratado breve de medicina y de todas las enfermedades

Yo he dicho lo que siento con deseo del bien del prójimo, cada uno mire cómo usa de remedios tan sospechosos.

Fray Agustín Farfán, *Tratado breve de medicina.*

Es necesario que descubramos lo útil y convivamos con ello, así como hemos de reconocer lo que es perjudicial y apartarlo. Hemos de ocuparnos de nuestro cuerpo, porque es lo más cercano al espíritu. Hemos de preservar la salud, porque nuestro espíritu sólo encontrará la paz con aquélla ya que depende del cuerpo. Sólo el ignorante y el terco rechazan la perfección.

Al-Razi, *Isagoge.*

Lo que digo es que no se puede rechazar la medicina antigua como inexistente o que no se ha investigado correctamente, por no ser exacta en todas sus modalidades. Más bien creo que, por lo muy cerca que pudo llegar a la verdad partiendo de una gran ignorancia, son dignos de admiración sus descubrimientos, alcanzados mediante el razonamiento, por el camino correcto y no por azar.

Hipócrates, *Sobre la medicina antigua.*

No pienses que estas cosas han sido dichas por nosotros como demostración sino más bien como indicaciones de la estupidez de los que opinan de distinta manera, los cuales no reconocen las cosas sobre las que todos están de acuerdo y son visibles cada día.

Galeno, *Sobre las facultades naturales.*

Si otra cosa fuere necesaria hacer, quede al buen juicio del que la curare. Porque no todo se puede escribir, como lo saben los que profesan el arte médica.

Fray Agustín Farfán, *Tratado breve de medicina.*

Estudio introductorio

Palabras preliminares

> La historia de la medicina podría ofrecernos servicios inestimables para la comprensión de la capacidad mental de una época o para una definición más exacta de un estilo.
> Mircea Eliade, *La historia de la medicina en Rumania* (1936).

Este libro está pensado para contribuir a los estudios que abordan dos campos teóricamente distantes entre sí: el de la ciencia y el de la filología. Mi metodología se inserta en la historiografía literaria y aun con ello la presente edición no deja de ser, hasta cierto punto, una aportación para la naturopatía,[1] un tipo de práctica que hoy en día —y hasta ciertos límites propios del sentido común— coopera con la eficiente medicina convencional del siglo xxi. En efecto, aquí se encontrarán vías alternativas que todos podemos intentar en algún momento con males sumamente comunes, como el resfriado, por ejemplo. En otras palabras, este libro tiene el potencial de ofrecer todo un compendio de infusiones con las más diversas plantas y raíces que quizá reanimen el ánimo —tal vez antes de lo esperado— a un devoto del paracetamol y los abundantes líquidos durante la gripe común.

Sin embargo, por encima de cualquier otro propósito, este libro ha sido pensado y ejecutado con la intención de mostrar el paradigma literario de unos postulados "científicos" que construyen su propia poética en el arte médico de la temprana modernidad. La selección de los cinco libros que constituyen el *Tratado breve de medicina y de todas las enfermedades*, del agustino fray Agustín Farfán, se ha realizado tratando de escoger un corpus textual que permita al lector comprender que se halla frente un mundo maravilloso, el cual se explica a partir de sus propias reglas, tal y como lo hacen las narraciones maravillosas

1. Esta disciplina surge por la demanda de los pacientes alemanes: un 60% de ellos combina algún tipo de remedio alternativo que complementa al tratamiento propio de la medicina convencional. Muchos médicos en Alemania son conscientes de esta situación, al grado que en las cátedras de Medicina y en el ambiente médico académico alemán se habla de una "tendencia global hacia una nueva medicina integral". Kerckhoff, *La enfermedad y la cura. Conceptos de una medicina diferente*, México, Fondo de Cultura Económica, 2015, p. 18.

del mundo clásico, de la Edad Media, del Renacimiento y del Barroco; narraciones que son producto de la imaginación y de la tradición occidental.

Esta selección textual también representa a la idea y el concepto de mundo que está detrás de las nociones anatómicas, fisionómicas, quirúrgicas, farmacológicas, etc., y su relación con la enfermedad y la cura. Así pues, se invita al lector a realizar un viaje hacia finales del siglo XVI para descubrir que, en algunos sentidos, cuando estamos a la búsqueda de esquemas del pensamiento arcaico; a la caza de la historia de las ideas, asombra descubrir que ese siglo y el nuestro no parecen estar del todo tan distantes. De hecho, sorprende su vigencia en torno a la idea de la mesura, el equilibrio y la armonía para evitar a toda costa la dolencia, el sufrimiento y la aflicción causada por la enfermedad.

A su vez, este libro no deja de contener sorpresas que destacan la valía del rescate filológico. Por ejemplo: en nuestro siglo se revalora el potencial curativo de unos bichos repugnantes, llamados sanguijuelas. Estos aparecen —cuales modelos— en las portadas de las revistas más destacadas en el campo de la investigación de la ciencia médica del orbe occidental; pues bien, las sanguijuelas eran del todo útiles en la medicina que practica fray Agustín Farfán y, de hecho, son plenamente recomendados por él para la extracción de la sangre en ciertas zonas del cuerpo, mejorando la pronta cicatrización sin riesgos de infección.

Por supuesto, tal y como lo quería Farfán, este libro también es una guía compendiosa para la utilización de ciertas plantas, raíces, semillas, flores, animales, etc., que están presentes en la medicina tradicional mexicana y cuya práctica y aplicación milenaria sigue en boga. Basta con visitar cualquier tianguis establecido o mercado ambulante en México para comprobarlo. Así pues, este libro llega a ser un recetario de remedios caseros que, por ejemplo, ayuda a conocer y dar una aplicación a la flor de cempasúchil (más allá de su valor simbólico y ornamental en ofrendas y altares mexicanos que lucen cada año en el Día de Muertos); o cómo usar la valorada y bien ponderada raíz llamada *cocolmeca* o *cocolmécatl*, cuyo uso en "té" es aplaudido por los más inicuos y superficiales sitios web, que recomiendan distintos medios naturales para bajar de peso.

Evidentemente, este libro es derivado de otro. Por lo tanto, este nuevo no estaría entre sus manos de no haber sido por la intención que el doctor Farfán tuvo en un primer momento: resolver un problema que tenía la sociedad novohispana en la segunda mitad del siglo XVI, su carestía de médicos, principalmente en las poblaciones alejadas de los centros urbanos. Así pues, escribió este libro no para especialistas, sino para cualquier persona que tuviera necesidad de curarse o curar a otros con los remedios que aquí se ofrecen: caseros, prácticos y no por ello menos sorprendentes. Es decir, bienvenidos sean a esta poética médica todos aquellos necesitados, en aquel tiempo, y curiosos legos en este, el nuestro, porque este libro es para todo tipo de lector, no solo para el especialista. Y por ese detalle característico, por esta poética de la brevedad para todo aquel que esté dispuesto a adentrarse en ella sin necesidad de ser un médico, es precisamente por el cual quiero agradecer al doctor Farfán en primer lugar: sin su arte y su poética médica mis desvelos no hubieran hallado razón de ser a más de cuatro siglos después de su nacimiento.

Mi más sincero agradecimiento al doctor Ramón Manuel Pérez Martínez de la Universidad Autónoma de San Luis Potosí, quien, amablemente, me invitó a participar en su extraordinario y necesario proyecto de rescate filológico de obras fundamentales nacidas durante los tres siglos de nuestro periodo colonial: "Ediciones críticas / anotadas de textos coloniales hispanoamericanos", las cuales son publicadas por la prestigiosa Iberoamericana Editorial Vervuert (Madrid / Frankfurt) en la bella colección "El Paraíso en el Nuevo Mundo".

De igual modo, quiero agradecer a la Universidad Veracruzana, a través de la Dirección General de Desarrollo Académico e Innovación Educativa, particularmente a su titular, y a su equipo de trabajo, por su sincero interés y completa disposición en apoyar este proyecto y por haberme concedido los recursos necesarios para poder realizar la publicación de este libro. Sin su ayuda no hubiera sido posible llevar a buen puerto el deseo de otorgarle una presencia más evidente entre las humanidades y las ciencias al *Tratado breve de medicina* de Agustín Farfán.

Gracias, también, al historiador y paleógrafo Aristeo Marín Ávila de la Unidad de Servicios Bibliotecarios y de Información (USBI Xalapa) de la Universidad Veracruzana por haberme ayudado con la paleografía de algunos borrosos documentos que encontré en el Archivo General de la Nación de México; a Manuel de Jesús Escobar Díaz, responsable del centro de cómputo del Instituto de Investigaciones Lingüístico-Literarias, por ayudarme con la digitalización de algunos grabados; a Agustín Herrera Fernández quien, cumpliendo con los deberes de su servicio social, hizo una primera versión de la transcripción del texto; y a Emilio Sánchez Menéndez, Rodrigo Hobart García y Sebastian Heinrich Welke Laborde por sus generosas sugerencias al leer con atención un primer borrador de este estudio introductorio.

Este libro está dedicado a mis alumnos que en diversas universidades —ubicadas en ambas orillas del Atlántico, en México, Francia, España y Rumania— soportaron estoicamente mis disquisiciones médicas en mis cursos de literatura medieval, renacentista y barroca. Pero, por encima de todo, este libro está dedicado a mi esposa, Naghi, y a mis hijos, Nayra y Matei. Gracias por su apoyo y por haberme cedido algunas horas de nuestro tiempo y dejarme ir de vez en cuando al siglo XVI; y, por supuesto, gracias por haberme dejado que nos curáramos con algunos de estos remedios en algunos padecimientos leves. Sin ustedes nada de esto tendría sentido.

Si la fortuna me es propicia, espero haber cumplido con todas estas personas, con los lectores y con mi propia meta: otorgarle un digno lugar al *Tratado breve de medicina* en nuestras letras nacidas durante el virreinato de la Nueva España. Debo confesar que me gustaría que este libro se convirtiera en una referencia para más de una disciplina de estudio, porque la filología nunca debe de dejar de abordar a la ciencia y viceversa, pues la verdad no le pertenece a ninguna de estas dos disciplinas, sino que yace entre ellas.

SIETE DATOS ESENCIALES DEL *TRATADO BREVE DE MEDICINA Y DE TODAS LAS ENFERMEDADES*

Antes de iniciar con el estudio pormenorizado de esta obra, me permito ofrecer al lector siete datos (como las virtudes, el *trivium* y *quadrivium*, etc.) rápidos y básicos sobre este importante libro novohispano digno de caer en las manos de cualquier lector interesado y no solo de las del especialista:

1. Publicado en la Nueva España en 1592 por Pedro Ocharte, el libro que aquí se estudia pertenece a una tradición occidental de la literatura médica. Posee particularidades que se deben exclusivamente a su contexto local, autóctono y a su momento histórico: un bullicioso siglo XVI, lleno de avances y descubrimientos renacentistas para el arte médico. No obstante, está sumamente vinculado con una tradición médica europea bajomedieval.
2. Su autor es el agustino Agustín Farfán, quien el 1579 había publicado —también en la Nueva España, por el impresor Antonio Ricardo— su primer trabajo, el *Tratado breve de cirugía y del conocimiento y cura de algunas enfermedades que en esta tierra más comúnmente suelen haber*. Algunas partes de este primer trabajo aparecen con leves, considerables o completas modificaciones en el texto que aquí estudio, selecciono, edito y anoto (más adelante se especificarán qué partes). Algunas razones (entre muchas otras) por las que elegí su trabajo de 1592 se basan en que este último fue su libro más aceptado y con mayor suerte entre los lectores. De hecho, fue reimpreso en 1610 por la imprenta de Gerónymo Balli, el libro de 1579 nunca gozó de este privilegio.
3. El autor llegó a la Nueva España como laico, ingresará a la orden de san Agustín en 1568 y será parte de esta hasta su muerte, ocurrida en 1604. Antes se graduará como doctor en Medicina por la Real y Pontificia Universidad de México —siendo evaluado por perso-

najes fundamentales para la historia literaria de la Nueva España, como Francisco Cervantes de Salazar— tras haber practicado su arte en España, formándose en las universidades de Sevilla y Alcalá de Henares. Fue un médico de importancia en el desarrollo de la inauguración de la primera cátedra de Medicina en México, con una probada relación con otros importantes personajes y docentes universitarios y del Protomedicato de la Nueva España. La historiografía agustiniana[1] de su tiempo dice que el *Tratado breve de medicina* fue de gran popularidad en toda la Nueva España.

4. El *Tratado breve de medicina* de 1592 puede adscribirse a las obras de la conquista material y espiritual de la Nueva España. Es parte de la tratadística médica novohispana cuya forma compendiosa lista una serie de tratamientos para distintas enfermedades y para ser aprovechado para los legos lectores de lengua romance lejos de los centros urbanos (minas, pueblos de indios, etc.). No descuida ofrecer una anatomía y una cirugía hecha por el autor, aunque estos apartados no poseen la importancia de su primer trabajo de 1579.
5. Los cinco libros que integran el *Tratado breve de medicina* son los siguientes: 1. De todas las enfermedades; 2. De muchas enfermedades e indisposiciones que a cada paso se ofrecen; 3. Breve tratado de todas las calenturas y de la cura de ellas; 4. Cirugía breve; 5. Anatomía breve. En cada uno de ellos se hace ver la incorporación de la flora y fauna puramente americana a los postulados del *corpus Hippocraticum*, Galeno, la medicina árabe (Avicena, Al-Razi, etc.) y logros de la medicina conventual medieval. No es el primer libro de materia médica que se concibe bajo este proceder: Sahagún, Cruz-Badiano, Hernández, Bravo, López de Hinojosos, Cárdenas son los apellidos más importantes de los autores que le precedieron en mayor o en menor medida. No obstante, sí es uno de los libros más preocupados por ofrecer estas innovaciones de forma resumida, compendiosa y práctica para el no especialista.
6. Sin lugar a dudas el esfuerzo médico novohispano que le es más semejante es la poética médica realizada por el primer cirujano en publicar en la Nueva España: Alonso López de Hinojosos, cuyos

1. García, *Crónica de la provincia agustiniana del Santísimo nombre de Jesús de México*, Libro quinto, ed. de Gregorio de Santiago Vela, Madrid, Imprenta G. López Hornos, 1918.

tratados titulados *Suma y recopilación de cirugía*, publicados en 1578 y en 1595 son parecidos a la poética concebida por el doctor Farfán, aunque con particularidades muy específicas, mismas que ya he tenido la oportunidad de destacar en otro trabajo,[2] y que aquí rescato de forma abreviada.

7. El *Tratado breve de medicina* es un libro importante para un público heterogéneo. Así fue concebido a finales del siglo XVI y esta intención aún persiste en pleno siglo XXI. Por ello —entre otras virtudes— es un texto que invita a la reflexión de las historias locales, los diseños globales, los conocimientos subalternos, el pensamiento fronterizo y el proceso de la invención de América.[3]

---

2. Cortés Guadarrama, "Curiosidad y censura en el arte del cirujano Alonso López de Hinojosos: una poética médica novohispana de finales del siglo XVI", en Silvia-Alexandra Ştefan, Simona Georgescu, Sorina-Dora Simion, Mihail Enăchescu (coord.), *Curiosidad y censura en la Edad Moderna*, Bucureşti, Editura Universității din București, 2020, pp. 281-309.
3. Mignolo, *Historias locales / Diseños globales: colonialidad, conocimientos subalternos y pensamiento fronterizo*, Madrid, Akal, 2003. O'Gorman, *La idea del descubrimiento de América. Historia de esa interpretación y crítica de sus fundamentos*, Ciudad de México, Universidad Nacional Autónoma de México, 1951.

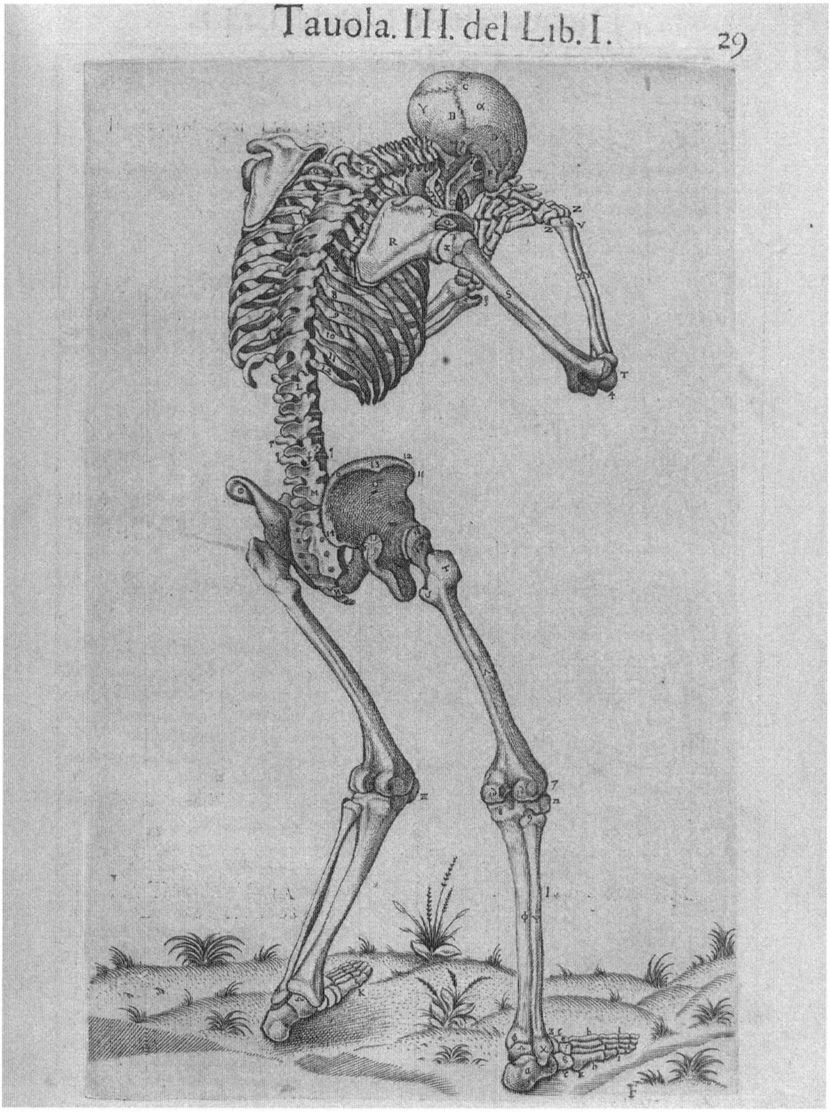

Ilustración de Gaspar Becerra para *Anatomia del corpo humano* de Juan Valverde de Amusco, Roma: er Ant. Salamanca, et Antonio Lafrerj (1560). The US National Library of Medicine.

1. El *Tratado breve de medicina* en los albores de la modernidad científica

De las artes practicadas en la Antigüedad, la medicina es la única que no obtiene nada tras su aplicación. En efecto, en la astronomía-astrología —única práctica que se ejecutaba mediante el razonamiento y la abstracción— se podía, por ejemplo, determinar matemáticamente el curso de algún cometa y, con ello, ofrecer datos verídicos y/o controversiales para especialistas y legos.[1] En cambio, en la medicina, tras su justa ejecución para curar el dolor de ijada, por ejemplo, no hay más que la salud y, con esta, la meta suprema es olvidar que uno la tiene, de ahí que, en un sentido abstracto y figurado, no se obtenga nada tras la ejecución del arte médico.[2]

La reincorporación de una armonía perdida por culpa del exceso o la carencia que conlleva la inestabilidad y, por ende, la enfermedad; el justo balance entre equilibrio y desequilibrio lo halló la teoría hipocrática-galénica —eje axial de la historia de la medicina occidental— con su teoría basada en los conocidos cuatro humores: sangre, bilis amarilla, flema, bilis negra. Esta teoría era una intrincada red de rela-

1. Me refiero a la práctica astronómica que bebe de los postulados aristotélicos, mismos que en voces de autoridades tardo medievales y renacentistas, como Kino, auguraban catástrofes naturales tras el paso de ciertos cometas. No me refiero, entonces, a los revolucionarios postulados que se harán a partir de Copérnico en adelante. La hermana incómoda de la ciencia astronómica, la astrología, siempre estuvo en relación con la medicina a partir de los postulados de la teoría humoral. El médico Sabuco es uno de los más claros representante de esta relación cuando postula la armonía de la naturaleza humana debe ser entendida como un microcosmos, reflejo de un orden cósmico macro. Granada (ed.), *Novas y cometas entre 1572 y 1618*, Barcelona, Universitat de Barcelona, 2012, p. 28.
2. Gadamer, *El estado oculto de la salud*, trad. Nélida Machain, Barcelona, Gedisa, 1996, pp. 119-133. Esta es una de las tesis que desarrolla el autor en su libro. Aunque en este momento utilizo indistintamente los conceptos ciencia y arte para referirme a la medicina grecolatina, medieval y renacentista, más adelante precisaré que, desde mi punto de vista, debe ser considerada como un arte.

ciones y unidades que encerraban, respectivamente, temperamentos, cualidades, estaciones del año, astros, elementos, colores, sabores, horas del día, metales, puntos cardinales y, por supuesto, la anatomía del cuerpo humano, tal y como puede apreciarse en el siguiente cuadro:[3]

HUMORES	SANGRE	BILIS AMARILLA	FLEMA	BILIS NEGRA
Temperamentos	sanguíneo	colérico	flemático	melancólico
Cualidades	calor/humedad	calor/sequedad	frío/humedad	frío/sequedad
Estaciones	primavera	verano	invierno	otoño
Astros	Sol/Júpiter	Marte	Luna/Venus	Mercurio/Saturno
Elementos	aire	fuego	agua	tierra
Colores	rojo	amarillo	blanco	negro
Sabores	dulce	amargo	salado	agrio
Horas del día	mañana	medio día	noche	tarde
Metales	oro/cobre	hierro	plata/estaño	mercurio/plomo
Puntos cardinales	Este	Sur	Norte	Oeste
Signos zodiacales	géminis, libra, acuario	aries, leo, sagitario	cáncer, escorpio, piscis	tauro, virgo, capricornio
Anatomía del cuerpo humano	corazón, boca, ojos, hígado, pulmón y costillas	vesícula y órganos sexuales masculinos	cerebro, estómago, intestino, labios y órganos sexuales femeninos	lengua, manos, huesos y bazo

Esta complejísima teoría quitó el velo sagrado a la enfermedad, el mismo que hacía a los enfermos acudir en peregrinación al templo del dios Asclepio para intentar curarse del mal que les limitaba.[4] Gracias a Hipócrates y a Galeno, "graves autores" —como los llama el propio Agustín Farfán en el *Tratado breve de medicina*—, se logró concep-

3. Kerckhoff, *op. cit.*, pp. 76, 78; 88-89.
4. Era durante el sueño cuando el dios se manifestaba e indicaba cómo alcanzar la salud. Apolo fue padre de Asclepio, procreado con una mortal, Coronis, quien, embarazada, engañó a Apolo con un mortal. Fue el cuervo quien le reveló la mala nueva a Apolo; en castigo por esto, lo condenó a ser un ave negra de mal agüero (hasta entonces, el cuervo era blanco). Con su arco, Apolo mató a Coronis de un tiro, salvó al niño y se lo entregó al centauro Quirón, versado en las artes médicas. Símbolo del dios es su famoso bastón de Esculapio, cuya característica es una serpiente enroscada al báculo. Se creía que la serpiente escupía su veneno saludable para curar (*ibid.*, pp. 58-61).

tualizar que la enfermedad forma parte de la naturaleza humana; que no era un castigo de los dioses por no cumplir con una ética social y una moral entregada a la fe. Y para explicarla, para intentar un esclarecimiento científico de la enfermedad e intentar contrarrestarla con drogas y menjurjes que incluían purgas, laxantes, vomitivos, sangrías, ventosas, etc.; para todo ello se recurrió a la imaginación para concebir una apropiada mediación entre el exceso y la carencia de humores que yacen en el cuerpo. Así es, la imaginación fue la sustancia primaria con la que se concibió a la enfermedad para la búsqueda de la posible sanación.[5] Pero antes de detenernos en esta —la imaginación— como fuente de creación de la literatura médica, sigamos el curso lineal del acontecer médico en la historia occidental para demostrar que la imaginación estuvo latente cuando estos postulados médicos fueron cristianizados.

Así pues, es todo un hecho que, tras el triunfo y expansión del cristianismo, la medicina volvió a cubrirse de un halo sagrado y el enfermo perdió la responsabilidad que el corpus hipocrático y la obra de Galeno le había conferido mediante la prevención. Y así, con este retorno a lo sagrado no debe extrañarnos que en el siglo VI, el médico

5. Como ejemplo de este proceder imaginativo, basta el siguiente fragmento del corpus hipocrático que especula sobre las enfermedades mentales: "Conviene que la gente sepa que nuestros placeres, gozos, risas y juegos no proceden de otro lugar sino de ahí (el cerebro), y lo mismo las penas y amarguras, sinsabores y llantos. Y por él razonamos e intuimos, y vemos y oímos y distinguimos lo feo, lo bello, lo bueno, lo malo, lo agradable y lo desagradable [...] También por su causa enloquecemos y deliramos, y se nos presentan espantos y terrores, unos de noche y otros por el día, e insomnios e inoportunos desvaríos, preocupaciones inmotivadas y estados de ignorancia de las circunstancias reales y extrañas. Y todas estas cosas las padecemos a partir del cerebro, cuando éste no está sano, sino que se pone más caliente de lo natural o bien más frío, más húmedo, o más seco, o sufre alguna otra afección contraria a su naturaleza a la que no estaba acostumbrado. Así, por ejemplo, enloquecemos a causa de su humedad. Pues cuando está más húmedo de lo natural, forzosamente se mueve, y al moverse, no permanecen estables ni la visión ni el oído, sino que unas veces vemos y oímos unas cosas, y otras veces otras, y la lengua expresa las cosas como las ve y oye en cada ocasión. [...] La corrupción del cerebro se produce a causa de la flema y de la bilis. Reconocerás una y otra causa por los siguientes rasgos: los que enloquecen a causa de la flema están tranquilos, y no son gritones ni alborotadores, los (que desvarían) a causa de la bilis van gritando y son peligrosos e inquietos, y siempre están haciendo algo absurdo" (Hipócrates, *Sobre la enfermedad sagrada*, Madrid, Gredos, 2000, 17-18, pp. 75-76).

de Justiniano, Aecio de Amida, recetara el siguiente remedio para el que se estuviera ahogando al momento de comer por culpa de un hueso: "Así como Jesús sacó a Lázaro de la tumba y a Jonás de la ballena, así Blasio, mártir y siervo del Señor, manda y ordena: Hueso, sal o vete para abajo".[6] De este modo todo cayó en manos de Dios, quien, por supuesto, castiga a los pecadores y premia a los bienhechores, y a partir de esta concepción que se hizo eco a través de los siglos, el médico tenía ya una gran prioridad antes de ejecutar su arte, como bien lo expresa fray Agustín Farfán en su obra:

> Lo primero que debe mandar el médico en esta enfermedad, y en todas las peligrosas, es: que se confiese el enfermo y ordene su alma en todo. Y no aguarde cuando el miserable no pueda y muera sin los sacramentos, como cada día vemos. Y mandándole esto en la primera visita, no teme tanto como cuando lo manda [el médico] estando muy malo. ¿Y quién duda? ¿Que nos da Dios los males por los pecados? ¿Y quiere que con la enfermedad nos confesemos y apartemos de ellos? (*Tratado breve de medicina*, f. 10b).

Además, a la antigua teoría humoral —que nunca dejó de ser la más genuina y factible concepción del ciclo de la enfermedad en el cuerpo humano a lo largo de la Edad Media, el Renacimiento, el Barroco, etc.[7]—, se le sumó una nueva concepción imaginativa que podemos leer en la prosa hagiográfica, por ejemplo. En ese tipo de literatura tiene lugar la categoría textual de lo milagroso, en donde el mundo narrado —principalmente el suceso extraño—, se explica por sus propias reglas y no por el mundo conocido, real; un mundo donde basta inhalar el aroma del sepulcro del santo o santa para cu-

6. Aguirre Beltrán, *Medicina y magia. El proceso de aculturación en la estructura colonial*, Ciudad de México, SEP-INI, 1980, p. 23.
7. Aunque nunca estuvo falto de ciertas conceptualizaciones medievales y renacentistas, el gran avance en el campo de la medicina ocurre en el siglo XVII, cuando se pasó de la pregunta hipocrático-galénica-arabizada "¿qué es la enfermedad?", a la netamente moderna "¿dónde se encuentra la enfermedad?", con este cambio de mentalidad se verá el surgimiento de las más variadas teorías y doctrinas médicas, tales como la iatroquímica, la iatromecánica, el animismo o vitalismo, la irritabilidad, solidismo, brownismo, mesmerismo, la nosología, etc. Por otra parte, hay que señalar que la teoría humoral se prolongó hasta el siglo XIX, cuando por fin se descartó del todo para el avance de la ciencia médica. Pérez Tamayo, *De la magia primitiva a la medicina moderna*, Ciudad de México, Fondo de Cultura Económica, 2013, pp. 111-169.

rarse de una de las enfermedades consideradas como incurables[8] en la época, la gota.[9]

Por su parte la famosa teoría humoral no se desaprovechó, por el contrario, se invistió de un simbolismo y alegoría que reforzaba las prácticas y postulados del credo cristiano, principalmente en las celebraciones donde debía hacerse hincapié en la contención del cuerpo, o sea, la cárcel del alma. Así leemos, por ejemplo, en la lectura doctrinal de la fiesta de la Cuaresma, la cual yace en un libro castellano del siglo XV que tiene por fuente a la popular *Legenda aurea* de Santiago de Vorágine:

> La primera es porque el verano es caliente e úmido, e el estío es caliente e seco, e el otoño es frío e seco, e el invierno es frío e húmido; pues ayunamos el verano porque tempremos en nós el crudo humor, que es luxuria; ayunamos el estío porque castiguemos en nós el calor enpecible, que es la avaricia; en el otoño, porque castiguemos el secamiento de la sobervia; en el ivierno, porque castiguemos el frío de la infidelidad de malicia. [...] Ca el sanguino es luxurioso e alegre; en el estío, porque se adelgaza la cólera de la saña e de la falacia. El colórico es naturalmente sañudo e contrario en sí; en el otoño, porque se adelgaze la malecolía de la tristeza e de la codicia. Ca el malencónico naturalmente es codicioso e triste; en el invier-

8. "Se hace esta enfermedad incurable porque las más veces viene desde su principio de mezcla de humores contrarios, como de fríos y calientes, y como los que curan no advierten ni reparan (como lo deben a buenos cristianos) de qué humores viene la gota —y si son dos [los humores], cuál predomina para evacuarlo, no olvidándose del otro—, hacen la cura al revés. Y así queda el pobre enfermo peor que estaba antes" (Farfán, *Tratado breve de medicina*, Ciudad de México, en casa de Pedro Ocharte, 1592, f. 221a).
9. "Una muger de Alimania estando encerrada en la horden de sant Sisto, aviendo grand gota en el inojo [o sea, la rodilla] más avía de un año, en manera que nunca pudo aver remedio de salud, mas porque non podiera vesitar el sepulcro de sant Pedro con el cuerpo propio, por quanto estava so obediencia, pensó si ál que no de vesitar el sepulcro sancto con la voluntad e con muy grand devoción. Mas diziendo que podría ir fasta Milán en quatorze días del lugar que ella estava, començó de tomar dieta. Por cada dieta dizía c pater nostres a honra de sant Pedro. E fue grand maravilla ca començando estas dietas de la voluntad, en tal manera las fazía sienpre, que cada día se sentía mejor. Mas hizo la postrimera dieta, e vino al sepulcro sancto por la volunptat de Dios. Fincados los inojos, así commo si estudiese delante la sepultura suya, e començó a rezar todo el salterio con muy grant devoción. E acabado el salterio, sentiose así librada de aquel peligro, que dende adelante nunca más sintió de aquella enfermedat" (Anónimo, *Flos sanctorum con sus ethimologías. Lo maravilloso hagiográfico*, ed. de Marcos Cortés Guadarrama, Xalapa, Universidad Veracruzana, 2018. [1ª ed. ca. 1480], ff. 106d-107a, pp. 344-345).

no porque se adelgaza la flema de la enbotadumbre e de la pereza. Ca el flemático naturalmente es flemoso e boto. [...] La sesta razón es porque el verano es comparado al aire, el estío al fuego, el otoño a la tierra, el invierno al agua. Pues ayunamos en el verano, porque se dome en nós el aire de la sobervia; en el estío, porque se tienpren [en] nós el fuego de la codicia e de la avaricia; en el otoño, porque se dome en nós la tierra de la friura e de la inorancia tenebrosa; en el inbierno, porque se dome el agua de la livianeza e de la flaqueza. [...] La sétima razón es porque el verano representa la mocedad, el otoño la mancebía o la madureza, el inbierno la vegez. Pues ayunamos en el verano porque seamos moços en inocencia e simpleza; en el estío, porque seamos mançebos por fortaleza e firmeza; en el otoño, porque seamos maduros por tempramiento; en el inbierno, porque seamos viejos por sabiduría o por vida honesta, mayormente que emendemos lo quecorrompimos por aquellas quatro hedades (*Flos sanctorum con sus ethimologías*, ff. 37d-38b).

Es evidente que los textos cristianos inventaron su propia poética de la curación. Y es que, ya sea mediante el poder de la palabra y el milagro (como se ejemplificó con el rezo a san Blasio o el milagro de la mujer que se cura de la gota gracias a su fe en san Pedro); o ya sea mediante la adaptación de la teoría humoral (como se lee en el ejemplo anterior), lo cierto es que también fue la imaginación la responsable de construir y argumentar que el gran trabajo del estudio de la naturaleza y del entorno que ejecutaron los médicos del mundo clásico —cuyo representante más fino y logrado podría hallarse en el tratado hipocrático *Sobre los aires, aguas y lugares*— podía ajustarse, someterse y tratarse a lo divino, a la esencia misma del credo cristiano, explicando sus más entrañables misterios.[10]

Desde mi punto de vista, es en esa imaginación de la que he venido hablando donde hoy radica el valor de la literatura médica de los albores de la modernidad, representada aquí por el *Tratado breve de*

10. "De la carne de la circuncisión de nuestro Señor es dicho que el ángel la traxo a Carlos el Magno. Onde él la puso muy honradamente en una iglesia de santa María, que es en una cibdad dicha Aquisgrán. Mas después, segund es dicho, Carnel traxo aquella carne a otra cibdad, que es dicha Cariosi. Mas agora dizen que es en Roma, en la iglesia que es dicha Santa Santorun, en la qual se ley que la carne que fue circuncisa de Jhesu Christo, e el onbligo, claramente es demostrado porque en aquel día se muestra en la iglesia de Santa Santorun; mas si aquesto es verdad, maravilla es que aquella carne sea segund verdad de natura humanal. Nós creemos que quando Jhesu Christo resucitó que la tornó a su cuerpo glorioso" (Anónimo, *Flos sanctorum con sus ethimologías*, "De cómo fue circuncidado Christo", f. 20a).

medicina, resultado "científico" no solo de esta tradición, sino del recién descubrimiento, sometimiento e invención del Nuevo Mundo.[11] Lo imaginario y lo maravilloso de este hecho aviva una nueva forma de pensar los "simples" tratados médicos occidentales, nacidos en la modernidad y sus tiempos más tempranos. En efecto, estamos ante obras —como la que aquí se estudia— que aglutinan una serie de pautas, tradiciones, imaginerías médicas que postulan por una poética de este arte. Es decir, una poética médica debe ser entendida como un conjunto de conocimientos y principios con el que se describe, se clasifica, se diagnóstica y se trata una creación: la conceptualización de la enfermedad. Mi propuesta concibe, pues, que algunos tratados de medicina, cuya temporalidad abarcaría desde una estética bajomedieval hasta una barroca, resisten la conceptualización de una poética[12] que los salva de considerarlos solo como compendios de recetas, diagnósticos, pronósticos, etc.; una poética del arte médico que marca el gusto y el quehacer de un arte preocupado por imaginar y configurar una voluntad de dar forma a la salud y al bienestar social de su tiempo, y que, en última instancia, define una metatextualidad, pues el texto médico en sí mismo no es el fin del arte médico, es solo su preceptiva.

El *Tratado breve de medicina* es una poética médica porque es la imaginación que surgió con los médicos grecolatinos para intentar explicarse la anatomía del cuerpo humano, sus excreciones, distintas enfermedades y curas, etc.; la misma que perdurará en la Edad Media gracias a los médicos árabes, como Al-Razi (conocido en latín como Rhazes o Rasis) y Avicena[13] —entre otros—, y de la que se valdrán

11. Más adelante hablaré del *Tratado breve de medicina* en la tradición médica novohispana.
12. En el sentido de arte imaginativa con el que se busca entender: "porque, mediante tal contemplación, les sobreviene el aprender y razonar sobre cada cosa". Además, el médico en sus textos actúa como un imitador que reproduce una naturaleza determinada en un contexto determinado: "En total, dos parecen haber sido las causas especiales del origen de la Poesía, y ambas naturales: 1. Ya desde niños es connatural a los hombres el reproducir imitativamente; y en esto se diferencia de los demás animales: en que es muy más imitador el hombre que todos ellos, y hace sus primeros pasos en el aprendizaje mediante imitación; 2. En que todos se complacen en las reproducciones imitativas". *Vid.*, Aristóteles, *Poética*, Ciudad de México, Universidad Nacional Autónoma de México, 2000, p. 5.
13. Citados en el *Tratado breve de medicina* en los siguientes folios que edito en este libro: ff. 323b, 324a, 325b; 332a; 337b, 338a; 341b; 345a; 347a; 349a; y 350b. Por supuesto, otros médicos árabes, como Averroes, y también los médicos judíos,

también los médicos cristianos respondiendo, claro, antes que nada, al proceder de lo sagrado, tal y como se ha demostrado;[14] es la mismísima imaginación creativa —repito— la que aproxima el arte médico con el arte literario. Lo que un día fuera estamento "científico", hoy no es tal, y nos maravilla por haber explicado una realidad determinada casi como lo hace la poética literaria de la prosa hagiográfica, u otras prosas, como la del bestiario; prosas que mediante la categoría textual de lo milagroso o lo maravilloso se lanzan a la dilucidación de la naturaleza en beneficio del hombre, sea para gracia de su salud física, como el caso del discurso médico; o sea para merced de su salud moral mediante una demostración alegórica del comportamiento animal, tal y como ocurre con el bestiario.[15] Así, la descripción de la naturaleza del Nuevo Mundo, que hizo el médico fray Agustín Farfán en beneficio de los enfermos, maravilla por su índole literaria, tanto así como por su cualidad histórica y médica:

> De la virtud de una piedra que se cría en el buche de la iguana
>
> En el río arriba de Coatzacoalcos hay unas iguanas machos llamadas en mexicano quacuetzpalintechutli, que quiere decir principal o señor entre las otras. Tiene una cresta grande de colores diversos; estas crían en el buche unas piedras como la bezaar, salvo que son blandas, y blancas, y tengo una en mi poder. La virtud que tiene es admirable: que tomando tanta cantidad como de ocho gramos molidos de ella en agua, quita el

---

como Maimónides —así como otros cristianos de la época—, desempeñan un papel importante en esta tradición imaginativa de la literatura médica, sin embargo, ninguno de ellos es citado a la letra por Farfán.

14. Pérez Tamayo (*op. cit.*, pp. 53-55) destaca el surgimiento de sectas místico religiosas como los esenios, quienes curaban la enfermedad exclusivamente con rezos y la palabra como medio para convocar a los intercesores de Dios.

15. El *Fisiólogo* (ss. II al V) y sus traducciones medievales son una de las mejores muestras de esto. Gracias a las distintas bestias listadas se explicaba y difundía el credo cristiano y se moralizaba a sus feligreses. Veamos el caso del castor: "Hay un animal llamado castor, sumamente dulce y manso. Sus testículos se utilizan en medicina. Cuando es perseguido por los cazadores y se apercibe de que va a ser capturado, extirpa sus testículos y se los arroja al cazador. Y si de nuevo es acosado y perseguido por otro cazador, el castor se tiende boca arriba para mostrase, y de este modo, dándose cuenta el cazador de que carece de testículos, se aparta de él. Pues tú también, fiel, dale al cazador lo que le pertenece. El cazador es el diablo y sus pertenencias son: lujuria, adulterio, asesinato; extirpa tales cosas y dáselas al diablo y se apartará de ti el diablo cazador. Para que también tú puedas decir: 'Nuestra alma cual gorrión se salvó de la trampa de los cazadores'. Pues bien habló el Fisiólogo acerca del castor" (*Fisiólogo*, Madrid, Gredos, 2008, 23, pp. 176-177).

dolor de ijada, y hace orinar, y proveerse de cámara dentro de dos credos [a los] que la han tomado. Han hecho la experiencia hombres fidedignos y yo también (*Tratado breve de medicina*, f. 238a).

Un primer intento por definir al tratado como género textual respondería, forzosamente, al hecho de que se trata de una obra compendiosa, práctica y miscelánea. Su finalidad es ofrecer al lector una guía para actuar en una situación determinada. Además, en el caso específico del *Tratado breve de medicina*, su autor no lleva un orden planeado de su obra: "no guardo el orden primero, sino voy escribiendo como me parece que más conviene" (f. 98b). Esa conveniencia tenía mucho que ver con los casos clínicos que se le iban presentando día a día: "Estando escribiendo este libro, se me ofrecieron dos enfermos, y fue Dios servido por su infinita misericordia, que alcanzaron la salud con estos remedios" (f. 103a); "Estando escribiendo este tratado de medicina se me ofreció remediar un gravísimo dolor de gota" (f. 205a); etc. Con estas características genéricas comparto la idea de varios especialistas, la cual propone estudiar los tratados, crónicas y relaciones coloniales como procesos comunicativos donde participan factores culturales, sociales e ideológicos en los que cobra especial relevancia la imaginación del sujeto que los engendra. Entendiendo por imaginación a la producción textual que brota de "ese fondo invisible que en realidad somos".[16]

1.1. Medicina más allá de la historia de la ciencia

Por supuesto que el valor de nuestro tratado para la historia y la medicina es innegable. Sin embargo, un tratado médico como el que aquí

16. Ortega y Gasset, *Estudios sobre el amor*, Madrid, Alianza, 2001, p. 71. A continuación, algunos de los estudiosos quienes proponen esta idea, sea de manera directa o indirecta: Edmundo O'Gorman, *La idea del descubrimiento de América*, *op. cit.*; Hayden White, *Tropics of Discourse* y *Figural Realism*; Walter Mignolo, "Cartas crónicas y relaciones del descubrimiento de la conquista"; Rolena Adorno, "El sujeto colonial y la construcción cultural de la alteridad"; Pascual Buxó, introducción a *El oráculo de los preguntones*; Serge Gruzinski, *El pensamiento mestizo. Cultura amerindia y civilización del Renacimiento*, Barcelona, Paidós, 2007; Roger Bartra, *Cultura y melancolía. Las enfermedades del alma en la España del Siglo de Oro*, Barcelona, Anagrama, 2001; Mercedes López-Baralt, *Para decir al Otro. Literatura y antropología en nuestra América*, Madrid/Frankfurt: Iberoamericana/Vervuert, 2005; etc.

nos ocupa no debe ser estudiado desde una óptica restrictiva; una arbitraria escisión entre textos de comprobada "pureza poética",[17] por una parte —o sea, textos debidos a cierta estética propios del estudio de la literatura— y, por otra, textos que sirven a otros propósitos comunicantes, como la historia de la medicina. Ya que los primeros no pueden sustraerse a su tiempo, a sus circunstancias históricas, filosóficas, sociales, etc. Y, de igual manera, los segundos, donde entraría el *Tratado breve de medicina* —junto a las crónicas, las relaciones y las historias naturales que dan cuenta de la conquista e invención material y espiritual de América—, son testimonios narrativos que "en vez de un testimonio interpretativo de lo que aconteció, tenemos un testimonio narrativo de lo que aconteció; en vez de una idea trascendental del ser de la Nueva España, tenemos un informe de su situación histórica".[18]

Para narrar el "informe de su situación histórica", fray Agustín Farfán hizo uso de una construcción narrativa propia de una estética literaria donde, por encima de la precisión, el análisis, la objetividad, etc., que se esperaría de la obra histórica y médica, predomina la trama, la metáfora, la figuración, etc., elementos característicos de la obra literaria, tal y como lo destaca White al estudiar los alcances del texto histórico como artefacto literario.[19] Es más, al pensar su *Tratado breve de medicina* para el lector lego y no para el especialista,[20] y repetir este hecho en —por lo menos— tres ocasiones,[21] se reitera la utilidad prác-

17. Como lo sería la literatura hagiográfica, caballeresca, pastoril, etc.

18. O'Gorman, *La incógnita de la llamada "Historia de los indios de la Nueva España" atribuida a fray Toribio Motolinía*, Ciudad de México, Fondo de Cultura Económica, 1982, p. 37.

19. White, *El texto histórico como artefacto literario y otros escritos*, Barcelona, Paidós, 2001, pp. 107-139.

20. "Los que son médicos pueden leer este mi tratado, por estar en el resoluto lo que los autores más graves escribieron a la larga. No escribo para ellos, sino para los que están donde no los hay. Procuraré con el favor divino ser claro para que todos me entiendan, y los remedios serán los más caseros porque se puedan hallar y hacer. Esta obligación tienen los médicos que curan en los pueblos, aunque haya boticas, y los que están, donde no las hay, la tienen mayor, porque no les hace médicos la botica, sino lo que estudiaron y la práctica que tienen de curar" (Farfán, *Tratado breve de medicina*, ff. 1a-1b).

21. Característica que se hace presente desde la licencia arzobispal que otorgó el doctor Ortiz de Hinojosa el 28 de abril de 1592 para la publicación de este libro: "Con ánimo de aprovechar a este reino y repúblicas de él, y ayudar a la gente pobre y ausente que carece de socorro de médicos, para remedio de las enfermedades que padece estando en pueblos de indios, y haciendas del campo y no

tica evidente de su trabajo y, con ello, manifiesta también una sustancia textual que se infiere entre líneas: que la narrativización presente en el *Tratado breve de medicina* —que el autor compone para que los necesitados hagan "los remedios adonde quiera que estén con mucha facilidad, como lo hacían los antiguos en todas las ocasiones" (f. 1a)—, se hace mediante ciertos medios retóricos con los cuales es factible relacionar la parte de los remedios caseros (para que los hagan los que no son médicos) con la finalidad del *Tratado*, es decir, combatir la enfermedad y curar ahí donde no hay boticas ni profesionales de la salud. Dichos medios retóricos son la sinécdoque y la metonimia. En efecto, Farfán, como el autor de un texto narrativo no ficcional, ubica un acontecimiento en un contexto "relacionándolo como una parte de alguna totalidad concebible".[22] Y se vale de la sinécdoque para que su "idea, propia, forme parte de la otra, figurada";[23] y de la metonimia para transponer denominaciones "de lo no sensorial a lo sensorial".[24] Estas dos estructuras tropológicas nos permiten evidenciar cómo un discurso histórico, en este caso, uno nacido desde la perspectiva médica cristiana, se asemeja a la narrativa literaria.[25] Así pues, una descripción nacida de la mano de Farfán en relación a la esterilidad en los hombres —una de las enfermedades más desgraciadas de la época—, gracias a estas dos estructuras tropológicas, evidencian un significado que converge con la literatura:

> Desde que Dios crio al hombre, le dio por compañera y regalo a la mujer, y formola de una de las costillas del mismo hombre para que más la amase y quisiese. Juntolos Dios y casolos [f. 231a] porque el género humano se aumentase y creciese, y porque el hombre (instigado y movido con la concupiscencia de la carne) no pecase. Acá los hombres casados (cuando no tienen hijos) no andan contentos y parece que no quieren bien a sus mujeres. Y cuando Dios se los da entonces, cesan las pasiones y las rencillas con tan grandes prendas de amor, como son los hijos. Esta

teniendo posibilidad para curarse por mano de terceras personas interesadas" (f. Ib). Misma que se repite de la siguiente manera en otras oportunidades: "Porque no escribo (como he dicho otras veces) para médicos" (f. 33b); "Que como escribo en romance (para bien y provecho de los que no tienen médicos) no trato de disputas" (f. 171b).

22. White, *op. cit.*, p. 131.
23. Helena, *Diccionario de retórica y poética*, Ciudad de México, Porrúa, 2001, p. 474.
24. *Ibid.*, p. 327.
25. White, *op. cit.*, p. 162.

> es cosa natural como en los brutos se ve, que procuran conservar su especie por la generación. Y esto mucho más en los hombres como capaces de razón y entendimiento. Lo dicho es lo que me movió y obliga con caridad cristiana a dar remedio a algunos pobres, que viven muy tristes y disgustados con sus mujeres, los cuales, aunque tienen salud, y son de edad juvenil, y aunque tienen alguna potencia y voluntad, tienen tan flacos los miembros genitales que en llegando al acto natural aflojan de tal manera, como si no fuesen hombres. [...] Dos causas más principales son las que hacen al hombre impotente: la una es tener relajados los nervios de los miembros genitales, o por tenerlos muy fríos y llenos de humor flemático. La otra causa es por no criar la simiente, que para el tal acto es menester; o por ser flaco de riñones, teniendo siempre en ellos dolor y muchos malos humores. Cuando en algunos fuere esta la causa de la impotencia, coma manjares de buena sustancia, y beba de muy buen vino, y regálese en todo lo que más pudiere, y duerma en buena cama y así criará más simiente. Digo esto porque de la mejor sustancia y de la mejor sangre del cuerpo se cría la simiente (*Tratado breve de medicina*, ff. 230b-231a).

Hay aquí una reproducción imitativa del discurso religioso, de la prosa bíblica. Y es gracias a esta imitación que al hombre se le posibilita instruirse sobre una realidad determinada (la esterilidad) dentro de su cosmogonía cristiana. Y en este sentido, el discurso médico de Farfán —y de buena parte de los médicos en los albores de la modernidad— tiene mucho de la concepción de la poética aristotélica: "Por esto precisamente se complacen [los hombres] en la contemplación de semejanzas, porque, mediante la contemplación, les sobreviene aprender sobre qué es cada cosa, por ejemplo, 'éste es aquél'".[26]

Siguiendo los postulados aristotélicos, es posible leer en esta prosa una reproducción de hombres atacados por un mal, inmersos en una trama que construyó el credo cristiano y al que se ciñe todo médico inmerso en esta fe: ante la imposibilidad de hallar una cura que reintegre al enfermo a un orden microcósmico (el que yace en su interior, según la teoría humoral) y macrocósmico (el de la naturaleza que lo rodea también en íntima relación por la misma teoría) y, por lo tanto, ante la eminencia de la muerte, más vale arreglar el alma mediante las artes del bien morir, para confesar y alcanzar la absolu-

26. Aristóteles, *Poética*, Ciudad de México, Universidad Nacional Autónoma de México, 2000, p. 5.

ción.[27] Ahora me detendré a hablar del *Arte de bien morir* y su relación con el *Tratado breve de medicina*; pero, antes, brevemente me gustaría señalar que hay cierta concordancia, cierta coincidencia, con la poética aristotélica en lo que toca a los postulados de la tragedia: "Puesto que la tragedia es reproducción imitativa no precisamente de hombres sino de sus acciones: vida, buenaventura y malaventura; y tanto malaventura como bienandanza son cosa de acción, y aun el fin es una cierta manera de acción, no de cualidad".[28] Podemos pensar, entonces, que la gran tragedia que movía la prosa de fray Agustín Farfán era la vida biológica misma puesta en una tramoya cristiana. En esta escenificación trágica, el médico debía tratar de ayudar a que la vida biológica se prolongase y, en el caso de que ya no fuera posible, ayudar a bien morir mediante la representación de un último ritual de fe: la confesión. Detengámonos un poco en esta poética a la que emplaza la prosa médica del *Tratado breve de medicina*, la cual surge para paliar contra la gran tragedia: la vida misma en los albores de la modernidad en el Nuevo Mundo.

1.2. Artes de bien morir en el *Tratado breve de medicina*

Es obvio que la muerte, como el nacimiento, son acontecimientos fundamentales para el ser. Prueba de ello es que, en el plano literario, la muerte fue un concepto que contribuyó —también— con el desarrollo de la más maravillosa literatura cristiana. Dentro de esta, volvamos al ejemplo de la literatura hagiográfica —género literario que, a través de sus héroes, buscó imitar la vida del protagonista principal dentro de esta cosmovisión religiosa: Jesucristo—. Recordemos, entonces, que

27. "La cura primera y el primer remedio que debe hacer al enfermo el médico es: mandarle confesar, por ser tan peligrosas las cámaras y mucho más en esta Nueva España" (f. 15a); "Lo primero que debe hacer el enfermo en esta tan grave y peligrosa enfermedad es: confesarse, y recibir los sacramentos, y ordenar su alma con los demás; y no lo deje para cuando no pueda" (f. 23b); "Adviertan más, que en una grave enfermedad que amenaza con sus accidentes peligro de muerte, luego hagan confesar al enfermo, y recibir los santos sacramentos, y que ordene en todo lo que a su alma conviene y no aguarde cuando no pueda" (f. 237a); En siendo la herida penetrante, mande el cirujano confesar al herido, porque tiene obligación precisa, so pena de pecado mortal" (f. 299b); etcétera.

28. Aristóteles, *op. cit.*, p. 10.

una prueba de santidad no solo consistía en volver a los muertos a la vida, tal y como encontramos en el caso de san Juan Evangelista;[29] sino que, principalmente, se convirtió en prueba de santidad el conocer el momento exacto de la propia muerte y que esta fuese verificada por un testigo, tal y como ocurre, por ejemplo, en la vida de san Basilio.[30] Esta ficción, este hecho milagroso, se opone, radicalmente, al hecho que encarna la enfermedad en la realidad novohispana del siglo XVI, en donde la medicina practicada por Farfán —y por otros que como él re-

29. "E los parientes della dixeron a sant Juhan: 'Vey aquí a doña Diusiana que tenemos muerta, la qual todo tienpo guardó los tus amonestamientos e ayuntávanos a ti, e deseava mucho la tu venida, deziendo: "E así viese yo el apóstol de Dios ante que moriese, sería alegre". Agora tú eres venido e non te puede ver'. Entonce mandó sant Juhan poner las andas en tierra e tornar el cueerpo della, deziendo: '¡El mi señor Jhesu Christo te resucite, Diusiana, levántate suso e vete a tu casa aparejar que yo pueda comer!'. Luego ella se levantó e comiença muy acuciosamente fazer [f. 10c] aquello que el apóstol le avía dicho, e así despiertamente commo si nunca fueses[sic] muerta e que se levantase de dormir" (Anónimo, *Flos sanctorum con sus ethimologías*, ff. 10b-10c).

30. "El obispo sant Basilio amava mucho a un judío físico bueno que dizían Josep, porque sabía que se avía de tornar a la fe. E llamole como si le oviese menester, e catándole el pulso, vio que avía de morir aína, e dixo a las conpañas que toviesen sus cosas prestas para el enterramiento, que luego avía de morir. E oyéndolo Basilio:
—Non sabes que te dizes.
E dixo el judío:
—Creo, señor, que tú murirás oy al sol puesto.
E dixo [f. 44d] Basilio:
—¿Qué farás si non muero oy?
E dixo Josep:
—Señor, non puede ser.
E sant Basilio:
—¿Qué farás si biviere fasta cras a ora de medio día?
Dixo Josep:
—Si bevieres fasta esa ora, que me maten.
—Quiera Dios que mueras quanto al pecado que estás, e que bivas con Jhesu Christo.
Díxole Josep:
—Bien sé qué dizes, e si bivieres fasta aquella ora, faré lo que tú dizes e quieres.
Entonce sant Basilio, porque devía segund natura morir luego, ganó de Dios treguas que non muriese, e bivió fasta otro día a ora de nona. Quando lo vio Josep, maravillose e creyó en Jhesu Christo. E Basilio, venciéndole la flaqueza del corazón, levantose del lecho e fuese para la iglesia e batizole con sus manos mismas. E tornose luego e finose" (Anónimo, *Flos sanctorum con sus ethimologías*, ff. 44c-44d).

ciben y continúan una tradición— se ciñe a la máxima hipocrática: "las enfermedades que escapan al examen de los ojos quedan sometidas al examen de la inteligencia".[31] Y ese examen era sumamente precario ya que, prácticamente, cualquier enfermedad de la época podía llevar a la muerte. De hecho, el doctor Farfán afirma en su tratado que "Los que no escupen, aunque vivan algunos días, después vienen a morir (f. 10a)"; también advierte que "acontece en el dolor de ijada torcerse la tripa, y si no puede el enfermo hacer cámara, la viene a echar por la boca, y morirse (f. 31b)"; pide sensatez a las mujeres adictas al chocolate —principalmente a las ancianas— y otros guisos prehispánicos "porque no tomen la muerte con sus manos (f. 34a)"; también afirma que las mujeres viudas padecen "El mal de madre" y peor en las que tienen ausentes a los maridos "porque vienen a morir, por la retención de la semilla, juntamente con bajarles mal la regla, por ser en ellas veneno mortífero" (f. 72b); etc.[32] Peor aún, según Farfán, la gente en la Nueva España se muere por culpa de los médicos mediocres que no aciertan con los remedios: "Y como los que usan de ellos, no conocen la complexión del enfermo, por no haber estudiado medicina, ni saber leer en romance, matan tantos como ellos" (f. 97b).

Ante este panorama, el médico estaba muy preocupado en que el enfermo muriera bien, es decir, que arreglara en el poco tiempo restante el porvenir eterno, la vida del más allá, tal y como lo demuestra el siguiente subcapítulo del *Tratado breve de medicina*:

> Para uno que de muy flaco y con desmayos no puede confesar
>
> A muchos enfermos acontece, que (por descuidarse el médico, o por venir el mal de repente, y tomarles muy flacos y con desmayos) no pueden confesar y acabar las cosas todas que a sus almas convienen. Para remediar esto, lo que más presto anima y esfuerza (como muchas veces lo he visto) es: darles dos yemas de huevos frescos asadas sin las claras, y beban sobre ellas cuatro onzas de vino muy bueno. Si fueren desmayos los que estorbaren el confesar, y hacer las demás cosas que al alma y conciencia convie-

31. Hipócrates, *Sobre la ciencia médica*, pp. 11, 21.
32. Un largo etcétera de padecimientos conducía a la muerte, tales como: "Es grande la lástima que tengo de los que cada día veo morir del mal de las bubas, siendo el mal tan conocido, y tan fácil de curar" (f. 82a); "He visto muchas veces en esta Nueva España en los niños recién nacidos unas hinchazones de agua en la cabeza, que espantan. Y algunas mujeres y cirujanos atrévense a abrirlas y morir en pocos días de ellas" (f. 199a); etcétera.

> nen, denle estos polvos en un poco de vino que sea bueno: nuez moscada y azafrán molido, de cada cosa un escrúpulo; castóreo, que es el botón del befo, medio escrúpulo; todo lo muelan y mezcle.
>
> Y pido por amor de Dios a los médicos que manden con tiempo a confesar a sus enfermos, que es gravísima culpa, y muy gran lástima, verlos cada día morir sin sus sacramentos (*Tratado breve de medicina*, f. 152a).

La preocupación del doctor Farfán por dar una serie de remedios caseros que prolongasen, por un corto e incierto momento, la lucidez del moribundo, solo para que él pudiera confesar, demuestra el interés del médico por poner en acción otra poética que insta la de su propio oficio y que tiene su origen en la Edad Media. Me refiero a la poética de las *Ars moriendi* o las artes del bien morir: una literatura práctica y compendiosa que guiaba, a través de un confesor, el alma del moribundo.

Dentro del ámbito cristiano renacentista en el que surge nuestro tratado, el ideal de la muerte era un fenómeno de multitudes: junto al moribundo estarían —por lo menos e ignorando a la familia del que va a morir—, el médico, el barbero, el confesor y, claro, una comitiva de demonios y ángeles pugnando por el alma del enfermo.[33] En todo fenómeno de multitudes es necesario un orden, un método, una retórica, una normativa, es decir, una tradición literaria que regulara el paso de un estado físico a otro metafísico: un arte de bien morir, un tipo de literatura piadosa que, evidentemente, no se trataba de una obra profunda, de entrañable significación teológica. Nada de eso, las artes de bien morir eran manuales cuyas fuentes bebían de los discursos de la Biblia, de Aristóteles, de Platón y de Séneca; de los padres de la Iglesia y de los teólogos medievales más importantes, como san Gregorio, San Bernardo, etc.[34] No eran más que pautas textuales para ilustrar lo

33. Así lo ilustran las xilografías que acompañan los capítulos del *Arte de bien morir*, los grabados representan cinco tentaciones del diablo (de la fe; de la desesperación; de la impaciencia; de la vanagloria; y de la avaricia) A estas se le oponen cinco inspiraciones angelicales con los mismos títulos. Las ilustraciones cierran con la Muerte de Moriens, cuando el alma sale ya del fallecido y es recibida por la corte celestial, *vid. Arte de bien morir y breve confesionario*, ed. de Francisco Gago Jover, Palma de Mallorca, José J. Olañeta/Universitat de les Illes Balears, 1999, pp. 47-73.

34. Para una introducción a este género literario *vid.* el estudio introductorio de Francisco Gago Jover al *Arte de bien morir*, pp. 23-51. Asimismo, los artículos de Roger Chartier, "Les arts de mourir, 1450-1600", *Annales*, ESC, 34, 1976, pp. 51-75;

que se esperaría de una buena muerte bien dirigida, mediante un breve confesionario, el cual, induciría al pobre moribundo a reconocer sus pecados, por más ignorante que fuese de ellos. Por supuesto, el confesor debía saber ciertos hechos del moribundo: qué rezos conocía, si sabía los mandamientos, los artículos de la fe, etc. Y con esta información, se procedía a la absolución.[35]

Así pues, la intención del médico novohispano era lograr que el moribundo tuviera acceso a esta tradición literaria que decidía el final de sus días y el inicio de su vida eterna. El médico hacía todo lo posible para que el moribundo pudiera tener contacto, aunque fuera por un breve instante, con esta ficción poética creada por los más profundos estamentos de su fe. Es decir, que la medicina novohispana no solo se interesó en asimilar los elementos de la naturaleza americana al corpus hipocrático-galénico-arabizado para mejorar la práctica médica, sino que se ocupó también de procurar el contacto con otras poéticas literarias, como la del arte de bien morir, y con ella conjurar toda una tradición literaria que consolara los últimos momentos del moribundo criollo y peninsular. ¿Es entonces una exageración considerar a la literatura médica como un *axis mundi* que pone en contacto dos entidades, la de lo sagrado y la de lo profano? No hay punto de exageración si consideramos la misión que la sociedad novohispana le había encomendado al médico de formación universitaria: disminuir la ansiedad de los integrantes de esa sociedad colonial, ofreciéndoles seguridad y consistencia apegándose —por encima de cualquier otro proceder— al sistema de creencias, es decir, al sistema de ideas que regía aquel mundo en la temprana modernidad. Por estas razones es que, en estos mismo tiempos la medicina estaba relacionada con la astrolo-

y Emilio Blanco, "Artes de bien morir. Para vivir mejor", *Actas del VI Congreso Internacional de la Asociación Hispánica de Literatura Medieval*, Alcalá de Henares, Universidad de Alcalá, 1997, pp. 297-305.

35. En el *Arte de bien morir* se ofrece una guía de dudas para el confesor y saber si se debía o no dar la absolución, la cual atendía hasta las más intrincadas preguntas: "Dúdase si el mudo, o sordo o tartamudo o zazabilloso se puede absolver por señales o por escripturas faciendo o presentando al confesor; e respóndese que pueden ser absuletos en tal que en cualquier manera conste e parezca de su contrición e arrepentimiento de ellos. [...] Si el enfermo se confiesa de algún pecado reservado, si debe ser absuelto. Es de tener que sí, mandándole que si convaleciere ayudándole Dios, que se faga absolver por el superior" (*Arte de bien morir*, p. 143).

gía, y por el dominio de estos conocimientos, con la alquimia y hasta la adivinación, incluso dentro de un marco cristiano sustentado por argumentaciones aristotélicas.[36] Me parece que con lo referido es entonces innegable el matiz literario que se conjuga en el *Tratado breve de medicina* y en otros tratados médicos de la época; en los que, más que una "ciencia", se practica un arte de múltiples referentes y en deuda con distintas poéticas. Pero es preciso definir a qué nos referimos con "ciencia" y con "arte" cuando abordamos la medicina medieval y renacentista colonial a la que se debe nuestra obra.

36. Más adelante veremos que cierto estudio, debido a Margarita Peña, relaciona a Farfán como posible autor de un oráculo confiscado por el Tribunal de la Inquisición de la Nueva España, el *Mofarandel de los oráculos*, del Maestro Quoquim.

2. ¿Arte o ciencia? Una lectura del *Tratado breve de medicina*

A diferencia de nuestro acontecer, en la Antigüedad los términos que solían definir un concepto como "arte" o "ciencia" poseían una mayor capacidad para exhortar y aglutinar otras nociones.[1] Es decir, englobaban una serie de prácticas y consideraciones que no deben, por ningún motivo, emparentarse con nuestra especializada y contemporánea escisión entre uno y otro concepto. De hecho, Minois atiende esta cuestión remontándose a las nociones "ciencia" y "sabiduría" presentes en uno de los libros más "científicos" y de marcada influencia helenística de la literatura del Antiguo Testamento: en *Libro de la Sabiduría*.[2] En efecto, la ambigüedad aglutinante del concepto "ciencia" en este discurso religioso está dirigido para glorificar a la sabiduría que permite acercarse a las maravillas de Dios, es decir, con esta se revelarán los secretos de su creación.[3] Por supuesto, no hay una especificidad de esa práctica "científica", en ella caben muchos conceptos, por ejemplo, la medicina, botánica, farmacéutica, fisionomía, anatomía, biología, etc. Pero, mientras no quedan claros los límites de la "ciencia", lo que sí se enuncia es la correcta ponderación de la sabiduría: dar su justa dimensión a los oficios y las prácticas, tal y como puede leerse en otro libro

---

1. La propia designación y traducción de muchos de los términos del corpus hipocrático (*tyche*, *téchne*, *iatriké*, etc.) se ve sometida a la estrechez de términos hoy en día demasiado específicos para una cuestión mucho más integral en el pasado: entre naturaleza, su proceso, su ciclo, etc., y el ser y sus respectivos ciclos.
2. Minois, *La iglesia y la ciencia. Historia de un malentendido*, trad. Tomás Fernández Aúz, Beatriz Eguibar, Madrid, Akal, 2016, pp. 29-32.
3. "Porque Él me dio la ciencia verdadera de las cosas, y el conocer la constitución del universo y la fuerza de los elementos; el principio, el fin y el medio de los tiempos; las alternancias de los solsticios y los cambios de las estaciones; el ciclo de los años y la posición de las estrellas; la naturaleza de los animales y los instintos de las fieras; la fuerza de los vientos y los razonamientos de los hombres; las diferencias de las plantas y las virtudes de las raíces. Todo lo oculto y lo manifiesto lo conocía, porque la sabiduría, artífice de todo, me lo enseñó" (*Sabiduría*, 7, 17-21).

bíblico, *Eclesiástico*, el cual se preocupa en particular del oficio que nos atañe, el del médico:

> Atiende al médico antes que lo necesites, que también él es hijo del Señor. Pues el Altísimo tiene la ciencia de curar y el rey le hace mercedes. La ciencia del médico le hace andar erguido y es admirado de los príncipes. El Señor hace brotar de la tierra los remedios y el varón prudente no los desecha. ¿No endulzó el agua amarga con el leño para dar a conocer su poder? Él dio a los hombres la ciencia para mostrarse glorioso en sus maravillas. Con remedios el médico da la salud y calma el dolor, el boticario hace sus mezclas para que la criatura de Dios no perezca, y por él se difunde y se conserva la salud entre los hombres. Hijo mío, si caes enfermo, no te impacientes; ruega al Señor y Él te sanará [...] Y llama al médico, porque el Señor le creó, y no le alejes de ti, pues es necesario. Hay ocasiones en que logra acertar, porque también el oró al Señor para que le dirigiera en procurar el alivio y la salud para prolongar la vida del enfermo (*Eclesiástico* 38, 1-14).

Así pues, mientras que sí es claro el rol de la sabiduría en Dios por parte del enfermo y del médico, tal como se infiere del pasaje anterior, no lo es el de la ciencia. Al menos en este ejemplo, la ciencia no se ve como una comprobación basada en un método verificable, que en palabras de Farfán —y de otros médicos como él, de su tiempo— llama "experiencia";[4] menos aún cuando este concepto está cubierto por un velo misterioso —casi místico— que cierra esta disquisición sobre el oficio del médico en el mencionado libro del Antiguo Testamento: "el que peca contra su Hacedor caerá en manos del médico" (*Eclesiástico* 38, 15).

2.1. El arte de la medicina en las aulas universitarias

Esta conceptualización del oficio del médico se hizo eco durante los siglos. Y ya para la época de nuestro interés, cuando alguien caía en manos del médico novohispano, este, ceñido a los preceptos teológicos de su credo, ejecutaba una serie de conocimientos aprendidos en

4. Más adelante estudiaremos cómo la experiencia empieza a prefigurar la verdadera modernidad alcanzada en el siglo XVII con una metodología para la búsqueda de la verdad, tal y como lo plantea Descartes en su *Discurso del método*.

la universidad, en las cátedras de Medicina. Dicho aprendizaje era la memorización de una serie de tratados que incluían el corpus hipocrático, es decir, un conjunto de obras que son el resultado de un cúmulo de médicos que la historia asocia con el nombre de Hipócrates;[5] las obras de Galeno;[6] textos de Avicena, principalmente, su capital obra llamada en latín *Canon medicinae*;[7] Averroes y su llamado *Colliget*; Al-Razi, y su libro traducido por Gherardo Cremonensis en el siglo XII con el nombre de *Liber de medicina ad Almansoren*; entre otras personalidades de la medicina árabe;[8] y listados propios de la medicina conventual, los cuales incluían diversos nombres de plantas y raíces, y su respectiva mezcla con otros elementos para formar brebajes o píldoras.[9] De hecho, para darnos una idea de esto, tenemos el plan de estudios de la cátedra de Medicina del siglo XV de la Universidad de Tubinga, en Alemania.[10] Pero más importante aún, contamos con los

5. Tal y como ocurre con el nombre de Esopo, cuyo nombre aglutina varios autores que la tradición literaria atribuye a un solo hombre para el estudio de la fábula.
6. Según Pérez Tamayo (*op. cit.*, p. 51), Galeno lo explicó prácticamente todo en el campo de la medicina, y de ahí que se convirtiera en máxima autoridad cuando fue traducido y comentado a lo largo de toda la Edad Media. Pérez Tamayo destaca, por encima de otras cuestiones, que "[Galeno] abandonó la anotación cuidadosa de los hechos, tan importante para Hipócrates, citando sólo sus milagrosas curas. [...] adoptó y elaboró la teoría hipocrática de la enfermedad como desequilibrio de los humores, que puede resultar de deficiencia o exceso de uno o más de ellos, o de cambios en sus propiedades".
7. Conformado por cinco tomos, respectivamente: 1) teoría; 2) medicamentos simples; 3) enfermedades locales y tratamiento; 4) enfermedades generales y procedimientos quirúrgicos; 5) procedimientos farmacéuticos.
8. Cuya característica fue que, además de aportaciones propias, rescataba mucho de las nociones de la naturaleza aristotélica y, por supuesto, también postulados hipocráticos-galénicos (Pérez Tamayo, *ibid.*, p. 58).
9. Ejemplo de este tipo de medicina la que practicaba la famosa mística Hildegard von Bingen, cuyo remedio clásico era el "vino de perejil y miel", conocido como "vino del corazón". Por otra parte, otro claro ejemplo del interés por la preparación de distintos brebajes curativos por parte de la medicina conventual de la Edad Media lo tenemos en los monasterios benedictinos, en los cuales se ordenó la creación de jardines que contuvieran exclusivamente plantas y hierbas medicinales. Carlomagno y Luis el Piadoso legislaron para el cumplimiento de este mandato (Kerckhoff, *op. cit.*, pp. 102, 109).
10. Primer año: *Ars médica* de Galeno y primera y segunda parte del libro *Tratado de las fiebres* de Avicena. Segundo año: primer libro del *Canon medicinae* de Avicena y el noveno libro de Al-Razi, *Liber de medicina ad Almansoren*. Tercer año: aforismos de Hipócrates y obras escogidas de Galeno, principalmente el *De usu partium* (Pérez Tamayo, *op. cit.*, p. 58).

primeros estatutos de la Real Universidad de México, donde Farfán obtendría su grado de doctor en Medicina, tras estudiar en la Universidad de Alcalá. Así pues, en 1580 se establecía:

> En el primer año leerá el título De *elementis et temperamentis*, los capítulos más necesarios del libro *De humoribus*, lo más necesario y algo de *Anatomía y Facultatibis naturalibus*, lo que conviene asimismo de *Pulsibus et urina*.
>
> El segundo año *De diferentia febrium* y *De arte curativa ad glauconem* y *De sanguinis missione*.
>
> El tercer año *Afhorismos* de Hipócrates y el libro *Quos et quando aporteat purgari*, y el libro nono *De Rasis ad Almazorem*.[11]

No obstante, lo que se discutía en las cátedras de Medicina eran los compendios surgidos de las necesidades de condensar el vastísimo conocimiento médico aquí reducido a cuatro ejes: Hipócrates/Galeno/ medicina árabe/medicina conventual. Dichos compendios eran conocidos como *Articella*. Se trataba, entre otras cuestiones, de un compendio de aforismos y pronósticos de Hipócrates y comentarios a la obra galénica.[12] Si pensamos en el axioma y el alto contenido de raciocinio que hay en el famoso aforismo del médico de Cos: *Ars longa, vita brevis* se comprenderá el porqué esta clase de textos se convirtió en idónea para la enseñanza médica.

Asimismo, de gran relevancia para la literatura médica será el género isagógico o las introducciones al arte de la medicina. Destacan las de Hunayn ibn Ishaq (siglo IX) mejor conocido como Ioannitius, quien resumió de manera asequible para los escolares saberes del *Corpus hippocraticum* y, principalmente, de Galeno, logrando una armonía entre teoría y práctica. Posteriormente, Al-Razi, médico árabe citado por Farfán en sus dos tratados (1579 y 1592) —mejor conocido como Al-Razi por el orbe médico hispánico bajomedieval— también

11. Gerardo Martínez Hernández, *La medicina en la Nueva España, siglos XVI y XVIII. Consolidación de los modelos institucionales y académicos*, Ciudad de México, Universidad Nacional Autónoma de México, 2014, p. 271.

12. En la página web de la National Library of Medicine hay un bello ejemplo de lo que es un modelo de *Articella*: un manuscrito del siglo XIII (hoy en día Oxford, DeRicci NLM [78]), el cual contiene doce miniaturas que ilustran la consulta, la examinación y la enseñanza de la medicina. Disponible en <https://www.nlm.nih.gov/hmd/medieval/articella.html>.

escribirá un *Libro de la introducción al arte de la medicina o "Isagoge"*. Su libro sigue los postulados de Galeno —al igual que la "Isagoge" de Ioannitius—, y presenta cuatro aspectos fundamentales para introducir este arte a los estudiantes de medicina: A) "Una síntesis médica. B) Estudio de las cosas naturales: Fisiología. C) Estudio de las cosas contranaturales: Patología. D) Estudio de las cosas no naturales: Terapéutica e Higiene".[13] Su introducción posee, entre otras cosas, una de las más bellas síntesis de la teoría humoral, salpicado de símiles de la naturaleza: "La piel es igual que la corteza del árbol";[14] "Las semillas de las plantas necesitan que se forme de ellas otras cosa además de calor y humedad para que le venga de fuera el equilibrio de su complexión".[15] Sin olvidar en cada capítulo la intención didáctica de esta obra para el estudiante afanoso: "Procura comprender esto y no te equivoques";[16] "La medicina es el conocimiento de los distintos estados del cuerpo humano y su nombre abarca dos dimensiones, teoría y práctica";[17] "Tú has de comprender los significados y dejar los nombres para los innovadores".[18]

La italiana escuela de medicina de Salerno se vio altamente beneficiada de las *Articella* y las "Isagoges" durante la Baja Edad Media. A grandes rasgos sentó las bases de lo que debía ser la enseñanza de la medicina, es decir, la escolástica preceptiva de lo que se debía enseñar en las universidades. Y el modelo se propagó al resto de universidades europeas, destacando también en Italia, Bolonia y Padua; Montpellier en Francia y Salamanca en España; esta será modelo para la Real Universidad de México. Esta última se sostendrá académicamente bajo los dictados del llamado neoescolasticismo, corriente predominante en la enseñanza de la cátedra de Medicina a partir de 1570, cuya raíz era galénica-arabizante-cristianizada. En otras palabras —adelantando lo que veremos abajo—, mientras que el resto de las universidades europeas se entregaba a una práctica médica moderna (gracias a las teorías de Vesalio y Paré), "España y la Nueva

13. Al-Razi, *Libro de la introducción al arte de la medicina "Isagoge"*, ed. de Vázquez de Benito, Salamanca, Universidad de Salamanca, 1979, p. 12.
14. *Ibid.*, p. 31.
15. *Ibid.*, p. 32.
16. *Loc. cit.*
17. *Ibid.*, p. 25.
18. *Ibid.*, p. 66.

España proseguían un modelo más propio del siglo XV y los inicios del siglo XVI".[19]

Lo que realmente profundizaba el joven aprendiz en las universidades, más que su capacidad práctica y técnica, era su capacidad dialéctica y una alta argumentación lógica para poder contradecir o afirmar las posturas de la tradición estudiada en clase.[20] Esta es una de las tantas razones por las que medicina y astrología siempre estuvieron relacionadas, principalmente en el Antiguo Régimen —y aún en los albores de la modernidad—, pues se especulaba, teóricamente, mediante la abstracción del pensamiento, cómo es que el macrocosmos y sus constelaciones y planetas afectan al microcosmos, o sea, la delicada armonía humoral que yace en el cuerpo humano.[21] Las artes liberales, la retórica, dialéctica y la gramática (el *trivium*) eran fundamentales para manipular la información médica ofrecida a los estudiantes en beneficio de una teórica esquematización pedagógica. En otras palabras, entre la escritura de la medicina, la de sus textos "científicos" y el arte literario, hacedor de distintas poéticas —tal y como se ejemplificará más adelante con "Pinciano"—, había una frontera muy delgada, la cual, en determinados contextos, era casi inexistente.

Las artes liberales dividían el mundo en dos opuestos, los que se ganaban la vida con las manos, y los que lo hacían con la sabiduría, distinción presente también en el Antiguo Testamento cuando se hace una marcada diferencia entre el escriba y el artesano:

> Todos estos [los artesanos] tienen su vida fiada a sus manos, y cada uno es sabio en su arte. Sin ellos no podría edificarse una ciudad; pero

---

19. Martínez Hernández, *op. cit.*, p. 175.
20. De hecho, en el caso concreto del doctorando Agustín Farfán, uno de los evaluadores en su examen de doctor en Medicina será un doctor en Teología, nada más y nada menos que el famoso Francisco Cervantes de Salazar, autor de los tres diálogos latinos conocidos como *México en 1554*. Más adelante profundizaremos sobre la relación de este humanista con médicos de su época.
21. En la tercera parte del *Corbacho*, texto misceláneo del siglo XV, se reproduce esta información del macrocosmos heredera de las teorías hipocráticas-galénicas. Y así nos asegura que del sanguíneo "son de su preduminación tres sygnos: Gíminus, Libra y Acuario"; del colérico: "Aries Leo, e Sagitarius"; del flemático "Cáncer, Escorpius y Piscis"; y del melancólico "Taurus, Virgo e Capricornius". Por supuesto, a cada uno de estos signos zodiacales se les asigna un planeta. (Alfonso Martínez de Toledo, *Arcipreste de Talavera o Corbacho*, ed. de Joaquín González Muela, Madrid, Castalia, 1998, pp. 181-184).

no viajan por países extraños [...] ni se cuentan entre los que inventan parábolas. [El escribano] investiga la sabiduría de todos los antiguos y dedica sus ocios a la lectura de los profetas (*Eclesiástico*, 38, 35-38; 39, 1).

No obstante, el arte de la medicina comenzó a acercarse un poco más a las fronteras de lo que hoy entendemos por ciencia en una de sus materias constitutivas que fue del todo prohibida durante la Edad Media por cuestiones teológicas: la anatomía. Hipócrates no la practicó por cuestiones algo semejantes a las cristianas, es decir, por postulados ligados a la moral y la fe de su tiempo. Galeno, por su parte, diseccionó animales —al igual que Aristóteles— para tratar de comprender el funcionamiento de las partes del cuerpo humano. Y esa conceptualización del cuerpo, enriquecida por las aportaciones de Avicena y Al-Razi, fueron las que pervivieron durante siglos.

La revolución anatómica y el inicio de la temprana modernidad para la medicina, más próxima a nuestra ciencia actual, llegará en 1543 —el mismo año en que Copérnico publica su *De revolutionibus orbium coelestium*—, cuando el médico italiano Andrés Vesalio publica su *De humani corporis fabrica* obra fundamental transformadora de una tradición milenaria: se trata de un libro donde, por primera vez, se otorga más autoridad a "la observación de la realidad que a lo escrito sobre ella por los padres de la medicina".[22]

En efecto, con la ponderación de atender a cierta realidad médica determinada por la circunstancia por encima de la tradición médica literaria, se le concede mayor relevancia a la técnica para que, paulatinamente, se perfeccione y llegue a ser parte constitutiva de la medicina de la modernidad.[23] Debemos recordar que, antes de los tiempos de Vesalio, el médico catedrático no tocaba los cuerpos que presentaba a

22. Pérez Tamayo, *op. cit.*, p. 85.

23. La destreza técnica es requerida para manipular la naturaleza, como bien podría afirmarlo cualquier experto en cirugía. Y, curiosamente, también el músico concertista o escritor consagrado afirmaría lo mismo. Por lo tanto, la técnica siempre será un medio, nunca un fin de la actividad a la que se deba. Por estas razones es que el gran médico patólogo e inmunólogo Pérez-Tamayo (*ibid.*, 12) declara: "La medicina es las dos cosas: es ciencia y es arte, pero también es algo más [...] es la única profesión dedicada a lograr que hombres y mujeres vivan y mueran sanos lo más tarde posible".

los alumnos.[24] Esa era tarea del barbero-cirujano, quien se ensuciaba las manos y trataba unos cuerpos, si no putrefactos, sí malolientes por las pésimas condiciones de preservación de los cadáveres en la época. El médico solo guiaba lo que se debía extirpar, cortar, mover, etc., mientras era el barbero-cirujano quien se aplicaba en ello. A este se le negaba cursar estudios de medicina, es decir, se le impedía el acceso a la sabiduría —según la propia división del discurso bíblico del Antiguo Testamento señalado líneas arriba—, pues se consideraba que lo suyo era un oficio, al igual que el del carpintero; es decir, que solo un barbero-cirujano podía enseñar a otro. Durante el siglo XV, en la Universidad de París, tras ejercer presión y lucha constante por parte de los de este gremio, se le permitirá el acceso, primero a los baberos, no siendo hasta principios del siglo XVI cuando se acepten tanto a unos como a otros y puedan optar por grados académicos, igual que un médico. En este contexto, Ambroise Paré se convertirá en el primer aprendiz de barbero-cirujano en dejar una importantísima huella en la historia de la medicina. Debido a las múltiples guerras a las que asistió para intentar salvar a los gravemente lesionados (es decir, en ponderar una realidad determinada por la circunstancia por encima de la tradición), pudo perfeccionar la técnica para mejorar las heridas de los pacientes. De manera que hoy se considera que, "lo que Vesalio es a la anatomía, Paré lo es a la cirugía, gracias a su obra *La méthode de traicter les playes faictes par les hacquebutes et aultres bastons à feu*, publicada en 1545".[25]

No obstante, este mundo revolucionario, donde se perfila ya el desarrollo incipiente de la ciencia médica tal y como podríamos entenderla hoy en día, no tocará al arte de la medicina que practica fray Agustín Farfán en el *Tratado breve de medicina*. Esta obra se debe a una tradición occidental escolástica arcaica —solo si la comparamos con las obras clásicas de Vesalio y Paré— que posee una poética de peculiaridades únicas, otorgadas por la fusión de los elementos naturales (flora, fauna y minerales) autóctonos americanos con el arte de

24. Desde inicio del siglo XV se reconoció en ciertas universidades el derecho a la disección de cuerpos humanos, Montpellier fue la primera (1377); le siguieron Bolonia y Padua, en esta última fue catedrático Andrés Vesalio (1405 y 1429). París llegará más tarde (1478); y Salamanca hasta el siglo XVI, de la mano de dos ex alumnos de Vesalio: Pedro Jimeno y Luis Collado (*ibid.*, p. 82).

25. *Ibid.*, pp. 86-91.

la medicina hipocrática-galénica-arabizada-cristianizada, tal y como veremos más adelante. De momento conviene reafirmar, pues, que los diagnósticos, pronósticos y tratamientos renacentistas que encontraremos en el *Tratado breve de medicina* se deben más a una conceptualización del arte médico que al de la ciencia médica.

2.2. Una poética de los Siglos de Oro y la medicina

Con lo expuesto hasta aquí se sostienen las razones hermenéuticas por las que Hans-Georg Gadamer considera que la medicina debe ser vista más bien como un arte y no como una ciencia. En efecto, incluso cuando Hipócrates habla *Sobre la ciencia médica*, en el tratado que lleva este nombre, está hablando de un arte casi esotérico cuando afirma que en los errores del profesional debe culparse siempre a la dolencia y nunca a la ciencia.[26] Y esto es porque la ciencia, como tal, es un concepto muy reciente que se basa en la experiencia y "sólo puede tener valor de experiencia lo que puede someterse a un control".[27] En la medicina de Farfán no había control alguno, los casos clínicos que nos presenta pueden ser definidos como meros ensayos que surgían según el momento y la necesidad, por una parte; y otros sacados de una generalidad debida a la tradición médica literaria. Lo que realmente aplicaba Farfán —y otros médicos novohispanos como él—, además de su experiencia, eran ciertas leyes "que extrajo de la maraña de relaciones causales, y que no pueden desentrañarse en el marco de la experiencia completa".[28]

Entonces, el arte de la medicina que encontraremos en estas páginas consiste, a grandes rasgos, en dejar actuar a la naturaleza por sí misma, el médico debe aprender a leer tanto el mensaje tácito como el que se infiere de la misma. Es curioso que esto mismo hace el artista y, en un ejemplo más concreto, el escritor, pues confecciona su arte observando una realidad determinada para después intentar recrearla en

26. "Mi razonamiento es el mismo acerca de los demás recursos de que se sirve la medicina, que de todos ellos afirmo que, en los casos que el médico no los aplica con éxito, hay que echarle la culpa al poder la dolencia, no a la ciencia" (Hipócrates, *Sobre la ciencia médica*, pp. 9, 18).
27. Gadamer, *op. cit.*, p. 17.
28. *Ibid.*, p. 18.

su ejecución artística. El médico y el escritor: ambos confeccionan un tratamiento sobre una situación determinada, pero, mientras que este primero, "al tratar", intenta devolver al orden natural; el segundo, "al tratar", arranca una porción de esa armonía natural para hacerla ver. Siguiendo este orden de pensamiento, podemos inferir que el médico, al ejecutar su arte, interviene para que el enfermo alcance la salud y, al hacerlo, ya no se tiene nada, pues ha devuelto las cosas a un armónico orden natural; pero el escritor, al ejecutar su arte, al final de ese camino tiene una obra, "se tiene algo", esa queja del enfermo ante el médico es el resultado final del creador, del verdadero artista: "tener algo".[29] El médico devuelve al cauce del delicado equilibrio de la naturaleza; el escritor quita algo a esa naturaleza y la convierte en arte mediante la imitación verosímil. Ambos ejecutan su arte, no su ciencia, diagnostican el micro y el macrocosmos y con ello reconocen: "Separar y reconocer, que es el verdadero sentido del diagnóstico, reside el arte verdadero [...] el diagnóstico errado, la correlación errónea, no se atribuye en general a la ciencia, sino al arte y, en última instancia, a la capacidad de juicio del médico".[30] Yo añadiría, de igual manera, "a la capacidad de juicio" del escritor. Me permito esta glosa porque me parece que ha sido pasado por alto, por los distintos estudios consagrados a la historia de la medicina ibérica y novohispana de los siglos XVI y XVII, el hecho de que algunas de las preceptivas de la poética literaria más

29. A partir de este razonamiento, el filósofo rumano Constantin Noica tomará modelos de personajes literarios para ilustrar su premisa de que el hombre es el "ser enfermo del universo", esa es su verdadera condición y naturaleza; a partir de esta, el filósofo ubica tres enfermedades por la carencia de lo individual, lo general y de las determinaciones en la vida: *catholita*, *todetita* y *horetita*; y otras tres más por negación de lo individual, lo general y de las determinaciones en la vida: *ahoretita*, *atodetía* y *acatholía*. Sin embargo, estos desajustes, lejos de invalidar al sujeto, le confieren sorprendentes capacidades. No se trata de encontrar cura para estos padecimientos, sino de entenderlos y asumir que gracias a ellos el hombre ha logrado lo que es a lo largo de su existencia. Es decir, el razonamiento de Noica no está muy lejos del que solicita Farfán: arreglar el alma ante la inminencia de la muerte en caso de que el tratamiento no devuelva al equilibrio armónico de la naturaleza. Solo que en Noica adquiere la posición del creador, la posición no del arte de curar, sino del arte de la literatura: en el desequilibrio que el ser humano significa para la armonía de la naturaleza, más le conviene comprender su enfermedad inherente a su condición humana ante la inminencia de la muerte. O en palabras del médico griego Alcmeón: "Los hombres no son capaces de unir el comienzo con el final, por eso deben morir" (*ibid.*, p. 96).

30. *Ibid.*, p. 33.

importantes de los Siglos de Oro de nuestras letras han sido escritas por médicos. Bastaría con recordar el caso del Alonso López "Pinciano", médico de María de Austria, quien, con base en esta postura hermenéutica del arte médico, trató una realidad determinada no como doctor, sino como escritor y tras ella obtuvo su *Philosofía Antigua Poética*, publicada en 1596. Esta obra es una poética renacentista que permite dimensionar la justa revolución artística que causó el arte de la comedia nueva, cuyo mejor exponente es Lope de Vega, quien empezó a ver sus obras en escena en 1580, las cuales defenderá en la composición de su propia poética, el *Arte nuevo de hacer comedias* (1609). En efecto, lo que el médico "Pinciano" hizo con su obra fue diagnosticar una realidad determinada, el teatro, y ofrecer un tratamiento para un mal que él veía extenderse en el gusto de la sociedad cultural de su tiempo. Dicho tratamiento fue enérgico: una regulación sumamente arcaizante de lo que, a su juicio, debía ser el buen teatro, para contrarrestar fuerzas a las renovadoras características de la comedia nueva. Para hacerlo, el "Pinciano" se apega a los postulados poéticos y retóricos de Aristóteles, componiendo su propia poética con una estructura epistolar, inventándose personajes para comentar y criticar los gustos de la época. El "Pinciano" se muestra recalcitrantemente antiguo, defendiendo, por ejemplo, los cinco actos propios del teatro clásico por encima de los tres de la comedia nueva; o que la tragedia solo debe mostrar personajes encumbrados y la comedia no, pues esta es propia para el vulgo. Con ello atacaba a la tragicomedia y al personaje del gracioso, presente en los distintos dramas de la comedia nueva.

Solo un médico pudo haber hecho una poética de esta naturaleza sobre el arte teatral del siglo XVI. Sus excelentes conocimientos de latín y griego (la gramática), para leer a Aristóteles, Horacio, Quintiliano, etc.; y su justa disertación de un tema determinado (el teatro) empleando la retórica y la dialéctica, que bien aprendió durante su tiempo en las aulas de Medicina, fueron determinantes. Y es que así lo exigía el plan de estudios universitario. Antes de tener derecho a cursar Medicina había que ser bachiller en Artes.[31] Y este modelo será el que se

31. Martínez Hernández (*op. cit.*, p. 154) cita parte de las constituciones y estatutos de la Universidad de Salamanca, el corpus de Martín V, quien desde 1422 legislaba: "en la ciencia médica, por su parte, nadie acceda al grado de bachiller sino tras haber sido bachiller en artes y durante cuatro cursos o durante la mayoría de cada uno de ellos haber oído medicina y públicamente haber cumplido diez lecturas de ella".

implante en los primeros años de la Real Universidad de México,[32] medio académico en el que verá nacer su obra fray Agustín Farfán.

No debemos olvidar estos hechos para otorgarle una nueva luz al estudio de la historia de la medicina novohispana y con ella emparentar a la manera de proceder del arte médico con el arte literario de la temprana modernidad, aun cuando ambas artes obtengan resultados muy distintos tras su ejecución, o quizá no tan distintos, en palabras del propio Alonso López:

> ¿Quién me acusará ahora a mí, que emprendí escribir doctrina fuera de mi principal y primera vocación, si lo hice movido de honesto celo? Sabe Dios ha muchos años deseo ver un libro de esta materia sacado a la luz de mano de otro por no me poner hecho señal y blanco de las gentes, y sabe, que por ver mi patria, florecida en todas las demás disciplinas, estar en esta parte tan falta y necesitada, determiné a arriesgar por la socorrer. Dirá acaso alguno que no es la poética de tanta sustancia que por su falta peligre la república. Al cual respondo que lea y sabrá la utilidad grande y mucha doctrina que en ello se contiene. Mas, ¿para qué te canso con esta apología, si sabes que Apolo fue médico y poeta, por ser estas artes tan afines que ninguna más? (*De Filosofía Antigua Poética*, p. 9).

Es decir, que el "Pinciano" escribe para la república, para "socorrerla" en sus aspectos más carentes. Según la teoría humoral, una carencia que no se atiende conlleva la enfermedad, el desorden, la crisis. En los Siglos de Oro la palabra crisis apareció mucho antes en el terreno de la medicina que en otros campos del saber —tales como la literatura, la política, la economía, etc.—. De hecho, empieza a utilizarse a finales del XVI y comienzos del XVII, y aunque esta palabra quedaba lejos de ser empleada como en la actualidad, "aunque falte la palabra, no falta ya la conciencia para advertir la presencia de esos momentos de la vida social, anormales, desfavorables, especialmente movidos, a los que luego llamaremos crisis".[33] En efecto, en dicha época el médico era una autoridad que escribía no solo para atender la crisis del cuerpo

---

32. "Los que se hubieren de graduar en medicina de bachilleres, sean primero graduados de bachilleres en artes, y después cursen tres años y medio en medicina para se graduar de bachilleres en la dicha facultad" (Enrique González, "Estatuto universitarios mexicanos anteriores a la visita del oidor Farfán (1580)" (*apud ibid.*, p. 153).
33. Maravall, *La cultura del Barroco*, Barcelona, Ariel, 2002, p. 57.

humano, sino para paliar los problemas del hábitat donde convivían esos seres humanos: la sociedad. Por lo tanto, no debe sorprendernos que algo de la literatura de remedios o "arbitrios" fuera escrita por médicos que buscaron diagnosticar y tratar carencias culturales, económicas, políticas, sociales, etc.; médicos que se expresaron (en esta literatura de "arbitrios") con la metáfora, la figuración y la trama, y que contaban con toda una cantera de recursos retóricos, bien aprendidos durante sus cursos universitarios, para poder hacerlo. Con esta intención de "socorrer" a la república surgen dos obras importantísimas para la medicina ibérica del siglo XVI: el *Examen de ingenios para las ciencias*,[34] del médico Juan Huarte de San Juan (Baeza, 1575 y su edición reformada de 1594), de quien se hablará con profusión más adelante; y *La nueva filosofía de la naturaleza del hombre*, del médico Miguel Sabuco (Madrid, 1587).[35]

Diagnosticar y ofrecer un tratamiento son dos conceptos presentes en el arte de la medicina y en el arte de la literatura. Quizá por estos lindes fronterizos, porque, prácticamente, cualquiera con imaginación y astucia podía simular el arte médico gracias, en parte, a su herencia y relación con las artes liberales del medioevo; quizá entonces —repito— esta es una de las tantas razones por las que el arte médico fue estrictamente vigilado por la Inquisición. De hecho, el importantísimo libro de Huarte de San Juan, el *Examen de ingenios para las ciencias*, fue expurgado por el Santo Oficio en 1584. Esto prefigura ya una tradición oscurantista del arte médico que será comentada en el siguiente apartado.

34. La ejemplificación cabal de una obra perteneciente al arbitrismo yacería en un texto como el *Memorial de la política necesaria y útil restauración de España y estados de ella, y desempeño universal de estos reinos* (1600), de Martín González de Cellorigo; sin embargo, las intenciones de Huarte de San Juan encajan con nuestro argumento, ya que, con base en la teoría de los humores, se proponía mejorar la sociedad de su tiempo, otorgando un oficio adecuado a cada persona según sus aptitudes físicas y humorales.

35. "Muchas vezas os he rogado, que antes que nos muramos, mejoremos este mundo: dexando en él escrita alguna Filosofía que aproveche a los mortales, pues hemos vivido en él, y nos ha dado hospedaje, y no nacimos para nosotros solos, sino para nuestro rey y Señor, para los amigos y patria y para todo el mundo" (Sabuco, ff. 5b-6a).

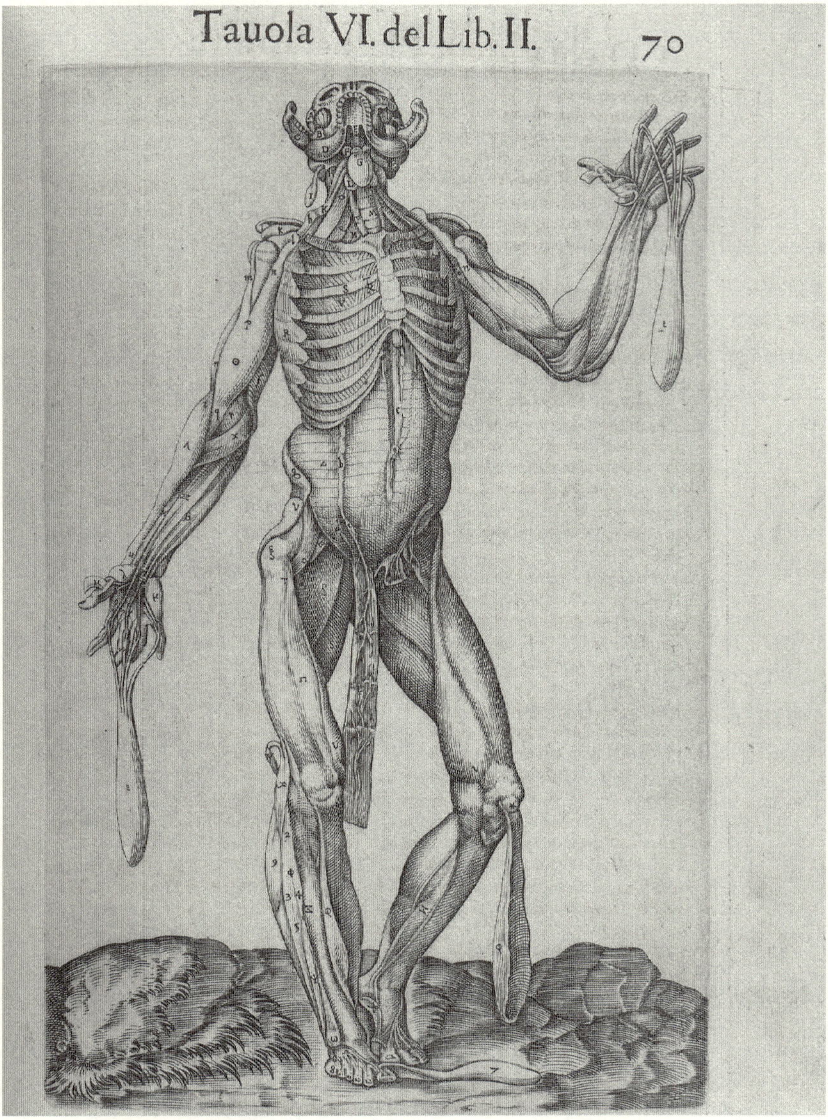

Ilustración de Gaspar Becerra para *Anatomia del corpo humano* de Juan Valverde de Amusco, Roma: er Ant. Salamanca, et Antonio Lafrerj (1560). The US National Library of Medicine.

3. El *Tratado breve de medicina* ante la tradición médica europea

Por encima de la literatura, las matemáticas, la astronomía, etc., las artes médicas fueron una de las prácticas más perseguidas por la Inquisición, principalmente en España.[1] Esto quiere decir que, si uno de los órganos institucionales de mayor eficiencia que haya conocido el orbe hispánico estaba sobre los médicos, sus obras y prácticas, es porque había una oscura realidad de este arte: un lado lóbrego habitado por una runfla de charlatanes.[2]

La literatura ibérica de los siglos XVI y XVII es reflejo de este hecho. *La Celestina* y *La vida de Lazarillo de Tormes*, por ejemplo, poseen algunas descripciones célebres de la charlatanería médica tan en boga y tan recurrida por el pueblo llano para sanar los más diversos males de ojo, de esterilidad, de mal de madre (matriz, útero), de mal de amores, etc.[3] Célebres son las palabras de Lázaro cuando se refiere a su primer

1. Martínez Hernández (*op. cit.*, p. 315) toma el dato de José Pardo Tomás, *Ciencia y censura. La Inquisición española y los libros científicos en los siglos* XVI *y* XVII, Madrid, CSIC, 1991, p. 193. Este último afirma que una tercera parte de las obras "científicas" (astronómicas, astrológicas, matemáticas, etc.) que figuraron en los índices prohibidos eran títulos centrados en temas médicos.
2. Aunque no era tanto la charlatanería lo que preocupaba al Santo Oficio como la herejía. Los médicos trabajaban, es decir, teorizaban nociones de la naturaleza. Decir que esta era diferente u opuesta a los conceptos del credo cristiano era digno de intervención inquisitorial. Dos ejemplos al respecto: el AGN de México (*Instituciones Coloniales / Inquisición* (61) / Volumen 741 / Expediente 34) habla del caso de un libro de medicina ocurrido en el año 1677 en el cual se sentencia que debía de ser expurgado. Otro caso, de 1676 (*Instituciones Coloniales / Inquisición* (61) / Volumen 497 / Expediente 5), trata de los autos sobre las denuncias de un libro titulado *Espejo de la filosofía y compendio de toda la medicina*, compuesto por el Dr. Juan de la Torre y Barcarcel, presbítero.
3. Martínez Hernández (*op. cit.*, pp. 87-92) ofrece como ejemplos algunos segmentos de la *Celestina* y del *Lazarillo* para asentar la figura del curandero-médico en la literatura de los Siglos de Oro. Destacando esta figura en el *Quijote* y, por supuesto, en la obra de Quevedo, *Sueños*. Por otra parte, el mejor ejemplo de la mofa hacia

amo, el ciego lenguaraz.[4] Y ni qué decir del escritor y músico Vicente Espinel, quien en 1618 hacía hablar a su antipícaro,[5] el anciano escudero Marcos de Obregón, curandero por ensalmos a esas alturas de su vida, quien advierte de modo socarrón al inicio del recuento de sus aventuras que las contará con estilo, tratando de deleitar y de enseñar algo de provecho, imitando el proceder de los médicos:

> Haré como los grandes médicos, que no luego que llegan al enfermo le martirizan con violencia del reobarbo[sic], ni con otras medicinas arrebatadas, sino primero disponen el humor con la blandura y suavidad de los jarabes, para después aplicar la purga, que ha de dejar al sujeto limpio y libre de la corrupción que le aquejaba. Y si bien son muy trilladas estas comparaciones de los médicos y las medicinas, pueden traerse muy bien entre manos, por ser fáciles e inteligibles, y más yo, que por la excelente gracia que tengo de curar por ensalmos, puedo usar de ellos, como uso del oficio, con tanta aprobación y opinión de todo el pueblo que me ha valido tanto el buen puesto en que estoy, junto con traer unas cuentas muy gruesas, unos guantes de nutria, unos anteojos que parecen que parecen más de caballo que de hombre, y otras cosas que autorizan mi persona; que estoy tan acreditado que toda la gente ordinaria de esta corte y de los pueblos circunvecinos acuden a mí con criaturas enfermas de mal de ojo, con doncellas opiladas o con heridas de cabeza y de otras partes del cuerpo, y con otras mil enfermedades, con deseo de cobrar salud; pero curo con tal dulzura, suavidad y ventura, que de cuantos vienen a mis manos no se me mueren más de la mitad, que es en lo que estriba mi buena opinión; porque éstos no hablan palabra, y los que sanan dicen mil alabanzas de mí, aunque quedan perdigados para la recaída, que todos vuelan sin remedio. Mas la gente que más bendiciones me echa es la que curo de la vista corpo-

---

los "matasanos" en el periodo virreinal lo hallamos en el siglo XVII en el Perú, en la obra de Juan del Valle y Caviedes *Guerras físicas, proezas medicales, hazañas de la ignorancia*, ed. de Carlos F. Cabanillas Cárdenas, Madrid/Frankfurt, Iberoamericana/Vervuert, 2013.

4. "Decía saber oraciones para muchos y diversos efectos: para mujeres que no parían, para las que estaban de parto, para las que eran malcasadas, que sus maridos las quisiesen bien. Echaba pronósticos a las preñadas si traían hijo o hija. Pues en caso de medicina, decía que Galeno no supo la mitad que él para muela, desmayos, males de madre. Finalmente, nadie le decía padecer alguna pasión, que luego no le decía: 'Haced esto, haréis estotro, cosed tal yerba, tomad tal raíz'. Con esto andábase todo el mundo tras él, especialmente mujeres, que cuanto les decía, creían. Déstas sacaba él grandes provechos con las artes que digo, y ganaba más en un mes que cien ciegos en un año" (*La vida de Lazarillo de Tormes*, ed. de Alberto Blecua, Madrid, Castalia, pp. 97-98.)

5. Así lo es para Bataillon, *Pícaros y picaresca*, Madrid, Taurus, pp. 235-236.

ral, porque como todos o la mayor parte son pobres y necesitados, con la fuerza de cierta confección que yo sé hacer de atutía[6] y cardenillo[7] y otros simples,[8] y con la gracia de mis manos, a cinco o seis veces que vienen a ellas, los dejo con oficio, con que ganan la vida muy honradamente, alabando a Dios y a sus santos con muchas oraciones devotas que aprenden sin poderlas leer.[9]

No es de extrañar que la literatura picaresca recoja, de una circunstancia determinada, hechos que suelen incomodar a distintos poderes consignatarios de la institucionalización social; hechos que, por otra parte, dentro de un tratamiento narrativo que los magnifica con el único fin de enriquecer la verosimilitud de la ficción, suelen entretener a los distintos niveles de lectores, tanto de aquel tiempo como de épocas posteriores y aun de ahora. Si el género picaresco era capaz de ofrecer estas burlas para médicos y su arte es porque su literatura intrínseca no estaba lejos de lo que se ponía en chanza. Conviene pues sumergirse en estas aguas y sondear qué hay de todo ello en el *Tratado breve de medicina*.

3.1. Literatura médica hispánica medieval

Sin el afán de ser exhaustivos en la recopilación de obras médicas europeas y, principalmente, de la tradición hispánica o su influencia en esta; y sin abordar directamente las obras de Hipócrates, Galeno, Avicena, Averroes, Al-Razi, etc , me propongo aquí revisar los nombres de otros autores. Sus obras dieron forma a una literatura que acoge, en diferentes dimensiones y propósitos, el conjunto teórico greco-árabe de este arte. Más allá de ofrecer una lista interminable de obras, el propósito principal será destacar que la tradición de la medicina europea y, concretamente, la española, dialoga con el *Tratado breve de medicina*, por

6. Óxido de cinc, generalmente impurificado con otras sales metálicas, que, a modo de costra dura y de color gris, se adhiere a los conductos y chimeneas de los hornos donde se tratan minerales de cinc o se fabrica latón (*DRAE*).
7. Materia verdosa o azulada, con propiedades tóxicas, que se forma en los objetos de cobre o sus aleaciones (*DRAE*).
8. Material de procedencia orgánica o inorgánica, que sirve por sí solo a la medicina, o que entra en la composición de un medicamento (*DRAE*).
9. Espinel, *Vida del escudero Marcos de Obregón*, ed. de Mª Soledad Carrasco Urgoiti, Madrid, Castalia, pp. 84-87.

su puesto, con sus diferencias y semejanzas. Propongo hacer ver que el arte médico novohispano se debe a sus propias peculiaridades relacionadas con la naturaleza, contexto e invención de América, que muchas de sus teorías fueron herencia medieval y que, las teorías médicas más novedosas, propiamente renacentistas, se valieron, precisamente, de una idea, de una invención de los productos americanos, plantas, raíces, animales, etc., en beneficio del enriquecimiento de los arcaicos postulados de este arte y en beneficio de la economía. Esto último se ve reflejado en los tratados médicos ibéricos de la segunda mitad del siglo XVI e inicios del XVII. En estos, como en varias obras nacidas en la Edad Media, existe una tendencia al pensamiento "enciclopédico" (que incluso podrían remontarse al *corpus hippocraticum*), entiéndase, una intención que abarcase todas las enfermedades (no debemos olvidar el título completo de nuestro libro: *Tratado breve de medicina y de todas las enfermedades*). No obstante, en las obras de finales del siglo XVI, como nuestro tratado, hay una innovación: se pretende la observación de la naturaleza para dominar los poderes que esta esconde en beneficio de la sociedad, encontrando, en algunos ilustres casos, una relación política en todo ello para mejora de la república, como sería el caso del *Examen de Ingenios para las ciencias* (1575, primera edición y 1594, edición reformada), del doctor Huarte de San Juan, obra que se estudiará más adelante. Finalmente, busco animar a los lectores a considerar la obra de los médicos novohispanos como textos universales que dialogan con un panorama de la medicina nacida en la temprana modernidad, como ejemplo bastaría recordar que el primer cirujano en publicar en la Nueva España en 1578 —bajo la aprobación de fray Agustín Farfán, entre otros médicos— escribía no solo para su contexto social novohispano, sino "para el bien común de la República Cristiana".[10]

3.2. Obras en lengua árabe

En la búsqueda de textos medievales que se esfuercen por abarcar la totalidad de la enfermedad, con el afán de popularizar saberes que

10. López de Hinojosos, *Suma y recopilación de cirugía*, ed. Germán Somolinos D'ardois, Roberto Olivera, Samuel Fastlicht y Alfredo López Austin, Ciudad de México, Academia Nacional de Medicina, p. 153. Para un estudio de la poética de este cirujano, *vid.* Cortés Guadarrama, "Curiosidad y censura", *passim.*

en un principio tendrían el misticismo sectario de una ciencia oculta —con guiños para la alquimia en algunos preparados y menjurjes—, por fuerza hay que mirar al médico árabe Ibn al-Jazzar (siglo x), latinizado como Algizar. La única biografía de este médico es obra del médico andalusí Ibn Juljul. De toda su vasta obra nos queda su libro *Zad al-musafir*, latinizada *Viaticum peregrinantis* y, en castellano, *Provisión para el viajero y alimentación para el sedentario*.[11] Como puede inferirse por el título de esta obra, se trataba de una serie de remedios para los que, en un largo viaje o en lejanos asentamientos, no podían estar siempre cerca de centros urbanos con médicos; y, por el contrario, una serie de remedios y dieta para los que rara vez salían de su populosa ciudad. Se trata de una compilación del *Canon* de Avicena, este libro clave que, como se sabe, es una mezcla entre medicina y filosofía.

Ya que estamos con esta mezcla, por fuerza hay que citar a filósofo y médico Maimónides (Córdoba, 1138-El Cairo, 1204), rabino judío exiliado en Egipto con su familia. Al servicio del sultán egipcio y de otros personajes para quienes escribía,[12] alcanzó gran fama como médico. Escritos en árabe, y bajo la influencia médica greco-árabe, en sus textos, como en la obra de Farfán, está la concepción de que la naturaleza actuará por sí misma para beneficio del enfermo, a menos que este acuda a un médico ignorante de este hecho. Para dejarlo en claro, sin riesgo a la refutación, Maimónides acude a las autoridades de su arte:

> Razes, en uno de sus conocidos tratados, decía que cuando la enfermedad es más fuerte que el enfermo, que no confíe en librarse de ella; el médico no podrá ayudarlo de ninguna forma. Cuando, por el contrario, el enfermo sea más vigoroso que la enfermedad, no necesitará al médico, porque la naturaleza le sanará [...] Por eso dice Aristóteles en el *Liber de*

11. Hay edición crítica del árabe con traducción al en inglés desde el 2015: <https://brill.com/view/title/27105>.

12. "El mensajero que traía el encargo de mi señor me contó que mi señor sufría porque tenía problemas con las heces fecales y su sequedad, que normalmente sólo podía expulsar con un gran esfuerzo. También mencionó que a veces le afectaban la confusión, los pensamientos negativos y el temor a la muerte. Además, la comida le sentaba mal con frecuencia y casi siempre su digestión era muy débil. Esto es lo que mencionó" (Maimónides, "El régimen de la salud", *Obras médicas I*, ed. de Lola Ferre, Barcelona, Herder, p. 41).

sensu et sensibili que la mayoría de las muertes las causa la medicina por la ignorancia que tienen los médicos de la naturaleza.[13]

También se evidencia que la elaboración de los medicamentos se vale de lo que abunda en la región donde son preparados. De hecho, este es uno de los pocos tratados que he leído donde es clara la utilización de un fruto tropical[14] originario de África, difundido con posterioridad en Asia: el tamarindo.[15] Este árbol y su delicioso fruto será traído por los conquistadores a la Nueva España (convirtiéndose en una de las regiones del mundo con mayor producción y consumo de este fruto). Sin embargo, aunque el tamarindo no aparezca en la obra de Farfán, sirve la referencia para señalar un concepto en común que sí yace tanto en el *Tratado breve de medicina* como en la obra de Maimónides: que todo médico debe conocer su región y valerse de sus productos locales para beneficio de la salud, como bien lo pide Hipócrates.

Llama mi atención un apartado acerca de los beneficios del vino, cuando este se toma correctamente.[16] Farfán, como religioso, reprueba el consumo del vino (f. 62a). De hecho, tiene un remedio para que un alcohólico "aborrezca el vino" (f. 164); o aconseja, durante ciertas enfermedades, beberlo poco y aguado, esto último solo para los que —por nada del mundo— no pueden pasar la jornada sin él.

La curación de las almorranas, según Maimónides, no se parece en nada a lo que ofrece Farfán, pero coinciden en que es enfermedad de

13. *Ibid.*, p. 59.

14. También aparece en la obra *Menor daño de la medicina* de Chirino, médico de Juan II de Castilla, de quien se hablará más adelante.

15. Para cuando no se encuentre médico, Maimónides aconseja: "Se cuidará la toma de bebidas compuestas de drogas ligeras y seguras como regaliz [...] Se tomarán otras bebidas compuestas de los frutos y las semillas normales que toman los sanos, como la bebida de tamarindo" (*ibid.*, p. 62).

16. "Los beneficios del vino son muchos cuando se toma como es conveniente; entonces será causa de la conservación de la salud y de la curación de muchas enfermedades [...] Se equivoca el que piensa que una borrachera al mes es útil, pues la borrachera es sólo daño y pérdida general para todo el cuerpo, especialmente para el cerebro. La medida pequeña, la beneficiosa, conviene que se tome después de que salga la comida del estómago. No se acercarán a él los pequeños, pues es muy perjudicial para sus cuerpos y sus almas. Ya dijo Galeno que no conviene que un joven lo beba hasta pasados tres periodos sabáticos, es decir, después de los veintiún años. Cuando más crece el hombre, más le ayuda, y los que más lo necesitan son los ancianos" (*ibid.*, p. 97).

la melancolía (bilis negra)[17] y que, como toda enfermedad, mejorarían mucho si se procurará mejor al estómago y su digestión.[18] Finalmente, aunque Farfán recomienda el excremento de paloma para ciertos emplastos curativos, Maimónides es mucho más fino que nuestro fraile agustino en cuanto el empleo de este pájaro para la mejora de la salud, pues era visto como un animal doméstico:

> Por otro lado, ordenaron aspirar la respiración de las palomas y verlas siempre por la casa, porque esto libra con seguridad de enfermedades de los nervios, como la hemiplejía, la parálisis fácil, los espasmos y el temblor. Todo esto es seguro si se tienen palomas siempre en casa, pero con la condición de que sus excrementos se expulsen fuera y no se amontonen en ningún caso, porque eso corrompería y pudriría el aire.[19]

De hecho, Farfán hereda de la medicina medieval cristiana el empleo del excremento seco (de pájaros, roedores, humanos, etc.), junto con otras sustancias igual de tóxicas (vidrio molido) en la elaboración de brebajes, tal y como se verá a continuación.

3.3. Obras en lengua latina y traducciones castellanas

Johannes de Ketham publicaba en latín su primera edición de su *Fasciculus* en Venecia en 1491. Este médico, quien se presenta en la segunda edición del texto (Venecia, 1495) con un origen "*alamanum*", se identifica hoy en día con un doctor que trabajaba entre 1455 y 1470 como profesor en la Facultad de Medicina de la Universidad de Viena.[20] Fue un autor de gran popularidad entre los médicos europeos de la Baja Edad Media, principalmente, franceses, alemanes, italianos y

---

17. "Ya es sabido que en gran parte el humor negro produce las hemorroides [...] Lo evidente siempre es que se produce a partir de la bilis negra, porque cuando aumenta la sangre, ésta se espesa, se enturbia y la rechazan los miembros" (*ibid.*, p. 117).
18. "Has de saber que muchas de las enfermedades y sus más graves recaídas son debidas a la mala digestión en el estómago. Ya que cuando se corrompe la digestión pasará también a la digestión segunda, en el hígado, y a la tercera, en el resto de los miembros" (*ibid.*, p. 1[illegible]3).
19. *Ibid.*, p. 104.
20. Herrera, "El autor y su obra", en Johannes de Ketham, *Compendio de la salud humana*, ed. de Mª Teresa Herrera, Madrid, Arco Libros, p. 7.

españoles. Su trabajo fue impreso como incunable en Burgos, Pamplona (1495) y Zaragoza (1494). Como suele ocurrir con varios textos "científicos" y religiosos de la época,[21] ninguna de las impresiones españolas es estrictamente traducción de la latina, sino que la traducción se "adapta" al contexto local y se añaden o suprimen datos e información del arte médico propuesto por Ketham, esto, quizá, explica el cambio del título: de *Fasciculus medicine* a *Compendio de la humana salud*.[22]

La intención de Ketham, como profesor de Medicina, era instruir a otros médicos con su obra.[23] Aun así, las adaptaciones de los traductores ibéricos intentaron aproximar esta intención del autor a una mayor accesibilidad al arte para el necesitado lector de lengua romance. Se hace, pues, más comprensible el arte médico, recurriendo, entre otros rasgos característicos del texto, a la sinonimia.[24]

El *Compendio de la humana salud* es una obra que se debe enteramente a las ideas de la Edad Media[25] y muchos de sus objetivos principales no aparecen reflejados en el *Tratado breve de medicina*. La palabra "experiencia" prácticamente no tiene lugar en la obra de Ketham, mientras que es una de las más recurridas por el agustino para dar certificación de eficacia a los tratamientos, dietas y varios procederes que sugiere para la cura de múltiples enfermedades. El empleo de excrementos secos es común en ambas obras, sin embargo, Farfán no es tan radical en su uso (f. 27a; f. 181a), de hecho, precisamente por esa apelada "experiencia", descarta su uso en brebajes, los cuales sí recomienda Ketham para aumentar la producción de leche en las mujeres durante la lactancia.[26]

---

21. Ahí está, por ejemplo, la adaptación y respuesta de los copistas medievales hispánicos al trabajo de Santiago de Vorágine, la *Legenda aurea*.
22. *Ibid*., p. 12.
23. "E fecho aqueste presupuesto pornemos seis reglas, las quales debe el phísico acatar con discreción ante de que juzgue de las urinas" (*ibid*., p. 29).
24. *Ibid*., p. 17.
25. "Para saber si la mujer es virgen, toma simiente de verdolaga y ponla encima del fuego, de manera que ella reciba en sí el humo, porque si fuera corrupta, verás maravillas. O ponle apio, con su raíz, encima de la cabeza, sin que ella lo sepa" (*ibid*., p. 113).
26. "Tome dos onzas de estiércol de mures o ratones, una onza de simiente de lechugas, media onza de cristal fino y hágalo todo polvos. Tome de ello cantidad de un cuarto de onza en un huevo, cada mañana, durante nueve días, y tendrá leche en abundancia" (*ibid*., p. 98).

Mientras que Farfán comienza su obra por el estómago, por las características ya señalas en relación a la mesura y aspectos relacionados con la digestión (característica que bien puede adjudicarse a un providencialismo religioso: evitar el pecado de la gula), Ketham comienza con un tratado dedicado al análisis de la orina, uno de los medios más eficaces para dictaminar la salud del paciente, considerando la sustancia, el color, la región y lo que esta contiene. El detalle descriptivo acerca de los distintos matices de la orina refleja el nivel de imaginación y argumentación médicas para suponer una serie de males que solo podían adivinarse mediante las excreciones humanas. Farfán también se ciñe a este proceder, mas con un estilo mucho más cuidadoso, evitando caer en lo reprobable a ojos de los inspectores de la herejía de su tiempo. En este sentido, el mayor rasgo que los diferencia es, sin lugar a dudas, el aspecto astrológico-médico, el cual ocupa un tratado entero del libro de Ketham. Con base en la teoría humoral, la intención era advertir, a partir de la relación de los movimientos y facetas lunares —y su respectiva entrada en cada uno de los doce signos zodiacales—, cuándo era más oportuno realizar una lobotomía en los enfermos. Así por ejemplo nos dice de uno de los tres signos melancólicos:

> Taurus
>
> El signo del mes de abril. E tiene dominio sobre la garganta, los hombros e las espaldas del cuerpo humano. E estando la luna en este signo, es mala la sangría de los ojos, pescueço e garganta. Es muy bueno fazer huertos, plantar viñas y árbores, porque crescen muy presto y turan mucho. Es bueno edificar casas, tomar mujer, començar todas las obras de madera comprar heredades y comenzar a arar. Es mala y peligrosa la dolencia en la garganta, en el pescueço, en los ojos y en las uñas.[27]

La ausencia de esta clase de información médica en el tratado de Farfán se debe al escrutinio inquisitorial que se ejercía sobre las obras médicas ibéricas y novohispanas a finales del siglo XVI. Más aún cuando en la Nueva España los curanderos indígenas recurrían a pronósticos que el ideario occidental emparentó con la astrología judiciaria. De ahí se explica que Farfán evitara la referencia a toda noción astrológica-médica y que el cirujano novohispano más destacado —cuya obra

27. *Ibid.*, p. 82.

fue aprobada para su publicación por el mismo Farfán— se uniera a esta causa contra viejas e indígenas curanderas desde el año de 1578, fecha de la publicación de su tratado,[28] un año antes que la primera obra de Farfán. Para seguir abundando en esta misma cuestión, también están ausentes en el *Tratado breve de medicina* los amuletos, los cuales son elaborados en el *Compendio humana de la salud* de las más diversas materias para atender, por ejemplo, "el desmesurado fluxo de mestruos de las mujeres":

> Aprovecha que lieve en un saquito puesto en las partes inferiores, la mujer, en el que haya ceniza de rana verde quemada. Si lo quisieras sperimentar, ata aquel saquito de aquella ceniza al pescueço de una gallina. E después que le haya tuvido un día, así atado, degüéllala y no le hallarás sangre ninguna.[29]

La ausencia de esta clase de "remedios" en la obra de Farfán supone que él tenía completa seguridad de su ineficacia, pues, de hecho, se cuestiona la utilidad de otros, como los sahumerios —tan recomendados por Ketham[30]—, los cuales, afirma, son sumamente sospechosos; él mismo nunca los utiliza ni aconseja, pues, afirma, "más he visto morir que sanar con éstos" (f. 97a).

Nada de esta parte esotérica del arte yace en la obra del médico agustino. Esto no significa que no existan notorias coincidencias. Por ejemplo, en lo relativo a los encuentros sexuales, ambos autores están de acuerdo en que no deben practicarse después de comer, con el es-

28. "Con esta permisión, quiere su Divina Majestad padezcan los humanos por sus pecados diversas enfermedades, hasta que el mismo Señor sea servido de traerlos a verdadero arrepentimiento de sus pecados; siendo así que cuando su Majestad es servido, cualquier vieja o india lo acierta a curar. Sin el cual arrepentimiento siempre les da Dios un molestador que los persiga sacándoles los huesos de la cabeza o piernas, afligiéndolos con tanto y tan diversos géneros de úlceras o llagas hediondas donde los miserables comienzan a pagar algo de lo mucho que deben por sus pecados. Por eso acabando el tratado de las heridas me pareció cosa conveniente tratar de las llagas o úlceras viejas que viene por corrupción de los humores del cuerpo, y de su cura para que los míseros pacientes sean aliviados de tan graves enfermedades" (López de Hinojosos, *op. cit.*, p. 179).
29. Ketham, *op. cit.*, p. 104.
30. "Si la mujer no puede echar, luego después de haver parido, la película que sale después de la criatura, que se llama cama, [...] debe çafumar con fumo de plumas de gallina, e assientese encima de forma que reciba muy bien en sí aquel fumo" (*ibid.*, p. 100).

tómago lleno. Ketham, apelando la autoridad de Aristóteles, dice que así lo manda para evitar la mala digestión;[31] pero Farfán, como buen religioso, es mucho más dramático al respecto; además de problemas con el estómago, a este hábito le atribuye males tan dañinos y variados como reuma, gota, mal de orina, piedra y hasta enfermedades sumamente mortales (f. 155b). También coinciden en considerar a los órganos sexuales como albañales, principalmente el femenino, debido a los menstruos (Farfán, f. 42b), incluso Ketham recurre a Averroes para dejar en claro el porqué de la existencia de la matriz (el albañal) en las mujeres.[32] Concuerdan los médicos en aprovechar los líquidos más acostumbrados en sus respectivas tierras y centurias. Ketham, como buen "alamanum", recomienda el uso de la cerveza[33] en lugar del vino (la cerveza no aparece, por ejemplo, en un tratado netamente hispánico, como el de Alonso Chirino, como veremos más adelante); Farfán, del atole, bebida prehispánica por excelencia (f. 62b; f. 86a; f. 171a; f. 250a).

A esta misma tradición de la medicina medieval se debe el algo más arcaizante —y monumental— trabajo conocido como *Lilium medicinae*, del famoso médico y profesor francés Bernardo de Gordonio. Tal fue su popularidad, que se le consagró como uno de entre los más grandes del arte en el prólogo general de los *Cuentos de Canterbury*, de Geoffrey Chaucer:

> Nos acompañaba un Doctor en Medicina. No tenía rival en cuestiones de medicina y cirugía, pues poseía buenos fundamentos en astrología. Estos conocimientos le permitían elegir la hora más conveniente para administrar remedios a sus pacientes; y tenía gran destreza en calcular el momento más propicio para fabricar talismanes para sus clientes. Sabía diagnosticar toda suerte de enfermedades y decir qué órgano o cuál de los cuatro humores —el caliente, el frío, el húmedo o el seco— era el culpable de la dolencia. Era un médico modelo. Tan pronto como descubría el

31. "¿Por es dañoso el ayuntamiento con el estómago lleno? Responde el Aristotil: porque se empacha por ello la digestión" (*ibid.*, p. 122).

32. "¿Por qué tienen las mujeres madrigueras? Responde el Abenrroys: [...] Assí como acostumbran de estar los abbellones, en medio de los patines, para recebir las aguas e inmundicias que cahen de toda la casa, assi la madriguera está en medio de la mujer, y recibe toda la sangre mentruosa e inmunda della" (*ibid.*, pp. 146-147).

33. "Toma la raíz de las violas con las hojas, cuécelas bien con cerveza o con vino, y dáselo a beber a la mujer por la mañana, porque le purgará maravillosamente la matriz" (*ibid.*, p. 105).

> origen de la perturbación, daba allí mismo al enfermo la medicina correspondiente, pues tenía sus farmacéuticos a mano para suministrarle drogas y jarabes. De este modo cada uno actuaba en beneficio del otro —su asociación no era reciente. El Doctor estaba muy versado en los autores antiguos de la clase médica. Esculapio, Dioscórides, Rufo, Hali, Galeno, Serapio, Rhazes [Al-Razi], Avicena, Averroes, Damasceno, Constantino, Bernardo [de Gordonio], Gaddesden y Gilbert.[34]

El *Lilio de medicina*, cuyo nombre le viene a imitación de los pétalos del lilio (azucena), se divide en siete partes. Se cree que fue compuesto a inicios del siglo XIV, como un manual de apoyo para el médico en ciernes, para los "humildes" y no los "soberbios", en palabras del propio autor, y con ello daba entrada no solo a especialistas, sino a cualquier lector. Es decir que, por lo menos en lo que corresponde a la intención perseguida por Gordonio, se asemeja en cierto sentido a lo que pretendía Farfán.

Se trata de un manual práctico, lleno de folklor, disputas contra los grandes de la medicina greco-árabe y los cirujanos; lo maravilloso de la literatura de este periodo histórico[35] y hasta refranes.[36] Se conoce una primera impresión en Sevilla (1495) de traducción anónima, y otra edición de 1697 en Madrid (González de Reyes). Se ha identificado un manuscrito presente en la Universidad de Salamanca de contenido mucho más pobre en relación con las mencionadas impresiones. Se especula que una primera versión del texto de Gordonio quizá entró en la península ibérica desde las primeras décadas del siglo XIV de la mano del médico Arnau de Vilanova, compañero de estudios de Gordonio en la Universidad de Montpellier. El manuscrito salmantino nos dice mucho de la ayuda que prestaba este manual

34. Chaucer, *Cuentos de Canterbury*, ed. de Pedro Guardia Massó, Madrid, Cátedra, pp. 76-77.
35. "Para la epilepsia: Cura: Quando alguno está con el peroxismo, si alguno pusiere su boca sobre su oreja del enfermo e diga a la oreja tres vezes estos versos, sin dubda, luego se levantará: 'Gaspar fert myrrham, thus Melchior, Baltasar aurum'. Quien los truxiere estos tres nombres de los reyes será absuelto del morbo caduco por la piedad del Señor. Pues quando alguno dixiere estos versos tres veces al forado de la oreja, luego se levantará. Provado es muchas vezes que luego se levanta; e dízese esso mismo que si los escriben y los traen colgados al cuello, se cura" (Gordiano, *Lilio de medicina*, ed. de Brian Dutton y Mª Nieves Sánchez, Madrid, Arco Libros, p. 559).
36. Dutton y Nieves, *op. cit.*, pp. 21-22.

a los estudiantes de Medicina y quizá curiosos lectores especialistas en otras artes.

Con base en esta información y teniendo en cuenta que, como se ha mencionado, la Universidad de Salamanca fue una influencia primordial para la fundación de la real y pontificia Universidad de México y su cátedra de Medicina, queda aún pendiente la loable tarea de establecer con profundidad la influencia de Bernardo de Gordonio entre los primeros médicos novohispanos relacionados con esta y otras instituciones virreinales encargadas de la salud de los vasallos de la Corona al otro lado del Atlántico. Este no es el espacio para ello, pero, además de unas coincidencias y diferencias con Farfán —que pueden perfilarse con lo señalado líneas arriba al compararlo con el *Compendio de la humana salud*—, me gustaría destacar que el *Lilio de medicina* es una de las poéticas médicas más interesantes de la Baja Edad Media. Para prueba, un remedio ajeno del todo a la poética farfanesca, para curar "del amor que se dize hereos":

> Búsquese una vieja de muy feo acatamiento, con grandes dientes, e barbas, e con fea e vil vestidura, y traya debaxo de sí un paño untado con el menstruo de la muger. Evenga al enamorado e comience a decir mal de su enamorada, diziéndole que es tiñosa e borracha e que se mea en la cama, e que es epilenticia, e fiere de pie e de mano e que es corrompida, e que en su cuerpo tiene torondos, especialmente en su natura, e que le fiede el fuelgo, e es suzia; e diga otras muchas fealdades, las quales saben las viejas decir e son para ello mostradas; e si por aquestas fealdades non la quisiere dexar, saque el paño de la sangre de su costumbre debaxo de sí e muéstregelo súbitamente delante su cara, e dele grandes bozes diciendo: "mira que tal es tu amiga commo este paño"; e si con todo esso non la quisiere dexar, ya no es omne, salvo diablo encarnado enloquecido e donde adelante piérdase con su locura.[37]

Farfán no ofrece ningún caso de enfermedad de amor, pues estas "patologías" son más propias de la charlatanería tan del gusto del género picaresco. No obstante, la prosa farfaniana podría aproximarse un poco a este tipo de narrativa cuando trata sobre una de las peores enfermedades de su tiempo: la esterilidad masculina (f. 230b). Por otra parte, al dejar al paciente que "se pierda con su locura" en lugar de tratar de restablecer el equilibrio perdido, también se desprende de este fragmen-

37. *Ibid.*, pp. 525-526.

to que Gordonio estaba mucho más preocupado que nuestro agustino en mantener la reputación del médico, a quien más le convenía nunca atender a moribundos. Estos, más cerca de la tumba que de la vida, le darían fama de matasanos y su reputación y prestigio caerían junto con los cadáveres. Farfán en este sentido actúa como religioso y, aunque a final de cuentas también abandona al paciente a rendirse ante su enfermedad cuando no hay más remedio, no deja de recordar el deber cristiano de encomendarlo a Dios y darle los santos sacramentos cuando el médico y el cirujano no tienen ya más nada por hacer (f. 237a).

3.4. Antecedentes hispánicos y escuela de Indias

Alonso Chirino escribió en lengua castellana el *Menor daño de la medicina* a inicios del siglo XV. Su autor fue médico del rey Juan II de Castilla, además de alcalde y examinador de los físicos y cirujanos de sus reinos. Con una primera difusión en manuscrito —de considerable éxito— es una obra concebida para el beneficio de los lectores de lengua romance, legos en su mayoría. Su primera intención fue tratar sobre el desengaño del dudoso arte médico practicado, en muchos casos, por charlatanes físicos (es decir, médicos) y cirujanos. Su composición se ubica entre 1406-1411 e incluso 1422, y tiene algunas impresiones durante el siglo XVI, entre ellas: Sevilla, 1506 (Jacobo Cromberger) y Toledo, 1513 (Joan de Villaquiran).

Es un tópico literario de esta clase de literatura que el médico apele a la cosmogonía cristiana para confiar en el correcto proceder de su arte, esto está presente tanto en el *Menor daño de medicina*, como en el *Tratado breve de medicina*. No obstante, en este último, a pesar de ser escrito por un religioso, no abundan las citas a los padres de la Iglesia. Esta característica se debe a que la poética de Farfán no busca demostrar el desengaño de su arte, cuestión fundamental para Chirino,[38] sino, aceptando el buen proceder y buena fe del mismo, su intención princi-

38. "A lo qual Sant Agustín en el libro de Mendaçio nos exorta deziendo: faga el omne por la salud temporal lo que pudiere sin pecar. A lo qual procurar todos los humanos somos tenudos, segunt mandamiento de ley natural e evangélica (Mathei XXII) onde nuestro Señor nos manda amar así a nuestros próximos commo nos mismos" (Chirino, *Menor daño de la medicina*, ed. de Mª Teresa Herrera, Salamanca, Universidad de Salamanca, p. 3).

pal es ofrecer un compendio útil, práctico y lleno de buenos remedios caseros, los más de ellos. *Menor daño de la medicina* intenta —también—, tal y como muchos años después lo hará Farfán, llegar al gran público —no solo al especialista ni a los médicos en ciernes— tratando de evitar el léxico oscuro que identifica a este arte.[39] Asimismo, al igual que con las obras bajomedievales ya revisadas líneas arriba, la palabra "experiencia" prácticamente no tiene lugar en la concepción médica de Chirino. Aparece la palabra "testimonio",[40] pero esta tiene otra noción: es de un arcaísmo notorio que se contrapone a la avanzada médica farfaniana. Dar testimonio es otorgarle autoridad a un tercero, y la experiencia es una ejecución por mano propia. Aunque veremos más adelante que la experiencia farfaniana se sustenta no solo en carne propia, sino en la tradición textual de los que le antecedieron en la práctica con las materias americanas y, también, en lo que seguramente escuchó al paso de los curanderos indígenas, sin que tuviese una verificación de aquello.

Es más, dentro del mencionado halo arcaizante, es uno de los pocos tratados de los que aquí comento que cita directamente a la alquimia,[41] arte cuya mención, con todas sus letras, está del todo ausente en el *Tratado breve de medicina*; y, asimismo, se recomiendan sahumerios[42] —tan del disgusto de Farfán, como ya se ha visto— en tiempos de pestilencia. En otras palabras, con los ejemplos ofrecidos queda en claro que la poética de Chirino está imbuida por la superstición maravillosa, tan característica de la Edad Media,[43] aunada a juicios médicos de la avanzada greco-árabe que aún pueden leerse en Farfán (f. 238a):

39. "Todo lo que aquí fallaredes escripto non será por vocablos de medicina nin palabras oscuras salvo fablando bulgarmente que qualquier omne puede entender" (*ibid*., p. 6).
40. "E ponga ençima enpasto de almástiga e ençima bragero. Testimonio dio omen de quarenta años que sanó con esto" (*ibid*., p. 186).
41. "Lo que más alinpia los dientes e los enblanqueçe de la primera vegada es el agua fuerte que fazen los alquimistas de caparros e alunbre e las otras sales, lo qual es para llagas podridas e para otras cosas" (*ibid*., p. 147).
42. "En tienpo de pestilencia [...] en tiempo frío de úmedo sofumen la casa con grasa o ençiensso e tengan fumo de tomillo e de salvia o de otras semejantes yerbas que descansa e calientan el ayre" (*ibid*., p. 41).
43. Para atacar la "gota caduca" recomendaba: "Dixo quien lo provó que tomen para esto calavera de omne muerto e que la dexen remojar en agua una noche e rráyanla bien con cochillo e desque sea seca muélanla, es a saber, el casco de la calavera. E denle della en ayunas amasada con çumo de ruda e miel, den de todo contía de una chica nuez a beber con agua. E primero púrgenle con tristeles e con alguna segura purga e aya fecho gargarismos e tórnengelo a dar dos vezes cada mes fasta que sane" (*ibid*., p. 135).

De los espárragos

Los espárragos desopilan fígado e riñones e son buenos para dolor de cólica que es en el vientre. E fazen orinar e dañan el estómago e por eso sueltan la cámara. Dizen que su caldo mata los perros si lo beven. E dizen que sembrando cuernos de carnero que nasçerán dellos espárragos.[44]

En relación con la obra de Farfán, otra significativa diferencia es la recurrente insistencia en desconfiar del arte médico.[45] La base de esta idea radica en que, según Chirino, el médico en realidad sabe muy poco y dice mucho.[46] Por esta razón, y a grandes rasgos, el principal consejo que le da al paciente es aguantar lo más que se pueda la enfermedad que lo daña, dejando actuar a la propia naturaleza, la cual se moverá siempre en beneficio del enfermo, si es que este la acompaña con un régimen de alimentos y buenas costumbres. Pide que el enfermo no consuma nada que él mismo no conozca (plantas y viandas, sobre todo); que se limite a lo conocido, a lo de toda la vida, e incluso llega a decir:

> E en las otras [cosas, yerbas, viandas] que son mediçinales, e las dan a comer los físicos, e an de entrar por la boca en qualquier manera, en éstas, non creades nin a buen físico nin a malo en ninguna guisa.[47]

Por mucha diferencia, con base en los ejemplos ofrecidos, puede apreciarse que este es uno de los tratados que peor deja parado al arte médico. Además, quizá ahora, tras una declaración como la anterior, es más fácil imaginar la verdadera innovación que supuso el aprovechamiento de una flora y fauna completamente ajenas a lo conocido hasta entonces por la medicina europea. El chocolate, las semillas de cacao, el atole, distintas raíces, como la de Xalapa, cola de tlacuache

44. *Ibid.*, p. 23.
45. "Que debe escussar el onbre a los çirugianos en cuanto pudiere: En la çerugía que conviene saber segunt la entençión deste tratado, lo primero es que vos guardedes quanto pudieres de la maldat de çerugianos que son muy malos omenes e peores que físicos, si perores se pueden aver" (*ibid.*, p. 103).
46. "Ende caben tantos yerros e dudas que no son numerables, tanto, que mucho por maravilla conteçe ser ninguna çeçión conocida çierta e acabadamente por ningún médico nin físico salvo en el decir. Que muchas palabras se pueden en ello decir que parescan razones e siempre con aventura de mentir; por lo qual en esto está más público que usan en estas curas dichas reglas generales" (*ibid.*, p. 58).
47. *Ibid.*, p. 5.

seca, piedras del buche de la iguana, etc., todos estos productos americanos contribuyeron a romper el esquema de pensamiento medieval. En eso radica la verdadera entrada al Renacimiento de la obra de médicos quienes, como Farfán, no dudaron en experimentar y aprovechar nuevas posibilidades, incluso cuando su argumentación y experiencia se sustentara sobre el mismo marco referencial bajomedieval[48] que, sin una plena consciencia de ello, también empleaban, pero que, poco a poco, iban rompiendo con cada experimento, con cada nuevo elemento americano incorporado al corpus greco-árabe y con la observación de la medicina autóctona prehispánica, reprobada y perseguida como curandería, pero que, sin lugar a dudas, penetró en las ideas de Farfán y de otros médicos y cirujanos hispánicos cuyas obras fueron publicadas en España (y, por supuesto, en la Nueva España). Dentro de estos lindes es donde creo que debemos situar a la que yo llamo escuela de Indias para el arte médico occidental. Hay que tener muy presente que esta vio la luz en tiempos de la Contrarreforma. Efectivamente, la tratadística médica, como en otros casos de la tratadística providencialista que da cuenta del proceso de la invención de América[49] —y como en todas las artes de su tiempo—, también estaba obligada a cerrar filas contra la amenaza del protestantismo. La idea del temor a las ideas y las posturas de los herejes de la Iglesia romana, se deja sentir en la prosa de los médicos y cirujanos contemporáneos a Farfán cuando, por ejemplo, declaran que la única razón que los mueve a escribir libros dedicados al arte médico es "para el bien común de la República Cristiana", tal y como ya vimos que lo afirmaba López de

48. López de Hinojosos en su *Suma y recopilación de cirugía* de 1595 (ff. 150a-151b) describe una disección practicada a un indio de Oaxaca en 1592 frente a Luis Xuárez de Peralta, autoridad de su región. La manera en que lo describe tiene más de la costumbre medieval que de lo que institucionalizará Andrés Vesalio en el siglo XVI: la disección no esporádica (en tiempos de pestilencia, por ejemplo), sino como parte esencial del aprendizaje de las cátedras de Medicina. La observación directa de los órganos interiores permitió, por fin, corregir suposiciones y errores de la teoría galénica y, con ello, una verdadera avanzada científica del arte médico. *Vid.*, O'Malley, C. D., "Los saberes morfológicos en el Renacimiento", en *Historia Universal de la Medicina*, Barcelona, Salvat, 1973, vol. 4, pp. 43-85.

49. Como, por ejemplo, podría ser las obras de Bernardino de Sahagún, López de Gómara, Bartolomé de Las Casas; la *Historia eclesiástica indiana* de Gerónimo de Mendieta, etc., todas estas analizadas desde su postura ante la Reforma luterana por Mayer, *Lutero en el Paraíso*, Ciudad de México, Fondo de Cultura Económica, 2012, pp. 98-144.

Hinojosos en su *Suma y recopilación de cirugía*,[50] o que en el proceso de la creación de estos libros solo se había recurrido a pares cristianos y leídos en la ortodoxia:

> Yo he comunicado esto con hombres doctos y en la corte con médicos y cirurgianos de su Magestad, para mejor acertar y hazer bien a la República, principalmente con el doctor Zavala, médico y cirurgiano de su Magestad, hombre, raro en letras y en christiandad y limpieza de sangre, el qual me ha ayudado en ver esta mi obra.[51]

Confesiones como la anterior son del todo ajenas en los tratados de médicos medievales revisados arriba, y se sustentan en la invención de un paraíso propio de la América española, una pertenencia particular y única que compensaba sus pérdidas territoriales en Europa por culpa del protestantismo. Además, la idea de un paraíso se logró, entre otras cosas, gracias a la exacerbación de sus recursos naturales —llegando a considerarse como una panacea universal[52]—. Es más, la enfermedad presente en esta invención providencialista americana no se daba por culpa de los naturales, sino por la propia corrupción de algunos españoles.[53] Nada más cruzar el océano, solo querían mandar y no sufrir trabajos, pecando de pereza, avaricia, soberbia y otros pecados, tal y como lo afirma Motolinía en su crónica.[54] Así pues, por ejemplo, el doctor Pedro Arias de Benavides, quien acompañara al oidor Alonso de Zurita a la Nueva España (1545-1550), afirma en su *Secretos de ci-*

---

50. López de Hinojosos, *op. cit.*, p. 153.
51. Arias de Benavides, *Secretos de cirugía*, ed. de Juan Somolinos y Esperanza Medina, Ciudad de México, Academia Nacional de Medicina, 1992 [ed. facs. de la princeps, 1567], ff. 165a-165b.
52. Como se pensó de la zarzaparrilla, Esteva de Sagrera, "La farmacia, comercio y ciencia. Monardes y Hernández como ejemplo", *OFFARM*, 25, 11 (2006), pp. 68-73.
53. Debemos recordar que la primera de las diez pestes que atacó la Nueva España, según el escatológico Motolinía en su crónica miscelánea y providencialista, fue la de bubas, culpa de un negro que venía con los primeros conquistadores.
54. "Ver con cuánta pesadumbre se levanta un español de su cama muelle, y muchas veces le echa de ella la claridad del sol, y luego se pone un monjilazo, porque no le toque el viento, y pide de vestir, como si no tuviere manos para lo tomar, y así le están vistiendo como a manco [...] y porque le ha dado un poco de frío o de aire, base al fuego mientras que le limpian el sayo y la gorra; y porque está muy desmayado desde la cama a el fuego no se puede peinar, sino que ha de haber otro que le peine". Motolinía, *op.*, *cit.*, pp. 59-60.

rugía (1567) que las bubas que se padecían en la isla de Santo Domingo eran por culpa de españolas pretenciosas y perezosas[55] que no querían criar a sus propios hijos y los daban a mamar la leche de las mujeres negras:

> La isla de Santo Domingo es una de las primeras islas de las Indias, tienen nombre de la Isla Española, es tierra muy enferma, en ella ay grandísima cantidad de bubas, la causa dello es, que los que nacen en aquella tierra danlo a criar a negras porque hasta agora, en aquella tierra, no he visto que ninguna española críe a sus hijos, previénense antes que paran de una negra que tenga la mejor leche quellos pueden aver, y luego que paren entregan la criatura a la negra y passan hartos días primero que la ven, y la negra tiene siempre cuidado de criarla, y aunque sea grande siempre la acuesta consigo, y las criaturas comen de los manjares que comen as negras y sus hijos (que son muy malas comidas) y ansi quales son las comidas, se les engendran los humores, y también las mesmas negras, y sus hijos, todos están llenos de bubas de lo qual es razón evidente que las han de tener los que tratan y comunican con ellas.[56]

Además del caso de los *Secretos de cirugía*, de Pedro Arias de Benavides, entre las poéticas del arte médico en donde la escuela de Indias se hace presente, cabría destacar los casos de Nicolás Monardes y su *Historia medicinal de las cosas que se traen de nuestras Indias Occidentales*, obra gradualmente ampliada desde 1565 hasta 1574; el *Libro del ejercicio corporal y de sus provechos* (1553), de Cristóbal López, médico del virrey de la Nueva España Antonio de Mendoza, a quien acompañó en su estancia americana; etc. En todos ellos hay ya un proceder parecido al que ofrece Farfán en el *Tratado breve de medicina*, por supuesto, con sus respectivas particularidades que no viene al caso comentar aquí, pues, en la medida de mis posibilidades, me parece haber dejado en claro el diálogo que establece la poética farfaniana con otras nacidas fuera de la Nueva España (con o sin la influencia de la escuela de Indias). No obstante, para terminar este apartado, y por las aportaciones que trae a discusión sobre la conceptualización de la medicina como disciplina teórica y otra como medicina práctica,

55. Era distintivo de la nobleza rodear a las mujeres que acababan de parir de amas que amamantarían a los bebés, López de Hinojosos da una serie de recomendaciones para los que, no habiendo otra posibilidad, practicasen "esta crueldad". López de Hinojosos, *Suma y recopilación de cirugía*, 1595, ff. 172a-172b.

56. Arias de Benavides, *op. cit.*, ff. 9a-9b.

quiero detenerme en el caso del doctor Huarte de San Juan y su obra, alejada de la escuela de Indias, pero punto de referencia obligado para el estudio del arte médico en la temprana modernidad.

3.5. *Examen de ingenios* y el *Tratado breve de medicina*: una lectura de la otredad

Publicada originalmente en 1575 y reformada por la mutilación inquisitorial en 1594,[57] en el capítulo XII (XIV para la edición de 1594), nos ofrece una de las más interesantes disquisiciones sobre el arte médico: "Donde se prueba que la teórica de la medicina, parte de ella pertenece a la memoria y parte al entendimiento, y la práctica a la imaginativa". La premisa que propone el médico navarro parte del siguiente cuestionamiento: ¿por qué un médico buen escritor de tratados, virtuoso conocedor de la tradición greco-árabe, es pésimo para atender y salvar de la muerte a los enfermos?; ¿y por qué un "idiota" que solo se ha aprendido dos o tres principios teóricos, incapaz de escribir una poética médica, es buenísimo para curar y salvar vidas, es decir, para ejecutar la práctica de este arte? Sustentada en opiniones aristotélicas al respecto, la respuesta de Huarte de San Juan intenta darle la vuelta al filósofo griego dentro de un sistema argumentativo que sistemáticamente clasifica y diferencia a conveniencia del autor. Así, la gran discrepancia entre teoría y práctica se da por el mayor apoyo que recibe la segunda de la capacidad imaginativa. Pero vayamos por partes.

En primer lugar, aclara que la perfección del arte médico consiste en dos cuestiones: 1) reglas universales para curar (la teoría greco-árabe); 2) procurar muchos casos de enfermedad atendiendo sus causas particulares, porque:

> Los hombres, ni son tan diferentes entre sí, que no convengan en muchas cosas, ni tan unos que no haya entre ellos particularidades de tal condición, que ni se pueden decir, ni escribir, ni enseñar, ni recogerlas de tal manera que se puedan reducir a arte, sino que conocerlas, a solo aquellos les es dado que muchas veces las vieron y trataron.[58]

57. Huarte de San Juan, *Examen de ingenios*, ed. de Guillermo Seres, Madrid, Cátedra, 1989.
58. *Ibid.*, pp. 494-495.

De momento, Farfán se muestra como un buen médico, equilibrado en estas dos cuestiones fundamentales para la perfección del arte. Conoce la teoría, e incluso una de las que más impactaron en médicos de su tiempo y circunstancias: la de Juan de Vigo, cuyo libro se tradujo al castellano como *Libro o práctica en cirugía* con impresiones en Valencia (1537), Toledo (1548) y Zaragoza (1581). Y, además, realizó una misión práctica de su arte, revisando a distintos enfermos: indios, ibéricos, criollos, hombres, mujeres, ancianos y niños por diferentes latitudes de la Nueva España.

Es decir, según el razonamiento de Huarte de San Juan, Farfán cumple con creces su misión galénica de aplicarse en la razón y la experiencia. No obstante, el razonamiento sanjuaniano se complica y es que, aun un buen médico como Farfán puede fallar y errar en el arte basado en el principio "*ab objecto et potentia paritur notitia*"[59] (el concepto procede del objeto y la potencia). Esto ocurre por la "imaginativa", por la imagen, la imaginación, los fantasmas de la mente:

> Lo vemos por experiencia en los sanos, que si están distraídos en alguna imaginación ni ven las cosas que tienen delante ni oyen aunque los llamen, ni gustan del manjar sabroso o desabrido, aunque lo comen.[60]

Es esta "imaginativa" la que realiza el juicio de los casos particulares, donde la práctica es mucho más necesaria que la teoría. De ahí se explica la distinción entre la medicina teórica, falta de "imaginativa" y la medicina práctica, llena de "imaginativa", que da poco lugar a la memoria. Por culpa de esta escisión inevitable es que realmente

> Ninguno puede salir muy consumado en la medicina ni dejar de errar en las curas; porque, para no cosquear en la obra, ha menester saber el arte, y tener buena imaginativa para poderla ejecutar; y estas dos cosas hemos probado que son incompatibles.[61]

No obstante, el propio Farfán es consciente de esta afirmación y por ello se lava las manos de sus errores y declara: "Si otra cosa fuere necesaria hacer, quede al buen juicio del que la curare. Porque no todo

59. *Ibid.*, p. 497.
60. *Ibid.*, p. 498.
61. *Ibid.*, p. 499.

se puede escribir, como lo saben los que profesan el arte médica" (f. 257a). Es curioso como dos médicos en diferentes latitudes y con tratados médicos nacidos con pocos años de diferencia (Farfán: 1579 y 1592; San Juan 1575 y 1594) llegan a una misma conclusión. El medico navarro con una disquisición profunda, filosófica y el médico novohispano con una miscelánea y compendiosa. Ambos se sabían en el fondo practicantes de un arte del que no todo se podía "decir ni entender". Lo inefable del arte médico, para lo que no había, precisamente, arte, nace de la imaginación:

> De tal manera, que si al mismo médico le preguntásemos cómo pudo atinar a conocimiento de tan delicado, no sabría dar la razón, porque es gracia que nace de una fecundidad de la imaginativa que por otro nombre se llama *solercia*, la cual con señales comunes, inciertas, conjeturales y de poca firmeza en cerrar y abrir el ojo alcanzan mil diferencias de cosas en las cuales consiste la fuerza del curar y pronosticar con certidumbre.[62]

Esta afirmación esotérica no significa una declaración de guerra contra las cátedras de Medicina impartidas en las universidades, "en las escuelas". Toda educación universitaria pone en contacto con una tradición al que desea aprender, le ahorra tiempo de búsqueda de fuentes esenciales. Pero esa tradición, esa búsqueda, no sería nada sin la imaginación, la cual, por cierto, es muy variada y no todas convienen al arte médico. De hecho, casi todos los médicos, buenos prácticos conocidos por San Juan, "todos pican un poco en el arte de metrificar, y no suben mucho su contemplación, ni espantan sus versos".[63] Según San Juan, la imaginación necesita calor, pero no el calor excesivo de la poesía, "el tercer grado de calor", sino un calor más mesurado, aun así más elevado que el calor natural; porque escribir tratados médicos con la "imaginativa" tan caliente como la necesaria para escribir poesía,

62. *Ibid.*, pp. 500-501.

63. *Ibid.*, p. 502. Es imposible dar lugar a todas las poéticas médicas más significativas del orbe hispánico en este pequeño apartado dedicado a ello. Ejemplo de esos buenos médicos de la parte práctica del arte, que "pican el arte de metrificar y cuyos versos no espantan", con justo equilibrio con la teoría, por fuerza hay que citar el *Sumario de la medicina* (1498) del médico de Fernando el Católico y Carlos V, el converso López de Villalobos. Su obra reimpresa en el siglo XVI y XVII resumía en verso castellano el *Canon* de Avicena, sin dejar de reflexionar sobre la vulgarización del arte médico para el gran público necesitado ahí donde no hubiese médicos.

daría resultados más propio de la hechicería, la superstición, la magia, lo embaucador, la quiromancia, lo judiciario, la adivinación.[64]

Dice San Juan que esta clase de imaginación es difícil de hallar en España: "porque los moradores de esta región [...] carecen de memoria y de imaginativa, y tienen buen entendimiento"; pero fácil de encontrar entre otro pueblo que siempre ha sido visto con desconfianza por el canon occidental: los gitanos: "Y, así, los historiadores nunca acaban de contar cuán hechiceros son los gitanos y cuán prestos en atinar a las cosas y hallar los remedios para sus necesidades".[65]

Esta admiración-rechazo por el pueblo de Egipto (pues de ahí se creía que era la procedencia del pueblo gitano), se deja sentir también en la poética de Farfán al apoderarse de los remedios de la curandería prehispánica no sin cierta desconfianza, más con la certeza de haber comprobado por sus propios ojos que estos remedios llenan la "imaginativa" del arte médico y, a final de cuentas, curan a los enfermos y los devuelven a la armonía natural del microcosmos y del macrocosmos. Por ello es que, por lo menos en esa apelación a la imaginación del arte, y su reconocimiento a un pueblo, a una otredad diferente al orbe hispánico, es que yo encuentro similitudes entre el *Tratado breve de medicina* y el *Examen de ingenios*. Las dos obras se rinden ante las carencias conocidas de su arte practicado por otros como ellos: habitantes de cierta región de este mundo; y ambas otorgan cierto reconocimiento a la otredad y sus métodos curativos. No obstante, estas y otras similitudes aún están a la espera de un futuro trabajo que rinda justo homenaje a los puntos de encuentro entre estas dos poéticas médicas, ambas llenas de misterios para todo aquel que sepa y esté dispuesto a encontrar.

64. *Ibid.*, p. 503.
65. *Ibid.*, pp. 503-504.

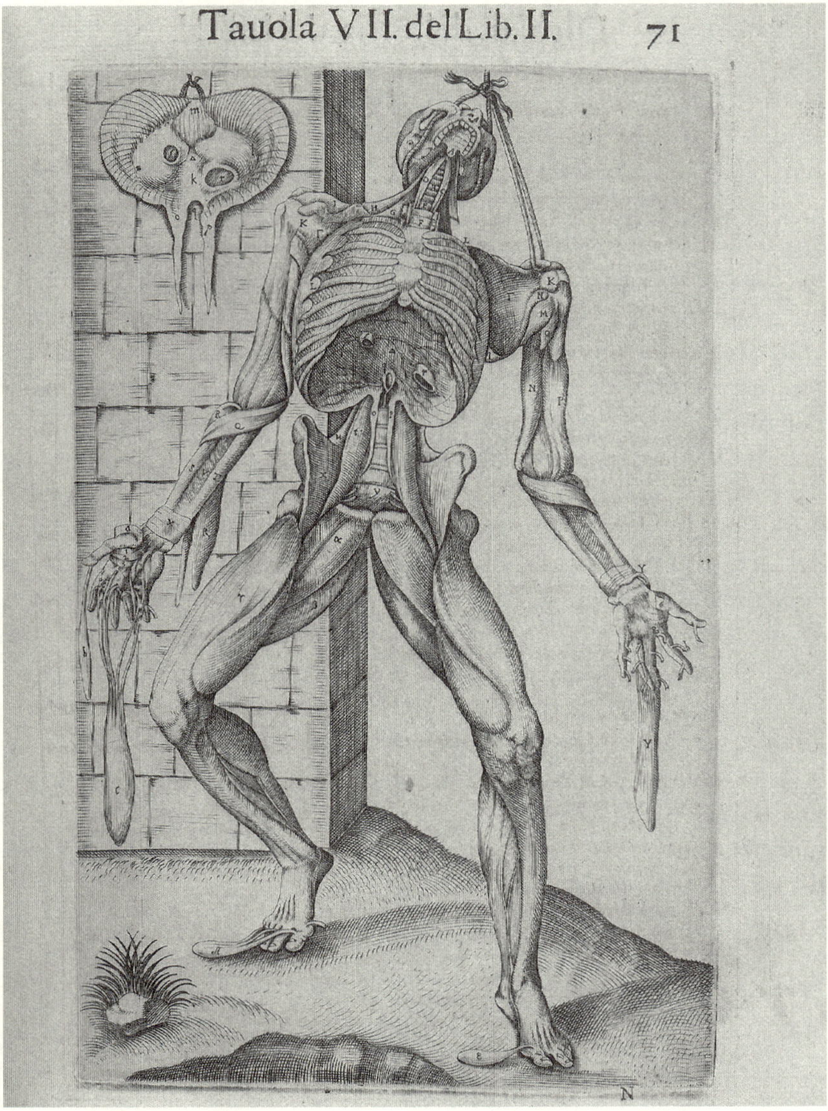

Ilustración de Gaspar Becerra para *Anatomia del corpo humano* de Juan Valverde de Amusco, Roma: er Ant. Salamanca, et Antonio Lafrerj (1560). The US National Library of Medicine.

4. El *Tratado breve de medicina* en la tradición médica novohispana

Hemos visto cómo el género picaresco recogió en tono burlón las charlatanerías del arte médico y las chapuzas de sus mediocres ejecutores. Aunque inofensivos por principio, pues no estamos ante las noventa y cinco tesis de Lutero, dichos hechos presentes en el arte literario ibérico muestran los defectos de una realidad dada, su parte vil y soez, los cuales, por la propia misión de la conquista material y espiritual de América, debían evitarse a toda costa en este paraíso misionero que era la América española. Así pues, la autoridad virreinal representada por su Iglesia americana —volcada a proteger a las "plantas tiernas en la fe" (los indios)—; órgano regulador del ejercicio y comportamiento de sus nuevos feligreses, se preocupó porque este reprochable comportamiento de los ibéricos no se manifestase en la Nueva España, al menos no con el descaro con el que se presentaba en la vieja. Y aunque no llegó a prohibir y erradicar a la charlatanería médica del Nuevo Mundo —tal y como puede leerse a través de tres siglos de ensalmos, rituales, cánticos y de casos inquisitoriales cuyo tema es la curandería más vil y hasta cómica—, al menos lo intentó. Prueba de ello es que, dentro del extenso repertorio de la literatura religiosa, se hará presente la regulación del arte médico, tanto para los indios curanderos como para los ibéricos y criollos pobres. Así, dentro del *Confesionario* de 1599, del franciscano Juan Bautista, impreso por Melchor Ocharte en México, además de que hay un apartado bilingüe para confesar a alguaciles, gobernadores, caciques, mercaderes, etc., también hay uno exclusivo para médicos, seis preguntas predeterminadas para ayudar a la labor de los confesores cristianos:

Titici in tlatlanil oca / Preguntas para los médicos

1. ¿Cuix otimoticitlapiqui in ayamo tix quetzaloc? / ¿Fingístete médico no siéndolo sin ser examinado?

2. ¿Acaçomo tiquim macae inqualli pahtli in yuh intechmonequi in cocoxque / ¿Por ventura no les diste buenas medicinas como lo pedía su enfermedad?
3. ¿Aço çan ilihuiz pahtli in ahmo tlayeyecolli intectemaca ycohuitl incoc[...]catzintli? / ¿Por ventura diste algunas medicinas que no son experimentadas por buenas, antes con ellas empeoró el enfermo?
4. ¿Cuix ticmotlaca machitia in s. Yglesia immitzmonahuatilia, inic huel achtoticnonotzaz in cocox qui inic mocencahuaz moyomelahuaz in ayamo ticmaca pahtli? / ¿Guardas lo ordenado por la Iglesia que te manda, la primera vez que visitas al enfermo, le amonestes que se apareje y confiese antes que le comiences a curar?
5. ¿In cocoxque intotoca tlanahui, cuix tiquimilhuiya inicquichihuazque testamento yuan inic huel mocencahuazque inipampa immiquiztli? / ¿A los enfermos que están peligrosos, díseselo para que hagan testamento y se aparejen para morir?
6. ¿Immotolinia in ah tlequipia, in acaçomo ipan ticalaquiznequitetlaocoliliztica? / ¿Por ventura no quieres visitar a los pobres y necesitados de caridad y limosna? (fray Juan Bautista, *Confesionario*, ff. 62b-63a).

Así pues, aunque no es de extrañar que la cultura y el quehacer del arte médico surja en la picaresca y en la literatura religiosa reguladora del orden social; de igual manera, tampoco es de extrañar que la literatura escolástica, la que surgía en las aulas para el ejercicio de las artes liberales por parte de los bachilleres, se hiciera eco de lo más positivo del arte médico, tal y como puede apreciarse en la obra más conocida de Francisco Cervantes de Salazar.

4.1. *México en 1554*

Se trata esta de tres diálogos escritos originalmente en latín y pensados para las aulas universitarias. En *México en 1554*, Cervantes de Salazar[1] —quien estará presente en el examen de doctorado de Farfán, como se

1. Además, Martínez Hernández (*op. cit.*, pp. 239-240) y Rodrigo Martínez Baracs (*El largo descubrimiento del Opera medicinalia de Francisco Bravo*, Ciudad de México, Fondo de Cultura Económica/CONACULTA, 2014) han demostrado que el humanista Francisco Cervantes de Salazar gozaba del favor del mundo médico. En especial de la amistad de Francisco Bravo, autor de uno de los libros de medicina más ambiciosos que se publicó en la Nueva España; de él hablaré más adelante. Asimismo, como ya he indicado, Cervantes de Salazar será miembro del tribunal evaluador del examen de doctorado de Agustín Farfán.

verá en el apartado biográfico del doctor— nos habla, en primer lugar, de la grandeza de la universidad mexicana; en segundo, de la Ciudad de México; y, finalmente, de la provincia mexicana. Para ello se vale del recurso retórico de la hipérbole y, gracias a este, crea una realidad americana exagerada y comparada, cuasi utópica. Crea una ficción que halla su estructura en el género por excelencia del humanismo, el diálogo,[2] en el cual resuena el conocimiento del tratado hipocrático titulado *Sobre los aires, aguas y lugares*, cuando los tres protagonistas de este diálogo discurren sobre la calidad de las aguas de la Ciudad de México:

> Alfaro: [...] En fin, tanto mérito dan a esta fuente la naturaleza y el arte, que ya sea que atiendas al caudal y utilidad de sus aguas, ya a su limpieza y situación, no pueden serle comparadas las fuentes Cabura, Cifusa, Agapine, o Clitoria, tan celebradas por los escritores. Zamora: Si como parecen pensarlo Avicena e Hipócrates, la mejor agua es la que más se asemeja al aire; la que más presto se calienta y se enfría; la que cocida no deja costras en las vasijas; la que cuece en menos tiempo las legumbres, y en fin, la más ligera, entonces no hay ninguna preferible a esta nuestra.
>
> Alfaro: Plinio dice que pesando las aguas es muy raro que una sea más ligera que otra; pero según afirma Avicena el agua de fuente, como ésta, es la más saludable, sobre todo, la de lugares despejados. La que no tiene olor ni sabor alguno es la más estimada para guisar.
>
> Zuazo: Tampoco carece de mérito la que no tiene color.[3]

Como señalé arriba, no hay de qué sorprenderse hasta ahora. Los ejemplos ofrecidos yacen dentro de cierta lógica que se debe a la circunstancia histórica que vio nacer a las obras referidas. Sin embargo, sí es sumamente interesante y digno de señalarse que un aspecto negativo del arte médico occidental, el alto costo de los honorarios de sus profesionales, encuentre expresión en una de las crónicas más relevantes de la conquista espiritual americana realizada por los franciscanos en el siglo XVI.

---

2. La principal característica de este género literario, lo explica el propio Cervantes de Salazar en voz de uno de sus personajes de su obra: "Al mostrarte lo que no has visto, aprenderé lo que deseo saber" (Cervantes de Salazar, *México en 1554. Tres diálogos latinos*, ed. de Miguel León-Portilla, Ciudad de México, Universidad Nacional Autónoma de México, 2001, p. 3).
3. *Ibid.*, pp. 67-68.

4.2. *Historia de los indios de la Nueva España*

Fray Toribio de Benavente, "Motolinía", declara al oponer dos realidades territoriales, la de la Nueva España (México) contra la de Tlaxcala:

> Si a alguno le duele la cabeza o cae enfermo, si algún médico entre ellos fácilmente se puede haber, sin mucho ruido ni costa, vanlo a ver, y si no, más paciencia tiene que un Job. No es como en México, que, cuando algún vecino adolece y muere, habiendo estado veinte días en la cama, para pagar la botica y el médico ha menester cuanta hacienda tiene, que apenas le queda para el entierro, que de reponsos y pausas y vigilias le llevan tanto derechos, o tuertos, que quedan adeudada la mujer, y si la mujer muere, queda el marido perdido. Oí decir a un casado, hombre sabio, que cuando enfermase alguno de los dos, teniendo cierta la muerte, luego el marido había de matar a la mujer, y la mujer al marido, y trabajar de enterrar el uno al otro en cualquier cimenterio, por no quedar pobres, solos y adeudados. Todas estas cosas ahorra esta gente.[4]

Es bien sabido que el franciscano compuso su crónica miscelánea a partir de varios datos, entre los cuales incluso hay lugar para anécdotas risibles.[5] El registro histórico en esta obra —como en otras de la época— es fragmentario y arbitrario, pues se intenta reconocer y dejar por sentado los portentos y horrores de un Nuevo Mundo hasta entonces desconocido. Motolinía, un cronista de la evangelización, tuvo que emplear una imaginación constructiva[6] para intentar hacer saber de las maravillas que hicieron los trabajos seráficos en los indios y para intentar cubrir un panorama de la conquista —el cual, a sus ojos, resulta esplendente gracias a su profunda convicción profética y milenarista—. Los indios se nos presentan con los dotes de Job, personaje del libro sagrado que se caracteriza por ser un hombre justo que debe padecer múltiples sufrimientos. Su vida es una narración didáctica y ejemplar que enseña que se debe soportar todo, lo bueno y lo malo, porque todo viene de Dios. Así pues, en la confección textual de

4. "Motolinía", *Historia de los indios de la Nueva España*, ed. de Serna y Castany, Madrid, RAE, 2015, p. 81.
5. Cortés Guadarrama, "La risa franciscana en la evangelización novohispana y la *Historia de los indios de la Nueva España*", *La Tabla Redonda. Anuario de Estudios Torrentinos*, 14 (2016), pp. 85-104.
6. White, *op. cit.*, p. 112.

nuestro franciscano, el indio tlaxcalteca no es ya un pagano, sino un adoctrinado gracias a los enormes esfuerzos de los frailes menores por transmitir no solo el evangelio, sino por el enorme trabajo de pasar los saberes de toda una cultura occidental en el otro. En este contexto providencialista, no deja de ser curioso que Motolinía, el más escatológico de los primeros doce franciscanos, nos ofrezca un apartado con este timbre mordaz para expresar su opinión sobre el precio que había que pagar por el médico y sus atenciones en el siglo XVI. Su ironía surge en la innegable confrontación de dos mundos, el de lo natural, representado por su mundo, su cultura, donde se sabe que, en la grave enfermedad, "teniendo cierta la muerte, luego el marido había de matar a la mujer, y la mujer al marido, y trabajar de enterrar el uno al otro en cualquier cimenterio, por no quedar pobres, solos y adeudados"; y el lado opuesto, que choca con esta realidad, el de la cultura del otro, que a los ojos del providencialismo de nuestro franciscano, aunque sea un mundo sobrenatural, no es ya pecaminoso, pues el indio aún está "con la leche de la fe en los labios" (Tratado III, cap. 4, p. 136). Así pues, cuando dice: "todas estas cosas ahorra esta gente" era verdad, pues como sabemos el indio acudía al curandero indígena para buscar la salud.[7] El curandero indígena reintegraba la salud perdida al orden cósmico mediante su éxtasis, ensalmos, flora, fauna y rudimentos oriundos de la tierra americana. Los primeros franciscanos estuvieron muy atentos a estos hechos, y más que ir contra ellos, les proporcionaron un nuevo encauce a partir de rudimentos de una gran carga simbólica. En otras palabras, según fray Toribio, los indios tlaxcaltecas eran almas modélicas que solo estaban a la espera de los trabajos seráficos para conocer la senda correcta. Los franciscanos se la proporcionaron, no ya con las sucias cosas del curandero indígena, sino con los inmaculados y simbólicos objetos de su credo, tal y como puede verse ejemplificado en el milagro del cordón de san Francisco,[8]

7. El *Tratado de las supersticiones y costumbres gentílicas de los indios de la Nueva España* (1629), escrito por el religioso Hernando Ruiz de Alarcón, es una de los más completos ejemplos de los distintos conjuros que empleaba el curandero indígena para intentar sanar distintos males, tales como la picadura de un alacrán. Cortés Guadarrama, "Perspectivas literarias de un veneno y su influencia en la tratadística médica novohispana de los siglos XVI y XVII", *Ulúa*, 2018 (en prensa).

8. "Y sé que particularmente tienen gran devoción con el hábito y cordón de San Francisco, con el cual cordón se han librado muchas mujeres preñadas de partos

herramienta fundamental para el parto, por encima de los procedimientos de las curanderas matronas indígenas.[9]

Mi intención ha sido mostrar que la literatura del siglo XVI se hizo eco de la charlatanería médica; que la literatura del Nuevo Mundo, representada por una de las crónicas franciscanas más providencialistas, dio lugar a la ironía del proceder de la medicina occidental y que ahí mismo se nos dice que se canalizó a los procedimientos curativos de los indígenas con elementos propios de la inútil, pero enternecedora, medicina cristiana. En este contexto, comienza a surgir un tipo de literatura médica que destaca la valía de la naturaleza americana como medio utilitario dentro del marco referencial médico de Occidente, por encima de la mera admiración catalogadora de los primeros cronistas de Indias.[10] Al hacerlo, al mostrar un genuino interés en la otredad, se le da cierta voz —no sin dejar de tergiversar su mensaje— al indígena para que explique cómo se cura de la enfermedad. En este marco, la obra de fray Bernardino de Sahagún es un trabajo único.

---

muy peligrosos. Y esto ha sido en muchos pueblos y muchas veces, y aquí en Tlaxcala en muy común y no ha muchos días que se ha bien experimentado, por lo cual tiene el portero un cordón para darlo luego a los que le viene a demandar, aunque yo bien creo que obra tanto la devoción que con el cordón tienen como la virtud que en él hay, aunque también creo que la virtud no es poca por lo que aquí diré" (Tratado III, cap. I, p. 156). Lo que a continuación contará nuestro franciscano será un milagro que le ocurrió a fray Pedro de Gante: la historia de una familia indígena devota de san Francisco que perdió un hijo; a punto de enterrarlo, gracias a la gran fe de los padres por el de Asís, resucitó el niño.

9. "En naciendo la criatura, luego la partera daba unas voces a manera de los que peleaban en la guerra, y en esto significaba la partera que la paciente había vencido varonilmente y que había cautivado un niño. Y luego hablaba la partera a la criatura; si era varón decíale: 'Seáis muy bien llegado, hijo mío, muy amado'. Y si era hembra, decía: Señora mía muy amada, seáis muy bien llegada, trabajo habéis tenido; os ha enviado acá vuestro padre humanísimo, que está en todo lugar, criador y hacerdor [...] no sabemos si tienes algunos merecimientos o si por ventura has nacido como mazorca de maíz anieblada, que no es de ningún provecho' [etc.]" (fray Bernardino de Sahagún, *Historia general de las cosas de la Nueva España*, ed. de Ángel María Garibay, Ciudad de México, Porrúa, 1999 [1ª ed. 1956], lib. VI, cap. XXX, 3, 4, 6, p. 383).

10. Sirva este segmento como ejemplo: "Tábanos: En tierra firme hay muchos tábanos y muy enojosos y pican mucho y hay muchas diferencias dellos y tantas que sería largo y enojoso proceso de escribir y no apacible" (Gonzalo Fernández de Oviedo, *Sumario de la Natural Historia de Indias*, p. 243).

4.3. *HISTORIA GENERAL DE LAS COSAS DE LA NUEVA ESPAÑA* Y *LIBELLUS DE MEDICINALIBUS*

Sahagún es un franciscano que ya no actúa con la escatología providencialista de Motolinía, más propia de la estética bajo medieval, sino con un espíritu curioso y ansioso de saber y crear un método propio en la recolección de información.[11] En efecto, en lo que toca a la literatura médica, aunque su obra no se aleja de los condicionamientos y estrecheces con que los frailes menores redujeron la cosmovisión indígena, es ya un trabajo de corte y espíritu propio del Renacimiento que intentó cubrir y conocer buena parte de los recursos naturales con que los oriundos americanos procuraban su salud. Nombres de las partes del cuerpo en lengua "mexicana", es decir una preocupación por la anatomía y fisiología; catalogación de ciertas plantas, animales y minerales americanos, o sea, una atención a su botánica; elaboración de menjurjes: un proceder farmacológico; diagnóstico y tratamientos: concepción del proceder médico en sí mismo; todas las anteriores características son las que conforman el apartado médico de la magna obra del franciscano. Sirva el un segmento del capítulo titulado "De las enfermedades del cuerpo humano y de las medicinas contra ellas" para ilustrar la prosa de Sahagún cuando atiende el caso del resfriado común:

> Contra la enfermedad del romadizo, o catarro, se ha de tomar la hierba llamada en indio *yecuxoton*, o el *piciete*, y olerse estando verde o hecho polvo, y frotarse con el dedo todo lo interior de la boca para provocar a echar la reuma fuera. Y guardarse de comer o beber cosa fría, y ni más ni menos del aire y del frío, y del sol.[12]

11. Según Joaquín García Icazbalceta, (*Bibliografía Mexicana del siglo XVI*, ed. de Millares Carlo, Ciudad de México, Fondo de Cultura Económica, 1981, pp. 224-225), los viejos y muy experimentados informantes en las cosas de la medicina fueron los siguientes curanderos indígenas de Tlatelolco: "Gaspar Matías Pedro Destrago, Francisco Simón, Miguel Damián, Felipe Hernández, Pedro de Requena, Miguel García y Miguel Motolinía. Aunque estos señores curaban públicamente, no sabían leer, en lo cual quedaban inferiores a otros muchos de su raza que, sin pretender el título de hombres científicos, estaban bien instruidos en la lectura y escritura. Aquella ignorancia de las primeras letras hace creer que los dichos médicos eran de los antiguos, y no de los enseñados en la escuela de medicina que hubo para los naturales en el colegio de Tlatelolco".
12. Sahagún, *op. cit.*, lib. X, 20, p. 587.

Este tipo de realización textual también estará en el *Tratado breve de medicina.* Presente, sí, mas con importantes matices propios de una poética creada por un especialista, un doctor, que discurre en los lindes de la circunstancia y la teoría hipocrática-galénica-arabizada-cristianizada sirviéndose de los elementos de la naturaleza americana, y no una mera poética nacida del religioso franciscano que buscaba intentar hacerse de una idea general y totalizadora de la cosmovisión indígena como lo es la *Historia general de las cosas de la Nueva España*.

Un paso más cerca de la conceptualización médica de Farfán lo hallamos en el *Libellus de medicinalibus indorum herbis.* Se trata de una obra nacida en lengua náhuatl en el seno del Colegio de la Santa Cruz de Tlatelolco por mano de un médico indígena adoctrinado, Martín de la Cruz. En 1552 lo tradujo al latín otro indígena, Juan Badiano, este último es el texto que conservamos, del cual el Instituto Mexicano del Seguro Social hizo una edición dirigida por Ángel María Garibay en 1964.[13] El *Libellus de medicinalibus* estuvo pensado, en última instancia, para regalarse al rey Carlos V, vía el virrey Antonio Mendoza (la obra está dedicada a su hijo), como un guiño para que no tomara partido por los ataques de cierto grupo de españoles al Colegio de la Santa Cruz de Tlatelolco.[14] La literatura médica contenida en este herbario cita a Plinio para validar y dar dimensión histórica a unos hechos que entran en la categoría textual de lo maravilloso, en la cual, según Le Goff,[15] nadie se cuestiona sobre lo que se define, sobre su presencia, pues "no tiene vínculo con lo cotidiano y, sin embargo, está por entero inmersa en lo cotidiano". Veamos un ejemplo de lo maravilloso en el discurso médico novohispano del *Libellus de medicinalibus*:

> Medicina para desechar la saliva reseca
>
> Habrá fluencia de saliva y se mitigará la sed excesiva si se toma una bebida hecha de las hierbas silvestres acetosas molidas en agua muy limpia. Ha de agregarse alectoria, que es una piedra preciosa de apariencia de cristal, del tamaño de un haba, sea de las Indias, sea de España, y se encuentra en el buche de las aves galináceas, como lo atestigua también

13. Agradezco a don Enrique Fuentes Castilla de la prestigiosa Librería Madero por haberme dejado consultar esta edición de septiembre de 1964.

14. López-Austin, *Textos de medicina náhuatl*, Ciudad de México, Universidad Nacional Autónoma de México, 2000, pp. 83-104.

15. *Lo maravilloso y lo cotidiano en el Occidente medieval*, Barcelona, Gedisa, 2008, p. 18.

Plinio; y también se agrega un milano de Indias, y un pinchón. Todo lo cual se mezcla con la bebida que es de hierbas ácidas. De este líquido así preparado beberá un poquito y retendrá algo más dentro de la boca quien carezca de saliva o sufra de excesiva sed.

Con la obra de Sahagún y la de Cruz/Badiano comienza a prefigurarse el tipo de discurso médico[16] que encontraremos en las páginas del *Tratado breve de medicina*, un tipo de literatura que se ha estudiado bajo la luz del mestizaje, es decir, ya una mezcla acaecida en suelo americano de conceptos, ideas, creencias, seres imaginarios o reales, provenientes de dos polos, Oriente y Occidente. Sin embargo, la obra de fray Agustín Farfán no puede entenderse sin los trabajos que se deben a la medicina y sus teorías académicas sobre la patrística de su arte. Toca el turno, pues, de las obras concebidas por médicos, aunque no necesariamente destinadas para otros médicos, tal y como lo veremos. Toda esta literatura que se estudiará a continuación fue hecha y publicada —los casos que tuvieron la suerte de serlo—, dentro de un contexto de novedad, es decir, estos libros salieron casi a la par con el asentamiento institucional de las cátedras de Medicina en la Real Universidad de México y de sustanciales reformas en el Protomedicato de la Ciudad de México.[17] Se trata de libros que no tuvieron problemas en salir, pues no estuvieron controlados por la férrea vigilancia del Santo Oficio ibérico, acostumbrado a luchar contra el protestantismo. En la Nueva España los esfuerzos no se canalizaban a controlar una realidad inminente del continente europeo, sino a que no surgiera en

16. Estas son dos de las fuentes principales del siglo XVI para el estudio de la literatura médica antes de abordar las obras de los médicos de formación y profesión. No obstante, hay que tener también en cuenta las *Relaciones geográficas* del periodo, una serie de documentos que debían informar a Felipe II sobre su reino. La realización textual de estas era el cuestionario, el cual estuvo presente en América hasta 1577. Las respuestas debían ofrecerlas personas autorizadas en el conocimiento de la región. De entre todas las preguntas, dos atendían el tema de la sanidad y su tratamiento en la zona. Algunas respuestas eran parcas, prácticamente dos o tres líneas afirmando o negando la mala o buena disposición de la tierra para el bienestar humano; mientras que otras eran muy dilatadas y dentro del mismo tenor que puede leerse en los ejemplos bridados de las obras de Sahagún y de Cruz/Badiano (López-Austin, *op. cit.*, pp. 123-140).

17. Cuya característica esencial hasta 1570, con la llegada del Hernández y su título de protomédico general de Indias, era que las propias autoridades del ayuntamiento de la Ciudad de México nombraban al protomédico encargado de vigilar la sanidad de la sociedad mediante revisión y construcción de hospitales.

ella. En este sentido, los siguientes nombres tuvieron mayor libertad de actuación con una serie de obras apegadas a las leyes de la Contrarreforma.[18]

4.4. Francisco Hernández

El primero de los siguientes tres testimonios, antes de entrar de lleno en las obras de nuestro autor, es la hoy en día conocidísima obra de Francisco Hernández, nombrado en 1570 protomédico general de todas las Indias. Un título a no pasar desapercibido, pues, a la fecha, ningún médico en la historia occidental ha tenido a su cargo una jurisdicción tan extensa.[19] Su titánico trabajo lo realizó en solo seis años (de 1571 a 1577). No solo terminó de traducir a Plinio en la Nueva España, sino que aquí compondría, entre otras, su *Historia natural de Nueva España*; las *Antigüedades de la Nueva España*; *Libro de la conquista de la Nueva España*; etc. El gran esfuerzo de Hernández fue del todo respetado y reconocido por Farfán, tal y como lo declara en su tratado cuando habla de las virtudes del cocolmécatl:

> Entre muchas plantas medicinales que el doctor Francisco Hernández protomédico halló en esta Nueva España, cuando el rey, nuestro señor don Felipe, (que Dios guarde muchos años) le envió a ella para buscarlas y escribir de ellas todas las virtudes que tuviese [...] Yo la vi muchas veces

18. Para profundizar en estos datos, *vid.*, Martínez Hernández, *op. cit.*, pp. 80-87. Por otra parte, eso no quiere decir que el Tribunal de la Santa Inquisición se relajara del todo, el doctor Juan de la Fuente, primer catedrático de la Facultad de Medicina en la Nueva España, fue llevado ante el tribunal acusado de posesión de libros prohibidos. Más adelante, en nota al pie, menciono los libros de su biblioteca.
19. Gerardo Martínez Hernández (*ibid.*, pp. 119-125) deja claro que, a pesar de tan distinguido nombramiento, Hernández se vio muy limitado para atender a los problemas de salud pública que padecía la Nueva España. El ejercicio de su labor de protomédico se vio trabado por distintas circunstancias, entre ellas, que el ayuntamiento de la Ciudad de México ya tenía designada la ejecución de ese poder mediante un miembro del Protomedicato de la misma ciudad. Atado de manos, debido a contradicciones burocráticas que limitaban su acción, como no salir a investigar más de cinco leguas de alguna cancillería o acompañarse de un oidor para poder proceder contra una o varias personas, Francisco Hernández abandonó su labor como protomédico que cuidase del funcionamiento de hospitales y atendiera los más diversos retos en de la sanidad pública, y se consagró a la investigación y a escribir su *Historia natural de la Nueva España*.

> en Sevilla, y la tuve en mis manos, y acuérdome de lo que digo (aunque era pequeño) como si fuera ahora. De esta raíz de la china escribieron autores graves, y entre ellos Amato Lusitano, médico digno de no tener en poco. Y lo que ellos dijeron, dijo también el doctor Francisco Hernández del cocolmécatl, y el color, la hechura y calidades de la una dan a la otra (*Tratado breve de medicina*, f. 206a).

Es decir, que estamos ante un médico entre médicos, sumamente admirado por sus sucesores novohispanos más inmediatos.[20] No obstante, lo cierto es que, como lo han destacado distintos especialistas,[21] es un error pensar que Hernández fue ignorado por sus colegas europeos y, prácticamente borrado del mapa "científico" tras su regreso a España en los años setenta, sin que llegase a publicar nada en su momento. Esto supondría ignorar una serie de impresos hernandianos del siglo XVII, ya estudiados en su contexto y surgimiento.[22] La gran obra del protomédico de Indias puede ser definida como "arcaizante", de corte galenista avicenista (como lo es la de Farfán), pero plenamente renacentista, debida a su tiempo y circunstancias, si consideramos la valorización de la botánica y la fauna americana. El tratamiento que le dio a la misma viene de esa ancha veta de su formación escolástica, donde las artes liberales, basadas en el arte de la palabra, eran funda-

---

20. Francisco Hernández regresará definitivamente a España en 1577. Desde un año antes empezaba su partida definitiva, enviando avances de su monumental trabajo realizado en la Nueva España. Dejará en ella sus "libros adminiculativos", en los que yacía información de la aplicación de ciertos remedios prehispánicos. Ya se ha demostrado que Farfán seguramente tuvo en sus manos uno de esos libros (y no copia de algún material temprano de Hernández que hubiese retornado a donde nació). Por su puesto, esto no quiere decir que Farfán copiara sin más lo recopilado por Hernández sin apelar a su propia experiencia. *Vid.* Pardo Tomás, "¿Viajes de ida o de vuelta? La circulación de la obra de Francisco Hernández en México (1576-1672)", en Mª Eugenia Caddedu, Marco Guardo, *Il Tesoro messicano. Libri e saperi tra Europa e Nuevo Mundo*, Firenze, Leo S. Olschki, 2013, pp. 39-66.
21. Germán Somolinos D'Ardois es el más reconocido biógrafo de Hernández, quien preparó el capítulo "Vida y obra de Francisco Hernández" en la edición de las *Obras completas* (siete tomos) que realizó la UNAM en los años setenta del siglo pasado. Hoy en día completamente digitalizados y disponibles en: <http://www.franciscohernandez.unam.mx/home.html>.
22. Para revisar la reivindicación del influjo de Hernández durante el siglo XVII, *vid.*, López Piñero y Pardo Tomás, *Nuevos materiales y noticias sobre la Historia de las plantas de la Nueva España, de Francisco Hernández*, Valencia, Instituto de Estudios documentales e Históricos sobre la Ciencia/Universitat de València/CSIC, 1994.

mentales para el comentario y la glosa. Veamos su tratamiento en dos de sus obras:

De los médicos que llaman *titici*

Entre los indios practican la medicina promiscuamente hombres y mujeres, los que llaman *titici*. Éstos ni estudian la naturaleza de las enfermedades y sus diferencias, ni conocida la razón de la enfermedad, de la causa o del accidente, acostumbran recetar medicamentos, ni siguen ningún método en las enfermedades que han de curar. Son meros empíricos y sólo usan para cualquiera enfermedad aquellas yerbas, minerales o partes de animales que, como pasados de mano en mano, han recibido por algún derecho hereditario de sus mayores, y eso enseñan a los que les siguen.

Apenas recetan dieta a alguno. No cortan una vena a nadie aun cuando por una incisión en el cutis alguna vez saquen sangre y quemen los cuerpos. Las heridas se curan con medicamentos simples o cubriéndolas con sus harinas; con éstos se ayudan en su mayor parte y usan rara vez medicamentos compuestos o mezclados. No se encuentran entre ellos cirujanos ni boticarios, sino sólo médicos que desempeñan por completo toda la medicina. Y es de admirarse de qué manera tan inepta y carente de arte y con gran peligro de toda la gente, puesto que obligan a las paridas en seguida después del parto a darse baños de vapor y a lavarse ellas mismas y a sus niños recién nacidos en agua helada después del mismo baño, llamado *temaxcálli*. ¡Qué digo! si hasta a los febricitantes con erupciones u otra clase de exantema rocían con agua helada. Esto no es menos temerario que frotarles los cuerpos con cosas muy calientes, y responden con audacia, a quien les redarguye, que el calor se vence con el calor.

Usan remedios farmacéuticos vehementísimos y sumamente venenosos, sin que el veneno esté cohibido o refrenado por ningún género de preparación. No examinan inmediatamente a los que padecen enfermedad, ni principalmente antes de hacerles tomar medicinas que digieran el humor o lo hagan idóneo para la evacuación. Ni entienden el adaptar los varios géneros de remedios a los varios humores que haya que evacuar. Ni hacen mención alguna de la crisis ni de los días judicatorios. Permiten desde luego a las recién paridas usar medicamentos frígidos y astringentes para fortalecer los riñones según dicen, cuando más bien debieran abrir las vías del útero y provocar la menstruación. Con las mismas cosas curan las excrecencias carnosas de los ojos, el gálico, y a los privados de movimiento por la falta de humor en las articulaciones; a estos últimos no enteramente sin buen resultado, tal vez como efecto de la resequedad. Y aun ocurre que apliquen medicamentos sumamente calientes a los ojos inflamados y también en gran parte, en contra de la naturaleza, a los tumores y sin ninguna distinción usan medicamentos frígidos, glutinosos o astringentes sin tomar en cuenta los períodos de la enfermedad o el lugar afectado. Y así, aun cuando abundan en maravillosas diferencias de yerbas salubérrimas, no saben usarlas propiamente, ni aprovecharse de su verdadera utilidad (*Antigüedades de la Nueva España*, lib. II, cap. II).

Del Yolcocolpatli o medicina del corazón enfermo
Es una hierbecilla que nace en los árboles, con tallos delgados y fuertes llenos por dondequiera de cabellos, y hojas ralas semejantes a las de olivo, pero menores, fuertes, gruesas y sin más nervaduras que la dorsal. Se toma contra la tristeza que proviene de enfermedades del corazón; es de naturaleza fría y húmeda, y no tiene sabor ni olor notables. Nace en Hoeitlalpa (*Historia natural de Nueva España*, t. II, lib. undécimo, cap. XIX).

Por supuesto, tal y como puede leerse en el primer ejemplo, el respeto por la cosmovisión indígena es nulo, nada más que un comportamiento excéntrico más de la otredad conquistada y sometida. Sin embargo, la materia con la que se procura la salud, la raíz, la planta, el trozo de animal seco, etc., esa es la que interesa al doctor. La manera en la que Hernández puede explicarse esta y los prodigios naturales de la Nueva España es mediante el uso de la retórica, la gramática y la lógica, recordando el mundo clásico de Plinio que traduce, y el proceder de otras autoridades clásicas, como Dioscórides, cuya obra fue la más importante guía farmacológica en la Edad Media y el Renacimiento.[23] El médico necesita recurrir a un marco referencial grecolatino para componer el suyo, moderno. Pero esta manera de proceder terminó por quedarle chica a sus magnas intenciones: "Cuanto más seguía los escritos de Plinio, más parcelas de saberes prehispánicos lograba incorporarle, poniendo así en peligro la coherencia de su obra e incluso haciéndola irrealizable".[24] La solución para esta paradoja fue un proceder literario dentro del discurso médico hernandiano: interesarse por crear descripciones y comparaciones transitorias antes que declaraciones fijas y acabadas, tal y como procede las grandes obras del mundo clásico: "No por azar Ovidio se interesó por las formas transitorias y las etapas de paso y de trasformación, antes que por el fruto acabado de la metamorfosis".[25] Es ese arte literario el que se permite

---

23. Traducido por Andrés Laguna y publicado en Amberes en 1555 como *Acerca de la materia medicinal y de los venenos mortíferos*. Hay traducción moderna en editorial Gredos: *Plantas y remedios medicinales, libros I-V.*
24. Gruzinsky, *El pensamiento mestizo. Cultura amerindia y civilización del Renacimiento*, trad. Enrique Folch González, Barcelona, Paidós, 2007, p. 240.
25. *Ibid.*, p. 213.

corregir Farfán, el agustino nunca se atreve a corregir con brusquedad la "ciencia" del protomédico de Felipe II, por el contrario, justifica sus pequeñas omisiones:

> Esto todo que he dicho hace la raíz de la china, y así digo, que es la de acá como ella. Y si el doctor Francisco Hernández no lo dijo, fue por no acordarse cuando escribió de ella, o por parecerle que acá no la podía haber (*Tratado breve de medicina*, f. 206b).

Así pues, tenemos una gran coincidencia entre la obra del médico más destacado que ha tenido la Nueva España, Hernández, y la obra de nuestro doctor Farfán: imaginar y escribir el arte médico novohispano dentro de un orden literario donde solo hay simpatías y antipatías que armonizan el mundo. "En lugar de rechazar lo exótico, lo extraño [...] lugar de una alteridad inaccesible y a menudo demoniaca, trata de integrarlos en presentaciones —o representaciones— que concilian la sorpresa con la armonía".[26] Y tenemos también una gran diferencia. Hernández ha creado una gran obra que será impublicable a su regreso a España por estas paradojas de su método arriba expuestas; el trabajo de Farfán se caracteriza por ser breve, para un público y circunstancias precisos. Los fines prácticos se imponen en Farfán y serán los que le valdrán el éxito editorial; pero hay una obra que se le adelantó en ese sentido.

4.5. *Opera medicinalia*

La medicina novohispana practicada durante el siglo XVI tendrá un exponente sumamente "científico" dirigido a las élites médicas y, por tanto, de poca difusión en comparación con los tratados breves de Farfán. En 1570 verá la luz en la imprenta de Pedro Ocharte la *Opera medicinalia in quibus quam plurima extant scitu medico necessaria in 4 libros digesta, quae pagina versa continentur*, cuyo autor fue uno de los dictaminadores de López de Hinojosos —cirujano de quien hablaremos a continuación—, me refiero a Francisco Bravo.[27] Se conservan

---

26. *Loc. cit.*
27. El libro más ambicioso que refiere la biografía y la obra de este autor es el de Rodrigo Martínez Baracs.

tres ejemplares de esta obra en la actualidad: uno en la Hispanic Society, otro en la New York Public Library y el último en la Universidad de Puebla.[28] A diferencia de las obras escritas por médicos y barberos estudiadas hasta ahora, esta fue escrita en latín. Además, Francisco Bravo fue amigo de uno de los humanistas académicos más destacados del periodo, Francisco Cervantes de Salazar,[29] el autor de *México en 1554*, "quien escribiera la epístola laudatoria del virrey Martín Enríquez que aparece en las preliminares de la *Opera medicinalia*".[30] Por estas características, la crítica especializada considera que es un libro dirigido a un público muy selecto, y no para todo aquel que esté donde no hay médicos ni barberos, como los libros de Alonso López y Farfán. Prueba de ello es que ninguno de los tres impresos conservados muestra rasgos de haber sido muy leído durante los tres siglos del virreinato de la Nueva España.

El primero de los cuatro libros de la *Opera medicinalia* habla del tabardillo. Se cree que esta sección del libro se comenzó en España, donde se recopilarían las descripciones de Girolamo Fracastoro, poeta italiano y médico del papa Pablo III, quien es famoso por escribir en versos su *Syphilis sive morbus Gallicus* (1530), donde aparece por primera vez el nombre de esta enfermedad, de sumo interés para la sociedad novohispana. Farfán la llama tabardete y le dedica todo un capítulo (el tercero) en la sección "Breve tratado de todas las calenturas y de la cura de ellas" (f. 238b) de su *Tratado breve de medicina*. De hecho, el gran interés que despertaba esta enfermedad se debió, seguramente, porque la Ciudad de México estaba ubicada en una zona que potenciaba su contagio, aunque, tal y como lo refiere Farfán, también se sabía que había la enfermedad en sitios sin aguas. Por lo tanto, la especulación sobre el nacimiento de esta enfermedad recayó en los alimentos húmedos:

> Algunos dicen que la causa del tabardete es el aire pestilencial y el vivir los hombres donde hay lagunas. Y que los malos vapores que de ella se levantan [y] corrompen el aire. Lo que vemos cada día es: que donde no

28. Martínez Baracs, *op. cit.*, pp. 222-226.
29. Además, como ya lo he señalado, el doctor en Teología estará presente en el examen de doctorado de Farfán y le argüirá a la cuestión ahí presentada, cuyo título era *Utrum necesaria sit sanginis misio in magno morbo consientibity &*.
30. Martínez Hernández, *op. cit.*, p. 240.

> hay lagunas ni aguas encharcadas hay tabardete. Y así digo, que es causa muy conjunta en la Nueva España la del tabardete en los manjares tan húmidos y de calor tan destemplados. Y así lo son los que nacen en ella, que muy pocos de los que acá nacen pasan de cincuenta años (*Tratado breve de medicina*, f. 248b).

El libro segundo del *Opera medicinalia* está estructurado en forma de diálogo entre Franciscus y Ludovicus. Esta estructura quizá se deba a la influencia del amigo del autor, el humanista Francisco Cervantes de Salazar. En esta parte del libro se discute sobre la vena que ha de sangrarse en el tratamiento de la pleuritis y otras inflamaciones. Martínez Hernández[31] explica que esta clase de literatura médica se justifica por una polémica de la época: la escuela griega postulaba que había que sangrar la vena más próxima a esta afección; mientras que la escuela árabe enseñaba que había que sangrar la vena más contraria a la inflamación. Bravo se decanta por la primera, entre otras cosas, por una moda imperante en la época en la que ponderaba la escuela hipocrático-galénica por encima de la de Averroes, Al-Razi, Ali Abbas, Mesue, Avicena, etc. Este tipo de disquisición teórica mediante el uso del diálogo está fuera de la órbita de la obra de Farfán y se halla más próximo a los ejercicios escolásticos de retórica que estudiaban los bachilleres en las aulas. El tipo de teoría especulativa que refiere Farfán puede verse representada en la cita anterior. Es significado destacar que al final de este segundo libro aparece un grabado que realizó Juan Ortiz para el *Opera medicinalia*, el cual ilustra las ramificaciones de la vena impar descritas por Galeno. Se trata de una de las primeras ilustraciones anatómicas impresas en América.[32]

El libro tercero es un tratado de los días críticos para el tratamiento y la enfermedad. Aquí cabría imaginar el influjo de la astrología para saber leer el devenir de los síntomas, tal y como el marinero debe leer la mar.[33] Sin embargo, Bravo postula, sin salirse de las artes nu-

31. *Ibid.*, pp. 243-244.
32. Martínez Baracs, *op. cit.*, p. 179.
33. Un símil entre el marinero y el médico nos lo da Hipócrates: "En realidad, a la mayoría de los médicos me parece que les ocurre lo que a los malos pilotos: los errores que éstos cometen, estando el mar en calma, no son advertidos; pero en el momento en que les encoge un fuerte temporal o un viento contrario, si pierden la nave, todos se dan cuenta de que ha sido por ignorancia e impericia" (*Sobre la medicina antigua*, 9, p. 37).

méricas (el famoso *quadrivium*: aritmética, geometría, astronomía/astrología y música), una solución aritmética: en enfermedades de 20 días, las crisis podían aparecer los días, 3, 4, 5, 7, 9, 11, 14, 17 y 20. También ofrece días críticos para enfermedades de 40, 60, 80, 100 y de 120 días. Yo no alcanzo a entender las ecuaciones en esta propuesta, pero se hace evidente el rechazo a los postulados astrológicos. Quizá por esta ambigüedad, en el caso concreto de esta sección, la crítica se divide en dos polos: uno que dicta que se trata de los apartados menos interesantes y de discusión bizantina (Somolinos D'Ardois); otro que lo postula como un tratado adelantado a su tiempo por rechazar posturas arcaizantes sobre la astrología y su apoyo al arte médico (Francisco Guerra). En comparación con Farfán, nuestro agustino no cae en ninguna disquisición teórica, ni astrológica, ni aritmética. Sin embargo, no se muestra ajeno al conocimiento más elemental del primero: "El zaratán comienza como una lenteja, y casi no tiene dolor. Va creciendo poco a poco, y algunas veces crece o disminuye con las lunas" (*Tratado breve de medicina*, f. 305a); "Como lo dice Aristóteles en el cuarto [libro] de los *Metheoros*" (*Tratado breve de cirugía*, f. 34b).

El cuarto y último del *Opera medicinalia* es una digresión sobre la raíz de zarzaparrilla, uno de los elementos de la naturaleza americana de mayor popularidad en la época. Bravo, como se ha mostrado a lo largo de su obra, realiza una disquisición sobre las cualidades humorales de la raíz:

> Daré a conocer primero por qué esta raicilla es de composición cálida y seca, y de ningún modo fría y húmeda; su fuerza de calentar y secar, y de ningún modo de enfriar y humedecer, y también de sus parte finísimas y sutiles en gran manera; luego manifestaré cuáles efectos ofrece en el cuerpo humano; seguidamente en qué malestares puede con razón proponerse, y expondré en qué épocas y regiones justamente debe ofrecerse; en último lugar, explicaré la manera más útil y la forma de preparación de este antídoto.[34]

La zarzaparrilla pertenece al género de las *smilax*. Sus propiedades antirreumáticas, diuréticas, depurativas, diaforéticas, sudoríficas, digestivas, etc., la convirtieron en toda una panacea durante el siglo

34. Martínez Baracs, *op. cit.*, p. 183.

XVI.[35] Sin entrar en ningún tipo de razonamiento teórico, Farfán tiene amplia fe en esta raíz americana, cuya ductilidad le permite estar presente en los remedios de las enfermedades más variadas: la tos vieja (f. 67a); las bubas (f. 86a); la melancolía (f. 113a); compararla con otras raíces americanas, como el cocolmécatl (f. 206b); e incluso dedicarle todo un capítulo para saber darla (f. 86b). Así pues, este es uno de los libros que más se aproxima a nuestro *Tratado breve de medicina*, no por las observaciones y discusiones teóricas, sino porque un elemento curativo, propio de la medicina indígena, fue arrancado de su cosmovisión e injertado en los usos y costumbres de la medicina hipocrático-galénica-arabizada-cristianizada que practicaban los médicos ibéricos que llegaron a la Nueva España. En este contexto de la literatura médica, saldrán a la luz las obras de fray Agustín Farfán.

4.6. *SUMA Y RECOPILACIÓN DE CIRUGÍA* (1578)

En 1578 aparece publicado en México, por Antonio Ricardo,[36] la *Suma y recopilación de cirugía, con un arte para sangrar muy útil y muy provechosa.*[37] Su autor es Alonso López de Hinojosos, quien será

35. Llamó la atención de Nicolás Monardes, quien la definió así en su *Primera y segunda y tercera partes de la historia medicinal: de las cosas que se traen de nuestras Indias Occidentales, que sirven en medicina*, Sevilla, en casa de Fernando Díaz, 1580: "La zarzaparrilla es cosa venida a nuestras partes, después de la China, habrá veinte años que vino el uso de ella en esta ciudad. Tráxose la primera vez de Nueva España, porque la usaban los indios en gran medicina, con que curaban muchas y muy varias enfermedades. [...] Llamáronla los españoles zarzaparrila cuando la vieron, por la gran semejanza que tiene con la zarzaparrilla destas partes, que es *smilace aspera*" (ff. 18b-19a).

36. Son los estampados de la imprenta de Pedro Ocharte, impresor del *Tratado breve de medicina* de 1592 acusado de luteranismo por el Santo Oficio. Con suma probabilidad, durante el tiempo que se le retiró el permiso para ejercer su oficio, subarrendó su imprenta y materiales a Antonio Ricardo.

37. Esta obra tuvo otra edición en 1595 a la cual se le añadió un nuevo apartado titulado: "*Va añadido en esta segunda impresión el origen de nacimiento de las reumas, y las enfermedades que de ellas proceden, con otras muy provechosas para acudir al remedio de ellas y de otras muchas enfermedades*", impreso en la casa de Pedro Balli. Icazbalceta pudo comparar las dos obras. Germán Somolinos D'Ardois refiere que el único ejemplar de esta edición yace en la Biblioteca del Museo Británico de Londres, institución que lo adquirió a mediados del siglo XIX del bibliófilo mexicano Agustín Fischer. El historiador, además, realizó una interesante comparación entre ambas ediciones, destacando dos extensos tratados —además del

para la historia de la medicina de la Nueva España —solo un poco y hasta cierta medida— lo que Ambroise Paré es a la historia universal de la medicina. En efecto, la historia de la medicina ubica a este cirujano-barbero como un hombre sin conocimientos universitarios, sin latines, y con un nivel de ejecución meramente práctico y virtuoso. Un "maestre cirujano y enfermero"[38] que fue la mancuerna perfecta para el dominio teórico, naturalista y botánico de Francisco Hernández.[39] En efecto, Hernández experimentó con las distintas plantas, raíces y semillas en el Hospital Real de San José de los Naturales, el cual era exclusivo para indios. Como ya hemos visto, el médico solo comandaba, pero era el cirujano quien se ensuciaba las manos. En esta relación, Alonso López de Hinojosos fue de los principales colaboradores del protomédico general de Indias durante la terrible epidemia del año 1576. Fray Gerónimo Mendieta dice que este azote en la sociedad novohispana consistió en el llamado "pujamiento de sangre", que "daba en tabardillo", es decir, una especie de tifus que algunos especialistas ubican con el exantemático; en otras palabras, una "infección tífica, epidémica, transmitida generalmente por el piojo, caracterizada por las manchas punteadas en la piel".[40] En este terrible contexto, la *Suma y recopilación de cirugía* es la primera obra de tema quirúrgico impresa en América.

Aun cuando ya habían pasado quince años desde la publicación que consagró a Ambroise Paré como la última tendencia en el mundo de la cirugía, la obra de López de Hinojosos le da la espalda a esta avanzada de la modernidad y se estructura a partir de fuentes ya superadas de la literatura médica medieval. Su única aportación novedosa al discurso de la ciencia médica renacentista —característica que comparte

---

de las reumas— que no aparecen en la edición de 1578: unos sobre el parto y sus dificultades y otro sobre las enfermedades de los niños. Destaca también un grabado que ilustra los órganos del abdomen, este detalle convierte a este libro en la segunda publicación novohispana en poseer una lámina de tema anatómico (López de Hinojosos, *Suma y recopilación de cirugía*, introducción de Somolinos D'Artois, Ciudad de México, Academia Nacional de Medicina, 1977, pp. 3-46).

38. Así lo llama don Martín Enríquez, "gobernador y capitán" de la Nueva España en la licencia proemio que antecede a la obra de 1578 de López de Hinojosos.

39. "López de Hinojosos desconocía el latín y el título de maestre con que sus contemporáneos se referían a él refiere a una persona cuyo oficio había sido aprendido mediante la práctica" (Martínez Hernández, *op. cit.*, p. 227).

40. Ocaraza, *Historia de la medicina en México*, Ciudad de México, CONACULTA, 2011, pp. 100-101.

con la obra de Farfán—, es unir, junto a la elaboración de medicinas con elementos propios de la tradición europea (eneldo, ruda, manzanilla, canela, mostaza, jengibre, pimientas, clavos, incienso, mirra, etc.), algunos usos de la tradición médica indígena. Así, para curar "los apostemas que suceden en la cabeza" se recomienda tomar "guayacán picado" y uno de los elementos de la naturaleza americana de mayor sensación en la época, la "zarzaparrilla".[41]

A pesar de estos hechos, la obra de López de Hinojosos no debe considerarse como una obra retrograda para la medicina renacentista. Su creación se debe a la urgente necesidad de atender una carencia de barberos y de médicos en la segunda mitad del siglo XVI novohispano y de proporcionar un medio de apoyo a todos aquellos lejos de los centros urbanos donde no los habría. Así lo explicita el cuarto virrey de la Nueva España, Martín Enríquez Almansa de Ulloa, al otorgar el permiso legal de la publicación de la *Suma y recopilación de cirugía*: "muy útil y provechosa para gentes que estando donde no hay médicos ni cirujanos, se podría aprovechar de los avisos que en ella hay y curarse de sus enfermedades".[42] No debemos pasar desapercibida esta característica, pues a las mismas intenciones se deben las obras completas de fray Agustín Farfán. De hecho, la relación entre estos dos autores fue muy estrecha, pues nuestro doctor agustino dio su visto bueno para publicar el libro del cirujano, y ahí declara:

> He visto este libro intitulado *Suma y recopilación de cirugía* compuesto por el Maestre Alonso López, cirujano, dedicado al Ilustrísimo y Reverendísimo señor Arzobispo [Pedro Moya de Contreras] de esta ciudad; y por su señoría a mí cometido para que lo viese y diese mi parecer para imprimirse, el cual libro por estar yo justamente ocupado, a mi ruego e intercesión vio y enmendó el doctor Bravo con mucha deliberación y lo ha aprobado y parece que también lo ha visto el doctor de la Fuente, Protomédico nombrado por esta ciudad y se conforma con él en su parecer. Por lo cual y por haberlo yo visto muy particularmente, es mi parecer que pueda dar licencia para imprimirlo, y digo que lo leí todo sin faltar nada y enmendé en él algunas cosas que por el que lo trasladó con descuido no advirtió, y que no estaban convenientes. Y que es libro necesario y muy útil para la tierra donde estamos y conozco al autor de él hace muchos años ha, y sé que ha sido hombre curioso, deseoso en saber y aprovechar

41. López de Hinojosos, *Suma y recopilación de cirugía*, pp. 128-129.
42. *Ibid.*, p. 69.

en todo, y así lo ha mostrado en esta su obra, la cual toda ha experimentado con buen entendimiento, juicio y celo cristiano. Y por verdad lo firmé.

Fecho en México, a dos de febrero de 1578 años.

Fray Agustín Farfán.

Las palabras de nuestro doctor dan a entender que el trabajo de los cirujanos barberos necesitaba de la revisión de varios médicos de formación universitaria. Aquí intervinieron algunos de los más destacados en la historia de la medicina novohispana: Francisco Bravo, el autor de un de los más eruditos tratados médicos publicados en la Nueva España, como ya se ha visto; y el doctor Juan de la Fuente, el primer catedrático de Medicina de la Real Universidad de México. Con las palabras de Farfán, también se infiere que los barberos requerían el apoyo de algún escribano: "enmendé en él algunas cosas que por el que lo trasladó con descuido no advirtió". Su falta de conocimiento de las artes liberales confirma el hecho de que el oficio de barbero-cirujano se enfocaba exclusivamente en los aspectos prácticos y manuales del arte de la medicina, aunque ello no resta mérito a que el "maestre cirujano y enfermero" conociera y fundamentara su obra en los principales teóricos de su tiempo: "De la oftalmía: Dice el príncipe de los cirujanos, Juan de Vigo, que la oftalmía es enfermedad de la conjuntiva, la cual viene a los ojos por causas primitivas y antecedentes".[43] Esta es solo una de las tantas personalidades que cita Alonso López de Hinojosos, pero una de las más destacadas para nuestro interés, pues, Giovanni da Vigo, médico del papa Julio II en 1503 y autor de *Practica copiosa in arte chirurgica* de 1514 —el primer libro europeo en atender las heridas causadas por arma de fuego—, es también uno de los autores favoritos de Farfán[44] y con ello queda en claro el tipo de medicina que se practicaba en la Nueva España durante el siglo XVI: una medicina que, en la improvisación de establecer las más incipientes instituciones de gobierno en la Nueva España, se copia el modelo "científico" de la escolástica médica española en boga,

43. *Ibid.*, p. 130.

44. Farfán cita a Giovanni da Vigo cuando habla "De las cámaras de sangre" (f. 14b); "De las heridas de cabeza hechas con instrumento que corta o que magulla sin llegar al pericráneo" (f. 287a); "De las llagas de las partes vergonzosas de los hombres y mujeres" (f. 319a). Y, de hecho, todo el libro quinto, de "Anatomía breve" (f. 323a), es una traducción de la obra de Vigo, *Practica in arte chirurgica copiosa*, de 1514. De este hecho hablaré más adelante.

la cual se desarrolla todavía sin la influencia de Vesalio y Paré.[45] Así pues, en lo que toca a este periodo histórico, y en particular a la medicina, la tesis de Elías Trabulse[46] sobre el alto desarrollo de la "ciencia" novohispana, única capaz de dialogar y corregirle la plana a diversas autoridades europeas, principalmente desde la cátedra de Astronomía, cuyo mejor representante será Carlos de Sigüenza y Góngora (1645-1700) con su obra *Libra astronómica y filosófica* (1690), no se sostiene, pues el sentimiento y la identidad criolla, apenas en estado embrionario en las fechas de trabajo de fray Agustín Farfán y Alonso López de Hinojosos, aún no se cuela por el quehacer "científico" novohispano. Eso no significa que las obras médicas de este periodo respondan solo a fines prácticos, que solo cubrieran una urgente necesidad ante un panorama de sanidad pública intimidante para los contados ejecutantes del arte médico en la Nueva España, quienes eran conscientes del poder devastador de las más inconcebibles epidemias.[47]

4.7. *Suma y recopilación de cirugía* (1595): el cirujano jesuita a la sombra del médico agustino[48]

Cuando aparece el tratado de 1595 de López de Hinojosos la escena médica en la Nueva España había sido dominada por la poética médica del agustino fray Agustín Farfán. Las razones de esta primacía se fundamentan en el poder que ejercía el médico sobre el cirujano, este último subordinado a sus órdenes, tal y como se detallará más adelante. A diferencia del tratado de 1578, ahora es el doctor en Medicina Juan de Cárdenas, autor de los *Problemas y secretos maravillosos de indias*

45. Alonso López de Hinojosos cita a un autor contemporánea español, quien estudió Medicina en la Universidad de Alcalá de Henares: Juan Fragoso autor de *Erotemas chirúrgicos: en los cuales se enseña todo lo más necesario del arte de cirugía así para el examen de ella, como para exercitarla. Con una glosa en que se contienen muchas cosas de curiosa doctrina*, publicado en Madrid en 1570 (Martínez Hernández, *op. cit.*, p. 233).

46. Trabulse, *Historia de la ciencia en México. Siglos* XVI *y* XVII, Ciudad de México, Fondo de Cultura Económica, 1992, pp. 92-111.

47. Tal y como ya se ha mencionado, una de las más famosas fue la epidemia de *cocoliztli* de 1576; *vid.*, Elsa Malvido y Carlos Viesca, "La epidemia de cololiztli de 1576", *Historias*, 11, 1985, pp. 27-33.

48. Una parte de la información de este apartado aparece en Cortés Guadarrama, "Curiosidad y censura".

(1591), "arcediano en la s. Yglesia de México, Calificador del sancto officio de la Inquisición"[49]; el doctor en Teología, Hernando Ortiz de Hinojosa, el primer criollo en ocupar una cátedra en la Universidad de México;[50] y, otra vez, el doctor Francisco Bravo quienes dan los permisos de esta nueva publicación "con las enmiendas y declaraciones que [el autor] dize haver hecho".[51] Los nuevos permisos del doctor Bravo aluden, directamente, a las recientes aportaciones que pretendía este libro,[52] mismas que me interesa destacar, pues son un tanto descuidadas por Farfán en su tratado de 1592: toda una sección dedicada a las mujeres y los niños.

Su atención para estos pacientes tiene referentes no solo como acto reflejo de las prácticas ibéricas del momento, sino de la admiración hacia los usos médicos prehispánicos, que desde el pronto contacto entre los dos mundos causaron asombro en los primeros franciscanos.[53]

La experiencia del cirujano es fundamental para validar varias de las teorías de capítulo [54] Además, en este apartado se presenta un López de Hinojosos que ataca la ignorancia de los que no tiene la menor idea de las causas del mal (en este caso en la matriz), mostrándose más intolerante que diecisiete años atrás ante los ignaros, sin dejar de revelar su propia teoría sobre "las causas de salirse la madre" en las

49. López de Hinojosos, *Suma y recopilación de cirugía*, 1595, f. 3a.
50. Martínez Hernández, *op. cit.*, p. 260.
51. López de Hinojosos, *op. cit.*, f. 2a.
52. "Vide este libro que tiene hecho el hermano maestre Alonso del origen de las reumas del cuerpo humano y de las enfermedades que nacen y proceden dellas [...] Yo he visto este libro que compuso el Maestre Alonso López de la dificultad del parto, y de las curas de las enfermedades que más comúnmente sobrevienen a los niños en esta Nueva España" (*ibid.*, f. 3b).
53. Quienes no desaprovecharon la ocasión de otorgarle un matiz providencialista: "En esta tierra es costumbre tener los niños un día natural sin mamar, y después pónenle la teta en la boca, y como está con apetito y gana de mamar, mama sin que haya menester quién le amamante ni miel para paledealle. Y le envuelven en pañales pequeños, bien ásperos y pobres, armándole del trabajo al desterrado hijo de Eva que nace en este valle de lágrimas y viene a llorar" (Motolinía, *op. cit.*, p. 148).
54. "Yo he visto estar una mujer preñada catorze meses, y otra veynte y quatro meses, y parieron bien: y vi otra que estuvo treinta meses, y se hizo el niño tan grande que no pudo salir, y así peresció el niño, y su madre aviendo tomado hartos sudores, porque entendieron los médicos que eran molomatrices [un tumor que se haze dentro de la madre]" (López de Hinojosos, *op. cit.*, f. 169b).

mujeres.[55] A su vez, no deja de manifestar un fuerte providencialismo, específicamente a la hora del parto, más pronunciado que en el tratado médico que le es más próximo, el de Farfán de 1592:

> De quando se llega la hora del parto.
> Ya que en hora buena llega, el tiempo del parto, es bueno prometer algunas novenas a sancta Ana, y a la Virgen, y mandar decir algunas missas porque Dios se digne de dalle buen parto.[56]

Aquí hay lugar para aconsejar que sea la misma madre la que crie y alimente a su hijo y cita al estoico Marco Aurelio para recordar que él "vitupera la madre que no cría a su hijo, diciendo que son más crueles que las bestias fieras, pues vemos que solo en las mujeres hay esta crueldad, y no en las fieras, que crían a sus hijos".[57] Aun con ello, el cirujano se permite aconsejar cómo escoger el ama que ha de amamantar, en caso de no poder hacerlo la propia madre;[58] pero, principalmente, admite que en caso de faltar la leche "ay en esta tierra piedras de grandísimo provecho".[59] ¿A qué piedras se refiere López de Hinojosos? ¿Acaso, entre estas, a una piedra celebrada por el médico Farfán que yace en el buche de las iguanas de Veracruz? (f. 238a) Desafortunadamente, no puede haber más que especulaciones sobre estas, pues el cirujano no especifica a qué piedras se refiere. ¿Su falta de especificidad tiene la intención de evitar caer en la curandería mesoamericana que él mismo critica en su primer tratado? La ausencia de una referencia en concreto no parece impedir el desarrollo de esta

55. "Bien se vee el engaño o por mejor decir ignorancia, de los que dizen que la madre se muda de su lugar, y que sube hazia arriba, y que ahoga a las mugeres, pues vemos por lo dicho que en saliendo la madre de su lugar ha de ir hazia abajo, como hacen todas las cosas pesadas, que van a su centro. Lo que pasa es, que salen de la madre, o del estómago, o de las tripas vapores tan podridos; que van de vaguidos, y mal de coraçón, y dan trsitezas, y no es la madre, pues los hombres tienen los mismos accidentes, hasta pulsar el ombligo como a las mugeres" (*ibid.*, ff. 165b-166a).
56. *Ibid.*, f. 170b.
57. *Ibid.*, f. 172a.
58. "Sea mujer de bien, y de buenas costumbres, y de buena condición, casta y honesta, templada en comer y beber, que tenga buena color, y el pecho ancho, y que no sea grave ni medrosa; porque las malas costumbres con facilidad se pegan al infante, y que tenga las tetas llenas y tiesas, y lucias, y abundantes de leche y que no sean largas y arrugadas, ni sean grandes sobremanera, ni floxas ni tiesas, que por su dureza no pueden despedir leche" (*ibid.*, f. 172b).
59. *Loc. cit.*

poética preocupada por las mujeres y los infantes, en donde incluso hay la referencia histórica concreta para ejemplificar un caso célebre de la muerte de la madre con la criatura viva dentro:

> Muchas vezes sucede morir las madres, y quedar los niños en el vientre vivos, como le aconteció a Sofía matrona romana, que en sabiendo que su marido era vencido de Anibal, capitán de los cartagineses, se cayó muerta y le sacaron el niño bivo. Y de una reyna de Navarra, llamada doña Urraca, se lee que yendo por su reino con el rey, su marido, con más descuydo de lo que convenía, salieron moros y la mataron: y acaso pasó por allí un cavallero de los Guevara, y le sacó el niño bivo de que estava preñada, que tenía una mano fuera del vientre por una lançada que le habían dado, y le crió, y se llamó rey Abarca.[60]

¿Estás referencias eran acaso para enaltecer su profesión sin el sustento universitario, mostrando así que el cirujano podía tener el mismo nivel de pericia argumentativa que el médico, el "rector" del arte para el que se afanaba? Es un tópico literario en los tratados médicos ofrecer una seria de *exempla*, para justificar sus teorías.[61] Esta argumentación era inherente al arte médico, pues los estudiantes universitarios debían atender cursos de latín para obtener el título de médicos, y atender cursos de arte o filosofía, tal y como lo hemos referido. En esta tradición, si bien López de Hinojosos, no estaba compitiendo directamente contra la obra del médico fray Agustín Farfán, sin duda trataba de ganarse un lugar dentro de las artes médicas que se habían publicado a finales del siglo XVI en la Nueva España. Al final de cuentas, si la reimpresión de una obra puede considerarse como un factor de éxito editorial y difusión del conocimiento, la poética del físico agustino se impondrá a la del barbero jesuita, pues su segunda obra no conocerá otra impresión más que la de 1595, mientras que la última obra de Farfán, de 1592, será reimpresa en 1610. Ni siquiera la historiografía jesuita le da tanto crédito

---

60. *Ibid.*, f. 170b.
61. "Esta doctrina entenderán fácilmente ser verdadera los que hubieren leído a Platón, que Sócrates era hijo de una partera (como él mismo lo cuenta de sí); y como su madre (aunque era gran maestra de partería) no podía hacer parir a la mujer que antes que viniese a sus manos no estaba preñada, así él, usando el mismo oficio de su madre, no podía hacer parir ciencia a sus discípulos, no tiniendo ellos de suyo el entendimiento preñado" (Huarte de San Juan, *op. cit.*, p. 221).

a la obra de uno de los mayores cirujanos que haya conocido el orbe novohispano, su recuerdo, propio de una hagiografía enmascarada de biografía, queda más bien en las obras piadosas y religiosas que realizó, demostrando que siempre fue hombre para mucho y grandes empresas, con gran sujeción, rendimiento y obediencia, aunque sí le reconoce que

> antes que se recogiera a nuestra religión, de noche y de día haciendo oficio de médico cirujano y enfermero con maravilloso acierto; porque, aunque no había estudiado estas facultades, pero su deseo de hacer bien y el ejercicio y la lectura de libros en romance y la práctica de muchos años tomada por amor de Dios, le hizo tan diestro en curar todo género de dolencias, que médicos muy insignes se aconsejaban con él y aun le fiaban su salud antes que a otros graduados en esta facultad. Era de entendimiento claro y sencillo, de gran conocimiento de medicamentos simples y no menor de las enfermedades ordinarias y extraordinarias, sobre que compuso un libro que ha sido de grande utilidad en todo este reino.[62]

Los vastos conocimientos de López de Hinojosos lo llevan a dedicar el último tratado de su libro a las enfermedades más comunes de los niños de la Nueva España, recomendando, para el ahíto que el niño "no a de mamar muchas vezes, y cada vez poquito".[63] Esta declaración recuerda a la vida de san Nicolás, de quien se decía que "el miércoles e el viernes, non mamava más de una vegada",[64] y a la mismísima prosa de Motolinía, en los hábitos alimenticios de los indígenas recién nacidos. Aunque, por supuesto, la poética del cirujano se aleja de estas prosas catequéticas al recomendar hacer vomitar al crío con "un hueso de çapote, y unas hojas de piciete [tabaco] secas o verdes y cuezan en dos quiartillos de agua [...] y con esto vomitan".[65] Y esta avanzada renacentista con productos originales y antecedente de la "experimentación" que encontrará su método disciplinario y asertivo cuarenta y dos años después con la aparición en 1637 del *Discours de la méthode*, convive con las conceptualizaciones astronómicas-astrológicas bajomedievales sobre el origen de algunas enfermedades mortales en los

62. *Relación breve de la venida de los de la Compañía de Jesús*, p. 77.
63. López de Hinojosos, *op. cit.*, f. 179a.
64. Anónimo, *Flos sanctorum con sus ethimologías*, f. 283b.
65. López de Hinojosos, *op. cit.*, f. 179b.

infantes, por ejemplo, la viruela;[66] conceptualización astronómica-astrológica que, por cierto y como ya se ha destacado, no está presente en la obra del médico agustino, publicada tres años antes que la del jesuita. ¿Acaso es que el doctor Farfán no creía ya en que los cometas tuvieran el poder de corromper el aire, adelantándose así a la postura de unos de los intelectuales criollos más importantes del siglo XVII, Carlos de Sigüenza y Góngora? Sea cual sea la respuesta, el caso es que el cirujano parece querer mostrarse sumamente docto, quizá para hacer justicia a la orden a la que entró ya en la vejez, tan preocupada por la educación y la doctrina. Al hacerlo, termina por combinar una serie de posturas que tiran hacia ambas direcciones: hacia el recalcitrante pasado anquilosado en sus teorías bajomedievales y la experimentación propia de su tiempo.

66. "Las causas son dos, primitivas, y antecedentes, las primitivas son dos: la corrupción del ayre: el cual se corrompe con cometas, y en conjunciones de planetas, y por hazer eccesivo frío, o eccesivo calor, en poca distancia, de tiempo, esto es causa de muchas muertes, y de muchas maneras, y especialmente de esta pestilencia de viruelas, que por ser tan pestilenciales cada temporada que dan lleva la tercia parte de la gente" (*ibid.*, f. 130a).

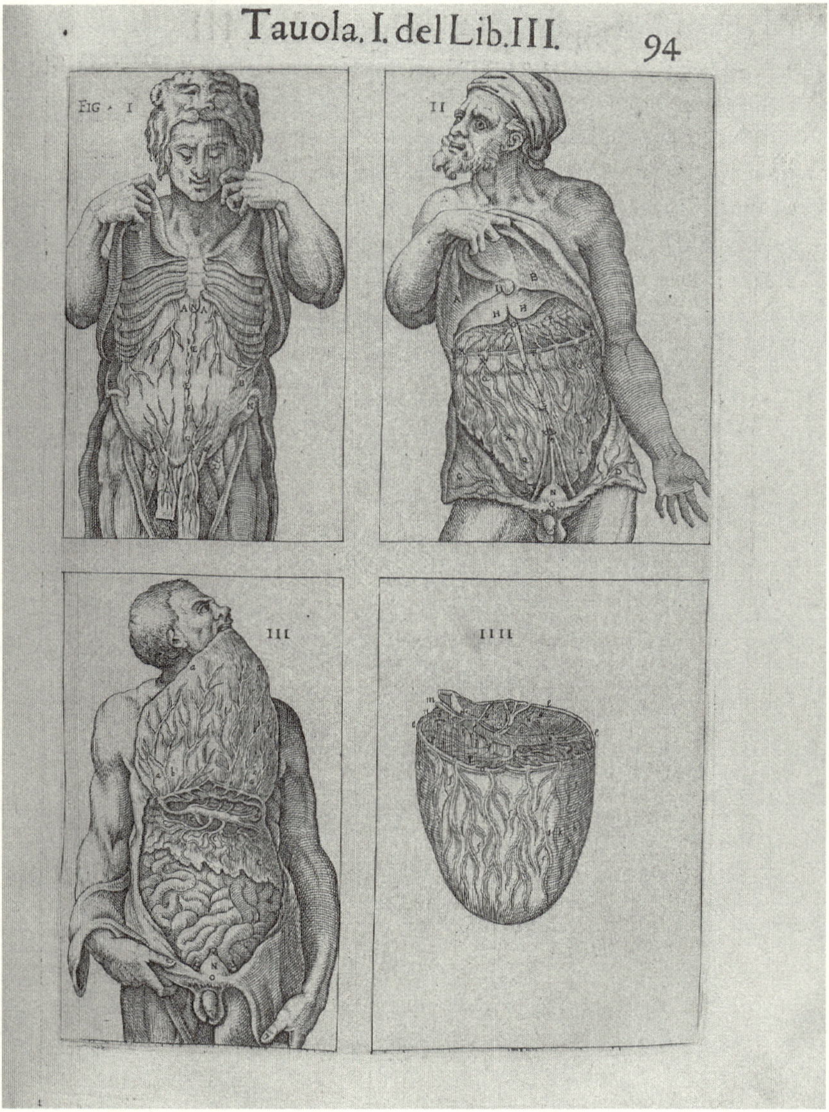

Ilustración de Gaspar Becerra para *Anatomia del corpo humano* de Juan Valverde de Amusco, Roma: er Ant. Salamanca, et Antonio Lafrerj (1560). The US National Library of Medicine.

5. La brevedad como poética de la sanidad

Una de las conclusiones que adelanto tras la revisión de la producción farfaniana es la siguiente: gracias a la "experiencia" de un probado y religioso autor, en un contexto social de carestía de médicos y droguerías en la Nueva España, atacada por terribles epidemias y otros males, la gran aportación de los tratados breves de nuestro agustino fue difundir y consolidar la idea de que la flora y fauna americana —la misma que se empleaba en la medicina indígena y que aún empleaban los indios para curarse—, era de gran provecho y su empleo no era pecaminoso para el pueblo llano para el que escribe nuestro doctor, es decir, ibéricos y criollos, por una parte mayoritaria y primordial; y no descarto a los indios, mestizos y negros aculturizados,[1] por otra mucho menor. Aunque no por ello dejará de mostrarse precavido en algunos casos y cerrado del todo ante la curandería indígena. Pero vayamos con calma y empecemos por distinguir las características entre una y otra obra.

5.1. *Tratado breve de cirugía* (1579)

El primer tratado que publicó Farfán fue el *Tratado breve de cirugía y del conocimiento y cura de algunas enfermedades que en esta tierra más comúnmente suelen haber*. Fue impreso en 1579 por Antonio Ricardo. Si nos enfocamos exclusivamente en las obras publicadas por especialistas de la materia —pues, como hemos visto, la tradición médica en la que surge la producción farfaniana puede rastrearse hasta las crónicas de los primeros franciscanos—, es un hecho que solo fue antecedido por las obras de Francisco Bravo y Alonso López de Hinojosos.

1. No olvidemos que el *Libellus de medicinalibus* fue obra de un indio adoctrinado en el Colegio de la Santa Cruz de Tlatelolco.

Al igual que el trabajo de este último, el tratado de Farfán apareció aprobado por el virrey Martín Enríquez de Almansa y Ulloa, quien, al parecer, tenía gran interés en apoyar esta clase de obras, diseñadas para llegar a un sector de la sociedad bastante amplio ante la falta de profesionales, más aún para los que estaban lejos de los centros urbanos. Así lo destaca él mismo en su permiso que aparece en el proemio del libro: "el cual entiende ser cosa muy útil y provechosa para todos" (f. Ia). También comparte junto con la *Suma y recopilación de cirugía* la característica de tener los mismos encargados de la revisión del manuscrito: el doctor Francisco Bravo, autor de la obra médica novohispana más "científica"; y el doctor Juan de la Fuente, como ya sabemos, el primer catedrático de Medicina de la Real Universidad de México y, además, el primer médico en ser miembro del Tribunal de la Santa Inquisición, donde fungía como traductor e interlocutor de lengua francesa y otorgador de permisos para la impresión de libros de medicina. En efecto, De la Fuente era un humanista conocedor de la lengua francesa y gracias al proceso que se le hizo para comprobar su limpieza de sangre,[2] se conservan datos valiosísimos de su biblioteca privada en la Nueva España, una de las más interesantes del periodo[3] y con la que nos podemos hacer una idea de la clase de literatura con la que venían otros médicos ibéricos al Nuevo Mundo.[4] La novedad la da el soneto de Francisco de Solís dedicado a Farfán, "en alabanza a la obra";[5]

2. La Inquisición novohispana y española siempre mantuvo sus sospechas sobre la pureza de sangre de los médicos, pues la mayoría que practicaba este arte era de origen judío. Prueba de esta mano dura es que el primer médico de la Inquisición mexicana (Juan de la Fuente) fue llamado ante la misma institución para la que trabajaba por la supuesta posesión de libros prohibidos (Martínez Hernández, *op. cit.*, p. 87).
3. "Entre los títulos sobre medicina sobresalen los clásicos Galeno, Hipócrates, Celso, Dioscórides; los árabes Rhazes, Avicena y Mesue; los bizantinos Alexandro de Tralles, Aecio de Amida, Johannes Actuario y Paulo de Egina. De los autores contemporáneos destacan los nombres de los médicos filólogos de la universidad alcalaína: Cristóbal de la Vega, Fernando de Mena y Francisco Vallés. Igualmente destaca una *Anathomía* de Vesalio, que, sin lugar a dudas se trata *Del humani corporis fabrica* [También:] Virgilio, Ovidio, Luciano y Cicerón entre los clásicos y los de Erasmo, Vives, Nebrija, Servet entre los contemporáneos [y los libros en francés:] *Philosofía del amor del maestre León*, *Yllustraciones de Galia*, *Crónica de los Reyes de Francia* y unas *Epístolas de Cicerón*" (*ibid.*, pp. 189-190).
4. Martínez Hernández, *op. cit.*, pp. 193-194.
5. Si no hay cosa en la vida, más amada,
ni más precio, que es la misma vida

y, especialmente, los dos dictaminadores agustinos: fray Alonso de la Veracruz, en aquel tiempo, como el mismo declara en su visto bueno: "Maestro en artes y doctor en santa teología" (f. Ib), hecho que ya no debe extrañarnos pues sabemos, por lo expuesto en otro apartado de este estudio, que el universitario aspirante a médico antes tenía que ser bachiller en Artes, y que incluso eran los profesores de Artes quienes evaluaban el examen de los doctores médicos. Finalmente, el último dictaminador fue el agustino fray Martín de Perea, "provincial de la Orden de San Agustín", tal y como lo declara la dedicatoria del libro. Él fue también confesor del virrey Martín Enríquez; consultor del Santo Oficio después de haber pasado por Real Universidad de México, donde se graduó en Teología; y fundador de un convento en Oaxaca, donde fue provincial de 1578 a 1581, antes de regresar definitivamente a España en 1583;[6] el *Tratado breve de cirugía* lo dedica Farfán a este último.[7]

---

si en alta estima, deber ser tenida
la ciencia, que la tiene reparada.
Si à Apollo dio una fama, eternizada
restaurar la salud siendo perdida:
Si dio a Eusculapio, gloria esclarecida
la medicina contra el mal hallada.
¿Qué título, qué honra, podrá daros,
doctísimo Farfán, el siglo nuestro,
igual al beneficio recibido?
Viendo que el excelente ingenio vuestro,
hallo contra su mal vienes raros,
cuales nunca jamás se han conocido.

6. Isabel Testón, *El buscador de gloria. Guerra y magia en la vida de un hidalgo castellano del siglo XVI*. Alcalá de Henares, Universidad de Alcalá-Centro de Estudios Cervantinos, 1998, pp. 60-61.
7. Con las siguientes palabras: "Siendo como es el fin de toda la vida cristiana y, particularmente, de la vida de religión, la caridad de Dios y el próximo, y acudir vuestra paternidad como acude por sí y por sus súbditos a este negocio, como la experiencia (mediante el divino favor) muestra. Viendo yo que todo el peso de nuestra provincia se emplea en mirar por lo principal, que es el bien y remedio de las almas, me pareció, pues todo es obra de caridad, acudir con el talento que el Señor me dio, a tratar del remedio de los cuerpos: pues no estoy y menos obligado, que los que la tienen mayor, a dar cuenta de él. Y así debajo de la sombra y favor de vuestra paternidad, aquí saco mis trabajuelos a la luz. Y si de ellos se puede sacar provecho, no lo digo, sino que lo pongo en juicio de los que con conocimiento verdadero, y con sencilla y cristiana intención los juzgaren. Y para que los demás por vicio puedan, en condenar los trabajos ajenos, no sean impedimento al bien que del conocimiento y uso de esta se puede seguir al prójimo, pongo este libro

Estos son pues los "trabajuelos de los remedios de los cuerpos" que Farfán comenzó a realizar a partir de los "veintisiete años", como él mismo declara. Con estos aportará un legado médico de gran éxito en la Nueva España: una obra completa conformada por dos tratados breves, única en reimprimirse durante el siglo XVII, superando en este logro a sus antecesores ya estudiados, y a sus sucesores, como el caso de Juan Cárdenas y su obra *Problemas y secretos maravillosos de las indias* (impreso en 1591). Sin embargo, el *Tratado breve de cirugía* no será el que disfrute de esta suerte. Esto quizá se deba a que el tratado da prioridad, como su nombre lo indica, al aspecto anatómico y quirúrgico, por encima del médico y la elaboración de remedios caseros para todo interesado en acudir a un repertorio de distintos tratamientos con productos abundantes en la Nueva España, más allá de los típicos de la farmacología europea. Esto podría objetarse por las palabras preliminares de Farfán, mismas que explican el proceder de su poética:

> Al lector:
>
> Habiendo veintisiete años (devoto lector) que comencé a profesar la ciencia de la medicina y cirugía, estudiando en ella y trabajando lo que me ha sido posible, y habiendo experimentado muchas cosas en ellas, determiné con el favor de Dios, en quien confío, sacar con la brevedad que pude lo mejor de los autores, así griegos como los barberos y de los modernos, lo mejor que en sus escritos dejaron de la cirugía, reduciéndolo a método y modo de curar claro, y inteligible. Para que todos los que quisieren y tuvieren necesidad se aprovechen de ella. Hallarán los cirujanos, que ejercitan la cirugía, lo que han menester, y los que carecieren de ellos, y de los médicos; se aprovecharán de ella para sus necesidades. Podrán haber muchos remedios de los que aquí están. Por ir puesto con buena orden y razón. Porque aunque les falten (como digo) médicos, ellos se curarán. Hay también algunos remedios para indisposiciones, y enfermedades señaladas, que (a gloria de Dios omnipotente) yo muchas veces he experimentado, con mucha honra y provecho. Lo que me movió a tomar este trabajo, sólo fue hacer a Dios algún pequeño servicio y bien al próximo. Va dividido este tratado en seis partes. La primera es una breve prefación

---

delante del amparo de vuestra Paternidad, para que como padre lo defienda de semejante peligro, pues para ello fue Nuestro Señor servido dar a vuestra Paternidad tantas partes de religión, letras y autoridad. Y guárdemos Nuestro Señor la muy reverenda persona de vuestra paternidad, por muchos años, para su santo servicio y aumentamiento de nuestra religión. Amén" (*Tratado breve de cirugía*, f. 3a).

y anatomía del cuerpo humano. La segunda y tercera el tratado de los apostemas. La cuarta de llagas frescas. La quinta de úlceras, que son llagas viejas y antiguas: y de la curación del mal francés y de las bubas. La sexta del conocimiento y cura de algunas enfermedades, que más comúnmente hay en esta tierra, con algunos remedios particulares de otras. Pídote humildemente lector, que con amor lo leas, y que lo que hallares no tal como conviene (que creo hay mucho) lo corrijas y enmiendes fraternalmente, y de lo que fuere bueno, des a Dios las gracias, que lo hace (*Tratado breve de cirugía*, ff. 4a-4b).

Sin embargo, es la sexta y última parte del libro la que realmente cumple con el propósito del autor, es decir: "Para que todos los que quisieren y tuvieren necesidad se aprovechen de ella". Efectivamente, solo esta puede resultar útil a todo aquel artesano romancista (herrero, carpintero, sastre, etc.), que no practique ningún arte médica, mientras que, por el contrario, se evidencia que la primera, segunda, tercera, cuarta y quinta partes están dirigidas a un público especialista, o sea, parte del gremio de los que procuraban la salud en la sociedad. Se antoja pensar en barberos-cirujanos sin estudios universitarios, como Alonso López de Hinojosos, quienes podían desarrollar un sonado virtuosismo en su oficio e incluso como médicos empíricos sin latines, quienes se aventurarían hasta a escribir libros con ayuda de escribanos, como hemos visto. Esto se sugiere por el inicio del primer libro del tratado, en el cual, después de explicar razones de la etimología cirugía y citar a Galeno (los libros "*De usu partium corporis humani*" y "*De ratione victus*", f. 5a), y cómo en esta se conjuga "ciencia y arte", el autor puntualiza:

Las condiciones que el cirujano ha de tener son que sea mancebo o casi. Que tenga buena vista, facundo, elegante, gracioso, de buena conversación, de lindo aire, pulido y aseado en toda su persona, de buena condición y complexión y sobre todo buen cristiano y temeroso de Dios. Ha de ser también animoso y presto de manos en su obrar, teniendo para ello buenos instrumentos, sin los cuales no se puede hacer cosa alguna bien, ni con presteza ni sin dolor. (*Tratado breve de cirugía*, f. 6a)

Como bien reza el título, la brevedad se impone no solo para dar información sobre cuestiones prácticas, sino para asentar las bases teóricas de los principios médicos que rigen cada uno de los libros.[8] Las autoridades médicas que constituyen esta obra son casi las mismas que encontraremos en el *Tratado breve de medicina*.[9] Por el manejo de estas fuentes textuales es que la crítica literaria médica coincide en declarar que no hay ninguna aportación novedosa en este tratado, cuya "ciencia" se debe más a unos postulados bajo medievales del siglo XV que renacentistas.[10] Sin embargo, el diálogo mundial que establece con las obras de su tiempo es una característica que hemos destacado líneas arriba con las investigaciones de Bravo, Hernández, y López de Hinojosos: el manejo probado de una flora y fauna netamente americana que se integra en las teorías médicas que se aprendían en las universidades ibéricas (Alcalá, Sevilla, Osuna, Salamanca, etc.) y, gracias a ello, por un momento, en la historia occidental. No solo se creyó procurar la salud de los miembros de la sociedad novohispana con estos postulados, sino que toda la sociedad europea podía aprovecharse de los mismos para atender sus males de salud pública.[11] En este sentido, el libro sexto y último de este tra-

8. Aquí, un ejemplo de ello: "Pareciome en esto, era razón, tratar de la anatomía del cuerpo y seguir la común opinión de todos, y más necesario, y por ser el cuerpo humano (sujeto del médico y del cirujano) donde obra. Y porque para cortar, dividir, romper y abrir, es menester que sepa cómo, y por dónde lo ha de hacer, conviene que sepa algo, y aún mucho de la anatomía y conocer las partes todas del cuerpo humano, y complexiones, oficios y facultades de ellas. Y esto para que aplique conforme a cada una de ellas la medicina y remedio que le conviene. Porque sin lo que tengo dicho, andará a ciegas y sin acertar y por esta causa yerran tantos. Anatomía pues, es una ciencia recta y derecha, por la cual dividimos, cortando los miembros del cuerpo humano, con singularidad, como la etimología del vocablo lo declara, el cual viene de este nombre griego: *ana*, que es recta, y *thomos*, que es división (*Tratado breve de cirugía*, ff. 2b-3a).
9. Los médicos árabes son Avicena, Razhes, Ali Abbas, Johannes Mesue, Averroes y Albucasis. Los griegos: Hipócrates (*Aforismos*), Galeno, (el libro *De ijs quae sunt in arte medica*, f. 30b; *Locis affectis*, f. 38a), Aulo Cornelio Celso y Aristóteles (en el cuarto de los *Metheoros* f. 34b). Los médicos medievales: "Guido de Cauliaco (Chauliac)", al que llama el "Conciliador" y a quien le corrige sobre los apostemas (f. 31a); Arnaldo de Villanova, Lanfranco de Milán, Henrico Chabdonis y Leonardo de Bertipaglia. Los bizantinos: Paulo Aegineta y Aecio de Amida. Los autores modernos son Juan de Vigo y, con seguridad, Hugo de Siena (Martínez Hernández, *op. cit.*, p. 255).
10. "La mentalidad de Farfán, señalan López Piñero y López Terrada, se apega a la línea avicenista del galenismo arabizado bajomedieval, sin concesiones alguna a las corrientes humanistas" (*loc. cit.*).
11. Está más que demostrado que la introducción de elementos americanos en la farmacología europea nunca se fundamentó en principios científicos y humanitarios, sino económicos y comerciales. De Sagrera, "*La farmacia, comercio y ciencia. Monardes y Hernández como ejemplo*", *OFFARM*, vol. 25, nº 11, 2006, pp. 68-73.

tado, el que habla "del conocimiento y cura de algunas enfermedades, que más comúnmente hay en esta tierra, con algunos remedios particulares de otras" es el que, realmente, puede ser consultado con mayor provecho por cualquier lector de lengua romance gracias a que posee una mayor cantidad de elementos naturales americanos, los mismos con los que sanaba el curandero indígena. No sería descabellado pensar que, por decisión propia o por recomendación de algún colega de su tiempo,[12] el siguiente libro de Farfán explotará esta cualidad apenas sugerida en la primera impresión, ampliándolo radicalmente con muchos más remedios.

5.2. *Tratado breve de medicina y de todas las enfermedades* (1592)

Así, catorce años después, en 1592, aparece el *Tratado breve de medicina y de todas las enfermedades que a cada paso se ofrecen* dedicado al virrey don Luis Velasco, quien es recordado, entre otras cosas, por embellecer la Ciudad de México con la construcción de la Alameda Central (aún en pie en la actualidad, convirtiéndose en el jardín público más antiguo de México). Al parecer, el embellecimiento de la ciudad capital no solo tuvo lugar por las obras del virrey, sino que su llegada coincidió con tiempos más felices, lejos de la última gran epidemia de 1576. O, al menos, así lo quiere hacer ver Farfán con un mensaje que tiene guiños con el providencialismo en su dedicatoria:

> Cuando estos reinos, por gran beneficio del cielo, merecieron recibir a vuestra señoría con el principado y gobierno de ellos, entroles tan de raudal el bien que aun hasta la salud corporal parece que les vino. Porque estando (a la razón de entonces) herida de peste casi toda la tierra, comenzó a mejorar luego, que llegaron las alegres nuevas de tan buena venida. Que ya puede ser tal el regalo enviado a un doliente que, con sólo sentir sus aires, cobre aliento y reviva (*Tratado breve de medicina*, f. Ib).

12. Agustín Farfán siempre estuvo inmerso en un ambiente médico que le proporcionaría consejos sobre su arte. Por ejemplo, antes de entrar en la Orden de los Agustinos será nombrado por el ayuntamiento de la Ciudad de México, junto al doctor Toro, como visitador, en mayo 1568; cargo que le obligaba a visitar a otros médicos, boticarios y barberos de la Ciudad de México. Sin embargo, nunca ejercerá este poder pues en septiembre del mismo año el doctor de la Torre sustituirá a Farfán, quien entrará a la Orden de los Agustinos (Martínez Hernández, *op. cit.*, p. 253).

Además, don Luis Velasco fue el primer virrey del Nuevo Mundo en procurar su vista con lentes correctoras. Si las gafas fueron fabricadas en la Nueva España, donde residió un total de nueve años con un periodo de ausencia de ocho años en el virreinato del Perú, demostraría —junto a la ciencia médica que hemos venido revisando— el desarrollo de la tecnología oftálmica en la Nueva España a finales del siglo XVI.[13] Él será quien dé permiso de su impresión por el "tiempo de quince años",[14] y será él mismo quien dé su permiso en la reimpresión de 1610.[15] A diferencia del virrey Martín Enríquez de Almansa y Ulloa, responsable de dar permiso al antiguo tratado, el virrey Luis Velasco recalca y reitera fuertemente la intensión del religioso:

> Ayudar a la gente pobre y ausente que carece de socorro de médicos, para remedio de las enfermedades que padece estando en pueblos de indios, y haciendas del campo y no teniendo posibilidad para curarse por mano de terceras personas interesadas (*Tratado breve de medicina*, f. Ia).

Como bien dice el virrey, este libro está dirigido a ibéricos o criollos que están en pueblos de indios, y que incluso se interesan en curar a estos últimos, pues el *Tratado breve de medicina* ofrece remedios para enfermedades exclusivas de este marginado sector social.[16] La segunda obra de Farfán, y también la primera, se instauran así dentro de un marco estructural para la misión agustiniana que siempre se esforzó por mantener a los encomenderos, perpetuarlos como único modelo social para el virreinato de la Nueva España;

---

13. María Luisa Calvo y Jay M. Enoch., "Acerca del uso de lentes correctoras en las colonias españolas del Nuevo Mundo: una referencia al virrey Luis de Velasco y la tecnología en su época (s. XVI)", *Óptica pura y aplicada*, vol. 35, 2002, pp. 1-6.
14. El *Tratado breve de cirugía* solo tuvo diez años de permiso para ser impreso.
15. Curiosamente, durante los dos periodos de mandato del virrey en la Nueva España, el primero de 1590 a 1595 y el segundo de 1607 a 1611.
16. "Para quitar las calenturas a los indios: Cosa es muy experimentada entre los indios de esta tierra, que un manojo de verbena verde o seca, muy molido, y desatado en agua tibia, y bebiéndolo tres días (en ayunas) o cuatro, les hace vomitar y sudar. Y recibiéndola por melecina desatada en aguamiel les hace purgar muy bien. Y con estas evacuaciones se les quitan las calenturas, como lo vera el que lo experimentare. Y verdaderamente los indios no sufren muchas sangrías, porque en salud comen poco, y enfermos casi nada. Yo lo he visto muchas veces, y pasa así en todos ellos, que les ponen allí el atole y no saben decir al enfermo come o bebe. Y cierto que los más de ellos se mueren traspasados de hambre y de sed" (*Tratado breve de medicina*, f. 179b).

pues la encomienda daba sustento a "españoles pobres", empleados "como calpixques[17] y administradores, y los indios se aprovechaban de esta convivencia pues imitaban las actividades agropecuarias de los españoles".[18]

A diferencia del tratado de 1579, este tiene un solo visto bueno y no es el de un médico, sino el de un doctor en Teología de la Real Universidad de México: el doctor Hernando Ortiz de Hinojosa, quien antes leyó la cátedra de Artes durante dieciocho años, desde 1569. Se trata del primer criollo en tener una plaza de tanto prestigio en la Real Universidad de México (la de Teología) y también en ser "el primer novohispano en las cátedras de arte".[19] Probablemente, la razón de que sea el único revisor del manuscrito se debe a que el *Tratado breve de medicina* es la segunda intención del autor por cubrir las necesidades de sanidad pública mediante, como dice el propio doctor Ortiz de Hinojosa, un tratado: "útil y provechoso para todo género de gente en esta Nueva España, especialmente para los que tienen su habitación y moradas en las ciudades, villas e lugares donde hay falta de médicos y medicinas de botica" (ff. IIa-IIb). Es decir, aunque se trata de un libro diferente elaborado con casi las mismas fuentes textuales, el propósito del autor es derivación de su primer tratado de 1579, ya revisado por dictaminadores médicos.

El soneto y el coloquio del proemio son obra de Hernán González de Eslava, reconocido autor de obras teatrales con tema catequizador

17. Una de las diez plagas de las que habla Motolinía en su *Historia de los indios de la Nueva España* es, precisamente, la de los calpixques: "La cuarta plaga fue de los calpixques o estancieros y negros, que, luego que la tierra se repartió, los conquistadores pusieron en sus repartimientos y pueblos a ellos encomendados, criados o sus negros para cobrar los tributos y para entender en sus granjerías. Éstos residían y residen en los pueblos, y aunque por la mayor parte son labradores de España, hanse enseñoreado en esta tierra y mandan a los señores principales naturales de ella como si fuesen sus esclavos" (lib. I, parte I, p. 21).

18. Rubial, "Fray Alonso de la Veracruz, agustino. Individualidad y corporativismo en la Nueva España del siglo XVI", en Carolina Ponce (coord.), *Innovación y tradición en fray Alonso de la Veracruz*, Ciudad de México, Facultas de Filosofía y Letras-Universidad Nacional Autónoma de México, 2007, p. 85.

19. "Aunque las restricciones para los novohispanos hijos de españoles se fueron matizando a lo largo del siglo [XVI], para cuando Ortiz cumplió veinte años, hacia 1570, estaban vigentes" (Ramírez González, *Grupos de poder clerical en las universidades hispánicas II. Los regulares en Salamanca y México durante el siglo XVI*, Ciudad de México, Universidad Nacional Autónoma de México-Centro de Estudios Superiores Universitarios, 2002, pp. 36-41).

estructuradas bajo la forma de coloquios espirituales, poesías sagradas y autos sacramentales.

En síntesis, con base en estas características, puede afirmarse que, a diferencia del tratado de 1579, nacido con todas las credenciales de la evaluación "científica" de la época, el *Tratado breve de medicina* posee una impronta fuertemente religiosa, tanto por parte de los encargados en dictaminarlo y laurearlo, como por la propia intención del autor. Esta última reluce tras una simple hojeada: por encima de cualquier proceder, antes que nada, se debe servir a Dios con el arte médico. De ahí que, en cada enfermedad, tras ofrecer su descripción y diagnóstico, Farfán manda ordenar el alma mediante el sacramento de la confesión, antes de abordar el tratamiento del enfermo, tal y como hemos visto ya en otra sección de este estudio.

Incluso cuando es evidente que es un libro diferente de su antecesor, no entiendo por qué varios estudiosos no tienen muy en claro el papel del *Tratado breve de medicina* en oposición al *Tratado breve de cirugía*. Por ejemplo, lo ubican como segunda edición del libro de 1579.[20] Quizá esto es así por las propias declaraciones del autor al inicio del *Tratado breve de medicina*, en el libro primero: "En la primera impresión que hice traté de algunos remedios de medicina" (f. 1a). Empero, estas declaraciones no implican que los cambios realizados no hagan de este una propuesta realmente nueva en relación con el tratado breve de 1579. En el *Tratado breve de medicina* de 1592 la prioridad es el necesitado, el menesteroso, el desprovisto, el pobre, el que habita en una comunidad sin farmacia o botica. En resumen, todo aquel lector de romance inmerso en estas lamentables circunstancias, condenado al olvido de las incipientes instituciones sanitarias del virreinato de la Nueva España; un lector que no sabe nada de medicina y que solo puede

20. Martínez Hernández (*op. cit*., p. 256) así lo reconoce, aunque admite que posee "sustanciales cambios"; Xavier Lozoya en su *Bibliografía sobre la herbolaria medicinal de México*, Ciudad de México, INE, 1984, no distingue entre uno u otro tratado, abordándolos como si fueran una misma cosa. Robert Ricard, *La conquista espiritual de México*, Ciudad de México, Fondo de Cultura Económica, 1986, habla de un tratado de cirugía y dos de medicina, y dice que el *Tratado breve de medicina* "estaba destinado a los indios que no tenían médico cerca"; Irving A. Leornard, en su extraordinario libro *Los libros del conquistador*, Ciudad de México, Fondo de Cultura Económica, 1996, cree que el *Tratado breve de medicina* es de 1579, y juzga que es "el primer trabajo de su género publicado por autor mexicano" (p. 162).

acceder a una serie de remedios que se pueden realizar con lo que hay en casa. Aunque no siempre se cumpla con este propósito y se recomiende, con toda sinceridad, ir a una droguería para conseguir ciertos medicamentos,[21] lo cierto es que estos son contados casos y la mayoría de los remedios sí cubren la intención esencial del doctor Farfán:

> Hallarán con facilidad los que no tienen botica los remedios, aunque estén apartados de pueblos grandes, porque esto es lo que me puso ánimo para trabajar en hacer esta segunda impresión, aunque es (como dije al principio) toda de nuevo (f. 107b).

Efectivamente, en este tratado nuevo, de las seis partes que teníamos en el *Tratado breve de cirugía*, ahora son solo cinco. Se ha reducido las descripciones de las causas de las enfermedades sin que esto implique que se haya tajado el texto sin más. El libro primero y segundo habla de las muchas enfermedades e indisposiciones "que a cada paso se ofrecen"; el libro tercero es un "breve tratado de todas las calenturas". Estas tres primeras partes son la gran novedad de la producción farfaniana y abarcan 222 folios de los 353 que en total tiene la obra. El libro cuarto es una "cirugía breve", este último comparte varios subcapítulos con el tratado de 1579, tal y como puede inferirse por el subtítulo de este libro en la edición de 1592: "Cirugía breve hecha por el padre fray Agustín Farfán" pero su realización es completamente diferente.[22] El quinto y el último libro de "anatomía breve" es la parte que más se parece al tratado anterior de 1579, también señalado por el subtítulo que lo acompaña en la edición de 1592: "Anatomía breve hecha por el padre fray Agustín Farfán", sin que ello signifique que sea una copia exacta de lo ya publicado por el agustino.[23] Estos dos últimos libros se distinguen por los mencionados subtítulos donde la palabra "hecha", inexistente en los tres primeros libros, deja en claro que se reutiliza un trabajo anterior del autor.

---

21. Así, en el caso de la melancolía: "Los que no tienen botica envíen a ella por las cosas que donde están no pueden haber. Porque, aunque procuro ordenar los remedios, que donde quiera se pueden haber, no todas las cosas que mando se hallan para males tan exquisitos" (*Tratado breve de medicina*, f. 112b).
22. Tal y como se verá en detalle en el último apartado de este estudio introductorio: "*El Tratado breve de medicina* de 1592".
23. En el mencionado apartado de la nota anterior veremos las características de este quinto libro.

Tomemos un ejemplo para comparar el proceder del primer tratado de 1579 en relación al de 1592: el caso de la esquinencia, es decir, el dolor de angina y la inflamación de las amígdalas. En el *Tratado breve de cirugía* de 1579 aparece en el libro tercero, capítulo séptimo. Como suele hacer este tratado, comienza con una breve digresión de lo que es la enfermedad desde el punto de vista teórico:

> Este nombre esquinencia o esquinancia es bárbaro, y el nombre griego es *sinanche*, y el latino, *angina*. Es un tumor o una hinchazón allí dentro de la garganta. Cuatro especies de esquilencias pone Galeno, en el libro cuarto de *Locis affectis*, y en el comento del Aphorismo trainta y cuatro de la cuarta parte (*Tratado breve de cirugía*, f. 103).

En cambio, el *Tratado breve de medicina* aparece en el libro primero y comienza directamente advirtiendo que es un mal peligroso y el mismo Farfán anota: "No pongo aquí las cuatro maneras que hay de esquinencia, porque no hace a nuestro propósito, sino la cura de ella, las causas y señales para conocerla" (f. 23a). Es decir, que el *Tratado breve de medicina* se enfoca exclusivamente en las señales de la enfermedad, su tratamiento y un amplio repertorio de remedios caseros.[24]

Justamente, esta es la principal característica de este tratado: dentro de un básico y breve marco referencial, se explica cómo aprovechar la naturaleza americana empleada por los indígenas dentro de las teorías médicas ibéricas en boga en el siglo XV (recordemos que el fondo académico de Farfán es arcaizante) para beneficio de los más pobres cristianos novohispanos. Esta característica no debe ser reducida y, por lo mismo, condenar la poca aportación "científica" de esta obra. Debemos recordar que el corpus de obras hipocráticas se basa en percibir y pensar lo que es en una naturaleza determinada, mientras que de lo que no es en esa naturaleza —de lo inexistente en ella— nada

24. "Los que no tienen botica, púrguense con cuatro onzas de cañafístula" (f. 26b); "La que no tiene botica, haga este jarabe" (37a); "Los [remedios] que yo aquí pongo han sido de tanto provecho que jamás me han de faltado, y donde quiérase pueden hacer. Y como antes he dicho, lo que aquí hay bueno, en este tratado, es: que los remedios se harán, aunque no tengan los enfermos botica. Lo que ruego es que usen de ellos, y verán que (aunque los males parezcan incurables) sanarán de ellos con el favor de Dios. Son buenos al gusto, y cuando no lo fuesen al de todos, por la salud, aunque sean muy amargos, se han de tomar" (f. 41a); "Los que no tienen botica tomen dos tomines de polvos de la raíz de matlalíztic" (f. 58b); etc.

puede decirse.[25] Cuando la cosmovisión europea rompió los límites geográficos de su mundo y descubrió e inventó el Nuevo Mundo, podemos imaginar el vértigo de los médicos llegados a la Nueva España al percibir y pensar sobre una naturaleza curativa que por primera vez existía ante sus ojos.

La misión del doctor Farfán no se limitó a describir y comparar las plantas, los animales y los minerales de la Nueva España con el afán de las *Historias* de la naturaleza y de los animales de los más consagrados autores conocidos por el orbe occidental: Aristóteles, Plinio, Eliano, etc., cuyas obras fueron unas de las primeras herramientas enciclopédicas para establecer una correspondencia entre el hombre y la naturaleza, explicando, por ejemplo, el carácter y el comportamiento de las personas a partir de las bestias en su hábitat.[26] Como un médico novohispano que buscaba el beneficio de los suyos, Farfán sometió esa nueva naturaleza —representada en una raíz, una planta o el buche de un animal— a su arte.[27] Y en este propósito, la naturaleza conocida, dominada y respetada por el curandero indígena se vio sometida a la comparación con el mundo del médico ibérico:

> Como nuestro buen Dios la crio aquélla, también la crio acá, como lo vemos, porque esta raíz del cocolmécatl es como la de las cañas de Castilla: es nudosa, y con unas puntas como púas, es gruesa y larga; por de fuera es leonada, y por la parte de dentro no es tanto, y cortada a pedazos se deshebra como la baca cocida. Todo lo dicho tiene la raíz de la china, y en

25. Hipócrates lo plantea de la siguiente manera: "Pues de las cosas que no existen, ¿quién podría observar su entidad y enunciar cómo son? Porque, si fuera posible ver lo que no existe, de igual modo que lo que existe, no sé cómo alguien podría considerar no existentes esas mismas cosas que puede ver con sus ojos y percibir en su entendimiento que son. Pero no hay cuidado de que sea así. Al contrario, siempre se ven y se conocen las cosas que son, y lo que no existe ni se ve ni se conoce" (*Sobre la ciencia médica*, p. 2).

26. En la *Fisiognomía* (p. 66) los rasgos físicos más evidentes de los animales son vitales para correlacionarlos con los de los hombres y distinguir así qué tipo de característica moral se acentúa en ellos: "Aquellos que tienen la punta de la nariz gruesa son negligentes: véase los bueyes. Los que la tienen gruesa desde la punta tienen embotados los sentidos: compruébese los cerdos. Y quienes tienen puntiaguda la punta de la nariz son iracundos: recuérdese los perros".

27. Arte definida por el propio Hipócrates (*Sobre la ciencia médica*, 3) de la siguiente manera: "el apartar por completo los padecimientos de los que están enfermos y mitigar los rigores de sus enfermedades, y el no tratar a los ya dominados por las enfermedades, conscientes de que en tales casos no tiene poder la medicina".

> los efectos es también como el cocolmécatl: gasta y deshace el agua cocida con esta raíz los corrimientos de los humores, consume las ventosidades, y deshace las opilaciones, y ayuda a cocer el manjar, y quita los dolores de ijada y de la cólica (*Tratado breve de medicina*, ff. 206b-207a).

En otros casos, la denominación de la naturaleza rindió al agustino —al igual que a sus colegas médicos y religiosos de otras órdenes— ante una serie de plantas, flores y raíces difíciles de comparar con las referencias de su mundo europeo; sin la posibilidad de referirse a estos con las palabras "es como", conservó la denominación prehispánica, o lo que entendió de la misma. Manuel Galeote[28] ya ha estudiado unos cincuenta términos de flora americana en este tratado, analizando el interés que despiertan los fitónimos indígenas.[29] Sobre los nombres, Hipócrates[30] afirma lo siguiente: "Sería absurdo e imposible, considerar que los objetos surgieron de los nombres. Los nombres son convenciones sobre la naturaleza, y los objetos no son convenciones, sino productos naturales". De los múltiples aspectos que presenta el llamado "encuentro de dos mundos" en lo que toca al estudio de la historia de la medicina, la conceptualización hipocrática se rompe en este caso, pues, aquí, el objeto sí nace por el nombre. Farfán apuesta a que, gracias a su experiencia, a su autoridad de médico, la cosmovisión occidental europea acepte el nombre indígena para que surja una naturaleza de gran provecho para buscar la curación de la enfermedad, inventando así su propia naturaleza americana favorable, reconstituyente y paliativa.

Gracias a su interés por someter a la naturaleza local —y dejar testimonio de ello por escrito—, Farfán se convirtió en una espacie de

28. "Nombres indígenas de plantas americanas en los tratados científicos de Fray Agustín Farfán", *Boletín de Filología de la Universidad de Chile*, XXXVI (1997), p. 165.
29. "a) Nombres de plantas silvestres (8 términos): atzumiatl, comiatl, chian, itztictlanoquiloni, quilites, suchil, xicama y xoxocapatli. b) Nombres de arbustos (1 término): maguey. c) Nombres de plantas cultivadas (2 términos): chile, maíz. d) Nombres de plantas medicinales, drogas y otras sustancias (33 términos): achiote, cocolmecatl, citzicastli, colotzitzicastli, copal, epacote, etzpatli, cempualcuchil, guayacán, gueynacaztle, mataliste, matlatin, mecasuchil, mechoacán, nacazxuchil, ocote, olcacatzan, ololihuyqui, piciete, pipizahua, tabaco, tecomahaca, texocoyoli, tianguizpetlat, tlapa, tlilxuchil, toloatzin, topotzan, tzinquahuyo, vli, xalapa, xoxocoyoles y yecahuyexuchil. e) Árboles frutales y frutas (6 términos): aguacate, cacao, cacalosuchil, capuli, capote y guamúchil" (*ibid*., p. 125).
30. *Sobre la ciencia médica*, 2, p. 12.

intérprete que medió entre dos cosmovisiones; no obstante, su grado de lejanía en relación con la nueva naturaleza que injertó en sus procedimientos hipocráticos-galénicos-arabizados-cristianizados, terminó por devorar el código que dicho elemento natural constituía para el especialista oriundo de la tierra conquistada: el curandero indígena. Bolívar Echeverría explica al respecto:

> Las configuraciones singulares y concretas del código de lo humano no parecen tener otra manera de coexistir entre sí que no sea la de devorarse las unas a las otras: la del golpear destructivamente en el centro de simbolización constitutivo de la que tienen enfrente y apropiarse e integrar en sí, sometiéndose a sí mismas a una alteración esencial, los restos aún vivos que quedan de ella después.[31]

Ejemplo de la destrucción que ejerció el médico agustino "de un centro de simbolización constitutivo" lo encontramos en el caso del cacao, planta religiosa,[32] moneda[33] de gran valor para el mundo prehis-

31. *La modernidad de lo barroco*, Ciudad de México, Editorial Era, 2013, pp. 51-52.
32. Uno de los tantos mitos de esta planta refiere que Quetzalcóatl la trajo para que los hombres supieran de un alimento que los dioses no desdeñaban.
33. El doctor Francisco Hernández estaba al tanto del valor del cacao como moneda corriente: "Del Cacahoaquáhuitl o árbol del cacao: Vienen a la mente, al hablar del Cacahoaquáhuitl, las grandes etapas de la historia humana. En el Viejo Mundo y en los tiempos primitivos, las cosas necesarias para la vida y que debían por consiguiente, cuando faltaban, solicitarse de otros, no se pagaban con dinero; no circulaba todavía moneda de oro o de plata, ni se grababan en metales imágenes del ganado, de reyes o de príncipes. Se vivía mediante el trueque de las cosas, según cantó Homero, proveyéndose mutuamente los hombres de los frutos cosechados, hasta el día en que se acuñaron los metales grabándose en ellos mil imágenes diversas. Pero en este Nuevo Mundo no habían penetrado jamás los signos de la avaricia ni había nacido la ambición, hasta que llegaron a él nuestros compatriotas traídos por las naves y los vientos. No eran para sus habitantes de tanto precio el oro y la plata, que abundaban grandemente; plumas de aves hermosísimas, telas de algodón y piedras preciosas que esta tierra produce copiosa y espontáneamente, constituían sus más preciadas riquezas. No conocía el pueblo los collares, pulseras y brazaletes sino hechos de flores, y ningún valor tenían las perlas entre ellos. Andaban casi desnudos y llevaban una vida dichosa sin preocuparse del mañana, de acumular grandes tesoros o de aumentar su patrimonio; vivían al día, siguiendo sus inclinaciones y deseos, en condición modesta pero tranquila y feliz, y gozando con gran alegría de los máximos bienes de la naturaleza. La semilla *cacáhoatl* les servía de moneda, y compraban con ella, cuando era necesario, las cosas principales, costumbre que dura hasta la fecha en no pocos lugares. ¿Y qué tiene esto de extraño cuando entre los pueblos orientales sirven de moneda ciertas conchas, las

pánico —aún vigente en el periodo Colonial—, de la cual, al referirse a ella, Farfán se enfoca en la ética cristiana, el pecado representado por el vicio y la debilidad de las mujeres:

> La causa más principal de no bajar bien la regla es: la sangre, ser muy gruesa y muy flemática. Engruésase la sangre, y hácese flemática, comiendo demasiado, y con el mucho ocio y poco ejercicio. Estas dos cosas hacen muy bien las mujeres de la Nueva España, porque a todas las horas del día, y a muchas horas de la noche, las verán comer golosinas. Mayormente el cacao comido y bebido, y éste no les ha de faltar. Otras se hartan de chocolate, que es una bebida hecha de muchas cosas entre sí muy contrarias, [f. 34a] gruesas y malas de digerir (*Tratado breve de medicina*, 2003, 33b-34a).

El centro de simbolización indígena de esta semilla fue destruido por la descripción cuasi precartesiana, por la "experiencia" que una y otra vez menciona el autor que posee sobre su arte,[34] incluso cuando su lógica inserte la semilla, la planta, el trozo de animal, etc. en una lógica igual de supersticiosa como lo es el credo cristiano. Y aun así, lo cierto es que esa experiencia de la que tanto presume Far-

---

hojas de algunos árboles y otras cosas? De esta misma semilla con que se practicaba el comercio estaban llenos los mercados, y por su medio pasaban las mercancías a distintos dueños. Hacían también de ella una bebida, pues no habían descubierto la manera de fabricar vino, no obstante que en sus selvas nacían espontáneamente vides silvestres y labruscas (de las que hablaremos en sus lugares) que adornaban árboles y arbustos con sus pámpanos y racimos de variados colores, rindiéndolos a veces bajo su peso. De esta famosísima semilla que aún en nuestros días hace las veces de vino y les sirve de moneda, hablaremos pues en seguida, comenzando por el árbol mismo (Francisco Hernández, *Historia Natural de la Nueva España*, cap. LXXXVII, t. II). Por evidente que parezca, no deja de llamar la atención, al comparar las obras de Francisco Hernández y las de fray Agustín Farfán, que la de este último se instaura dentro de un marco de referencia teológico cristiano —más propio de la lógica de un fraile agustino—, frente a la argumentación "científica" médica, de la que hace gala el protomédico de Indias.

34. "Tengo por experiencia que dos dramas de Copal molido tomadas en un huevo asado las mañanas y de noche, detienen las cámaras" (fol. 20a); "Tengo por experiencia, que el agua cocida con la cáscara de cacaloxóchitl y bebida, purga admirablemente los humores gruesos y flemáticos del estómago, del vientre y de la madre. Y da gana de comer al que la tiene perdida" (f. 37b); "Experiencia es hecha muchas veces, que en cualquiera picadura de Alacrán si llegan a ella tres veces o cuatro la punta del miembro de un niño o de un hombre, quita muy fácilmente el dolor, y sana" (f. 203a); "Han hecho la experiencia hombres fidedignos y yo también" (f. 238a); etc.

fán es el mecanismo comprobatorio de su ejecución médica, pues la experiencia aboga por un principio fundamental del método científico: el orden en la búsqueda de la verdad. Y así, gracias a la autoridad que esta concede, pueden postular y recomendar al pueblo llano la sustitución de los elementos con los que se crea el fármaco en la tradición hipocrática-galénica por elementos de la Nueva España. Esta propuesta, que empezó con Francisco Hernández, Francisco Bravo y con López de Hinojosos (y que puede perseguirse hasta las crónicas de conquista), será el estandarte que identifique a la poética farfaniana, pues en el siglo XVI nadie más dejó testimonio de explotarla al máximo mediante el asentamiento de ideas en un tratado breve que, aun cuando también daba lugar para temas anatómicos y quirúrgicos propios de su obra precedente, se enfocó largamente en la mezcla y oferta de remedios autóctonos de los indígenas con los europeos. Por ejemplo, dice: "La raíz del matlalíztic es de las nobles y seguras purgas que hay en esta tierra, como yo muchas veces he experimentado. Démosla con toda seguridad a niños, viejos y a preñadas; y en los más estómagos no causa vómito ni da sed" (f. 6a). Y líneas más abajo, conviviendo con esta disquisición médica sobre la purga con esta raíz americana, el doctor agustino sugiere los siguientes remedios de la medicina ibérica: "Para no vomitar las purgas es buen remedio una ventosa en el estómago, hacer cosquillas en los pies, oler un poco de vinagre y chupar de un membrillo. Y el mejor es chupar un poco de jamón asado como lo verá el que lo experimentare, y puédenlo asar la noche antes" (f. 6b). Con esta propuesta, con esta manera de proceder, con esta brevedad, se intentará convencer a la población peninsular y criolla de que las hierbas prehispánicas son del todo seguras para la salud y que no se cae en pecado si se curan con ellas. No obstante, sí se veía como una costumbre pecaminosa si se empleaban estas hierbas fuera de esta poética reguladora. De hecho, como ya se ha visto en este estudio, hay prueba documental de que, en años posteriores al *Tratado breve de medicina*, hubo toda una sección de preguntas para regular este pecado en un género literario de gran apoyo para los eclesiásticos novohispanos. Me refiero al confesionario, en el que había secciones con preguntas que el confesor debía hacer a los penitentes, según su rango y desempeño en la comunidad: gobernadores, caciques principales, mayordomos, alguaciles y, por supuesto, médicos, a quienes se les preguntaba: "¿Cuix otimoticitlapiqui in ayamotix quetzaloc? / ¿Fingiste médico, no siéndolo, sin ser examinado?".[35] Es decir, que la correcta forma de practicar el arte médico era seguir las recetas y consejos basados en la experiencia de un doctor examinado, como Farfán, y no acudir a terceros que habitaban en los limbos de la clandestinidad, como el curandero indígena, quien, a pesar de los esfuerzos del agustino y de otras órdenes religiosas por erradicarlos, desempeñaba un importante papel en la sociedad novohispana del XVI y de siglos posteriores.[36] También ciertas publicaciones ulteriores se aprovecharán, igualmente, de esta poética. Por ejemplo, el *Tesoro de Medicinas*, escrito por el venerable Gregorio López en el siglo XVI y publicado en el XVII (1674) con la intervención textual de los doctores Mathías de Salzedo Mariaca y Joseph Días Brizuela, quienes "añadieron, corrigieron y enmendaron" la impresión.[37] No obstante, esta obra se dedica a dar cuenta de distintas recetas sin un marco narrativo, como el que construye nuestro doctor, si no en una simple lista ordenada en un índice alfabético.

El discurso de Farfán rinde culto constantemente a su experiencia y su determinismo, los cuales, dentro de la narratividad de la obra, lo llevan a destacar por encima de otros médicos mediocres e ignorantes que no entienden las causas de la enfermedad en la necesidad grave.

---

35. La referencia es del *Confesionario* (f. 62b) del franciscano fray Juan Bautista, publicado México, 1599, por Melchor Ocharte. (Disponible en <https://oaktrust.library.tamu.edu/handle/1969.1/92214>).

36. Era muy variado el repertorio terapéutico de los curanderos indígenas. Además de sanar con plantas, raíces, semillas, animales disecados —cuyas propiedades eran analgésicas, alucinógenas, etc.— también lo hacían con las palabras, es decir, con ensalmos. Un ejemplo de esto puede verse en la curación de la picadura de alacrán. Cortés Guadarrama, "Perspectivas literarias", *Ulúa*, 31 (2018), pp. 15-40.

37. El proceder es el mismo del doctor Farfán (la mezcla e hibridación de elementos amerindios en el proceder galénico) Sin embargo, Gregorio López y, principalmente, los médicos que trabajaron sobre sus ideas, crearon una serie de índices de rápida consulta para conocer el humor de la planta de uso curativo prehispánico. Por ejemplo, del cacaloxóchitl se dice que es una raíz caliente y seca, aunque no se ofrece en qué grado. En este sentido, dentro de la mezcla de elementos americanos y europeos Bartra, en *Transgresión y melancolía en el México colonial*, Ciudad de México, Universidad Nacional Autónoma de México-CIICH, 2004, p. 203) y los editores del apartado de la melancolía se equivocan al incluir el tamarindo como elemento americano en la elaboración de la confección de amech o hamec. El tamarindo aparece citado por el médico judío Maimónides y el físico de Juan II de Castilla, Alonso de Chirino, tal y como ya se ha referido.

Fue este discurso —repito— autoritario y asertivo el que rindió a los lectores del *Tratado breve de medicina*. En efecto, por lo que se infiere del éxito editorial de este tratado, con seguridad los lectores preferían leer sobre la elaboración y aplicación de distintos menjurjes y pócimas, elaborados con los elementos de la naturaleza americana, dentro de un marco narrativo cuyo autor se muestra como un protagonista, casi un héroe, en constante batalla no solo contra la enfermedad, sino contra con los médicos ignaros y cobardes que no se atreven a tomar decisiones vitales.[38] Este heroísmo se fundamenta en la experiencia, la que consigna información de primera mano, porque bien lo dice Hipócrates: "La gente tiene una confianza más natural por los hechos que ven que por lo que pueden oír".[39] Y aun cuando esta información sea ficción para la ciencia de hoy, son afirmaciones cargadas de imaginación, dentro de una poética y estética con las que se "inventó" un nuevo continente; son ya ficciones médicas americanas que sirvieron no solo para redimir al profesional de la salud y, en su lugar, "culpar al poder de la dolencia, no a la ciencia",[40] sino para algo mucho más radical: para dejar en claro otra medida de la conceptualización de la Tierra y para transmitir una nueva finitud para el hombre y su espacio en el universo dentro del mito fundacional occidental: el hombre como "amo y señor" de la naturaleza.[41]

5.3. *Tratado breve de medicina y de todas las enfermedades* (1610)

Este encanto fue el que propició, entre otras causas, la reimpresión del mismo tratado en 1610, en México, en la imprenta de Gerónimo Balli. Esta vez el contenido textual es exactamente el mismo, incluso vuelve

38. "Y para esto no son menester muchos jarabes, ni ninguno, porque en un día (siendo necesario) han de sangrar y purgar al tal enfermo, por ser tan aguda y peligrosa esta enfermedad. Y cuanto más se tardaren lo ponen en mayor peligro. Aquí se ven y muestran los médicos próvidos, diligentes y animosos en remediar al enfermo, y hacer que no se le muera. Digo esto porque hay algunos tan temerosos que en una necesidad muy grande no se acaban de determinar para lo que conviene a la salud del enfermo. Y cierto que se les debe atribuir a ignorancia, más que a la falta del ánimo, porque si se entendiesen la enfermedad y las causas no temerían" (*Tratado breve de medicina*, ff. 25a-25b).
39. Hipócrates, *Sobre la ciencia médica*, pp. 14, 24.
40. *Ibid.*, pp. 8, 35.
41. Echeverría, *op. cit.*, pp. 207-224.

a parecer letra por letra el visto bueno del doctor Ortiz de Hinojosa y los versos de Hernán González de Eslava. Para cuando aparece esta reimpresión, Farfán llevaba seis años muerto. De ahí que la única novedad la aporta el mismo virrey don Luis Velasco, quien vuelve a dar su permiso para imprimir el tratado por segunda vez, coincidiendo con su regreso, después de haber estado en el virreinato del Perú (de 1596 a 1604). En esta ocasión, quien pide el permiso de publicar al virrey es fray Vicente de Mijangos[42] "procurador general de la orden de san Agustín", quien

> me ha hecho relación que por mí se dio licencia al padre doctor fray Agustín Farfán de la dicha orden, para que por tiempo de quince años pudiese imprimir un libro de medicina que me dedicó. Y por haber en este derecho el convento de la dicha su orden, y haberse cumplido el dicho tiempo, no se usaba de él, pidiendo: que atento a que el dicho doctor fray Agustín Farfán es fallecido, mandase prorrogarle el dicho tiempo y privilegio por el tiempo que me pareciese. Por tanto, por el presente prorrogo el dicho tiempo y privilegio por otros ocho años más, primeros siguientes; que corran y se cuenten desde el día de la fecha de este mandamiento, y dentro de ellos pueda el dicho convento usar de la merced y privilegio que se le dio al dicho doctor fray Agustín Farfán. Lo cual mando no impida justicia ni persona alguna.
>
> Fecho en México a veintiocho días del mes de marzo de mil seiscientos y nueves años.
>
> Don Luis Velasco.

Ahora será la orden de san Agustín, representada por su procurador general, quien se verá beneficiada no solo por la "doctrina", como la llama el mismo virrey en el permiso de 1592 del *Tratado breve de medicina*, sino de las ganancias que esta genere. En efecto, parte del contenido de este tratado confirma que no solo era el amor al próximo el que inspiraba la prosa de su autor; también lo movía

42. No sé si este Vicente estará emparentado con fray Juan de Mijangos, autor agustino de varias obras fundamentales de la época para el aprendizaje del náhuatl, tales como: *Espejo divino en lengua mexicana en que pueden verse los padres y tomar documento para acertar a doctrinar bien a sus hijos y aficionallos a las virtudes*, México, imprenta de Diego López Dávalos, 1607, reimpreso en 1626; *Frases y modos de hablar, elegantes y metafóricos de los mexicanos* (¿1624?), Ciudad de México: Universidad Nacional Autónoma de México-IIH, 1996 (Estudios de Cultura Náhuatl); *Primera parte del Sermonario y sanctoral en lengua mexicana*, Ciudad de México, imprenta de Juan de Alcázar, 1624.

el afán de ofrecer un manual de aprendizaje para cirujanos que, con arte y oficio, podrían procurarse una manutención bien remunerada. Justamente, en el *Tratado breve de medicina* también hay lugar para los barberos, a quienes Farfán dice que "en las heridas penetrantes del pecho [...] aconsejo a los cirujanos que, por amor de Dios, usen de ella [de la cura que él sugiere], y ganarán honra y dineros" (f. 299a). He aquí otra de las tantas razones del porqué se sustenta la idea del éxito editorial de nuestro tratado: no solo beneficiaba a los enfermos devolviéndoles la salud, también daba a ganar a los profesionales sin latines y, por supuesto, el éxito de este binomio, favorecía al autor de la obra; muerto este,[43] la beneficiada será la orden religiosa a la que perteneció el autor, gracias a la petición de fray Vicente de Mijangos.

Todos ganaban con el *Tratado breve de medicina*; esta es una de las razones de su éxito. Así lo reconoció el cronista agustino Esteban García,[44] quien aseguraba que "Apenas hay español apartado que no tenga para sus enfermedades el libro del padre Farfán". No obstante, dentro de una obra providencialista del siglo XVII como lo es su *Crónica de la provincia agustiniana del Santísimo nombre de Jesús de México*, debía darse constancia exclusiva de la bondad cristiana a la que se rinde el tratado breve de Farfán, ejemplar representante de los trabajos agustinianos en la Nueva España: "Viendo que en lugares distantes de las grandes poblaciones es imposible hallarse médico ni remedio de los enfermos, pues los médicos viven en ciudades populosas y de españoles, trató de escribir este libro movido solo del amor y la caridad de sus prójimos".[45]

43. En el Archivo General de la Nación de México existe un documento con la fecha de la muerte del doctor Farfán en el cual se asienta que murió sin deber dinero u otra posesión: "Don, Gaspar de Mier, receptor general de penas de cama, estrados y gastos. Y Alonso de Salazar, administrador de los reales tributos y la Real Hacienda, sobre que en sus libros no hay constancia de que Agustín Farfán deba cosa alguna" (AGNM, *Indiferente virreinal*, caja 3180, expediente 015).

44. Rubial (*op. cit.*, p. 145) precisa que, por encima de otras crónicas, como la de Diego de Basalenque, muy a pesar de sus aportaciones y sus observaciones historiográficas agustinianas, la obra de Esteban García pasó, prácticamente, desapercibida, recluida en el archivo conventual de San Agustín de México hasta finales del siglo XVII.

45. García, *Crónica de la provincia agustiniana del Santísimo nombre de Jesús de México*, Libro quinto, Madrid, Imprenta G. López Hornos, 1918, p. 26.

Como he venido destacando, es evidente que un halo teológico cristiano alumbra las intenciones y la prosa del autor.[46] Como un ejemplo más de esta característica, bastaría con recordar que el primer procedimiento que el cirujano López de Hinojosos manda en 1578 para curar no es ordenar el alma, como lo hace Farfán, sino "ordenar la vida, que se entiende tener dieta, purgarse, sangrarse, escoger el aposento que tenga aire y morada fría".[47] Es decir, la poética médica farfaniana se debe a este factor religioso y a las circunstancias de su tiempo (temor a las epidemias, escases de médicos y barberos, abundancia de curanderos indígenas y sus recursos paliativos con elementos de la naturaleza americana, el propio ego del profesional médico con el que ataca a otros colegas ignaros, el mismo que lo impulsa a procurar experimentar con lo nuevo: semillas, raíces, etc.). Considerando este panorama, una de las más recientes propuestas para analizar la poética de la obra farfaniana ha sido bajo el desafortunado mote de "medicina de la conversión",[48] término que alude a la "arquitectura de la conversión", empleado por los estudiosos de la historia del arte. En otras palabras, con este último se pretende aglutinar un desplegado de estructuras arquitectónicas pensadas para acoger la puesta en marcha de un programa de conversión cristiana de la población indígena, cuya prioridad era hacerlo de manera masiva y rápida. Quizá esta propuesta de estudio funcione para la comprensión cabal del arte arquitectónico novohispano, pero me parece un tanto turbio para el estudio del arte de la medicina en la Nueva España. Ciertamente, tal y como he intentado demostrar en esta larga introducción al texto de Farfán, la medicina novohispana no se propone solo como un rápido

---

46. La misma que impulso a los creadores de la historiografía agustina en la Nueva España: "Y si la confesión dijimos que era tan necesaria, por ser medicina con la que sanamos de las enfermedades, más lo será el pan con que vivimos [la sagrada Comunión]" (Grijalva, *Crónica de la Orden de N.P.S. Agustín en las provincias de la Nueva España*, Ciudad de México, Porrúa, 1984, p. 108).
47. López de Hinojosos, *Suma y recopilación de cirugía*, p. 121.
48. Quien lo propone es José Pardo Tomás, "Pluralismo médico y medicina de la conversión: Fray Agustín Farfán y los agustinos en la Nueva España, 1533-1610", *Hispania*, vol. LXXIV nº 248, 2014, pp. 749-776. Y posteriormente: "'Y los remedios serán los más caseros'. El arsenal terapéutico mesoamericano en la obra de fray Agustín Farfán: entre la desconfianza y la expropiación", en *De la circulación del conocimiento a la inducción de la ignorancia. Culturas médicas trasatlánticas. Siglos XVI y XVII*, Ciudad de México, Universidad Nacional Autónoma de México, 2017, pp. 17-47.

y masivo programa de conversión del indígena, sino que, en un marco "que se prestaba a una transposición a América para dar cuenta de lo desconocido y lo inédito",[49] se clasifica a los nuevos recursos naturales mediante un puente de conexión: el mundo clásico (la teoría hipocrática-galénica-arabizada) en beneficio de una experimentación sistematizada con los mismos, la cual tuvo lugar en los hospitales de indios,[50] en el ambiente académico de la Real Universidad de México y, por supuesto, en conventos. Dicho proceder, más lento y calmo que la conquista y conversión de los indígenas, se fundamentó en un resplandor cristiano, que no se limitaba exclusivamente a la misión evangelizadora, sino que daba a ganar a todos y cada uno de los sectores de la sociedad novohispana e incluso europea,[51] tal y como se ha demostrado. Además, al comparar el arte médico de la Nueva España con el arquitectónico, se pierde por completo la noción sumamente particular que posee la medicina por encima de otras artes de la temprana modernidad. La medicina renacentista, bien representada aquí por los postulados médicos de Farfán, es un cúmulo de posibilidades que le permite acercarse a otras entidades, no solo las que les son más allegados: la botánica, la farmacología, la cirugía, etc., sino la literatura, la astrología y hasta la alquimia.[52] Un médico del siglo XVI puede ser

49. Gruzinsky, *op. cit.*, p. 239.
50. Villanueva, "El sistema hospitalario en la Nueva España del siglo XVI. Un tema para una reflexión en el siglo XXI (1ª parte), *Revista de la Facultad de Medicina UNAM*, 47, 2 (2004), pp. 83-87.
51. Por ejemplo, Pedro Arias de Benavides se desmarca del empleo del "guayacán" para curar el "morbo gálico", en cambio recomienda un tratamiento a base de azogue empleado por él. Aún con esta posición, en su tratado, *Secretos de cirugía*, es una idea constante y latente que se obtendrá "honra y dineros Dios loado (Benavides, *op. cit.*, f. 20v)" si otros actuasen como él. Es decir, si otros médicos ibéricos también conociesen sobre la materia médica americana "que acá en España, se podrán aprovechar" (Benavides, *op. cit.*, f. 4v); y, sobre este conocimiento, decidir adscribirse al grupo de los que curaban con estas hierbas y remedios nuevos o atenerse a la tradición que da la espalda a los mismos.
52. Basta con recordar la obra de Paracelso, nacida en el mismo siglo de Farfán para comprender la relación entre alquimia y medicina. Para este controvertido doctor —quien dictaba que ni los títulos, ni la elocuencia ni los libros eran indispensables para hacer a un buen médico—, el arte de la medicina estaba en la correcta dosificación (*Omnia sunt venena, nihil est sine veneno. Sola dosis facit venenum*) y en cinco formas diferentes de ser del ser humano, las cuales se vinculaban con el universo (*ens naturale*; *ens veneni*; *ens astrale*; *ens spirituale*; *ens deale*). Además, su gran aportación a la teoría hipocrática-galénica son sus

escritor de una poética y perceptiva del arte teatral, como el caso del "Pinciano"; puede ser un naturalista, como Francisco Hernández; un "científico" puro y duro, como Francisco Bravo; puede ser un profesional barbero o cirujano sin latines, como Alonso López de Hinojosos; e incluso, un poeta socarrón creador de juegos oraculares gracias al dominio de la astrología[53] o un constructor de poéticas breves en beneficio de la salud, como Farfán. Dentro del espacio temporal de nuestro estudio, seguramente el arquitecto también sea más que el límite de su oficio, pero dudo que tenga la versatilidad que el arte de la medicina le otorga a su ejecutante; o si la tiene, está sujeta a la exactitud matemática. En efecto, el arte arquitectónico de la conversión cristiana se debe más a la jerarquía, al orden cristiano propuesto por Dionisio Areopagita y su *Jerarquía celestial* y su *Jerarquía eclesiástica*; su fondo nace de las artes cuya base es la matemática. La medicina occidental nace del misterio y de la fe que hacía peregrinar hasta el Asclepeion; su sustento fueron las artes liberales, cuya fuente es la palabra y, por tanto, también se debe a la propuesta de Dionisio Areopagita, pero por su otra vertiente: el amor al nominalismo que se lee en *Los nombres divinos*. Porque muy en el fondo, en la médula del temor primario de ver sufrir al allegado en la enfermedad, se valió de la palabra para nombrarla, teorizarla y luchar por erradicarla. La forma más aproximada de definir a la "ciencia" médica "sería considerarla como la 'ciencia' de la enfermedad. Pues la enfermedad es lo que aflora como lo perturbarte, lo peligroso, aquello con lo cual hay que acabar".[54] Aplaudo las ganas de leer el *Tratado breve de medicina* con nuevos bríos, tan necesarios para poner esta obra dentro del discurso de las historias locales, diseños globales, de la colonialidad y del pensamiento, tal y

---

tres elementos que se basaban en la alquimia árabe, los cuales rigen tres principios fundamentales, a saber: 1. el azufre (representa lo ardiente y voraz; es caliente, fuerte y seco; representa el alma; es espeso, aceitoso, difícil de destilar y de naturaleza caliente). 2. la sal (representa la materia espiritualizada, la forma y la estructura; representa el cuerpo; es sólida, cristalina y fría). 3. el mercurio (representa el principio del cambio y el espíritu; es fluido y fácil de destilar) (Kerckhoff, *op. cit.*, pp. 114-127).

53. Peña (*op. cit.*, pp. 9-30) ve en Pedro García Farfán, el nombre laico de nuestro doctor antes de su entrada en la orden de los agustinos, al posible autor de uno de los oráculos más interesantes que se conservan de la época, el *Mofarandel de los Oráculos de Apolo*, por el Maestro Quoquim.

54. Gadamer, *op. cit.*, p. 121.

como propone Mignolo.[55] No obstante, el concepto de una "medicina de la conversión" —desde la óptica de mi campo de trabajo: la filología— es una propuesta de estudio que constriñe el radical potencial del *Tratado breve de medicina* (y de toda la producción farfaniana); y, en sí mismo, del estudio del arte médico novohispano: sus anchos lindes con la tradicón medieval, con lo imaginario y lo maravilloso de una construcción textual que insta a otras poéticas literarias y, al hacerlo, crea la suya propia.

55. Mignolo, *Historias locales/Diseños globales: colonialidad, conocimientos subalternos y pensamiento fronterizo*, Madrid, Akal, 2003.

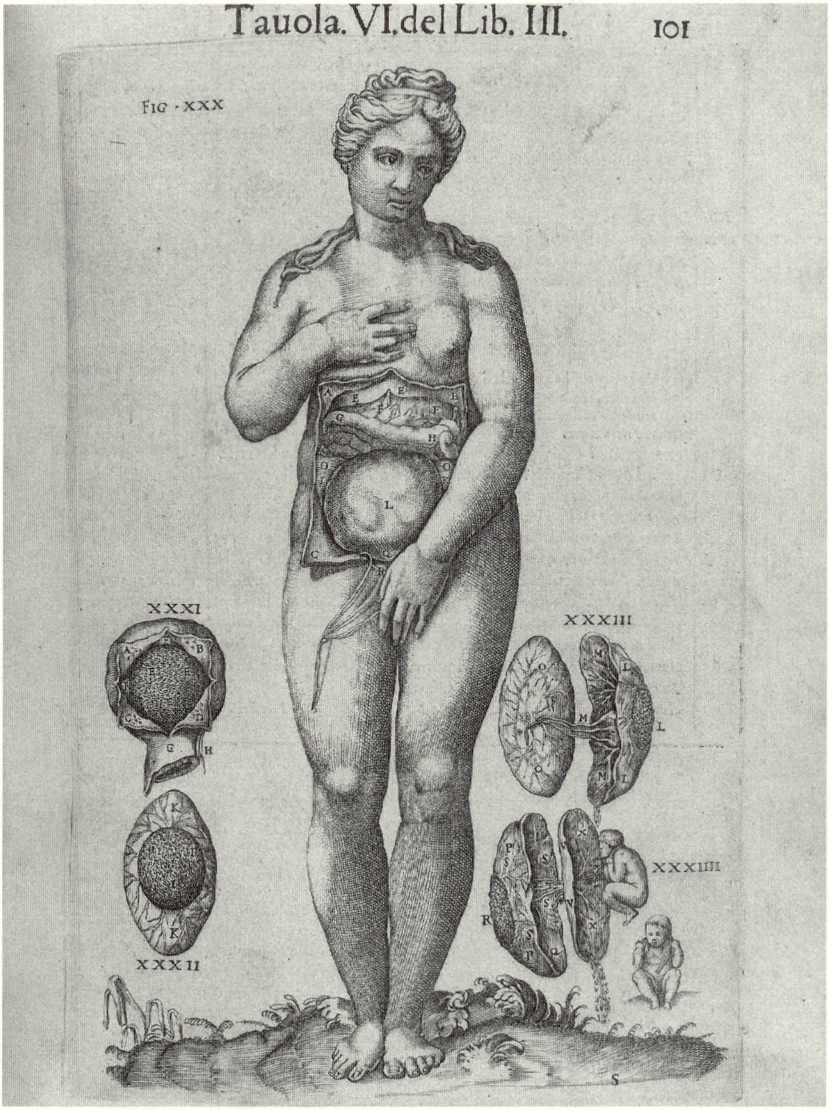

Ilustración de Gaspar Becerra para *Anatomia del corpo humano* de Juan Valverde de Amusco, Roma: er Ant. Salamanca, et Antonio Lafrerj (1560). The US National Library of Medicine.

6. Fray Agustín Farfán

A diferencia de otras figuras médicas novohispanas del siglo XVI, casi todos los historiadores de los últimos años coinciden en ofrecer, en mayor o menor medida, la misma información de nuestro doctor. No por ello deja de haber contradicciones en las referencias, con las que apenas es posible esbozar una síntesis biográfica más bien rudimentaria. Gran parte de la reconstrucción biográfica se ha hecho a partir de lo que el propio autor declara de sí en sus dos tratados breves, en crónicas de la orden de San Agustín, documentos relacionados con la Real Universidad de México y, en menor medida, escuetos papeles de otras instituciones de ambas orillas del Atlántico.[1] En algunos casos, visto a la sombra de otros ilustres personajes de la medicina novohispana, la biografía y obra de nuestro doctor ha sido descartada de un plumazo.[2] Sin pretender caer en ningún extremo, intentaré dar cuenta de los documentos y citas más importantes que conciernen a la vida del doctor Farfán.

La historiografía agustiniana es la fuente más remota para tales efectos. Ahí se nos habla de los hoy en día descartados datos que afir-

---

1. Los estudiosos del siglo XX en preocuparse por Farfán fueron Comas, "La influencia indígena en la medicina hipocrática en la Nueva España del siglo XVI", en José Mª López Piñero y José Luis Fresquet (eds.), *El mestizaje cultural y la medicina novohispana del siglo XVI*, Barcelona, IEDHC, 1995, pp. 91-127; y Jarcho, "Indigestion in Colonial Mexico (Farfán, 1592)", *Bulletin of the New York Academy of Medicine*, 44 (1968), pp. 1085-1087; y "Medicine in the sixteenth-century. New Spain as illustrate by the writings of Bravo, Farfán and Vargas Machuca", *Bulletin of the History of Medicine*, 31 (1957), pp. 425-441.
2. "[La obra de fray Agustín Farfán], en relación con Hernández, tiene poco interés; no hemos podido establecer ningún contacto entre ambos médicos, aunque es de suponer que llegó a haberlo; aunque el autor le recuerda con tal respeto que parece indicar estima y aprecio por el protomédico". Somolinos, "Vida y obra de Francisco Hernández", en Francisco Hernández, *Obras completas*, t. I, Ciudad de México, Universidad Nacional Autónoma de México, 1960, p. 171.

maban que era médico de cámara de Felipe II. También se nos decía que llegó a Nueva España con tres hijas, que luego fueron religiosas en el monasterio de Regina de México. Que fue prior de conventos de indios y de la ciudad de Oaxaca, y visitador de la Provincia. Y, principalmente, que "con dispensación de su santidad", a pesar de que era religioso de la orden de los agustinos, nunca dejó de practicar el arte médico en la enfermería de su cenobio y fuera de este.[3] A grandes rasgos, estas referencias hagiográficas se han repetido hasta el siglo XX. Por ejemplo, lo que hoy se conoce de nuestro doctor en un libro clave de la historia del libro, la imprenta e historias de la literatura novohispana[4] es resultado de lo que tomó, anotó, corrigió y precisó Joaquín García Icazbalceta.[5] Erróneamente consideraba que nuestro autor era de origen mexicano.[6] Millares Carlo,[7] quien editó, completó y corri-

3. García, *op. cit.*, pp. 26-27.
4. He consultado trabajos historiográficos como el de Martínez Hernández, *La medicina en la Nueva España, siglos XVI y XVII. Consolidación de los modelos institucionales y académicos*, Ciudad de México, Universidad Nacional Autónoma de México, 2014; Pérez-Tamayo, *De la magia primitiva a la medicina moderna*, Ciudad de México, Fondo de Cultura Económica, 2013; González Crussi, *Remedios de antaño*, Ciudad de México, Fondo de Cultura Económica, 2012. etc., quienes realizan un minucioso estado de la cuestión por diferentes aspectos de la historia de la medicina novohispana. Asimismo, he consultado las únicas dos historias de la medicina en México escritas en la primera mitad del siglo XX, la de Ignacio Chávez, *México en la cultura médica*, Ciudad de México, Fondo de Cultura Económica, 1987; y la de Fernando Ocaranza, *Historia de la medicina en México*, Ciudad de México, CONACULTA, 2011.
5. El propio autor dice que, con el título de "Los médicos en el siglo XVI", dio en septiembre de 1872 unos artículos al periódico *El Defensor Católico*, de poca circulación en la Ciudad de México. En 1886 se corrigen y se aumenta esta sección. Millares Carlo la edita con sus anotaciones en *Bibliografía Mexicana del siglo XVI*, Ciudad de México, Fondo de Cultura Económica, 1981 (edición corregida y aumentada de las precedentes de 1954 y 1886).
6. Y confiesa que lo único que sabe de él es por los datos de Beristáin: "Natural de la Nueva España, doctor y catedrático de Medicina de la Universidad de México, cuya facultad ejerció, casado, con mucho crédito. Habiendo enviudado. tomó el hábito de S. Agustín, y profesó en el convento de México".
7. Junto a García Icazbalceta y Millares Carlo (*op. cit.*, p. 236), también aportaron a la causa Ramón Menéndez Pidal R. "Los incunables americanos", *Doctrina cristiana en lengua española y mexicana por los religiosos de la Orden de Santo Domingo*, Ciudad de México, Juan Pablos, 1548 (ed. facsímil, Madrid, ECH, 1944, p. XIII); Méndez Bejarano, *Diccionario de escritores, maestros y oradores naturales de Sevilla y su actual provincia*, Sevilla, 1922 (ed. facsímil, Sevilla, Padilla Libros, 1989, 11, pp. 194-195).

gió el texto de Icazbalceta, siguió "la biografía que le dedicó el padre Aguiar en su continuación de la *Crónica* del padre Grijalva". Al hacerlo, puso nombre a sus padres, Pedro Farfán y Lorenza Lejalde —como ya lo había hecho Esteban García—, y lo hizo médico de cámara de Felipe II —repitiendo, otra vez, a García—, afirmando que dejó su puesto "por haberse quedado sordo". Pardo Tomás cree que el dato de la sodera puede ser cierto, pues es apunte más remoto e incluso considera que uno de los remedios de Farfán para la sordera —empleando, entre otras cosas, cola de armadillo— fue experiencia en carne propia.[8]

Haya sido o no médico de la realeza y sordo, de lo que no hay duda es que son datos que pertenecen a la leyenda hagiográfica del autor; hagiografía que el cronista Esteban García enmascaró de biografía, tal y como era la usanza de las distintas órdenes religiosas.[9] En una situación más extrema se encuentran las aseveraciones de Margarita Peña, para quien el apellido de nuestro doctor (Farfán) sugiere un travieso y burlón recurso para no ser identificado como el responsable del *Mofarandel de los Oráculos de Apolo*, del Maestro Quoquim, un oráculo compuesto hacia la segunda mitad del siglo XVI y encontrado en el proceso inquisitorial de junio de 1583 contra Pedro Suárez de Mayorga. Según Peña, nuestro doctor sería "El doctor Mandingo Farfán", quien escribe el proemio encomiástico dedicado "al laureado Maestro Quoquim".[10] La editora de este oráculo sustenta esta hipótesis a partir de la estrecha relación existente entre la medicina y la astrología —en la cual, además, suele indizarse el nombre de Agustín Farfán en algunas obras de la historia del virreinato de la Nueva España[11]—, y, tam-

8. Pardo Tomás, *op. cit.*, pp. 19-20.
9. La vida de López de Hinojosos, obra de la historiografía jesuita, también se recarga más en el recuento hagiográfico del cirujano que en el biográfico. *Vid.*, *Relación breve de la venida de los de la Compañía de Jesús*, p. 77.
10. En el estudio introductorio de su edición, Peña supone esta afirmación con las siguientes palabras: "Es realmente el doctor Mandingo Farfán, quien afirma el elogio del Maestro Quoquim y de su oráculo, el punto clave en esto de descifrar identidades y paternidades. Por época y por profesión, no puede tratarse más que de fray Agustín Farfán [...] Avezado en los secretos de una brujería curativa y benéfica, no sorprende que también incursionara, por lo menos en términos del gusto y la lectura, en el terreno de la adivinación a través de oráculos, aun cuando estos tuvieran un carácter específicamente lúdico, como es el caso del *Mofarandel*" (pp. 13-14).
11. Luis Weckmann, *La herencia medieval de México*, t. II, Ciudad de México, El Colegio de México, 1984, pp. 669-687.

bién, con base en ciertos aspectos maravillosos de la literatura médica novohispana presentes en el *Tratado breve de medicina* de 1592, como la ya citada piedra que habita en el buche de la iguana (f. 238a) y su ya referido conocimiento de la curandería indígena. Finalmente, la editora juzga que esta broma entretenida la habría escrito siendo un laico, antes de su entrada a la orden de san Agustín en 1568.

Personalmente me gustaría creer estas hipótesis, las cuales cerrarían con broche de oro la tesis que he venido defendiendo: la entrañable relación entre el arte médico y el arte literario. De ser ciertas, le otorgarían un carácter legendario a la biografía del autor, a la manera de una *Legenda aurea* de la medicina novohispana. Pero tales especulaciones, por ahora, debemos desecharlas porque no se cuenta con pruebas tangibles que las sustenten. Además, desafortunadamente, la segunda (la de Peña) me parece muchísimo más improbable debido a la simpleza que demuestra Farfán como poeta en el soneto que dedica al virrey Luis Velasco, presente en esta edición, al inicio del tratado.[12] Estoy convencido de que esta misma medianía le impediría crear un juego literario socarrón y goliardo como el *Mofarandel de los Oráculos de Apolo.*

Así pues, dentro del ámbito de la comprobación y la verificación documental, la disputa del origen de nuestro doctor terminó cuando se revisó con atención su tratado de 1579, en donde declara:

> Los mantenimientos de esta tierra, que son demasiadamente húmedos, y conforme a la complexión de la tierra de donde nacen, y aunque no todos son igualmente húmedos, a lo menos todos participan de esta calidad, y por esta razón son flojos y de poco nutrimento. No son como los de nuestra feliz tierra España: los cuales son sólidos y de buen nutrimento, lo cual se ve bien, pues que allá los hombres viven más sanos, y más tiempo, y (hablando verdad) muchos viven sin beber vino, con haber tanto, y valer tan barato, y acá los más no pueden valerse sin él. Porque los he visto, que apenas tienen diez años de edad, cuando andan quejándose del estómago (*Tratado breve de cirugía*, ff. 223b-224a).

12. Los versos presentes en el *Mofarandel* son mucho más ágiles, denotan la capacidad de un autor mucho más hecho para la rima que nuestro doctor. A continuación, algunos ejemplos de su poesía chocarrera: "De Indias te vendrá lo deseado, / que ya está allá tu gañan embarcado" (p. 86); "Sabes más que Merlín, dama graciosa; / mas tu saber es cosa peligrosa" (p. 86); "Más es el ruido que las nueces, / pues sale vuestro aviso todo en heces" (p. 87); "Los médicos de amor te han desahuciado, / jamás podrás gozar de lo pasado" (p. 91).

Hay concilio en ver su nacimiento en Sevilla alrededor de 1532,[13] y nadie duda de que su muerte tuvo lugar en la Nueva España en 1604.[14] Su nombre de laico era Pedro García Farfán (o de Farfán); aunque en la Real Universidad de México, a finales de los sesenta, se le conocía solo como García Farfán —al menos así consta en su proceso para recibir el grado de doctor que se transcribirá líneas más abajo—. Antes de doctorarse, estudió Medicina en la Universidad de Alcalá de Henares, tal como lo deja saber el propio autor en su *Tratado breve de cirugía* de 1579:

> Y si ambos nervios se cortan, se pierde la voz del todo, como lo vi yo en Alcalá de Henares, haciendo experiencia, cortando estos nervios a algunos perros los cuales (aunque les dábamos de palos), no gañían ni ladraban (f. 162a-162b).

Y también estudio en la Universidad de Sevilla, graduándose como licenciado en 1552. Esta fecha surge de la siguiente ecuación: restar los veintisiete años que confiesa tener Farfán al año de 1579, fecha de la publicación de su primera obra.[15] Sevilla, además, es recordada con el tesón del adulto que evoca su niñez: "Yo la vi muchas veces en Sevilla, y la tuve en mis manos [la raíz de china], y acuérdome de lo que digo (aunque era pequeño) como si fuera ahora" (*Tratado breve de medicina*, f. 206b).

Asimismo, recuerda muy bien algunos males que solo dan los caminos españoles. Dicha evocación sugiere que sí ejerció su profesión

---

13. A finales de la década de los noventa del siglo pasado era ya un hecho la nacionalidad de nuestro doctor. No obstante, Galeote (*op. cit.*, pp. 119-120) aún consignaba: "Quienes se han ocupado de la biografía de fray Agustín Farfán no se han puesto de acuerdo sobre el lugar y fecha de nacimiento. Muchos defendían que había nacido en Méjico [...] Actualmente, tras la consulta de su *Tratado Breve de Anathomía* (1579), no quedan dudas de su origen español". De entre los desorientados destaca Irving A. Leonard, quien lo considera "autor mexicano" (*op. cit.*, p. 162), seguramente por basarse en Icazbalceta y este en Beristáin.

14. Dato que puede comprobarse a partir del permiso del virrey Luis Velasco a la edición de 1610. No obstante, Hernández Morejón, quien definitivamente no consultó tal edición, no lo hace muerto hasta 1611 (*apud* Galeote, *op. cit.*, p. 121).

15. "Habiendo veintisiete años (devoto lector) que comencé a profesar la ciencia de la medicina y cirugía, estudiando en ella y trabajando lo que me ha sido posible, y habiendo experimentado muchas cosas en ellas, determiné con el favor de Dios, en quien confío, sacar con la brevedad que pude lo mejor de los autores, así griegos como los barberos y de los modernos, lo mejor que en sus escritos dejaron de la cirugía, reduciéndolo a método y modo de curar claro, y inteligible" (*Tratado breve de cirugía*, f. 4a-4b).

en España, diagnosticando exceso de humores fríos y secos —entre otras cosas— antes de embarcarse en su viaje trasatlántico:

> La causa de este mal es las más veces abundancia de humores fríos y secos; y otras veces es la causa algún gran frío que les dio, como a los que pasan por Segovia a Valladolid, y por el puerto que llaman de la Fuenfría (*Tratado breve de medicina*, f. 167b).

Así pues, tras ejercer su profesión por España y, con seguridad, en su ciudad natal,[16] se trasladó con su familia a Nueva España en el año 1557.[17] Solicita la revalidación de su título universitario entre 1558 y 1564, y el 20 de junio 1567 pide su proceso para graduarse como doctor en Medicina por la Real Universidad de México:

> Proceso de doctor en medicina de García Farfán[18]
>
> Maestre-escuela, el doctor don
> Sanco Sánchez de Muñón.
> Secretario, el bachiller Hortiz
>
> En 20 de junio.
>
> Muy magníficos señores:
>
> El licenciado Farfán, médico, vecino de esta ciudad, digo: que yo soy licenciado graduado por esta universidad y ahora pretendo ser graduado de doctor en medicina. Para lo que me presento ante vuestras mercedes y estoy presto de lo recibir y hacer el acto acostumbrado cuando vuestras mercedes mandaren.
>
> Pido a vuestras mercedes me hallaren por presentado para el dicho efecto y se hagan las diligencias necesarias.
>
> Licenciado Farfán[19]

16. Para comprobar esto, Martínez Hernández (*op. cit.*, p. 251) cita la declaración que hizo el médico Pedro Maldonado en 1567, en donde declara que quince años antes se había titulado como bachiller en medicina en la Universidad de Sevilla y que fray Agustín Farfán estuvo presente.

17. Martínez Hernández (*loc. cit.*) ofrece el dato del Archivo General de Indias para corroborar este año: Pasajeros, L. 3, E. 3582. A él debemos la revisión biográfica más acertada y detallada que se haya hecho hasta el momento sobre el doctor Farfán.

18. Archivo General de la Nación de México (AGNM), *Instituciones coloniales*, *Universidad*, Volumen 284/34647/1, Expediente 1, año 1567.

19. La transcripción completa, a partir de este momento, la tomo de Francisco Fernández del Castillo, *La facultad de medicina según el archivo de la Real y Pontificia Universidad de México*, Ciudad de México, Imprenta Universitaria, 1953, pp. 83-85.

Pasó ante mí en tres de junio de 1567.

Proveyeron que acuda al señor Maestre-escuela.

E luego, vista esta petición por el dicho Maestre-escuela, dijo que había y hubo por presentado al dicho licenciado Farfán, por cuanto le constaba ser licenciado por esta universidad, y mandaba y mandó se haga el depósito de las propinas en forma.

13 de junio de 1567

En la Ciudad de México, dieciséis días del mes de junio de mil quinientos setenta y siete años, el licenciado García Farfán, médico, pareció ante el muy magnífico y muy reverendo señor, el doctor don Sancho Sánchez de Muñón, Maestre-escuela de la Sancta Iglesia de esta Ciudad, y ante mí, el infrascripto notario, y dijo que pues ya su merced se tenía advertido y le había por presentado como consta en la hoja antes de esta petición que él presentó ante su merced estando en claustro, pedía y suplicaba a su merced le señalase día para recibir el dicho grado de doctor en medicina y que él estaba dispuesto a depositar todas las propinas y derechos, que según los estatutos de esta universidad se deben.

Lo cual, por el dicho señor Maestre-escuela dijo, que señalaron y señaló al dicho licenciado Farfán el domingo siguiente inmediato que se contaron veinte del presente mes de julio, y que reciba el dicho grado con toda la solemnidad que los estatutos dispone, con tal que, ante todas cosas, deposite las propinas, y dijo que mandaron, y mandó a mí el infrascripto notario, notifique a todos los señores doctores de todas las facultades, y a cada uno de ellos, que para el sábado a las dos de la tarde, se hallen en casa del doctorando con sus insignias para el paseo, y el domingo a las ocho de la mañana, para acompañarle hasta el lugar donde se le ha de dar el dicho grado, y así lo mando y firmo.

Ante mí: El bachiller Hortiz

E después de lo suso dicho, en cumplimiento de lo mandado por el dicho señor Maestre-escuela, luego viernes que se contaron dieciocho días del dicho mes de julio, yo, el infrascripto notario, por una parte; y el bedel de esta Universidad, por otra, convidé y notifiqué a todos los doctores de todas las facultades, para que se hallasen el sábado a las tres de la tarde en casa del doctorando, y el domingo a las ocho para acompañarle hasta la iglesia Mayor como lo han por uso y costumbre, para hallarse al darle grado.

Paso ante mí: El bachiller Hernando Ortiz

E otro día sábado a las tres de la tarde, se juntaron todos los señores doctores de esta Universidad con sus insignias, y acompañando al dicho doctorando hasta la iglesia Mayor de esta ciudad para darle el grado, con otra mucha gente que los acompañaba.

Paso ante mí: Hernando Ortiz

En la Ciudad de México, de la Nueva España en la Iglesia Mayor de la dicha Ciudad, en veinte días después del mes de julio de mil quinientos sesenta y siete años, estando juntos en el teatro, el excelentísimo señor don Gastón de Peralta, y el muy reverendísimo arzobispo don fray Alonso Montufar, y los muy magníficos oidores convine a saber: el doctori Seinos, el doctor Villalobos, y el doctor Horozco, y el doctor Hoseguera, y los muy magníficos señores maestres-cuela y el rector don Sancho Sánchez Muñón, y el Licenciado Portillo. Y los señores doctores y maestros siguientes: el doctor Céspedes, fiscal de su majestad; el doctor Cisneros, el maestro fray Bartolomé de Ledesma; el doctor Barbosa, el doctor Bustamante, el doctor Cervantes, el doctor Pedro López, padrino del doctorando; el doctor Torres, el doctor de la Fuente; el doctor del Toro; los cuales señores doctores, maestros, admitieron para el grado de doctor en medicina al licenciado don García Farfán, el cual después de haber puesto una cuestión ventilada pro-utraque parte, cuyo título era *Utrum necesaria sit sanginis misio in magno morbo consientibity* &; y teniendo la parte negativa, le arguyeron el licenciado Esteban de Portillo, rector, y el doctor Francisco Cervantes de Salazar, y el doctor de la Fuente.

Después de todo lo suso dicho, el dicho licenciado Farfán hizo una oración al doctor, y luego le llamó el padrino respondiendo con otra oración en la que le concedía las dichas insignias y le admitió y le dio un libro de medicina poniéndosele en las manos y diciendo: *recipe sume librum, clausura & el apertura, ut possislegere & interpretatis &.* Y todo esto en romance porque se lo entendiesen todos, y le metio un anillo en un dedo, in *signum desposationis egregia medicina sceintia* y le ciñó un cinto de terciopelo.

Y luego el padrino, suplicó al muy magnífico señor don Francisco de Velazco, le ciñese una espada, la cual, después de habérsela ceñido, hizo la misma suplicación a don Luis Velazco, para que le calzase una espuela, lo cual hecho le dio un ósculo en el carrillo derecho, y después de dadas todas las insignias de doctor, el padrino lo llevó al lado derecho, a presentarlo ante el señor Maestre-escuela para que le concediese el dicho grado de doctor en medicina y el dicho doctorando hizo una oración al dicho señor Maestre-escuela pidiéndole el dicho grado en la dicha facultad.

Y luego, el señor Maestre-escuela, tomado una gorra de terciopelo, con una borla amarilla de oro, le concedió el dicho grado diciendo: *Potestate Real & Pontificia, qua fungor yn hac parte concedo fibri gradem doctoratus in medicina & cuyus signum portiari capitis tua hune pileom acribi adornaten &*, y luego le besó en el carrillo en señal de paz.

Y luego, el dicho doctor Farfán hizo una oración al dicho señor Maestre-escuela, dándole las gracias por el beneficio recibido del dicho grado, y así mismo a los demás señores Doctores; y luego todos los dichos señores doctores y maestros abrazaron al dicho doctor y luego el padrino lo llevó a un lugar en señal de posesión, después del doctor Toro, doctor en la dicha facultad, y así quedó en el número de los doctores y maestros de esta dicha universidad.

Todo lo cual pasó ante mí: el bachiller Hernando Hortiz, testigos todos los dichos, y los muy magníficos señores oficiales de la real hacienda de su majestad don Fernando de Portugal y Ortuño de Ibarra.

Paso ante mí: El bachiller Hernando Ortiz

De este valioso documento destaca, entre otras, una personalidad hasta ahora no estudiada en el presente estudio, el padrino de Farfán, Pedro López.

6.1. El doctor Pedro López

"El primer médico doctor graduado por la Real Universidad de México".[20] Un doctor, además, cuyos esfuerzos físicos, espirituales y económicos estuvieron consagrados a la consolidación e inversión de un sistema sanitario para los más necesitados en la Nueva España.[21] Leprosos, negros, mestizos, mulatos, los niños y mujeres de estas castas, los enfermos recién desembarcados en Veracruz, etc., es decir, los sectores más marginados y frágiles de la más temprana sociedad novohispana fueron atendidos gracias a la caridad cristiana que movía a la construcción de hospitales y la creación de cofradías impulsadas por los esfuerzos de este doctor, quien incluso no dudaba en invertir recursos propios de su basta solvencia económica para sostenerlos.[22] No debe desdeñarse, entonces, que el padrino de Farfán fuera uno de

20. Así lo consigna Francisco Fernández del Castillo (*La facultad de medicina según el archivo de la Real y Pontificia Universidad de México*, Ciudad de México, Imprenta Universitaria, 1953, p. 87): "Quién fue el doctor Pedro López. Antes de pasar adelante, será bien dar noticia de las buenas prendas que tuvo dicho Doctor Pedro López, que no es digno de quedar en el olvido, ni que con el tiempo se borren las buenas obras. Fue nuestro doctor el primero que recibió el grado de doctor en medicina" (Uni. I (Cron.)-32/252 del AGN de México).

21. Entre otras acciones suyas, gracias a su esfuerzo y determinación, reabrió sus puertas el hospital de San Lázaro en 1568, institución consagrada a acoger a enfermos de lepra. Al parecer, por llegar a constituirse como el "doctor de los pobres" y por poseer amplios recursos económicos que le permitían precisamente esforzarse por lo marginales, fue motivo de envidias y acusado ante la Inquisición por desacralización de imágenes. Para una completa biografía del autor, *vid.* Martínez Hernández, *op. cit.*, pp. 199-215.

22. Fortuna obtenida de su éxito como comerciante (*ibid.*, p. 211).

los doctores que ha pasado a la historia de la medicina novohispana como un cristiano laico de lo más comprometido con los más desprotegidos miembros de la sociedad novohispana. Quizá inspirado por su ejemplo —pero, sin lugar a duda, volcado a su propia circunstancia y preocupación por las castas predominantes (ibéricos, criollos, barberos sin latines e indios)—, Farfán compondrá, ya como religioso, una poética médica basada en la brevedad y en la practicidad de la aplicación del arte médico para todo aquel que no lo es. Principalmente el último de sus tratados (el de 1592) puede pensarse más próximo a la labor de su padrino: mediante el acceso a remedios caseros para los más abandonados, compensar los terribles estragos de un choque de culturas atacadas por furiosas epidemias y dolencias que un embrionario sistema de gobierno virreinal no podía atender, y que poco a poco iba generado más y más desahuciados. Además, no debemos pasar por alto que, hacia los años ochenta, la orden de san Agustín fue una de las primeras en "acriollarse",[23] y con ello se explicaría las intenciones principalmente del tratado de 1579 de facilitarles un oficio a los baberos blancos sin latines, y procurar la salud de los indios repartidos entre los ibéricos que llevaban décadas en la Nueva España, los acriollados.

6.2. El fraile agustino

Prosiguiendo con la línea de su biografía, su esposa falleció ese mismo año (1567) que logra graduarse como doctor. Puede suponerse que el dolor y el luto de la pérdida lo llevan a solicitar su ingreso en la orden de los agustinos, y lo conseguirá en 1568. Martínez Hernández destaca que su aceptación en el convento de San Agustín lo obligó a dejar de manera abrupta el cargo que le había concedido el ayuntamiento de la Ciudad de México como visitador de médicos, cirujanos y boticarios, siendo remplazado, por órdenes del mismo, por el doctor Pedro de la Torre.[24] No hay documento que lo compruebe (más allá de la

23. Rubial, "Fray Alonso de la Veracruz, agustino. Individualidad y corporativismo en la Nueva España del siglo XVI", en Carolina Ponce (coord.), *Innovación y tradición en fray Alonso de la Veracruz*, Ciudad de México, Universidad Nacional Autónoma de México-Facultad de Filosofía y Letras, 2007, p. 83
24. Martínez Hernández, *op. cit.*, p. 253.

contundente presencia de sus dos tratados), pero se repite por distintos biógrafos el hecho de que recibió una dispensa pontificia que le permitió continuar la práctica de la medicina hasta su muerte. Desde este momento, nuestro autor dejará su nombre de laico, renunciando a uno de sus apellidos y se hará llamar fray Agustín Farfán. Por haber desarrollado su legado médico al seno de esta orden religiosa, durante treinta y seis años hasta el día de su muerte, conviene detenernos un poco en ella.

Aunque en relación a los franciscanos y los dominicos, entre los que existe tres años[25] de distancia de su proceder para llevar a cabo la conquista espiritual de la Nueva España, los agustinos supieron tomar su lugar en esta misión, incluso cuando había nueve largos años de distancia en relación con los trabajos seráficos de los frailes menores. La historiografía agustina deja cuenta de las distintas etapas de su proceso de expansión y consolidación. En una primera etapa, que se inicia en 1533, los agustinos se concentrarán en evangelizar Guerrero y sus alrededores; y, en una segunda, la huasteca veracruzana, potosina y, más tarde, Michoacán. En otras palabras, trabajarán en las agrestes y lejanas áreas de la capital virreinal conocidas como Tierra Caliente.[26] Hacia 1568, fecha en la que Farfán entra a la orden y en la que también la provincia del Santísimo Nombre de Jesús en la Nueva España estaba separada de la castellana, abrirán misiones en otras regiones geográficas, entre estas, Oaxaca, donde desarrollará una gran experiencia nuestro doctor, tal y como se verá inmediatamente.

Pero antes, brevemente hay que destacar que, entre otros, crearon los colegios mayores de Tiripetío, en Michoacán, y el hoy templo de

25. Considerando los esfuerzos individuales de los tres franciscanos flamencos llegados antes de los simbólicos doce.

26. De la que da referencia toda la historiografía agustina en la Nueva España, sirva el caso de Diego de Basalenque: "Todo lo que de la sierra mira al norte, es tierra fría, todo lo que mira al sur, es tierra caliente, más en esta Tierra Caliente, unas poblaciones están en las faldas de la sierra, en lo profundo, que se llaman los principales pueblos Nuncupétaro, Sirándaro, Pungarabato, cusio, Cutzamala, Ajuchitlán, entre otros. Éstos son uy cálidos, y carecen de agua, porque aunque tienen grandes ríos, van muy osinados, y la tierra es muy doblada, grandes sierras sin árboles, llenas de sabandijas y mosquitos, tierra para quien no ha nacido en ella inhabitable, y para los nacidos, insufrible, cuyos caminos espantan e atemorizan, que parecen no los pueden atravesar sino pájaros" (Diego de Basalenque, *Historia de la Provincia de san Nicolás Tolentino*, lib. I, cap. III, p. 85).

San Pablo el Viejo en la Ciudad de México, este señalamiento para indicar que ello no significó que un agustino como Farfán solo se volcara a la atención de sus centros religiosos, abandonando su inserción en otras instituciones en ciernes de la sociedad novohispana, como la Real Universidad de México. Por el contrario, ya como religioso, Agustín Farfán asistirá de forma intermitente a los claustros de la universidad (no olvidemos que en 1578 dará el visto bueno para la publicación del libro *Suma y recopilación de cirugía* y ello habla de su relación con médicos y barberos importantes de su tiempo).[27] Un ejemplo de la autoridad que al parecer invocaba con su sola presencia lo podemos leer en la *Verdadera medicina, cirugía y astrología, en tres libros dividida*, de Juan de Barrios. En esta voluminosa obra (impresa por Fernando Balli en México, en 1607) se nos deja saber de una terrible disputa que tuvo Barrios con el agustino en relación al tratamiento que recibió el estimado fraile dominico fray Christóval de Ortega. Dice Juan de Barrios al hablar de "cómo curar las almorranas" en el tratado decimo de su libro:

> [...] como hice yo [Juan de Barrios] al padre maestro fray Christóval de Ortega en santo Domingo. Que dada la extrema unción, y con desmayos, y sin habla algunos ratos, fue Dios servido que cesó la sangre, y otro día estuvo mejor. Y pareciendo al médico que curaba aquella casa, que no había hecho nada, alborotó todo el convento, diciendo, que el padre maestro estaba muy malo, y que era menester si no comer. Y a las once me enviaron a llamar, y tomándole el pulso, me certifiqué en lo que por la mañana había dicho el padre Solórçano, que entonces era prior. Dijo como se había dicho que hubiese junta. Yo respondí que el enfermo estaba mejor y que podría ser que yo me herrase que la hubiese, y que con quien querían que me juntase, nombráronme al doctor Urrieta y Contreras, el médico que había ido por la mañana para desacreditar lo que yo había

27. Además, quizá también se vio implicado en ciertos problemas legales. En el Archivo General de la Nación de México (*Instituciones Coloniales / Tierras / Volumen* 2969 /18677/3 / Expediente 3) existe un documento de 1586 en el que se ve involucrado un tal Agustín Farfán: se pide al gobernador de Tlaxcala las diligencias necesarias en el pleito entre Juan Beltrán, curtidor, contra Eberarte, preboste, y Agustín Farfán sobre el robo de ochocientos setenta y dos pesos a un indio propiedad de Beltrán. No obstante, no creo que se trate de nuestro doctor, ya un religioso agustino para 1586. A este tal Agustín Farfán se le acusó y se le encarceló, junto con el mencionado Eberarte, preboste, por haber acuchillado en el monte al indio para robarle el dinero que era propiedad del curtidor Beltrán.

> dicho, y enviar al probre p. maestro a la sepultura. Trata de llamar para la junta al doctor Plasencia, Farfán y Parra, de modo que quando yo fui, ya estaban allá los dichos. Hubo ciertos dares y tomares, de modo que el padre Baçan me porfió que no me fuese, y me metieron en una celda enfrente, y me rogaron que aguardase a la consulta. Aguardé y salió decretado que el P. Maestro se sangrase y purgase, y no cenara, ni dormiese... salieron a mí con este libro de caballerías. Yo respondí que ni se había de sangrar, ni purgar, y que avía de cenar una gallina, y dormir todo quanto quisiese, constando como constava a todo el convento aver salido al padre maestro una arroba de sangre, y siendo un hombre que tenía gota coral, el color de la cara perdido, y abundava de crudeças. Viendo esto que yo decía, tornaron a decir a los gravísimos médicos que el padre maestro era un fraile muy estimado y que se mirase bien lo que se determinaba, porque había médico que era de contrario parecer. Y esto era ya fuera de la celda del enfermo, el buen Farfán dixo, pues, el médico que dice esto, no habló por detrás, no lo dixo al sordo, que yo todo lo oía. Salí y tómele de un báculo que traía y arrimele a la pared, y díxile: "padre, si no fuere fraile no se lo que hiciera, aquí y en todo el mundo puedo yo decir esto: ¡Qué bellaquería es querer matar a este religioso!". Hubo alboroto de modo que se podía hacer otro Quixote. El enfermo lo oyó, y envió a decir que quería hacer más de lo que yo decía. Hízose, y aquella noche estuvo mejor. Y otro día, pudiéndome yo errar, se llamaron médicos, que fue el doctor Urrieta y Contreras, hubo junto[sic], y salió determinado que el padre maestro comiese y durmiese, y no se hiciese otra cosa. Fue Dios servido que sanó, y vivió después dos o tres años.[28]

Aunque no ocupó ninguna cátedra, este pleito con Juan de Barrios deja en claro que fue una personalidad prestigiosa en el mundo médico y académico.[29] Más pruebas de cómo Agustín Farfán, ya como religioso, estaba volcado no solo hacia su convento, sino hacia la sociedad del siglo XVI: Martínez Hernández señala que, junto a Juan de la Fuente, a finales de 1572, trabajó en el hospital de Jesús, "atendiendo a los jesuitas recién llegados a la Nueva España".[30] Además, los distintos viajes del agustino Farfán puede rastrearse por sus mismos escritos. Desde la Ciudad de México recuerda que nunca vio

---

28. Juan de Barrios, *Verdadera medicina, cirugía y astrología*, Ciudad de México, 1607, f. 182v.
29. El 20 de mayo de 1578 estuvo presente junto con otros colegas suyos en la petición de la instauración de la primera cátedra de Medicina de la Real Universidad de México. Fernández del Castillo, *op. cit.*, pp. 93-94.
30. Martínez Hernández, *op. cit.*, p. 253.

tantos enfermos de la fiebre cuartana como en la ciudad de Oaxaca: "No he visto más cuartanarios en la Nueva España que en la ciudad de Antequera, en el valle de Oaxaca, y en algunos duran tres y cuatro años. En esta Ciudad de México hay algunas, y duran poco" (*Tratado breve de medicina*, f. 271b).[31] Al parecer, la región de Oaxaca[32] causó un gran impacto en nuestro doctor, en donde tuvo oportunidad de experimentar con algunos casos que, verdaderamente, no le fueron indiferentes.[33] En Veracruz sabe de unas iguanas misteriosas, las que poseen la multicitada piedra que recuerda a la piedra bezar.[34] Aunque, en este caso, es difícil saber si él fue testigo en la región o dicha información le llega de oídas (me inclino más por esta última opción). Con ello demuestra que la apelada experiencia de la poética farfaniana responde a tres frentes: a) la practicada por el autor; b) la compilada por la literatura médica novohispana que le antecedió; c) la escuchada de oídas y recomendada por los curanderos autóctonos.[35] Y, por supuesto, trece años antes de estos recuerdos, en su

---

31. Y también se le ubica en Puebla ¿y en Tlaxcala? (la pregunta es mía) "cumpliendo obligaciones como prior y visitador de la Orden de San Agustín, regresando de manera definitiva en 1589 (*Apud*, Martínez Hernández, *op. cit.*, p. 253).
32. No deja de llamar mi atención que más de cuatrocientos años después de que Farfán estuviera en Oaxaca, esta región de México también atrajo la atención de Oliver Sacks, uno de los más importantes médicos neurólogos, escritores y difundidores de la ciencia médica del siglo XX y XXI. De su experiencia en ese lugar, publicó su *Oaxaca Journal* en 2002 (Existe traducción al español: *Diario de Oaxaca*, Barcelona, Anagrama, 2017). Un bello libro con algunos dibujos del autor de las distintas plantas que pudo observar en una de las regiones con mayor biodiversidad y multiculturalidad de todo el mundo.
33. "Para los dolores antiguos de bubas, y para los tolondrones de la cabeza y de las espinillas, y para las llagas viejas, si al cocer de esta agua del cacaloxóchitl echaren allí cuatro onzas de carne y huesos de un pájaro que llaman huacin (aunque esté seco, y se mantiene de solas víboras y los hay en tierras calientes), es remedio de mí experimentado muchas veces en la ciudad de Antequera del Valle de Oaxaca" (*Tratado breve de medicina*, f. 144b); "Los suchietes no harán tanto daño en los cuerpos flemáticos, y en los coléricos será fuego de alquitrán, como lo vi en la ciudad de Oaxaca en un fulano boquin[o]. Yo le avise muchas veces y le rogué que no los tomase, y no quiso obedecerme, hasta que murió, asados los hígados con ellos. Téngolo por remedio sospechoso, porque entorpece y priva el sentido" (*Tratado breve de medicina*, f. 194b).
34. "En el río arriba de Coatzacoalcos hay unas iguanas machos llamadas en mexicano quacuetzpalintechutli, que quiere decir principal o señor entre las otras (*Tratado breve de medicina*, f. 238a).
35. *Cfr.*, Pardo Tomás, "'Y los remedios serán ...", pp. 30-38.

Tratado breve de cirugía de 1579 recuerda algunos casos insólitos en la Ciudad de México:

> Yo curé en esta Ciudad de México a un hombre al cual con una espada pasaron de parte a parte por el medio del hígado, y aunque tuvo once días flujo de sangre, fue Dios servido que viviese (f. 175a).

Este afán de plasmar en sus breves tratados la experiencia médica acumulada por distintos rincones de la Nueva España nace al cobijo de una orden religiosa que se sentía orgullosa de proceder de los logros intelectuales, catequéticos y propagandísticos del mismísimo san Agustín de Hipona. Es esta orden la que lo impulsa para la realización de la misma, tal y como se confirma en los permisos legales de sus tratados. Y dicho interés está recogido por la historiografía agustiniana de la Nueva España con el candor hagiográfico de los santos predicadores. El predicador —uno de los modelos de héroe de la literatura hagiográfica— debe mostrar su servicio ascético religioso mediante emblemáticas y titánicas empresas. No es como el heroísmo del mártir y su alegría concertada (cuyo mejor ejemplo es san Lorenzo) durante su bautismo de sangre, siempre en un marco narrativo que presenta dos bandos: cristianos perseguidos y verdugos paganos adoradores del demonio. Nada más distante de un mártir que un predicador. Así pues, cuando Esteban García nos dice que

> En los pueblos cortos y estancias, que en España llaman heredades y cortijos, distantes de las ciudades grandes, el médico ordinario es el doctor Farfán, aun después de muerto. Apenas hay español apartado que no tenga para sus enfermedades el libro del P. Farfán. Viendo que en lugares distantes de las grandes poblaciones es imposible hallarse médico ni remedio para los enfermos, pues los médicos viven en ciudades populosas y de españoles, trató de escribir este libro movido sólo del amor y caridad de sus prójimos, y salió tan acertado, que se han hecho tres impresiones y hoy apenas se halla por excesivo precio, culpando a la religión por no haber hecho otras impresiones, deseándolas todo el reino, pues con sólo aplicar los remedios que se enseñan en dicho libro, hombres que solo saben leer hacen curas cual si fueran Hipócrates o Galeno. En fin, es obra muy del servicio de Dios y socorro del prójimo.[36]

36. García, *op cit.*, p. 26.

Destaca, cual hagiógrafo, que la labor cristianamente encomiable —digna de una *Legenda aurea* agustiniana a la que debe pertenecer el cuasi "san" Farfán, según el autor—, debe fundamentarse en la creación de un legado escrito que pretenda, en sí, reformar la estructura social que lo vio nacer. El hagiógrafo quiere hacer parecer la obra del predicador —sus textos— como si esta fuese una catedral, un espacio sagrado lleno de espiritualidad capaz de redimir al más recalcitrante pecador o de transformar la mentalidad de toda una generación. Esteban García, al referirse en concreto a nuestro doctor, nos quiere hacer creer que, si bien su obra no tiene los vuelos del máximo predicador de la orden, el propio san Agustín[37] y su *Ciudad de Dios* o sus *Confesiones* —magnas catedrales a las que puede acudir todo pecador, según el credo cristiano, y que llenaban de orgullo a los miembros de la orden— lo que tenemos con la obra de Agustín Farfán es la metáfora de un maravilloso hospital en el que "hombres que solo saben leer hacen curas cual si fueran Hipócrates o Galeno".

6.3. Fray Alonso de la Veracruz y fray Agustín Farfán

Un halo biográfico-hagiográfico encumbra la realidad en la que surgió la poética farfaniana, gravitada en la brevedad y la practicidad: la terrible epidemia de 1576, que llevó a la sociedad novohispana a un verdadero trastorno demográfico; los esfuerzos misioneros de los agustinos que desde 1564 no estaban del todo en la Nueva España, sino en Filipinas; el crecimiento de conventos en la grandes ciudades (Valladolid, Ciudad de México), en detrimento de las pequeñas y de

37. Coincidentemente, una versión castellana del siglo xv de la *Legenda aurea*, de Jacobo de Vorágine, registra en la vida de san Agustín de Hipona algunos de los milagros médicos más interesantes del santoral cristiano. Sirvan estos dos como ejemplo: "Un molinero avía grant devoción en sant Agustín, e avía una enfermedat que dizían flema salsa en la tibia de la pierna. E llamava a sant Agustín devotamente, que le quisiese ayudar en aquella enfermedat. Aparesciole sant Agustín en visión, e apalpole la tibia con la mano, e recebió entera sanidat. E despertando, fallose sano, e dio gracias a Dios e a sant Agustín"; "Un niño tenía piedra, e consejavan los físicos, a su madre, que le fendiese. E ella temiéndose que morería desto, rogó a sant Agustín muy afincadamente que acorriese a su fijo. E la oración fecha, echó luego el niño la piedra con la orina e luego fue sano" (Anónimo, *Flos sanctorum con sus ethimologías*, ff. 188a-188b).

las poblaciones de indios, que estaban, prácticamente, abandonadas, con cuatro religiosos en su momento más fausto.[38] En este contexto puede suponerse que, si la propia orden de los agustinos enalteció a Farfán de entre sus filas de frailes es porque vio en él el potencial de un predicador del cuerpo biológico, y en última instancia, el vocero de la confesión y de las poéticas del arte de bien morir, es decir, la mancuerna ideal de la voz agustina novohispana más importante en la época: la vida y obra de fray Alonso de la Veracruz. Ciertamente, De la Veracruz era el predicador de las almas perfecto para todo hagiógrafo, el que calza con las más ilustres narraciones providencialistas en búsqueda de la hipérbole. En efecto, él fundó conventos para difundir el credo cristiano, "de veintinueve fundaciones, diecisiete estaban alrededor de la zona chichimeca",[39] los cuales demuestran su afán por llevar a cabo la misión en las zonas más agrestes y salvajes de la Nueva España. Escribió importantes obras pensadas para los bachilleres en Artes de la Real Universidad de México, tratados de lógica,[40] obra científica basada en Aristóteles[41] e, incluso, un tratado que buscaba tener injerencia en uno de los santos sacramentos, el matrimonio.[42] Inclusive, en menor medida, fue también misionero.[43] Estos son los aspectos que la historiografía agustiniana

38. Rubial, *El convento agustino y la sociedad novohispana (1533-1630)*, Ciudad de México, Universidad Nacional Autónoma de México, 1989, pp. 142-169.

39. Rubial, "Fray Alonso de la Veracruz, agustino.", p. 83. Farfán tenía conocimiento de las armas características de los chichimecas, como lo deja ver desde su tratado de 1579: "Grande controversia y questión ay entre los autores, si se deven sacar las saetas del cuerpo y qualquiera otro instrumento o no. Los más afirman y dizen que si buenamente se pueden luego sacar se saquen, porque todas las más saetas o flechas traen hierros, y aun las de los chichimecas pedernales, y si no es con grande daño del paciente, no pueden sacarle" (Farfán, *Tratado breve de cirugía*, f. 124a).

40. *Recognitio summalorum*, de 1554, y *Dialectica resolutio*, del mismo año.

41. *Phisica speculatio*, de 1557. Existe traducción al español: *Del cielo*, ed. Mauricio Beuchot *et al.*, Ciudad de México, Universidad Nacional Autónoma de México, 2012.

42. *Speculum coniugiorum*, de 1557, reimpresa en 1571.

43. Diego de Basalenque así lo expresa cuando estuvo en el Tiripetío: "Asentado nuestro ministro en la cátedra, no sólo estaba enseñando a los presentes, sino a los ausentes. Considerólo como un Platón, en su cátedra de Atenas, que no sólo enseña en Atenas, sino que alumbra todo mundo, y de todo el mundo le consultan sus dificultades; o por mejor decir considérolo como a un Salomón, puesto en su trono, enseñando a todos, disputando de todas las cosas naturales, desde el cedro hasta le hierba hisopo que nace en las paredes, descubriendo las naturale-

destaca de fray Alonso de la Veracruz: teólogo, maestro, prelado y misionero.[44]

Estos son los cuatro rasgos que al corporativismo religioso agustino le interesó explotar para la leyenda. De igual modo, pero desde la otra cara de la moneda, al corporativismo agustiniano le interesó el profesional del arte médico: ya tenía un procurador de almas que cubría cuatro nuevas virtudes del perfecto religioso novohispano quien necesitaba más que la fortaleza, la prudencia, la justicia y la templanza para ver consolidada su misión americana. Con Farfán se integrará a esta concepción historiográfica el perfecto religioso, doctor hecho en la Nueva España, acriollado, preocupado por el cuerpo y sus terrenales necesidades. La historiografía/hagiografía agustiniana novohispana ganó con esta incorporación en su afán de inventar su propia *Legenda aurea*, completando con estos dos héroes la eterna dicotomía cristiana: Farfán, el médico y su arte para el cuerpo; de la Veracruz, el teólogo y su arte para el alma.

Con estos dos personajes la historiografía agustiniana buscaba compensar una realidad histórica de arduas y complejas circunstancias. El corporativismo religioso se benefició de los trabajos intelectuales, la experiencia, la dedicación y el servicio de estos dos hombres, cuyas leyendas reafirmaron el orgullo de los frailes de continuar en América con la misión del padre fundador de la orden, san Agustín de Hipona.

6.4. Festejos fúnebres e iconografía

Tras treinta y seis años de servicio con los agustinos, morirá Agustín Farfán en 1604. Su muerte no pasará desapercibida. Todo lo con-

---

zas de las cosas; al cual venían a oír y consultar todos los lugares y ciudades del mundo. Así estaba nuestro P. maestro en su cátedra, disputando y enseñando, ya de las cosas naturales y de filosofía, de *coelo*, de *metheoris*, de que fue sabio; ya de las cosas del cielo de teología, en que fue un sol; así venían de México, de la Puebla, de todos los lugares, a consultarle las dificultades de bulas, de privilegios, de casamientos, de tratos y contratos, que eran las dificultades de la tierra. Dichoso tal convento, pues por tener en sí tal maestro, es conocido en todo el mundo, es honrado y respetado" (*Historia de la provincia de san Nicolás Tolentino*, cap. V, p. 105).

44. Rubial, "Fray Alonso de la Veracruz, agustino", p. 94.

trario, será cubierta de reconocimiento, el cual llevará a sus colegas universitarios a convocar para atender las "ceremonias con motivo de la muerte del doctor Agustín Farfán, autor del *Tratado breve de medicina*":[45]

> Proceso hecho a las honras de sepelio del doctor fray Agustín Farfán de la Orden de san Agustín, a quince de febrero de mil seiscientos cuatro.
>
> Rector: José Fernández Salvador. Secretario de la Real Universidad de México: Cristóbal Plaza.
>
> Juan Rodríguez de Ojeda, bedel de la universidad Real de esta Ciudad de México, citaréis y llamaréis a los doctores, maestros y consiliarios de la dicha universidad para que el domingo primero, que vendrá quince días de este presente mes de febrero, a las dos horas de la tarde y el lunes siguiente, diez y seis del dicho mes a las nueve de la mañana, se junten en el convento de san Agustín, a las honras que la dicha universidad hace al Dr. Fray Agustín Farfán y avisaréis ninguno falte sub-pena *prestiti juramenti* y de seis pesos de oro común que irremisiblemente se quitarán de la primera propina que hubieren de haber, y así mismo avisaréis a los doctores Pedro Muñoz de Espinosa y Luis de Herrera, se vistan para el oficio de diácono y subdiácono en la misa que ha de decir el señor Licenciado Juan de Salcedo, so pena de la primera propina que en cualquier razón hubieren de haber, lo cual se aplica para la caja de la universidad y así mismo se echará prestiti en los generales de la dicha universidad y compañía de Jesús para que todos asistan a las dichas honras. Fecha a once de febrero de mil seiscientos cuatro años. El Dr. Juan Francisco Salvador.-Rector.
>
> Por mandado del señor Rector el Br. Cristóbal de la Plaza.-Secretario.

Se demuestra así la importancia que tenía nuestro doctor en la sociedad universitaria novohispana y en lo que tocaba al sector de la salud. Sin lugar a dudas fue un personaje que buscó entrar en discusión con los principales promotores del arte médico de la Nueva España. ¿Acaso su obra fue compuesta con miras a alcanzar reconocimiento por los ejecutantes del arte de la vieja España? No hay pruebas concretas de ello, pero se puede inferir que su poética la concibió, como lo hizo el cirujano López de Hinojosos —como ya se ha mencionado—, para beneficio del único continente por el que

45. Tomado de la transcripción de Fernández del Castillo, *op. cit.*, pp. 103-104.

realmente luchaba la Corona española y sus virreinatos a finales del siglo XVI: el de la Iglesia romana contra los postulados de las Reforma protestante.

Finalmente, sí contamos con una iconografía farfaniana. Son dos los retratos que tenemos de fray Agustín Farfán, uno más logrado, presente en el *Tratado breve de cirugía* de 1579, obra de la imprenta de Antonio Ricardo:

Otro, en la portada del *Tratado breve de medicina* de 1592, donde aparece con sus libros y manuscritos, obra de la imprenta de Pedro Ocharte. Aunque la imagen también podría ser de reciclaje —de las que se valían los talleres de imprenta para ilustrar distintos libros y contextos— y no propiamente un retrato del autor, sino una sugerencia de su imagen y su quehacer):

Finalmente, la edición de 1610 tiene en su portada un retrato de san Agustín de Hipona, obra de la imprenta de Gerónimo Balli:

Este último grabado coincide con nuestra propuesta antes dicha, la reimpresión de 1610 pertenece toda ella a la orden que acogió a su autor, seis años muerto ya para entonces.

7. El *Tratado breve de medicina* de 1592

Se debe al cronista agustino Esteban García una de las primeras referencias que prueban el éxito editorial del *Tratado breve de medicina*:

> Salió tan acertado, que se han hecho tres impresiones y hoy apenas se halla por excesivo precio, culpando a la religión por no haber hecho otras impresiones, deseándolas todo el reino.[1]

De esas tres impresiones, la crítica histórica las ubica, respectivamente, en los siguientes años: 1592, 1604 y 1610.[2] Yo no he encontrado ni una sola pista que me lleve a la penúltima edición. Dejando al beneficio de la duda más que al error debido al entusiasmo de algún historiador, declaro que, hasta que no se halle testimonio de dicha edición, solo hay dos testimonios conservados de las impresiones arcaicas del *Tratado breve de medicina*: la de 1592, a cargo de Pedro Ocharte; y la de 1610, de Gerónimo Balli. La primera edición facsimilar de la que tengo cuenta es de 1944, en Madrid, a cargo de la editorial Cultura Hispánica. Existen dos modernas ediciones facsimilares, una del año

1. García, *op cit.*, p. 26.
2. Icazbalceta (*op. cit.*, p. 236) señala que fue reimpreso en dichas fechas. No obstante, declara: "Beristáin cita otra edición de 1604 que no he visto" (p. 407). Manuel Galeote (*op. cit.*, pp. 121-122) declara en nota al pie que estas fechas las consigna José María Piñero *et al.*, en *Los impresos científicos españoles de los siglos* XV *y* XVI. *Inventario, bibliometría y thesaurus*, Valencia, Universidad de Valencia-Cátedra de Historia de la Medicina, vols. II y III, 1984. Yo no encuentro tal información, pero sí una inconsistencia: en la p. 36 del mencionado libro dice que el *Tratado breve de medicina y de todas las enfermedades* es de 1579 y que hay otra edición de 1592; evidentemente, se refiere en el primer caso al *Tratado breve de cirugía*. Martínez Hernández (*op. cit.*, p. 257) tampoco ha encontrado esa edición de 1604: "Hay que apuntar que se ha dicho en varias ocasiones que hubo una reimpresión de este libro en 1604, año de la muestre de su autor. Sin embargo, hasta el momento no ha sido hallado ningún ejemplar de esta supuesta edición, por lo que puede pensarse que debió tratarse de alguna confusión".

2003 (Valladolid, Maxtor); y la del sitio web Forgotten Books, con sede en Londres, que ha digitalizado la edición de 1610, la cual se puede comprar y descargar para ser leída en formato PDF.

Se registra la existencia del *Tratado breve de medicina* en las bibliotecas de las universidades de Texas Brown y Johns Hopkins, la Hispanic Society de New York, Wellcome Library de Londres, la Biblioteca Pública del Estado-Biblioteca Provincial de Cádiz, la Biblioteca Nacional de España, la Universidad Complutense de Madrid y la Biblioteca Nacional de México. Desafortunadamente, no puedo aclarar a ciencia cierta cuál de las citadas ediciones (1592, 1610 y 1944) es la que yace en cada una de las mencionadas bibliotecas. No obstante, con seguridad hay una impresión del *Tratado breve de medicina* de 1592 en la Biblioteca Nacional de México (fotocopia del original); y, del mismo, hay un ejemplar en la Biblioteca Nacional de España y en la Wellcome Library de Londres. La Biblioteca Virtual de Andalucía tiene digitalizado el ejemplar de 1592 en el siguiente enlace: <http://www.bibliotecavirtualdeandalucia.es/catalogo/consulta/registro.cmd?id=7146>.

7.1. Pedro Ocharte

De la edición de 1592 se hizo cargo el francés Pedro Ocharte, el tercer impresor de la Nueva España, quien tenía ya en su historial haberse encargado de la impresión del primer libro de medicina novohispano, la *Opera medicinalia* de 1570. Dos años más tarde, sería procesado y encarcelado por el Santo Oficio, por posesión de libros prohibidos, entre estos, "uno que decía que sólo a Dios había que rezar y no a los santos".[3] En este periodo, arrendando los materiales del paralizado Ocharte, Antonio Ricardo publicará dos tratados de medicina más, la *Suma y recopilación de cirugía. Con un arte para sangrar muy útil y provechosa*, de Alonso López de Hinojosos, en 1578; y el *Tratado breve de cirugía y del conocimiento y cura de algunas enfermedades que en esta tierra más comúnmente suelen haber*, de fray Agustín Farfán, en 1579. Ricardo contaba con dos prensas, "una en el Colegio de san Pedro y san Pablo de la compañía de Jesús y otra en casa propia".[4]

3. Alexandre A. M. Stols, *Pedro Ocharte, el tercer impresor mexicano*, Ciudad de México, Universidad Nacional Autónoma de México, 1990, pp. 11-21.
4. *Loc. cit.*

Tras su salida de la cárcel, la década de los ochenta será fructífera para el impresor, sin que se registren libros de medicina en su quehacer. No será hasta inicios de la siguiente década cuando se encargará de dos trabajos memorables, la *Primera parte de los problemas y secretos maravillosos de las Indias*, del doctor Cisneros, en 1591; y, un año después, el *Tratado breve de medicina* de fray Agustín Farfán. Curiosamente, el destino del impresor y del último tratado de Farfán están unidos, ya que con esta impresión finalizará el trabajo más trascendental de Pedro Ocharte, pues hasta antes de su muerte, ocurrida ese mismo año, ya no imprimirá más que obras menores: mandamientos virreinales, cartas notariales y sumas.

7.2. Atributos y fuentes

Como ya se ha señalado en este estudio introductorio, el *Tratado breve de medicina* de 1592 es una obra diferente al primer tratado de 1579, tal y como lo aclara el autor: "Y aunque ésta es segunda impresión, no guardo el orden primero, sino voy escribiendo como me parece que más conviene" (f. 98b). Comparte, sí, un marcado rasgo común, pero menor en comparación con el grueso de la obra: los dos últimos libros, cuatro y cinco: "Cirugía breve" (f. 281a) y "Anatomía breve" (f. 323a), son extractos tomados en muy diferentes niveles de los libros cuatro y uno, respectivamente, del *Tratado breve de cirugía*. De entre estos, el que es casi una copia fiel es el último libro quinto, es decir, el de "Anatomía breve", en el que me detendré más adelante. En lo que respecta al libro cuarto, el propio Farfán lo aclara:

> En la primera impresión que hice, traté de la cirugía largamente, porque se aprovechasen los que la ejercitan. En esta segunda impresión soy más breve, y llevo otro modo de curar las llagas, diferente del primero como se verá. No es invención mía sino volver a uso y práctica [de] lo que los antiguos escribieron, habiendo ellos experimentado largos años con mucho estudio y trabajo suyo. Este nuevo modo de curar las llagas he yo experimentado muchas veces, y no me harto (como dicen) de dar gracias a nuestro buen Dios, de ver con cuánta facilidad y brevedad sana las heridas y llagas; y viendo y experimentado de esto que digo, determiné tomar el trabajo de ponerlo aquí, para que todos se aprovechen y consigan tan grande beneficio (*Tratado breve de medicina*, ff. 281a-281b).

Y, en efecto, la diferencia es demasiada como para considerar una lectura a la par entre las dos obras. De hecho, se trata de un contenido completamente diferente bajo un mismo subtítulo. En la edición que he preparado puede leerse el apartado "De las heridas de la cara. Capítulo quinto" (f. 297a), presente en el libro cuarto. Y aunque el *Tratado breve de cirugía* presenta el subcapítulo "Décimo quinto. De las heridas de la cara" (f. 156a), no existe nada en común más que el tema que inspira el desarrollo de uno y otro apartado en los respectivos tratados.[5]

En resumen, por solo treinta folios, mismos que corresponden al libro quinto y último, de los trecientos cincuenta y tres que posee el tratado de 1592 de Farfán; por esta mínima parte y las malinterpretadas declaraciones del autor, algunos estudiosos —ya señalados en este estudio— han querido ver en el *Tratado breve de medicina* una segunda edición del de 1579. Nada más lejos de la realidad. En efecto, por el fuerte influjo de los postulados del credo cristiano que yacen en la obra que aquí se edita,[6] entre otros factores también ya señalados, yo propongo ver al *Tratado breve de medicina* como lo que realmente es: un libro nuevo formado con casi las mismas fuentes literarias del primer tratado del autor, de una innegable impronta más "científica" del que aquí trabajamos; un tratado nuevo —repito— en el que la experiencia personal del doctor Farfán es la columna vertebral que sostiene esta última obra:

> Si llamasen a médicos doctos y experimentados a los principios de la enfermedad, y no a los que (con verdad) llaman matasanos, pues que dejan a los que no matan peores que cuando los comenzaron a curar. Y como

---

5. Refiero aquí solo una pequeña parte del mencionado subcapítulo del *Tratado breve de cirugía* de 1579, ff. 156a-156b para que se compare con la que aquí se edita: "La cara, la cual llamamos todo lo que está debajo de los cabellos de la cabeza y de la barba, y se determina en las orejas (cuyo movimiento es voluntario) siempre es ofendida y lastimada con heridas de instrumento agudo o con espada o con cosa pesada, y que tenga esquina o cosa llana y por esto suele padecer diversas soluciones de continuidad. De lo que aquí en este capítulo se ha de tratar es de las heridas o llagas cortadas, y de la cura de ellas, las cuales o son simples o son compuestas, y con deperdición de sustancia, o sin ella, o viene con otros graves accidentes".
6. "Todas las cosas que se hacen, por bien del próximo, tienen por fin y paradero el servicio de Dios. Con este intento, me determiné poner aquí todo lo que le pudiese aprovechar mayormente a los que están muy apartados de pueblos grandes y de los que tienen médicos. Porque los tales padecen muchas enfermedades y otras indisposiciones, y por no saber con qué remediarlas, se mueren cada día" (*Tratado breve de medicina*, f. 98b).

éstos afirman con juramento a los pobres enfermos que dentro de quince días los darán sanos, se entregan a los carniceros. Los ignorantes no reparan en que la salud del enfermo (después de la voluntad de Dios) está en conocer el médico la complexión que tiene. Porque conforme a ella ha de dar el remedio y medio y medicinas a ella más conveniente (*Tratado breve de medicina*, f. 82a-82b).

Anotaciones como la anterior se asoman por aquí y por allá en el grueso de la obra: en los primeros tres libros, respectivamente: "De la medicina y de todas las enfermedades" (f. 1a); "De muchas enfermedades e indisposiciones que a cada paso se ofrecen" (f. 82a); "De todas las calenturas y curas de ellas" (f. 238b). El tratado surge un poco del desarreglo de ir tratando las cosas como van surgiendo para su autor, otra característica más que lo aleja de ser una mera segunda edición del tratado de 1579, mucho más ordenado, muy cuidadoso en sus citas textuales, fuentes y referencias a otros autores. No obstante, incluso así y en cada uno de los mencionados libros que constituyen al *Tratado breve de medicina*, sin que pueda establecerse como un patrón, más o menos el proceder es el mismo en cada caso: descripción de la enfermedad, mandar arreglar el alma del enfermo, pronóstico del enfermo, procedimientos médicos (purgas, sangrías, etc.), repertorio de remedios caseros en los que suelen mezclarse elementos de la naturaleza amerindia con los europeos. Empero, la sombra que se proyecta, agranda o achica, en cada una de las distintas instrucciones a seguir por quien busca sanar al necesitado, es una de las tesis que se extrae del corpus hipocrático: dejar a la naturaleza actuar por sí misma y nunca ir contra de ella. Aquí, un breve ejemplo: "Y el que aquí quisiere sangrar, o hacer otros remedios, cometerá grave culpa, porque iría contra lo que la naturaleza hace prudentemente, y estorbarle han de su obra natural, que es: echar fuera del cuerpo el humor nocivo y dañoso" (f. 54a).

Aunque no hay un esquema estructural al que se apegue el autor, se observa que hasta el libro dos, capítulo seis ("De la melancolía") hay cierto orden y método, un tanto más allegado al tratado de 1579; pero justamente al final de ese mismo capítulo seis, sin separación alguna, empieza a añadir remedios breves, sin que pertenezcan a otro capítulo. En otros casos, por ejemplo, de "la demasiada purgación de los meses" (f. 158b), el autor advierte que, aunque haya hecho ya un capítulo propio al respecto, añade más remedios "para que con mucha facilidad se hagan en esta ocasión". Esta "facilidad" es muy subjetiva, ya que los remedios son de la misma índole y categoría de los presentados en el capítulo dedicado a esta enfermedad. Finalmente, para terminar con esta breve descripción de la manera en que registra el autor sus vivencias médicas: en el f. 188b comienza a dar parte de ciertos medicamentos sin adjuntar la descripción de la enfermedad contra la que pueden ser efectivos. Este proceder se debe a que muchos de estos funcionan con enfermedades ya mencionadas. Es tal la desorganización del doctor Farfán que creó un apartado en medio de su obra, casi al final del libro dos, para entender su proceder. Y este mismo es el que me permite, entre otras características y motivos, seleccionar solo lo más maravilloso y representativo de este tratado, tal y como lo justifico en el siguiente apartado.

Los autores citados a lo largo del tratado son los grecolatinos Hipócrates[7] y Galeno;[8] los árabes Avicena,[9] Haly Abbas

7. "Pues dice Hipócrates y Galeno —graves autores— " (221b); "Su complexión (según Hipócrates) es fría y seca" (f. 324a).
8. "Abundancia de flemas, que se recogen y engendran en el estómago según opinión de Galeno" (f. 3a); "Y al que tiene buen entendimiento, le es fácil conocerla por esta señal, como la conoció muchas veces Galeno en muchos" (f. 104a); "Y sepan que (hablando verdad) los tales no son los resfriados, a quien manda Galeno no se sangren" (f. 151b); "en la que viene de humor flemático, Galeno (a quien debemos seguir) lo manda" (f. 178b); "Consejo y mandato es de Galeno" (f. 251a); "Como lo afirma Galeno, ésta es fría y seca"; "La grasa y gordura sirven al cuerpo en muchas cosas, como lo dice Galeno" (f. 325a); "La flema después que se derrama por el cuerpo y estómago, donde, por opinión de Galeno, también se engendra, es de la naturaleza del agua" (f. 325a); "La cabeza, según Galeno" (f. 325b); "La forma de la cabeza es redonda a manera de esfera, por ser la tal figura, como dice Galeno, la menos pasible" (f. 326a); "y conforme a la doctrina de Galeno, este ventrículo es el fundamento y maquinación de la cogitativa y de la memoria" (f. 328b); "Esto es conforme a la doctrina de Galeno, y sólo el [espíritu animal] va a los ojos por los nervios ópticos, a dar la vista a los ojos" (f. 329a). "Y así el mismo Galeno los hace vacuos o porosos" (f. 329a); "Y así dice Galeno, que los accidentes de la nuca son como los del cerebro" (f. 331b); "El espinazo (conforme a la doctrina de Galeno) tiene cuatro partes" (f. 334b); "Conforme a la doctrina de Galeno, el vientre se toma en dos maneras" (f. 339b); "Conforme a la doctrina de Galeno, el vientre se toma en dos maneras" (f. 341b); "Y según opinión de Galeno, el uno lleva un poco de humor melancólico, para provocar hambre y dar gana de comer" (f. 343b); "Su oficio es cubrir y calentar el estómago y las tripas, como lo afirma Galeno" (f. 344a); "Galeno, cuenta quinientos y veintiocho" (f. 347a); "Según Galeno" (f. 349a).
9. "Como lo afirma Galeno y Avicena, es instrumento para dar sentido" (f. 323b); "según Avicena, y es de complexión fría y seca" (f. 324a); "La cabeza, según Gale-

("Aliabas")[10] y Al-Razi ("Rasis");[11] los médicos medievales Guido Lanfranco ("Lamfranco")[12] y Mondino de Luzzi ("Mundino");[13] aunque no se le cite directamente —como sí lo hizo en su tratado de 1579—, el cirujano Guy de Chauliac está presente también;[14] y los autores más modernos son Giovanni da Vigo ("Joanes"),[15] Francisco Hernández,[16] Amato Lusitano[17] y, dentro de esta vanguardia,

no y Avicena" (f. 325b) "Y por esto dice Avicena que el corazón no puede padecer solución de continuidad en tanto que vive el animal" (f. 337b); "y los músculos (según Avicena) quinientos treinta y uno" (f. 347a).

10. "Éste está al fin de todo el espinazo, como lo dice Aliabas" (f. 347a).
11. "Conforme a la opinión de Rasis, tiene dos muy grandes ventrículos" (f. 337b); "llámala Rasis tercero ventrículo" (f. 338a); "Sobre el un agujero se hallan tres panículos según Rasis" (f. 338a); "Y de ella (según Rasis) nacen siete venas" (f. 341a); "Los músculos del vientre (según Rasis) son ocho" (f. 344b); "Rasis, por autoridad de Galeno, cuenta quinientos y veintiocho" (f. 347a); "como lo quiere Rasis, sin otro [hueso] que llaman en arábigo *alguatedi*" (f. 347a); "El músculo (según Galeno y Rasis)" (f. 349a); "Todos los nervios (como lo afirma Rasis) son ciento diez" (f. 350b).
12. "Mas si no están limpias y son grandes, no sanan con lo que he dicho, si no las lavan y curan (dos veces o tres al día) con el famoso colirio de Lamfranco, y hácese de esta manera, que aquí digo: tomen medio cuartillo de buen vino blanco; seis onzas de agua rosada o de llantén; y a falta de éstas, sea de cebada; oropimente y alumbre quemado, y muy molidos, de cada cosa una dracma; cardenillo molido, media dracma. Todo junto de un hervor al rescoldo. Laven la llaga con un pañito tres veces al día, y pongan en albayalde o los polvos de la calabaza de Castilla" (f. 320a).
13. "Su principio (según Mundino) tiene con el panículo carnoso, y está pegado con el espinazo, junto al diaphragma" (f. 344a); "De aquí son producidos (como dice Mundino) los nervios reversivos" (f. 352b). Existe una anónima traducción del *Tratado de cirugía* de Guido de Cauliaco, cirujano medieval (Madrid, BN I196) de 1493 que cita también a este autor (RAE: Banco de datos, CORDE).
14. Quizá las razones de no darle crédito se deben a que, en el fondo, muchos de los remedios de "Guido" no convencen a Farfán, tal y como lo hace saber en su *Tratado breve de cirugía* de 1579: "Para curara estos panerizos [tumores que nacen en las extremidades de los dedos, junto a las uñas], pone el Guido muchas cosas, las quales a mi no me agradan, ni satisfacen" (f. 107b).
15. "Media dracma de polvos de Ioanes de Vigo" (f. 21b); "pongan este ceroto de Juanes de Vigo tendido en un lienzo" (f. 288b); "Luego que haya esto, échenles los polvos de Joanes de Vigo" (f. 320a).
16. "Entre muchas plantas medicinales que el doctor Francisco Hernández protomédico halló en esta Nueva España" (f. 205b); "Y lo que ellos dijeron, dijo también el doctor Francisco Hernández del cocolmécatl" (f. 206b); "Y si el doctor Francisco Hernández no lo dijo, fue por no acordarse cuando escribió de ella, o por parecerle que acá no la podía haber" (f. 207a).
17. "De esta raíz de la china escribieron autores graves, y entre ellos Amato Lusitano, médico digno de no tener en poco" (f. 206b).

refiere al tercer virrey de la Nueva España, el marqués de Falces, quien trajo a estas tierras un socrocio de última moda para cocer el manjar.[18]

Tal y como puede apreciarse, el gran autor citado una y otra vez por Farfán es Galeno. Fuera de las referencias a este autor pertenecientes al libro quinto, la mayoría de sus citas proviene de algún texto que compendia y/o glosa *De Locis affectis*, de gran tradición en los ámbitos universitarios europeos y novohispanos. Así pues, es este el texto al que apela Farfán y, como podrá comprobarse en algunas notas al pie de la edición, creo haber localizado el pasaje citado por el agustino.

Sin embargo, tal y como puede comprobarse, la mayoría de las citas del propio Galeno y de autores árabes surge en el libro quinto y último. Esto se debe a que Farfán en realidad no consulta uno a uno a estos autores. Todo lo contrario, ha copiado todas estas referencias de un libro en específico. De hecho, puede ser que esté siguiendo y copiando una traducción de la voluminosa *Practica in arte chirurgica copiosa* de Giovanni da Vigo, publicada en Roma en 1514 y de enorme éxito en las siguientes dos centurias (yo he conseguido una edición de Lyon de 1582). O, quizá, con mayor probabilidad, puede ser que él mismo realice la traducción de alguna edición en latín de la *Practica*, como se le conocía en la época a la obra de Vigo y que solía incluir sus dos versiones, tanto la *copiosa* como la *compendiosa arte chirurgica*. Efectivamente, sabemos que en la época toda copia es un acto de creación, de manera que la moderna noción de plagio no entra a discusión. Farfán copió o tradujo este pasaje antes de entregar su primer tratado a imprenta en 1579, es decir, que, para la época y circunstancias del agustino, se trata de una de sus fuentes más modernas que, con seguridad, quería hacer

18. "La receta de este socrocio o estomaticón trajo a la Nueva España el marqués de Falces, y es (para los que cuecen mal el manjar), admirable y de muy buen olor. Tomen spicanardi, flor de manzanilla, de cada uno una dracma; cortezas de cidra, cardamomo, almáciga, de cada cosa dos dracmas; ládano, dos onzas; polvos de yerbabuena, tres dracmas; zumo de inciensos; agua rosada y vinagre rosado, de cada cosa un poco; cera amarilla, una onza. Todo se mezcle y traigan un tantito a una mano en un vaso nuevo a fuego manso, y hagan una masa. Tiendan un poco a manera de escudo, y pónganlo entre dos lienzos, y cósanlos, y colgados del cuello con unas cintas blancas, lo traigan sobre el estómago" (ff. 234b-235a).

conocer en la Nueva España mediante su propia obra médica. La razón por la que quizá volvió a incluir esta copia ahora resumida en el *Tratado breve de medicina* se debe, quizá, a las mismas razones que explica el doctor:

> Es bien poner aquí una breve anotomía, para que sepan y conozcan todas las cualidades y complexiones y oficios de todas las partes y miembros de él. Y porque sepan también los sitios y lugares de cada miembro, para cuando les apliquen las medicinas (*Tratado breve de medicina*, f. 323a).

No obstante, a pesar de esta advertencia que se lee al inicio de este libro, esta última parte del tratado de 1592 desentona al compararla con la del resto de la obra. Su contenido está dirigido a un profesional, un barbero o cirujano sin latines, o sea, posibles profesionales lectores de romance para quienes estaba pensado el tratado de 1579. Incluso cuando el autor procura resumir gran parte del contenido de esta quinta y última parte —que toma de su primer esfuerzo de difundir la obra de Giovanni da Vigo en la Nueva España, es decir, de su tratado de 1579—, no deja de ser llamativo que un apartado de estas características se presente en el tratado 1592, obra de un espectro mucho más religioso en comparación con su trabajo anterior, más "científico", tal y como ya hemos estudiado. A continuación, un breve segmento para diferenciar cómo el *Tratado breve de cirugía* traduce, con ciertas omisiones, palabra por palabra la obra de Giovanni da Vigo, y cómo el *Tratado breve de medicina* es un resumen del de 1579.

PRACTICA, GIOVANNI DA VIGO, LYON, 1582, ff. 21.22	*TRATADO BREVE DE CIRUGÍA*, 1579, lib. I, ff. 14a-16b	*TRATADO BREVE DE MEDICINA*, 1592, lib. V, ff. 337b-338a
Et preterea optime dicit Avicena, cor non patitur solutionem continuitatis durante vita in eo. Fuit preterea in medio pectoris situatum tanquam membrum ómnium principalissimum & tanquam princeps in eodem loco collocatium: fucut rex in medio suorum populorum collocari sollet: non declinando ad aliquam partem, iuxta Galeno sententiem. Tamen Rasis libro ad Armansorem de anatomia, sive figura cordis, dicit eius tortatilem partem versus sinistram partem aliqualiter declinare. Et propterea in sinistra parte sentitur magis pulsation quiam in dextra propter ortum arteriae in sinistram parte determinatum. Habet in super iuxta opinionem eiudem Rasis duos magnos ventriculos; unum videliet, in dextra, & alterum in sinistra parte situatos. In medio quorum adest capsula aliquantulum superius collocata & panniculis nervosis cricundata, quae, ab eodem Rasis tertius ventriculus vocatur.	Y por esto dice Avicena que el corazón no padece solución de continuidad, mediante la vida del hombre. Su sitio y lugar es en el pecho, como miembro más principal que todos, lo cual afirma Galeno. La punta del corazón declina al lado derecho. La razón y causa porque se siente en el lado izquierdo, es: porque nace allí la vena arterial, la cual causa aquella pulsación, y movimiento, y no por lo que el vulgo ignorante dice, y es: que el corazón está al lado izquierdo. El corazón conforme la opinión de Rasis tiene dos grandes ventrículos o vientrecillos: el uno tiene en la parte derecha, y el otro en la parte izquierda. En medio de los cuales (algo a la parte de arriba) está una como casilla cerrada de panículos nervosos. Y esta casilla, según Rasis, es llamada, tercero ventrículo o vientrecillo.	Y por esto dice Avicena que el corazón no puede padecer solución de continuidad en tanto que vive el animal. Su sitio y lugar es el pecho, como todos lo saben. La punta del corazón declina un poco al lado izquierdo. La causa de sentirse más en este lado que en el derecho, es: porque la vena arterial nace allí, y ella causa la común pulsación y movimiento que se siente en él. El corazón, conforme a la opinión de Rasis, tiene dos muy grandes ventrículos: el uno tiene en la parte derecha y el otro en la izquierda. En medio de los dos ventrículos, en la parte de arriba, está una como casilla cerrada con panículos y nervios, llámala Rasis tercero ventrículo.

La posible explicación de la presencia de este libro de anatomía en el *Tratado breve de medicina* de 1592 es quizá un intento por entregar a la imprenta una obra lo más práctica y compendiosa posible, la cual, por ningún motivo, debía carecer de un brevísimo segmento dedicado a cuestiones anatómicas y, por ende, quirúrgicas, en las que el propio Farfán se muestra como un experto según el propósito de su primera obra. En efecto, la anatomía le otorga una dimensión geométrica al cuerpo, gracias a esta se conoce la propagación de la enfermedad; nombrar una parte en concreto, un músculo, un órgano, por ejemplo, es aislarlo de otras zonas en las que no se ha propagado el mal que corroe al organismo. Así pues, aun cuando ello significase reducir su enorme esfuerzo "científico" del tratado de 1579, obra cuyo centro gravitacional está, precisamente, en la anatomía y la cirugía copiada, es decir, creada del libro *Practica* de Vigo, el sacrificio valía la pena para procurar sostener una obra con un marco teórico similar, pero con una poética diferente; en otras palabras, un libro de medicina mucho más asequible al pueblo llano y punto. Sea como fuere, no hay duda de que, con base en el testimonio de una edición de 1610 (y una hipotética de 1604), se comprueba que a los lectores novohispanos les convenció muchísimo más esta última obra, un tanto desorganizada desde una perceptiva academicista, despojada de tanta teoría desglosada por la retórica, gramática y la dialéctica, pero rica en la experiencia de un doctor que se entregó a su circunstancia americana: probando, leyendo y escuchando del agua de cacaloxóchitl; la carne y los huesos de hoatzin; los suchietes; los sahumerios, etc., tal y como puede apreciarse en esta edición.

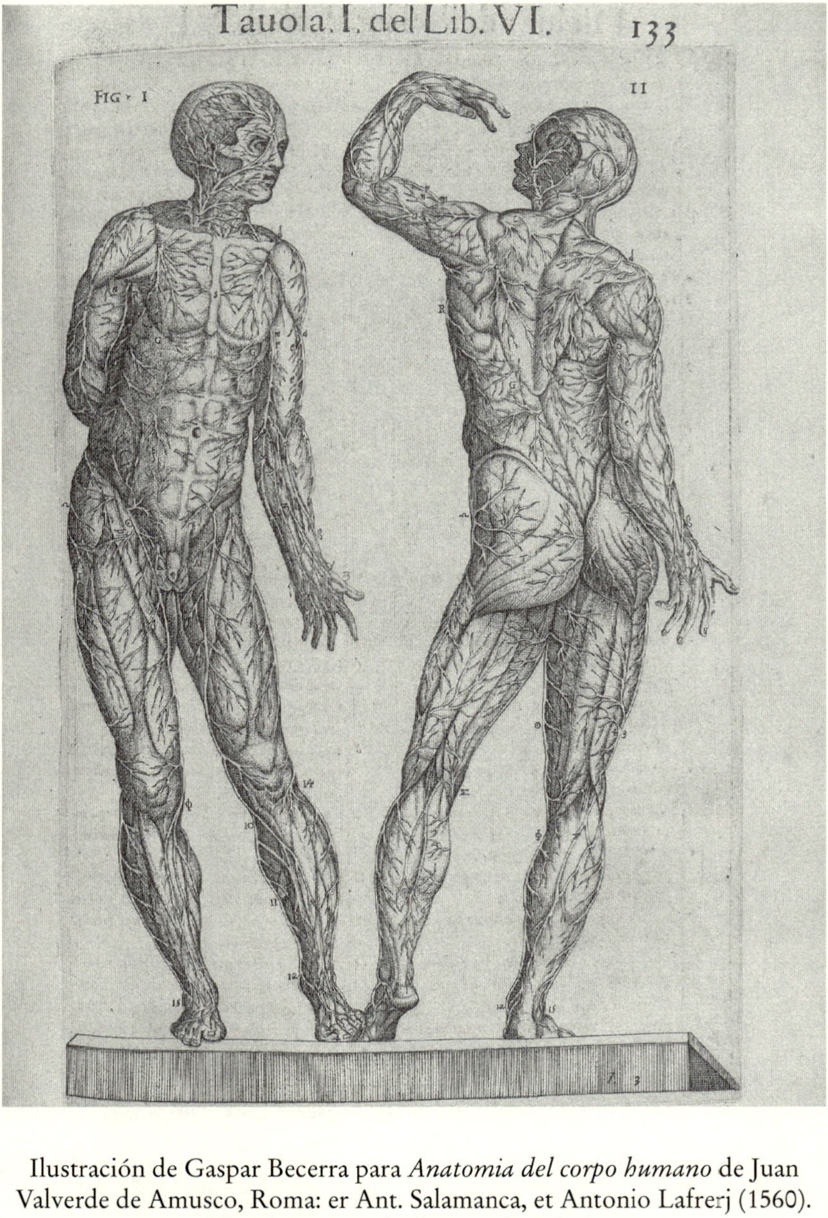

Ilustración de Gaspar Becerra para *Anatomia del corpo humano* de Juan Valverde de Amusco, Roma: er Ant. Salamanca, et Antonio Lafrerj (1560). The US National Library of Medicine.

8. Criterios de esta edición

Esta no es una edición crítica, sino anotada del *Tratado breve de medicina* de 1592. Aun así, se consultó el *Tratado breve de cirugía* de 1579 y la reimpresión de 1610 (la cual registra el mismo contenido de su antecesora) para salir de alguna duda en contados casos, tal y como se asienta en las notas al pie. Esta es una selección textual de lo mejor que hay en el *Tratado breve de medicina* de 1592. Es perfectamente asequible realizar una selección con lo mejor de este tratado del siglo xvi sin caer en un terrible error de arbitrariedad, pues el mismo autor, fray Agustín Farfán, propicia una lectura selectiva de su obra al declarar lo siguiente en el subcapítulo "Para dolores grandes y antiguos de cabeza" (f. 218b):

> Dicho he muchas veces en este tratado de medicina, que para una indisposición y enfermedad pongo muchos remedios en partes y no todos juntos. Y acontece al que tiene necesidad, probarlos todos, y usar del que más provecho le hace. Y así búsquenlos por la tabla y hallarlos han.

Y también en el subcapítulo "De algunas cosas muy necesarias que se deben advertir en este tratado (f. 236a)":

> Adviertan, que cuando pongo muchos remedios juntos para algún dolor o hinchazón, usen al principio de los primeros y así vayan usando hasta el postrero, porque siempre pongo los menos fuertes al principio y los más fuertes a la postre.
>
> Adviertan (como lo he dicho otras veces) que para muchas enfermedades pongo muchos remedios en partes diferentes, porque todos los he experimentado. Y como las complexiones de los hombres son diversas, así con diversos remedios se han de curar. Cada uno vaya usando de ellos, y continúen aquél con que mejor le fuere.

Así pues, con este indirecto y supuesto permiso del autor de "ir usando lo que más convenga", el criterio de la selección fue elegir una serie de concepciones destacadas sobre la enfermedad, la curación, el cuerpo humano y, por supuesto, el efecto paliativo de la flora y fauna americana, en aquel entonces ya estudiada por personajes tales como Francisco Bravo, Alonso López de Hinojosos, Francisco Hernández, fray Bernardino de Sahagún, Juan de Cárdenas y el propio fray Agustín Farfán, solo por mencionar algunos nombres destacados del siglo XVI en la materia. En este sentido, fue de importante relevancia para la selección de un corpus la categoría textual de lo maravilloso, definido por Le Goff como aquello que se produce por "fuerzas múltiples".[1] En efecto, la curación en la literatura médica, al menos como la plantea Farfán en su libro, la efectividad de las distintas sangrías, purgas o brebajes, etc. (o la combinación de estos) parecen estar condicionados al ciclo de la propia naturaleza, en la cual conviven armónicamente "fuerzas múltiples". Así pues, los pasajes seleccionados pertenecen a esta estética de lo maravilloso, es decir, que, ante el suceso extraordinario, este se explica por sus propias reglas, por su propia lógica, las cuales lindan con las fronteras de otras poéticas netamente involucradas con la poética médica, tales como lo milagroso, propio de la literatura hagiográfica; la prosa religiosa o la poética de las artes de bien morir, tal y como ya se ha señalado en este estudio introductorio.

Por el contrario, en lo que respecta a la selección textual ejecutada, eliminé muchos pasajes repetitivos, principalmente, la elaboración de ciertos remedios idénticos que, indistintamente, según el criterio del autor, funcionan tanto para el váguido como para la jaqueca y problemas con la menstruación, etc. Por ejemplo, uno de los remedios favoritos de Farfán es el siguiente: "Los ocho días primeros no coma más que bizcocho y pasas, y a la noche una escudilla de atole" (f. 92a); y esta purga es sumamente recurrente: "Tres onzas de cañafístula desatada en agua de cebada, y echen allí dos tomines de peso de polvos de matlalíztic, o de Mechoacán o de la raíz de Xalapa; y tómela a las cuatro de la mañana" (f. 100a). En estos casos suelo registrar en un par de ocasiones sus remedios preferidos y, posteriormente, los omito, pues queda en claro el contexto de su empleo (purgar, laxar, lubricar, etc.). Cuando el autor registra dos maneras distintas de atender la misma dolencia, registro las dos, tal y como ocurre en el caso de "Los dolores de muelas y dientes", presentes, respectivamente, en los folios 161a

1. Le Goff, *op. cit.*, p. 15.

y 193a. Lo mismo en el caso de "Para quitar manchas y el paño del rostro" (160b) y "Para las pecas del rostro y para el paño que se cría en él" (f. 193b); etcétera. Utilizo un asterisco (*) para indicar la división de pasajes textuales seleccionados de la misma sección o subcapítulo y (***) para el cierre de cada uno de los cinco libros que componen el tratado.

Sí se registran algunos apartados sin cesuras. Estos mismos podrán dar una idea del contenido de los otros apartados editados, de los cuales solo se tomó lo más destacado. Así pues, hay varios apartados textuales que se registran tal y como aparecen en el *Tratado breve de medicina* de 1592. Son los siguientes: la licencia y aprobación, la dedicatoria de Farfán a don Luis de Velasco, los sonetos de Hernán González de Eslava y de Farfán están completos; "De la melancolía" (f. 107a); "Para curar un resfriado" (f. 150b); "Para uno que de muy flaco y con desmayos no puede confesar" (f. 152a); "Para levantar la paletilla del estómago y el hueso de la rabadilla" (f. 154b); "Para los que se ahítan, aunque coman y cenen poco" (f. 155b); "Para el mal olor de boca y de narices" (f. 156a); "Para defender el mal parir y para echar la criatura muerta" (f. 159b); "Para quitar las manchas, y el paño del rostro y las señales de las viruelas" (f. 160a); "Para que los cabellos caídos nazcan" (f. 160b); "Para los dolores de muelas y dientes" (f. 161a); "Para flacos de estómago y cabeza, que tratan cosas de letras y cosas arduas" (f. 163b); "Para que aborrezca el vino el que se toma de él" (f. 164); "Para atajar el cáncer en una llaga, aunque parezca imposible" (f. 167a); "Para uno que estando bueno y robusto, pierde el habla" (167b); "Para quitar las calenturas a los indios" (f. 179b)"; "Para unos dolores crueles del estómago" (f. 179b); "Para dar gusto al que le tiene perdido" (f. 186b); "Para matar las lombrices de los niños" (f. 192b); "Del hule y para que sea bueno" (f. 193b); "De algunos efectos de los suchietes" (f. 194a); "Para curar los lamparones" (f. 196a); "Para curar las almorranas que salen a las mujeres [en] los partos" (f. 197b); "Para quemar las almorranas cuando, con muchos remedios, no sanan" (f. 198a); "Para la picadura de alacrán" (f. 203a); "De las virtudes del toloatzin" (f. 203b); "De la virtud del topotzan" (f. 204); "Polvos para los que no duermen" (f. 204b); "Para el dolor del estómago u otro cualquiera" (f. 205a); "Purga segura para las preñadas (f. 210b); "Para deshacer las piedras de los riñones y para el dolor de ijada antiguo" (f. 211a); "Para dolores de muelas y dientes" (211b); "Para las almorranas" (f. 211b); "Para la sordera aunque sea antigua" (f. 214b); "Para los mordidos de víboras" (f. 216a); "Para dolores grandes y antiguos de cabeza" (f. 218b); "Un socrocio para confortar el estómago y cocer el manjar" (f. 234b); "Para unos barros o espinas que nacen en el rostro a las mujeres y a los hombres" (f. 235b); "De la anatomía" (f. 323a); "De la anatomía del cerebro" (f. 328b); "Del segundo y tercero ventrículo de la cabeza" (f. 330a); "De la anatomía de los ojos" (f. 335a); "De la anatomía de los riñones" (f. 343b). El índice que se presenta en este libro incluye solo las entradas que he decidido incluir en esta cuidada selección (lecturas completas y lecturas con cesuras).

En el caso que convenga, se sustituye: "y" por "i"; "ze" por "ce"; "zi" por "ci"; "x" por "j"; "ç" por "z"; "j" por "g"; "s" por "x"; "qua" por "cua"; "v" por "u"; "v" por "b"; "s" por "z"; "i" por "j"; "i" por "y"; "f" por "h". En algunos casos se elimina "s" para evitar confusión ("solos" por el adverbio "solo"; "conoscemos" por conocemos; "padesce" por "padece"); "h" ("cathólico" por "católico"). Corrijo "desta" por "de esta"; "deste" por "de este"; "destos" por "de estos". Acentúo con las reglas actuales. Con el fin de facilitar la comprensión, se añaden letras donde sea necesario ("digeren" por "digieren"; "acidentes" por "accidentes"). Se regularizan mayúsculas y minúsculas. Se agrega "h" donde haga falta ("ay" por "hay"; "aya" por haya), se eliminan dobles consonantes "ss"; "ff"; "cc" "mm" y vocales "ee". Transcribo la impresión de 1592, y no la segunda, de 1610 (la cual posee otra puntuación en comparación con la primera). Puntúo con las normas actuales; no obstante, se intenta respetar la puntuación original del texto en el uso de los dos puntos y paréntesis, corrigiendo solo los casos que dificulten la lectura. Asimismo, respeto algunos arcaísmos que no interfieren con la comprensión de la lectura y que aún están presenten en el habla popular de México; y algunas palabras que caracterizan el lenguaje médico de la época ("tose" por "tos"; "acidente" por "accidente", aunque este vocablo oscila entre ambos registros, en caso del segundo indico con [sic]).

Las referencias a nota al pie intentan dar una clara muestra del arte médico, comparando conceptos, procedimientos y nociones de Agustín Farfán con la tradición del arte en autores tan variados como Hipócrates, Galeno, Al-Razi, Chirino, Ketham, López de Hinojosos, Sahagún, Hernández, San Juan, Pedro Arias de Benavides, Nicolás Monardes, etc., y la obra del propio Farfán, el *Tratado breve de cirugía* de 1579. En algunos casos, se muestra la influencia del arte médico en el pensamiento, las metáforas y los símiles de filósofos cuyos constantes achaques de salud los convirtieron en verdaderos conocedores del proceder curativo de la medicina de Occidente, tal es el caso de Séneca y san Agustín.

Si bien es cierto que algunas obras consultadas son de siglos posteriores, como el caso del diccionario de Covarrubias, publicado en 1611, el *Tratado breve de medicina* se publicó por primera vez 1592 y su reimpresión, sin cambios en el contenido, es de 1610; es decir, que los conceptos eran aún vigentes, tanto en la primera edición de finales del siglo XVI como en la reimpresión del siglo XVII. Y este es el criterio para las obras médicas y botánicas consultadas y pertenecientes a este siglo e, incluso, posteriores, los cuales aún postulaban por los conceptos hipocráticos-galénicos presentes en nuestro tratado.

La presente edición no es una transcripción paleográfica, sino una cuyo criterio fue crear una referencia de lectura hecha con rigor filológico. La intención fue establecer una sólida base para el estudio de la medicina novohispana, misma que espero pueda alcanzar distintas especialidades (no solo medicina, sino filología, historia, antropología, filosofía, teología, biología etc.). El criterio para la transcripción y la elaboración de esta edición fue el siguiente: todo especialista de la ecdótica, cuyo propósito de análisis sean los distintos niveles de detalles que posee un impreso novohispano del siglo XVI, acudirá, precisamente, a la fuente original, es decir, al impreso mismo,[2] y no a una transcripción. Por otra parte, siempre tuve en claro que quería realizar una edición anotada, logrando al final del camino un libro manejable, no estorboso en las mesas de las aulas universitarias y, para tales propósitos, debía sacrificar la realización de una edición completa del *Tratado breve de medicina*. Además, la maravillosa colección donde se publica este libro no me hubiera permitido realizar una voluminosa edición anotada de todo el impreso de 1592. En total he suprimido aproximadamente un 35% del texto original, mismo que podrá completarse, para el que desee cotejar el texto, con una de las versiones originales disponibles en internet.

2. Los sitios web donde es posible descargar gratuitamente las ediciones del *Tratado breve de medicina* son los siguientes:
   1) Edición de 1592: <http://www.bibliotecavirtualdeandalucia.es/catalogo/consulta/registro.cmd?id=7146>.
   2) Edición de 1610: <https://archive.org/details/2554006R.nlm.nih.gov>.

Considero que en la edición de fuentes textuales que poseen siglos de antigüedad (concretamente nuestro tratado cumplirá 428 años de haber sido impreso en el 2020), se debe procurar una clara y moderna transcripción, cuyo resultado sea un producto accesible, destinado a expertos y legos en el tema; pero, principalmente, un producto cuya finalidad primordial sea llegar al sector universitario: a los profesores interesados en difundir una importantísima obra del Renacimiento novohispano entre sus estudiantes de las ciencias humanas o de las ciencias exactas.

Tratado brebe de medicina y de todas las enfermedades

Hecho por el padre fray Agustín Farfán, doctor en medicina y religioso indigno de la orden de san Agustín en la Nueva España

Ahora nuevamente añadido

(*)

Dirigido a don Luis de Velasco, caballero del hábito de Santiago y virrey de esta Nueva España

En México, con privilegio en casa de Pedro Ocharte. De 1592 años

Licencia:[1]

Don Luis de Velasco,[2] caballero de la orden de Santiago, virrey lugarteniente del rey nuestro señor, gobernador y capitán general en esta Nueva España, y presidente de la [Real[3]] Audiencia y Chancillería Real que en ella reside & a.[4]

Por cuanto el padre doctor fray Agustín Farfán, religioso profeso de la orden de san Agustín, me ha hecho relación que con ánimo de aprovechar a este reino y repúblicas de él, y ayudar a la gente pobre y ausente que carece de socorro de médicos, para remedio de las enfermedades que padece estando en pueblos de indios,[5] y haciendas del campo, y no teniendo posibilidad para curarse por mano de terceras personas interesadas, y para otros efectos ha estudiado con cuidado, de sacar un libro intitulado *Tratado breve de medicina y de todas enfermedades*, y le tiene acabado y con licencia y obediencia de su provincial lo pretende imprimir para que se vaya comunicando y todos puedan usar de su doctrina, pidiendo que atento a que está visto y aprobado por el ordinario, y declarado por católico, le mandale dar licencia y privilegio para imprimirlo.

Atento a lo cual y por la mucha satisfacción que se tiene de las muchas letras estudio y larga experiencia del dicho doctor fray Agustín Farfán, y teniendo consideración a lo bien que en todas ocasiones ha mostrado su suficiencia en medicina y cirugía, he acordado de le dar como por la presente le doy licencia y facultad para que él o persona con su poder y no otra alguna pueda hacer imprimir el dicho libro en esta Nu[f. IIa]eva España por tiempo de quin-

---

1. Esta palabra solo aparece en la impresión de 1610. Cuando es posible, la puntación de estos permisos legales y dedicatorias son tomados de la versión de 1610, más precisa y no tan irregular como la de 1592.
2. Luis Velasco y Castillo fue virrey de la Nueva España en dos ocasiones, de 1590 a 1595 y de 1607 a 1611. También fue virrey del Perú, de 1596 a 1604. El *Tratado breve de medicina* será impreso en 1592, y reimpreso en 1610, durante los mandatos de este virrey.
3. Palabra ausente en la impresión de 1592.
4. "& c" en la impresión de 1610.
5. En esos pueblos, uno de los primeros cronistas franciscanos de la Nueva España observaba la siguiente costumbre entre los indios y sus enfermos: "Para saber si los enfermos eran de vida tomaban un puñado de maíz de lo más grueso que podían haber y echábanlo como quien echa unos dados, y si algún grano quedaba enhiesto, tenían por cierta la muerte del enfermo" (Motolinía, *Historia de los indios de la Nueva España*, México, Porrúa, 1995, p. 102).

ce años, que se cuenten desde el día de la fecha de ella en adelante con que cada vez que se haya de imprimir lo traiga ante el secretario infrascripto con el original que está rubricado de él, para que se corrija y por mí se tase lo que cada volumen ha de valer y tener de precio.

Y durante el dicho tiempo prohíbo y defiendo que ninguna otra persona lo imprima, so pena de perder la imprenta, y todos los moldes y recaudos de ella, y de quinientos pesos de oro común para la cámara de su majestad, juez y denunciador por tercias partes. Y mando a las justicias del rey nuestro señor de este reino que guarden y cumplan y hagan guardar y cumplir lo aquí contenido y ejecuten la dicha pena, en los transgresores.

Hecho en México a cuatro días del mes de mayo de 1592 años.

Don Luis de Velasco.

Por mandado del virrey,

Martín López de Gauna.[6]

Aprobación:[7]

En virtud de la comisión del doctor don Sancho Sánchez de Muñón,[8] maestre escuela de la catedral de esta ciudad, y gobernador vicario general de este arzobispado, comisario subdelegado de la Santa Cruzada. Examiné el libro intitulado *Tratado breve de medicina*, compuesto por el padre doctor fray Agustín Farfán, y hallo ser útil y provechoso para todo género de [f. IIb] gente en esta Nueva España: especialmente para los que tienen su habitación y moradas en las ciudades, villas e lugares donde hay falta de médicos y medicinas de botica, y no tiene

6. Martín López de Gauna fue secretario y nieto de Bartolomé González, "conquistador, vecino de México". Así lo dice Baltasar Dorantes de Carranza en su *Sumaria relación de las cosas de la Nueva España*: "Secretario Martín López de Gauna es nieto. Por sus servicios y muy hidalgo por nobleza conocida, y sobre todo buen cristiano" (Jesús Medina Editor, 1970, p. 168, ed. facsimilar de 1902; en la edición de Porrúa, 1987, p. 150.)
7. Esta palabra solo aparece en la impresión de 1610.
8. Sancho Sánchez de Muñón, en 1560, ya estaba en la Nueva España, llegando a ser rector de la Real y Pontificia Universidad de México, graduándose como doctor en Teología un año después (1561). Se conserva su *Doctrina Cristiana* (1579). Él, como rector de dicha universidad, un sábado a las tres de la tarde de 1567, estuvo presente en la ceremonia del examen de medicina del doctorando Agustín Farfán (Archivo General de la Nación de México [AGNM], *Instituciones coloniales*, *Universidad*, Volumen 28-/34647/1, Expediente 1, año 1567).

cosa que disuene o desdiga de nuestra santa fe católica, puédese y débese imprimir.

Hecha en México, a veinte y ocho de abril de 1592 años.

El doctor Ortiz de Hinojosa.[9]

A don Luis de Velasco, caballero del hábito de Santiago, virrey de esta Nueva España, capitán general, lugarteniente del rey, nuestro señor, y presidente de la Audiencia Real que en ella reside.

Fr. Agustín Farfán, felicidad en el Señor:

Cuando estos reinos (por gran beneficio del cielo) merecieron recibir a vuestra señoría con el principado y gobierno de ellos, entroles tan de raudal el bien, que aun hasta la salud corporal parece que les vino. Porque estando (a la razón de entonces) herida de peste casi toda la tierra, comenzó a mejorar luego, que llegaron las alegres nuevas de tan buena venida. Que ya puede ser tal el regalo enviado a un doliente que, con solo sentir sus aires, cobre aliento y reviva. Fue este un especial pronóstico para que las obras que tratan del reparo de la salud (contra los varios males que la contrastan) [f. IIIa] estuviesen para salir en público, no dilatasen la salida: pues la podían tener tan próspera, ofreciéndose a las manos de tan ilustrísimo príncipe, por las cuales esa misma salud había tomado la entrada al presente. Y argumento fruto de mis pobres trabajos ha querido entrar en esta buena suerte, que la halla para sí con tanta ventaja; que siendo en calidad y mérito, de las postreras (entre las que gravísimos autores van dando al mundo) tiene por esta parte primado, que es ser de las primeras que a vuestra señoría se dedican, después que está en ese real estado.

9. El doctor Hernando Ortiz de Hinojosa, como bachiller, en 1567, fue el testigo notarial de la ceremonia del examen de doctor en Medicina del Agustín Farfán (Archivo General de la Nación de México [AGNM], *Instituciones coloniales, Universidad*, Volumen 284/34647/1, Expediente 1, año 1567). Posteriormente fue vicario general del Arzobispado y catedrático de Filosofía en la universidad. Destaca por haber sido el primer criollo, y de carácter secular, en esta institución. El doctor Juan Cárdenas, autor del libro de medicina *Problemas y secretos maravillosos de las Indias* (1591), deja en claro su agradecimiento como universitario para este doctor en Teología de la Real Universidad de México: "mucho también debo en esto al doctor Hernando Ortiz de Hinojosa, catedrático de prima teología en esta Universidad de México, y canónigo de este Catedral".

Y lo que dicen los maestros de nuestra arte y ciencia: *oportet medicum esse bene fortunatum*, porque médico sin ventura, casi es tanto como sin ciencia.[10] Extiéndese esto a las obras que el tal autor hiciere, que les conviene tener su buena suerte y fortuna. Esta es sobrada en la que llega a tener tan alto patrón y amparo, que es el que tiene todo este nuevo orbe: cuyos siglos son ya de aquel mismo oro, que fueron cuando el ilustrísimo señor don Luis de Velasco, padre de Vuestra señoría[11] (cuya memoria será siempre gloriosa) estuvo en ese mismo trono; siendo a todos más padre que príncipe, más amigo que señor, con aquella nobleza y realeza congénita que viene corriendo en la generosa de los Velascos, desde sus antiguos progenitores. Que reinando y gobernando reinos tuvieron por blasón único extremarse en ser nobles, benignos y favorables. Prendas tan parecidas a las altísimas y soberanas de que más se precia la Majestad divina, en el universal gobierno que tiene del cielo y suelo. [f. IIIb] Conociendo que son estas las cadenas más hechas a llevar enlazadas las almas[12] y corazones de

10. "Yo tengo por buen médico, y buen chirujano, al que antes que el accidente venga, lo previene, procurándolo evitar, y no guarda, (después de venido) a poner el remedio, y aun (lo peor es) que quando ha venido, ay algunos, que no lo remedian, mas antes lo dexan crecer, porque (affligido el paciente) lleven mayor paga. Y acontéceles a estos, que esto hacen, que quando lo quieren remediar, no les vale quanto hacen para quitarlo. Y así se les vienen a morir los enfermos de cosas que al principio fueron remediables, y si les avisan se enojan, como con enemigo mortal, de lo qual es gran lástima. Dos intenciones deven tener el médico y el cirujano en remediar los accidentes, la primera tener grande cuenta con la enfermedad, y con las causas della, y esta es como cura preservativa, porque el mal no se acreciente. Y esto se hará sangrando al paciente, y purgándole el vientre con melecinas, y ponié[n]dole en dieta, y haciendo otros remedios necessarios" (Agustín Farfán, *Tratado breve de cirugía*, Ciudad de México, Antonio Ricardo, 1579, ff. 136b-137a).
11. Luis de Velasco fue el segundo virrey de Nueva España, muriendo en ella en 1564. Realizó importantes obras públicas, de las cuales se destaca la inauguración de la Universidad de México (el 25 de enero de 1553) donde se graduó como doctor Farfán y tantos otros personajes importantes para el desarrollo del arte médico en el virreinato novohispano. Su hijo, Luis de Velasco y Castilla, seguirá sus pasos, también como virrey de la Nueva España.
12. Los estoicos consideraban que era una el alma y que se corrompía por el entorno. La postura médica que contradice esta postura filosófica la representa Galeno, quien afirma, a partir de la observación de los distintos comportamientos en los niños, que existen tres tipos de almas: la racional, hallada en la cabeza; la colérica, en el corazón y la concupiscible, en el hígado. De estas, la única inmortal es la primera, pues las otras dos son "destruidas con la muerte". Además, la sustancia del alma está constituida por las cuatro cualidades fundamentales de la teoría humoral: el calor, el frío, lo seco y lo húmedo (Galeno, *Las facultades del alma siguen*

los que rigen, como lleva vuestra señoría las de todos cuantos le tratan y conocen, rey, príncipes, grandes; lo sacro, lo profano, lo ilustre y lo vulgar. Gracia dada de aquella mano, que es la fuente perene de todas las gracias y dones que recibimos. Y que Vuestra señoría lo reciba de la misma mano, siempre en más crecimiento, es y será la instancia de mis oraciones y sacrificios, perpetua: pues me obliga a ello la causa común y pública. Y la particular razón de haber yo sido, y ser tantos años ha, del servicio de vuestra señoría y su casa, en el estado que antes tuve, y en el presente, que como más santo y devoto, me despierta más a aficionarme más a lo bueno.

Con esta afición me atrevo a ofrecer a vuestra señoría esta obra que, aunque otra vez impresa, sale la segunda reformada y añadida, que es casi de nuevo en todo. Lleva gran respecto a la censura de vuestra señoría, que (como quien trató cuando pudo letras, conocido aprovechamiento) no pasará los ojos por lo que en ella leyere, sin formar de todo muy fundado y debido juicio. Del cual, en lo que fuere hallada con defecto, suplico humildemente sea perdonada, y Vuestra señoría le tienda las alas de su benignidad, para ampararla; y con las mismas se sirva de darle el vuelo que de suyo no tiene, por ser obra de autor de todo indigno y sin mérito alguno. Y con este favor y merced, no temerá lo que las lenguas de los ignorantes dieren.

Guarde nuestro Señor a vuestra señoría largos años. Amen.

Al doctor fr. Agustín Farfán autor de este libro,
del padre Hernán González de Eslava:[13]

SONETO

Del alma la herida penetrante
mostrastes a curar doctor famoso

---

los temperamentos de cuerpo, ed. de Juana Zaragoza Gras, Marrid, Gredos, 2008, pp. 769, 170; 773, 172; 774, 173; y 816, 201).

13. Fernán González de Eslava llegó a México hacia 1558. Es autor de 16 coloquios y otras composiciones poéticas. El agustino fray Fernando Vello de Bustamante publicó en México, en 1610, un conjunto de coloquios espirituales y canciones divinas suyas. Hay ediciones modernas de su obra. *Cfr.* Ottón Arróniz, ed. y estudio, y Sergio López Mena (colaboración), *Coloquios espirituales y sacramentales y poesías sagradas*, Ciudad de México, Universidad Nacional Autónoma de México, 1998; Margit Frenk, ed. introducción y notas, *Villancicos, romances y ensaladas y otras canciones devotas*, México, El Colegio de México, 1989.

con reglas del estado religioso
remedios con que sana se levante.

Pasó la perfección tan adelante
que al cuerpo que está en trance peligroso
le dais aqueste libro provechoso,
aviso de salud muy importante.

Imitador del Médico divino,
que a cuantos visitó en aqueste suelo
curó siempre los cuerpos y las almas.

Ilustre y gran Farfán por ser tan digno,
en premio se os dará en la tierra y cielo
dos glorias, dos coronas y dos palmas.

Del padre Hernán González de Eslava.
Diálogo entre el autor y la enfermedad en alabança del doctor fray Agustín Farfán:

SONETO

Autor: ¿Dó vas enfermedad?:[14] Voy desterrada.
¿Quién pudo contra ti dar tal sentencia?
Enfer.: El gran doctor Farfán con pura ciencia
en quien virtud del cielo está encerrada.

[f. IVb] ¿Dó queda la salud?: Triunfando honrada.
¿De quién pudo triunfar?: De la dolencia.
¿De un fraile vas huyendo?: En su presencia
mi fuerza y mi poder no vale nada.

Autor: ¿A dónde quieres ir?: A reino extraño.
Allá te ofenderán los que te vieren,
que en todas partes hay también doctores

Enfer.: Farfán solo me causa el mal y el daño,
pues cuantos de su libro se valieren
de vida y de salud le son deudores.

14. La versión de 1610 utiliza sistemáticamente "Enfer" para referir la voz de la enfermedad en lugar de los dos puntos.

El doctor fr. Agustín Farfán dedicando su libro al ilustrísimo don Luis de Velasco, virrey de esta Nueva España:[15]

SONETO

Levántese mi libro a ser perfecto.
Con solo confiar que se os dedica,
la luz de la razón lo certifica
que más conseguirá si os es acepto

Al bien universal tiene respecto,
con fin de dar salud solo se aplica:
si a él vuestra virtud se comunica,
podrá su pretensión hacer efecto.

Del santo celo salga iluminado
que tanto en vuestras obras resplandece,
que del supremo bien da clara muestra.

Si lleva cosa digna este tratado,
si gloria por hacerlo se merece,
se os ha de atribuir que toda es vuestra.

15. Este soneto no es de González de Eslava, sino de Farfán (así lo ve también Icazbalceta, *op. cit.*, p. 407). Se lee la mediocridad del doctor como poeta, por lo tanto, hay que descartar la propuesta de M. Peña, la cual ve en Farfán al autor de un oráculo (*Mofarandel de los Oráculos de Apolo*) confiscado por el Santo Oficio de la Nueva España en el siglo XVI. Véase el apartado "Fray Agustín Farfán" del estudio introductorio.

Tratado breve de medicina y de todas las enfermedades que a cada paso se ofrecen. Hecho por el padre fray Agustín Farfán, doctor en medicina y religioso de la orden de S. Agustín en esta Nueva España. [f. 1a]

* LIBRO PRIMERO *

De la flaqueza del estómago
Capítulo primero

En la primera impresión que hice traté de algunos remedios de medicina, y el primero fue de la flaqueza del estómago. Ahora hago lo mismo por parecerme buen orden, como lo es, y porque si todos trajésemos concertados los estómagos, gozaríamos de más salud y por el consiguiente de vida más larga. Los que son médicos pueden leer este mi tratado, por estar en el resoluto [f. 1b] lo que los autores más graves escribieron a la larga. No escribo para ellos, sino para los que están donde no los hay. Procuraré con el favor divino ser claro para que todos me entiendan, y los remedios serán los más caseros porque se puedan hallar y hacer. Esta obligación tienen los médicos que curan en los pueblos, aunque haya boticas, y los que están, donde no las hay, la tienen mayor, porque no les hace médicos la botica, sino lo que estudiaron y la práctica que tienen de curar.[1] Espero en Dios que harán los remedios adonde quiera que estén con mucha facilidad, como lo hacían los antiguos en todas las ocasiones.

---

1. Esta es la segunda obra médica publicada en la Nueva España por Farfán (1592, reimpresa en 1610), la que gozará de mayor fortuna precisamente por dirigirse a un público no especialista; una obra muy diferente a su poco conocido *Tratado breve de anatomía y cirugía*, de 1579. En este inicio del *Tratado breve de medicina* Farfán demuestra su claro propósito de cumplir con uno de los postulados básicos del arte de la medicina hipocrática: "Es fundamental, en mi opinión, que el que habla de este arte diga cosas inteligibles para los profanos, ya que no le compete ni investigar ni hablar de algo distinto a las dolencias que ellos mismos padecen y sufren. Ciertamente que a ellos, por ser profanos, no les resulta fácil comprender sus propias enfermedades, cómo se producen y cesa y por qué causas crecen o disminuyen; pero si es otro el que lo ha descubierto y se lo explica, les es comprensible porque cada uno, al escuchar, no tiene más que recordar lo que le sucede a sí mismo. Y si falla en hacerse comprender por los profanos, y no se les pone en tal disposición, se está fuera de la realidad" (Hipócrates, *Sobre la medicina antigua*, 2, Madrid, Gredos, 2000, p. 29).

Lástima es y muy grande ver en esta Nueva España los que se quejan de flaqueza de estómago y de no poder cocer el manjar, aunque sea poco. Unos si comen lo que apetecen y desea su estómago no lo pueden digerir. Otros vomitan lo que comen y con ello gran cantidad de humores pútridos y acedos. Otros lanzan y regüeldan[2] todo el día muchas ventosidades y escupen continuamente flemas, y las vomitan también cuajadas como claras de hue[f. 2a]vos. De estos males de estómago no se quejan los viejos solo, y los no muy sanos, sino los mozos y los que parecen más robustos.

Las causas de esta enfermedad son muchas, y la más común y mayor es el mal orden y mala regla que tenemos en el comer y en el beber, y si no me creyeren, díganme (por amor de Dios) ¿qué hombre hay, e yo el primero, que deje de comer lo que le sabe bien, aunque tenga experiencia, que le hace mal? Cierto que son muy pocos los que dejan de hacer lo que digo. ¿De qué nos quejamos? ¿Pues [no] nos mata la gula?

También son causa de flaqueza y mala digestión del estómago los mismos manjares por ser ellos en esta tierra cálidos y húmidos, y así se corrompen fácilmente en el estómago.[3] Otra causa hay muy común para este mal, y es: que muchos antes de haber cocido lo que comieron, vuelven a comer otro tanto. También es causa la fruta verde que comen todo el año. Y de esta todos son golosos y con ella se corrompe el manjar, aunque sea bueno. Otra causa hallo yo muy grande y parecerá a algunos cosa de risa, y es: que los que tienen flaqueza de estómago [f. 2b] cada momento beben vino. Este consejo dan los que

---

2. "Expeler por la boca el áire que está en el cuerpo, haciendo un sonido descompuesto. Covarr. dice viene de la voz Latina Regutare, de Gutture, por lo que vuelve a la garganta. Tiene este verbo la anomalía de mudar la o en ue en algunos tiempos y personas: como Yo regüeldo, Regüelda tu, Regüelde aquel. Latín. Ructare. Eructare. HERR. Agric. lib. 4. cap. 32. Y aun commueven a vómito (los rábanos) y dañan mucho el estómago, y hacen regoldar unos regüeldos mui torpes. CERV. Quix. tom. 2. cap. 43. En verdad señor (dixo Sancho) que uno de los consejos y avisos que pienso llevar en la memoria, ha de ser el no regoldar, porque lo suelo hacer mui a menúdo" (*Diccionario de autoridades*, vols. I-VI, 1726-1737, *s. v.* "Regoldar"). En adelante: *Aut.*
3. "No son como los de nuestra felice tierra España: los quales son sólidos, y de buen nutrimento, lo qual se vee bien, pues allá los hombres viven más sanos, y más tiempo, y (hablando verdad) muchos viven sin beber vino, con haver tanto, y valer tan barato, y acá los más no pueden valerse sin él" (Farfán, *Tratado breve de cirugía*, f. 223b).

no saben, que enflaquecen más con él el estómago, y lo encrudecen, por no lo poder cocer, ni digerir.

*

Otra causa hay sobre las dichas en los hombres que son desenfrenados y lujuriosos después de haber comido y cenado. Sea aviso a todos que se guarden de esta ocasión en estos tiempos, porque no hay cosa que más dañe y destruya al estómago y cuerpo, que estos actos, después de lleno el estómago, y los hijos que entonces se engendran, nacen y se crían muy enfermos y inhábiles. Y aunque entonces el apetito provoca y mueve más, el hombre como racional debe tener más prudencia y miramiento en lo que tanto conviene, y no sea como un bruto en el campo. [f. 2b]

Todas estas causas que he dicho de la flaqueza del estómago son como accidentales, otras hay más propias y más conjuntas, como son: a[f. 3a]bundancia de flemas, que se recogen y engendran en el estómago según opinión de Galeno.[4]

*

Y es verdad sin duda que a muchos he quitado el vino y les mando que cenen poco, y les he dado la vida. Pues válganos Dios, si con la templanza nos curamos y sanamos de muchas enfermedades, y vivimos largos años, y estorbamos la generación y corrimiento de las reumas: ¿no nos da el mal de la gota,[5] ni el dolor de ijada,[6] ni el de

4. Galeno es una de las autoridades citadas por Farfán a lo largo de todo su tratado. En lo referente a la flema, dice: "[...] de entre los alimentos, cuantos son por naturaleza más calientes son más productores de bilis, y los más fríos de flema. También entre las edades de la vida, las que son por naturaleza más calientes [los jóvenes] son más biliosas y las más frías [los viejos] producen más flema; y también de entre las formas de la vida, de las regiones, de las estaciones y, mucho antes todavía, de entre las propias naturalezas, las más frías son más flemáticas y las más calientes más biliosas. De entre las enfermedades las frías provienen de la flema y las calientes de la bilis amarilla. Y, en resumen, de entre todas las cosas no hay una sola que no dé testimonio conforme a este razonamiento" (Galeno, *Sobre las facultades naturales*, 117-118, p. 99).

5. "Se toma assimismo por el humor gruesso y crudo, que arroja la naturaleza a las extremidades del cuerpo, y se fija en las articulaciones de manos o pies: y assí causa en ellas hinchazón y dolor, y embaraza el movimiento. Latín. En los pies Podagra. En las manos Chiragra. LAG. Diosc. lib. 1. cap. 19. Aplicado con el zumo de la siempreviva o de la hierba mora, es util contra la gota, y contra los apostemas calientes. FRAG. Cirug. Antidotario. La gota es una de las enfermedades de los viejos, que refiere Hypócrates" (*Aut.*, *s. v.* "Gota").

6. "Dolor en la región ubicada por debajo de las costillas y encima de la cadera. Es síntoma de diversos padecimientos. En ciertas comunidades del norte de México,

la orina?[7] Por qué no procuráremos alcanzar y tener esta virtud tan loable y que tantos bienes [f. 3b] hace al alma y al cuerpo. Aviso y doy por consejo a todos que se levanten de la mesa habiendo comido menos de lo que pueden y no coman manjares entre sí contrarios, porque verdaderamente unos a otros se dañan y corrompen. Y pues cada uno ve y conoce lo que le hace mal, déjelo de comer.

Los que padecen flaqueza de estómago y tienen falta de digestión, si pudieren vivir en tierras templadas, procúrenlo. Y cuando esto no pudieren, tengan el aposento templado, regándolo muchas veces y echando en él yerbas frías. Si hicieren algún ejercicio, sea poco y por las mañanas, habiéndose proveído antes de cámara,[8] aunque sea con una calilla[9] o con un servicio común, y en todos los ejercicios para la salud, proceda esto antes.

Excuse dormir la siesta, y si lo acostumbra, duerma poco y no sea en la cama, que calienta demasiado el cuerpo. Todo lo que comiere guisado lleve acederas, que son las que llaman en mexicano xoxocoyoles.[10] [f. 3b]

---

se llama así al dolor de hígado. No obstante, para los huicholes de la sierra Madre Occidental, corresponde al dolor de ovarios y esta conceptualización predomina en otras regiones de México: una enfermedad de los órganos genitales femeninos. Werner explica que en Sinaloa es un nombre otorgado a cualquier dolor que 'pega' a las mujeres, por un costado de la barriga o del vientre, y que puede ser producido por varias enfermedades: infección de las vías urinarias; infección, quiste o tumor de los ovarios o de la matriz; torcijones de la tripa (diarrea) y apendicitis. Para Esteyneffer, el dolor de la ijada o miserere '... es un movimiento contrario del natural de los intestinos. Se origina ya de las heces endurecidas, ya de muchos y gruesos flatos o ventosidades, ya de inflamaciones o de otros tumores de los intestinos...'" (*Biblioteca Digital de la Medicina Tradicional Mexicana*, *s. v.* "Ijada"). En adelante: *BDMTM*.

7. Se refiere a la disuria: "(Del lat. tardío *dysurĭa*, y este del gr. δυσουρία *dysouría*). Expulsión difícil, dolorosa e incompleta de la orina" (*DRAE*, *s. v.* "Disuria"). Aunque también el dolor de orina puede referirse a distintos padecimientos de las vías urinarias.
8. Es decir, expeler los excrementos.
9. "La mecha pequeña para purgar el vientre. Trahe esta voz Nebrixa en su Vocabulario. Latín. Balanus" (*Aut.*, *s. v.* "Calilla").
10. La única entrada que el doctor Francisco Hernández tiene con estos datos sobre las "acederas" conocida como "xoxocoyoles" es la siguiente: "Capítulo XXXIV. Del Quauhxócoc *chulullense*. Es una hierba con raíz de forma de nabo, blanca con rojo, de donde ehca tallos nudosos de palmo y medio y en ellos hojas menudamente aserradas y divididas en su mayoría por tres senos. La raíz es amarga y un poco ácida; las hojas son ácidas y comestibles, de suerte que debe contarse

*

Las cosas dulces son muy dañosas a los flacos de estómago, porque engendran flemas. A medio día coma moderadamente, cene poco y temprano. Las yemas de huevos frescos son de buen mantenimiento, si beben poco sobre ellas. Al que puede pasar sin vino, doy por consejo que no lo beba, por lo que dije arriba, y no pudiendo vivir sin él, beban un poco y templado. El agua cocida con canela de esta manera suple la falta del vino: muelan un poco de canela y átenla en un lienzo con un hilo largo y quede entre dos aguas colgada y asida del hilo a la tapadera dé un buen hervor y sáquenla. [f. 4a]

*

En tiem[f. 4b]po de membrillos, cocido uno con agua y vinagre y tibio, tendido en un paño de lienzo, y puesto sobre el estómago, es muy provechoso. Y a falta de membrillos cuezan cuatro manzanas en el agua y vinagre.

Un saquillo hecho con rosas y violetas y un poco molidas y rociado cada noche con vinagre y puesto sobre el estómago, quita el calor demasiado y la sed.

*

Sea aviso para de aquí adelante: que las purgas bebidas se tomen a las cuatro de la mañana y las píldoras a las dos de la mañana, y siempre se ha de dormir con ellas y con las purgas bebidas no, salvo: si el enfermo no es de flaco y frío estómago, que entonces es bien duerma media hora, y algunas veces una hora.

El caldo sin sal (que algunos toman por mandado médico) lo pueden excusar, que no es necesario ni hay autor que lo mande. [f. 5a]

*

La raíz del matlalíztic[11] es de las nobles [f. 6a] y seguras purgas que hay en esta tierra, como yo muchas veces he experimentado. Dámosla[sic]

esta hierba entre las especies de *xoxocoyolin*, que nuestros compatriotas llaman acederas; el fruto es redondo y acinoso, parecido a los llamados *tomame*. La raíz machacada y tomada en dosis de dos dracmas, purga la pituita y la bilis y quita la pesadez de los miembros; se administra también a los niños de pecho, pero en cantidad de un dracma, por la mañana y sin que hayan tomado antes alimento. Nace en lugares húmedos de la provincia *chulullense*" (*Obras completas*, t. III, vol. II, Ciudad de México, Universidad Nacional, 2015, p. 258).

11. En el original: "matlaiztlic". Francisco Hernández habla de distintas clases de matlalíztic (del capítulo CVII al CXII), refiero aquí la descripción de la purgante: "Capítulo CXII. Del Matlalítztic purgante: La raíz tomada en dosis de cuatro

con toda seguridad a niños, viejos y a preñadas; y en los más estómagos no causa vómito ni da sed.

*

Para no vomitar las purgas es buen remedio una ventosa[12] en el estómago, hacer cosquillas en los pies, oler un poco de vinagre y chupar dé un membrillo. Y el mejor es chupar un poco de jamón asado como lo verá el que lo experimentare, y puédenlo asar la noche antes. [f. 6b]

*

Es muy buen postre de comi[f. 6b]da y cena de un membrillo asado o crudo, si es maduro, o en conserva. Mezclados los membrillos en los guisados confortan el estómago y el agua de ellos bebida de cuando en cuando lo confortan, y ayudan a digerir.

Si la flaqueza del estómago viene de causa fría, se debe curar con su contrario templado. Y no con remedios muy cálidos, que dañan mucho al hígado y al estómago, y no quitan el mal principal. Muchos autores afirman que el caldo de las palomas del campo cocidas es remedio muy grande para esta enfermedad: hará el mismo efecto el caldo de las tórtolas de esta Nueva España, que a mi parecer son palomas, y otros afirman lo mismo.[13]

---

escrúpulos corta las fiebres agudas, pues es fría y purga por el conducto inferior de los humores biliosos. Tiñe de color azul el agua donde se remoja por algún tiempo, de donde le viene el nombre, y suaviza y provoca la orina. Se vende esta raíz en los mercados mexicanos" (*Obras completas,* t. II, vol. I, p. 423). Francisco Ximénez nos dice de la texcocana: "De la llamada matlalitztic de Tezcuco. Nace en los montes de México, la raíz resuelve los tumores e hinchazones nacidos de causa cálida; majada y aplicada en forma de emplasto, y dada a beber en peso de dos dracmas, refrena el ímpetu de los humores, y reprime la abundancia de la sangre y resfría el calor. Está cubierta de una corteza gruesa, es dulce sin algún amargor, de lo cual nace, que levantando ventosidades provoca a lujuria" (Ximenez, *Cuatro libros de la naturaleza y virtudes de las plantas y animales de uso medicinal en la Nueva España*, Ciudad de México, Biblioteca Mexicana de la Fundación Miguel Alemán, 2001, cap. L, p. 225).

12. "Instrumento de Cirugia, que es un vaso por lo regular de vidrio, augosto de boca, y ancho de barriga, que calentandole con estopas encendidas, se aplica à algunas partes del cuerpo, para atraher con violencia los humores à lo exterior, y suelen sajar algunas veces aquella parte, y entonces las llaman Ventosas sajadas: y quando no se hace esta operacion, las llaman Ventosas secas. Dixose assi de la voz Viento. Lat. *Cucurbitula vitrea*. PIC. JUST. f. 193. A lo qual me respondió, que él habia de comprar unas ventósas de vidrio, y dos lanceras. ALFAR. part. 2. lib. 2. cap. 7. Que son como las ventósas, que donde sienten que hai donde asir, se hacen fuertes, y chupan hasta sacar la substancia" (*Aut.*, *s. v.* "Ventosa").

13. Posiblemente se refiera al *Cocotli*, que Francisco Hernández consideraba como la tórtola española, aunque de menor tamaño: "Su canto es *cu cu cu*. Es buen ali-

*

Las ciruelas pasas corrigen mucho el estómago y tomadas en ayunas ablandan el vientre. Hacen lo mismo dos docenas de pasas en vino y tomadas en ayunas y bebiendo el vino. El que tiene costumbre de beber vino, tómelo a medio día templado. Y entre día y a cenar beba agua de canela o de anís [f. 7a] o de hinojo; y lo más sano es: beber poco.

El que después de comer siente mucha sed, tenga por costumbre de beber a la postre un poco más de lo que ha menester, y con esto excusará[14] el beber entre día, y es remedio muy experimentado de mí en muchos.

Doce granos de pimienta tragados en ayunas y sobre ellos dos tragos de agua tibia confortan mucho el estómago. [f. 7a]

*

Al principio de la comida, dos onzas de miel[15] cocida comida con pan es admirable remedio y deshace las ventosidades.

Tener por costumbre (cuando se acuestan de noche) de poner la mano sobre el estómago, ayuda mu[f. 7b]cho a la digestión, y dormir el primer sueño sobre el lado del hígado, y [a]demás de ser muy sano, hace cocer el manjar.

Tomar cada dos noches tanta mostaza como cabe en un dedal, cuando se van a dormir, y beber (si quieren) un trago de agua, ayuda muy mucho a la digestión. [f. 7b]

*

Otros muchos remedios hallarán en este libro para la flaqueza del estómago y para otras enfermedades, que los puse como los iba experimentando, y por esto no guardé el orden debido, hallarlos han por la tabla. [f. 8b]

---

mento, aunque un poco duro; abunda tanto en lugares montañosos como en los poblados" (*Obras completas*, t. III, vol. II, p. 328).

14. En el texto: "eseusará

15. Según la teoría humoral, la miel no ofrece el mismo efecto para todas las edades; la sangre predomina en la niñez; la bilis amarilla (cólera), en la juventud; la bilis negra (melancolía), en la madurez y la flema, en la vejez. Es esta última etapa de la vida es la que mejor aprovecha de esta sustancia: "La miel no se altera y se convierte en bilis amarilla por contener en sí misma mucha cantidad, sino porque se transforma en el cuerpo. Ciertamente resultará amarga para los que la probaran, si contuviera bilis en sí misma y desde fuera directamente, y podría generar en todos los hombres, de igual modo, la misma cantidad de ella. Pero no es esta la verdad. En los que están en la flor de la edad y, sobretodo, si son de naturaleza caliente y viven una vida dura, toda la miel se transformará en bilis amarilla; pero para los ancianos es bastante conveniente, ya que en ellos tendría lugar una transformación no en la bilis sino en sangre" (Galeno, *Sobre las facultades naturales*, 115, p. 97).

Del dolor de costado [f. 9a] Capítulo segundo

Dos son los dolores de costado,[16] uno verdadero y otro falso. El falso o no verdadero da en los músculos o murecillos del costado. Conócese luego en los acidentes que son leves y pueden sufrirse y el enfermo puede acostarse sobre el lado contrario del dolor, y sobre él descansa más. Cuando este dolor de costado falso nace de ventosidades gruesas y de humores cálidos causa muy gran dolor, porque extiende y estira mucho los murecillos[17] del mismo lado.

El dolor de costado verdadero tiene su asiento en una membrana delgada, poco más gruesa que dos veces un pergamino. Esta membrana ciñe los dos lados del pecho y está pegada a las costillas. Conocemos el dolor de costado verdadero en los graves acidentes que trae, aunque algunas veces son algo remisos. Trae este dolor consigo estas señales: Calentura continua, dolor con punzadas y pelliz[f. 9b]cos, hace la respiración con dificultad, por estar la membrana (que dije) muy tirante y cargada con el humor, y el pulso es duro al tacto, por estar la arteria también tirante. Trae también tose poca o mucha y algunas veces con esgarros de sangre, aunque no siempre. Cuando todos estos acidentes y señales vienen con dolor de costado es muy peligroso y se acaba

---

16. Los curanderos del México de hoy dicen que este padecimiento ocurre "Cuando se está trabajando y se toma algo frío. Arguyen que el brusco enfriamiento del estómago hace que también se enfríen los pulmones, dando así inicio al malestar. En comunidades rurales se considera que este padecimiento es de calidad 'fría', pues se cree que el frío está concentrado en los pulmones y en el pecho del paciente. Por lo tanto, las terapias tienden a calentar estas zonas del cuerpo. El tratamiento comprende una sobada con una pomada. Al mismo tiempo, el enfermo debe comenzar a tomar un 'té' preparado con una o dos rebanadas de escorcionaria, palo mulato, palo tres costillas, palo Brasil, una rajita de palo nilo, una hoja de borraja, una mitad de cuatecomate, medio zapalote, la cáscara de un zapalote, un "puñito de tilia chiquita y de la grande," un puñadito de flor de camarón (tabachín) y uno de nacahuita" (*BDMTM*, *s. v.* "Dolor de costado").
17. En el original: "murezillo"; es decir, músculo.

con brevedad, por bien o por mal del enfermo. Las causas del dolor de costado verdadero son sangre gruesa y viscosa, sangre flemática y colérica y sangre algo melancólica. Conocemos estas causas por el color de lo que el enfermo escupe, cuando desde el principio comienza a escupir. Si el esputo es amarillo y espumoso, viene de cólera; si viscoso y espeso, de sangre flemática; y si morado o leonado, de melancolía; y cuando sutil y colorado, de sangre.[18] Cuando el enfermo no escupiere, conoceremos la causa por los acidentes, por su complexión y por los humores que en él predominan, y por los manjares que acostumbra comer.[19]

Muchas veces engaña el dolor y la inflama[f. 10a]ción del hígado a muchos médicos. Y no es de maravillar, porque estos dos dolores se parecen en algunos acidentes. Para esto se debe advertir que el dolor y la inflamación del hígado no viene con punzadas y pellizcos, ni en el pulso hay dureza, ni tensión y estiramiento del lado. Y si trae tose es muy poca y sin escupir. El dolor de hígado es más bajo, casi en el estómago, y el del costado es más alto y sobre las costillas.

Los pronósticos del dolor de costado más necesarios pongo aquí, y el primero es: si desde el principio comenzare el enfermo a escupir bien, sanará con brevedad; y si comienza tarde a escupir, tarde sanará. Los que comienzan a escupir al catorceno [día], hacérseles ha apostema en el lado del dolor, y de estos algunos escapan. Los que no escupen, aunque vivan algunos días, después vienen a morir.

El dolor de costado que viene de sangre y cólera es menos peligroso que el que viene de flema y el que viene de melancolía. De manera que todo el bien o el mal de esta enfermedad está en escupir bien desde el principio. [f. 10a]

---

18. Según el corpus hipocrático existen cuatro elementos: caliente, frío, seco y húmedo, los cuales, a su vez, son cualidades de los cuatro humores: colérico (bilis amarilla); melancólico (bilis negra); sanguíneo (sangre) y flemática (flema). La armonía entre estos es la causa de la salud y su desequilibrio conlleva la pérdida de la misma. Mediante la prevención, la limpieza y la actividad física el médico que seguía los preceptos hipocráticos comprendía la acción de la naturaleza, ella misma se bastaba para curar. Es decir, el médico no actuaba como intercesor —como si fuera un santo que media ante Dios—, solo trataba al enfermo para que este volviera a encontrar su cauce en el delicado equilibrio humoral de la naturaleza.

19. Esta es otra máxima de la medicina hipocrática: "El caso es que las enfermedades que escapan al examen de los ojos quedan sometidas al examen de la inteligencia" (Hipócrates, *Sobre la ciencia médica*, 11, p. 21).

*

Aunque en el dolor de costado[20] haya razonable pulso y buena orina, no se arroje el médico a pronosticar salud, porque con estas dos señales buenas, si el enfermo no escupe, se muere.

Lo primero que debe mandar el médico en esta enfermedad, y en todas las peligrosas, es: que se confiese el enfermo y ordene su alma en todo.[21] Y no aguarde cuando el miserable no pueda y muera sin los sacramentos, como cada día vemos. Y mandándole esto en la primera visita no teme tanto como cuando lo manda [el médico] estando muy malo [el enfermo]. ¿Y quién duda? ¿Que nos da Dios los males por los pecados? ¿Y quiere que con la enfermedad nos confesemos y apartemos de ellos? [f. 10b]

El aposento del enfermo esté templado y haya en él quietud. Duerma de noche moderadamente y de día no duerma, salvo si de noche duerme mal o no duerme. El sueño moderado de noche no solo cuece el manjar, mas los humores destemplados corrige y hace buenos. Provéase cada día de cámara, aunque sea con un servicio común [f. 11a] o con una calilla. La dieta es muy necesaria en esta enfermedad, porque es breve y dura poco. Y dando mucho de comer al enfermo estorban la naturaleza[22] a que no rinda y venza el humor. Los cuatro días o cinco

---

20. El dolor de costado era una enfermedad grave en el tiempo de los griegos, por ello no llama la atención que esté presente en los tratados hipocráticos, recomendándose lo siguiente para su tratamiento: "No está fuera de lugar que el dolor de costado, tanto si aparece al principio como si aparece después, trate de eliminarse primero con fomentos calientes; la más efectiva de tales aplicaciones es agua caliente en un odre, vejiga o en un recipiente de barro o bronce. Hay que poner antes sobre el costado algo blando como lenitivo" (Hipócrates, *Sobre la dieta en las enfermedades agudas*, 21, p. 162).

21. "Dize sant Bernardo: 'La fe es principio de la salud de los humanos; sin ésta non puede alguno pertenescer ni ser del número de los fijos de Dios; sin ésta todo qualquier trabajo del ombre es vano e inútile'. Por ende, el diablo, enemigo de todo el linaje humano, trabaja con todas sus fuerças por trastornar e derribar al enfermo en el artículo de la muerte de la fe totalmente, o a lo menos por le fazer desviar e titubar e dubdar en ella, por quanto el que dubda en la fe, infiel es" (*Arte de bien morir*, p. 87).

22. Galeno reafirma la idea de que fue Hipócrates quien asumió que es la propia naturaleza quien actúa en la búsqueda del restablecimiento de la salud, el médico solo interviene para facilitar esta acción: "Hipócrates fue el primero de todos los médicos y filósofos que conocemos, como también fue el primero en comprender las acciones de la naturaleza, a la que admira y, llamándola justa, continuamente la glorifica, y afirma que ella sola se basta para los animales en todos los aspectos, puesto que hace todo lo necesario sin ninguna enseñanza y por propia iniciativa" (Galeno, *Sobre las facultades naturales*, 38, p. 47).

primeros le bastan ordeates,[23] que se hacen con cebada, almendras, que lleven algunas pepitas de melón y atole blanco con una poca de miel blanca[24] cocida, que ayuda a escupir y limpia el pecho. Si el enfermo fuere flaco de complexión denle (entre las cosas dichas) caldos de aves bien hechos. Y si la flaqueza fuere mucha, denle pan rallado hecho con caldo de ave; y denle de un pollo o polla cocida. Beba el agua cocida con cebada y orozuz.[25] Cuando el dolor y los acidentes se fueren remitiendo y aflojando, denle a comer un poco más. En esta enfermedad y en todas las que traen calenturas (aunque sea el día de purga) no se ha de dar vino; mas si la flaqueza del enfermo fuere tanta que se tema, no le den desmayos, denle un poco de vino muy aguado. El vino que a los tales se ha de dar sea blando y que quiera poca agua. Y si es fuerte es muy dañoso.

Práctica muy usada es entre graves autores hacer fomentaciones y poner algunos saquillos de sal y maíz caliente en esta enfermedad. Y aunque este remedio muchas veces aprovecha, no debe usar inconsideradamente ni siempre, sino cuando no hay entero conocimiento si es dolor de costado o no. [f. 11b]

*

Y haciendo dos veces o tres estos remedios, el dolor creciere, no use de ellos más, sino vengan al remedio principal de las sangrías.[26] Estas

23. "Bebida que se hace con cebada cocida para templar el calor del enfermo. Lat. Ptisana. Díxose ordeate, ab ordeo, que es cebada" (Sebastián de Covarrubias, *Tesoro de la lengua castellana*, Madrid, Luis Sánchez, 1611, *s. v.* "Ordiates"). En adelante *Tesoro*.
24. La miel blanca se opone en color a una de las mieles más usadas por los médicos, la rosada. Dice Covarrubias: "En las boticas hay muchos jarabes hechos de miel y, particularmente, la miel rosada" (*Tesoro*, *s. v.* "Miel").
25. "(Del ár. hisp. 'urúq sús o 'írq sús, y este del ár. clás. 'irqu [s]sús; cf. port. alcaçuz). Planta herbácea vivaz de la familia de las papilionáceas, con tallos leñosos, de un metro aproximadamente de altura, hojas compuestas de hojuelas elípticas, puntiagudas, glaucas y algo viscosas por el envés, flores pequeñas, azuladas, en racimos axilares, flojos y pedunculados, fruto con pocas semillas, y rizomas largos, cilíndricos, pardos por fuera y amarillos por dentro, común en España a orillas de muchos ríos, y cuyo jugo de sus rizomas, dulce y mucilaginoso, se usa como pectoral y emoliente" (*DRAE*, *s. v.* "Orozus").
26. Sobre la sangría opinó el gran cirujano-barbero Alonso López de Hinojosos en el primer libro de cirugía que se publicara en la Nueva España en 1578, un año antes que el *Tratado breve de cirugía* y catorce años antes que el *Tratado breve de medicina*, ambos de fray Agustín Farfán: "Qué cosa es flebotomía o sangría: Es incisión o abertura de vena rectamente hecha, por la cual se evacúa la muchedum-

se hagan siempre del lado del dolor y de la vena del arca. Y cuando esta vena no se hallare, o no la puedan romper, hagan las sangrías de la vena de todo el cuerpo. El que hiciere lo contrario de esto pecará mortalmente por ser esta la opinión más cierta y recibida de todos. Y por la anotonomía[sic] de las venas consta deberse hacer las sangrías del lado del dolor y de la vena dicha, si la pueden hallar. [f. 11b]

*

Cuando sangraren[27] al enfermo le saquen poca sangre, porque no falten las fuerzas. Y si desde el principio sacásemos mucha, verdaderamente correrá peligro por no se le poder hacer después las sangrías necesarias. ¿Cuántas veces se ha de sangrar el enfermo y hasta cuándo? No se puede señalar. Lo que se puede decir es que hasta que en el gargajo no haya señal de sangre y el dolor se fuere remitiendo. Habiendo fuerzas en el pulso se pueden hacer sangrías sacando cada vez poca sangre, como lo he dicho. Y bastan cuatro o cinco onzas. [f. 12a]

*

Los que no alcanzan lamedores,[28] coman de cuando en cuando de chancaca[29] y las melcochas que hacen de miel de maguey. [f. 13b]

*

---

bre de los humores, los cuales son cuatro: sangre, cólera, flema y melancolía. Por manera que por los tres[sic] humores han ordenado los médicos y naturaleza muchas purgas con que seamos purgados, y para la sangre no se ha hallado mejor remedio que la sangría" (Alonso López de Hinojosos, *Suma y recopilación de cirugía. Con un arte para sangrar muy útil y provechosa*, Ciudad de México, por Antonio Ricardo, 1578. En la edición de la Academia Nacional de Medicina, 1977, pp. 95-96).

27. "Las venas comunes para sangrar, y que están en uso según Guido de Cauliaco, son treinta y una: trece en la cabeza, diez en los brazos y ocho en las piernas" (López de Hinojosos, *Suma y recopilación de cirugía*, p. 99). Guy de Chauliac fue uno de los más grandes cirujanos de la Edad Media gracias a su *Chirurgía Magna*; es el autor más citado por López de Hinojosos en su mencionado libro de 1578.

28. "Composición pectoral, que se hace en las bocas, y tiene una consistencia media entre electuário y xarabe, y se da a los enfermos para que poco a poco la dexen deslizar por la garganta al pecho. Pudo llamarse assí del verbo Lamer, porque este género de medicamentos se toman como lamiéndolos; a distinción de los xarabes y purgas que se toman bebiendo. Hacese de diferentes simples, de quienes toma su denominación: como de la violeta el violado, &c. Latín. Linctus, us. Ecligma, atis. FRAG. Cirug. Trat. de los Simpl. en la voz Violeta. Sin el lamedor ordinario se hace de las violatas un xarabe purgatívo con la novena infusión de ellas y azúcar fino" (*Aut.*, *s. v.* "Lamedor").

29. En el original: "Chiancaca". "(Del náhuatl *chiancaca*, 'azúcar moreno' o del quechua *ch'amqay*, 'triturar') tableta hecha con la miel que se obtiene de la caña de azúcar" (*DRAE*, *s. v.* "Chancaca").

El que no tiene botica haga este ungüento: frían una poca de flor de manzanilla o de la yerba en un poco de aceite de comer cuélenlo y añádanle una enjundia[30] de gallina derretida, y con una poca de cera blanca lo cuajen[31] y póngalo tibio. [f. 13b]

*

Esta fomentación es muy buena: tomen manzanilla, poleo, eneldo y chancaca, de cada cosa dos puños, todo cueza en cuatro cuartillos de agua, y gástese el medio, cuélenlo y tibio échenlo en una vejiga de vaca medio llena. Y si no la hubiere, tomen dos pedazos de sombrero o de paño de lana de tierra y empápelos en el cocimiento que esté muy caliente y exprímanlos muy bien, y póngalos cuatro veces, cinco, seis sobre el dolor: y antes que el uno se enfríe del todo, pongan otro. Si pusieren la vejiga, déjenla allí un cuarto de hora. [f. 14a]

30. "(Del lat. *axungia* 'grasa de cerdo'). Gordura que las aves tienen en la overa. En los ranchos utilizaban la grasa de las gallinas, llamada "enjundia", derretida en una cuchara para aliviar los bronquios" (*DRAE*, *s. v.* "Enjundia").

31. "Condensar lo liquido o unir las partes disueltas de alguna cosa: como la leche, la carne picada, &c. Viene del Latino Coagulare, que significa esto mismo: por cuya razon se debe escribir con C, y no con Q, como hacen muchos. FLORENC. Mar. tom. 2. pl. 100. Las perlas que se cuajan con el rocio de la mañana son más puras y blancas, que las que se cuajan con el rocio de la noche. NIEREMB. Difer. lib. 5. cap. 8. §. 3. Donde enseñó la hermana al hermano como havía de ordeñar vacas, cuajar leche, y hacer buenos quesos. ACOST. Hist. Ind. lib. 4. cap. 10. En topando el humo de aquel metal cuerpo duro arriba, o llegando a región fría, luego al punto se cuaja. ESPIN. Rim. pl. 9.Antes que tantas penas / Cuajen la sangre en las heladas venas" (*Aut.*, *s. v.* "Cuajar").

De las cámaras de sangre [f. 14b]
Capítulo tercero

De las cámaras de sangre que los griegos llaman disentería,[32] es mi intento tratar, y no de otras cámaras que hay, por no ser tan peligrosas. Este nombre, disentería, quiere decir llaga en las tripas, que comúnmente llamamos cámaras de sangre.

Las causas de estas cámaras son muchas, a unas llamamos causas exteriores, y a otras interiores. Las exteriores son: un muy gran frío, o un muy gran calor y haber tomado algún medicamento venenoso. Las causas interiores son crude[f.15a]zas antiguas del estómago, de las cuales vienen unas cámaras que llaman lientería,[33] y abundancia de humores coléricos. Y de esta causa vienen las cámaras de sangre más comúnmente, porque abrasan y queman por donde pasan. Es causa también la melancolía adusta y la flema falsa. Y así conviene ver las cámaras, para conocer de qué humor se hagan. Conocerémoslas también por la complexión del enfermo y por los manjares que más acostumbra comer.

También el tiempo del año nos ayuda a conocer el humor, porque en el verano reina la cólera, en otoño la melancolía, y en invierno la flema y en la primavera la sangre.[34] [f. 15a]

---

32. En el original: "dysentería". "Term. Médico. Fluxo de vientre, o cámaras de sangre, procedidas de ulceración de los intestínos, con agúdos dolores. Es voz Griega. Latín. Dysenteria. LAG. Diosc. lib. 2. cap. 170. Bebido de sus flores con vino dos veces al día, quanto se puede tomar con dos dedos, es útil contra la dysentéria. HUERT. Plin. lib. 8. cap. 48. Su queso, siendo añejo, es remédio para las dysernterías" (*Aut.*, *s. v.* "Dysentería").

33. "(Del lat. tardío *lienterĭa*, y este del gr. λειεντερία, *leientería*). Diarrea de alimentos no digeridos" (*DRAE*, *s. v.* "Lientería").

34. Este es otro principio propio de la medicina hipocrática, relacionar los cuatro humores con las cuatro estaciones del año. Además, precisa, en particular, sobre el verano y el invierno: "Efectivamente, en verano, se dan muchas disenterías, diarreas y fiebres cuartanas de larga duración. Esas enfermedades, al prolongarse, hacen caer en hidropesía a las personas de tal constitución y acaban con su vida

*

Las llagas en la tripa que llaman colon, y en la que llaman recto, que son las más bajas, son más fáciles de curar, que las de las otras tripas, más las llagas de la tripa que llaman Iejuno o Ayuno, son incurables, porque luego se canceran, y corrompen por delgadas. [f. 15b]

La cura primera y el primer remedio que debe hacer al enfermo el médico es: mandarle confesar, por ser tan peligrosas las cámaras y mucho más en esta Nueva España, y si el mal fue[f. 16a]re creciendo, haga el enfermo todo lo que debe a buen cristiano y esto es lo más seguro para el alma y para el cuerpo.[35] El aposento este templado y fresco, el enfermo procure tener quietud y dormir, que en esta enfermedad es lo que más conviene. Los días primeros coma moderadamente, porque las cámaras debilitan y enflaquecen mucho el estómago. Si el enfermo fuere flaco de complexión, denle a comer algo más, porque la virtud no desfallezca. En las cámaras de sangre (no habiendo calentura) alaban los autores, por muy gran remedio la leche: porque es medicina y mantenimiento. Cuando la dieren, prepárenla de esta manera, porque detiene más el flujo y conforta más el vientre y el estómago: apaguen en ella tres veces una aguija[36] muy caliente, o un pedazo de acero encendido, y cuélenla. Puede tomar cada ocho horas una escudilla tibia, y aunque en algunos estómagos la leche se aceda y corrompe, con esta

---

[…] En invierno, a los más jóvenes les sobrevienen perineumonías y achaques de locura; a los de más edad, fiebres ardientes a consecuencia de la dureza del vientre; a las mujeres, hinchazones y leucoflegmasía. A duras penas conciben, y dan a luz con dificultad" (Hipócrates, *Sobre los aires, aguas y lugares*, 7, p. 116).

35. "E nota, que como el enfermo conosce que es temptado de la desesperación, luego debe pensar que ella es peor e más dapñable de todos los pecados, e que en ninguna manera debe consentir en tal desesperación por muchos pecados que aya cometido; ca, como dize Sant Augustín: 'Más pecó Judas en desesperar que los judíos en crucificar a Ihesu Cristo'. E después piense cómo es provechosa e necessaria la esperança; porque según sant Crisóstomo: 'La esperança es la áncora de nuestra salud e fundamento de nuestra vida e caudillo e guía del camino por donde van al cielo'. E, por ende, non es de desampararla por qualesquiera pecados grandes e innumerables que sean" (*Arte de bien morir*, p. 97).

36. "La piedra pelada, que se cría ordinariamente en las riberas de los rios o arroyos. Latín. *Lapillus. Glarea, ae*. CERV. Quix. tom. 2. cap. 36. Los crystales de los arroyos, murmurando entre blancas y pardas guíjas, iban a dar tributos a los rios. GONG. Poliph. Oct. 57. Los dulces dos amantes desatados, / Por duras guíjas, por espinas graves, / Solicitan el mar con pies alados" (*Aut.*, *s. v.* "Guija").

preparación no y hace buen efecto. Puédese comer migada, y si con ella puede sustentarse, no coma otra cosa. [f. 16a]

*

Las yemas de huevos pasadas por agua, y con un poco de vinagre templado, mantienen y detienen las cámaras. Yo he visto ya dos desahuciados de cámaras de sangre que, vedándoles el agua, hallaron cantidad de vinagre en unas botijas, y poco a poco lo bebieron todo, y con él sanaron. Y como el vinagre es frío y seco, quitoles la sed y detuvo el flujo. [f. 16b]

*

Sepan que no hay remedio que más presto, ni mejor lo evacue y divierta, que el de las sangrías, porque con ellas evacuamos todos los humores.[37] [f. 17a]

*

Las purgas que en las cámaras de sangre se han de dar, sean leves, y no escamoneadas, como las que algunos se atreven a dar inconsideradamente.[38] Las que yo aquí diré, son seguras y fuera de toda sospecha.[39] [f. 18a]

*

---

37. No se conoce en qué momento apareció esta idea de sangrar para curar en el mundo occidental. Algunos piensan que el bestiario y su imaginación poética despertó la fantasía y derivó en arraigada tradición de la medicina hipocrática y galénica. Por ejemplo, en la *Historia Natural* de Plinio se dice que el hipopótamo "para refrescarse y sentirse mejor cuando se encontraba decaído o molesto por haber comido en exceso, tenía por costumbre meterse entre plantas espinosas y rasguñarse contra ellas para producirse laceraciones en una vena de la pierna, descargar algo de sangre y así obtener algún alivio a sus males. Por eso dice Plinio, el hipopótamo es un artista consumado en el arte de curar" (González Crussí, *op cit.*, pp. 110-111).
38. La crítica al proceder erróneo de otros médicos tiene toda una tradición literaria dentro del corpus hipocrático, sirva de ejemplo el siguiente caso: "Todo esto es prueba sólida de que los médicos no llevan bien los tratamientos de sus pacientes. Al contrario, mandar ayunar a afectados por enfermedades que no lo requieren cuando se va a seguir una dieta de líquidos hervidos, y en las enfermedades en que no hay que pasar del ayuno a los líquidos, en éstas, prescriben el cambio. Y por lo general, lo hacen justo al revés, en el momento preciso en que, si la enfermedad está en su fase más aguda, lo que conviene es ir pasando de líquidos hervidos al ayuno" (Hipócrates, *Sobre la dieta en las enfermedades agudas*, 41, p. 170).
39. Farfán no continúa con un listado de distintos tipos de sangría, inmediatamente cambia de tema y enlista otra serie de remedios caseros. Sirva esta llamada de atención de nuestro doctor para considerar los tipos de sangría que aparecerán más adelante en otros apartados.

En esta enfermedad el sueño es muy necesario,[40] tanto, que el que en ella durmiere, puede tener esperanza[41] de salud. Cuando faltare el sueño, den al enfermo a las nueve de la noche,[42] una dracma[43] de filonio romano,[44] desatada en agua de llantén.[45] Si con esta cantidad no durmiere, denle la noche siguiente, a las ocho, dracma y media. La requies magna[46] es más segura, y puédenla dar cada dos días —y cada día—, y pueden dar hasta dos dracmas. Los primeros días den al enfermo dos onzas de jarabe de adormideras,[47] y tómela una onza

40. El sueño forma parte sustancial del corpus hipocrático e, incluso, sin caer en otras ciencias de la época, como la mántica, trata de ofrecer soluciones netamente médicas a partir del tipo de ensoñación o pesadilla que se manifieste al dormir, ya que "Todas las funciones del cuerpo o del alma, todas ellas las cumple el alma durante el sueño. De modo que quien sabe juzgar estas cosas rectamente posee buena parte de la sabiduría" (Hipócrates, *Sobre la dieta*, 86, p. 268).
41. En el original: "esperonça".
42. Momento del primero sueño según los autores de la época. *Vid.*, Américo Larralde, *El eclipse del sueño de sor Juana*, Ciudad de México, Fondo de Cultura Económica, 2011.
43. En el original: "drama". "(Del lat. *drachma*, y este del gr. δραχμή *drachmḗ*). Medida de peso utilizada en farmacia, equivalente a la octava parte de una onza, es decir, tres escrúpulos o 3.594 mg" (*Aut.*, *s. v.* "Dracma").
44. En el original: "philonio romano". "El filonio romano o magno es una conserva blanda, clasificada entre las opiatas y llamada particularmente opiata somnífera en razón del opio que entra en ella en bastante cantidad. Conserva el nombre de su inventor. Filón, filósofo y médico, natural de Tarso de Sicilia" (*Diccionario de ciencias médicas*, tomo XV, p. 117, 1823). Además, el filonio romano es un bello exponente de la poesía farmacológica. Filón de Tarso compuso su poema en dísticos elegíacos y Galeno los incorporó a su tratadística (Guillermo Delgado-García, Carolina Rodríguez-Návarez y Bruno Estañol, "Sobre el filonio romano", *Gaceta Médica de México*, 152, 2016, pp. 838-852).
45. "Planta bien conocida, de que hai dos especies, mayor y menor. La mayor produce las hojas grandes y anchas, y parecidas a las de las acelgas. El tallo es esquinado, alto como de un codo y de color roxo. Sus raices son tiernas, vellosas, blancas, y del gruesso de un dedo. La menor tiene las hojas más pequeñas, lisas, tiernas y delgadas, y el tallico inclinado hácia la tierra. Crece una y otra por los lugares húmedos, y es eficacíssima y provechosa en la Medicina. Latín. Plantago, inis. LAG. Diosc. lib. 2. cap. 115. No hai cosa que tan valerosamente restañe toda efusión de sangre, como el llantén" (*Aut.*, *s. v.* "Llanten").
46. No he encontrado una definición para esta planta. Lo cierto es que se la cita muchos en tratados medievales, renacentistas y barrocos para provocar sueño. En el libro *Práctica teórica de cirugía en romance y en latín* (1678) se recomienda junto con la "trifera magna" un preparado medicinal confortativo que forma una masa pastosa, compuesto con tres clases de mirabolanos con otros productos pulverizados aglutinados con miel o jarabe.
47. Adormidera: "(De adormir, por su propiedad narcótica). Planta de la familia de las papaveráceas, con hojas abrazadoras, flores grandes, vistosas y terminales,

a las ocho de la noche y si con ella no durmiere, denle la otra onza a las nueve. [f. 19a]

*

Tengo por experiencia que dos dracmas de copal[48] molido tomadas en un huevo asado, las mañanas y de noche, detienen las cámaras. [f. 20a]

*

Cuando con todo esto las llagas no mejoran y se corrompen cada día, como se conoce en el mal olor, y en el color de las cáma[f. 21a]ras, conviene poner toda la diligencia posible en curarlas. Los autores médicos ponen muchos remedios, algunos de ellos diré aquí, y cuando con ellos no sanaren, encomienden el enfermo a Dios y a los curas.

*

Y si hay necesidad de limpiar más las llagas de la corrupción, tomen seis onzas de agua de cebada[49] y media dracma de polvos de Ioanes de Vigo,[50] mézclenlos y tibio lo reciba por una jeringa. Con dos medi-

---

y fruto capsular indehiscente del que se extrae el opio" (*DRAE*, *s. v.* "Adormidera").

48. El doctor Farfán coincide con lo señalado por el protomédico de Indias Francisco Hernández, pero no precisamente en el "Copalquáhuitl o árbol gumífero", el cual "recibe especialmente el nombre de *copalli*, aunque para los indios suele significar este vocablo cualquier género de goma [...] Dicho líquido, como se sabe ya en casi toda Europa, es blanco y transparente"; y sirve para curar "todas las enfermedades originadas de causa fría y húmeda" (*Obras completas*, t. II, vol. I, pp. 176-177). En efecto, Farfán no parece coincidir con Hernández en el *copalli* anterior, sino en otro árbol que también produce *copalli* y que es un remedio sin igual contra la diarrea: "Capítulo LIII. Del Copalquauhxíotl *o árbol leproso que produce copalli*. Es el Copalquauxíotl un árbol alto, liso y que fácilmente se despoja de su membrana exterior, de donde le viene el nombre; tiene hojas pequeñas, oblongas, como de ruda pero mayores y más largas, y fruto acinoso, pero dispuesto de uno en uno. Destila también un líquido resinoso semejante al copalli en sabor y olor, pero escaso. Es caliente y seco este árbol en tercer grado, y oloroso con cierta astringencia. El líquido que mana lo mezclan diluido en agua al copalli, y dicen que así es extraordinariamente eficaz para contener las diarreas" (*Obras completas*, t. II, vol. I, p. 182).
49. La cebada es muy valorada en la medicina hipocrática: "La cebada es por naturaleza algo frío y húmedo, y deseca. Contiene también algo purgativo procedente del jugo de la cáscara. La prueba es que si quieres hervir los granos de la cebada sin mondar, el zumo resulta fuertemente purgativo. En cambio, si la mondas, [el zumo] es, más bien, refrescante y astringente" (Hipócrates, *Sobre la dieta*, 40, p. 221).
50. Se refiere al médico italiano Juan de Vigo (1460-1520), cuya obra principal es el *Libro en práctica de cirugía*, publicado en castellano en Valencia, 1537; Toledo, 1548; y Zaragoza, 1581. Los polvos solutivos de Vigo, al parecer, se elaboraban a partir de azogue que se disolvía en agua fuerte, la cual se obtenía por destilación a partir

cinas o tres de estas se verá el remedio y provecho. Y de esta manera las he curado muchas veces a gloria y honra de Dios. Y es verdad que, hasta que yo puse en práctica esta manera de cura, ninguno usaba de ella, porque no reparaban en que los más de cámaras se morían por no curar las llagas.[51] [f. 21b]

de caparrosa, alumbre y salitre. De todas formas, el secreto que siempre rodeó a este remedio, hizo que muchos los compusieran de forma inadecuada, perdiendo así eficacia. Se trataba de "una destilación reiterada de mercurio con agua fuerte a fuego en grado creciente, siguiendo un claro procedimiento alquímico. En realidad, Vigo está produciendo lo que los alquimistas llamaban 'el rojo', una variedad del mercurio sublimado obtenida gracias al ácido clorhídrico que componía el agua fuerte" (*Vid.*, Jaime Lorén, "Emplasto conformativo de Vigo, emplasto contra la tiña de Vigo, polvos solutivos de Vigo. Juan de Vigo (Rapallo, 1460-Roma, 1520)", *Epónimos científicos*, julio [2010], pp. 1-3).

51. A lo largo del tratado, Farfán se personifica como el primero en experimentar una serie de remedios únicos en la Nueva España. Estos matices le otorgan al *Tratado breve de medicina* cierta peculiaridad dentro de la literatura médica novohispana.

De la esquinencia[52] [f. 23a]
Capítulo cuarto[53]

No hay quien dude que la esquinencia no sea mal peligroso, pues mata en pocos días. Y así conviene que luego se hagan los remedios para tan grave enfermedad. No pongo aquí las cuatro maneras que hay de esquinencia, porque no hace a nuestro propósito, sino la cura de ella, las causas y señales para conocerla.

La esquinencia es una inflamación que da en los músculos o murecillos de la garganta, una vez da en los de dentro y otra en los de fuera, y otras veces en todos. La señal más evidente y clara para conocer la esquinencia es: no poder tragar el enfermo, no solo lo que come, empero ni lo que bebe. Conocemos ser esquinencia en que casi no puede hablar los que la tienen, ni respirar. Las causas de la esquinencia es un corrimiento de humor colérico sanguíneo, otras veces de sangre y flema, y otras veces corrimiento de los cuatro humores juntos. Cuando el humor que causa la esquinencia es colérico, la [f. 23b] inflamación se hace en los músculos de dentro y así es más peligrosa. Cuando el humor es flemático la inflamación se hace en los músculos de fuera y esta no es tan peligrosa. La esquinencia que viene de sangre trae consigo muy gran dificultad de respiración y esta es muy más peligrosa. Por ser este acidente el mayor trae también la esquinencia grandes ansias y congojas, con una pesadumbre de cuerpo y con gran calentura. Los pronósticos más graves y esenciales en la esquinencia son: cuando la hinchazón no se parece, si los acidentes son recios, es señal mortal. Y cuando la hinchazón se muestra, aunque los acidentes sean graves, sanará el enfermo, si le

52. En el original: "Esquilencia" y así cada vez que aparece el nombre de la enfermedad. "(Del fr. *esquinancie*, y este del gr. κυνάγχη *kynánchē*; propiamente 'collar de perro', por la sensación de asfixia que provoca esta dolencia). Dolor de angina, la inflamación de las amígdalas" (*DRAE*, *s. v.* "Esquinencia").

53. En el original: "IIII".

curan[54] con cuidado. Cuando el humor de la esquinencia baja a los pulmones suele causar llagas en ellos, y de ellas se mueren los más, por ser incurables.

Lo primero que debe hacer el enfermo en esta tan grave y peligrosa enfermedad es: confesarse, y recibir los sacramentos, y ordenar su alma con los demás; y no lo deje para cuando no pueda.[55] [f. 23b]

*

En esta enfermedad conviene tener dieta, porque se acaba con brevedad; y [f. 24a] ella la hace tener porque cierra tanto la garganta, que acontece, en cuatro días y en seis, no poder el enfermo pasar el agua. Bastará por comida la leche de la cebada cocida y molida, hecha como atole[56] con un poco de azúcar. Después pasados los cuatro días, puede pasarse con caldo de ave y con pan rallado, hecho con el caldo de ella. Son buenas yemas de huevos pasados por agua, y de lo que comiere, sea poco, que así conviene. Cuando la inflamación y los demás accidentes se remitieren, coma un poco más. Si desde el principio de la enfermedad hubiere flaqueza en el pulso, y el enfermo puede tragar, denle los caldos de aves y pistos,[57] y el agua que bebiere, sea cocida con

54. En el original: "curau".

55. "Viendo e conosciendo el diablo que non puede induzir al ombre en el pecado de la desesperación, comiença de lo temptar de impaciencia, la qual nasce de la grand enfermedad; e dízele d'esta manera: ¿Por qué padesces tú este dolor tan grave e insoportable a toda creatura e a ti del todo sin provecho? Ni aun tan grand dolor se te devría dar por derecho e buena justicia, pues non has cometido tales e tantos pecados que sean dignos de tan cruel tormento. Ca scripto es que en las penas se debe fazer más benigna e piadosa interpretación. E allende d'ésta, lo que mucho te redobla e agravia tu dolor, es que ninguno ha compasión de ti. Lo qual, por cierto, non es dubda que sea contra toda razón, ca aunque tus amigos e parientes de palabra muestren que han compasión de ti, en la verdad ellos dessean tu muerte por los bienes que tú has de dexar, los quales esperan de heredar; porque es cosa clara que salida tu ánima del cuerpo, apenas lo querrán tener por sólo un día en casa (*Arte de bien morir*, p. 99).

56. "Bebida que usan mucho los Mexicános, que no consiste sino en echar en agua un poco de maíz cocido, exprimir aquella lechecilla, colarla y echarla azúcar. Es voz Mexicána usada también en España. *Lat. Potio quaedam Mexicanis usitata*" (*Aut.*, *s. v.* "Atole").

57. "El xugo o substancia, que machacándola o aprensándola, se saca del ave, especialmente de la gallína o perdíz: el qual se ministra caliente al enfermo que no puede tragar cosa que no sea líquida, para que se alimente y cobre fuerzas. Latín. *Avis pulpa pista.* NIEREMB. Var. Ilust. Vid. del P. Marcelo Mastrilli, cap. 6. No pudo de ningun modo tragar un solo bocado de pisto, ni de otra cosa alguna de comer. MUÑ. P. Camil. lib. 1. cap. 26. A los enfermos de mayor peligro les hacía echar en los pistos y caldos, polvos de perlas y otras cosas cordiales" (*Aut.*, *s. v.* "Pisto").

cebada; y si le echaren un poco de azúcar, será más medicinal, y más provechosa. Duerma poco, y tenga alta la cabeza y huya del sueño de medio día. [f. 24a]

*

Y no se escandalicen lo ignorantes porque mando hacer las demás sangrías de la vena de la cabeza,[58] que es bobería pensar, que a los que sangran de esta vena, se les menoscaba el juicio. [f. 24b]

*

Si la esquinencia está en mujer, y le vino mal el mes, o no le bajó del todo, habiendo en ella señales de sangre (como son) si es de complexión sanguínea, si tiene el rostro muy encendido, y los ojos enramados con sangre, hagan las dos primeras sangrías en los tobillos, porque con ellas divertimos[59] y apartamos el humor de la garganta.

Algunos médicos mandan hacer la primera sangría de las venas, que llaman leónicas,[60] que están debajo de la lengua. Yo no lo haría porque es contra lo que los más graves autores mandan, y contra la buena práctica. Y cuando esta se hace es como último y postrer remedio. Yo he visto con ella más daño que provecho. [f. 24b]

*

Si el que tiene esquinencia, puede tragar (habiéndole hecho las sangrías necesarias) púrguenle antes que se ahogue. Y para esto no son menester muchos jarabes, ni ninguno, porque en un día (siendo necesario) han de sangrar y purgar al tal enfermo, por ser tan aguda y peligrosa esta enfermedad. Y cuanto más se tardaren lo ponen en mayor peligro. Aquí se ven y muestran los médicos próvidos, diligentes y animosos en remediar al enfermo, y hacer que no se le muera. Di[f. 25b)go esto porque hay algunos tan temerosos que en una necesidad muy grande no se acaban de determinar para lo que conviene a la salud del enfermo. Y cierto que se les debe atribuir a ignorancia, más que a la falta del ánimo, porque si se entendiesen la enfermedad y las causas no temerían.

58. Se refiere a las venas conocidas en la época como "humeral y cefálica". "La cefálica es una vena del brazo que se aproxima al pliegue del codo; los antiguos creían que estaba en relación directa con la cabeza" (*DRAE*, *s. v.* "Vena cefálica").

59. Divertir: "(Del lat. *divertĕre* 'llevar por varios lados'). En medicina significa dirigir hacia otra parte un líquido corporal" (*DRAE*, *s. v.* "Divertir").

60. En el original: "lónicas". En efecto, era conocida como "la vena que se encuentra en la cara inferior de la lengua. Hoy en día se le conoce como vena ranina" (*DRAE*, *s. v.* "Vena ranina").

*

Los que no tienen botica, púrguense con cuatro onzas de cañafístula[61] y el peso de un tomín[62] de polvos de la raíz del matlalíztic, que son [f. 26a] muy seguros. Y si no los hubiere, sean de los de Mechoacán.[63]

*

Para no vomitar las purgas es muy buen preparativo este: asen la noche antes un poco de jamón, y acabada de tomar la purga, chúpelo, y aunque lo trague, no le hará mal, ni daño. [f. 26a]

*

Unten la garganta con este ungüento: tomen doce lombrices y lávenlas con vino, fríanlas en aceite de comer, y echen allí una poca de flor de manzanilla, o las hojas de ella; cuélenlo y con [f. 27a] cera blanca[64] lo cuajen, y a la postre le eche unas gotas de vinagre.[65]

---

61. En el original: "caña fístola". "Fruta a modo de cañútos, que algunos llegan a una vara, y al principio quando salen de la flor son verdes, después se ponen colorados, y paran en negros. Son gruessos como el dedo pulgar con poca diferéncia y redondos. Tienen dentro un humor o tuétano, no continuo, como la medúla de los huessos de animales, sino dividido con unas leves telillas, y esta se llama Pulpa de cañafistola, que la mejor es la que tiene mas jugo, y está mas madúra. Covarr. la da el nombre de Algarroba de Egipto, a que sabe quando está verde. Su etymología es de Caña y Fístula, porque parece trompeta de caña. Latín. *Casia fistularis.* LAG. Diosc. lib. 1. cap. 12. Es la cañafístola fruto de un árbol grande, que tiene la corteza pardilla. ARGENS. Maluc. lib. 2. fol. 86. De allí vienen chamelotes de Persia, brocados, marfil, ruibarbo, cardamomo, cañafístola. OV. Hist. de Chil. fol. 89. La cañafístola crece en aquellas montáñas, y de allí se surte toda Europa" (*Aut.*, *s. v.* "Cañafístola").
62. "La tercera parte de un adarme del marco Castellano, ò la octava parte de un Castellano en el peso perteneciente al oro. Lat. *In argento tertia pars drachmæ. In auro Castellani octava pars.* RECOP. lib. 5. tit. 21. l. 29. Que en el oro se sufra de fuerte, ò feble medio tomín por marco, y en la plata tomín y medio" (*Aut.*, *s. v.* "Tomín").
63. Desde tiempos prehispánicos se conoce su uso medicinal como purgante. "Una raíz medicinal que en nuestros tiempos se ha traído de las Indias. Dicha así de la provincia de donde se trae, la cual se llama la Provincia de Mechoacan: y vale Mechoacan tanto como lugar de pescado, porque en aquella provincia hay muchas lagunas, con abundancia de pesca. Para lo que toca a la dicha droga, y al uso della, podrás ver a Monardes [se refiere a Nicolás Monardes (1508-1588)]" (*Tesoro*, *s. v.* "Mechoacan").
64. "Cera que, reducida a hojas, se blanquea con el sol" (*DRAE*, *s. v.* "Cera blanca").
65. Un remedio muy similar utilizaba Farfán trece años antes —en su primer tratado— para curar los tumores de las orejas, recordando, a la par, uno similar recomendado por el cirujano medieval Guy de Chauliac, hecho con cochinillas pardas: "Otro remedio doy y es este: tomen lombrices vivas y lampias[sic] de la tierra un

*

Si fuere la hinchazón tan rebelde, que con todos estos remedios no se resuelve, hagan este, que es admirable y jamás me faltó, resuelve con brevedad y, si la esquinencia se ha de abrir, la dispone en pocas horas. Tomen de dos nidos de golondrinas, las pajas, plumas y estiércol de ellas y, muy molidas, hagan con ella miel blanca un emplasto,[66] y a fuego manso cueza y tendido en un lienzo lo pongan en toda la garganta, y con uno o dos verán el provecho.[67] Cuando no se hallaren los nidos de las golondrinas, tome un poco de estiércol de palomas, y con la miel hagan el emplasto.[68] El lodo de los nidos de las golondrinas es frío, y endurece más los humores y apostemas. Yo he visto a muchos casi ahogados, y con este remedio (después de la voluntad

---

manojo, que es, lo que cabe en la mano, vino tinto o blanco, azeyte común, de cada cosa tres onças, cueza todo a fuego manso, hasta que se consuma el vino, lo demás todo se muela en un mortero de metal, traiéndolo a una mano y a otra buen rato, hasta que quede como ungüento, y luego se añada harina o linaza, onça y media; unto de conejo, o de gallina, dos onças. Todo se muela bien, y a la postre se añadan dos huevos, batidos claras y yemas, mezclándolos con los demás, y házese un emplasto admirable para el propósito, del qual se ponga tibio dentro y fuera de las orejas, y a la redonda de ellas. [...] El Guido alaba por buen remedio unas cochinillas pardas, las quales tienen muchos pies, y se crian en lugares húmidos, éstas fritas en un poco de azeyte rosado y molidas con el en un mortero, aplacan el dolor" (Farfán, *Tratado breve de cirugía*, f. 99b).

66. "Medicamento compuesto de varias cosas o drogas, mui bien molidas, que después de mezcladas se suavizan y molifican con algún liqüor, para que se puedan aplicar y poner sobre la parte lesa del cuerpo. Hai muchas y varias espécies de emplastos, de que tratan la Medicina y Cirujía; y con especialidad la facultad propria de los Boticarios. Es voz Griega, de quien la tomaron los Latinos. Latín. *Emplastrum*. CERV. Quix. tom. 1. cap. 15. Voi viendo que no han de bastar todos los emplastos de un hospital. QUEV. Mus. 5. Xac. 7. *Curaba de mal de madre, / con emplastos de cerote*" (*Aut.*, *s. v.* "Emplasto").

67. "Y el Guido y Lanfranco alaban mucho [este remedio], yo he usado dél con gran provecho del enfermo, y honrra mía, y hágase desta manera: tome el nido entero de las golondrinas (mayormente) si han criado en él sus hijos, muélanlo bien y con miel blanca (la que bastare) cueza un poco, meneándolo, y quedará como emplasta, y tibio lo ponga sobre la esquilencia, también tiene este emplasto virtud de resolver" (Farfán, *Tratado breve de cirugía*, ff. 95b-96a).

68. Los emplastos realizados con estiércol de palomas, o pájaros en general, eran de gran difusión en al arte médico bajomedieval europeo. Por ejemplo, así aparece en el *Compendio de la humana salud* [Zaragoza, 1494], ed. de Mª Teresa Herrera, Madrid, Arco Libros, 1990) de Johannes de Ketham en el "Tratado IV. De las dolencias de las mujeres: Si la mujer tiene dolor en las tetas, debe tomar estiércol de palomas, cera nueva y miel. Hacer emplasto de todo y ponerlo encima de ellas" (Ketham, *op. cit.*, p. 97).

de Dios) sanaron, reventando luego el apostema, o resolviéndola del todo.[69] [f. 27a]

69. "Para abrir la esquilencia, pone el Guido un remedio ridiculoso, y es, que atando a un hilo un poco de esponja, o de carne de vaca la trague el peaciente, y que luego tiren del hilo: miren como será posible esto, pues que un aun el agua pueden los tristes enfermos pasar, quanto más un pedaço de carne. Otro remedio ponen los autores en caso desesperado, del qual yo no aconsejo, que se aproveche ninguno, y es, que por la parte de fuera abran al paciente con una navaja, y que por allí respirara, y mandan esto porque no se ahogue, y así torno a avisar que mire el médico y el cirujano por su honrra: y la razón es, porque de sola esta aperción, o rompimineto y herida puede morir el paciente, y de tan grande peligro lo mejor es apartarse, y los más seguro, dexarlo, que acometerlo, estos dos remedios que aquí porne[sic] se pueden hazer, con más siguridad" (Farfán, *Tratado breve de cirugía*, f. 96a).

Del dolor de cólica[70] e ijada[71] [f. 27b]
Capítulo quinto

Estas dos enfermedades tomaron el nombre del sitio y lugar donde da el dolor. Afligen a muchos y vienen algunas veces con tanta furia que les quita la vida, como cada día vemos. El dolor de cólica es muy intenso, y siéntese en lo más interior del vientre, y parécele, al que lo tiene, que le horadan las tripas con un taladro o como que tiene allí atravesada una estaca. Con este dolor hay una hinchazón y dureza en el vientre, y si hacen alguna cámara parece que sale llena de viento y nada sobre la orina. Quita la gana de comer, y siempre hay una manera de querer vomitar. Da este dolor en la tripa que llaman colon, y en él se sienten unas como punzadas, y aun van por la vía de la orina;[72] y es como cuando las piedras del riñón están en ella atravesadas. Y así los que padecen la enfermedad —y los médicos— se han engañado muchas veces, pensando que estas dos enfermedades son una, por no saber hacer distinción entre estos dolores. La diferencia [f. 28a] que hay es: que el dolor de cólica se mueve algunas veces de su lugar, y el dolor que causa la piedra, siempre está fijo. El dolor de cólica es más alto que el de la piedra, remite y afloja con los beneficios que al enfermo se hacen; y el de la cólica con dificultad se rinde y, algunas veces con los remedios, crece y aflige más. Los que tienen cólica echan la orina turbia,

70. "Lo que pertenece al intestíno colo: como Dolor cólico. Latín. *Colicus*, a, um. RIBAD. Fl. Sanct. Fiest. de los Santos Innocentes. Padecía una hambre canína y insaciable, tenia las entrañas llenas de llagas, y de dolores cólicos" (*Aut.*, *s. v.* "Colico").

71. "El lado del animal debaxo del vientre junto al anca. Muchos escriben esta voz con aspiración; pero viniendo del Latino *Ilia, ium,* se debe escribir sin ella, como lo hacen Covarr. y Nebrixa. VALVERD. Anat. lib. 3. cap. 4. A las tripas delgadas están apegadas las gruessas al lado derecho de abaxo del riñón, algo más hácia la ijada" (*Aut.*, *s. v.* "Ijada").

72. En el original: "urina".

y los que padecen dolor de piedra, la echan clara, porque sale colada. [f. 28a]

La señal más clara para conocer, que el humor de la cólica es flemático, es: cuando el dolor se extiende por todo el vientre y parece que horadan la tripa con cosa que tuerce. Hay vómitos y detiénese la cámara y, cuando alguna se hace, no se alivia el dolor, por quedar el humor pegado a la tripa. Si el dolor de cólica viene de ventosidades, hay en el vientre una manera de tensión o estiramiento en todo él, y muchas veces se oye la ventosidad. Si la cólica viene de humor mordaz y colérico, y con inflamación de la misma tripa colon, dan unos bochornos, y calores, y calentura con muy gran sed, y se detiene la cámara y la orina. Los pronósticos de esta enfermedad son: que si la cólica viene de humor [f. 28b] mordaz y adusto con inflamación de la tripa, y los acidentes son muy graves, arguyen tanto mayor peligro, cuanto es mayor la causa. Si en el dolor de cólica no se detiene la cámara del todo, y el dolor no está fijo, aunque los acidentes sean graves, no es tan peligroso, porque el humor que se mueve, se evacuará con los remedios.

Lo que en la cura de la cólica (si viene de humores adustos y mordaces con graves acidentes) se debe hacer es: que con los remedios del cuerpo se hagan los del alma. Y basta esto para quien lo quiere entender.[73] [f. 28b]

*

Cuando el dolor perseverare, echen esta melecina: tomen malvas[74] con

---

73. Empieza a ser claro un patrón en el proceder del autor: tras la descripción de la enfermedad, lo primero que se aconseja es curar el alma.

74. Como en otros casos, me parece que Farfán se refiere a la hierba europea y no a la que Francisco Hernández llama: "Aalacton, que otros llaman *tlallaala* o sea malva, es una hierba semejante al malvavisco en forma y naturaleza, y que por lo mismo lo substituye con frecuencia en las perfumerías de esta Nueva España. Debe clasificarse sin duda enyre los géneros de malvas, pues la uso casi diariamente, cocida, para combatir la acidez de la orina, así como el cocimiento de las raíces como agua de tiempo, con muy buenos resultados" (*Obras completas*, t. II, vol. I, p. 148). "Hierba bien conocida, de que hai dos especies, una hortense y otra sylvestre. La hortense arroja un tallo alto y delgado, adornado de unas hojas grandes y ásperas, entre las quales produce las flores que son mui vistosas y agradables, y regularmente se llama Malva real. La sylvestre se diferencia de la hortense en echar el tallo mucho más pequeño, las hojas suaves y más chicas, y las flores no tan vistosas como las de la hortense. Una y otra son muy útiles a la [iv.468] Medicina. Es voz puramente Latina *Malva, ae.* LAG. Diosc. lib. 2. cap. 109. Tiene toda malva virtud de resolver y molificar, sin frialdad manifiesta" (*Aut.*, *s. v.* "Malva").

sus raíces, a[f. 29a] celgas,[75] o los que llaman quelites,[76] manzanilla y su flor,[77] ruda[78] y eneldo,[79] de cada cosa un manojo, todo cueza en tres cuartillos de agua hasta que se gaste la cuarta parte.

*

Si el enfermo vomita con facilidad, provoque vómito bebiendo un jarro de este cocimiento caliente: agua un cuartillo, manzanilla, dos manojos, de un buen hervor, cuélenlo y échenle cuatro onzas de miel blanca y dos de vinagre. Un poco después de haberlo tomado, meta los dedos o una pluma de gallina untada con aceite y vomitará muy bien. [f. 29b]

---

75. "Yerba hortense conocida, hay una blanca y otra negra. Los latinos la llamaron beta, porque cuando sus tallos están crecidos, y cargados de simiente, se dobla y la punta hace un garabato o cayadilla que parece la letra B [...] la acelga blanca ablanda el vientre." (*Tesoro*, *s. v.* "Acelga").

76. "Existen distintas denominaciones para esta planta a lo largo de todo México. Como parte de los conocimientos de la medicina tradicional mexicana, se asume que crece a orilla de caminos, en terrenos de cultivo de alfalfa, maíz y huertos familiares. El quelite tiene fama por contrarrestar malestares en problemas del aparato digestivo. De gran ayuda en diarrea y dolor de estómago. En casos de corajes o muinas se prepara una infusión o se restriega la planta en agua junto con otras hierbas: sauco (*Sambucus mexicana*), hierba dulce (*Phylla scaberriama*), mano de tigre (*Geranium seemannii*), hierba del golpe (*Oenothera rosea*), tomate (*Physalis aequata*), lima chichona (*Citrus aurantifolia*), malva chiquita (*Malva multifida*), hierba de la garrapata (*C. subulata*), hierba mora (*Solanum americanum*), escoba (*Sida rhombifolia*), violeta (*Anoda cristata*), quelite de puerco (*Amaranthus sp.*), tomate ratón (*Solanum douglasii*), espinoso (*Sechium edule*), estafiate (*Artemisia ludoviciana subsp. mexicana*), recia (*Bidens pilosa*); se toma como agua de tiempo, aunque también puede aplicarse como baño. A veces se le agrega chilla (S. multirramea), malabar (*B. elliptica*), hoja vidriosa (*Kalanchoe pinnata*) y ricino (*Ricinus communis*); la combinación de estas hierbas también se recomienda en baños" (*BDMTM*, *s. v.* "Quelite").

77. "Yerba conocida y de provecho en medicina Lat. chamamaelum del nombre Griego [...] que vale manzana humilde y baja, que se levanta poco sobre la tierra. Los Bárbaros la llaman camomilla" (*Tesoro*, *s. v.* "Manzanilla").

78. "Ruda es yerba conocida, y aunque de grave olor, tiene muchos provechos en sí; y por el mucho uso de ella, a ser a todos tan común, decimos de alguna persona, ser más conocida que la ruda. Los griegos la llamaron Peganon, y los muy antiguos solían llamar rhyte, de donde vino después a llamarse ruda. Verás a Dioscórides lib .3, cap. 48 y de allí a Laguna. La comadreja, habiendo de pelear con la serpiente, como primero la ruda" (*Tesoro*, *s. v.* "Ruda").

79. "Esta es una planta originaria de la Región Mediterránea, habita en climas cálido y semiseco entre los 297 y los 2050 m. Los curanderos mexicanos la usan para problemas estomacales a través de una infusión, sea con las hojas, las semillas o ambas. Aunque también, en Veracruz, se sabe que esta planta sirve para los dolores en general" (*BDMTM*, *s. v.* "Eneldo").

*

Si es mujer quien tiene el dolor, y le ha faltado su regla o le bajó muy mal —y fuere sanguínea—, y si habiéndole hecho dos sangrías de los brazos el dolor no se remite, sángrenla de los tobillos. [f. 31b]

*

La raíz del matlalíztic[80] tengo por tan buena como las más templadas, y si las hay, denla seguramente a preñadas a niños y a viejos.[81] Si la cólica viene de humor colérico y adusto, hágase la cura como la de la inflamación, comenzando por las sangrías. Lo que comiere el enfermo sea: lechugas, acederas, calabaza de Castilla, ordeates y almidón, hecho con leche de almendras y pepitas de melón y adormideras, porque templen el humor, y no cause algunas cámaras de sangre. [f. 32a]

*

Ya dije arriba cómo la cura del dolor de ijada se hace como la del dolor de cólica, por ser casi una enfermedad, y que por esto ponía ambas curas debajo de un capítulo. Ahora advierto, que si alguna diferencia hay entre ambos dolores, es: que el dolor de ijada da siempre en las tripas bajas, y el de la cólica en las tripas altas. También advierto, que acontece en el dolor de ijada torcerse la tripa, y si no puede el enfermo hacer cámara, la viene a echar por la boca y morirse.

De manera que será señal evidente, que cuando el enfermo no hace cámara con melecinas[82] y con purgas, está la tripa torcida. Y para remediar este tan grave mal es cosa muy aprobada henchir de viento las tripas por abajo con un cañuto.[83] Luego asido de los brazos y piernas, y acostado despaldas sobre una fresada, lo mesan y meneen un rato, y con esto se destorcerá la tripa. [f. 32b]

80. En el original: "matlatztic".
81. La curación a través de esta raíz prehispánica es una receta constante del doctor Farfán.
82. "Una solución administrada por enema" (*DRAE*, *s. v.* "Melecina"). Farfán llega a proponer varios tipos de estas, por ejemplo: "de agua miel con aceite y sal".
83. "Cualquier caña o palo horadado y hueco" (*Tesoro*, *s. v.* "Cañuto").

De la retención de la regla [f. 33a] Capítulo sexto

Es tanto lo que se quejan las mujeres de que no les viene bien la regla, o que no les baja poca ni mucha, que determiné en este capítulo decir todo lo que se puede hacer para el remedio de tan común mal. Plega a Dios les aproveche, y si hará —si ellas hicieren— lo que en él digo.

Esta tan diferente el bajar la regla naturalmente en muchas mujeres que a mí me espanta. Porque a unas les baja poco y sin con[f. 33b] cierto; a otras les baja en un mes dos y tres veces; a otras no les baja ni una gota. De estas a unas no les baja por la edad, y a otras por el mucho ejercicio que hacen trabajando —aunque no a las de esta tierra—; y a otras no les baja por el demasiado ocio y regalo que tienen.

Del remedio para el bajar mal la regla —o casi nada— trataré aquí con el favor de Dios; por ser esto lo más común en las mujeres. Y digo en todas, porque lo que vemos cada día en doncellas, casadas y viudas.

Dejando pues cuestiones de medicina, porque no escribo (como he dicho otras veces) para médicos, digo que, la causa más principal de no bajar bien la regla, es: la sangre, ser muy gruesa y muy flemática. Engruésase la sangre, y hácese flemática, comiendo demasiado, y con el mucho ocio y poco ejercicio. Estas dos cosas hacen muy bien las mujeres de la Nueva España, porque a todas las horas del día, y a muchas horas de la noche, las verán comer golosinas. Mayormente el cacao[84] comido y bebido, y este no les ha de faltar. Otras se hartan

84. Para ejemplificar que el arte médico construía en su tratadística una metatextualidad en dos frentes, una meramente literaria y otra que atendía a las demandas de su propio quehacer, transcribo una parte de la narrativa de Francisco Hernández sobre esta importante semilla para la cultura mexicana: "Capítulo LXXXVII. Del *Cacahoaquáhuitl* o árbol del cacao. Viene. A la mente, al hablar del *Cacahoaquáhuitl*, las grandes etapas de la historia humana. En el Viejo Mundo y en los tiempos primitivos, las cosas necesarias para la vida y que debían por consiguiente, cuando faltaban, solicitarse de otros, no se pagaban con dinero; no circulaba todavía moneda de oro o de plata, ni se grababa en metales imágenes del ganado,

de chocolate, que es una bebida hecha de muchas cosas entre sí muy contrarias, [f. 34a] gruesas y malas de digerir. Comen frutas verdes y mal maduras todo el año. Otras no se ven hartas de limas, y sal y de naranjas agras y dulces. Otras comen tierra de adobes, y no dejan tapadera de jarro colorado,[85] y aun en el jarro, que no tragan. Y si esto que digo hiciesen solas las mozas no me espantaría tanto, mas las que tienen las cabezas llenas de canas son más viciosas y más desregladas. Estas cosas engruesan la sangre, y opilan,[86] y tapan las venas como

de reyes o de príncipes. Se vivía mediante el trueque de las cosas, según cantó Homero, proveyéndose mutuamente los hombres de los frutos cosechados, hasta el día en que se acuñaron los metales grabándose en ellos mil imágenes diversas. Pero en este Nuevo Mundo no había penetrado jamás los signos de la avaricia ni había nacido la ambición, hasta que llegaron a él nuestros compatriotas traídos por las naves y los vientos No eran para sus habitantes de tanto precio el oro y la plata, que abundan grandemente; plumas de aves hermosísimas, telas de algodón y piedras preciosas que esta tierra produce copio y espontáneamente, constituían sus más preciadas riquezas. No conocía el pueblo los collares, pulseras y brazaletes sino hechos de flores, y ningún valor tenían las perlas entre ellos. Andaban casi desnudos y llevaban una vida dichosa sin preocuparse del mañana, de acumular grandes tesoros o de aumentar su patrimonio; vivían al día, siguiendo sus inclinaciones y deseos, en condición modesta pero tranquila y feliz, y gozando con gran alegría de los máximos bienes de la naturaleza. La semilla *cacáhoatl* les servía de moneda, y compraban con ella, cuando era necesario, las cosas principales, costumbre que dura hasta la fecha en no pocos lugares. ¿Y qué tiene esto de extraño cuando entre los pueblos orientales sirven de moneda ciertas conchas, las hojas de algunos árboles y otras cosas? De esta misma semilla con que se practicaba el comercio estaban llenos los mercados, y por su medio pasaban las mercancías a distintos dueños. Hacían también de ella una bebida, pues no habían descubierto la manera de fabricar vino, no obstante que en sus selvas nacían espontáneamente vides silvestres y labruscas [...] De esta famosísima semilla que aún en nuestros días hace las veces de vino y le sirve de moneda, hablaremos, pues, en seguida, comenzando por el árbol mismo. Es el *aacahoaquáhuitl* un árbol de tamaño y hojas como de cidro, pero mucho más grandes éstas y más anchas, con fruto oblongo parecido a un melón grande, pero estriado y de un color bermejo, llamado *cacahoacentli*, y que está lleno de la semilla *cacáhoatl*, la cual, como dijimos, sirve a los mexicanos de moneda y para hacer una bebida muy agradable. Está formada de una substancia negruzca dividida en partículas desiguales pero muy bien ajustadas entre sí, tierna, de mucho alimento, algo amarga, un poco dulce y de naturaleza templada o un tanto fría y húmeda (Hernández, *Obras completas*, t. II, vol. I, pp. 303-304).

85. "Tierra de adobes" / "Tapadera de jarro colorado": se refiere a las hoyas, búcaros y demás utensilios hechos con barro.

86. "Obstruir, tapar y cerrar los conductos del cuerpo humano, de suerte que no corran libremente los espíritus. Usase de este verbo más comunmente en passiva. Covarr. le trahe del Griego *Pileo*; pero es más natural se formasse del verbo Latino

con piedra y lodo. Y aunque les juren que las matan (como ellas lo ven) no hay enmendarse, ni reparan las pobres que pecan mortalmente. Alumbre Dios sus entendimientos porque no tomen la muerte con sus manos.[87]

Si la regla no baja por haber (como acontece) mucha sangre en las venas, y estar gruesa, como se conocerá en el color del rostro muy encendido, y en los ojos enramados con sangre, y en las venas del cuerpo muy llenas y como hinchadas, sangren a la enferma de los brazos, y de la vena donde más pulsare, y sáquenle cada vez cinco o seis onzas de sangre. [f. 34a]

*

Coma la tal mujer pollos, pollas, y gallinas; carnero manido, ternera y de un poco de cabrito. Almidón y huevos frescos pasados por agua, que es muy buen mantenimiento. La fruta verde (como dije arriba) es muy dañosa, y así conviene no la comer. Son muy buenas borrajas,[88] lechugas cocidas. Al principio de la comida, dos o tres higos verdes, y

---

Oppilare, que significa cerrar. Latín. *Obstruere*. LAG. Diosc. lib. 5. cap. 7. Los (vinos) resfriados con hielo, nieve o salitre destruyen notablemente los dientes, ahogan el callor natural, encrudecen el pecho, debilitan mucho el estómago, opílan todos los interiores miembros" (*Aut.*, *s. v.* "Opilar").

87. La ingesta de barro a finales del siglo XVI y durante el XVII fue el resultado de la adulación mórbida al canon de la belleza en la época: el color blanco de la piel. Esta moda produjo que damas y doncellas se dañaran el hígado y tuviesen un color de piel blanco mortecino. La bucarofagia fue todo un acontecer, pues se le consideraba, además, como método anticonceptivo y como un eficaz remedio contra problemas de la matriz, cuando la menopausia afligía a mujeres maduras. De ahí la postura severa y crítica de Farfán hacia ellas y no tanto hacia las jóvenes doncellas. Farfán fue uno de los primeros médicos novohispanos —quizá el primero en dejar testimonio de ello— en criticar este hábito tan nocivo para la salud, inmortalizado en la pintura *Las meninas* (1656) de Velázquez. Para un completo estudio sobre el afeite en el Viejo y en el Nuevo Mundo, *vid.*, Cortés Guadarrama, "Imaginerías del afeite en los textos médicos: del *Lilio de medicina* de Bernardo Gordonio (Sevilla 1495) a la *Verdadera medicina, cirugía y astrología* de Juan de Barrios (México, 1607)", *Itinerarios* 30 (2019), pp. 157-181, disponible en <http://itinerarios.uw.edu.pl/imaginerias-del-afeite-en-los-textos-medicos-del-lilio-de-medicina-de-bernado-de-gordonio-sevilla-1495-a-la-verdadera-medicina-cirugia-y-astrologia-de-juan-de-barrios-mexico-1607/>.

88. "(Del cat. *borratja*, y este del lat. *borrāgo, -ĭnis*) planta anual de la familia de las borragináceas, de 20 a 60 cm de altura, con tallo grueso y ramoso, hojas grandes y aovadas, flores azules dispuestas en racimo y semillas muy menudas. Está cubierta de pelos ásperos y punzantes, es comestible y la infusión de sus flores se emplea como sudorífico" (*DRAE*, *s. v.* "Borraja").

a la postre, un poco de membrillo —si lo hay—; el agua que bebiere sea cocida con orozuz y cebada.

Duerma de noche moderadamente y excuse el sueño de medio día. Por las mañanas (habiéndose proveído de cámara) haga un poco de ejercicio hasta que comience a cansarse, y huya las pesadumbres. Si alguna mujer no puede pasar sin vino, por ser muy flaca de estómago —o por tener desmayos y comer muy poco— bébalo a comer y ágüelo un tantito. Y si aguado no lo puede beber, sea puro y sea vino blanco y doncel, que dicen. [f 34b]

*

Tome en ayunas tres baños o cuatro con agua cocida con yerbas calientes. Estos baños templados le harán bajar la regla, porque adelgazan un poco la sangre, y los humores gruesos, y abren los orificios y bocas de las venas. [...] Las yerbas para el lavatorio o baño son estas: manzanilla, eneldo, ruda, hinojo, malvas, y artemisa,[89] de cada cosa diez manojos. Puede servir el primer cocimiento, para dos baños, y si tomare cuatro (pasándose un día entre el uno y el otro) le harán más provecho. [f. 37a]

*

La que no tiene botica, haga este jarabe: tome cuatro escudillas de agua, una de miel y seis onzas de vinagre. Todo cueza hasta que espume, y tómelo por las mañanas y una hora antes de cenar. [f. 37a]

*

Tengo por experiencia, que el agua cocida con la cáscara de cacaloxóchitl[90] y bebida, purga admirablemente los humores gruesos y flemá-

89. Aunque existe una artemisa mexicana, Farfán se refiere en este remedio a plantas exclusivas de la tradición mediterránea, y no propias de la medicina tradicional mexicana. Cito, por tanto, la definición de la artemisa europea: "Planta olorosa de la familia de las compuestas, de tallo herbáceo, empinado, que crece hasta un metro de altura, con hojas hendidas en gajos agudos, lampiños y verdes por encima, blanquecinos y tomentosos por el envés, y flores de color blanco amarillento, en panojas. Es medicinal" (*DRAE*, *s. v.* "Artemisa").

90. "Se conoce con diversos nombres a lo largo del territorio mexicano, aquí sólo algunos de estos: flor de cuervo, flor de mayo, palo de cacalosúchil, palo de oído, jacalosuchil, parandecuicua, guichacki, chak-sabak-nicte, sach. nicte', saknikte' (maya), etc. Originario de México y Centroamérica. El látex puesto en un trapo grueso y pasado por el fuego, se pega en la cadera de la mujer estéril (previamente limpiada con alcohol), quien debe permanecer acostada por tres días. Este remedio, además de promover la concepción, calma las molestias propias de la menstruación y corta las hemorragias abundantes. También el cocimiento de la flor se

ticos del estómago, del vientre y de la madre.[91] Y da gana de comer al que la tiene perdida, y cuézanla de esta manera: tomen una libra de la cáscara del cacaloxóchitl más liso, y del que tiene la flor blanca, y del que hecha de simas de leche. Muélanla y cueza ocho cuartillos de agua, hasta que quede en poco más de dos cuartillos, y des[pués] que esté asentada, la cuelen. Cuando se acuesten la noche a dormir, tomen la mitad del agua tibia y duerman. A media noche le darán unos dolorcillos de vientre, y hará algunas cá[f. 38a]maras de colores diversos y de mal olor, como lo verán. Puede tomar esta agua seis días y ocho arreos. Y si con ella hiciere muchas cámaras, no la tome la noche siguiente, sino la otra. Y así acabará de purgar todo el mal humor. Es medicina segura, y sin ninguna sospecha y sin temor de ella.

*

El acero[92] tomado con cierto y buen regimiento hace bajar la regla, y hace también parir a las que, por algunos malos humores que tienen en la madre, no paren. Y porque viene a propósito, quiero desengañar a los que se persuaden a creer que las que toman el acero se hacen estériles y no paren. Es tan contrario su efecto de esto como lo es el fuego del agua, y esto cada día lo vemos. Porque el acero es una medicina que después de desopilar los miembros interiores del cuerpo, como

---

usa en lavados contra las hemorragias vaginales y se bebe como lactógeno. En el siglo XVI, Martín de la Cruz relata su uso: 'para el que administra la República, dermatosis, micropsiquia y miedo'. La reporta como ceremonial. Francisco Hernández relata: 'enfría y conglutina aplicado, cura el dolor de pecho que proviene de causa de calor, su médula limpia el estómago y los intestinos, su corteza reducida a polvo vigoriza extraordinariamente a las parturientas y las restablecen. La raíz es de naturaleza fría y mucilaginosa, suele aplicarse con buen resultado a los ojos inflamados de los niños'. En el mismo siglo las *Relaciones geográficas* citan: 'es útil para los malos humores, quebraduras de huesos, además de servir como purga'. En el siglo XVII, Gregorio López la menciona para: 'melancolía, dolores, opilación de vientre, hígado y bazo, apostema interior, ahíto y engrasados. Aprovecha a mal de corazón, tullimiento y purga'. A inicios del siglo XVIII, Juan de Esteyneffer refiere: 'suele emplearse para heridas, males venéreos y como purgante'" (*BDMTM*, *s. v.* "cacaloxóchitl").

91. "Madre en las mujeres es la vulva y lugar do[nde] concibe el feto. Latine: *matrix, genitale aruum.* Virgilio 3. Geórgicas. Ésta suele padecer muchas enfermedades, remítome a la medicina" (*Tesoro*, *s. v.* "Madre").

92. "Tomar el acéro. Remedio que se dá à los que están opiládos, que se compone del acéro, de diversas manéras preparádo. Lat. Tincturam Martis in potu súmere. QUEV. Musa 5. Letrill. 18. *La Morena que yo adoro, / y mas que à mi vida quiero, / en Verano toma acéro, / y en todos tiempos el oro*" (*Aut.*, *s. v.* "Acero").

son: el estómago, hígado, bazo y las venas que llaman mesentéricas,[93] el vientre y la madre; deshace cualquiera dureza de ella y la limpia de todo mal humor. [f. 39b]

*

Cuando la regla falta del todo, que no hace más de señalar el mes con una o dos gotas de sangre y con dolores de las caderas, andan algunas mujeres amarillas, otras como moradas, y blanquecinas, y como difunteas. Quítaseles la gana de comer, y como mujeres preñadas, andan por los rincones comiendo a hurtadillas lo que les daña. No pueden andar dos pasos, que luego no se ahoguen de hinchadas, como hidrópicos.[94] Diciéndoles que se rijan bien, se enojan y aíran, como afrentadas. Cuando la falta de la regla viene con todos estos accidentes[sic] que tengo dicho, con mucha dificul[f. 40b]tad se remedia por estar los miembros más principales lesos, azolvados,[95] y opilados.

Para curar esta enfermedad conviene tener mucha regla en todo, y comer (como dicen) por onzas, y abstenerse de todas las frutas y legumbres. Lo que pueden comer, es: pasas, higos verdes y secos, chicorias[96] cocidas, espárragos, alcaparras con un poco de perejil,[97] y el

93. En el original: "mesaraicas". Es una vena (mesentérica) localizada en el abdomen. La sangre que porta proviene del intestino delgado, del colon ascendente y colon transverso.

94. "(Del lat. *hydropĭcus*, y este del gr. ὑδρωπικός *hydrōpikós*). Que padece hidropesía, especialmente de vientre" (*DRAE*, *s. v.* "Hidrópico").

95. "Cerrar, ò cegar con broza, ù otra cosa algun conducto, canál, ò caño, de suerte que impída el curso del agua. Lat. *Obstrudere*. AMBR. MOR. Descripc. de Esp. fol. 55. Lo que alcanza à bañar el agua de este caño está yá cubierto de la misma peña en muchas partes, è si no lo quitassen con picos *habría azolvado* el caño" (*Aut.*, *s. v.* "Azolvar").

96. "Lo mismo que escaróla ò endívia silvestre. Vease Escaróla. Lat. *Cichorium, vel cichoreum. Intybus, i. vel intybum, vel intubum.* LAG. Diosc. lib. 2. cap. 121. El qual nombre corrompido, vinieron despues à llamarla *Achicória*. ESPIN. Escud. fol. 32. La doctrina impressa en los tiernos años es tan poderosa, que de una hierba tan humilde como la achicória, se viene por la crianza à hacer una hortaliza tan excelente como la escaróla" (*Aut.*, *s. v.* "Achicoria").

97. El perejil era un ingrediente fundamental para ayudar a resolver males femeninos (Hildegard von Bingen creó el "vino de perejil y miel", conocido como "vino del corazón"), no solo para la retención de la regla, sino que, desde hacía trece años, Farfán recomendaba su salsa para quitar la leche a la mujer que recién parió: "Para quitar la leche, después de aver la mujer parido porque ay muchas que no pueden criar, por lo que ellas se saben, ay un admirable remedo[sic], la qual leche (si no se quita y detiene) cuajarse ha, como el queso y causará inflamación. Hagan mamar la leche, o sáquenla con una ventosa, el remedio que digo, para detener la leche, es,

vinagre templado con azúcar. A medio día coma de un ave asada y cocida, codornices y de un poco de carnero. Lo que comiere cocido y guisado, lleve perejil, ajedrea,[98] mejorana, y por otro nombre, almoraduj.[99] El caldo de los garbanzos negros[100] es muy bueno para este mal. Coma especies de Castilla y guárdese del chile,[101] que es muy ventoso. A medio día coma moderadamente, y cene poco y temprano. Beba

la salsa de perexil, como se haze para comer, hasse de poner sobre las tetas, y en las espaldas frontero de ellas, y los que dizen, que poniendo al perexil hecho como salsa sobre las tetas de las mujeres, es causa de que no venga más la leche a ellas, engáñanse, porque las venas y los caminos por donde la sangre (que para hazerse leche) a de venir, no se cerraron, ni deshizieron, y los que ponen el azeyte de lirio, y otros resolutivos tales al principio, no lo entienden, si no es, que ignoran, que los resolutivos todos son calientes, y con su calor atrahen más sangre a las tetas, y al principio no convienen, aunque sea el tumor de humor frío: assi que esta salsa de perexil entre días o en quatro quita, y desecca la leche" (Farfán, *Tratado breve de cirugía*, f. 109a).

98. "(Del ár. hisp. *aššaṭríyya* o *aššiṭríyya*, y este del lat. *satureia*). Planta de la familia de las labiadas, de unos 30 cm de altura, muy poblada de ramas y hojas estrechas, algo vellosas y de un verde oscuro, muy olorosa, que se cultiva para adorno en los jardines y se usa en infusión como estomacal" (*DRAE*, *s. v.* "Ajedrea").
99. En el original: "amoradux".
100. Se refiere al garbanzo mulato: más pequeño y menos blanco que el de Castilla.
101. "El Chilli o pimienta mexicana es la planta que produce las vainas llamadas por los haitianos *ajíes*, por los antiguos, según algunos, pimientos, y por los españoles pimienta de Indias. Y aunque desde hace mucho tiempo fue llevado a España, donde es muy estimado y se siembra en los huertos y en macetas como adorno y para su uso, sin embrago, como hay entre los indios otros muchos géneros y se usa diariamente para excitar el apetito y condimentar las comidas, de suerte que no se encuentra una mesa sin *chilli*, y por tanto muy conocidas por diaria experiencia sus propiedades, he dicho tratar no sólo de las variedades que nacen en Nueva España y de las cuales se hablará en seguida, sino también de todas las especies que han llegado a nuestras manos [...] Provocan orina y las reglas, fortalecen el estómago debilitado por el frío, y ayudan la digestión entorpecida por la misma causa; excitan notablemente el apetito preparadas en salsa con los llamados *tomame*, y purgan y arrojan los humores pituitosos de todas partes, pero principalmente los que se adhieren a las articulaciones de la cadera. Dicen algunos que es remedio muy eficaz para los éticos punzarles el vientre y los lomos con púas untadas de *chilli*. Dicen también que suministran un alimento considerable, caliente y seco, pero que irritan los riñones e inflamando la sangre y el hígado ocasionan enfermedades de los riñones, del cerebro, de la pleura, perineumonías y otras inflamaciones internas, erupciones y otros síntomas semejantes, cuando se usan inmoderada o muy frecuentemente, sea como alimento, según hacen muchos indios, sea como condimento" (Barros y Buenrostro, *La alimentación de los antiguos mexicanos en la Historia natural de Nueva España de Francisco Hernández*, Ciudad de México, Universidad Nacional Autónoma de México, 2015, pp. 59-60).

agua cocida con anís, o con semilla de hinojo, o con raíces de perejil o con orozuz, y si la quisiere cocida con orégano, es muy buena. Si la necesidad de beber vino fuere urgente, sea a comer, y no más y en lo demás, guarde lo que arriba dije y no haga otra cosa. [f. 40b]

*

Los [remedios] que yo aquí pongo han sido de tanto provecho que jamás me han de faltado, y donde quiérase pueden hacer. Y como antes he dicho, lo que aquí hay bueno, en este tratado, es: que los remedios se harán, aunque no tengan los enfermos botica. Lo que ruego es que usen de ellos, y verán que (aunque los males parezcan incurables) sanarán de ellos con el favor de Dios. Son buenos al gusto, y cuando no lo fuesen al de todos, por la salud, aunque sean muy amargos, se han de tomar. [f. 41a]

De la demasiada purgación de la regla [f. 42b]
Capítulo séptimo

Así como muchas mujeres padecen graves accidentes^sic por bajarles mal su regla, también otras los padecen por bajarles demasiadamente.[102] Y algunas veces es tanta la sangre que las trae flacas, descoloridas y como ya muertas. Las que más sienten esto son las casadas, por la obligación que tienen al matrimonio, y por ser un mal asqueroso. A unas les baja casi siempre; a otras cada ocho días y cada quince; y a otras poca o mucha no les falta.

La madre de las mujeres es un albañar[103] y un purgatorio de todo el cuerpo, y así por ella se evacuan y purgan todos los hu[f. 43a]mores de él. La causa de esto es las muchas venas que vienen a ella de todo el cuerpo. Y como [las venas] no hallan otro lugar más dispuesto, la naturaleza (estando fuerte, y otras veces por fuerza y flaca) provoca la virtud expulsiva[104] para descargarle. Yo entiendo, que cuando estas purgaciones son muchas y continuas, que salen de todo el cuerpo, o de alguna parte principal, como es el hígado. La madre en las mujeres, cuando está enferma, no puede retener la sangre que para su mantenimiento le envía el hígado por las venas. Y así, la que cada día se purga, es: la que le viene del dicho hígado. Esta purgación demasiada es algunas veces de sangre colorada, otras de sangre deslavada y medio blanca. Otras veces es esta purgación de sangre melancólica, negra y podrida; y otras veces de diversos colores, y como materias; y por esto conviene verla, porque se cure mejor.

---

102. La medicina medieval creía que podía acabar con este mal por medio de amuletos: "Aprovecha que lieve en un saquito puesto en las partes inferiores, la mujer, en el que haya ceniza de rana verde quemada. Si lo quisieras sperimentar, ata aquel saquito de aquella ceniza al pescueço de una gallina. E después que le haya tuvido un día, así atado, degüéllala y no le hallarás sangre ninguna" (Ketham, *op. cit.*, p. 104).
103. "(Del ár. hisp. *albalá'a*; literalmente 'tragona') depósito de inmundicias" (*DRAE*, *s. v.* "Albañal").
104. En el original: "expultriva".

Lo que del pronóstico hay que decir, es: que si esta enfermedad viene en edad floreciente, sanan las que la padecen. Y cuando viene en edad madura y crecida, con mucha dificultad sanan, porque de un continuo flujo de [f. 43b] sangre (aunque sea poco) viene a dar en una hidropesía y de ella al hoyo.[105]

Viniendo a la cura de esta grave enfermedad, digo: que el que la ha de curar debe saber la causa y el humor de que procede. Y para esto vea la sangre y el color de ella, y por él conocerá lo que conviene. Si esta purgación viene de todo el cuerpo, y la sangre es colorada, y antes falto la regla algunos meses, hagan las primeras sangrías en los brazos, y la vena sea de todo el cuerpo. Y no hallando esta, abran la del arca. La cantidad de cada vez sea conforme a la virtud del pulso y al sujeto de la enferma; y bastará que saquen cada vez cuatro o cinco onzas. Porque es más seguro hacer más sangrías, sacando cada vez poca sangre, que sacar mucha en dos veces. [f. 43b]

*

Hechas las sangrías que convienen, purguen a la enferma el humor, que está mezclado con la sangre. Y para esto denle desde el primer día de las sangrías este lamedor,[106] que tome siempre a cucharadas: jarabe de rosas secas, de arrayán,[107] y de verdolagas,[108] de borrajas y de ador-

105. La sepultura, el hoyo para enterrar un cadáver.

106. "Jarabe que se da para que poco a poco el enfermo lo deje ir deslizándose por la garganta, y en esto difiere de la bebida" (*Tesoro*, *s. v.* "Lamedor").

107. "Planta que siempre está verde. Hai dos espécies, la una doméstica, y la otra sylvestre, y cada una se divide en otras dos, que se llaman blanca y negra, por tener la una el colór verde obscúro, y la otra en su comparación mas claro. El hortense ù doméstico prodúce los ramos à manéra de sarmientos correosos y mui tratables, la cortéza algo roxa, y las hojas un poco largas, y de mediáno guesso, las quales están siempre verdes, y la flor es blanca, y tan olorosa, que se destíla de ella un agua mui delicada para confeccionar perfúmes, y el fruto es largo, y algo semejante à las aceitúnas salváges. El sylvestre no crece tan alto como el doméstico, ni prodúce el fruto tan grande. El orígen de esta voz es del nombre Arábigo Rahanan, que significa verde, por estarlo siempre esta planta, que tambien se llama Myrto y Murta. Lat. *Myrtus.* LAG. Diosc. lib. 1. cap. 128. Es el *Arrayán* compuesto de diversas substáncias, y aunque tenga partes sutíles y notablemente calientes, en él todavia domínan las terrestres y frias. COMEND. sob. las 300. fol. 33. Son consagrados à la Diosa Venus entre los árboles los *arrayánes.* OV. hist. Chil. fol. 174. De la qual hasta el mar hai dos léguas de la mas agradable y vistosa vega que se conóce, toda llena de myrtos y *arrayánes*" (*Aut.*, *s. v.* "Arrayán").

108. "A la verdolaga se le atribuyen principalmente usos medicinales relacionados con problemas digestivos, tales como infecciones intestinales, calor en el estómago, estreñimiento, parasitosis, todos ellos referidos en el centro del país. En ciertas zonas

mideras, de cada uno dos onzas; mézclenlos y váyalos tomando cada media hora. [f. 44a]

*

Pasados tres días después de la purga, tome veinte días arreo, cada mañana, leche de vacas ordeñada de esta manera: esté la enferma junto a la vaca y tengan un vaso con agua caliente, y en el otro [un] vaso pequeño, y en él caiga la leche colada por una toca delgada y caliente la beba. Hacemos esto porque no pierda la leche su natural calor, y haga con ella algunas cámaras. Si no hubiere leche de vacas, sea de cabras, ordeña[f. 45b]da de la misma manera que dije.

Y la mejor leche es la de la mujer que haya parido. Porque viene a mi propósito, digo: que no hay para qué tener opinión que la leche para criar o para tomar ha de ser de hija, porque dé más sustancia y dé más provecho medicinal que la leche de hijo, como todos los que lo entienden, lo afirman.[109] [f. 45b]

---

de México se le utiliza para combatir las lombrices y las consecuencias estomacales de este padecimiento. Se recomienda la planta completa preparada en cocimiento junto con palmilla de helecho macho y cogollos de hierbabuena, se bebe como 'té' durante nueve días, prohibiéndose la carne de puerco, el chile, el café y los refrescos de Cola. Para hacer lavados intestinales, se hierven las hojas, y se emplea el líquido previamente colado. Para contrarrestar o absorber 'todo el calor que molesta al enfermo' se puede tomar el té de las ramas o aplicar una cataplasma en el vientre. Se hace uso de la verdolaga también contra la diabetes, las várices e inflamaciones. Historia: En el siglo XVI, el *Códice Florentino* la menciona únicamente, como comestible. Francisco Hernández, en ese mismo siglo, relata: 'es una planta de temperamento frío y húmedo, que aplicada a la cabeza quita el dolor que proviene del calor, cura también las llagas recientes o antiguas'. En el siglo XVII, Gregorio López, la refiere como 'útil para curar el dolor de cabeza e inflamación de ojos, dolor de estómago, fuego de San Antón y dolores de vejiga, mitiga dentera, fluxus de estómago y tripas. Es útil para calenturas, contra lombrices, contra la sangre que se escupe del pecho, disentería, almorranas, y mordeduras de salamanquesa. Sana las postillas de la cabeza y heridas llenas de corrupción'. A inicios del siglo XVIII, Juan de Esteyneffer lo usa para curar frenesía, dentera, aftas, campanilla caída; procurar el fortalecimiento de la sangre; curar acidias, hipo, cólera morbus, lombrices, 'melancolía' y contra orinar sangre. Ricardo Ossado, en el *Libro del Judío* le asigna la curación de 'el mal de piedra', vómito de sangre y para 'sacar las lombrices a los niños'" (*BDMTM*, *s. v.* "verdolaga"). "La verdolaga [...] tiene virtud estíptica [...] su zumo, bebido, tiene semejante fuerza, y es eficaz con fiebres ardientes, y contra las lombriceras redondas, contra la expectoración de sangre, contra la disentería, contra las hemorroides y contra las mordeduras de a serpiente sepedón" (Dioscórides, *Plantas y remedios medicinales*, libros I-III, p. 314).

109. El cirujano López de Hinojosos cita al estoico Marco Aurelio para decir que él "vitupera la madre que no cría a su hijo, diciendo que son más crueles que las bes-

*

Y esta es verdad muy clara: que, curando el estómago, curamos también la cabeza, porque son dos miembros los mayores amigos que hay en nuestro cuerpo, y los que se comunican más el bien o el mal que tienen. [f. 48a]

Es remedio muy acertado para la sangre lluvia: hacer dos fuentes en los molledos[110] de los brazos, en la parte de dentro o en la de fuera. Porque por ellas se cortan los pasos a las reumas, que acostumbran ir a la madre, y a otras partes del cuerpo. [f. 48a]

tias fieras, pues vemos que solo en las mujeres hay esta crueldad, y no en las fieras, que crían a sus hijos" (*Suma y recopilación de cirugía*, 1595, f. 172a). Asimismo, si no hay más remedio, el cirujano se permite aconsejar cómo escoger el ama que ha de amamantar, en caso de no hacerlo la propia madre: "Sea mujer de bien, y de buenas costumbres, y de buena condición, casta y honesta, templada en comer y beber, que tenga buena color, y el pecho ancho, y que no sea grave ni medrosa; porque las malas costumbres con facilidad se pegan al infante, y que tenga las tetas llenas y tiesas, y lucias, y abundantes de leche y que no sean largas y arrugadas, ni sean grandes sobremanera, ni floxas ni tiesas, que por su dureza no pueden despedir leche" (*Suma y recopilación de cirugía*, 1595, f. 172b). Para un completo estudio sobre esta cuestión, *vid.*, Cortés Guadarrama, "Lactancia y lactantes novohispanos: prefiguración de un mal más allá del cuerpo. Un caso del eclecticismo literario en el arte médico de la Nueva España" (en prensa).

110. "La parte carnosa y redonda de algún miembro, especialmente de la parte alta de los brazos, y los muslos y pantorrillas. Latín. *Pars carnosa corporis*. HERR. Hist. Ind. Decad. 7. lib. 9. cap. 4. Tiñense los molledos de los brazos, y las pantorrillas. ACOST. Hist. Ind. lib. 5. cap. 16. Estos se iban a un lugar particular, y sacrificaban, sacándose sangre de los molledos, con unas puntas duras y agúdas" (*Aut.*, *s. v.* "Molledo").

De las viruelas[111] y sarampión[112] [f. 48b]
Capítulo octavo

No es menos necesario saber curar las viruelas, que [son de] las enfermedades graves, pues vemos cada día que se mueren los que las tienen. Determiné hacer capítulo propio de esta enfermedad, porque los que no tienen médicos las sepan curar. Y los más, aunque los tengan, no los llaman, porque tienen por leve esta enfermedad. Aquí verán si es cura de poco momento, pues algunos de los que presumen, tienen necesidad de advertirla bien y mirar cómo la curan.

Dos maneras hay de viruelas, unas altas y gruesas, y otras bajas y menudas. Las altas y gruesas son de sangre corrompida, y estas vienen a hacer materia. Estas viruelas son tan peligrosas, que muchos mueren de ellas, por hacerse grandes llagas, y por cancerarse y corromperse con facilidad. Y quando estas viruelas salen dentro de la garganta, y en las tripas, como se conoce en la sanguaza que por la boca y por la cámara echan, los que más que las tienen, [f. 49a] se mueren.

---

111. "Grano pequeño ponzoñoso, que se eleva sobre el cutis, haciendo una puntita, que se llena de un humor acre, y corrosivo, por lo que dexa señal profunda. Dán siempre muchas, por lo que regularmente se usa en plural. Es enfermedad, que comunmente dá à los niños, y quando dá à las personas grandes es mui peligrosa, y se pega con facilidad, y mayormente à quien no ha padecido este contagio. Es del Latino *Virus*, que significa Ponzoña. Es enfermedad que dá tambien al ganado lanar. Lat. *Papula*. FR. L. DE GRAN. Symb. part. 1. cap. 32. La primera de las quales es un pellejuelo mui delicado, que muchas veces le dessollamos sin sentirlo, como acaece à los que tienen sarna, ò *viruelas*. CERV. Quix. tom. 2. cap. 47. Porque le falta aquel ojo, que se le saltó de *viruelas*" (*Aut.*, *s. v.* "Viruela").

112. "Enfermedad conocida, que comunmente dá à los niños, empezando con unas calenturas ardentíssimas, pintandose todo el cuerpo de unos granos menudos y roxos. Covarr. dice se dixo à *Serpendo*, porque vá cundiendo, y que pudo tomarse del Hebréo Seraph, que vale fuego inflamado, que quema. Lat. *Papulæ, vel pusulæ rubentes.* MUÑ. M. Marian. cap. 33. Este dia por la tarde estaba cubierta de *sarampión*, ò tabardillo, que todo se entiende que se junta" (*Aut.*, *s. v.* "Sarampión").

Las otras viruelas, menudas y bajas, son las que llaman sarampión, son de humor sutil y colérico, con alguna mezcla de sangre. Y aunque algunos tienen estas viruelas por mas malas, engáñanse, porque sus accidentes[sic] son leves, y se acaban con más brevedad, que los de las viruelas gruesas y altas.

*

Autores hay que dicen ser el humor, de que se hacen las viruelas, la sangre menstrual que es con la que las criaturas se mantienen en el vientre de sus madres. Esto no se puede creer, porque no se sustentan de tan mala sangre, sino de muy buena; quiero decir, de sangre mejor que la que cada mes baja a las mujeres que no crían. Y aunque fuera verdad, que de sangre menstrual se mantienen, no es tanta su malicia que, convirtiéndola la criatura en mantenimiento, no perdiera la mayor parte de ella; y al cabo de tantos años se purgara por la cá[f. 49b] mara y orina, y por otras partes. Otros autores dicen que es enfermedad pestilencial;[113] otros, que es sangre y humor sutil el que las causa, a los cuales yo me allego. Porque la calentura es de las que llaman pútridas, y nascen de obstrucción y atapamiento[sic] de los poros.

*

Dos maneras de cura hacemos en las viruelas, la una antes que salgan del cuerpo, y la otra, cuando han salido. [f. 50a]

*

Cuando comienzan a salir las viruelas, den al enfermo a beber agua cocida con lentejas y cebada. Los cuatro días o cinco primeros no le den carne, y ténganle en aposento templado y fresco. [f. 50a]

*

Y el mejor y más provechoso para esta enfermedad, y para el tabardete[114]

113. Fray Agustín Farfán estaba al tanto de las pestilencias más importantes ocurridas en Europa gracias a la lectura de médicos y cirujanos que daban cuenta de estas y de sus remedios. Así, cuando habla de los "apostemas que se hacen debaxo de los brazos", da el siguiente dato a los curiosos: "El Guido en este capítulo haze mención de una mortandad, y grande pestilencia, que en su tiempo uvo, allí pone muchos remedios contra ella, el que fuere curioso, lo puede leer" (Farfán, *Tratado breve de cirugía*, f. 107a).

114. "Lo mismo que Tabardillo, aunque menos usado. ACOST. Hist. Ind. lib. 4. cap. 42. En el mal de *tabardete* en España, y Italia ha probado admirablemente; en el Perú no tanto" (*Aut.*, *s. v.* "Tabardete"). "Enfermedad peligrosa, que consiste en una fiebre maligna, que arroja al exterior unas manchas pequeñas como picaduras de pulga, y à veces granillos de diferentes colores: como morados, cetrinos, &c. Covarr. dice se llamó assi del [r.203] Latino Tabes, que significa putrefacción,

y calentura ardiente, es el agro[115] de limones. Hácense estos jarabes de esta manera: tomen cinco partes de cualquier zumo y cuatro partes de azúcar, y cueza to[f. 51a]do a fuego manso, hasta que espume bien, y quede en punto de lamedor. A los niños que maman, dénselo con el dedo, y váyanlo chupando.

*

Y no sigan la ignorancia de algunos, que ni una melecina osan mandar echar a los que tienen accidentes[sic] de viruelas. No sé yo en qué se fundan los tales, si no es confesar,[116] que no saben más. Mayormente que, siendo la purga leve, como las que diré, no pueden hacer daño sino muy gran provecho. Pues con ella disminuimos mucha parte del humor y descargamos la naturaleza.

La purga sea onza y media de maná[117] desatada[118] en caldo de un pollo, o una onza de pulpa de cañafístula[119] desatada en agua de cebada u otra cualquiera cocida. [f. 51b]

---

porque se pudre, y corrompe la sangre. Lat. *Morbus, vel febris tabifica*. CERV. Nov. 12. pl. 394. Y que una calentura lenta acaba la vida, como la de un *tabardillo*. P. SANT. TER. Int. Amig. Cons. 2. Mot. 1. *Es como el tabardillo este dolor, / Que à las veces le vemos encubrir, / Para despues acometer traidór*" (*Aut.*, *s. v.* "Tabardillo").

115. "Lo mismo que Agrio. Vease. Es voz de poco uso. Lat. *Acer, is. & acre*. FR. LUIS DE GRAN. lib. 1. fol. 54. Paréceles cosa mui agra comprar esperanzas con peligros. ACOST. Hist. Ind. lib. 4. cap. 3. En peñas mui *agras*, en temples mui desabrídos, alli es donde se hallan minas de plata y de azogue, y lavadéros de oro. GONG. Letr. burl. fol. 72. *Y en la Corte dulce y agro, /qué milagro!* " (*Aut.*, *s. v.* "Agro").

116. "Nota, que a los que han de morir muy grand dolor corporal acaesce, mayormente a aquellos que mueren non por muerte natural, la qual viene muy pocas vezes, así como lo enseña la experiencia; mas antes viene, por la mayor parte, por accidentes, así como de fiebre, apostema o otra grave enfermedad aflitiva e atormentante" (*Arte de bien morir*, p. 100).

117. "El liquor blanco o amarillo que naturalmente por sí mismo, o por incisión, mana del tronco, ramos y hojas de los fresnos, y se cuaja en ellos a modo de goma y en forma de canelones de cera. Es de naturaleza de azúcar y miel, y de un gusto dulce y meloso. Cogese con grandíssima abundancia en Calabria y Sicilia, y es uno de los purgantes más benignos y proprios que usa la Medicina. Latín. *Manna*. PRAGM. DE TASS. año 1680. f. 17. Cada libra de Maná buena, no pueda passar de treinta y dos reales" (*Aut.*, *s. v.* "Maná").

118. Disuelto.

119. "Tiene una gran versatilidad para contrarrestar distintas molestias que atacan la salud de los mexicanos. Por ejemplo, se utiliza para tratar el dolor de dientes o de muelas en Oaxaca y Veracruz. En casos de gingivitis, en Morelos. En Puebla se usa para las postemillas, para ello, colocan en el paladar una masita elaborada con

*

Y aunque a los primeros días le hayan purgado, vuélvanle a purgar otra vez con una purga, de las dichas. La razón porque esto se debe hacer, es: por el mucho humor que hay en el cuerpo; y con lo que la naturaleza va echando por las viruelas, los acidentes duran y están en su fuerza. El que así no lo hiciere, pecará gravemente en no seguir y hacer lo que muy graves autores mandan. [f. 52a]

*

Si habiendo salido todas las viruelas, la calentura durare, den al enfermo a beber agua cocida con cebada y ciruelas pasas. [f. 52a]

*

Estando ya fuera todas las viruelas, y llenas de materia, ábranlas con la punta de un alfiler [f. 53b] de plata o de oro. Y adviertan que, si no

---

las hojas, para que se sequen. Se recomienda para la bilis. Entre otras cosas, hay consenso generalizado para su uso contra enfermedades del estómago. Para ello, se prepara una infusión con las ramas, la cual puede ir sola o acompañada de otras plantas, raíces y frutos. Para padecimientos de la piel o que se manifiestan en ella, se utiliza el cocimiento de las ramas o las hojas para hacer lavados, o macerada para aplicar emplastos. Para granos o nacidos, en Nayarit el macerado se mezcla con sebo de vaca y se sujeta con un trapo hasta que reviente y cicatrice. Para los tlacotes: los curanderos poblanos aplican un emplasto con hojas y aceite rosado. Además, para granos enterrados, tumores cutáneos, sarampión, sarna, úlceras en la piel y úlceras externas en órganos genitales, afecciones o infecciones de la piel. En relación con el pelo y cuero cabelludo, para tratar la caída del cabello, se hacen lavados con el cocimiento de las ramas o con las hojas molidas en agua; asimismo para que crezca, para tratar las canas, orzuela o caspa. En otro tipo de lesiones por accidente, se utiliza en lavados como desinfectante, en caso de heridas. Para piquetes de animales y como anticrotálico. Es frecuente su uso como antipirético, es decir, para tratar la calentura, fiebre o temperatura; en Oaxaca se suele aplicar en baños o en lavados rectales con el cocimiento de las hojas. También se usa para combatir padecimientos relacionados con el aparato respiratorio como: amigdalitis y úlceras en las amígdalas, asma, catarro, gripe y tos. En Veracruz, se hacen gárgaras con el cocimiento de las ramas cuando hay amigdalitis; en Yucatán, para el asma beben diariamente el cocimiento de las hojas. En caso de gripe, en Tabasco, lo toman mezclado con cuajilote y rosa de castilla. Para problemas urinarios, se toma como agua de uso el cocimiento de las ramas y se recomienda para para el mal de orín y para los riñones. Se emplea en el tratamiento de algunas enfermedades metafísicas: el teroamani (en Michoacán), el mal aire (en Pantepec, Puebla) y el susto (en Oaxaca). Para el primero, toman en ayunas el cocimiento de la raíz, en el segundo, se utilizan las ramas para hacer limpias. Se le emplea además para: blenorragia, esterilidad, acelerar el parto, hemorroides, epilepsia, nervios, agotamiento, debilidad en niños, para dar hambre, para el coraje o muina, como antiinflamatorio, analgésico y para el dolor de cabeza. Calidad de la planta: fría y caliente" (*BDMTM*, *s. v.* "Cañafístula").

las abren con tiempo, la materia va cavando y comiendo la carne. Y de esta manera se hacen las que comúnmente llaman úlceras. Aunque también (cuando el humor es muy colérico y adusto) se hacen antes de madurar las viruelas. Y así conviene mirar que no se rasque el que tiene viruelas, porque muchas veces se hacen de esto. Habiéndolas abierto, las laven con salmuera tibia, y con ella se enjugan y secan. Cuando las viruelas no fueren muy grandes, ni tuvieren mucha materia, sin abrirlas, y con lavarlas con salmuera, se enjugan y secan. Las viruelas que salen al rostro mandaba yo abrir, aunque no fuesen muy grandes, porque no causen señales y dejen hoyos en él. Lávenlas con salmuera tibia dos días o tres, y cuando esteban secas, untábanlas con un poco de miel blanca muy lavada. Pasados ocho días hacía lavar tres mañanas o cuatro el rostro con agua cocida y tibia de salvados.[120]

Unas viruelas hay, que llaman locas, porque salen tan pocas que se pueden contar. Estas vienen con accidentes[sic] leves, que casi no quitan [f. 54a] el sueño ni la gana del comer, y los que las tienen no hacen cama. Lo que en la cura de estas viruelas se debe hacer, es: que no habiendo en el enfermo señales de repleción de humor, y siendo casi nada la calentura, le guarde del aire y de comer demasiado, y con esto pasará el mal. Y el que aquí quisiere sangrar, o hacer otros remedios, cometerá grave culpa, porque iría contra lo que la naturaleza hace prudentemente, y estorbarle han de su obra natural, que es: echar fuera del cuerpo el humor nocivo y dañoso.

---

120. "La cáscara del trigo, que queda gruessa, y basta en la harina despues de molido. Covarr. dice tomó este nombre del cedazo, porque este la salva. Lat. *Furfur, uris. Salviatum*, i. FR. L. DE LEON, Nombr. de Christ. en el de Príncipe de Paz. Porque à la verdád los que sin esta paz viven, por mas bien afortunados que vivan, no comen lo apurado del pan: *salvados* son sus manjares. MEDIN. Dial. part. 1. Dial. 24. Su mantenimiento era tan comun, que el pan, que comía, era casi de salvados. Albricias vecinas, que doi *salvado* à mis gallinas. Refr. contra los presumptuosos, y vanos, que solicitan el aplauso de las acciones que hacen, por inclinación, ò utilidád propria. Lat. *Euge meum laudate datum, laudate laborem, / Furfure gallinas ubere pasco meas*" (*Aut.*, *s. v.* "Salvado").

De la mucha sangre de narices[121] y de la que sale por la boca [f. 54a] Capítulo nono

Toda [e]vacuación de sangre (si no es la que purgan las mujeres cada mes) es fuera de la orden natural. Porque casi siempre que por otras partes sale, es por alguna indisposición del cuerpo. Algunas veces la naturaleza la echa por las narices, y con ella se descarga la cabe[f. 54b] za, y otras partes del cuerpo. La sangre que sale por la boca es muy sospechosa, y se debe temer el tal flujo, aunque sea poco.

Muchas son las causas de estos dos flujos de sangre, unas son exteriores, otras interiores. Las exteriores son de alguna herida, o por estirarse mucho las venas y romperse. Las interiores son por estar flaca la virtud retentiva con algún humor mordaz y muy colérico. También por vicio y malicia de la sangre, cuando peca en cantidad y en calidad. También por ser las venas muy delgadas, y muy blandas o por ser muy duras. Otras causas hay de estos flujos de sangre, y todas se reducen a las dichas. [f. 54b]

*

Los remedios que pongo para curar esta enfermedad se harán donde quiera [f. 55a] que se ofrezca ocasión de curarla. Debajo de este capítulo trato de todos los flujos de sangre con la brevedad que puedo, porque los que viven fuera de los pueblos grandes hallen remedio. Pidan a Dios acierte en esto, y en lo demás, que mi deseo es de servirle y hacer bien a todos.

Lo que se debe mandar primero, en un flujo de sangre, es: que se confiese el enfermo, y haga las cosas que debe a buen cristiano. Y ha-

121. En un tratado bajomedieval, escrito originalmente en catalán, que reunía distintos remedios y mejunjes para cuidar y mantener la belleza femenina, se aconsejaba: "De la nariz y sus impedimentos. Y, primeramente, cómo cortar la sangre que sale de ella: La persona a quien salga sangre de la nariz, escriba en la mano derecha, con sangre de la que le sale de la nariz, estos nombres: onlivo, aulsona, abea, trasida" (Anónimo, *Flores del tesoro de la belleza. Tratado de muchas medicinas o curiosidades de las mujeres*, ed. de Teresa Mª Vinyoles, Josefina Roma y Oriol Comas, Palma de Mallorca, Olañeta, 2001, pp. 65-66).

ciéndolo así, le dará Dios salud. Hecho esto mándenle sangrar del tobillo de la parte de la ventana[122] de las narices de donde sale la sangre. Y si el flujo es por la boca, sángrenle del tobillo derecho, mayormente; si es mujer a quien le baja mal la regla, o no le baja hecha esta sangría, échenle ventosas secas en las puntas de las asentaderas y en las pantorrillas, y luego le traigan un rato las piernas hacia abajo. Si el flujo fuere adelante, háganle una sangría en el brazo derecho,[123] de la vena que más pulsare, la cantidad sea de solas tres onzas. [f. 55a]

*

Pongan al enfermo en la frente este[sic] cataplasma,[124] y en los dos lados del cuello junto a las puntas de las orejas: tomen tres claras de huevos batidas, y luego batan con ellas un poco de cal viva[125] molida y, mojados unos paños de lienzo en ellas, los ponga donde he dicho. [f. 56a]

*

Si el flujo de sangre es por la ventana derecha de las narices, y si con lo hecho no cesare, echen una ventosa sobre el hígado, y téngala tres credos, y vuélvanla a poner las veces que fuera necesario. Y si el flujo de sangre de las narices es por la ventana izquierda, echen la ventosa sobre el bazo. Y si con todo lo hecho no cesare el flujo, lávenle las partes vergonzosas con agua fría, y póngale en ellas un paño mojado con agua fría. [f. 56a]

---

122. Las fosas nasales.

123. "En las venas de los braços donde se hacen las sangrías, suelen hazerse unos tumores o hinchazones, después de averse hecho alguna sangría con mano pesada. Los árabes llaman a estos tumores emporisma (como si dixessemos) madre de la sangre, o ayuntamiento de ella, allí endurecida. Este mal se ha de curar, como si fuesse apostema, aunque no lo es" (Farfán, *Tratado breve de cirugía*, ff. 107a-107b).

124. "Emplasto que se pone en algúna parte del cuerpo dañada. Covarr. le llama Cataplasmo. Es voz puramente Griega Cataplasma. LAG. Diosc. lib. 1. cap. 126. Majada se mezcla utilmente en los molificativos cataplasmos y emplastros. GRAC. Mor. fol. 141. Las medicinas, cataplasmas y emplastos suelen causar inflamaciones" (*Aut.*, *s. v.* "Cataplasma").

125. La cal viva era uno de los elementos principales de un remedio muy alabado para la cura de… ¡las quemaduras! Así lo declara Farfán: "Un autor llamdo Leonardo de Vertapalia alaba mucho y con razón, porque va curando lo quemado desde el principio hasta el fin, suelda y encura, y haze que quede poca señal o casi ninguna: tomen cal viva, la que quisieren, lávese diez vezes con agua, dexándola assentar cada vez en el fondo del vaso. A esta cal lavada, se añada azeyte rosado bueno, lo que bastare, menéese bien todo, y quedará hecho ungüento, del qual pongan sobre lo quemado de quando en quando, y haze admirable effecto" (Farfán, *Tratado breve de cirugía*, f. 210b).

*

Hable poco el enfermo, y esté quieto, y duerma poco; porque con el sueño la sangre se calienta mucho. Tenga la cabeza alta y el aposento esté fresco, y cada día procure hacer cámara con melecina común, o con calilla. [f. 57a]

*

Si la sangre viene de la cabeza, que se conocerá en el caer y dar en la [f. 57b] garganta, y causar alguna poca de tose, háganle los remedios que puse para el flujo de sangre de narices. Y no se descuiden, porque este de la cabeza suele ser mortal. Si hechos los remedios no cesare, quiten todo el cabello a navaja y pongan en toda ella este emplasto a manera de un bonete:[126] tomen estiércol molido de palomas, tres onzas; mostaza molida, una onza; todo cueza en un poco de vinagre, hasta que quede como emplasto y, a la postre, échenle un poco de trementina,[127] y mézclenla bien sobre el fuego y pónganlo tibio tendido en un lienzo. Este emplasto es para hacer ampollas, porque por ellas salga el humor que irrita y provoca la sangre. Si con estos flujos el enfermo tiene sed, denle a beber una gran cantidad de agua fría, y la que le sobrare la echen por la cara de golpe, sin que lo advierta.

*

Los caracoles[128] tostados y molidos mezclados con zumo de yerba buena, o de albahaca, o con el de llantén, y mojadas con esto unas mechas, y puestas en las narices, detienen el flujo de la sangre. Lo mismo

126. "Cobertúra, adorno de la cabéza, que trahen regularmente los Eclesiásticos Colegiáles y graduádos. Es de várias figúras con quatro picos que salen de las quatro esquinas, y unos suben à lo alto, como en los de los Clérigos, y otros salen hácia afuera, como los de los graduádos y Colegiáles. Lat. *Pileus*. COMEND. sob. las 300. fol. 77. Dice solamente que la Tiara era bonéte de que usaban los Frigios. FUENM. S. Pio V. fol. 114. Sotána, *bonéte* y mucéta à modo de Obispo. PIC. JUSTIN. fol. 86. Otra decía que pronosticaba que mis borlas havían de ser ornátos de sus *bonétes*" (*Aut.*, *s. v.* "Bonete").

127. "La resina, ò goma, que destila el árbol llamado Terebinto, dicha assi, quasi Terebintina. Llámase tambien assi la resina, que despide el pino, abeto, y otros árboles, aunque de inferior calidad. Lat. *Resinna terebinthina. Pix liquida, vel fluida.* PRAGM. DE TASS. año 1680. f. 18. Cada libra de trementina de bote legítima no pueda passar de dos reales. SOLD. PIND. lib. 1. §. 11. De suerte, que en dos meses gastaron *trementína*, y hilachas" (*Aut.*, *s. v.* "Trementina").

128. De entre los afeites medievales para el rostro de las mujeres se recomendaba el agua de caracoles porque "ablanda e tira el paño" (Alonso de Chirino, *op cit.*, p. 217).

hacen los polvos de las ranas tostadas, y mezclados con los zumos dichos.[129] [f. 58a]

*

Los que no tienen botica tomen dos tomines de polvos de la raíz de matlalíztic en agua de llantén y tómelos a las cuatro de la mañana. Quien no tiene sino polvos de Mechoacán, eche dos tomines de peso en agua de llantén a las cuatro de la tarde, y a las cuatro de la mañana los tome. El que no los alcanza[f. 59a]re sino piñones o las avellanillas, que hay comúnmente en tierra caliente, tomen un pollo y, a medio cocer, echen en la olla doce piñones mondados[130] o avellanas mondadas y molidas un poco. Acabe de cocer el pollo, y échenle sus especias, y a las cinco o seis de la mañana haga su comida con el caldo de pollo, y purgara muy bien, sin vómitos ni congojas, y es purga esta admirable para asquerosos y tímidos de purgarse. Y puédensela dar a los tales sin que sepan nada, y con esta prevención tendrán menos ocasión de ascos y vómitos.

---

129. Al parecer, Farfán se consideraba un experto en la elaboración de unos polvos sumamente eficientes para las heridas y llagas; polvos que superaban por mucho a los que recomendaban sus multicitados médicos medievales Juan de Vigo y Guido de Chauliac y cuyo ingrediente, entre tantos otros, eran estas mismas ranas: "Con todo esto que havemos dicho, yo hago unos polvos admirables, muchas vezes esperimentados, que detienen la sangre, y jamás me han engañado: porque (en braços y piernas cortadas del todo) la detienen totalmente, sin haver necesidad de cauterio, porque estos polvos se mezclan cosas estipticas, que aprietan y juntan las partes, y cáusticos calientes y fríos, y todo esto junto aprieta fuertemente como se verá esperimentándolos: tomen la piedra hematistes, que se llaman de estancar sangre, estiércol seco de asno, de cada cosa media onça. Hollín, yesso, encienso, bol arménico, gallas de cipres pequeñas y por madurar, y un poco tostadas, ranas tostadas, mayormente unas que ay en los árboles, que llaman rubetas, harina, volátil, que se pega en las paredes de los molinos, telas de arañas de molino, de cada cosa dos dragma. Almaciga, caparrosa quemada, cal viva, alquitira, de cada cosa tres dragmas, huessos de dátiles, capullos de bellotas, alumbre quemado, engrudo de cola, de cada cosados dragmas y media. Esponja quemada, sangre de Drago, pelo de liebre y algodón, ambas cosas sutilmente cortadas y quemadas en una olla al fuego de cada cosa quatro escrupulos. Todas estas cosas se muelan, y hágase polvos subtiles, dura la virtud destos polvos por espacio de dos años, y no por más" (Farfán, *Tratado breve de cirugía*, ff. 129b-130a).

130. "Limpiar o purificar alguna cosa, quitándola lo supérfluo o extraño, que tiene mezclado. Es del Latino *Mundare*. Latín. *Purgare*. FR. L. DE GRAN. Symb. part. 1. cap. 14. §. 1. No es menos admirable la manera con que se mantiene una cierta ave, que monda los dientes del crocodilo. CERV. Nov. 8. pl. 252. Mondó el pecho Lope, escupiendo dos veces, en el qual tiempo pensó lo que diría" (*Aut.*, *s. v.* "Mondar").

Cuando el flujo de sangre por la boca dura mucho, es muy buen remedio abrir las almorranas, refregándolas con el áspero de las hojas de higuera o con sanguijuelas.[131] Mayormente: al que suele purgar por ellas. El modo de poner las sanguijuelas, es: tenerlas un día en agua clara, y luego untar las almorranas con sangre de palomino o de pollo, y ponerles la boca allí junto. Desque hayan asido y comiencen a chupar la sangre, córtenles las colillas a la larga con unas tijeras y saquen una o dos onzas de sangre.[132] Este remedio es admirable para los melancólicos, [f. 59b] porque las almorranas siempre purgan sangre melancólica.

131. El cirujano López de Hinojosos se quejaba en su tratado de 1578 de que los médicos novohispanos no mandaban el uso de las sanguijuelas. En efecto, Farfán no dice nada de ellas en su tratado de 1579, pero aquí se enmienda. ¿Habrá influido la opinión de uno de los cirujanos más destacados de la Nueva España?: "Casi en todo el mundo se echan sanguijuelas en las partes y lugares de todo el cuerpo, adonde el médico ve que es menester y más conveniente. Es tanta verdad esto que digo, que en los estados de Flandes y en toda Italia las guardan y venden los boticarios por muy excelente medicina, porque hace muy buenos y maravillosos efectos, salvo en esta tierra que en cuanto tiempo hace que en ella resido no he visto a algún médico aplicar esta medicina. Por manera que la obra de las sanguijuelas es muy eficaz y en esta tierra no hay ningún género de sanguijuelas que sean venenosas, antes digo que todas son muy buenas" (López de Hinojosos, *Suma y relación de cirugía*, 1578, p. 106).

132. El modo de empleo que recomienda Farfán se parece mucho al que recomendaba López de Hinojosos: "El modo que se tiene y se ha de tener en echar estas sanguijuelas es la siguiente: toma un cañuto de caña o de plata de poco más largor de un dedal, donde quepan dos o tres sanguijuelas, y el lugar donde se han de echar se unte con muy poquita sangre de palomino o de otra cualquier ave, o bien se pique con lanceta en la misma parte donde le han de poner las dichas sanguijuelas. No se quite el cañuto hasta tanto que el enfermo esté satisfecho que están pegadas y cuando estén pegadas y llenas de sangre, se cortarán las dichas sanguijuelas a lo largo en la cola y con un papelito e reciba la sangre en una escudilla hasta que estén satisfechos que haya salido la sangre que conviene" (López de Hinojosos, *Suma y recopilación de cirugía*, 1578, pp. 106-107).

Del catarro,[133] del romadizo,[134] de la tose antigua[135] y del asma[136] [f. 61a] Capítulo décimo

El catarro y el romadizo vienen las más veces de humores fríos, y de corrimiento de reumas; y, otras veces, (aunque pocas) de humores cálidos. El miembro que más padece en estas enfermedades es la cabeza, porque en ella se engendran todos los humores que llamamos reumas. Este nombre reuma es griego, y el latino es fluxus y en romance llamémosle corrimiento.

Y hablando verdad, todos los males y las enfermedades nacen y descienden de la cabeza.[137] Y ella por descargarse de lo que tanto le

133. En el original: "cadarro". Así aparece cada vez que escribe el nombre de la enfermedad.

134. "Destemplanza de la cabeza, que ocasiona fluxión de la rhéuma, especialmente por las naríces. Dixose quasi rheumadizo. Latín. *Capitis gravedo. Coryza, ae.* LAG. Diosc. lib. 3. cap. 83. Es el romero caliente y seco en segundo grado: su sahumério sirve admirablemente a la tose, al catarro y al romadizo. QUEV. Mus. 6. Rom. 61. *Culpa es el lugar, no es suya, / aunque suya sea la pena, / pues sus fríos romadizos / gastan naríces de piedra*" (*Aut.*, *s. v.* "Romadizo").

135. Puede referirse a la tos convulsa: la que que da por accesos violentos, intermitentes y sofocantes; o a la tos perruna: bronca, de ruido característico, producida por espasmos de la laringe.

136. "Enfermedád de pecho, que consiste en la dificultád de el respirar. Viene de la palabra Griega Asthma. Lat. *Spirandi difficultas.* LAG. Diosc. lib. 3. cap. 62. Cocídos en vino son mui útiles para el asma y falta de la respiración" (*Aut.*, *s. v.* "Asma").

137. Por supuesto que el doctor Farfán se refiere a su conceptualización humoral dentro del micro y el macrocosmos, cuya desarmonía provocaba la enfermedad en el hombre. No obstante, para demostrar los alcances del arte médico en las más diversas obras clásicas de la literatura y el pensamiento universal, no me he podido resistir de poner aquí —y en alguna otra nota de mi edición— un símil médico de Séneca, estoico que él mismo vio afectada su salud, llenando de referencias y símiles médicos sus *Consolaciones*, *Diálogos* y *Epístolas*: "Cualquier otra cosa que cause daño al cuerpo o al espíritu predispone a las quejas a la mente enferma. Pero todo eso son principios y motivos: mucho más puede la costumbre, que, si es reiterada, fomenta el vicio. De hecho, es difícil cambiar la naturaleza y no es posible modificar, una vez combinados, los ele-

daña y ofende, echa de sí el humor a los miembros inferiores y bajos, como son: la garganta, el pulmón, las espaldas, los brazos y, [f. 61b] otras veces, al costado, y a las junturas altas de los muslos, que es donde se hace la ciática. Baja a las piernas, y causa la gota, y más comúnmente a las muelas y dientes.

Y (como lo dice en la cura de la flaqueza del estómago) del mismo estómago suben los humores a la cabeza, y después bajan más sutiles y corrientes.

Si todos fuésemos bien reglados en el comer y beber, y en otras cosas que cada uno entiende que le dañan, menos reumas engendraríamos y más salud tendríamos.

Conocemos el catarro, que viene de humor frío y flemático, en taparse mucho las narices, y estrecharse el pecho con la frecuente respiración, y como que se ahoga el enfermo. El catarro y el romadizo viene muchas veces con muy gran dolor de cabeza, y de cuerpo y muy gran calentura. Quita la gana de comer y de dormir, y lo que sale de las narices es frío. Estas señales que he dicho turban y engañan muchas veces a algunos médicos, y así mandan luego a sangrar al enfermo. Y de aquí viene que mueran tantos.

Cuando el catarro y romadizo vienen de humores cálidos, [a]demás de los accidentes[sic] de calentura, de [f. 62a] dolor de cabeza y de cuerpo, lo que el enfermo purga por las narices es tan caliente que las abrasa y quema como fuego. Los ojos se encienden y enraman sangre.

Los catarros y romadizos del otoño son los más peligroso[s], por los graves accidentes[sic] que consigo traen, y como que obligan a los médicos a que sangren a los que los tienen, y así los envían al hoyo. Por amor de Dios, que reparen bien en las señales dichas para conocer, de qué humor vienen estos males.

Los que padecen estas dos enfermedades se guarden del sol, y del aire, y del demasiado frío y estén en aposento templado. Coman poco y no beban vino. Y en la cura de ellos no sigan el parecer de algunos que se hacen médicos y aconsejan, a los que tienen estas enfermedades, que lo beban. Y es verdad que el vino los degüella. Y afirmo como religioso, que las más y mayores enfermedades que hay en esta tierra las causa el vino tan recio y lleno de yeso que todos beben. Y si no me

mentos de los que nacen" (Séneca, *Diálogos*, "Sobre la ira", Madrid, Gredos, 2004, p. 170).

creen, prueben a templarse en él, o a no lo beber, y verán en sí más salud que tienen los que lo beben.[138]

Los que tienen catarro y romadizo beban agua cocida con [f. 62b] orozuz, o con cebada y anís. Procuren proveerse cada día de cámara, aunque sea con melecina o calilla de jabón untada con aceite y sal.

Los que pudieren pasar sin comer carne los cuatro días o cinco primeros, háganlo, porque la dieta rinde y cuece el humor.

*

Es buena dieta el almidón, almendradas, pan rallado, y atole[139] blanco y los huevos pasados por agua. [f. 62b]

*

El nicoatole[140] ablanda el pecho y facilita el escupir, y así aconsejo que lo beban. Y aunque dije arriba que el vino, como es verdad, es muy

---

138. Efectivamente, aquí Farfán afirma como religioso, mas no como médico, pues olvida o ignora las palabras de Galeno, uno de los "graves autores" citado en innumerables ocasiones a lo largo del tratado del agustino: "El vino aligera todas las penas y aflicciones, y esto lo experimentamos a diario. Y Zenón, según dicen, afirmaba que, del mismo modo que los altramuces amargos se vuelven dulces cuando se mojan en agua, esto mismo le sucedía a él bajo los efectos del vino [...] Pues en realidad, si se bebe moderadamente, tanto para digerir como para distribuir el alimento por el cuerpo, como para producir sangre y para nutrir, contribuye en gran manera a volver nuestra alma también más mansa y a la vez más animosa, a través evidentemente del temperamento del cuerpo, el cual, a su vez, se produce por los humores [...]". Además, Galeno cita a Platón (*Timeo* y *Leyes*) para justificar que su consumo es ideal para los mayores de cuarenta años, pues este periodo de la vida es de temperamento sanguíneo y frío, y el vino, caliente por naturaleza, da equilibrio a los viejos. Por el contrario, no es tan provechoso para los jóvenes, donde predomina el temperamento sanguíneo y caliente, pues el calor del vino los desequilibra (Galeno, *Las facultades del alma siguen los temperamentos del cuerpo*, 777, p. 175; 778, p. 176; 809-811, pp. 196-198).
139. En el original: "atolo".
140. En el original: "necoatole", también aparece como "necoatl [f. 71a]". Francisco Hernández dedica un largo capítulo a los distintos tipos de atoles, ideales tanto para enfermos como para sanos. De esta bebida saludable gustaban todos los miembros de la incipiente sociedad novohispana hacia la segunda mitad del siglo XVI: "Ha comenzado a gustar también a los españoles, pero principalmente a los nacidos de padres españoles e indios, o indios y negros, o negros y españoles (¡A tal grado de torpeza han llegado las costumbres que razas tan diversas se unen en el vicio!)" (*Obras completas*, t. II, vol. I, p. 290). Su extensa descripción y los múltiples beneficios del atole, se inician, precisamente, con el referido por Farfán: "Comenzaré por el *nequatolli* o *atolli con miel*, al cual se le agrega cal, de suerte que sean ocho partes de agua, seis de este grano indio [del maíz], y una de cal; se pone en una vasija de barro hasta que comience a condensarse o espesarse, s ele

dañoso para estas enfermedades, el que no puede pasar sin él, beba a comer un poco muy templado, y no lo beba de noche.

El sueño de medio día es muy dañoso a la cabeza del que tiene romadizo. El que tiene costumbre de dormir la siesta, y tiene este mal, duerma media hora y no más. [f. 62 b]

*

Los médicos que en esta enfermedad [el catarro de humor cálido] (habiendo las señales dichas) no sangran, no lo aciertan. Porque no hay mejor remedio para quitar la causa de la enfermedad y para divertir el mucho humor de la cabeza. Mas como el medico no osa, y el enfermo lo siente medroso, cuando manda hacer las sangrías, las reúsa de todo punto y piensa que con ellas se ha de morir. [f. 63a]

*

Los polvos de Mechoacán[141] siempre causan y dan (como he dicho otras veces) muy gran pesadumbre en la garganta. Y por esto los mando yo tomar en infusión de agua, porque pierdan aquella agudeza demasiada que tienen. [f. 64a]

*

Si corriere el humor a los costados, y causare dolor, pónganle sobre el un poco de maíz caliente o salvados y sal. Si el dolor se mitigare con esto, usen del remedio dos veces o tres, hasta que se quite. [f. 65b]

Del romadizo y su cura [f. 66a]

Cuando el humor es mucho y grueso, se conoce en la gran cargazón de la frente y de los ojos, entonces puede tomar el enfermo polvos de estornudar, para que con ellos purgue mejor, y con más facilidad. Ha-

---

agrega en tal momento una décima parte de miel de *metl*, del que se habla en su lugar, y se deja por fin hervir el tiempo necesario para que tome la consistencia de los puches o de la polenta española. Refresca y humedece a los que sufren destemplanza cálida y seca, suaviza el pecho, nutre muchísimo, fortalece y engorda a los extenuados y restituye las fuerzas perdidas; limpia también el cuerpo y es alimento propio para los enfermos. Aun a los que padecen consunción se les administra en vez de tisana de cebada, y es un gran auxilio para los que se levantan de enfermedades gravísimas" (*Obras completas*, t. II, vol. I, pp. 290).

141. "La raíz cortada en tajadas, la secan y se llevan a varias partes y es admirable purga para evacuar la flema" (Maximino Martínez, *Las plantas medicinales de México*, Ciudad de México, Ediciones Botas, 1969, p. 544).

cen esto muy bien tres pepitas de guamúchiles[142] molidas y en un poco de agua desatadas y echadas por las narices. Un poco de polvo de chile seco sin las pepitas hace purgar la cabeza. [f. 66b]

De la tose antigua [f. 67a]

Tomen seis onzas de zarzaparrilla[143] lavada y muy cortada; orozuz lavado y cortado, tres onzas; culantrillo verde de pozo,[144] o seco, tres manojos; doce higos pasados; cebada mondada y pasas sin los granos, de cada cosa un puño. Todo lo dicho muelan un poco, y cueza[n] a fuego manso en ocho cuartillos de agua; y hierva hasta que quede en la mitad. Cuélenlo y exprímanlo bien, y échenle dos libras de azúcar blanco y medio cuartillo de miel blanca, y vuelva a cocer hasta que espume bien. Si el lamedor les pareciere mucho, hagan la mitad. [f. 67a]

142. "Árbol como de 15 metros de alto, el palo es de color cenizo, blancuzco. Las varas tienen espinas. Las hojas son chicas, son coloradas cuando están tiernitas, cuando maduran son de color verde amarillo. La flor es chiquita, blanca, en forma de bolita, como de lana. El fruto se da en una vaina enroscada verde y el interior es blanco y la semilla negra brillante, llamativa. Su uso medicinal es para la diarrea: se toma en una infusión la cáscara de guamúchil hasta que se quiten las molestias. También ayuda en el tratamiento de granos en la lengua o ampollas en la boca: con la cáscara tostada y molida se hacen buches en la boca" (*BDMTM*, *s. v.* "Guamúchil").

143. "Planta de Indias à modo de las zarzas de España, grande, y espessa. Sus vástagos son nudosos, y fáciles à secarse: las raices profundas, y de color leonado, aunque las hai tambien negras, que son las mejores. Es insípida, y sin acrimonia alguna, y su cocimiento sabe como agua de cebada. Tiene varios usos en la Medicina, y tambien la hai en España, aunque no tiene tanta virtud. Lat. *Smilax aspera*. SANT. TER. Cart. tom. 1. Cart. 59. Bien desauciada está, que dicen que es ptysica: guardense de beber el agua de la *zarzaparrilla*, aunque mas quite el mal de estómago. ALFAR. part. 2. lib. 3. cap. 3. Pareceles à sus mercedes, que un lindo de estos está siempre con aquella existencia... que no escupen, ni tossen, ni viven sujetos à la *zarzaparrilla*" (*Aut.*, *s. v.* "Zarzaparrilla").

144. "Hierba semejante al helécho, aunque más pequeña. Prodúce ciertos ramillos sutíles y relucientes, y en ellos unas hojitas como las de las lantejas, puestas en orden de una y otra parte. Llámase comunmente Culantrillo de pozo, porque crece en los pozos y lugares húmedos. Puede derivarse del Griego *Callitrichon*, que significa esto mismo. Latín. *Capilli veneris. Adiantum,* i. PRAGM. DE TASS. año 1680. fol. 18. Cada libra de culantrillo no pueda passar de quatro reales. LAG. Diosc. lib. 4. cap. 138. Aquella herbecilla vulgar, que llamamos en Castilla culantrillo de pozo, porque crece en los pozos, y se parece al culantro en las hojas, la llamaron Adianto los Griegos" (*Aut.*, *s. v.* "Culantrillo").

Del asma y su cura [f. 67b]

El asma es mal peligroso, porque cada día vemos muchos ahogados con ella, sin poderlos remediar.[145] Aviso, por amor de Dios, viva con recato el que la tiene, y traiga su consciencia siempre limpia de pecado, que no sabe cómo ni cuándo se ahogara. Y este aviso sea para todos, aunque tengamos salud, pues nos va la vida del alma. [f. 67b]

*

En esta enfermedad conviene tener dieta, aunque sea de buenos manjares. Porque comiendo mucho de ellos no pueden cocerse también, ni digerirse y forzosamente se han de corromper. Comiendo moderadamente puede la naturaleza y el calor natural convertirlos en buen nutrimento, y los humores gruesos se adelgazarán y también se consumirán. [f. 68a]

Todos sabemos, que la templanza es madre de la salud, y por otra parte, la destemplanza madrasta suya. El que tiene asma procure (si puede) vivir en tierra templada, como lo es: la caliente y seca moderada. Guárdese del demasiado frío y del mucho calor. No duerma mucho, y tenga alta la cabeza y huya el sueño de medio día. Cada día se provea de cámara, y cuando no pudiere, ayúdenle con una melecina o con unas calillas.

Las melecinas que llaman agudas son muy admirables para el asma, y son estas: tomen eneldo, ruda, manzanilla e hinojo, de cada cosa un puño; todo cueza en tres cuartillos de agua y echen allí malvas y sal-

145. Farfán confía muy poco —casi nada— en los sahumerios (al menos en 1592, porque sí que recomendaba algunos para las almorranas en 1579), sin embargo, el más famoso cirujano de la Nueva España recomendaba —entre otras cosas— uno con tabaco (piciete) para curar el asma: "Dice Luis Lobera que el asma difiere de la esquinencia en que puede tragar la comida sin dificultad, lo cual no puede con la esquinencia y al que tiene esquinencia no le hierve el pecho [...] La cura [...] son alabados los bofes del zorrillo, secos, molidos y bebidos con agua en que se haya echado azúcar; y sobre el pecho se ponga ungüento marciaton, en su lugar un parche de tacamahaca. La cabeza traiga siempre apretada con una escofieta de seda negra. Sahúmese de tres a tres noches con la hoja del piciete, y tome de dos a dos noches polvos de incienso. De las hojas del piciete peso de medio real de cada cosa, y se desate en agua de las hojas del mismo piciete, y esto beba a las ocho de la noche; y por falta del agua se beba con vino, que con esto han sanado muchos que estaban desconfiados de conseguir salud" (López de Hinojosos, *Suma y recopilación de cirugía*, 1578, p. 138).

vado, y dé cuatro hervores y gástese el medio [f. 68b] cuartillo. Tomen de este cocimiento colado [en] una escudilla.

*

Las cosas que se comen con cuchara y las bebidas son buenas para los asmáticos, porque ablandan el pecho y se digieren con facilidad, y aunque coman poco de todas ellas, mantienen mucho. Son buenas las que puse en la cura del catarro, y así aconsejo, que a los principios de la enfermedad coman de ellas, y no de otras. Cuando el enfermo se sintiere flaco, coma de un ave, y de un pollo o polla, de una codorniz, de un poco de carnero. De estas cosas de carne coma guisadas y cocidas, y lleven especias de Castilla. No coma pescado, aunque sea fresco, ni frutas, porque estas dos cosas engendran y crían humores viscosos y gruesos.

Son muy malos para esta enfermedad los extremos de los animales y los menudos de ellos.

El que pudiere pasar sin vino, hágalo, porque corta la cabeza a los asmáticos; mas aviso, que si alguna vez se halla[f. 69a]ren los asmáticos con el pecho muy cerrado y duro, que no puedan arrancar, beban una buena vez de él, porque hace arrancar, ablandando el pecho con su humedad y calor.[146]

El agua que bebieren los asmáticos sea cocida con orozuz, con canela o con anís. Es muy buena también el agua cocida y tibia, bebiendo un jarro grande de ella, cuando el pecho está cerrado y duro, que no puede arrancar.

---

146. Casi doscientos años antes que el tratado de Farfán, en la Baja Edad Media castellana se recomendaba curar el asma con otros métodos, aunque se coincide en el cuidado de la dieta: "Del Ressollo apresurado. Los que an asma, que es resollo muy malo que les suena e apresurado e non pueden escopir deven regir deçendimiento segunt dicho es, e la guarda en las viandas e use de miel e de nuégado de almendras o de cañamones o de linuezo e de piñones o de todos cada una una semana. E si esta fuese su çena sin vino sería de grant provecho e el agua cozida con figos e poco ysopo. La manteca fresca de vacas o cabras o ovejas con miel es buena para mal de pechos en que non aya calentura. Para el que quiere çesar el deçendimiento dexando la çena coma solamente unas tres yemas de huevos frescos duros e cómalas con miel o con açucar" (Chirino, *op. cit.*, pp. 160-161).

Del mal de madre y de los dolores de vientre [f. 72a]
Capítulo once

Es tan común el mal de madre, que apenas ha nascido la mujer cuando, dice, que la ahoga la madre. Yo cierto no me espanto, porque les baja tan mal a todas la regla, que no purgan cuatro onzas de sangre. Y como es esta la causa más principal del mal de madre, todas las más lo padecen. El mal de madre es más común en las mujeres viudas, y en las que tienen ausentes sus maridos, que en las doncellas y en las continentes.[147] Empero es más grave en las que tie[f. 72b]nen ausentes a los maridos. Porque vienen a morir, por la retención de la semilla, juntamente con bajarles mal la regla, por ser en ellas veneno mortífero.[148]

---

147. "Por Antonomásia se entiende la templanza en el apetíto venéreo. Latín. Voluptatum *temperantia*. CAST. Hist. de S. Dom. tom. 1. lib. 1. cap. 53. [ii.555] Esforzad quanto más pudiéredes vuestra esperanza en la misericordia Divina, que yo os alcanzaré de ella dón de castidad y continéncia. NIEREMB. Obr. y días, cap. 14. Comunmente Continéncia se toma por abstinéncia de acto venéreo, en todo como la vidual, o en parte como la conjugal; pero Continéncia en este sentido se encierra en la virtud de la Castidad, de que yá está dicho. CERV. Quix. tom. 2. cap. 3. Tuvieron cuidado de pintarnos mui al vivo la gallardía de vuestra merced ... la honestidad y continéncia, en los amores tan platónicos de vuestra merced, y mi señora Doña Dulcinea del Toboso" (*Aut.*, *s. v.* "Continencia").

148. "Para que ningún aspecto de esta afección quede oscuro pasaremos a ver a continuación por qué motivo se enfría el cuerpo. Lo podremos descubrir rápidamente si observamos las causas previas sobre todo a las viudas, especialmente si eran mujeres bien regladas, eran fecundas, tenían relaciones sexuales normales y luego se han visto privadas de todo ello. ¿Qué otra conclusión podría deducirse de ello sino que estas afecciones llamadas histéricas, sean apneas, sofocos o contracciones, sobrevivan a las mujeres por el cese de la menstruación o del esperma? Tal vez por la supresión del esperma especialmente, ya que tiene una gran fuerza y en las mujeres es más húmedo y frío y, como ocurre también con los hombres, las que lo tiene en abundancia necesitan expulsarlo" (Galeno, *Sobre la localización de las enfermedades*, lib. VI, 417, pp. 414-415). En efecto, en la Antigüedad se creía que el semen se presentaba tanto en varones como en mujeres; aquí el argumento hi-

Engáñanse en todo las mujeres que dicen las ahoga la madre porque se les sube al estómago. Y aunque les parece a ellas así, no puede subir tanto, porque tiene fuertes ligaduras de cuerdas y nervios, que no le darán ese lugar. Encogerse hacia un lado y otro del cuerpo, y bajarse un poco, esto sí; mas subir es imposible. Encógense y bájase un poco cuando las cuerdas y los nervios se relajan; y cuando ha de concebir, se baja también. Lo que parece que ahora son ventosidades, que subiendo arriba comprimen y aprietan el diafragma,[149] que es un instrumento muy necesario y forzoso para la respiración; y créanme todas, que esta es la verdad.

Para curar el mal de madre conviene conocer la causa, y así, cuando viene de sangre corrompida, conocerlo hemos en los graves accidentes[sic] que trae, como son: calentura, congojas, ansias y desmayos. Y cuando viene de abundancia de sangre no corrompida, los acciden[f. 73a]tes son leves y no trae calentura. Si la sangre corrompida esta mezclada con cólera requemada, causa con el mal de la madre una manera de pasmo[150] y encogimiento de los nervios. Y si este humor sube al cerebro causa pasmo universal, y queda con el mal la enferma como una muerta.[151] Cuando la sangre corrompida esta mezclada con melancolía, y sus vapores suben al cerebro, causan muy grandes tristezas, y algunas veces una manera de locura. Y si la sangre es flemática, causa un sueño tan profundo que no hay quien despierte a

---

pocrático de esta tesis: "Porque lo que se desarrolla no es sólo el germen segregado por el hombre, sino también el de la mujer, por lo siguiente. Ninguna de las dos partes tiene por sí suficiente movimiento a causa de la abundancia de lo húmedo y por la debilidad del fuego para consumir el flujo y volverlo sólido. Pero cuando ambos gérmenes se encuentran convergiendo en un mismo lugar, se suman uno al otro, el fuego con el fuego y el agua con el agua del mismo modo" (Hipócrates, *Sobre la dieta*, 27, p. 203).

149. En el original: "diaphracma".

150. "Suspensión o pérdida de los sentídos y del movimiento de los espiritus, con contracción o impedimento de los miembros. Es del Latino *Spasmus*. Latín. *Stupor*. GUEV. Avis. de Priv. prolog. Pasmo padece, y de modorra está tocado el que con otros, y por otros, ocupa todo el tiempo, y no toma para su ánima siquiera un momento" (*Aut.*, *s. v.* "Pasmo").

151. "Si me preguntaren algunos ¿por qué le mandays sangrar tan copiosamente, si el mal nace y viene de cólera? Respondo: que se haze porque la cólera esta juntamente con la sangre, y quando sangramos, evacuamos todos los humores juntamente: mayormente, que también lo hazemos porque con la sangría enfriamos y templamos el grande calor del cuerpo" (Farfán, *Tratado breve de cirugía*, f. 230b).

la enferma. Y cuando la sangre es ventosa, causa el ahogamiento que dije. Todo lo que he dicho, conviene saber, para curar bien el mal de madre.

El mal de madre (cuando ha de ser recio) trae antes que venga señales e indicios, como son: una manera de turbarse el juicio y un cansancio de cuerpo —tan grande— que la pobre mujer no puede tenerse en pie. Múdase el color del rostro y alborótase el pulso notablemente.

Lo que hay que decir del pronóstico, es: que si la que tiene mal de madre, aunque este muy mala, si estornudare escapa con la vida. El mal [f. 73b] de madre que viene por retención de la semilla muchas veces mata; hace lo mismo cuando viene por un grande enojo. El mal de madre que viene por sangre detenida, aunque aflija muy mucho, no mata, si luego acuden con el remedio.

La cura que se ha de hacer, cuando la mujer está con un gran paroxismo del mal de madre, es: que la acuesten en la cama de espaldas, y pónganle la cabeza alta, y tráiganle[152] recio las piernas hacia abajo con unos paños bastos. Líguenle recio los pies y las pantorrillas con unas cintas de tranzar los cabellos, y los muslos con unas vendas muy apretadas. Denle humo a las narices con cosas de mal olor, como son: el botón del befo,[153] y luego le den una dracma de él a beber desatado en agua de artemisa. Denle a oler la pavesa[154] de la vela, cuando humea, y el gálbano[155] mezclado con vinagre. Denle a oler lana quemada, y

152. "Del verbo latino *traho trahis*, tenemos muchas maneras de hablar con este verbo, como traer nuevas, traer la soga arrastrando, etc." (*Tesoro*, *s. v.* "Traer").

153. El botón del befo es el castóreo: "(Del lat. *castoreum*). Sustancia crasa, untuosa, de color castaño, aspecto resinoso y olor fuerte y desagradable, segregada por dos glándulas abdominales que tiene el castor. Es medicamento antiespasmódico" (*DRAE*, *s. v.* "Castóreo"). "Los testículos del Castor, que son mui medicinales contra varias enfermedades. Latín. *Castorei testiculi.* PRAGM. DE TASS. año 1680. fol. 16. Cada onza de castóreo no pueda passar de un real de a ocho. LAG. Diosc. lib. 2. cap. 23. El animal del qual se arranca el castóreo es mui semejante a la Nútria" (*Aut.*, *s. v.* "Castóreo").

154. "La parte sutil que queda de la matéria quemada, antes de dissolverse en ceníza. Covarr. quiere se dixesse del Latino *Pabulum*; pero es más natural venga de *Favilla*. Latín. *Favilla*. REBOLL. Ocios, pl. 356. *Que fácilmente la voló la llama, / Desatada en cenízas y pavesas*" (*Aut.*, *s. v.* "Pavesa").

155. "Especie de goma blanca, untuosa, amarga al gusto y desagradable al olfato, que se saca por incisión de una planta que nace en Syria, y tiene el mismo nombre. Es tomado del Latino *Galbanum*, i. PRAGM. DE TASS. año 1680. f. 18. Cada libra de gálbano no pueda passar de diez y ocho reales. LAG. Diosc. lib.

cabellos quemados, y la piedra zufre,[156] y lo que es más fuerte y mejor, el cuerno quemado de cabra.[157]

Todos estos humos deshacen los vapores gruesos de la cabeza, consumen y gastan la frialdad de ella, confortan el estómago, y limpian el pecho y [f. 74a] los pulmones.

Usen de todas las cosas que provocan a estornudar, porque esto quita el mal de madre. La que llaman cebadilla[158] tostada, y molida y echada dentro de las narices, hace estornudar valerosamente. Todos los buenos olores —y las cosas que de sí lo dan— puestos en la boca de la madre ayudan grandemente contra este mal. Provoquen a vomitar a la enferma, metiéndole los dedos (untados con aceite) hasta el tragadero, o unas plumas mojadas en el aceite.

A la que tiene desmayos con este mal, dándole grandes voces junto a los oídos, aunque sea con trompeta, la hacen despertar y volver en sí.

---

3. cap. 91. Tiene especial virtúd de resolver y molificar el gálbano" (*Aut.*, *s. v.* "Gálbano").

156. Es decir, azufre. "[El azufre] mezclado con resina, cura los pinchazos del escorpión. Aplicado con vinagre, evita el pinchazo del dragón marino y el del escorpión [...] Espolvoreado en la bebida, en cantidad de una cucharada o tomado en un huevo tragado, es provechoso contra la ictericia [...] Aplicado su polvo, reprime el sudor [...] si se aplica en ungüento con vino y con mirra, cura las contusiones de oídos" (Dioscórides, *Plantas y remedios medicinales. (De materia médica)*, libros IV-V, Madrid, Gredos, 2014, p. 219).

157. A lo largo del *Tratado breve de medicina* no aparece el cuerno de toro como un elemento de la preparación de distintos remedios, la razón la expuso el propio Farfán trece años antes: "Las heridas que con los cuernos de animales se hacen, mayormente con los del toro, se han de curar con esta cura, como yo lo he visto hazer a hombres, y se decir, que las heridas tales del toro causan grande calor como que fuesse fuego lo que allí está, la razón es, porque el cuerno del toro es algo venenoso, y muy cálido" (Farfán, *Tratado breve de cirugía*, f. 133a).

158. Si Farfán habla de una "cebadilla" registrada por Francisco Hernández, no solo provocaría el estornudo valeroso, sino que, probablemente, dejaría alguna secuela malsana en el organismo, pues dicha planta ¡era capaz de matar peces, ratones y perros!: "Capítulo XLVII. Del *Itzcuinpatli* o mataperros. El *Itzcuinpatli*, que otros llaman *quimichpatli* y los españoles cebadilla, echa un tallo de tres plamos de largo y del grueso del meñique, al cual se adhieren granillos como de cebada y dispuestos en espiga, de donde toma su nombre [...] La semillas hecha polvo mata los gusanos que se crían en las úlceras de los animales, cura eficazmente las úlceras pútridas y las que provienen de mala constitución, consume las excrecencias, mata, espolvoreando, los peces y los ratones, por lo que algunos llaman *quimichpatli*, y mezclando a las carnes mata a los perros, de donde le viene el nombre" (*Obras completas*, t. III, vol. II, p. 12).

Úntenle en la madre con estos aceites: aceite de ruda, de eneldo, de manzanilla y de inciensos,[159] de cada uno media onza.[160] Donde no hay boticas frían las yerbas en aceite de comer, y unten con ellos la madre, y cuando la untaren, traigan la mano blanda por ella porque no le lastimen con las uñas. [f. 74a]

*

Cuando esto no bastare háganle dos sangrías de los tobillos que, aunque es el remedio postrero, es el más principal. [f. 74a]

*

Es muy buen remedio (para dis[f. 76a]minuir la causa, que es la demasiada semilla, y que no se crie tanta) hacer sangrar a la enferma cuatro veces en el año. La razón de esto es, que sacando la sangre disminuimos la materia, de que se engendra y hace la semilla. Si esta tal enferma está preñada, no la sangren, porque sin el peligro de mover, hay otro mayor, y es: que le dará con mayor furia el mal de madre, porque con las sangrías se le enfriará mucho más la madre, y corre muy grandísimo riesgo su vida.

*

Para que no se crie tanta semilla es necesario tomar las mañanas, y cuando se van a dormir, un poco de zumo de ruda, aunque amarga, o comer la ruda. Tiene virtud la ruda de quitar la generación de la semilla, y hace que no la crie. La semilla del cáñamo[161] hecha en turrón con

---

159. "Goma aromática de un árbol parecido al Laurel, que el Griego llama Líbanos. Crece y le hai con abundancia en la Arabia, y principalmente en el Reino de los Sabeos en un bosque de más de treinta leguas de largo y quince de ancho. Esta goma quemada en el fuego, arroja un humo oloroso, y su uso más freqüente es en las funciones Eclesiásticas. Hai dos especies macho y hembra: El macho es el que naturalmente destila el árbol, el qual es entero, blanco, y por dentro mui grasso, y arde luego que llega al fuego: la hembra es el que por incisión o con otro artificio se le hace destilar, y es menos puro. Sale del Latino *Incensus*, que significa Encendido. En lo antiguo se decía Enciensо. Latín. *Thus. Incensum*. PRAGM. DE TASS. año 1680. f. 17. Cada libra de incienso ordinário, no pueda passar de cinco reales. PIC. JUST. f. 44. A puro gastar incienso macho en bizmarnos, quedamos oliendo a vísperas por más de medio año" (*Aut.*, *s. v.* "Incienso").

160. Una preparación similar se encuentra en el capítulo quinto, sobre el dolor de ijada.

161. "Hierba bien conocida. Dividese en dos espécies, cáñamo doméstico, y salvage. El doméstico prodúce unas varillas de la altura de un codo, semejantes a las de la Althea, aunque algo menores, mas ásperas, y negras: sus hojas son como las del cáñamo domestico, y su flor algo roxa, y de su corteza se hacen cuerdas de diferentes tamaños, y géneros, y se texen telas bastas, y gruessas. Viene del Latíno *Cannabis, is.* LAG. Diosc. lib. 3. cap. 160. Assí el cáñamo salvage, como el

azúcar, quita lo de la generación de la semilla. Hace lo mismo la raíz de la ninfea[162] en conserva.

El anís tostado y comido entre día deshace las ventosidades que mueven el ape[f. 77a]tito carnal.

La yerbabuena[163] comida, o bebido el zumo, accidentalmente consume y deshace la semilla. Estos remedios deben hacer los continentes y los religiosos que padecen poluciones y movimientos carnales, para librarse de tan mala pestilencia. Y si con estos remedios añadiésemos disciplinas, ayunos, y oraciones y quitásemos las ocasiones, sería el remedio más principal.

*

Otro remedio para bajar la regla, y muy experimentado: ocho días antes del día de san Juan[164] tomen las nueces verdes, y muy [f. 78a]

---

doméstico es mui conocido y vulgar: porque no solamente se hacen de su corteza torcídas cuerdas; pero tambien se texen las telas bastas y gruessas de ella. PRAGM. DE TASS. Año 1680. fol. 25. Cada libra de cáñamo assedado no pueda passar de tres reales y medio. AMBR. MOR. Descripc. de Esp. fol. 43. El cáñamo es en muchas partes de España una gran simiente y mui provechosa" (*Aut.*, *s. v.* "Cáñamo").

162. En el original: "Ninphea". "Planta que nace por las lagúnas y estanques, y nada encíma del agua. Produce de una sola raíz muchas hojas largas, y cortadas junto al tallo, parecidas a las del haba que llaman de perro. La flor es blanca y semejante al lirio, con unas hebras en medio como las del azafrán. Caída [iv.663] la flor, queda una manzanilla redonda, parecida a la cabeza de las adormideras, de color obscúro. Dentro de esta se halla la simiente, que es negra, ancha, macíza y pegajosa a la lengua. El tallo es liso, y negro, y la raíz negra tambien, y de figura redonda. Hai otra especie, que se diferencia en ser la raíz blanca y la flor amarilla. Una y otra la llaman tambien Nymphea, por criarse en las aguas, con alusión a las Nymphas. Latín. Nymphea. LAG. Diosc. lib. 3. cap. 143. Tanto la resfria, enflaquece y mortifica la *Nymphea*, llamada de los Árabes y de sus confederados Nenúfar" (*Aut.*, *s. v.* "Nenúfar").

163. "Hierba de que hai dos especies principales, una hortense y otra salvage. La hortense es en dos maneras, la primera tiene el tallo quadrado, velloso y algún tanto roxo, las hojas redondas cortadas en puntas, tiernas y suavemente olorosas, las florecillas al nacimiento de cada tallo purpúreas. La segunda se parece a esta primera, salvo que sus flores al fin de los tallos se vienen a hacer como espígas. La salvage tiene mui vellosas las hojas, el olor ingrato, y espigadas las flores. Es hierba mui amiga del estómago y del hígado, y es útil para otros muchos remedios. Latín. *Mentha. Menthastrum.* FIGUER. Plaz. univ. disc. 71. Ofrecian a la torpe Deidad, por sagrados dones, incienso, guirnaldas de rosas, olorosas hierbas, el Myrto, y sobre todo la hierba buena" (*Aut.*, *s. v.* "Hierba Buena").

164. El 23 de junio.

molidas, sáquenlas por alquitara,[165] y guarden aquel agua en una redoma[166] bien tapada, y será para todo el año. Cuando comience a bajar la primera gota de sangre, tomen de esta agua tanta como cabe en un huevo, y otro tanto vino muy bueno, y tomen tantas rasuras[167] blancas muy molidas, como caben en un tomín sencillo, y mézclenlas con el agua y vino, y tómela tres mañanas en la cama, y arrópese en ella dos horas. Usen de este remedio dos veces o tres que baje, y verán como purgan también y sin dolor que se espanten. Si con el remedio que he dicho bajare mucha sangre (como muchas veces acontece) tomen la mitad de la cantidad que arriba dije.

Pocos años ha que siempre he usado de este remedio que diré, y aprovecha mucho a todas, y es: tomen tanto achiote[168] como media

165. En el original: "alquatara". "Espécie de vaso destilatório, que se hace de cobre, vidrio, estaño, o barro, segun los diferentes intentos de destilaciones en que se ha de emplear. Hácese de várias figúras, y tiene un vaso redondo, ò casi redondo, que se encaxa en el cuello de la cucúrbita, para recibir los vapóres que se elevan de las matérias puestas al fuego, el qual es el que en sentido riguroso se llama Alambíque. Este vaso suele estar metído ò cercádo de otro à modo de caldéra, que llaman refrigeratório, el qual se procúra tener lleno de agua fria, para que se templen los vapóres que suben al Alambíque, y vayan cayendo ù destilando en el recipiente, por un canál que tiene para esto, que se llama pico, ò nariz del Alambíque. Es término de la Chymica. Lat. *Cucumella, aut cucurbita distillatoria*. PRAGMAT. DE TASSAS, año 1680. fol. 27. Cada libra de cobre labrádo en piezas mayores, como son cántaros, regadéras, alquitáras, *alambíques* para destilar, &c. CALIXT. Y MELIB. fol. 14. Tenía una cámara llena de *alambíques*" (*Aut.*, *s. v.* "Alambique").

166. "Vasija gruessa de vidro, de varios tamaños, la qual es ancha de abaxo, y vá estrechándose y angostándose hácia la boca. Covarr. dice que se llamó redoma, porque además de ser doblada en el gruesso del vidro, se mete en el fuego, se doma y recuece dos veces. Latín. *Nombus vel ampulla vitrea*. SAAV. Republ. pl. 76. Otros muchos hornillos encendidos, con gran variedad de redomas, alambíques y crisoles. QUEV. Mus. 6. Rom. 97. *La naríz olía / una misma cosa, / entre los servicios, / y entre las redomas*" (*Aut.*, *s. v.* "Redoma").

167. "Vale tambien lo mismo que Raedúra. L. ARGENS. Rim. f. 64. *Azeite de lagartos y rasúras / de ajonjoli, jazmin y adormideras / de almendras, mata y huevos mil mixturas*" (*Aut.*, *s. v.* "Rasura"). "La parte menúda que se rae de alguna cosa. Trahele Covarr. en su Thesoro en la voz Raer, y Nebrixa en su Vocabulario. Latín. Ramentum" (*Aut.*, *s. v.* "Raedúra").

168. "Es una planta originario de México, Centro y Suramérica. Las principales referencias que se tienen de esta planta son de la parte sur de México y, en especial de la Península de Yucatán. Su uso terapéutico dentro de la medicinal mexicana es para el sarampión. Es así, que 'se usan las semillas regadas abajo de la hamaca y se toma un té hecho con las mismas, para que brote rápido el sarampión. A las semillas se les aplica vicvaporub previamente calentado y se colocan en las manos procurando hacerlo por las noches, o bien, en forma de cataplasma se pone en las

nuez y en un poco de buen vino blanco tibio, lo deshagan y denlo tres mañanas o cuatro, y hará bajar sin ningún dolor.

---

plantas de los pies, para bajar la calentura'. Molidas en orín de niño son administradas oralmente en casos de alergia. Los tzotziles beben contra el sarampión entre 2 y 3 tazas al día de agua de achiote y se complementan con té de ruda, esta mezcla también sirve para frotar el cuerpo. Es utilizada en algunas enfermedades digestivas como dolor estomacal, empacho, diarrea, indigestión y como antidisentérica. Asimismo, el agua de achiote se usa para calmar la fiebre y desaparecer tumores. Finalmente, se menciona que, al picar y macerar las hojas, éstas producen una sustancia gomosa que posee propiedades diuréticas" (*BDMTM*, *s. v.* "Achiote").

Cura particular de la erisipela[169] [f. 78b] Capitulo doce[170]

Cosa común es llamar a la erisipela[171] la del monte. Debió tomar este nombre porque los que andan por los campos y al sol traen siempre el rostro tan rosado y quemado.

Tres maneras de erisipelas ponen los autores: una de sangre muy encendida y caliente demasiado; otra de sangre y cólera; y otra de sangre y de alguna flema. Los pronósticos de la erisipela son: que estando en el rostro, si sube a la cabeza, es muy peligrosa, y mucho más cuando levanta ampollas, y de ellas se hacen llagas. Cuando estas llagas hacen buena materia, es señal de salud. Cuando en la parte que está la erisipela se levantan como unas caspas, y los accidentes[sic] se remiten, ya no hay de qué tener temor.

El aposento donde estuviere el enfermo esté siempre fresco y templado con yerbas y ramos verdes, y riéguenlo muchas veces con agua clara y fría. Esté muy oscuro y [f. 79a] con poca luz, porque el resplandor enciende la erisipela.

---

169. "Inflamación y encendimiento, producido de sangre extravenada entre el cutis y la carne. Comunmente se llama Disípula, o Isípula. Covarr. la llama Erisipula. Es del Griego *Erysipela*. FRAG. Ciruj. lib. 2. cap. 3. En qué se distingue la erysipela del flegmón? En que la erysipela es más ardiente, y tiene el color más encendido con alguna amarillez" (*Aut.*, *s. v.* "Erysipela").

170. En el original: "12".

171. Y así la definía el cirujano más importante de la Nueva España: "Qué cosa es erisipela. Según Guido es un apostema de humor caliente y seco, engendrado de sangre colérica del cual estas son las señales: dolor con ardor y el lugar muy inflamado, no con mucha hinchazón porque este humor no entra mucho en la carne, que es pasión del cuero y viene con calor vehemente y con facilidad desaparece al tacto. Da gran calentura y también da dolor pungitivo y mordaz. Por la mayor parte viene a erisipilarse el rostro, comienza por la punta de la nariz y después creciendo va por toda la cara y las orejas, y muchas veces se hincha la cabeza y baja por las espaldas. Tiene por mala señal cuando va en destrucción del color, principalmente cuando se trata con las manos y se siente al sentido del tacto muy dura la parte enferma" (López de Hinojosos, *Suma y recopilación de cirugía*, 1578, pp. 120-121).

Los tres días, o cuatro primeros, coma poco el enfermo, y no sea cosa de carne, salvo si no fuere mucha su flaqueza. Y entonces le den caldos de ave, y de un pollito pequeño y de una polla. El que puede pasar sin carne coma lechugas con vinagre templado, acederas, borrajas y verdolagas. Es bueno el xocoatole[172] y el hordiate[173] y almendradas que lleven pepitas de melón. Beba agua cocida con cebada, y provéase de cámara cada día, aunque sea con melecina común o con calilla. Excuse el dormir después de comer, porque se enciende con él mucho la sangre y a todos es muy dañoso.

Desde el día primero que comenzare la erisipela, pongan defensivos sobre la inflamación toda, porque repriman y resuelvan el humor. Es bueno este: batan dos claras de huevos frescos, y echen en ellas otra tanta agua rosada, y no la habiendo, de llantén, o de hierba mora, y vuélvanlas a batir, y con una pluma de gallina mojen dos veces o tres toda la inflamación, y hagan esto cada media hora.[174] [f. 79a]

***

172. Xocoatole: Atole agrio. Véase más adelante la nota del "xocoatole", en el apartado "De la calentura que llaman tabardete [f. 248a]".

173. En el original: "ordiate". "Cierto género de bebida, que se hace de cebada, semejante a la Ptisana. Dixose assí de *Hordeum*, que en Latín significa cebada. Latín. *Ptisana*, ae. ESPIN. Escud. Relac. 1. Desc. 11. Comenzó a darme unos hordiates, que no aprovecharon cosa" (*Aut.*, *s. v.* "Hordiate").

174. Con leves variantes, el mismo remedio lo empleaba el cirujano López de Hinojosos. Precisamente, porque es un cirujano quien recomendaba su uso, reconoce que este proviene del médico Juan de Vigo, a quien copiaba Farfán algunos tratamientos: "Y hecho todo esto por esta epítima sobre el lugar enfermo, que la alaba mucho Juan de Vigo: Toma tres claras y aceite rosado, dos onzas; ungüento rosado, una onza; zumo de llantén y de yerba mora, cada uno dos onzas, y todo junto se ponga en el lugar erisipelado" (López de Hinojosos, *Suma y recopilación de cirugía*, 1578, p. 121).

De muchas enfermedades
e indisposiciones que a cada paso
se ofrecen. Hecho por el padre fray
Agustín Farfán, doctor
en medicina y religioso de la orden
de sant Agustín en esta Nueva
España. [f. 82a]

* LIBRO SEGUNDO *

De las bubas[1] y como se curan
Capítulo primero

Es grande la lástima que tengo de los que cada día veo morir del mal de las bubas,[2] siendo el mal tan conocido y tan fácil de curar. Si llamasen a médicos doctos y experimentados a los principios de la enfermedad, y no a los que (con verdad) llaman matasanos, pues que dejan a los que no matan peores que cuando los comenzaron a curar. Y como estos afirman con juramento a los pobres en[f. 82b]fermos que dentro de quince días los darán sanos, se entregan a los carniceros. Los ignorantes no reparan en que la salud del enfermo (después de la voluntad de Dios) está en conocer el médico la complexión que tie-

1. El mal de bubas se debe a enfermedades venéreas, principalmente, la sífilis. Así la definía fray Agustín Farfán en 1579: "El nombre más común que este mal tiene, es el mal francés, el qual es tan pernicioso, suzio, feo, y hidiondo que a todos causa asco. Y queriendo Dios (por nuestro peccados) castigarnos, y esto como misericordioso padre, fue servido, que esta enfermedad nos affligese, y atormentase con diversos modos, y maneras de accidentes, a unos con una manera de sarna, o leprilla, así en partes del cuerpo, como en todo él. A otros con unos como empeynes, a otros con unas costras, y postillas grandes en la cabeça, rostro, y cuerpo, y en las piernas: a otros pelándoles la cabeça, cejas, y pestañas. A otros con verrugas, a otros con pestíferas llagas corrosivas, suzias, y llenas de cáncer, y corrupción de huessos. A otros con grandes dolores, calenturas, y con otros mil géneros de accidentes, pues para obiar, y yr contra este grande mal, y darle remedio, muchos hombres han investigado, y buscado (con toda diligencia y cuydado) diversas curas, y así a Dios gracias, hanlas hallado" (Farfán, *Tratado breve de cirugía*, f. 210b).
2. "Al principio tuvo diversos nombres: los españoles pensando que se les avía pegado de los franceses, le llamaron mal francés. Los franceses pensando que en Nápoles y de los de la tierra se les avía pegado el mal, lo llamaron mal napolitano. Los alemanes viendo que de la conversación de los españoles se les avía pegado, le llamaron sarna española, y otros lo llamaron sarampión de Indias y con mucha verdad, pues de allí vino el mal" (Nicolás Monardes, *Primera y segunda y tercera partes de la historia medicinal de las cosas que se que se traen de nuestras Indias Occidentales, que sirven en medicina*, Sevilla, en casa de Alonso Escrivano, 1574, f. 13v).

ne.[3] Porque conforme a ella ha de dar el remedio y medio y medicinas a ella más conveniente.

En esta enfermedad no ha de ser una la cura, porque los humores de que procede y sus accidentes[sic] son diversos, y el tiempo en que se debe curar no puede ser uno. Piensan algunos que la cura de esta enfermedad no es una de las principales de la medicina, y paréceles a ellos que con tener en su poder algunas recetas, con las que se han curado otros enfermos, que con ellas curan a los demás, y quieren con un remedio curar esta enfermedad. Por esto determine poner aquí (con la claridad a mi posible) todo lo que se debe hacer en ella; y porque los ignorantes acierten a hacer lo que conviene, y no hagan tantos yerros cada día.[4]

Son tantos y tan diversos los accidentes[sic] de esta enfermedad, que a unos aflige con una manera de sarna y leprilla en algunas partes de su [f. 83a] cuerpo, y a otros en todo él; a unos aflige con unos como empeines[5] y postillas[6] en la cabeza y en el rostro; a otros aflige pelándoles las cejas, y pestañas, la cabeza y la barba; a unos aflige con graves

3. El tema de la complexión del enfermo cubre, prácticamente, la historia de la medicina occidental. Podría estudiarse desde los presupuestos de la medicina hipocrática y galénica, la medicina monástica medieval, las tesis de Paracelso, Hahnemann y la homeopatía, Hufeland y la macrobiótica, Keneipp y su hidroterapia, hasta alcanzar las modernas teorías del siglo XXI: la naturopatía, las terapias de regulación y la salutogénesis. Para un estudio de estas teorías, *vid.*, Kerckhoff, *op. cit.*, 2015.

4. El doctor Farfán era más rudo trece años atrás al llamar "idiotas" a los "ignorantes" de ahora: "Algunos idiotas ay que presumen de curar esta enfermedad, confiados en los remedios que los doctos (con trabajo no pequeño) han hallado. Y como estos tales (que dixe) no conocen qué humor es el que entonces causa la tal enfermedad, ni alcançan a conocer la virtud que tiene el pulso sobre el paciente, ni la complexión dél, pensando que le han curado, le dexan peor, y algunas vezes sin remedio, y a algunos (como cada día los vemos) muertos" (Farfán, *Tratado breve de cirugía*, f. 211a).

5. "Es una especie de tiña seca, que procede de cólera o flema sutíl, podrecida o salada, que solamente ocupa el cuero o cutis exterior del cuerpo. Los Médicos conocen quatro espécies de esta enfermedad. En este sentido viene del Latino *Impetigo*. Latín. *Lichen, enis*. LAG. Diosc. lib. 1. cap. 113. Es admirable remedio para las asperezas y empéines de todo el cuerpo, y en especial de las manos" (*Aut.*, *s. v.* "Empeine").

6. "La costra que se cría en las llagas o granos, quando se van secando. Sale del Latino *Pustula*. En lo antiguo se decía Postiella. C. LUCAN. cap. 3. Tomaron con las manos de aquel agua, que estaba llena de podre y de las postillas, que le salian de las llagas. BRAV. Benedict. Cant. 16. Oct. 49. *Libertando del mal, lepra y postillas / Los descubiertos huessos y ternillas*" (*Aut.*, *s. v.* "Postilla").

dolores de junturas y de cabeza; a otros con corrupción de los huesos de ella y de las espinillas; y, finalmente, a otros con llagas en las partes vergonzosas y con incordios[7] y con continua purgación de materias por la vía de la orina.

*

La purga sea esta: cañafístula dos cañutos, desátenla en agua cocida con anís, o con orozuz o con semilla de hinojo; y mezclen con ella dos tomines de peso de polvos de Mechoacán o de la raíz de Xalapa,[8] que purga humores gruesos, y tómela a las cuatro de la mañana. Cuando no tuvieren estas purgas, tomen siete piñones, y quítenles una telilla que tienen en medio de la pepita, y molidos los tomen en un poco de caldo de ave. Cuatro cucharadas de aceite de la higuerilla[9] hacen purgar admirablemente la melancolía, porque de su semilla hacen en las boticas las píldoras faétidas[sic]. [f. 85b]

---

7. En el original: "encordios". "Tumor que se congela, y forma en las inglés, procedido regularmente de humor gálico. Derívase del nombre Cuerda, por las muchas que concurren a la parte donde se forma. Algunos dicen Encórdio. Latín. *Inguinum tumor.* FRAG. Cirug. Gloss. de los Apost. Quest. 29. Incórdio es una especie de flegmon, que con nombre general se llama Bubo, porque Bubo, segun Galeno, es una simple inflamación de las partes glandulosas, como son inglés, sobacos, y detrás de las orejas. QUEV. Tacañ. cap. 10. Enseñome una cuchillada de a palmo en las ingleses, que assí era de incórdio, como el Sol es claro" (*Aut.*, *s. v.* "Incórdio").
8. "La raíz de Xalapa (o jalapa) se emplea en medicina como purgante. Se considera energético y hasta peligroso en alta dosis, pero asociado al calomel o al ruibarbo proporciona buenos purgantes que se venden en las farmacias con los nombres de azúcar naranjada, aguardiente alemán, etc. Es conveniente administrarlo para temperamentos linfáticos y de constitución robusta; pero no es propio para temperamentos sanguíneos, nerviosos o debilitados. Varios autores han afirmado que a esta planta se refiere el doctor Francisco Hernández (s. XVI) cuando habla del cacamotic tlanoquiloni, donde dice: 'Las raíces en las dosis de dos onzas tomadas por el enfermo al acostarse, purgan con admirable seguridad y suavidad'; pero el grabado no corresponde a la planta, por error al colocarlo o por referirse Hernández a otra Ipomoea" (Martínez, *op. cit.*, pp. 277-278).
9. Se refiere al aceite de ricino: "El ricino. Unos los llaman 'Sésamo silvestre'; otros 'Séseli chipriota'; otros, 'ricino', por la semejanza de la semilla con el animal. Es un árbol que tiene el tamaño de una higuera pequeña. Tiene las hojas semejantes a las del plátano, aunque mayores, más lisas y más negras; el fruto en unos racimos ásperos, una vez mondado es semejante a la garrapata de los animales, del cual se exprime el llamado aceite de ricino, incomestible, pero sobre todo útil para candelas y emplastos. Mondados, majados y bebidos aproximadamente treinta granos, purgan el vientre flema, bilis y agua, provocan el vómito, aunque tal purgación es muy desagradable y molesta" (Dioscórides, *Plantas y remedios medicinales*, libros IV-V, pp. 114-116).

En todas las enfermedades es muy necesaria la dieta, y mucho más en las que proceden de humores gruesos, como esta de que trata[f. 86a]mos. Y así conviene que todos la tengan. El que pudiere coma de un ave, y de noche cene poco, y bástanle unas pasas y un poco de bizcocho. El pobre coma de un poco de carnero manido y cene una escudilla de atole.

*

Tome las mañanas, una hora antes de amanecer, cinco onzas de este jarabe tibio, con el cual hará tres o cuatro cámaras: tomen cinco onzas de polipodio[10] de alcornoque;[11] hojas de sandalina,[12] dos onzas; epí-

10. "El polipodio nace en piedras que tienen musgos y en troncos viejos de árboles sobre los musgos, de un palmo de altura, semejante al helecho, un tanto velloso, hendido, aunque no tan sutilmente hendido. La raíz es vellosa, con enlaces como los tentáculos del pulpo, del grosor del dedo meñique, una vez pulida es verde por dentro, acerba el gusto y un tanto dulce, con virtud purgativa. Se administra cocida con gallina o con pescado o con acelga o con malva. Seca, tomada en polvo con aguamiel, provoca flema y la bilis. La raíz majada, si se aplica en cataplasma, es eficaz también para las dislocaciones y para las grietas entre los dedos" (Dioscórides, *Plantas y remedios medicinales*, libros IV-V, p. 138).

11. "Arbol semejante à la encína. Tiene el tronco mas gruesso, y menos poblado de ramos. Sus hojas son mas largas que anchas, puntiagúdas, récias, hendídas por algunas partes de su orilla, y de trecho en trecho guarnecídas de puntícas: se conservan verdes hasta que se caen con la nueva hoja. Su fruto es bellóta, como el de la encína; pero mas pequeña, y cubierta del cascarón, ò capullo, que es mui áspero. Su corteza (que es la que llamamos corcho) es de tres géneros, exteriór, média, è interiór. La primera por maltratada de los temporales es de poco provécho. La segunda sirve para muchas cosas que se hacen del corcho: y esta en estando en sazón se vá despegando de la última (que es la interiór) con el cuidado de que no se maltrate, porque si de ella se arranca alguna parte, peligra todo el arbol. Estas cortezas son gruessas mas ò menos, segun fueren antíguas, ò nuevas, y todas son ligéras y esponjosas, de colór roxo, acaneládo, ò castaño claro. A Covarr. le parece voz Arabe deriváda del Arabigo *Dorque*, que significa desnudádo, ò mal vestido, añadido el artículo Al, mudada la d en c, y aumentáda en el medio la diccion no. Pero siendo tanta la alteración, ò corrupción que se experimenta para que pueda ser assi, no será sin algun fundamento el decir puede derivarse del Latino *Quercus*, que significa la encína, respecto de ser arbol de su espécie. Lat. *Suber*, is. LAG. Diosc. lib. 1. cap. 121. El *alcornóque*, de los Latinos llamado suber, es una espécie de roble, que assi en el fruto, como en las hojas parece à la encina. LOP. Philom. fol. 52. Por olmos *alcornóques* y lauréles. Al *alcornóque* no hai palo que le toque, sino la encína, que le quiebra la costilla. Refr. que explíca no haver en la naturaleza cosa que no tenga su contrário. Lat. *Robustae quercus rami cava subera frangunt: / Nempè aliquid duro durius esse solet*" (*Aut.*, *s. v.* "Alcornoque").

12. En el original: "sendeluna". "Arbol que se cria en varios parages de las Indias, y en algunas crece à la altura, y gruesso de un nogal: su corteza es parda, y áspera,

timo[13] y tomillo,[14] dos puños; raíces de apio[15] y de perejil,[16] dos manojos; zarzaparrilla[17] muy cortada, una onza; raíces de borrajas, tres manojos. Todo lo dicho se muela y cueza en seis cuartillos de agua hasta que se gasten los tres. Cuélenlo y exprímanlo bien, y añadan un cuartillo de miel blanca, y media libra de azúcar y vuelva a cocer hasta que espume bien. [f. 86a]

*

Si alguno me preguntare, por qué no mando que sude el enfermo con este jarabe, pues todos los médicos o los más mandan, que suden con

---

las hojas de un verde mui vivo, y parecidas á las del lentisco, las siores en unos son azules obscuras, que tiran à negro, y en otros blancas: su fruto es parecido al de la cereza, al principio verde, y despues negro: en algunas partes es pequeño, y como el de la pimienta: es del todo insipido, è inutil: hai tres especies, que se distinguen por el color de su macéra, que es medicinal, roxo, blanco, y pálido, que en las Boticas llaman cetrino. Lat. *Santalum Indicum*. LAG. Diosc. lib. 1. cap. 19. Empero porque venimos à hablar del *sándalo* (la qual planta nace en Indias) conviene entender, que se hallan de él tres especies" (*Aut.*, *s. v.* "Sándalo").

13. "El epítimo es flor del tomillo más duro y semejante a la ajedrea. Las cabezuelas son menudas, ligeras, con unas colillas como cabellos. Bebido, purga por abajo la flema y la bilis negra. Es conveniente en particular para los de humor melancólico y flatulentos, en cantidad desde un acetábulo hasta cuatro dracmas, con miel, con sal y con un poco de vinagre. Nace muchísimo en Panfilia y en Capadocia" (Dioscórides, *Plantas y remedios medicinales*, libros IV-V, p. 132).
14. "Mata pequeña conocida de todos, es muy olorosa y de su flor hacen las abejas dulcísima miel (Virgilio, Églog. 8). Oler una mujer a tomillo es ser limpia, y esto se dijo por las villanas, que en el arca donde tienen sus vestidos, echan matas de tomillos" (*Tesoro*, *s. v.* "Tomillo").
15. "Discórides lib. 3, cap. 70-74 pone muchas diferencias de apios por cinco capítulos [...] Con el apio no sólo coronaban los vencedores de los juegos funerales, mas aun los mismos sepulcros: y en las cenas funerales que se hacían a los dioses[sic] Mares no era lícito comer otra cosa que pan, lentejas y apio. Y por ser esta yerba tan funesta, la tenían por de mal agüero, y al que estaba desahuciado de vivir lo anunciaban con que le aparejasen el apio: y así el apio es símbolo de tristeza y de lloro por causa de algún difunto" (*Tesoro*, *s. v.* "Apio").
16. "Del nombre latín petroselinum [...] apio menudo que se cría entre las peñas. De éste se hace la salsa que llamamos perejil y se echa en los guisados y en las ensaladas" (*Tesoro*, *s. v.* "Perejil").
17. La zarzaparrilla que era llevada a España es la siguiente: "Capítulo LXX. Del Quauhmecapatli. Es la especie de zarzaparrilla cuyas raíces son llevadas a nuestro Viejo Mundo, de hojas grandes con figura de corazón, tallos volubles y espinosos, raíz ramificada, ningún fruto, y zarcillos que brotan por todas partes. Nacen en los campos de Tototépec, Metztitlan y Quauhchinanco; pero la mejor de todas nace en la región que por su profundidad llaman Honduras" (Hernández, *Obras completas*, t. II, vol. I, p. 249).

los tales jarabes. Respondo, que es muy mal mandado, y muy mala práctica la que se usa por esta razón. Diferente obra es de la naturaleza provocar cámara, ayudada con algún medicamento, que la mueva a sudar juntamente. Y así no puede ni es posible hacer lo uno y lo otro bien en un tiempo, por ser tan contrarias y diferentes las obras. Y aunque algunas veces las hace, es irritada y violentada del medicamento o del mal humor. Y sea aviso para todos este: que procure lo uno o lo otro al enfermo.

Y siempre vayan por donde la naturaleza quiere y va de maneras: que si por las cámaras, ayúdenle por ellas, y si por sudor, con ella la descarguen. Y hacer lo contrario es muy grave culpa, y es mucho mal para el enfermo por las razones dichas. [f. 86b]

Como se da la zarzaparrilla[18] para las bubas[19] y para otros males [f. 87a] Capítulo segundo

Cuando los remedios dichos, los dolores y postillas con las llagas no se quitaren, será necesario que el enfermo tome unos sudores

18. Según el protomédico Francisco Hernández, hay muchas variedades de este medicamento: "Capítulo LXIX Del Mecapatli *o zarzaparrilla*. Así llaman los mexicanos al famoso medicamento que nuestros compatriotas llaman zarzaparrilla, y del cual encontré en esta Nueva España no pocas variedades que describiremos ordenada y separadamente para distinguirlas mejor. Quiero en primer lugar describir aquella especie que en España y principalmente en Andalucía nace por valles y montes, clasificada por los farmacéuticos y peritos botánicos como la *smilax aspera* descrita por Dioscórides, y encontrada por mí no lejos de la ciudad de México, en el pueblo de Santa Fe, en lugares fríos y acuosos, junto a un manantial de agua dulcísima y salubérrima que por acueductos llega a la ciudad. Nada diré de su forma, puesto que Dioscórides la describió magistralmente. En cuanto a sus propiedades, son enteramente las mismas de las demás especies, aunque nada haya dicho Dioscórides de su temperamento ni de su virtud que provoca sudores, calma los dolores de las articulaciones y demás partes, y vence y destruye las enfermedades rebeldes e incurables, pue sólo puso de manifiesto su propiedad de combatir los venenos haciendo las veces de antídoto. Que es esta una especie de zarzaparrilla (aunque apenas puedan creerlo los españoles que no han venido a estas tierras), no podrán dudarlo quienes la comparen con las demás especies que hay en estas regiones si bien la zarzaparrilla de Indias carece de semilla; pero es costumbre de los hombres admirar de tal suerte lo extranjero, que no pueden creer que lo nacido en su propia tierra sea muy estimado en otros lugares. La naturaleza de esta planta es fría y seca, aunque tiene mezcladas partes cálidas y sutiles en virtud de las cuales produce sudores, aumenta el calor del estómago, limpia los riñones y el conducto de la orina, y provoca la micción. Nace muy buena en Tzonpanco y en las llamadas Honduras que los mexicanos llaman *Hueimolan*" (*Obras completas*, t. II, vol. I, pp. 248-249).
19. "Uvo grandes opiniones de la causa y origen desta enfermedad. Los unos dezían que avía venido de los malos mantenimientos melanchólicos, que los exércitos por necesidad avían comido, como yerbas silvestres, y mucha ortaliza, y rayzes de yerbas, asnos y caballos, y otras cosas que engendran semejantes enfermedades, corrompimiento y quemando la sangre. Otros lo atribuyeron, a unas conjunciones de Saturno y Marte, y lo aplicaron a influencias celestes. Con esto le pusieron varios y diversos nombres, llamando los unos lepra; otros lechenes, otros méntha-

con la zarzaparrilla.[20] Y aunque algunos no hacen caso de ella, es porque no la conocen bien, ni saben los buenos efectos que hace si supiesen usar de ella. Cuanto a la complexión y calidad de la zarzaparrilla, todos dicen que es caliente entre el segundo y tercer grado.[21] Y los que cuecen mucha en poca agua la hacen más caliente. Y aunque aprovecha para el mal que pretendían curar, dejan tan grande calor en el hígado y riñones que hay mayor necesidad las más veces de mayores remedios fríos que se hicieron para el mal principal. [f. 87a]

Algunos me han preguntado cómo da dolor de estómago la zarzaparrilla y causa mal de madre a las que la beben, siendo calientetemplada. Lo que res[f. 87b]pondo, es: como con el mucho cocimiento se hace más caliente, levanta y mueve en el cuerpo muchos vapores, y estos causan los daños que sienten. Y si la tomasen por peso y medida no haría mal, sino mucho bien, como lo verán por experiencia.

*

Cuézanla así: tomen tres onzas de zarzaparrilla cortada y un poco molida; las hojas de el sandalina[22] molidas, media onza. En una olla nueva lavada con salmuera que tenga doce cuartillos[23] de agua la echen en [re] mojo un día y una noche. Luego cueza a fuego manso, hasta que se gasten cuatro cuartillos del agua; y en ella echen una onza de hermodátiles[24]

gra, otros mal muerto, y otros elephancia, sin poder atinar ciertamente qué enfermedad era. Porque ygnoravan que fuesse enfermedad nueva, y querían la reducir a alguna de las ya sabidas y escriptas" (Monardes, *op. cit.*, ff. 13v-14r).

20. "[La çarçaparrila] Traxose la primera vez de Nueva España, porque la usaban los Indios por gran medicina, con que curaban muchas, y muy variadas enfermedades. Es una planta, que echa muchas rayzes debaxo de tierra, largas como una vara, y más: de color leonado claro" (Monardes, *op. cit.*, f. 18v).
21. Se debe a Galeno el haber otorgado estos distintos grados: "Galeno diferenció las cualidades de estos elementos en cuatro grados distintos, cada grado tenía tres progresiones y además varias combinaciones y subgrupos. Según Galeno, la rosa enfriaba levemente mientras que el opio enfriaba en cuarto grado" (Kerckhoff, *op. cit.*, pp. 91-92).
22. En el original: "sendeluna".
23. "(Del dim. de cuarto) medida de líquidos, cuarta parte de una azumbre, equivalente a 504 ml" (*DRAE*, *s. v.* "Cuartillo").
24. En el original: "hermodátilos": "(Del gr. ἑρμοδάκτυλον *hermodáktylon*). Quitameriendas: planta de la familia de las liliáceas, muy parecida al cólquico, del que se distingue por no estar soldadas entre sí las largas uñas de sus sépalos y pétalos" (*DRAE*, *s. v.* "Hermodátil").

muy molidos, mézclenlos bien. Quiten la olla del fuego, y tápenla con un plato y una fresada por tres horas.[25] [f. 87b]

25. El doctor Farfán emplea la última tendencia en la preparación de la zarzaparrilla, pues, en 1574, su colega Nicolás Monardes refería que antes de ello los médicos la daban "como la usavan los indios en la cura de sus enfermedades, y cierto hazía muy grandes efectos. Pero la delicadeza de nuestros tiempos hizo que se usasse, y diesse como el agua de Palo" (*op. cit.* f. 19r-19v). De hecho, en esta tendencia más a la moda, Farfán difiere en muy poco con lo señalado por Monardes: el agustino pone una onza más de agua al inicio de la cocción y agrega la sandalina. Lava con salmuera un nuevo recipiente y agrega más o menos la misma cantidad de agua, solo que Monardes mide en azumbres y Farfán en cuartillos; y al final, gusta agregar los hermodátiles. No obstante, según lo dicho por Monardes, hay un paso final que Farfán no hace: "Después introdúxose otro modo de darla, y es el que se usa agora en esta forma. Toman dos onças de çarçaparrilla, y lavada, se quebranta y corta menuda, y se echa en una olla nueva, y sobre ella echan tres açumbres de agua, y esta en remojo por veynte y quatro horas, y después tapada bien la olla, cueze a fuego manso de carbón encendido hasta que menguan los dos açumbres y queda el uno, que se conoscerá por la orden de la medida que diximos, y después de fría se cuela y guarda en vasija vidriada. Sobre aquella misma çarçaparrilla ya cozida, se eche tanta agua que se hincha la olla, y hierva unos buenos hervores, y después de fría se cuele y guarde en vasija vidriada" (*op. cit.*, ff. 19v-20r).

Cómo se da el guayacán[26] para curar las bubas[27] [f. 90a] Capítulo tercero

Cuando con todo lo que he dicho el mal no sana, conviene que tome el enfermo el guayacán, del cual, si aquí hubiéramos de decir algo y de

26. "El guayacan, que llaman los nuestros palo de las Indias, se descubrió luego que se hallaron las primeras Indias, que fue la isla de sancto Domingo, do ay grande cantidad dello. Dio noticia dél un indio a su amo, en esta manera. Como un español padeciesse grandes dolores de bubas, que una india se las avía pegado, el indio, que era de los médicos de aquella tierra, le dio el agua del guayacán, conque no sólo se le quitaron los dolores que padescía, pero sanó muy bien del mal: con lo qual otros muchos españoles, que estaban inficionados del mismo mal, fueron sanos: lo qual se comunicó luego por los que allí vinieron aquí a Sevilla, y de aquí se divulgó por toda España, y della por todo el mundo, porque ya la infectión estaba deseminada por todo él: y cierto para este mal, es el mejor y más alto remedio de quantos hasta oy se han hallado, y que con más certinidad y más firmeza sana y cura la tal enfermedad. Porque si son bien curados, y se da esta agua como se ha de dar, es cierto que sanan perfectísimamente, sin tornar a recaer, salvo si el enfermo no torna a revolcarse en el mismo cieno, do tomó las primeras" (Monardes, *op. cit.*, ff. 12v-13r).
27. "Quiso nuestro Señor que de a do vino el mal de las buvas, viniesse el remedio para ellas. Porque las buvas vinieron a estas partes de las Indias, y las primeras de Sancto Domingo. Son entre los indios las buvas tan comunes, y familiares, como a nosotros las viruelas, y casi los más de los indios y indias las tienen sin que dello hagan mucho escrúpulo, y vinieron desta manera. En el año de 1493, en la guerra que el rey cathólico tuvo en Napoles con el rey Charles de Francia, que dezían de la cabeça grande: en este tiempo don Christoval colón, vino del descubrimiento que hizo de las Indias, que fue sancto Domingo, y otras islas, y traxo consigo de sancto Domingo mucha cantidad de indios, los quales llevó consigo a Nápoles, do estaba a la sazón el rey cathólico, el qual tenía ya concluída su guerra, porque avía pazes entre dos reyes, y los exercicios se comunicavan unos con otros. Llegando allí Colón con sus indios y indias, de los quales los más dellos yvan con la fruta de su tierra, que eran las buvas, començaron a conversar los españoles con las indias, y los indios con las españolas, y de tal manera inficionaron los indios y las indias el exercito de los españoles, italianos y alemane, que todo tenía el exército del rey cathólico, que muchos fueron inficionados del mal. Y después, como los exércitos se comunicaron, uvo lugar, que también se encendiesse el fuego en el Real del rey de Francia: de lo qual se siguió, que en breve tiempo los unos y los otros fueron inficionados desta mala simiente: y de allí se ha estendido por todo el mundo" (Monardes, *op. cit.*, f. 13r-13v).

sus virtudes, fuera hacer un libro de nuevo. Basta que todos lo que le conocen le llamen palo santo, pues con él se curan las bubas y otras enfermedades muy graves. Y si los que profesan el arte de la medicina persuadiesen a los enfermos que tomasen esta agua, no usarían de otros remedios para sus enfermedades.

Vemos cada día que los muy llagados, los muy llenos de tolondrones,[28] y con los huesos corrompidos, los muy consumidos, y gastados, los que padecen mucho tiempo de calenturas, y ya como héticos,[29] sanan con este palo santo. Los que apetecen las unciones, por abreviar la cura, no reparan que abrevian los días de su vida, por el daño que el azogue[30] hace en sus [f. 90b] cuerpos. Aquí aviso a los que tienen otras enfermedades, como son gota, asma, ciática y reumas, y a las mujeres que desean tener hijos, y que por enfermedad de la madre no paren, que usen de este remedio tomándolo como deben, y verán como con el favor de Dios sanan de sus enfermedades.

*

Comience el enfermo en nombre de Dios todo poderoso a tomar el agua de guayacán,[31] y cuézanla de esta manera: tome doce onzas de todo el palo del guayacán[32] y cuatro onzas del corazón de él, y tor-

28. En el original: "torondones". Chichones.
29. "El que padece la hética, o lo que pertenece a ella: como Calentúra hética, pulso hético, &c. Latín. *Hecticus, a, um*. LAG. Diosc. lib. 2. cap. 43. Los compañones del gallo nuevo, que aun no ha subido sobre las gallínas, son mui restauratívos de la virtud, digierense fácilmente, producen gran quantidad de esperma, y convienen mucho a los héticos" (*Aut.*, *s. v.* "Hético").
30. "El mercurio [...] Si se bebe, tiene la virtud destructiva; con su peso devora los intestinos. Se socorre contra él con mucha leche bebida y vomitada o con vino de ajenjo o con semilla de apio o de hormino o con orégano o con hisopo bebido con vino" (Dioscórides, *Plantas y remedios medicinales*, libros IV-V, pp. 209-210).
31. Desde los primeros tiempos de la conquista material y espiritual de la Nueva España se tuvo noticias del guayacán para el mal de bubas; y, al parecer, el descubrimiento de la zarzaparrilla también acababa de ocurrir y, con ello, el de una panacea que engañó a sus adeptos: "En esta parte seca se hallan árboles diferentes de los de la otra parte, como es el guayacán, que es un árbol con que se curan los que tienen el mal de las bubas, que acá se llaman las infinitas; yo creo que este nombre han traído soldados y gente plática que de poco han venido de Castilla. Ahora de poco tiempo acá han hallado una hierba que llaman zarzaparrilla, con el agua de ésta se han curado muchos y sanado de la misma enfermedad; de esta zarzaparrilla hay mucha" (Motolinía, *op. cit.*, p. 158).
32. El doctor Pedro Arías de Benavides dejaba en claro en 1567 que estaba en contra del uso del palo de guayacán para curar las bubas y otros males; además nos ofrece el dato de uno de los primeros tratados que se escribieron sobre este medicamento:

néenlo o córtenlo muy menudo; y en una olla grande, nueva, lavada dentro y fuera con salmuera caliente, echen el guayacán y dieciséis [f. 91a] cuartillos de agua, y esté allí un día y una noche. Luego cueza a fuego manso de brasa, hasta que se gasten los cuatro cuartillos. Luego echen en el agua dos onzas de polipodio y de epítimo,[33] con un poco de anís, y dos manojos de apio y perejil[34] con las raíces lavadas de la tierra. Todo molido, vuelva a cocer, hasta que se gaste el medio cuartillo de agua. Al postrer hervor, echen dos onzas de hermodátiles muy molidos, y mézclenlos con el agua con un palito. Quiten la olla del fuego, y tápenla con un plato y una fresada por tres horas. Luego cuelen en otra olla el agua clara, sin que la meneen, y la otra agua del asiento cuelen y expriman. De esta agua postrera tome el enfermo (en amaneciendo Dios) ocho onzas. Y siempre antes que la echen, meneen con un palito, porque se aproveche del asiento. Tómela tibia, y arrópenlo bien, y sude una hora, o lo que pudiere, y pónganle a los pies un ladrillo caliente envuelto en una mantilla.[35] [f. 91a]

"Un frayle Francisco [franciscano] escribió un tratado del palo que yo he visto en las Indias y aún acá lo he visto en estas partes, el qual tratando del palo, dize la forma de su curar. Si él sintiera tantas dél, como yo he sentido, no lo loara tanto como lo loa. Pero la orden que da éste de tomar el agua paréceme que si se llevasse por su estilo sin faltar cosa alguna una razonable enfermedad, se curaría sin beber gota de agua del palo, con sola la dieta y las purgas que le manda dar al principio, antes de entrar a beber el agua y otra vez al medio de la cura, y otra al salir della. Todo este tiempo es distancia de quarenta días y en este tiempo no a de salir de almendras y passas y vizcocho, y manda que a la mañana beva un quartillo del aguafuerte, y entre día toda la que pueda beber de la simple. De manera que como dicho tengo con sola la dieta consumiría qualquiera humor y lo bastaría a desecar por grueso que fuesse, y creo a mi parescer que cura más la dieta que el palo de Indias" (Arias de Benavides, *op. cit.*, ff. 18v-19r).

33. "(Del lat. *epithy̆mon*, y este del gr. ἐπίθυμον *epíthymon*, de ἐπι- *epi-* 'sobre' y θύμον *thýmon* 'tomillo'). Planta parásita, del mismo género que la cuscuta, con tallos filiformes, encarnados y sin hojas, flores rojizas y simiente menuda y redonda, que vive comúnmente sobre el tomillo" (*DRAE*, *s. v.* "Epítimo").

34. "El perejil nace en despeñaderos de Macedonia. Su simiente es semejante al comino egipcio (ámi), aunque más oloroso y más agudo, aromático, diurético, provocativo de los menstruos, conveniente asimismo contra flatulencias de estómago y de colon, contra retortijones de tripas. Se toma en bebida, contra dolores de costado, de riñones y de vejiga. Se mezcla también en los fármacos diuréticos y en antídotos" (Dioscórides, *Plantas y remedios medicinales*, libros I-III, p. 417).

35. Trece años antes, Farfán preparaba de una manera un tanto diferente el agua de guayacán, aunque aún guarda ciertas proporciones (v. g. eliminó los ocho cuartillos de vino blanco del bueno y los reemplazó trece años después por otros ocho de agua, para un total de dieciséis): "Haviéndose purgado, tome el agua del guaya-

*

Por amor de Dios, encargo al enfermo que tome veinte sudores o treinta y más siendo menester. Porque verdaderamente los que con este beneficio no sanan, es porque no hacen lo que conviene en tomar muchos sudores, y echan después la culpa al remedio y al médico.[36] [91b]

*

Puédenlo tomar las preñadas para dolores de cabeza, para la gota artética, y la de los pies, para las reumas, y para el asma, para la ciática y para el mal de orina. [f. 92b].

*

Y hácenlo muy mal los que al principio de esta enfermedad de bubas[37] dan las unciones. Y mucho más mal lo hacen si el mal viene de

---

cán, la qual se hará desta manera, tomen palo del guayacán escofinado, o torneado, o en my pequeños pedaços cortado, doze onças, anis un puño, semilla de lechugas, oroçuz molido de cada cosa una onça, todo se eche en una olla nueva vedriada de media arrova, y echen en ella ocho quartillos de agua clara, y otros ocho de vino blanco bueno, esté en mojo veynte y quatro horas, y después cueza a fuego manso, hasta que se consuma la tercera parte, y al cabo del cozer echen en la olla rosas frescas o secas, dos puños, polvos hermodáctilos, una onça, meneese todo, y habiendo dado un pequeño hervor se quite del fuego la olla, y tápenla con una freçada. Haviéndose enfriado el agua, y asentado, cuélese sin espremirla, ni echar la que queda con el asiento, y guárdenla en un vaso limpio. Desta agua beva el paciente quando comiere y cenare, y no otra, y es como quien beve vino aguado, la otra poca de agua que queda en la olla como asient, se cuele, esprimiéndola fuertemente, y desta tome el paciente cada mañana dos onças, y otras dos antes de cenar, y meneen el vaso donde el agua estuviere, porque lo que allí quedó, haze provecho, la hora de tomar esta agua, es a las siete de la mañana" (Farfán, *Tratado breve de cirugía*, f. 202a).

36. De hecho, en 1579 era más radical en la cuestión de los sudores, pues aconsejaba hasta cuarenta, según la tradición castellana: "Si menester fuere sudar más, hágalo, y lléguelos a los treinta días, y aún a los quarenta, como hacen en Castilla los que tienen desseo de salud y por esto puede comer y cenar un poco más, para sufrir y llevar el trabajo del sudor. Si algunos se espantaren, por qué mando que tantos días suden, yo les aconsejo como christiano lo que les conviene, porque por no hazer assí, es causa que los más que toman el agua del Palo [guayacán], no les aproveche, ni sanen, ni el médico, ni el cirujano consigan su desseo, que es la salud del que curan. Válame Dios, cómo quieren en tan pocos días, y sin dieta, que un mal tan grave, y grande, y que de tan mal humor y tan indómito, y rebelde, y que de tan mala calidad procede, se cure en diez o en doze días, es imposible, y si no me creen, vénalo por la experiencia que tienen tan continua. Pues desengáñense todos, que si assí como lo digo no lo hacen, ni los enfermos quedarán sanos, ni ellos ganarán honrra" (Farfán, *Tratado breve de cirugía*, ff. 218b-219a).

37. Al igual que Nicolás Monardes, Pedro Arias de Benavides, seguidor de Juan de Vigo (ff. 1r-2r), cree que las bubas o morbo gálico fue una enfermedad traída a

humor cálido, mezclado con la sangre corrompida. Cuando el humor es muy grueso y melancólico, con corrupción de huesos en la cabeza y en otras partes del cuerpo, con tolondrones sobre gruesos y grandes dolores, entonces es muy acertada la cura con unciones, habiendo virtud y fuerza en el que las ha de tomar. Y miren bien lo que hacen los que las dan, que si el enfermo es pusilánime y tímido, corre muy gran riesgo su vida.

El remedio es bueno y de maravilloso efecto, si saben usar de él, como conviene. [f. 93a]

Europa desde las Indias: "Ya tengo dicho el año [anno milésimo quadragentesimo nonagésimo quarto] y el tiempo [quod rex Francorum magna caterva transmissus est in Italia ad recuperandum regnum napolitanum, in hoc anno repretitur hanc morbo] que se conoció esta enfermedad, y que vino de las Indias de sancto Domingo" (*op. cit.*, f. 66r).

Cómo se han de dar las unciones[38] [f. 93b] Capítulo cuarto

Comience a tomar el enfermo las unciones, es hora muy acomodada para comenzarlas a dar el día primero a las dos de la tarde, habiendo comido a las ocho de la mañana. Pedido he que no se enfaden, por amor de Dios, porque mando hacer primero tantos beneficios, y ahora lo vuelvo a pedir, porque es tan malo —y tan rebelde el humor— para arrancarlo del cuerpo que todo tiene necesidad, y con esto hará la unción más fácilmente su obra. Si la unción estuviere hecha dos meses antes —y que cada cuatro días la revuelvan de arriba a abajo— estará muy mejor que la fresca. Porque las cosas que lleva se habrán incorporado[39] muy bien unas con otras.

Esta unción es buena: tomen ocho onzas de enjundia añeja de puerco; manteca de vacas, dos onzas; aceite de laurel[40] y de enel[f. 94a] do y de manzanilla, de cada uno una onza y media; dialtea,[41] dos onzas y media; azogue[42] muerto con trementina, o con zumo de limones

38. "Se toma tambien por la misma materia con que se unge, y en este sentido se dice que llevan la santa Unción para los enfermos. Lat. *Sacrum oleum.* PARR. Luz de Verd. Cath. Plat. 1. del Sacram. de la Extrema-Unción. Essa es la *unción* santa, que estando yá al fin de la vida, se nos pone... para conseguir en la última batalla la última victoria" (*Aut.*, *s. v.* "Unción").
39. En el original: "encorporado".
40. "Árbol, es bien conocido, de perpetuo verdor en sus hojas; y entiéndase ésta por esta razón: consagrado a Apolo, al cual fungen los poetas en perpetua juventud y verdor. Los griegos la llaman Daphne, y esto dio ocasión a la fábula de que Apolo amó a una ninfa de este nombre, la cual, viéndose perseguida, y casi vencida y en las manos de Apolo, rogó a los dioses la librasen, y así se convirtió en árbol de su nombre. Esta fábula pinta Ovidio (primo Metamor.) vaticinando sus prerrogativas y lo que había de ser honrado y estimado el laurel, ciñendo no sólo las sienes, pero también las sagradas cabezas de los emperadores en sus triunfos y pompas" (*Tesoro*, *s. v.* "Laurel").
41. "Ungüento compuesto principalmente de la raíz de altea" (*DRAE*, *s. v.* "Dialtea").
42. Pedro Arias de Benavides, "quien tuvo a su cargo un hospital en México por ocho años" (f. 75r), no curaba las bubas con palo de guayacán —que repudiaba termi-

o con salvia, tres onzas y media. Todo lo dicho traigan a una mano en un almirez,[43] echándole un poco de ceniza de alcornoque o de sarmientos,[44] porque tome buen cuerpo.

Otra unción muy regalada, y de mucho efecto, y es para ricos: enjundia añeja de puerco, seis onzas; manteca de vacas, tres onzas; triaca[45] buena, dos onzas; azogue muerto con trementina, dos onzas; bermellón[46]

---

nantemente—, sino que, inspirado en Juan de Vigo "el primer hombre que escribió la suerte y forma de curar" (f. 66r), las curaba con una unción de azogue (mercurio): "Pues tomen tres quartas de azogue, pessadas de marco, y no medecinales y échenlo en un almirez y allí amaten con triaca y después trayganlo tanto en el mortero alrededor, hasta que esté bien muerto, que se conoscerá que no se torne a juntar aunque echen una gota de azeyte en el almirez, y así estando bien mortificado, lo saquen de allí, y muelan seis onças de unto de puerco sin sal, muy molido, y sacadas todas la venezillas y nervios que tiene, y en estando ansina bien molido, lo vuelvan a incorporar con la atriaca y el azogue, y allí lo traygan distancia de un cuarto de ora. Tengo yo por cierto que la triaca quita la malicia del azogue" (*op. cit.*, ff. 77r-77v).

43. "Mortéro de bronce que sirve para machacar y moler espécias y otras cosas. Covarr. le dá por origen la voz *Milirezun*, que en Arábigo significa cosa en que se muele algo. El P. Alcalá dice que del nombre *Mihire*, ò *Mihiriz*, que vale tanto como mortéro de metál. De un modo, ù de otro, añadído el artículo Al, se conoce ser palabra Arábiga. Lat. *Mortarium aeneum.* FR. LUIS DE GRAN. Trat. del amor de Dios, part. 1. cap. 4. Le mandó moler en un almiréz de hierro. PRAGM. DE TASS. año 1680. fol. 42. Cada libra de almiréz à siete reales de vellon, en que se comprehende tambien todo lo obrádo y hechúra. OV. Hist. Chil. fol. 43. Machácan esta frutilla en el almiréz, y sacan de ella un zumo con que sazónan sus comídas" (*Aut.*, *s. v.* "Almirez").

44. "El vástago de la vid largo, delgado, y nudoso, en el que salen los racimos, y se crian las uvas. Lat. *Palmes, tis. Sarmentum,* i. HERR. Agric. lib. 2. cap. 6. Y no tenga ninguno por mucho fructifera la vid, que en cada sarmiento lleva su racimo, sino la que los tiene à lo menos apareados, y bien llenos. QUEV. Tac. cap. 3. El era un Clérigo.... los brazos secos, las manos como un manojo de *sarmientos*" (*Aut.*, *s. v.* "Sarmiento").

45. "Composición de varios simples medicamentos calientes, en que entran por principal los trociscos de la vívora. Su uso es contra las mordedúras de animales, è insectos venenosos, y para restaurar la debilitación por falta del calor natural. Llamase assi de la voz Griega *Therion*, que significa Vívora, por ser ella misma antidoto contra qualquier veneno. Lat. *Theriaca*" (*Aut.*, *s. v.* "Thriaca").

46. "Lo mismo que Cinábrio. Hai dos difrentes espécies, la una naturál y la otra artificiál. La naturál es mineral, y es una piedra roxa y mui grave, que tiene muchas venas de azógue, y se halla en sus minéras: la artificiál se hace de azúfre y de azógue cogidos y incorporados juntamente con fuego. Lat. *Cinnabaris. Minium.* PRAGM. DE TASS. año 1680. fol. 18. Cada libra de bermellón en piedra no pueda passar de veinte y quatro reales. LAG. Diosc. lib. 5. cap. 68. Del Cinábrio nuestro común (el qual se llama *bermellón* en Castilla) tenémos dos diferéncias, una de las quales es minerál, y otra se hace con artificio. AMBR. MOR. tom. 1. fol. 198. Donde los rios tienen oro, y las montañas *bermellón*" (*Aut.*, *s. v.* "Bermellón").

y almártaga,[47] de cada cosa media onza; jengibre, canela, clavos y nuez moscada, de cada cosa dos dragmas; rosas coloradas y secas, media onza. Muelan las cosas que se han de moler y, con aceite de laurel, se haga la unción, y a la postre, échenle doce gramos de ámbar y doce de almizcle[48] molidos, y mézclenlos bien con toda ella, y cada cuatro días la meneen mucho. [f. 94a]

*

Las partes del cuerpo que se han de untar, son estas: todas las junturas, comenzando de las plantas de los pies, los tobillos, las rodillas, y las corvas,[49] y las muñecas de las manos, y los codos, y las

47. "Mezcla de plomo, tierra y cobre, que arrója de sí la plata quando la afinan en las hornazas: lo mismo que Lithargyrio. Hai dos espécies, blanca y roxa: la blanca se llama de plata, y la roxa de oro. Tamarid, y el P. Alcalá dicen ser voz Arábiga compuesta del artículo Al, y el nombre *Martaq*, que significa espúma de plomo, y ligeramente corrompido se dixo Almártaga, ò Almártega, como escriben algunos. Lat. *Lithárgyrus, i. Spuma, aut scoria argenti.* LAG. Diosc. lib. 5. cap. 61. El lithargyrio, llamado en Castilla almártaga, no es otra cosa sino una mezcla de plomo, de tierra y de cobre, que escúpe de sí la plata. PRAGM. DE TASS. año 1680. fol. 17. Cada libra de *almártaga* no pueda passar de tres reales" (*Aut.*, *s. v.* "Almartaga").

48. "Droga odorífera mui conocída por su nombre y por su fragráncia; mas no por su naturaleza, no siendo fácil determinar à punto fixo que cosa sea; pero siguiendo las relaciones mas verisimiles de los viajadóres, paréce que no es otra cosa que la matéria de un abscesso, tumór, ò postema que se le hace cerca del [i.232] omblígo à un animál de las Indias Orientales, semejante à un ciervo pequeño, ò cabra montés, el qual se nutre y mantiéne de cosas aromáticas. Este abscesso (ò sea vexíga como quieren otros) se llena à ciertos tiempos, hasta que llegando à incomodar à el animál, este para librarse se estriega contra las peñas y los riscos, y con esta violéncia reventándose la vexíga ò postéma dexa pegado en ellos la matéria que contenía: la qual purificada con el Sol se convierte en esta droga, que los naturáles encierran en vexígas, y assi se distribuye por todas partes. Covarr. dice que este animál se llama Moscos, y que por esta razon los Latinos le llamaron *Muscus*, y los Arabes *Misch*. Diego de Urréa, citado por el mismo Covarr. dice que significa papo de olór, y en su terminación se llama *Mischum*: y añadiendole el artículo Al se dixo Almisch, y de alli con corta inflexión Almizcle. Lat. *Moschus, i.* PRAGM. DE TASS. año 1680. fol. 16. Cada onza de *almizcle* neto, no pueda passar de diez y seis reales de à ocho. OV. Hist. Chi . fol. 109. Volviesse la armáda cargáda de las riquezas de el Oriente, el *almizcle* y ambar, y otras cosas de estíma" (*Aut.*, *s. v.* "Almizcle").

49. "La parte de la pierna posterior a la rodilla, adonde se dobla y encorva. Latín. *Poples, itis.* ACOST. Hist. Ind. lib. 6. cap. 28. Otros con las plantas de los pies, y con las corvas, menean y echan en alto y revuelven un tronco pesadíssimo. BABIA, Hist. Pontif. tom. 3. pl. 399. Desnudan al que han de azotar, y con una caña de tres dedos en ancho y una braza en largo, tendidos boca abaxo les dan en las corvas. ESPIN. Art. Ballest. lib. 2. cap. 43. El andar de estos animales es a saltillos:

sangraderas,[50] los hombros, y las axilas, los huesos del cuello y todo el espinazo, las ingles y el ombligo. Donde hay mayores dolores, y algunas durezas e hinchazones, aprieten más la mano, y pongan una poca más de unción. [f. 94b]

Ninguno se atreva, ni le pase por la imaginación, poner unción en alguna parte de la cabeza. Yo me espanto muy mucho de los que lo hacen, ni con que consciencia se atreven, o con qué autoridad y texto, y hasta hoy se ha visto autor que tal mande, sino todos lo contrario. Y en tal paran los pobres untados, pues los más se mueren. Que la virtud que dio Dios al azogue, es: de traer los humores de las partes muy interiores, con solo untar las junturas. [f. 95a] Basta para una unción (aunque sea el cuerpo de un gigante) una onza y media. A los delicados de complexión, y a los que no están muy malos, bástales una onza, y cuando más una cuarta.

*

No coma sino de un ave y de un poco de carnero y ternera; no coma cosas de puerco, ni pescado, ni leche, ni fruta, ni beba vino. Guárdese del aire, de aguaceros y de mujeres. [f. 96b]

Como se curan las bubas con los sahumerios[51] [f. 97a]

No hago capítulo propio de los sahumerios, porque son (como cada día vemos) tan sospechosos que yo no me atreveré a usar de tal remedio. Porque, verdaderamente, a muchos (que los tomaron) he visto morir ahogados debajo de los pabellones donde los toman. Y aunque digo que usen de ellos en algunas ocasiones, dejando la cabeza y el rostro descubierto, con todo esto los he visto perder el juicio, y después morirse. Esta cura de los sahumerios es para hombres robustos y groseros, [f. 97b] y no para flacos y de poco ánimo. Y como los que usan de ellos no conocen la complexión del enfermo, por no ha-

---

empinanse mui ordinariamente en dos pies, los quales desde las corvas los tienen casi siempre en la tierra, sentados sobre ellos" (*Aut.*, *s. v.* "Corva").

50. Se refiere a la parte del cuerpo opuesta al codo, donde se encuentra la vena más común de donde se extrae sangre, incluso hoy en día. "Sangradera de agua: un portillo [abertura] para desaguar el caz [cause]" (*Tesoro*, *s. v.* "Sangradera").

51. "Es el humo oloroso que se levanta del fuego, echándole alguna pastilla u otra cosa de olor. También hay sahumerios fuertes y fétidos, cuales suelen darse a las mujeres que padecen mal de madre" (*Tesoro*, *s. v.* "Sahumerio").

ber estudiado medicina, ni saber leer en romance, matan tantos con ellos.[52]

Para que sepan hacer la cura, los que se atrevieren a hacerla, pongo aquí el modo de ella, y es este: habiendo purgado al enfermo, y hecho en él los demás remedios dichos, siéntenlo en camisa en una silla horadada por abajo, como boca de secreta, y pongan sobre el un pabellón pequeño, o unas fresadas, y tenga siempre la cabeza y el rostro fuera de ellas, de manera que no le dé el humo en ella. Pongan debajo de la silla un sahumador con brasas, y sobre ellas vayan echando tres pastillas una a una, y cuando se haya quemado la primera, y se haya gastado todo el humo, pongan la otra, y así pongan la tercera. Acuesten al enfermo luego en la cama, y abríguenlo, y sude lo que pudiere, siempre el rostro y la cabeza descubierta y fuera de la ropa.

En sintiendo congoja con el sudor y la ropa, váyansela quitando poco a poco, y límpienlo, y vístanle la ropa caliente y sahumada. Tres sahumerios bastan, y puédelos [f. 98a] tomar cada día, o cada tres días.

Las pastillas son estas: tomen cinabrio, que comúnmente llaman bermellón; almáciga,[53] almártaga y oropimente,[54] de cada uno una

52. El doctor Farfán de 1592 parece mucho más maduro y experimentado en su arte, por lo menos en lo relacionado con los sahumerios, pues en 1579, sin ningún tapujo ni precaución como el que aquí advierte, recomendaba el siguiente sahumerio para las almorranas: "Para quitar el dolor de las almorranas, es también bueno este çahumerio, rocíen unas brassas con buen vino, y luego echen sobre ellas un poco de polvo de piedra çufre, y reciba el paciente aquel vapor" (Farfán, *Tratado breve de cirugía*, f. 107b).

53. "Espécie de goma ò resína que sudan los lentiscos en algunas partes de Africa, y de Asia, y especialmente en la Isla de Chío, de donde se trahe la mas estimada: la qual se saca abriendo la corteza del lentisco, y por aquella abertúra destila un liquór gota à gota, el qual cayendo en tierra se endurèce, y forma unas tortas pequeñitas ò granos, yá mayores, yá menores que los del arróz, blancos, transparentes y quebradizos, que mascados primero se rompen y sepáran, y despues con el calór se ablandan como cera y se unen. Echada en el fuego dá un humo, que no es desagradable al olfato. Es voz Grecobarbara compuesta de la palabra Mastiche Griega, y del artículo Al Arabe, y aunque segun este orígen se debiera escribir y pronunciar Almástiga, el uso comun autoriza el que se diga Almáciga. Lat. Mastiche, es. Lentisci lacryma. PRAGM. DE TASS. año 1680. fol. 17. Cada libra de almáciga no pueda passar de catorce reales" (*Aut.*, *s. v.* "Almaciga").

54. "Mineral amarillo que tira a pardo, el qual se halla en las minas de plata y oro. Diferenciase de la sandáraca solo en el color. El que le tiene de oro y unas como escamas es el mejor; pero el que tira a musco o roxo, que es pegajoso, no es tan bueno. Laguna dice, que el oropimiente es un veneno corrosivo, que ocasiona unos efectos mortales, si no se ataja con tiempo. Latín. *Auripigmentum*. PRAGM.

onza; incienso, media onza. Todo se muela un poco, y con estoraque[55] líquido se hagan nueve pastillas. Estas pastillas son menos fuertes si echan no más de media onza del cinabrio, o bermellón y del oropimente, porque todo el peligro y mal está en el bermellón, y es tan malo y tan venenoso y mortífero, que el que lo labra y beneficia tiene necesidad de taparse muy bien la boca y las narices con un paño, so pena de rendir la vida. Pues ¿porque tengo yo de usar tan peligroso remedio, habiendo otros muy mejores y más seguros? Yo he visto en algunos de los que han tomado los sahumerios, que aunque por algunos días los dolores se les quitan, después vuelven con más furia y agravan más al pobre enfermo. Los que los tomaren, guárdense mucho, que escupen con ellos como con las unciones. Yo he dicho lo que siento con deseo del bien del próximo, cada uno mire cómo usa de remedios tan sospechosos. [f. 98a]

DE TASS. año 1680. f. 17. Cada libra de oropimente no pueda passar de cinco reales. LAG. Diosc. lib. 5. cap. 80. Tras la qual se halla otra amarilla, por ser algo más cocida en las venas: y esta es el oropimente" (*Aut.*, *s. v.* "Oropimiente").

55. "Se toma comunmente por la goma o liquor que destila el árbol assí llamadò, y que se cuaja y endurece como la resína. El [iii.643] más estimado es el de color roxo, porque tiene más crassitúd, a diferencia del que es negro y mohoso, y que con facilidad se desmenuza. El estoráque líquido, es la grassa que sale de la corteza del árbol por via de cocimiento. Latín. *Styraceum gummi.* PRAGM. DE TASS. año 1680. f. 17. Cada libra de estoráque calamíta, no pueda passar de treinta y dos reales. ACOST. Hist. Ind. lib. 4. cap. 29. El Copal y el Suchicopal, que es otro género como de estoráque y encienso" (*Aut.*, *s. v.* "Estoraque").

De la carnosidad que hace en la vía de la orina [f. 98b]
Capítulo quinto

Todas las cosas que se hacen, por bien del próximo, tienen por fin y paradero el servicio de Dios. Con este intento, me determiné poner aquí todo lo que le pudiese aprovechar mayormente a los que están muy apartados de pueblos grandes y de los que tienen médicos. Porque los tales padecen muchas enfermedades y otras indisposiciones, y por no saber con qué remediarlas, se mueren cada día.

Y aunque esta es segunda impresión, no guardo el orden primero, sino voy escribiendo como me parece que más conviene.[56]

Y así traté en este libro primero[57] la cura de las bubas, como parte muy principal de medicina. Añado muchas cosas muy necesarias a la salud de todos, y ahora trato de la carnosidad, que se hace en la vía y caño de la orina. Estas carnosidades son como unas que [f. 99a] se crían en lo postrero de la tripa más baja del vientre. La causa de estas carnosidades del caño es un humor grueso viscoso y algo adusto, porque primero hace llaga que se críe la carnosidad. Y como abrasa un poco, y cada día pasa por allí la orina, no sana. Sino que, quemando más, se hace una como verruga dura, y tanto [que], cuanto más crece, más tapa la vía de la orina.

Los que tienen esta enfermedad sean muy reglados en comer y beber, y en otras cosas que ellos saben que les dañan mucho. [f. 99a]

---

56. Farfán se refiere a que su *Tratado breve de medicina* (1592) es una impresión nueva, condensada y pensada para todo público, rasgos que se oponen a su primer trabajo impreso en 1579: el *Tratado breve de chirugía*. Este no tuvo tanto éxito como el tratado que aquí se edita, pues no gozó de ninguna reimpresión. En cambio, como lo he reiterado en otras partes de esta edición, la presente obra fue reimpresa en 1610. Hecho muy significativo, ya que, junto con un tratado médico del venerable Gregorio López, del siglo XVII, serán los dos únicos testimonios de la ciencia médica reimpresos durante los más de 300 años que duró el virreinato de la Nueva España.

57. Es decir, en el *Tratado breve de chirugía* de 1579.

*

Aviso a los que tienen este mal, que traigan siempre consigo las candelillas,[58] que hacen de refina[59] y cera para este propósito. Y cuando orinaren con mucha dificultad, o no pudieren orinar, unten una con ungüento rosado, o con aceite de almendras dulces, y el que no lo tuviere, con enjundia de gallina o con manteca de vaca lavada; y métala poco a poco por el caño, hasta que pase, y téngala un rato; después la quite amorosamente, y así orinará mejor. En habiendo orinado, la vuelva a poner, porque se abajen y allanen algo las carnosidades. [f. 100a]

*

Yo he visto, muchas veces, detenerse la orina, sin carnosidad y sin haber humores gruesos, y sin haber piedra de los riñones; y esto de repente, y metiendo la candelilla, entrar muy bien. La causa de esto es: haberse pasmado el músculo que abre y cierra la vejiga. También puede ser la causa: por venirle al dicho músculo alguna inflamación e hinchazón, que le priva de hacer su oficio, como se ve, por el dolor gravísimo que tiene el enfermo en el cuello de la vejiga, que es donde está el músculo. Y cuando viene la falta de orinar por alguna de estas causas, no hay otro remedio sino que ordene el enfermo su alma y lo encomienden a Dios, porque los más se mueren si luego no los remedian con sangrías y purgas con toda brevedad. [f. 100b]

Un jarabe para opilaciones[60] del hígado, bazo y estómago [f. 101b]

Para que los remedios medicinales aprovechen, conviene que los que han de usar de ellos se guarden de todo lo que les puede dañar, porque

58. "Es tambien una calita larga de un palmo, delgada y derecha, que se hace de algunos ingredientes cáusticos para meter por la via a los que padecen impedimento en la orína, con que se límpia y quita la carnosidad, que embaraza el curso de ella. Latín. *Specillum medicum.* QUEV. Mus. 6. Rom. 43. [ii.112]. Estos, pues, andrajos de agua, / que en las arenas mendígo, / a poder de candelillas, /con trabajo las oríno" (*Aut.*, *s. v.* "Candelilla").

59. Destilado, muy fino, depurado.

60. "Obstrucción y embarazo en las vias y conductos, por donde passan los humores. Viene del Latino *Oppilatio*, que significa lo mismo. COMEND. sob. las 300. Copl. 1. de las añadidas. E la voz se le rompe y el movimiento, y por ventura se ahoga por las opilaciones de los poros. LAG. Diosc. lib. 5. cap. 7. Por donde es mui dañoso a la gota, y útil contra la piedra, contra toda suerte de opilación, y contra la hidropesía" (*Aut.*, *s. v.* "Opilación").

de otra manera (como otras veces he dicho) no pueden aprovechar.[61] Presupuesto este fundamento tan necesario a la salud, hagan este jarabe para las opilaciones del hígado, bazo y estómago, y tómenlo tibio cada mañana, y antes de cenar, la cantidad de cada vez sea de seis onzas.

Tomen cuatro manojos de apio, de chicorias y sus raíces, cardo santo[62] y esparraguera,[63] de cada cosa dos manojos; semilla de anís de hinojo,[64] pasas sin los granos y cebada mondada, de cada cosa un puño. Todo se muela un poco, y cue[f. 102a]za en ocho cuartillos de

61. La prevención mediante el equilibrio es otra máxima no solo de la medicina occidental, sino también de otros sistemas médicos: la medicina tradicional prehispánica, la ayurvédica, la china, la tibetana, etc.

62. "Hierba que lleva los tallos algo roxos, débiles, frondosos, y no lisos, que se inclinan y doblan hácia la tierra, y tienen como un codo de alto, y en lo mas elevado lleva unas cabecillas envueltas entre las hojas, que fenecen en una como escobilla de espínas, y en medio de ellas una flor pequéña pajiza. Tiene mui buen olor, y es hierba utilíssima en la Medicína, haviéndola dado su virtud el nombre de Cardo Santo, o bendito. Laguna dice es la segunda espécie de Cárthamo agreste, mas áspera, y mas espinosa que la primera. Latín. *Carduus Benedictus*. LAG. Diosc. lib. 3. cap. 101. Y otra mas áspera y mas espinosa, que comunmente tiene Cardo Santo, y Carduus Benedictus por nombre" (*Aut.*, *s. v.* "Cardo Santo").

63. "En lo antiguo se entendía por este nombre el tallo tierno de qualquier hierba o árbol agradables al gusto; pero el día de oy comunmente se entiende por espárrago el tallo tierno de una planta espinosa, llamada de los Griegos *Myachanta*, el qual nace solo sin hoja alguna: pues aun las que forman uno como cogollíco a la punta, no están separadas, ni casi se perciben. Hai dos espécies, unos sylvestres que nacen entre los trigos, que comunmente se llaman [iii.594] Esparragos de trigo, y los otros hortenses y más delicados, llamados Espárragos de Jardín. Es tomado del Latino *Asparagus*. LAG. Diosc. lib. 2. cap. 114. Este nombre de espárrago, acerca de los Escritores Latinos y Griegos, fue siempre mui general a todos los tallos tiernos, de qualquier hierba o árbol. ALDRET. Antig. lib. 3. cap. 11. Estephano dixo algo de Getúlia, y de la grandeza de sus espárragos. Solo como el espárrago. Locución que se dice del que no tiene parientes, o del que vive y anda solo, sin hacer compañía con otros. Latín. *Solus vel unicus, ut asparagus*. ESTEB. cap. 2. Respondile, que no tenía dueño, y que andaba en busca de uno que me tratasse bien, y que era tan solo como el espárrago" (*Aut.*, *s. v.* "Espárrago").

64. "Escribe del hinojo Dioscórides muchas virtudes (Lib. 3 cap. 77) y allí Laguna. Las serpientes, que con el invierno han envejecido su piel y perdido la vista, gustando en la primavera del hinojo, la cobran y desechan la piel vieja, y se remozan. Y así la raíz, la yerba y el zumo de él es bueno para males de ojos. Hay hinojo salvaje y hortense y el salvaje trasplantado y regalado se hace hortense y por extremo dulce. Si la simiente del rústico se siembra dentro de un higo, el salvaje se llama hipomarathro, que vale como hinojo caballar (Verás a Plinio, cap. 23)" (*Tesoro*, *s. v.* "Hinojo").

agua y quede en la mitad. Cuélenlo y exprímanlo, y échenle dos libras de azúcar y un cuartillo de miel, y cueza hasta que espume.

Sea aviso: que si los jarabes se fueren acedando, o criaren algún moho encima, les den un hervor a fuego manso y quedarán buenos. Los zumos de las yerbas son los que causan lo que acabo de decir. [f. 102a]

Cura particular de la opilación y dureza del hígado[65] [f. 103a]

Por ser tan peligrosa la dureza y la opilación del hígado, quise hacer capítulo propio, y porque en esta Nueva España padecen muchos de ella. Esta enfermedad es peligrosa, porque si a los principios (curándola) no se quita, viene a parar en lo que llaman cirro.[66] Mayormente cuando se hace de humor viscoso y grueso. Estando escribiendo este libro, se me ofrecieron dos enfermos, y fue Dios servido por su infinita misericordia, que alcanzaron la salud con estos remedios. [f. 103a]

*

Como el oficio del hígado es hacer sangre para que todo el cuerpo se sustente, cuando le damos mucho manjar, no lo puede cocer. Y como se queda allí, se va engrosando, y así causa opilaciones y durezas. Estas opilaciones se hacen en la una parte de hígado que llaman cava, y en la otra que llaman convexa, por comunicarse las venas y arterias en ambas partes de él, y porque mejor me entiendan, como si diésemos: en la palma de la mano o en la parte de fuera. [f. 103b]

*

También se opila el hígado de humores calientes, cuando pecan en cantidad, aunque pocas veces. Conocemos también haber opilación en el hígado en un color amarillo que trae siempre el que la tiene en el rostro. Y al que tiene buen entendimiento, le es fácil conocerla por esta señal, como la conoció muchas veces Galeno en muchos.[67] [f. 104a]

---

65. Parte de este capítulo trata sobre la hepatitis.
66. "(De escirro). Tumor duro, de naturaleza particular, que no produce dolor continuo y que se forma en diferentes partes del cuerpo" (*DRAE*, *s. v.* "Cirro").
67. "Dado que los médicos suelen investigar si hay signos propios del envenenamiento, porque con frecuencia se observa que, sin necesidad de venenos mortales, el cuerpo llega a una corrupción humoral semejante a la producida por los venenos, nada tiene de sorprendente que tenga lugar a veces un cambio de humores tal que todo el cuerpo se vuelve ictérico. También es posible que por una alteración del temperamento natural del propio hígado se produzca tal perversión de humo-

Guárdese del aire y frío el que tiene opilación de hígado, esté en aposento templado. No duerma (si pudiere) después de comer, y de noche moderadamente. Por las mañanas, habiéndose proveído de cámara, haga un [f. 104b] poco de ejercicio, hasta que se canse. Porque si no es así, no le hará provecho. Aquí son buenas las calillas, y melecinas de agua miel con aceite y sal. Coma espárragos, berros, alcaparras, y los tallos tiernos del hinojo, que desopilan el hígado.

Coma pollos, gallinas, codornices y de un poco de carnero manido. Todas estas cosas guisen con especias de Castilla y no lleven chile, que es muy ventoso y siempre daña al hígado.

---

res, sin que haya obstrucción, inflamación o escirro. Efectivamente, unas veces el cuerpo entero se torna del color amarillo de la hierba, y otras veces la piel se pone como el plomo o incluso más oscura, o de algún otro color inespecífico, por fallo hepático, y aunque son difíciles de describir son muy fáciles de reconocer si se han visto muchas veces. El caso de Estesiano, por ejemplo. Cuando estaba bajo diagnóstico, la mayoría de los médicos que lo estudiaban creían, no sé por qué, que tenía un absceso en el hígado; como no mejoraba al cabo de bastante tiempo, me llamó. En cuanto entré en la habitación donde estaba y lo vi, le dije:
—Desde este momento te puedo decir ya que no tienes ningún mal en el hígado; el resto lo sabré cuando te descubra el hipocondrio.
Tenía un absceso en la profundidad de los músculos y ya se había acumulado pus entre los músculos transversales y los oblicuos que van de abajo arriba [...] Vosotros también sabéis que en otras muchas personas yo he reconocido, por su color, si era el hígado o el bazo afectado, sin necesidad de oír los síntomas precursores ni reconocer por el tacto la afección de sus vísceras. Por ello me oís maldecir a menudo a los primeros que se han atrevido a autotitularse guías del arte médica, pero no quieren tratar a los enfermos" (Galeno, *Sobre la localización de las enfermedades*, lib. V, 355-357, pp. 37[illegible]-373).

De la melancolía[68] [f. 107a]
Capitulo sexto

Cosa es de maravillar qué común sea esta enfermedad en muchos, y cómo los aflige y atormenta con tan graves accidentes[sic], que apenas tiene el hombre o la mujer veinte años cuando se quejan de melancolías[69] y del corazón. Unos andan llenos de miedos y sobresaltos, y traen afijado en la imaginación que se mueren; que les parece se acaban a cada paso, y con esto no comen ni duermen. Otros dicen que les sube del bazo y del vientre un no sé qué al corazón, que se lo despedaza. Otros que les aprietan la garganta y [f. 107b] como que los ahogan.[70]

En algunos es incurable esta enfermedad por culpa suya, y por no tomar el consejo que les da el que lo entiende para su salud. Y esta está

68. Esta es una de las enfermedades que más ríos de tinta ha derramado a lo largo de la historia. Existe una vastísima bibliografía al respecto. Así pues, por el interés que ha despertado en múltiples disciplinas de estudio, se edita sin cortes. Por otra parte, hay que destacar que este capítulo ya ha sido transcrito y anotado por otro editor en el libro *Transgresión y melancolía en el México colonial* (Roger Bartra, introducción y recopilación, Ciudad de México, Universidad Nacional Autónoma de México, 2004, pp. 199-209).

69. "Enfermedad conocida y pasión ordinaria, donde hay poco contento y gusto. Es nombre griego [...] *melancholia, atra bilis.* Suélenla definir en esta forma: *Melancholia est mentis alienatio ex atra bile nata cum moestitia metuq; coniunta.* Pero no cualquiera tristeza se puede llamar melancolía en este rigor; aunque decimos estar uno melancólico, cuando está triste y pensativo de alguna cosa que le da pesadumbre. Melancolizarse, entristecerse: melancólico triste y pensativo, en común acepción. Algunos dicen melarchia y melarchico" (*Tesoro*, *s. v.* "Melancolía").

70. "Mas a algunos no les acomete ni flatulencia ni bilis negra, sino ira desmedida, aflicción y terrible desaliento. A estos también los llamamos melancólicos, porque la ira se manifiesta por la bilis negra, que es abundante y bestial. Homero es indicio de ello donde dice ... *y entre ellos levantóse el héroe, hijo de Atreo, afligido Agamenón, caudillo de anchurosos dominios; y sus mientes se iban tornando negras, bien llenas de furor, por ambos lados, y sus ojos un fuego parecían que estuviera destellos despidiendo*... Tales son los melancólicos cuando se ven acosados por el mal" (Areteo de Capadocia, *Obra médica*, ed. de Miguel E. Pérez Molina, Madrid, Akal, 1998, pp. 105-106).

en dos cosas: la una es en buen regimiento de lo que han de comer y beber; y la otra en desechar la imaginación que tienen aferrada en lo que una vez aprehenden.

Esta es verdad cierta: que si ellos se reprehendiesen, con rigor y aspereza, se la quitarían mejor que con cuantos remedios hay en la medicina. Estas imaginaciones son las que dan más guerra en esta enfermedad, a los que la padecen. Y así conviene rendirla y sujetarla, castigándose (como dije arriba, con muy dura reprehensión) el que está melancólico. Algunos remedios contra esta enfermedad pondré aquí, y entiendo (con el favor de Dios) que si usan de ellos los melancólicos, que tendrían más salud.

Hallarán con facilidad los que no tienen botica los remedios, aunque estén apartados de pueblos grandes, porque esto es lo que me puso ánimo para trabajar en hacer esta segunda impresión, aunque es (como dije al principio) toda de nuevo.

Dos maneras hay de melancolía,[71] la una se ha[f. 108a]ce de las heces de la sangre. Y a esta llaman melancolía natural, y es fría y seca. La otra se hace de cólera, que con el demasiado calor se cuece y requema. A esta llaman cólera negra, o melancolía adusta, aunque, hablando con rigor, no es propiamente melancolía. Esta enfermedad (de que trato) se hace y engendra de la melancolía natural. Esta melancolía se cría en el hígado con los otros humores, más o menos, según la complexión de cada uno. De manera que siendo uno de la complexión melancólica, o comiendo manjares melancólicos, se criará más melancolía que al[72] que no lo es. También se aumenta la melancolía cuando los manjares que más acostumbramos a comer son melancólicos, como lo acabe de decir.

71. Desde hace miles de años se asume una dicotomía del padecer de esta enfermedad. Por poner un ejemplo de su conceptualización en la medicina practicada en los tiempos entre Dioscórides y Galeno: "Si reside en los hipocondrios la causa, se detiene en el pecho y la bilis se traslada hacia arriba o hacia abajo en los melancólicos. Pero si llega a la cabeza por simpatía y la aparición inopinada de una emoción pronta y violenta los induce a la risa y al placer para la mayor parte de la vida, éstos enloquecen por el incremento de la enfermedad más que por el dolor de la afección. En ambos casos, la sequedad es la causa. Los adultos, en verdad, enloquecen y se vuelven melancólicos, y también los no tan adultos; pero más intensamente que los hombres, enloquecen las mujeres. En cuanto a la edad, hacia la madurez y los maduros. De las estaciones, el verano y el otoño la generan, pero la primavera la resuelve" (Areteo de Capadocia, *op. cit.*, pp. 106-107).

72. Otro.

Si los melancólicos pudiesen vivir en tierras templadas, hacerles ya mucho al caso para su mal; anden donde hay aguas, arboledas y prados frescos. Procuren dormir de noche bien, y excúsenlo a medio día. Hagan las mañanas (habiéndose proveído de cámara) ejercicio. Procuren conversación alegre, con que se rieren.[73] Ocupen otras veces el tiempo en cosas que los divierta de sus imagina[f. 108b]ciones. Es muy provechosa la música, huya las pesadumbres y alteraciones del ánima,[74] y guárdese de los manjares que engendran melancolía, como son los que pongo en la cura de la cuartana,[75] en el libro tercero, a donde me remito.

Coma el pan bien cocido y asentado de un día; coma gallinas, pollos, codornices, y de un poco de carnero manido y yemas de huevos pasados por agua. Si comiere algún pescado fresco, échenle sal un día antes. Pueden comer cabrito y ternera, que es buen manjar para melancólicos. Lo que comiere cocido y guisado, lleve especias de Castilla. Comience la cena con unas borrajas cocidas con vinagre templado con azúcar. Coma lechugas y chicorias cocidas, unas pasas, y de un membrillo asado y de unas manzanas asadas. Si tiene costumbre de beber vino, bébalo templado. Si el vino fuere nuevo y de manzanilla, digerirlo ha mejor y hacerle ha más provecho. Entre día, si tiene sed, beba agua cocida con orozuz o con anís,[76] y es buena la de canela[77] cocida, como he dicho.

73. En el original: "reeren".

74. "Por donde se entiende que la prudencia y sabiduría, y las demás virtudes humanas, están en el ánima, y que no dependen de la compostura y temperamento del cuerpo como pensaron Hipócrates y Galeno" (Huarte de San Juan, *op. cit.*, p. 252).

75. "(Del lat. *quartāna*). Calentura, casi siempre de origen palúdico, que entra con frío, de cuatro en cuatro días" (*DRAE*, *s. v.* "Cuartana").

76. "Gregorio López, en el siglo XVII, menciona que 'provoca dulce sueño, conforta el cerebro, despide vaguidos de cabeza, es útil contra la frialdad de estómago, ataja vómitos, solipos, gota coral, deshace piedras, provoca orina, consume hidropesía, resuelve ventosidades, facilita el anhélito, restiñe vientre y purgaciones blancas de mujer, acrecienta leche y es útil a contusiones de oídos'. En el siglo XVIII, Juan de Esteyneffer la recomienda para purga, males de la pituita, aftas, sordera, mal aliento, tisis, sincope, hipo, cólicos, dolor estomacal, obstrucción de hígado, hidropesía, mal de banda, dolor de piedra y detención de la orina. A finales de este mismo siglo, Vicente Lavantes señala que 'produce buenos efectos en la oftalmía, vómitos y en los retortijones que padecen los niños'" (*BDMTM*, *s. v.* "Anís").

77. "Y volviendo a las virtudes de la canela: es caliente desecativa en el tercero orden: provoca la orina; constringente, ligeramente, es muy conveniente en las medicinas que se hacen para clarificar la vista; y a los emplastos modificativos, aplicada con

El primer aviso que doy a los melancólicos es: que cuando se acostaren de noche, tomen [f. 109a] una cucharada de vinagre, porque deshace los humores melancólicos, y consume los humos que de ellos se levantan y suben a la cabeza. Da sueño haciendo que los humos del manjar suban a la cabeza.[78]

El miembro que más padece del cuerpo en esta enfermedad es el cerebro y no el corazón, como algunos piensan. Véese claro, porque la potencia imaginativa (que está en la cabeza con las demás) es la que está flaca y enferma, porque la hinche de tinieblas y oscuridad el humor melancólico; y lo mismo hace al espíritu animal, que, con ser tan lúcido y claro, lo añubla y oscurece. De aquí nacen los miedos, y las tristezas, y unas como fantasmas y las malas imaginaciones que a los melancólicos se les representan en su entendimiento. Cuando hay más de estos accidentes[sic], conocemos que hay más humor melancólico en el cerebro.

Al principio de esta enfermedad mandan algunos médicos hacer una o dos sangrías, con esta condición: que sea el enfermo mozo y robusto, y que tenga algunas señales de sangre, y que la melancolía este mezclada con ella en las venas.

Yo digo, que si el que curare esta enfermedad co[f. 109b]nociere estas señales, que las mande hacer de ambos brazos, y de la vena que más pulsare, y saquen cada vez cuatro onzas de sangre. Si los que tienen costumbre de purgar alguna sangre por las almorranas se les ha detenido, y entonces les diere la melancolía,[79] y si a las mujeres les diere la melancolía, por habérseles alzado la regla, o por bajarles mal, sángrenlos de los dos tobillos, y sáquenles cada vez cuatro onzas y no más. Y advierto

---

miel; quita las pecas del rostro y hace venir a las mujeres su purgación. Bebida vale contra las mordeduras de víboras; y contra las inflamaciones internas; y contra el mal de riñones; y adminístrase en perfume para desopilar la madre" (Cristóbal Acosta, *Tratado de las drogas y medicinas de las Indias Orientales, con sus plantas dibujadas al vivo por Christóbal Acosta, médico cirujano que las vio ocularmente*, Burgos, Martín de Victoria, 1578, p. 16).

78. Aquí otro remedio de 1579: "Para un melancólico, es bueno este remedio: Tome cada tres noches esta píldora: massa de píldoras, de palomina un escrúpulo; diagrido, tres granos; hágase una o dos píldoras con agua de borrajas, y tómese a las dos de la noche, y tómese a las dos de la noche" (Farfán, *Tratado breve de cirugía*, f. 258a).

79. "Como lo dize Hippocrates en el Aphorismo undécimo de la sexta parte, que si a los melancólicos les viniere fluxo de almorranas, es cosa buena" (Farfán, *Tratado breve de cirugía*, f. 520a).

que se hagan estas sangrías habiendo fuerza y virtud en el pulso. Y no la habiendo, no se hagan, que les causaran mayor mal que el principal.

Hechas las sangrías (si conviene), tome el enfermo desde el primer día seis jarabes, que todos son necesarios para disponer el humor. Y si tomare doce jarabes, cada día dos por la mañana y una hora antes de cenar, le darán vida; jarabe de borrajas y de endivia,[80] de cada uno una onza; agua de borrajas tres onzas, mézclenlos.

Si el enfermo es flaco de complexión, y come de mala gana, reciba cada día o cada dos días esta melecina nutritiva, y deténgala lo que pudiere: hagan pedazos una gallina, y los que no la alcanzaren, un [f. 110a] pedazo de carnero; tomen violetas,[81] rosas, borrajas y las flores

80. "Hierba bien conocida, de que hai dos espécies, una hortense y otra salvage, y cada una de ellas se subdivide en otras dos espécies o diferéncias. De la hortense la una diferéncia tiene las hojas mui anchas, y es mui semejante a la lechúga, y a esta especie se le da comunmente el nombre de Endíbia. La otra especie o diferencia tiene las hojas angostas, y es amarga al gusto. De la Endíbia salvage o sylvestre la una especie se llama Chicoria o Picris por su natural amargor, y la otra se llama *Hedyperos*, que es voz Griega, y significa Acarreadora de sueño, porque hace dormir: y esta tiene las hojas más anchas. La Endíbia hortense enterrada se vuelve más crassa, tierna, más blanca, y más agradable al gusto. Latín. *Intyhus*, de donde viene. LAG. Diosc. lib. 2. cap. 121. Es toda suerte de Endíbia algún tanto amarga, del resto fría y seca en el grado segundo" (*DRAE*, *s. v.* "Endibia").

81. "La violeta además de ser muy apreciada como planta ornamental, es usada con frecuencia contra la tos. En Puebla, se utiliza el cocimiento de hojas y/o flores con un poco de sal. En Veracruz, a este cocimiento, en lugar de sal, se le agrega azúcar, se bebe tres veces al día. A veces se mezcla con espinosilla y canela, para ingerirlo cuando hay tos con ronquera. Es recomendada también contra la micatlatalsixtlé (en náhuatl), enfermedad contagiosa que afecta a los niños en época de calor: les provoca dolor de pecho y espalda. Para tratarla se hierve la planta y se suministra como agua de tiempo. La violeta es empleada por mixes, zapotecos y totonacos, para curar la disentería, enfermedad que ellos conocen como pujo o "diarrea con moco". Además, se reporta útil, sin especificaciones, para curar la bilis, la bronquitis, la gripa; la alferecía de niños, el mal de orín, para bajar la calentura y contra las caries. Calidad de la planta: caliente. En el siglo XVII, Gregorio López reporta: 'bebida el agua de ellas y aplicadas, mitigan el dolor procedente del calor, provocan sueño, molifican vientre, refrenan el cólera, ablandan el pecho, adelgazan asperezas de la garganta y son contra dolor de costado'. Por otro lado, señala: 'lo purpúreo de las hojas de la flor bebido con agua es útil a esquinancia y gota coral de niños. Las hojas, aplicadas como emplasto son útil al ardor de estómago, ojos apostemados y sieso salido'. Finalmente agrega: 'el cocimiento de las hojas de la planta en clister, es útil a la fiebres ardientes, refresca y relaja. De las violetas moradas se hace jarabe de IX infusiones, lo cual es bueno para la enfermedad de pecho'. A inicios del siglo XVIII, Juan de Esteyneffer menciona su utilidad para curar campanilla caída y calenturas continuas" (*BDMTM*, *s. v.* "Violeta")

de ellas y cebada, de cada cosa dos puños. Cueza en tres cuartillos de agua y gástese la mitad. Tome una escudilla de este caldo, dos yemas de huevos y una onza de azúcar, y tibia la reciba. Esta melecina mantiene al que come mal, y da sueño, como lo ha menester el melancólico.

Habiendo tomado los jarabes, le purguen una o dos veces. La purga no sea fuerte, sino noble, porque el humor melancólico es malo de arrancar, y ha de salir poco a poco. Esta es buena purga y noble: polvos de hiera simple[82] de Galeno, cuatro dracmas; confección de Amech,[83] siete dracmas. Desátenla en agua de borrajas y tómela a las cuatro de la mañana.

---

82. En el original: "Iera simple". "Esta composición tiene por nombre hiera picra de Galeno, llamase hiera, que es lo mismo que sagrada, por las buenas obras que hace; y piera, que quiere decir amarga, por el amargo sabor que tiene. [...] añadimos estos nombres, de Galeno, no porque él fue su inventor —pues antes de él está escrita de Antonio Musa, médico insigne en el tiempo de Tiberio César, y de Andrómaco y de Temisón—, sino porque él la escribió en muchos lugares y usó mucho de ella. La mayor parte de los boticarios antiguos componen este medicamento poniendo en él de cinamomo, de xilobálsamo, de spica nardi, de assaro y de almáciga, de cada uno seis dragmas; de azafrán, cinco dragmas; de azibar, noventa dragmas. Porque según ellos dicen, Galeno loo mucho esta descripción, y dijo que era ésta de la que él usaba. En confirmación de lo cual, traen un lugar de Galeno, del capítulo nono, del libro segundo, de la composición de los medicamentos, según los lugares a donde está escrito de esta manera" (Luis de Oviedo, *Methodo de la coleccion y reposicion de las medicinas simples, de su correccion y preparacion, y de la composicion de los letuarios, jaraves, pildoras, trociscos, y azeytes que estàn en uso*, 1692, p. 148).

83. En el original: "Hamec". "La confección de Amech recibe: mirabolanos citrinos; cuatro onzas; mirabolanos quebulos, mirabolanos indios, ruibarbo bueno, de cada uno dos onzas; agarico, colonquintida, polipodio, de cada uno dieciocho dracmas; axenxos, tomillo, sen, de cada uno una onza (en otro códice seis dracmas); violetas, quince dragmas; epitimo, dos onzas; anís, rosas, simiente de hinojo, de cada uno seis dracmas; zumo de palomina, una libra; ciruelas pasas, setentas; pasas sin los granos, seis onzas. Infundase todas estas cosas en lo que bastare de suero y póngase en vaso de vidrio de estrecha boca, y ciérrense muy bien y déjese así cinco días; cuezan después un hervor y cuélense; en esta coladura le pongan: cañafístula mondada, cuatro onzas; tamarindos, cinco onzas; tereniabín, dos onzas. Friéguense con las manos y echen sobre ello: azúcar blanca, libra y media; escamonea, onza y media. Cuezan hasta que tenga espesitud de miel, después se polvorice sobre ello: mirabolanos cirinos, mirabolanos quebulos, mirabolanos indios, de cada uno media onza; mirabolanos beléricos, mirabolanos emblicos, ruibarbo, simiente de palomina, de cada uno tres dracmas; anís, espica, de cada uno dos dracmas. Amech fue el médico que confeccionó dicha receta: 'y tratando de la confección que inventó Amech'" (Oviedo, *op cit.*, pp. 109).

Si el enfermo tomare mejor píldoras, denle estas: píldoras de fumaria;[84] de hiera simple de Galeno, de cada masa dos escrúpulos,[85] agúcenlas con seis granos de diagridio[86] y doren siete píldoras, tómelas a las dos de la mañana y duerma con ellas hasta que comience a obrar.

Esta enfermedad suele ser prolija y conviene purgar muchas veces al enfermo, y es bien que cada quince días tome estas dos píldoras a las nueve de la noche, [f. 110b] habiendo cenado poco y temprano. Píldoras de hiera simple de Galeno, un escrúpulo; agúcenlas con cuatro granos de diagridio y hagan dos píldoras o tres. Es también buena purga esta: una escudilla de suero[87] y desde las seis de la tarde echen en ella dos dracmas de hojas de sen[88] molidas, a la mañana lo tibien, y cuelen y echen un poco de azúcar. Los que no tienen botica, hagan este jarabe para purgarse: borrajas con su raíz lavadas de la tierra, cuatro manojos; cebada mondada, dos puños; quebranten esto un poco y en

84. "La fumaria que nace entre la cebada es una plantita matosa semejante al culandro, muy tierna, aunque las hojas más blancas y cenicientas, numerosas por todas partes, la flor purpúrea. Su zumo es acre, agudiza la vista, provoca lágrimas, de donde tomó el nombre. Aplicada como unción con goma, tiene virtud de no dejar nacer las cejas arrancadas. Si se come la hierba, purga la bilis por la orina" (Dioscórides, *Plantas y remedios medicinales*, libros IV-V, p. 83).

85. "Se llama tambien cierto peso pequeño, cuya cantidad se repúta por la tercera parte de una drachma, y la vigesima quarta parte de una onza, del qual usan los Boticarios, especialmente en las confecciones de cosas venenosas o activas en primer grado. Latín. *Scrupulus*. LAG. Diosc. en la declarac. de los pesos. Porque aunque la drachma contiene en sí tres escrúpulos, todavia el escrúpulo no consta sino de veinte granos. SAAV. Republ. pl. 38. Con aquella se pesaban los ingénios por libras y arrobas; y con este por adarmes y escrúpulos" (*Aut.*, *s. v.* "Escrúpulo").

86. "Composición medicinal purgante, que se usa regularmente en las píldoras, y es la escamonea preparada con el zumo de membrillo o de orozuz" (*Aut.*, *s. v.* "Diagridio").

87. "La aquosidad de la leche separada de ella. Viene del Latino *Serum lactis*. LAG. Diosc. lib. 2. cap. 65. El *suero*, el qual es toda la aquosidad de la leche, es notablemente abstersivo. ALFAR. part. 2. lib. 3. cap. 2. Quando el amo los halla juntos, prende al desdichado, que ni comia nata, ni queso, sino solo el *suero*, que arrojan à los perros" (*Aut.*, *s. v.* "Suero").

88. "Planta que produce un tallo como de un codo, del cual nacen muchos ramillos, las hojas casi como las de la regaliza; aunque más anchas y romas, y algún tanto grasas: la flor es amarilla, olorosa, como la de las habas, y llena de unas venillas rojas, y mui sutiles. Hállase dentro del hollejo, que es corcobado y apretado, una simiente, como granillos de uvas. Algunos creen que es el que llaman Delphinio, y en las Boticas se llama comúnmente Sen. Lat. Senna, æ. LAG. Diosc. lib. 3. cap. 79. Purga la sena con grandísima facilidad la melancolía, y la cólera adusta" (*Aut.*, *s. v.* "Sen").

seis escudillas de agua cueza hasta que se gasten los dos. Cuélenla y échenle diez onzas de azúcar, cuatro de miel, y dos de vinagre fuerte y cueza hasta que espume. Tómelo cada mañana y una hora antes que cene.

La purga sea esta: dos cañutos de cañafístula,[89] y el peso de dos tomines de polvos de Mechoacán[90] o de Xalapa,[91] y en agua de cebada la desaten y tómela a las cuatro de la mañana.

---

89. Según Motolinía, fueron los franciscanos los responsables de traer este árbol a América: "Hay cañafístolos bravos, que si los ingiriesen se harían buenos, porque acá se hacen bien los otros árboles de la cañafístula. Este árbol plantaron en la Isla Española los frailes menores, primero que otra persona los plantase, y acá en la Nueva España los mismo frailes han plantado casi todos los árboles de fruta, y persuadieron a los españoles para que plantasen ellos también" (Motolinía, *op cit.*, p. 154).
90. Francisco Hernández da cuenta de la raíz de Mechoacán en el "Capítulo XXVIII. Del *Tacuache o raíz purgante de Mechoacan*" (*Obras completas*, t. III, vol. II, p. 133). Sin embargo, la construcción narrativa de Nicolás Monardes no tiene parangón alguno en su extenso capítulo (*op cit.*, ff. 28v-37v) dedicado esta planta. Aquí solo transcribo una pequeñísima selección: "El Mechoacán, es una rayz que aurá treinta años que se descubrió en la provincia de Nueva España, en las Indias del mar Océano. Tráese de una región que es delante de México más de quanrenta leguas, que se llama Mechoacán, la qual consquistó don Hernando Cortés años de 1524 [...] Luego que aquella provincia se ganó de Indios fueron allí ciertos frayles franciscos, y fundaron un monesterio de su orden, y como en tierra nueva, y tan distante de su naturaleza, enfermaron algunos, entre los quales enfermó el guardián, con quien tenía muy estrecha amistad Caçoncin, cacique y señor de todas aquella tierra. El padre guardián tuvo muy larga enfermedad, que le puso en mucho estrecho. El cacicque comoviesse que su mal yva adelante, díxole un día que le traería un indio suyo que era médico, con quien él se curava, que podría ser, que le daría remedio a su mal. Lo qual oído por el padre Guardián, y visto el poco aparejo que de médico, y beneficios allí tenía, agradecióselo y díxole que se lo traxesse: el qual venido, y vista su enfermedad, dixo al cacique, que si él tomava unos polvos que él le daría de una rayz, que le sanaría. Lo qual sabido por el padre, con el deseo que tenía de salud, vino a ello, y tomó los polvos que otro día le dio el indio médico, en un poco de vino, con los quales purgó tanto y tan sin pasión, que se alivió mucho aquel día, y mucho más de ay adelante, de modo que sanó su enfermedad [...] Los padres enviaron relación desto al padre provincila de México donde estaba [...] la qual usada por mucho, y visto las obras maravillosas que hazía, se fue entendiendo su fama, que en breve tiempo toda la tierra se hinchó de sus loores y buenos efectos, desterrando el uso del ruibarbo de Berberia y tomándole su lugar, llamándole ruibarbo de las Indias, que así lo llaman todos comunmente" (*op. cit.*, ff. 28v-30r).
91. En otra nota anterior cité a Maximino Martínez, quien representa el consenso común de dar por sentado que la raíz de Xalapa es la planta que Francisco Hernández describe como "Cacamótic Tlanoquiloni o batata purgante". La dosis re-

Para purgarse cada quince días tome una escudilla de suero, y a las ocho de la noche echen en él medio tomín de peso de Mechoacán;[92] y a la mañana lo cuelen, y échenle un poco de azúcar y bébalo. [f. 111a].

Ya dije arriba que el miembro que más padece en la melancolía es la cabeza, o el cerebro, y así es la verdad. Y por esto conviene mucho confortarla, y humedecerla y —juntamente con esto— evacuar el humor melancólico que en ella está. Cuanto a lo primero, lo hace muy bien este lavatorio: tomen una cabeza de carnero degollado y háganla pedazos; manzanilla y su flor, violetas, malvas y borrajas, de cada cosa dos puños. Todo cueza en seis cuartillos de agua y gástese el uno. Cuélenlo y —caliente, templado— laven con él las mañanas y una hora antes de cenar la cabeza. Si quisieren hacer cada día el lavatorio al que tiene falta de sueño, dormirá con él; y al que duerme razonablemente, hágalo cada dos días. Antes del lavatorio quiten el cabello a punta de tijera, y acabado de lavar, unten toda la cabeza con este ungüento caliente: aceite de almendras dulces, aceite rosado, de cada uno dos onzas; aceite de incienso, una onza; enjundia de gallina derretida en

---

comendada por Farfán para los "polvos de Xalapa" y el tratamiento recomendado (a la hora del sueño profundo, a las 4.00) parecen coincidir con esta aceptación generalizada entre los especialistas en historia botánica: "Las raíces tomadas al acostarse en dosis de dos onzas, puergan el vientre con suavidad y seguridad admirables, sacando además de las venas la bilis y los demás humores. Y ¿qué diremos del dulce y agradable sabor que tienen, nada inferior al de la nuez moscada o al de nuestras peras? Clame ahora la siempre descontenta humanidad, y quéjese de ser atormentada con mil medicamentos, cuando hay en la naturaleza tal abundancia de remedios suaves y benignos. Nace espontáneamente o cultivado, con una vivacidad pertinaz, en regiones cálidas o templadas como son las de *Pahuatlan* y México, y podría trasplantarse a varios lugares de España" (*Obras completas*, t. II, vol. I, p. 175).

92. El cirujano Alonso López de Hinojosos utilizaba este elemento de la medicina tradicional mexicana para curar el flemón. La única coincidencia que hay con la melancolía es que se buscaba "purgar la materia" en ambos casos. Sirva como ejemplo de cómo un tratamiento hecho con sustancias semejantes era paliativo contra males muy disímiles: "El flemón viene por dos causas: la una es cuando está el cuerpo repleto y la otra es cuando está limpio. Dice Juan de Vigo, cuando el apostema caliente hallare la replexión en el cuerpo, guárdate no le pongas emplasto modificativo porque traerá mucho humor a la parte y no lo podrá resolver. Y así conviene evacuar la materia con esta purga: toma peso de dos reales de polvos de Michoacán y desátense en agua en que se haya deshecho un cañuto de cañafístula. Se ha de entender de aquí en adelante, cuando dijéremos agua de cañafístula, que se entienda haberse desecho en agua un cañuto de cañafístula" (López de Hinojosos, *Suma y recopilación de cirugía*, 1578, p. 116).

los aceites, con un poco de cera blanca lo cuajen. Sea aviso, que cuando no hallaren todas las yerbas, raíces y aceites para hacer [f. 111b] lo que digo, añadan otras tantas de las que hay, y basta para hacerse todo muy bien y muy cumplido; y lo que aquí digo que se haga, se hace en las boticas.

Algunos (para confortar la cabeza) dan muchos remedios y medicinas por la boca, y no lo aciertan. Porque nada aprovechan —y si alguna gana de comer tiene el enfermo— con ellas se la quitan. Y por esto aconsejo, que solo usen de este remedio que dije, y confortarla han muy bien.

También suben a la cabeza humos melancólicos y algún humor melancólico del bazo. Cuando esto se siente y el bazo duele algo, y como que está hinchado, habiendo una vez purgado al enfermo, le pueden sacar tres onzas de sangre, hasta cuatro, con condición que salga negra y de buena gana. Úntenle el bazo cada mañana y cada noche con este ungüento caliente: aceite de alcaparras, aceite de inciensos y de lirios, de cada uno dos onzas, armoniaco[93] deshecho en vinagre fuerte, media onza; con cera blanca lo cuajen al rescoldo.[94] Nada se pierde: en que cuando untaren el bazo, unten el estómago con una onza de ungüento confortativo, y media del de ba[f. 112a]zo, muy mezclados, y siempre les echen unas gotas de vinagre al calentar porque penetren.

La melancolía ventosa, que los médicos llaman mirarchía, se conoce en que del vientre, del bazo y del estómago suben al corazón y

93. "Liquór ò goma que destíla la planta llamada de los Griegos *Agaefillis*, de que hai dos espécies: la una es mui aromática y olorosa, y algo parecída al incienso: la otra es resinosa y grassa, y no se desmoróna en granos tan facilmente, antes está toda hecha massa, y su olór es grave. El nombre verdadéro desta goma es Ammoníaco, pero el uso vulgar ha prevalecído y la llama Armoníaco. Es palabra Griega, de quien la tomó el Lat. *Ammoniacum*. LAG. Diosc. lib. 3. cap. 92. El Ammoníaco, llamado vulgarmente Armoníaco, en caso de molificar hace mui gran ventája à todas las otras medicinas que suelen administrarse. PRAGM. DE TASS. año 1680. fol. 17. Cada libra de *armoníaco* no pueda passar de diez y seis reales" (*Aut.*, *s. v.* "Armoniaco").

94. "La ceníza caliente, que conserva en sí alguna brasa mui menúda. Covarr. dice que se llamó assí quasi Rescaldo, por el calor que encierra en sí la ceníza. Latín. *Cineres prunarum reliquijs mixtae*. ESPIN. Escud. Relac. 1. Desc. 12. Dixo lo que trahia, y salieron a buscar algunas serojas para avivar el rescoldo. ALCAZ. Chron. Decad. 4. Año 5. cap. 2. §. 4. Viéndose muchas veces obligados a sustentarse de legumbres, o de un poco de maíz, sin otro aderezo, que cocido en agua, teniendo por regalo las mazorcas de maiz fresco tostadas al rescoldo" (*Aut.*, *s. v.* "Rescoldo").

cerebro unas ventosidades gruesas y humos que causan grandes ansias y desmayos. Esta melancolía se cura también con los remedios que arriba dije. Para deshacer estas ventosidades, tenga por costumbre (el que las padece) tomar media hora antes de comer estos polvos, y son muy gratos al gusto: culantro[95] seco un poco tostado, dos onzas; raíces de borrajas, una onza; cáscaras secas de cidras,[96] semilla de anís, de hinojo y de cominos, de cada cosa doce dracmas; orégano, ocho dracmas; canela, cuatro dracmas; azúcar, seis onzas. Todo lo dicho muelan, mézclenlo, y tome una cucharada de ellos, y unos tragos de agua de borrajas, si quisiere; puédelos tomar también cuando se va a dormir. Aprovechan mucho estos polvos (que dije) para las crudezas y mala digestión del estómago.

Los baños de agua caliente para los melancólicos después de purgados son buenos, [f. 112b] humedecen el cuerpo, dan sueño y gana[s] de comer. Hanse de tomar en ayunas y no han de sudar con ellos, si no estense un rato en la cama con poca ropa, hasta que descansen. Cuando el melancólico duerme mal, lávenle la cabeza cada dos días o tres (quitando el cabello) con agua cocida con manzanilla y rosas; y refriéguense muy bien con dos yemas de huevos frescos, y vuélvanlo a lavar, y enjúguenla[sic] y abríguenla.

Los que no tienen botica envíen a ella por las cosas que donde están no pueden haber. Porque aunque procuro ordenar los remedios, que donde quiera se pueden haber, no todas las cosas que mando se hallan para males tan exquisitos.

Este jarabe que ahora diré es admirable para la melancolía, y muy apropiado para la que llaman mirarchía,[97] o melancolía ventosa, que es de la que voy tratando y con él han sanado muchos melancólicos:

95. "El culantro tiene virtud resfriante, por lo que aplicado en cataplasma con pan o harina, cura las erisipelas y herpes. Con miel y uva pasa, sana las llagas epiníctidas, las inflamaciones de testículos y carbunclos. Con harina de habas resuelve los lamparones y los diviesos. Bebida un poco de su simiente con vino dulce, expele las lombrices y es generadora de esperma. Tomada la simiente en mayor cantidad, agita la mente peligrosamente; por ello, se debe evitar su dosis en cantidad grande y con frecuencia" (Dioscórides, *Plantas y remedios medicinales*, libros I-III, pp. 415-416).

96. "(Del lat. *citrea*, pl. de *citreum*). Fruto del cidro, semejante al limón, y comúnmente mayor, oblongo y algunas veces esférico. La corteza es gorda, carnosa y sembrada de vejiguillas muy espesas, llenas de aceite volátil, de olor muy desagradable, y el centro, pequeño y agrio. Se usa en medicina" (*DRAE*, *s. v.* "Cidra").

97. "Causa desta enfermedad de mirrarchía [...] Ansimismo los religiosos, padecen desta enfermedad por su quietud" (Arias de Benavides, *op. cit.*, f. 107v).

hagan primero todos los remedios que he dicho arriba, y tomen del guayacán[98] muy cortado, seis onzas; hisopo[99] húmedo; mejorana y por otro nombre almoradux,[100] betónica[101] y serpol,[102] de cada cosa un mano[f. 113a]jo. Borrajas, lúpulos[103] (y por otro nombre hombrecillos), doradilla,[104] palomina[105] y culantrillo de pozo, de cada cosa un

98. En otra nota anterior dejamos en claro que el doctor Pedro Arias de Benavides estaba en contra del uso del palo de guayacán, aquí más razones de su postura: "Yo digo que cría y engendra otras enfermedades de mal de urina y de hijada, y de riñones, a causa que como dicho tengo, el palo de las Indias se cría en tierra muy caliente, y es seco en más del tercer grado, que creo llega a más de dos partes más del tercero grado, & omnia estrema sunt vitiosa. Y por esta causa, a mi parescer, medicina subida en tanto grado, no puede dexar de tener malicia, y que aunque cure unas enfermedades, haze las operaciones ya declaradas. No embargante, que para mejor probar lo que digo, el plao que traen a estas partes, es lo peor, porque los marineros, quando van por ello, para estivar las naos lo cortan y arden dello por el camino quando vienen, y lo que sobra es lo que venden acá" (*op. cit.*, ff. 19v-20r).

99. "El hisopo [...] tiene virtud calorífica. Cocido con higos, con agua, con miel y con ruda, y bebido, es beneficioso contra la perineumonitis, contra el asma, contra la tos antigua, contra el catarro, contra la ortopnea. Mata también las lombrices [...] Su decocción, si se bebe con ojimiel, purga los humores gruesos por el vientre" (Dioscórides, *Plantas y remedios medicinales*, libros I-III, p. 388).

100. En el original: "amoraux".

101. "Hierba que prodúce el tallo sutíl, quadrado, y alto de un codo, y algunas veces mayor: las hojas largas, olorosas, tiernas, hendidas al derredor, y semejantes à las del roble: y encima de los tallos echa una simiente espigada como la de la Tymbra, y las raíces son sutíles como las del Eléboro. Las hojas secas sirven para muchas cosas y remédios. Lat. *Betonica*. LAG. Diosc. lib. 4. cap. 1. Es la betónica tan odiosa y contrária à las fieras emponzoñadas, que cerca de ella qualquier serpiente, sacudiéndose y haciéndose mil pedázos, ella misma se mata. PRAGM. DE TASS. año 1680. fol. 19. Xaráve de *betónica* cada onza à real y medio" (*Aut.*, *s. v.* "Betónica").

102. "El serpol: [...] bebido, provoca los menstruos y mueve la orina. Es útil contra retortijones de tripas, convulsiones, desgarramientos, inflamación del hígado; también auxilia contra las serpientes, bebido y aplicado en forma de cataplasma" (Dioscórides, *Plantas y remedios medicinales*, libros I-III, p. 399).

103. "(Del lat. tardío *lupŭlus*; cf. *lupus*, en Plinio). Planta trepadora, muy común en varias partes de España, de la familia de las cannabáceas, con tallos sarmentosos de tres a cinco metros de largo, hojas parecidas a las de la vid, flores masculinas en racimo, y las femeninas en cabezuela, y fruto en forma de piña globosa, cuyas escamas cubren dos aquenios rodeados de lupulino. Los frutos, desecados, se emplean para aromatizar y dar sabor amargo a la cerveza" (*DRAE*, *s. v.* "Lúpulo").

104. "La Doradilla [...] Sus hojas, cocidas con vinagre y bebidas durante cuarenta días, tienen la virtud de reducir el bazo [...] Se cree que deja estéril por sí sola y atada con una pezuña de mulo. Dicen que, para hacer estéril, se debe arrancar de noche, sin luna, o de día" (Dioscórides, *Plantas y remedios medicinales*, libros I-III, p. 467).

105. Es decir, fumaria. No creo que se refiera al estiércol de las palomas.

puño; raíces de chicorias, de borrajas, de hinojo y de alcaparras, de cada cosa media onza; cortezas de cidras, dos onzas. Epitimo, sándalo[106] y polipodio, de cada cosa media onza; poleo, anís, semilla de hinojo, ásaro[107] y espica,[108] de cada cosa dos dracmas; pasas sin los granos, dos puños; zarzaparrilla muy cortada, dos onzas. Todo lo dicho muelan un poco, y este en mojo doce horas en seis cuartillos de agua; y luego cueza a fuego manso de brasa, hasta que se consuman los tres cuartillos. Cuélenlo, y exprímanlo, y échenle zumo de manzanas, de rosas y de granadas agras, seis onzas; zumo de borrajas y de palomina colado, de cada uno media libra; azúcar, cuatro libras. Cuezan los zumos con el agua, y gástese cantidad de un cuartillo de todo, y luego echen el azúcar, y cuanto espume, cueza, y quede como lamedor. De las cosas que aquí digo, las que faltaren, echen la cantidad en su lugar de las que hay. Tome este jarabe tres veces al día, y cada vez tres onzas, y a la mañana, [f. 113b] una hora antes de cenar, y cuando fuere a dormir. El que tiene agua de borrajas, beba tres tragos o cuatro de ella acabado de tomar el jarabe.

Cuando la melancolía ventosa (que dije) no se quitare con todos esos remedios, suelen aprovechar (algunas veces) unos cauterios[109] de fuego, a manera de botones, que quemen ambos cueros, dados entre el estómago y bazo, y a la redonda del ombligo, y han de tenerlos algunos días abiertos para que por ellos se purgue el humor.

Danse en esta parte estos cauterios, porque esta melancolía ventosa tiene su asiento en el entresijo.[110] Y así confortamos con el fuego toda

106. En el original: "sendeluna".

107. "El ásaro. Unos lo llaman 'nardo silvestre' [...] La virtud de sus raíces es diurética, calorífica, conveniente a los hidrópicos, a la ciática crónica. Provocan también los menstruos. Bebidas con aguamiel, la cantidad de siete dracmas, purgan como eléboro blanco. Se mezcla también con los perfumes" (Dioscórides, *Plantas y remedios medicinales*, libros I-III, p. 116).

108. ¿Espicanardi? *Vid.*, "Un socrocio para confortar el estómago y cocer el manjar [f. 234b]".

109. "El Cirujano o persona que aplica cautérios para curar las partes del cuerpo que lo necessitan. Latín. Ustor chirurgus. [ii.239] GRAC. Mor. fol. 20. Diciendo, que el Pueblo tenía necessidad de Cirujano recio y de fuerte purga, cruel, cortador y cauterizador" (*Aut.*, *s. v.* "Cauterizador").

110. "Term. de Anatomía. Tela gruessa y llena de gordúra, entretexida de nervios, venas y artérias, y con muchas landrecillas o mollejas. Vulgarmente se toma por el medio del cuerpo, y que está debaxo del vientre. Latín. *Mesenterium, ii.* FRAG. Ciruj. lib. 1. cap. 8" (*Aut.*, *s. v.* "Entresijo").

esta parte, y echa de sí el humor, que tan embebido tiene, y esta es opinión de todos los anatomistas.

De los dolores antiguos del vientre, y de la ijada y de las piedras del riñón[111] [f. 113b]

Si los que padecen grandes dolores del vientre, de la ijada y de cólica, y los que engendran piedras en los riñones fuesen bien reglados, menos veces los padecerían. No quieren dejar de comer [f. 114a] lo que les daña, aunque tengan experiencia de ello. Y si les avisan, lo hacen peor: dicen que no pueden vivir sin fruta, y que no pueden dejar de beber cuando tienen sed; y han de comer cada hora, echando el manjar crudo sobre lo que está cocido. Con estos desconciertos engendran tantas ventosidades, y humores gruesos, que siempre andan (como dicen) guayando. Él es castigo de su destemplanza, y plega a Dios no sea más en la otra vida.

Para remediar tan graves males, el principal remedio es comer con moderación, y beber con templanza, y guardarse de otras cosas que hacen grandísimo mal. [f. 114a]

*

Porque los dolores del vientre no se hagan antiguos, y vengan a necesitar que den cauterios en él al enfermo, hagan este remedio y [f. 115a] usen de él las veces que fuere menester: tome un gallo de Castilla, el más viejo que hallaren, y córranlo tanto, y apaléenlo con varas, hasta que muera. Pélenlo, y sáquenle las tripas, y lo demás que tiene dentro y rellénenlo con esto: semilla de cártamo, seis onzas; polipodio, dos onzas; epitimo, una onza; turbit, cuatro dracmas; sándalo, media onza. Todo lo dicho muelan y métanlo en el gallo, y en seis cuartillos de agua cueza, hasta que quede en cuatro; cuélenlo, y tomen cada mañana en ayunas del cocimiento tibio, ocho onzas, y estense en la cama dos horas.[112] [f. 115a]

---

111. Curioso que después de una enfermedad tan "exquisita" como la melancolía, Farfán refiera, sin separarlos en un capítulo aparte, los males del vientre, la ijada y las piedras del riñón. Él mismo dice que, aunque ya trató sobre la ijada, pone otros remedios más, los cuales aquí he decidido suprimir, pues no son muy diferentes a los ya mencionados en el libro primero.

112. Este es un remedio similar al de la medicina medieval para curar los males del vientre y sus dolores: "E muchos usan esta tal purga en otras enfermedades: toman un gallo viejo e córrenlo e açótanlo fasta que es cansado e deguéllanlo e enllénanle el

Para deshacer y echar las piedras que se crían en los riñones [f. 116b]

Las piedras de los riñones se engendran y crían de humor grueso y flemático, y con el mucho calor se cuajan. Es buen remedio para deshacerlas —y echarlas— tomar en vino, cuatro veces o cinco, una dracma de polvos de alacranes quemados.[113]

*

Si el dolor fuera grande, unten aquel lado hasta verija[114] con aceite caliente de alacranes[115] o con aceite común en que se haya frito una cebolla blanca. [f. 117a]

*

Con los baños se dilatan y abren las vías, y la piedra (aunque sea grande), baja y cae en la vejiga, y después sale con la orina. [f. 117a]

---

cuerpo con onça e media de polipodio verde e una onça de alçor e cosen el cuerpo del gallo e cuézenlo e méçenlo fasta que sea descozido e beve el caldo claro e callente e con esto sosiega el dolor e faze cámaras" (Chirino, *op cit.*, p. 185).

113. La aludida "experiencia" del doctor Farfán lo aleja de remedios medievales como el siguiente: "Para echar piedra dizen que tomen una liebre biva atada e puesta en olla nueva e puesta en forno atapada fasta que se queme e se faga polvo e que beva del polvo quando sintiere dolor" (Chirino, *op cit.*, p. 183).

114. "(Del lat. *virilia*, pl. n. de *virīlis* 'viril'). Región de las partes pudendas" (*DRAE*, *s. v.* "Verija").

115. Farfán coincide en el empleo del aceite de alacranes con Alonso de Chirino: "Para dolor de los riñones lo mejor que fallé es azeyte de alacranes fecho con azeyte de almendras amargas e congelado con poca çera e untar con ello encima de los riñones" (*op. cit.*, p. 180).

Para la sarna[116] y leprilla,[117] empeines[118] y grietas, y para la flema salada de pies y manos [f. 117b]
Capítulo séptimo

Como estas indisposiciones (de que con el favor de Dios pienso tratar con brevedad) no son peligrosas al parecer de algunos, los más que las padecen no llaman médicos. Aunque muchos no los llaman por no tener que les dar. Con todo aconsejo: que los llamen cuando pudieren, porque (como ahora verán) son menester. [f. 117b]

*

Presupuesto el buen regimiento en el comer y beber, y en excusar el vino, si puede pasar sin él, por ser dañoso en estas indisposiciones, doy por consejo: que a ningunos que tengan cualquiera de estas enfermedades unten con ningún ungüento hasta que los hayan purgado y sangrado. Porque los he visto morir de solo untarlos, antes de hacer estas dos cosas. La causa de esto es: porque habiendo la naturaleza echado el humor fuera al pellejo, con la untura, lo vuelven a meter dentro. [f. 118a]

*

Algunos con ignorancia dicen que, estando ya la sarna fuera, no se deben hacer sangrías, y engáñanse, como en la cura de las viruelas.

Si alguno solía purgar por las almorranas, y por haberse detenido la purgación de ellas le salió sarna, vuélvanle a abrir las almorranas

---

116. "Afección cutánea contagiosa provocada por un ácaro o arador, que excava túneles bajo la piel, produciendo enrojecimiento, tumefacción y un intenso prurito. "Una especie de lepra, aunque no tan mala como la elefancia, porque aquella roe, no sólo el cuero, pero come la carne" (*Tesoro*, *s. v.* "Sarna").

117. "Enfermedad infecciosa crónica, caracterizada principalmente por síntomas cutáneos y nerviosos, sobre todo tubérculos, manchas, úlceras y anestesias. "Hay muchas especies de lepra y el juzgar de ellas reservó el Señor al sacerdote, como consta del capítulo 13 del Levítico y de otros lugares; y eran excluidos los leprosos de la comunicación y consorcio de los demás del pueblo. La lepra significa la doctrina falsa, de donde de los leprosos se pueden entender los herejes. Verás arriba la palabra 'gafo'" (*Tesoro*, *s. v.* "Lepra").

118. "Es lo que responde encima de la planta, cuasi en pie, sobre el pie" (*Tesoro*, *s. v.* "Empeine").

refregándolas con lo áspero de las hojas de la higuera, o pónganle en ellas unas sanguijuelas,[119] como lo digo en la cura de la cuartana, de esta manera: unten las almorranas con sangre de pollo, o de palomino, y lleguen las bocas a las almorranas. Habiendo asido, y comenzando a chupar la sangre, córtenles las colillas a la larga con unas tijeras, y así sacarán la sangre que quisieren, y bastan dos onzas, y cuando más tres. [f. 118b]

*

Y si es niño que no puede ser sangrado ni purgado, la madre o quien lo cría tome los jarabes, y púrguese y tenga buena regla. Porque con esto se corregirá la leche, y al niño hará muy gran provecho. Si la leche de la ama no es buena, búsquenle otra, que así conviene. Habiéndose purgado la madre, unten al niño toda la sarna con este ungüento tibio, y secarse ha: aceite rosado, lavado con dos aguas, tres onzas; manteca de vacas, media onza; albayalde[120] muy molido, una onza; sal blanca muy molida, dos dracmas; trementina lavada con tres aguas, una cuarta de onza. Mezclen todas estas cosas en un almirez, y tráiganlas un rato, hasta que queden como ungüento. Puédenlo untar dos veces al día, y luego se le quitara la comezón y el calor demasiado, porque estas dos cosas lo afligen mucho, y más la comezón, como no sabe rascarse. Con este ungüento que acabé de decir, unten a los [f. 121a] de edad de cuatro años hasta ocho, y añádanle otra tanta sal, y media onza de zumo de limones; y los de esta edad, aunque no suden, no va en ello.

---

119. Podía suceder que, en lugar de servir al arte médico, la sanguijuela fuera la causa del mal: "Para echar la sanguijuela de la garganta dizen que es provado reçebir el fumo por la boca de la lengua del oveja asada fasta que se queme. Dizen eso mesmo para esto que es bueno el fumo de las chinches" (Chirino, *op. cit.*, pp. 206-205).

120. "La substáncia del plomo, que metido en vinagre fuerte se dissuelve y evapóra en polvo à manera de cal, blanquissimo, que se queda pegado à la superficie de la plancha ò lámina infundida en el vinagre, y raído, ò raspádo se coge para vários usos. Es voz Arábiga compuesta del artículo *Al*, y de la palabra *Baiaad*, que significa cosa que sobresale en blancúra. Lat. *Cerussa*. PRAGM. DE TASS. año de 1680. fol. 15. Cada libra de albayalde no pueda passar de sesenta y ocho maravedis. LAG. Diosc. lib. 6. cap. 22. Dado que la Cerussa, la qual se llama albayalde en Castilla, sea mui provechósa para encorar las llagas. LOP. Com. La mal casada: No han gastádo mas dinéro, / que en rábanos y albayalde. Acudid al cuero con el albayalde, que los años no se ván en valde. Refr. que satiríza à las mugéres, burlándose de las que procúran dissimular la edád, encubriendo con los aféites las arrúgas y otros defectos de la cara, que naturalmente causa la vejéz" (*Aut.*, *s. v.* "Albayalde").

De los empeines y grietas que nacen y se crían en cualquiera parte del cuerpo [f. 121a]

Otro remedio hay para los empeines, y es: que si los lavan treces veces o cuatro con los orines del perro, sanan con facilidad.[121]

*

En los pezones de los pechos de las mujeres que crían se hacen otras grietas, y son tan penosas, y duelen tanto, que no hay madre que ose dar aquel pecho a su hijo, aunque más lo quiera. Y muchas veces causan muy grandes calenturas, y algunas veces se cae el pezón a raíz, de manera que aquel pecho jamás es de provecho para criar. Este ungüento que diré cura muy bien estas grietas, y hácese de esta manera: tomen aceite de pepitas de calabaza y [f. 122a] de almendras dulces, de cada uno una onza; diapalma[122] media onza; albayalde que llaman de tetilla, dos dracmas; dos cacaos tostados muy molidos; y un poco de suciedad amarilla de gallina.[123] Todo se mezcle y con cera blanca se cuaje al rescoldo; tiendan un poco de este ungüento en una hoja de llantén, y cúrense tres veces al día.[124]

---

121. Para Alonso de Chirino la orina de distintos mamíferos era altamente benéfica para múltiples males: "Los meados del omen alinpian la sarna e toda llaga suzia, alinpa el cuero lavando con ellos a menudo, danlo a beber para las ponçoñas e para la pestilencia, cada uno sus meados, e ponenlos encima de mordedura e para tirar señales de veruelas. Los meados del puerco jabalí an propiedat de menuzar piedra de la vexiga beviéndoles" (*op. cit.*, p. 224).
122. "Emplasto dessecativo, compuesto del cocimiento de palma, azéite común y litargírio, del qual se sirven los Cirujanos para hacer grandes parches, y algunas veces para cubrir otros. Es resolutivo y mui eficaz para moderar los dolores de las coyuntúras. Llámase Diapalma, por ser la palma el fundamento de su composición, o porque mientras se hace, debe menearse con una espátula de palma. Latín. *Diapalma*. PRAGM. DE TASS. año 1680. f. 21. Emplasto diapalma cada onza a real. GONG. Com. El Doctor Carlino. Jorn. 1. *O qué atractivo diapalma / fuiste amiga para él mismo*" (*Aut.*, *s. v.* "Diapalma").
123. Se refiere a los depósitos de grasa de la gallina.
124. Trece años atrás, en 1579, Farfán revelaba el nombre de un autor poseedor de un "secreto sublime" para curar las grietas de los pezones y en otras partes del cuerpo. Como puede apreciarse, el Farfán de 1592 ya no considera tan "sublime" esta cura para la Nueva España, pues ahora prefiere el cacao tostado —entre otras cosas— y procede de una manera distinta a la de su pasado: "Un secreto sublime pone un autor llamado Guillermo de Variñana, para sanar todas las cisuras, y grietas de los labios de la boca de los peçones de las tetas de las mujeres, las del miembro genital, salvono, y de la madriz de las mujeres. Es bueno, y lo he experimentado, haze su efecto en seis o siete días: tomen myrrha, jengibre, de cada cosa

Las grietas de la boca son penosas y duran mucho tiempo, y llámanlas comúnmente perrillas, hinchan los labios y enderécenlos como una piedra. Yo la curé de esta manera: corten con un cauterio algo agudo, unos nervios que llaman frenillos, que están debajo de los dos labios, y con esto no correrá el humor a ellos.

Las llaguitas del fuego se curan bien con el ungüento que dije para los pezones. [f. 122a]

Para los dolores antiguos de cabeza [f. 122b]

Son muy comunes en esta tierra los dolores de cabeza, y dan a algunos tanta pena que les he visto como desesperados con ellos. Los remedios que pongo aquí se harán donde quiera, y entiendo (con el favor de Dios) que haciéndolos, alcanzaran salud los necesitados de ella.

De los dolores de cabeza que algunas veces dan por ocasiones leves no trato aquí, sino de los antiguos, y que afligen a menudo. De estos dolores antiguos unos dan en el lado [f. 123a] derecho de la cabeza, y otros dan en el izquierdo y otros en toda ella. Algunos dolores de cabeza vienen con tanta furia que derriban a un hombre como muerto, y pónenlo tal, que no habla, ni quiere que le hablen, ni oír un golpe. Otros dolores causan (a los que los padecen) no abrir los ojos, ni ver la claridad del día. Todos estos dolores y mayores padecen las mujeres que se enrubian, trayendo toda la semana las cabezas mojadas con lejías, y barros y otros badulaques que ellas hacen.[125] Y a trueco de parecer bien un día —y plega a Dios que no parezcan más mal a los ojos de su criador—, quieren padecer toda su vida excesivos dolores. Si llaman al médico, quieren que en llegando les quite el dolor en una

---

media dragma; almártaga, dragma y media; azeyte rosado, una onça; miel blanca, media onça; cera amarilla, dos dragmas. Todo se mezcle, y a fuego manso se haga ungüento, quítenlo del fuego, y menéenlo hasta que se enfríe, y guárdese para el uso, el qual jamás me faltó, aplicándolo a estas partes dichas" (Farfán, *Tratado breve de cirugía*, f. 107b).

125. Uno de esos "badulaques" para "enrubiar" se preparaba de la siguiente manera en la Baja Edad Media, según un tratado de afeites y cuidados de la belleza en mujeres: "Para teñir los cabellos de rubio, tal que parezcan de oro: Convertid en ceniza y luego en lejía tallos de hiedra blanca descortezada. Y lavaos con esta lejía la cabeza dos veces por semana. Y al cabo de dos meses se habrá convertido el cabello en soberanamente bello. Pero el cabello tiene que secarse por sí solo y, si puede hacer, al sol" (Anónimo, *Flores del tesoro de la belleza*, p. 35).

hora. Y no reparan que es menester más tiempo para curarlas del mal que ha que padecen muchos años.[126] [f. 123a]

*

Coman de un ave, carnero, cabrito y ternera. No coman pescado, aunque sea fresco, ni coman cosa de leche; huyan las frutas, que como crían humores pútridos y vapores gruesos, causan muy graves dolores de cabeza; cenen poco y a medio día coman moderadamente. Lo que comieren sea guisado con especias de Castilla, y no sean muchas. Beban [f. 124a] agua cocida con canela o con unos granos de anís.

Los que pudieren pasar sin vino harán mucho para su salud. Y los que no pudieren pasar sin él, beban un poco, templado, solo a comer. El vino menos dañoso y el que se puede mejor digerir es el nuevo y el que tiene menos yeso. Y es verdad esta: que los vinos que se beben en las Indias son causa de tantos dolores de cabeza, de tantas reumas, y de haber tantos gotosos, tantos dolores de ijadas, y de riñones, y de tantas piedras de riñones, porque, como son tan cálidos, no dejan humores quietos, ni estómago que no estraguen y corrompan. [f. 124a]

*

Dije que no se hiciesen sangrías[127] cuando el dolor es de humor flemático, y la razón es: porque los que abundan de humores fríos siempre son flacos de fuerzas, y de flaco pulso, y cuando el estómago está

126. Quizá el doctor Farfán habla con razón, pues, curiosamente, el mismo tratado en donde florecen muchos remedios caseros para procurar la belleza femenina y, en menos casos, la masculina, también posee un largo apartado consagrado a "El dolor de cabeza, tanto de los hombres como de mujeres". Los remedios para curar este mal van desde los más ligeros hasta los más radicales, comenzando con el empleo del limón: "Para la persona que tenga mal o dolor de cabeza, toma medio limón y cuécelo en agua, y cuando esté cocido lávate la cabeza con esta agua, y sanarás inmediatamente"; pasando por algo más incómodo: "Para la persona que tenga dolor de cabeza, toma jugo de puerros con tres partes de miel caliente y sea introducido por la nariz y orejas; y estarás curado en breve"; hasta llegar al extremo de usar unos ingredientes que se antojan difíciles de conseguir para un remedio casero: "Para la persona que tenga dolor de cabeza, toma riñones de lobo y pícalos bien, y luego toma azufre y aceite de vino, y mézclalo todo, y haz ungüento; y úntante con él la cabeza y te curarás" (Anónimo, *Flores del tesoro de la belleza*, pp. 59-61). Por supuesto, quizá estos tratamientos eran para dolores de cabeza leves, los que dice el doctor Farfán que no atenderá aquí.

127. En la prosa de un doctor bajomedieval no dejan de florecer los beneficios de este doloroso tratamiento tan socorrido por el arte médico: "La sangría repara el coraçó*n* y el pe*n*samiento, acrescie*n*ta la memoria, adelgaza e haze subtil el sentimie*n*to, aclara la boz e aguza la vista, te*m*pla el oydo, procura digestión, succorre

lleno de estos humores, como en efecto lo está, en esta ocasión hasta que se gasten y salgan, no conviene hacerlas. Haga el enfermo por las mañanas ejercicio, hasta que se canse, y procure siempre haber hecho cámara antes, que así conviene. [f. 127a]

*

Esto añado más, y es: que todos los enfermos (que tienen el dolor de cabeza [y] vomitan con facilidad) hicieren cada mes un vómito, les hará gran provecho. El día que lo hicieren coman algo más que acostumbran, y pasada una hora des[f. 128b]pués de haber comido, para facilitar más el vómito, beban una poca de agua caliente mezclada con miel y unas gotas de vinagre; luego metan los dedos o una plica untada con aceite. Pasadas cuatro horas del vómito pueden comer de un ave asada y beber un poco de vino aguado, si lo acostumbran.

*

Para la gran cargazón de la cabeza, y para los que no pueden purgar por las narices, por estar el humor muy arraigado, y el ser viscoso y grueso, tomen las mañanas un poco de aguamiel sorbida por las narices con un cañón de ánsar, la una parte puesta en la ventana de las narices, y la otra en el vaso donde está el aguamiel. Lo mismo hace el zumo de acelgas, y es más fuerte; y los polvos de las pepitas de los guamúchiles por sí o echados en agua y sorbidos. Y sobre todo: los polvos de la cebadilla tostada. [f. 129a]

---

al estómago, destierra la mala sangre, confuerta la natura e conella bota defuera los malos humores, e administra sanidad de luenga vida" (Ketham, *op. cit.*, p. 69).

Del dolor de la jaqueca[128] [f. 129b] Capítulo octavo

No hay diferencia entre la cura de la jaqueca y la de toda la cabeza, y así se hará, como en el dolor de sangre y cólera. Si después de las [e]-vacuaciones de sangrías y purgas —con los demás remedios que habemos dicho que se hagan—, si el dolor afligiere y creciere más, hagan este remedio: deshagan cuatro pelotillas de estiércol de cabra en un poco de vinagre fuerte, y con esto unten las sienes y la frente dos veces o tres al día, y las veces que fueren necesarias. [f. 129b]

Del pasmo[129] y de la perlesía[130] [f. 130a]

Por ser el pasmo mal tan peligroso y tan común en esta tierra, en hombre y en mujeres paridas, me pareció tratar de él. Y aunque trato de él con brevedad, con todo pondré los remedios que son más necesarios,

128. Como veremos a continuación, el doctor Farfán usará de un remedio algo escatológico para curar la jaqueca, el cual recuerda un poco las curas del mundo bajomedieval, aquí representado por un par de tratados. Francisco Hernández lista varias plantas prehispánicas que ayudan contra este malestar; aquí una de ellas: "El Pícietl o *hierba yetl* [el tabaco] aspirado de la manera indicada [...] Se fortalece con él la cabeza, se produce el sueño, se calma el dolor, el estómago recobra sus fuerzas, se cura la jaqueca, se embota el sentido de las penas y trabajos, e invade por completo el ánimo un reposo de todas las potencias (que podría casi llamarse embriaguez)" (*Obras completas*, t. II, vol. I, pp. 80-81).

129. "Parálisis pasajera producida por un enfriamiento, este del lat. *spasmus* 'espasmo, convulsión', y este del gr. σπασμός *spasmós*). "Pasmarse es quedarse ssupenso, sin movimiento" (*Tesoro*, *s. v.* "Pasmo").

130. "Resolución o relaxación de los nérvios, en que pierden su vigor y se impide su movimiento y sensación. Es del Latino *Paralysis*. LAG. Diosc. lib. 1. cap. 5. Y bebido con agua vale contra gota coral, contra la ciática, contra la tós y contra la perlesía. ALCAZ. Chron. Decad.3. Año 8. cap.1. §. 3. Por su intercessión han conseguido y consiguen vista los ciegos, pies los tullidos, y salud los otros enfermos de perlesía" (*Aut.*, *s. v.* "Perlesía").

y que los puedan hacer todos los que están apartados de los pueblos grandes que hay boticas.

Tres son las diferencias que hay de pasmos, la una es cuando los nervios se contraen y encojen a la parte delantera del cuerpo. La segunda, cuando se contraen y encojen las espaldas. La tercera es cuando todos los nervios se contraen y encojen igualmente, y esta manera de pasmo es la más peligrosa, y pocos escapan de él. Tam[f. 130b]bién se puede pasmar una parte o un miembro del cuerpo, como es: el rostro, el un lado o el otro. El pasmo es un movimiento fuera de nuestra voluntad, hácenlo los nervios hacia su mismo principio.

Dos causas son las más principales del pasmo: la una es la repleción o hinchamiento de humor sanguíneo, de flemático y sanguíneo, o de solo humor flemático. La otra causa es alguna grande evacuación, o purgación de humores, movidos de la naturaleza o ella irritada y provocada con la malicia de ellos; o por haber tomado alguna purga venenosa. A estas causas se junta otra, y es una sequedad de los nervios muy grande, una calentura ardiente, que llaman causón,[131] y este pasmo es también muy peligroso, y tanto, que no hay que esperar de él sino la muerte. Más cuando hay pasmo, si sobre viene calentura, ella es la que cura el pasmo. [f. 130b]

*

No se escandalicen porque mando sangrar el pasmo, porque en esta ocasión, y con las condiciones que digo, es el remedio más necesario a la vida del enfermo.

La razón de lo dicho es: porque cuando los humores flemáticos (que causan el pasmo) están mezclados con la sangre, divertímoslos y apartámoslos de los nervios con las sangrías, y con ellas los evacuamos. Si (por mucha flaqueza, o por no poder hallar las venas, por ser muy delgadas) no se pueden hacer sangrías, échenle ventosas en las pantorrillas, en las asentaderas y en las espaldas. Y si mostraren sangre, sájenle algunas, y sáquenle tres onzas de sangre, y con esto supliremos

---

131. "Calentúra repentina mui ardiente. Es voz Griega Kauson, onos, que en Latín significa Aestus. FUENT. Phil. fol. 143. Si cólera se enciende en unas venas cerca del corazón, se causa luego una calentúra que es causón. LAG. Diosc. lib. 1. cap. 125. El cocimiento de los Thebaicos bebido, mata el ardor de las fiebres dichas causones. NIEREMB. Philos. Curiosa, lib. 2. cap. 23. Estando con un grande causón y frenesí, rogaba instantemente a los Médicos que le dexassen bañar, y nadar en aquel estanque" (*Aut.*, *s. v.* "Causón").

las sangrías, y vale tanto como si las hiciéramos. Y siendo necesario, las pueden sajar una vez o dos, que no habrá peligro en ello. [f. 132a]

*

En la cura de los dolores de cabeza [f. 134a] puse muchos remedios para estornudar, usen de ellos, sobre todos es el más fuerte el de la cebadilla tostada y molida.

Quiten al enfermo el cabello de la cabeza a navaja, y en toda ella le pongan un bonete de cera amarilla, y cada cuatro horas se lo quiten y limpien, y refriéguenle la cabeza y vuélvanselo a poner. Échenle de cuando en cuando ventosas secas junto al cuello y en las espaldas. Labrar[132] el cuello sobre los huesos de él, los hombros y el espinazo, con unos cuchillos, es remedio muy bueno. Porque con el fuego los nervios se fortifican, y mucha parte del humor se consume y gasta con el fuego, es remedio muy bueno y seguro, no sean tan superficiales, que no hagan provecho ninguno.

Si el pasmo viene por alguna grande inflamación, o por alguna herida, y con esto hay señales de sangre, hagan una o dos sangrías y saquen poca sangre. Si el pasmo viene de alguna mordedura de animal ponzoñoso, y el bocado es en algún dedo del pie o de la mano, átenlo un poco más arriba de la mordedura y aprieten bien. Luego sajen el dedo y degüellen algunas galli[f. 134b]nas y otros animales, y meta el dedo por la herida y con esto sanará —y con los remedios que dixe después— como lo he visto muchas veces en esta Nueva España.

*

Si las venas que están debajo de la lengua se mostraren muy hinchadas, sangren de ellas al enfermo, como lo manda un autor muy grave.[133] [f. 135a]

132. "Labrar la bestia, término de albeitería: hácese con un hierro ardiendo" (*Tesoro*, *s. v.* "Labrar").

133. Podría ser cualquiera de los árabes o médicos medievales citados por Farfán desde su *Tratado breve de cirugía* (1579); todos llevan, de cualquier modo, a Galeno, de ahí la siguiente expresión de un médico e historiador del siglo XX: "¡Oh medicina galénica!, ¡cuánta sangre se derramó en tu nombre! Los médicos, siempre fieles a los principios de la doctrina del excelso Galeno, recetaban la sangría aparentemente sin ton ni son: para males graves o menores, y sin respetar edad, sexo ni condición. Se les vio sangrar a bebés cuando todavía dependían exclusivamente del pecho materno, y no detenían sus impulsos sangrientos ni ante el aspecto de un anciano valetudinario: el médico Gui Patin (1601-1672), que fue director de la Escuela de Medicina de París, sangró once veces en seis días a un pobre viejo de ochenta años. Se llegó al absurdo de considerar la sangría como la terapia idónea

De la perlesía y su cura [f. 135b]

Es cosa muy acertada el cauterio actual que dicen, y dase de esta manera: si el brazo y mano derecha está paralítico, den un cauterio en el lado derecho del cuello en el primero y en el segundo hueso de él, en cada hueso uno; y si el brazo izquierdo y mano está paralítico, den el cauterio en el lado izquierdo del cuello, en el primero y segundo hueso, y den en cada hueso un cauterio. Procuren tener abiertas las llagas muchos días, porque salga por ellas el humor, que allí esta represado y detenido.

Al que temiere al cauterio actual, pónganle en su lugar esto: mostaza molida, cal viva, y jabón y zumo de cebolla, de cada cosa un poco; mézclenlo todo. Tomen de este cáustico: un poco en medias cáscaras de [f. 137b] avellanas, y pónganlas sobre los dos huesos, y no hará más llaga que donde es menester.

---

para las hemorragias, es decir, curar los efectos del sangrado con el sangrado" (González Crussí, *op. cit.*, p. 119).

Para váguidos[134] de cabeza y para otras indisposiciones [f. 138a]
Capítulo nono

Son tantos los que se quejan de váguidos, que me obliga la caridad a poner aquí algunos remedios fáciles de hacer a donde quiera. No se deben tener en poco los váguidos, que si duran mucho, vienen a parar en el mal de corazón, o en una apoplejía, mayormente, cuando menudean.

Dos maneras hay de váguidos: la una es cuando nos parece que la casa, el cielo y la tierra andan a la redonda. La otra manera es cuando se quita la vista de los ojos, y nos parece que todo lo que vemos con nuestros ojos es muy negro. En esta manera de váguido la virtud visiva esta lesa,[135] y [también] la imaginativa. Y en la primera [manera de váguido] sola la imaginativa vir[f. 138b]tud está lesa y ofendida. Si el váguido nace de la misma cabeza, los dolores de ella y la pesadumbre es muy grande, y viene, también, con muy gran zumbido de oídos. Cuando nace del estómago, siéntense en él unos como pellizcos y dolor, con una voluntad de vomitar.

Si los váguidos vienen de ventosidades, que se crían en la cabeza y en el estómago, son peligrosos, y mucho más los que quitan la vista de los ojos, porque vienen a parar en la locura. La causa más principal de los váguidos es: la crudeza de los manjares mal cocidos en el estómago, y así son más comunes en los que comen demasiado.

Los que tienen váguidos guárdense de grandes soles, de grandes aires y de grandes fríos. El aposento esté alegre, claro y templado. Los que tienen esta enfermedad no se pongan a las corrientes de los ríos, ni junto a molinos, porque a los que no tienen váguidos los han causado.

---

134. En el original: "vaguedos" y así cada vez que nombra a la enfermedad. "Es un desvanecimiento de cabeza por estar vacía de buenos espíritus y ocupada de ciertos humos que le andan a la redonda. Y así en Latín se llama el váguido de cabeza 'vértigo' y en griego 'tenébrico'" (*Tesoro*, *s. v.* "Váguido").

135. "(Del lat. *laesus*, part. Pas. De *laedĕre* 'dañar', 'ofender'). Dicho del juicio, del entendimiento o de la imaginación: Pervertido, turbado, trastornado" (*DRAE*, *s. v.* "Lesa").

No duerman después de comer, ni de noche se acuesten luego en cenando. Cada día hagan cámara, aunque sea con melecina o con calilla. Por las mañanas, antes que se levanten, tráiganles un rato las piernas, y después de levan[f. 139a]tados hagan un poco de ejercicio. Huyan de pesadumbres, y de estar solos.

Los manjares que comieren, sean de buena sustancia y que se digieran con facilidad. Son buenas gallinas, pollos y un poco de carnero manido, y guísenlo todo con especias de Castilla. Coma de una codorniz, de cabrito y de ternera. Si tuviere necesidad de vino, bébalo templado al comer y entre día agua cocida con canela. No coma cebollas, ni ajos, ni frutas verdes, ni legumbre. Todas las cosas de leche son muy dañosas, y todo pescado, aunque sea fresco.

Es muy dañosa la comunicación de mujeres, y los casados huyan después de comer y de cenar, y sean templados, porque no hay cosa que más dañe al estómago y cabeza que este acto, mayormente en los tiempos dichos. [f. 139a]

Para vomitar los humores del estómago y tener gana de comer [f. 141b]

Por experiencia hemos visto muchas veces, que cuatro hojas (de lo que llaman piziete[136]) verdes o secas echadas en seis onzas de vino,

136. "También pisiete, piziete. Del náhuatl *picietl*. Es el tabaco. La mezcla preparada con hojas frescas o secas de tabaco molido y cal, con o sin ajo, se le atribuye la propiedad de mitigar el cansancio y ayudar a soportar las duras jornadas de trabajo. Cuando es masticada o frotada se dice que protege de los malos espíritus, enemigos y brujerías. Ahuyenta a las víboras y otros animales ponzoñosos, y está dotada del poder y la fuerza para 'sacar la enfermedad'. Los mazatecos le llaman también san Pedro, ya que la preparan en una ceremonia en la víspera del día de san Pedro y san Pablo. Además de los usos antes mencionados, el curandero mazateco lo da al paciente para controlarlo después de haber ingerido hongos alucinógenos, o bien durante 'el viaje' para prevenir los aires malignos. En diversos textos y documentos coloniales se evidencia el uso de esta mezcla con los mismos fines que los actuales. En la *Relación de Texcoco*, Juan Bautista de Pomar (1582) refiere: 'La yerba que llaman *picietl*, que, según dicen, es la misma que en España llaman beleño, aprovechándose de ella para dormir y amortiguar las carnes y no sentir el mucho trabajo que padece el cuerpo trabajando. La cual toman seca, molida y mojada y envuelta con una poca de cal en la boca, puesta entre el labio y las encías, tanta cantidad como cabrá en una avellana, al tiempo que van a dormir o a trabajar...'" (*BDMTM*, *s. v.* "Piciete").

y dejarlas desde las cuatro de la tarde hasta la mañana, y tomando de este vino tanta cantidad como cabe en un huevo, hace lanzar por la boca gran cantidad de flemas y de los humores que estuvieren en el estómago y la cabeza. Es remedio muy admirable para las reumas. El día primero que toman el vino causa una manera de embriaguez, mas ni hace daño, ni dura mucho, y por la salud algo debe pasar. [f. 141b]

Para el ahíto[137] de los niños [f. 142a]

Aunque a cada paso dan las mujeres muchos remedios para el ahíto de los niños, quiero avisar una cosa muy necesaria, y es: que a los que están ahítos no les echen luego, el día primero, melecinas ni calillas hasta que les hayan puesto, un día o dos, algunos emplastos en el estómago; o les hayan untado con algunos aceites, con el ahíto se cueza y digiera, ayudando al calor natural con ellos. Porque las melecinas (mayormente las recias y las calillas echadas al principio) sacan como por fuerza lo que está en el estómago antes de cocerlo y digerirlo, y es muy dañoso. Para el ahíto son buenos los emplastos que diré. [f. 142a]

*

Es muy bueno un poco de aceite de comer mezclado con orines y caliente para untar el estómago y vientre de los niños ahítos. También quita el ahíto el sebo de la vela derretido y mezclado con saliva, si untan el estómago. [f. 142b]

*

Y si desde el principio hace el niño bien la cámara, siendo las calenturas muy grandes y haya sido ahíto o repleción la [f. 143a] causa de ellas, pasado el día tercero no dilaten más la sangría, porque no hay que temer al ahíto, y debemos acudir al mayor mal.

*

Yo he visto morir algunos que, si los médicos detuvieran un día o dos las sangrías, hasta que la naturaleza comenzara a descargarse por el vientre, hubieran vivido muchos años. [f. 143a]

---

137. “La vianda indigesta que se ha pegado al estómago y está allí fija. [...] Ahitarse con un piñón es tener muy flaco el estómago” (*Tesoro*, *s. v.* “Ahíto”).

Para qué enfermedades sea bueno el cacaloxóchitl[138] y cómo se prepare [f. 143a]

El cacaloxóchitl es un árbol mediano, produce hojas largas y anchas. Sus flores son blancas, y coloradas, y otras amarillas y tienen muy lindo olor; y aunque todo él tiene virtud, de lo que más nos aprovechamos es de la corteza. Cocida de la manera que diré quita los [f. 143b] dolores de estómago y del vientre. Deshace las ventosidades del cuerpo y ayuda al estómago a cocer mejor el manjar, y esto purgando los humores por cámara; y cuézanla de esta manera: tomen dos libras de la corteza del cacaloxóchitl —de la que tiene más leche— y muélanla en un metate, y cueza a fuego manso en diecisiete cuartillos de agua hasta que quede en tres cuartillos. Cuélenla, y quedaran dos cuartillos de agua, que el otro es de la hez de la corteza; tómenla a las nueve de la noche habiendo cenado poco y temprano. Calienten el un cuartillo de agua, y tibia la beba aunque amarga un poco, y para esto, tome un poco de anís confitado acabada de beber. A la una de la noche sentirán unos dolorcillos en el vientre, y luego hará algunas cámaras de tan mal humor, que se admirará el que las viere; puede tomar el agua tres noches o cuatro, si quisiere cada día, o cada tres días. [f. 143a]

*

138. El doctor Francisco Hernández, quien antecedió a Farfán en sus investigaciones en la Nueva España (de 1571 a 1577), describe así el cacaloxóchitl: "Capítulo CXLV. *Cacaloxóchilt* o flor de cuervo. Es un árbol mediano tamaño con hojas como de cidro, pero mucho más grandes y con abundantes nervaduras que parten del dorso hacia los lados; los frutos son unas vainas muy grandes y de color leonado; las flores son muy grandes, hermosas y de grato olor, y son lo único que se utiliza; se hacen con ellas ramilletes, guirnaldas y coronas, cosas muy usadas entre los indios y tenidas en tal estimación que nunca se presentan ante una persona principal sin ofrecerle previamente alguno de estos objetos. Mana leche. Enfría y conglutina, aplicado, y cura el dolor de pecho que proviene de calor. Su médula tomada en dosis de dos dracmas limpia el estómago y los intestinos. Hay muchos géneros de estos árboles diferentes sólo en las flores, las cuales cuidamos de pintar separadamente. Pues hay unos que dan flores escarlata y se llaman *tlapaliticcacaloxóchitl*, y hay otros muchos que por las variedades de sus colores tienen distintos nombres, como *tlauhquechulxóchitl*, *ayotectli* y otros, que se encuentran en muchas regiones de esta Nueva España. Algunos llaman a todas estas especies *cacaloxóchitl*, y aseguran que su corteza reducida a polvo con corteza de *nantzin* y tomada, o su cocimiento bebido, vigorizan extraordinariamente a las parturientas y las restablecen, lo cual sin embargo parece completamente absurdo" (*Obras completas*, t. II, vol. I, p. 268).

Algún trabajo da, más por la salud quién no lo sufrirá, y si alguno (por ser delicado, porque amarga el agua) no la pudiere tomar, hagan con ella este lamedor o jarabe: tomen los dos cuartillos de agua cocida como dije arriba, y échenle libra y media de azúcar y cueza a fuego manso de brasa, hasta que espume. Tome las mañanas en ayunas, y cuando se fuere a dormir, cuatro onzas de este lamedor, y entre días algunas cucharadas. No hace tan presto su efecto como el agua, más hacerlo ha usando de él, como queda dicho. Si cuando tomaren esta agua nueve días para la hidropesía no se quitare luego, vuélvanla a tomar dos veces y cuatro, y descanse cada vez que la tomare diez días. [f. 144a]

*

Para los dolores antiguos de bubas, y para los tolondrones de la cabeza y de las espinillas, y para las llagas viejas, si al cocer de esta agua del cacaloxóchitl echaren allí cuatro onzas de carne y huesos de un pájaro que llaman huacin[139] (aunque esté seco, y se mantiene de solas víboras y los hay en tierras calientes), es remedio de mí experimentado muchas veces en la ciudad de Antequera del valle de Oaxaca.[140] Y entiendo también que para los que tienen sospecha que les han dado algún bocado, no hay antídoto ni triaca mejor. [f. 144b]

Para soldar la vena rota del pecho [f. 145a]

Por haber mucha sangre, y por ser muy colérica o por ser las venas muy delgadas; y por dar grandes voces, por caer de alto y por un muy

139. Con suma probabilidad el doctor Farfán se refiere a un ave registrada por Francisco Hernández, el hoatzin: "Capítulo LXI. Del segundo *Hoactzin*. Es un ave parda más o menos del tamaño de la gallina española, de ojos negros y canto parecido al de la llamada calandria, agradable y sonoro, y que a la vista del hombre parece reír y como burlarse de él. No se domestica. Es comestible, aunque su carne no es tierna ni apetecible como buen alimento" (*Obras completas*, t. III, vol. II, p. 334).

140. En el original: "Guaxaca". Región sureste de México, con una superficie en kilómetros cuadrados mayor que la de Hungría (93.757 km²). Una de las zonas con mayor biodiversidad y de mayor multiculturalidad del país. La evangelización de los indígenas de la zona corrió a cargo de los dominicos. Oaxaca es una región de México que sigue atrayendo la atención de los mejores médicos del mundo: uno de los neurólogos más famosos de la segunda mitad del siglo XX e inicios del XXI, Oliver Sacks, escribió un diario de su experiencia: *Oaxaca Journal*, Washington, National Geographic Society, 2002.

gran golpe, se rompe alguna vena del pecho. Y si luego no se remedia corre riesgo la vida. Y cuando [la sangre] dura mucho tiempo el echarla, aunque sea poca, viene a tanta flaqueza el enfermo que se muere. [f. 145a]

*

Viniendo a la cura particular, digo: que si la vena del pecho se rompió por ser mucha la sangre y por estar muy caliente, como se conocerá en el encendimiento del rostro, y en los ojos como encarnizados, sangren al enfer[f. 145b]mo dos veces y cuatro, siendo menester, y sáquenle cada vez cinco onzas de sangre. Estas sangrías que mando hacer se entiendan estando en la enfermedad en su principio. Que, si es de algunos días o meses, no convienen tantas. Si el enfermo ha echado mucha sangre y está flaco, aunque la enfermedad esté en su principio, háganle dos sangrías de esta manera: abran la vena del arca, y si no hallaren esta, sea la de todo el cuerpo, y habiendo sacado media onza de sangre, pongan el dedo sobre la vena, y pasados dos credos, sáquenle otra media.[141]

141. Con este remedio puede apreciarse cómo, en ciertos casos, hay una gran irracionalidad de los postulados galénicos cuando son llevados al extremo: sangrar al que padece una hemorragia.

La cura de la ciática[142] [f. 147a] Capítulo décimo

El dolor de la ciática da en la juntura de la cadera, y baja muchas veces por el muslo y no para hasta el pie. Otras veces se siente ba[f. 147b] jar por las espaldas y lomos, hasta dar en el hueso, porque viene de la cabeza. El dolor de la ciática es como el de la gota de los pies, y toma el nombre de la parte donde da. Si dura mucho, y continúa a dar, hasta tullir y mancar el miembro, no para. Este dolor de la ciática viene de la sangre algunas veces, y las más de humor flemático, y conocémoslo cuando dura mucho, y si viene de sangre no dura tanto, ni es tan molesto, como el que viene de humores flemáticos.

Y para mayor conocimiento (si viene de humores gruesos) conviene saber si el enfermo come mucho, si es dado a la lujuria, si purgando por las almorranas se le ha detenido la purgación, o si hace algunos ejercicios demasiados, como son: correr, saltar, o luchar y pasearse. Para conocer si con los humores flemáticos hay mezcla de sangre conocerse ha también en el color del rostro, en las venas hinchadas, y en el dolor, que es muy agudo y vivo; y si con los remedios calientes que le ponen en el dolor, crece más. [f. 147b]

*

Otro remedio muy eficaz, y que cura la ciática, y háganlo así de esta manera: tomen el mastuerzo[143] campesino, y a falta de él, el que [f.

142. "Enfermedad ocasionada de un humór, que se encaxa en el hueco del huesso de la cia, y desciende por el muslo, causando grandes dolóres. Lat. *Ischias, adis.* LAG. Diosc. lib. 1. cap. 5. Tiene el cardamómo fuerza de calentar, y bebido con agua vale contra la gotacorál, contra la ciática, contra la perlesía. FR. L. DE GRAN. Symb. part. 1. cap. 25. Porque yá hemos visto curarse un gravissimo dolor de ciática ... dando un cautério en el oído. GUEV. Menosprec. de Cort. cap. 20. Quédate à Dios mundo: pues de tu Palacio ò sale la cabéza llena de canas, los ojos de lagáñas ... los muslos de ciática, el estómago de humóres, el cuerpo de dolores, y aun el corazón de cuidados" (*Aut.*, *s. v.* "Ciática").

143. "Mastuerzo. [...] la semilla de cualquier mastuerzo es calorífica, aguda, perjudicial

150a] nace en los huertos o el del Pirú;[144] muélanlo y mézclenlo con unto sin sal añejo, y pónganlo sobre el dolor por espacio de seis horas. Al cabo de ellas, entre el enfermo en un baño o en los que llaman acá temascal[sic], y sude allí una hora. Salga y enjuáguese y abríguese bien, y haga esto tres veces o cuatro.

Yo he curado a muchos con el favor de Dios, habiendo hecho las [e]vacuaciones generales, dábales un cauterio debajo del dedo grande del pie, donde tenía el dolor en la postrera juntura, con un cauterio hecho como media luna, que cortaba y quemaba. Procuraba tener las llagas abiertas algún tiempo, poniendo sobre ellas un poco de unto sin sal. [f. 150a]

Para curar un resfriado [f. 150b]

De caer en un río, de dormir al sereno y de beber un jarro de agua fría estando uno sudando; de un aguacero, y de hacer mucho ejercicio, saltando, corriendo o jugando a la pelota, se resfrían muchas veces los hombres.

Conoceremos luego a uno que está resfriado en un dolor muy grande de cuerpo, y también de todas las junturas, que no puede alzar

para el estómago, perturbadora del vientre, expelente de las lombrices, reductora del bazo, destructora de los fetos, provocativa del menstruo y estimulante del apetito sexual [...] bebido es antídoto de las mordeduras de serpientes. Quemado como sahumerio, ahuyenta los reptiles, confirma los cabellos caedizos [...] Aplicado en forma de cataplasma, con vinagre y con polenta, es útil contra la ciática" (Dioscórides, *Plantas y remedios medicinales*, libros I-III, pp. 334-335).

144. Farfán se refiere a la siguiente planta descrita por Francisco Hernández: "Capítulo LXI. Del Mastuerzo peruano. Ha sido traído a tierras de los mexicanos, donde adorna las cercas de los huertos y las ventanas de las casas, el que nuestros compatriotas llaman Mastuerzo peruano y los mexicanos *pelonmemixquílitl* y *pelonchili*, y que tiene hojas redondeadas como labio de Venus [...] y en la parte superior siete hojillas, de las cuales las dos mayores y de las dos más pequeñas tiene grabadas unas líneas rojas parecidas a las llagas de Cristo Nuestro Señor con que suelen adornarse las cruces [...] Es esta hierba caliente y seca en cuarto grado casi, y enteramente igual en sabor y propiedades al mastuerzo de nuestra tierra [...] Aprovecha al estómago debilitado por causa fría o con dolores flatulentos, y alivia la tos; molido con alumbre calma los dolores de dientes; mezclado con otros remedios más fríos quita los dolores e hinchazones que provienen de causa cálida, disipando ésta, y alivia las úlceras inflamadas; pues contra los dolores producidos por frío también se usa, aplicado, el mastuerzo de nuestra tierra" (*Obras completas*, t. III, vol. II, pp. 44-45).

los pies ni las ma[f. 151a]nos, y todo él con un muy grande cansancio. Las señales más principales son: un frío muy sensible en todo el cuerpo, y como que anda entre el cuero y la carne. Para remediar esto en breve es muy bueno un jarro de agua caliente cocida con manzanilla, y arropar bien al resfriado y ponerle a los pies un ladrillo un poco caliente, para que sude una hora si pudiere.

Si con esto fuere el resfriado adelante, háganle este remedio: úntenle todas las junturas de su cuerpo con zumo de ruda caliente o con aceite frito en ella; refriéguenle bien con él y procuren que sude lo que pudiere sin mucha congoja. Cuando esto no bastare, denle unos baños que llaman en seco. Tomen las yerbas calientes, que son ruda, manzanilla, eneldo, hinojo e inciensos, de cada cosa cuatro manojos, y cuézanlas en una paila[145] de colar llena de agua —y para más brevedad—, seis pencas de magueyes[146] muy cortadas; y metan la paila con el agua muy caliente en un aposento abrigado, y al enfermo (en camisa) lo sienten en una silla, y ponga los pies en una tablilla, que esté puesta sobre la paila, y tápenle todo con sus frazadas [f. 151b] reciba aquel calor y vapor del agua un cuarto de hora. Luego lo acuesten en la cama y allí sude un rato, límpienle el sudor, y vístanlo y abríguenlo bien; y estese en el aposento, que no le dé aire, y puede tomar dos o tres baños de estos cada día uno.

145. "Vacía grande o vaso de cobre, azófar o hierro, que sirve para labarse los pies, y otros ministerios. Viene del Latino *Patina*, corrompida la voz. Latín. *Pelluvium. Grandis pelvis.* MEX. Dial. f. 87. Esso créolo, porque lo he visto en un espejo puesto en una páila de agua, en aquel Eclipse grande, quando murió la Emperatríz nuestra señora" (*Aut.*, *s. v.* "Paila").

146. "Capítulo LXXI. Del *Metl* o maguey. Innumerables casi son los usos de esta planta. Toda entera sirve como leña y para cercar los campos; sus tallos se aprovechan como madera; sus hojas para cubrir los techos, como tejas, como plátanos o fuentes, para hacer papiro, para hacer hilo con que se fabrican calzado, telas y toda clase de vestidos que entre nosotros suelen hacerse de lino, cáñamo, algodón u otras materias. De las puntas hacen clavos y púas, con que solían los indios perforarse las orejas para mortificar el cuerpo cuando rendían culto a los demonios [...] Las partes más gruesas de las hojas así como el ronco, cocidos bajo la tierra (modo de cocción que os *chichimecas* llaman *barbacoa*), son buenos para comerse y saben a cidra aderezada con azúcar [...]. Las hojas asadas y aplicadas curan la convulsión y calman los dolores aunque provengan de la peste India [...] Esta planta sola podría fácilmente proporcionar todo lo necesario para una vida frugal y sencilla, pues no la dañan los temporales ni los rigores del clima, ni la marchita la sequía. No hay cosa que dé mayor rendimiento" (Hernández, *Obras completas*, t. II, vol. I, pp. 348-349).

Si a estos que el vulgo llaman[sic] resfriados[147] les viniere calentura sobre el resfrío, en cualquiera día que sea y según dare otro día la calentura, no duden en sangrarlos luego, una y dos veces, y las que fueren necesarias. Y sepan que (hablando verdad) los tales no son los resfriados, a quien manda Galeno no se sangren. Porque estos que por una de las causas dichas se resfrían, como se les tapan los poros del cuerpo, con facilidad caen en una calentura, que llaman pútrida. Y así es muy grande la ignorancia de algunos que en estas calenturas (aunque se haya mojado muy bien el enfermo con aguaceros o por haber caído en un río) no sangran. Y por no lo hacer he visto a muchos morir, y si los sangran, no se murieran. Si la calentura fuere adelante, curarla han como en el tratado de las calenturas, a donde me remito. [f. 151b]

Para uno que de muy flaco y con desmayos no puede confesar[148] [f. 152a]

A muchos enfermos acontece, que (por descuidarse el médico, o por venir el mal de repente, y tomarles muy flacos y con desmayos) no pueden confesar y acabar las cosas todas que a sus almas convienen.[149] Para remediar esto, lo que más presto anima y esfuerza (como muchas veces lo he visto) es: darles dos yemas de huevos frescos asadas sin las claras, y beban sobre ellas cuatro onzas de vino muy bueno. Si fueren

147. Se refiere a los enfermos que la padecen y no a la enfermedad.

148. Así lo decía Farfán en 1579: "Para que puedan confessar los que están en lo último de su vida. Acontece que algunos enfermos estando ya en el último de su vida, por falta de la virtud y grande flaqueza que tienen, no pueden acabar de hazer las cosas que más presto les fortifica y esfuerça, y suele darles la vida, es esto que tengo experiencia. Tomen una o dos yemas de huevos frescos, y sin las claras las templen al rescoldo, y denlas a beber, y sobre ellas tanto vino rico como lo que cabrán en las cáscaras, o algo más, y verse ha la esperiencia" (Farfán, *Tratado breve de cirugía*, f. 266a).

149. Además de estos hechos que relata el doctor Farfán, también el terrible dolor causado por alguna enfermedad podía menguar la capacidad de estar en condiciones de poder confesar: "La qual enfermedad a muchos, e mayormente a los que non son bien dispuestos en la ánima, en tanto grado tornan impacientes e sañosos e murmurantes, que a las vezes del grand dolor e impaciencia paresce que sean tornados locos e sin sentido, segúnd que algunas vezes se vee en muchos" (*Arte de bien morir*, p. 100).

desmayos los que estorbaren el confesar, y hacer las demás cosas que al alma y consciencia convienen, denle estos polvos en un poco de vino que sea bueno: nuez moscada[150] y azafrán[151] molido, de cada cosa un escrúpulo; castóreo, que es el botón del befo, medio escrúpulo; todo lo muelan y mezcle.

Y pido por amor de Dios a los médicos que manden con tiempo a confesar a sus enfermos, que es gravísima culpa, y muy gran lástima, verlos cada día morir sin sus sacramentos.[152] [f. 152a]

150. "Escógense de las nueces moscadas aquellas que son frescas, graves, grasas, llenas de humor y sin algún agujero. Corrigen y quitan el aliento hediondo, clarifica la vista, conforta el estómago y digiere el manjar, y expele las ventosidades; fortifican el hígado y el bazo; provocan la orina [...] Son calientes y secas en el fin del grado segundo" (Acosta, *op. cit.*, p. 39).

151. "Esta raíz es una medicina muy usual en las Indias, así para teñir los guisados como para enfermedades de los ojos, y la para sarna con zumo de naranja, litargirio y aceite de coco. Es mercancía que se lleva mucho para el Arabia, y para la Persia y otras partes [...] Presume el doctor Orta que Avicena escribió de este azafrán en el lib. 2 cap. 200, llamándole calidunium o caletfium, y que habla Avicena de este con temor, como de cosa que no había en su región, alegando sentencias de otros" (Acosta, *op. cit.* 1578, pp. 257-258).

152. "Si el que está en la agonía e artículo de al muerte pudiere fablar e usar de la razón, trabaje por ocuparse en oraciones, primeramente llamando a Dios e suplicando que tenga por bien de rescibir a él en su gloria, por la sanctíssima e maravillosa misericordia e por la virtud de su Passión. Segundo, diligentemente invoque e llame a la Gloriosa e Sacratíssima Virgen Señora Santa María, suplicándole que sea su abogada e medianera. E dende, ruegue a todos los ángeles, e especialmente al ángel deputado por su guarda, e así mesmo a todos los santos apóstoles, mártires, confessores e vírgines. Empero, más specialmente ruegue e se encomiende a aquellos santos o santas en los quales primero seyendo sano tenía devoción e los honrrava o servía e amava, cuyas imágenes, con la imagen del crucifijo, le deven ser representadas. Item, diga tres vegadas este verso: '*Dirupisti domine vincula mea, tibi sacrificabo hostiam laudis*'. Porque este verso, según Cassiodoro, se cree que es de tanta virtud, que los pecados de los ombres sean remetidos, si en fin estando, en verdadera confessión es dicho. Iten, diga tres vegadas estas palabras o otras seme antes: 'La paz de Nuestro Señor Ihesu Cristo e la virtud de la su Passión, e la señal de la Santa Cruz e la integridad de la Señor Virgen Santa María, e la bendición de todos los santos e santas, la guarda de los ángeles e las ayudas de todos los escogidos sean entre mí e entre todos os mis enemigos, visibles e non visibles, en esta hora de mi muerte. Amén'. Finalmente diga: 'En las tus manos, Señor, encomiendo el mi spíritu'. Mas si el enfermo non supiere las oraciones, diga alguno de los que están presentes, a alta boz ante él, algunas oraciones o historias devotas en las quales seyendo snao él tenía devoción. E el mesmo enfermo ruegue e faga oración a Dios, segund que supiere e pudiere, de puro e firme coraçón e de boca e con todo su desseo" (*Arte de bien morir*, pp. 117-118).

Para el mal color del rostro [f. 152b]

Vemos a algunos hombres y mujeres, con tan mal color del rostro, que no parecen sino difuntos. Estos verdaderamente tienen (aunque ellos no lo sienten) alguna indisposición interior, esta puede ir creciendo y de ella redundar algún gran mal. Este mal color viene, las más veces, de la mala digestión del estómago y de la ruin sangre que el hígado hace.[153] [f. 152b]

Para levantar la paletilla[154] del estómago y el hueso de la rabadilla[155] [f. 154b]

Cosa muy común es [oír] decir [a] las mujeres que se cae la paletilla del estómago, siendo imposible por ser un hueso muy pegado a su compañero; relajarse el estómago y como caerse es posible, y puede acontecer. Y como lo que ponen sobre él lo fortalece, da calor y gana

153. "Es de saber que la primera digestión es en el estómago y el quilo, o substancia que sale de él, que va por las venas miseraicas al hígado se llama quilo y de esto es hecha la conversión de los humores y la masa sanguinaria" (López de Hinojosos, *Suma y recopilación de cirugía*, 1578, p. 95).

154. "Cierta ternilla que hai en la boca del estómago que se suele relaxar, haciendo alguna fuerza, o resfriarse: lo que es más común en las costas del Norte de España, donde usan de varios remedios (y algunos supersticiosos) siendo el más eficaz poner una bizma en el estómago y la espalda, de que se infiere ser relaxación. La gente vulgar cree, que esta ternilla se le cáe, y por esso es tan común el decir que se les cáe la paletílla; pero la gente de juicio se rie de esta vulgaridad. Llámanla tambien espinilla. Latín. *Stomachi cartilago, inis.* FRAG. Cirug. lib. 1. cap. 23. Por manera que lo que llaman la paletílla caída, es relaxación y flaqueza en la boca del estómago" (*Aut.*, *s. v.* "Paletilla"). "Parte interior del cuerpo del animal, mas dura que la carne, y mas blanda que el huesso. Díxose quasi Tiernecilla. Lat. *Cartilago, inis.* GRAC. Mor. f. 65. Una flecha de un arco le passó el pecho, y le dió en la ternílla, quedando el hastil de fuera blandiendo. VALVERD. Anatom lib. 1. cap. 17. Fué tambien ordenado, que la ternílla, que cubre este seno, saliesse tanto hácia fuera, que haciendole mayor, supliesse la pequeñéza del hoyo, y no estorbasse el movimiento" (*Aut.*, *s. v.* "Ternilla").

155. "La punta o extremidad del espinazo en el cuerpo del animal, la qual consta de quatro vertebras. Comunmente se llama huesso sacro. En las aves se llama tambien assí la extremidad que hace menear las plumas de la cola. Latín. *Os sacrum. Uropygium.* VALVERD. Anat. lib. 1. cap. 14. El huesso, que comunmente llamamos la rabadilla, es semejante a la cola de los otros animales" (*Aut.*, *s. v.* "Rabadilla").

de comer, dicen ellas que levantaron la paletilla. Para esto tomen un poco de tremen[f. 155a]tina, o abeto o miel blanca cocida, y con los dedos la traigan sobre el estómago y echen sobre ella unas estopas o algodón. Con este beneficio recibe el estómago algún calor, y apetece el manjar y lo cuece.

El hueso postrero del espinazo, que comúnmente llaman rabadilla, se puede relajar por ser muy blanda la ligadura o cartílago que lo tiene pegado y asido al otro hueso. Y cada día vemos que por caminar en bestia de paso alto, o por alguna caída, relajarse este hueso, y relajado él, se relaja también el músculo que cierra el salvono o la tripa postrera. Y de aquí viene a hacer muchas cámaras los que padecen de este mal, y con ellas pierden la gana de comer, y de dormir, y se van consumiendo y secando, sin saber de qué.

Esto se remedia de esta manera: úntese una persona el dedo segundo de la mano derecha con aceite o con enjundia de gallina, y métale por el salvono, y con él, y con la otra mano, vuelvan a su lugar el hueso, levantándolo hacia fuera. Luego pongan sobre el un pegadillo o bizma[156] de abeto, o de trementina cocida o de miel blanca cocida.

Y para [f. 155b] que tenga más fuerza, mezclen con ella unos pocos de polvos de bizma; y quien no los alcanzare, sean de copal,[157] de incienso y de almáciga. Conócese estar relajado este hueso en un dolorcillo que casi siempre hay allí.

156. "Un género de emplasto, que se pone en algun miembro del cuerpo, que está sentído, ù debil, para confortarle, ò apretarle: el qual se compóne de estópa, aguardiente, incienso, mirrha. Covarr. sienta se dixo assi quasi pilima, que vale *Constriccio. Compraessio.* Lat. *Cataplasma, atis. Malagma, tis.* MONTER. DEL REY DON AL. lib. 2. part. 2. cap. 22. E faganles de ello *bizma*, è pongangelo sobre los ojos. CERV. Quix. tom. 1. cap. 16. Don Quixote la sintió, y sentándose en la cama, à pesar de sus *bizmas*, y con dolór de sus costillas, tendió los brazos para recibir à su fermosa doncella" (*Aut.*, *s. v.* "Bizma").

157. En el original: "capal" "El copal es una resina muy blanca, y muy lúcida y transparente, traenla en unos pedaços grandes que parecen tajadas de diacitrón muy claro, tiene mediano olor, pero no tan bueno como el anime. Con este copal hazían los indios sahumerios en sus sacrificios, y así era frequente en el uso dél en los templos por los sacerdotes. Y quando los primeros españoles fueron a aquellas partes, los salían a recebir los sacerdotes, con unos brasericos chicos, quemando en ellos este copal, dándoles humo a narizes. Usamos acá dél para sahumar con ello en enfermedades frías de cabeça, en lugar de encienso, o anime. Es caliente en segundo grado, húmido en primero. Es resolutivo, y molitivo, por algunas partes aqueas que tiene" (Monardes, *op. cit.*, ff. 2v-3r).

Para los que se ahítan, aunque coman y cenen poco [f. 155b]

Los que se ahítan de día y de noche, aunque cenen poco, tengan por costumbre con cuidado, cuando quieran dormir al primer sueño, que se acuesten sobre el hígado, y pongan la mano izquierda sobre el estómago. Sea aviso a los casados, que (después de comer y de cenar) no hay cosa que más ofenda y enflaquezca al estómago que la comunicación carnal. Porque de esto vienen tantas reumas como vemos; la gota, el mal de orina y de piedra, y aun algunas veces, enfermedades que acaban la vida en pocos días. Para ayudar a los estómagos flacos, que cuezan y digieran bien el manjar, es bueno tomar cada dos noches (cuando quieren acostarse a dormir) tanta mostaza como [f. 156a] cabe en una nuez. Tráguenla sin mascar, y sobre ella beban un trago de agua, y porque viene a propósito, sepan los flacos de estómago que el vino que beben tan sin medida, ni orden a cada paso, por redimir la flaqueza del estómago, lo debilita y enflaquece más, y se ahítan más veces con él que con los manjares. La razón de esto es clara, porque para cocer y digerir el vino es menester otras dos partes más de calor que tiene el estómago, y así cuanto más tiene el estómago que cocer, más se debilita y enflaquece el calor natural, trabajando para digerirlo. [f. 156a]

Para el mal olor de boca y de narices [f. 156a]

Cuando el mal olor de la boca viene de alguna muela podrida, sacándola se quita. Y si sale el mal olor del estómago, es por algún humor medio corrompido. El que esto padeciere acostumbre beber agua cocida con anís, y entre día coma muchas veces el anís un poco tostado. Y con esto se quitará el mal olor —como he visto en muchos— y el mal de estómago.[158]

---

158. Esta afirmación pertenece, como en la mayoría de los casos, a la teoría médica greco-árabe sobre la higiene, prevención y equilibrio humoral, la cual se hizo eco a través de los siglos hasta llegar a las obras de los médicos hispánicos bajomedievales, antecedente directo de la poética de Farfán: "Para el mal olor de la boca es a saber si es de muela dañada o otra qualquier llaga en ella. Para eso es de remediar sacando la muela o curando la llaga. E si es del estómago, que esto se paresçe quando la voca está sana, entonçe es del estómago el daño que se podreçe la vianda. Para esto conviene adelgazar la vianda e mayormente las çenas, e usar de la miel e

Las [f. 156b] narices también suelen oler tan mal a muchos, que verdaderamente no hay quien los sufra, y menos si están en conversación y juntos. La causa en los más es tener tan estrechas las narices junto a la cabeza, que no purgan bien las superfluidades de ella. Los tales tengan costumbre (cuando se lavaren, las mañanas y después de dormir la siesta, el rostro) de sorber tres o cuatro veces el agua por las narices, y luego sonarse. Y con este remedio se librarán de tan mala peste. Cuando el humor de las narices fuere mucho y muy grueso, y para que salga con más facilidad, tomen unos pocos de polvos de estornudar o un poco de aguamiel, y sórbanla por un cañón de ánsar, o los polvos de las pepitas de los guamúchiles. [f. 156b]

vinagre junto, e fazer vómito dos vezes en el mes en días desconcertados porque non se use la natura a fazerlo por sí a tiempo conçertado. E todas las frutas agras o ásperas son buenas para esto, en ayunas la que convienen e ençima de comer las que convienen, así commo menbrillos e mançanas. [...] E a las vezes corteça de naranja sola e molida e con açucar" (Chirino, *op. cit.*, pp. 147-148).

Para dolores de oídos y otros males que de ellos se padecen [f. 156b] Capítulo once

De un sereno, de un muy grande aire y de mojarse la cabeza, vienen a doler tanto los oídos que algunos como que desesperan con [f. 157a] él, y al cabo, vienen a quedar sordos. Si el dolor de los oídos es antiguo, y el enfermo tiene necesidad de purgarse más de una vez, lea el capítulo décimo de este libro, que allí hallará lo que hubiere menester.

*

Para aplacar el dolor, desde el día primero haga este remedio: echen en una botija[159] (que haya tenido aceite) dos azumbres[160] de vinagre —y no agua como algunos lo mandan— y caliéntenlo en ella; y cada mañana, y cuando quisiere acostarse a dormir, reciba aquel vapor en el oído por un embudo, si lo tuviere, y súfralo un poco. Luego échenle en el oído dos o tres gotas de aceite tibio de ruda o de almendras dulces y amargas. Traiga siempre unos algodones en los oídos untados con algalia.[161]

---

159. "La bota de barro pequéña, ò cubéta de madéra, en que se suelen llevar los liquóres en los navíos. Lat. *Lagéna. Doliolum, i.* RECOP. DE IND. lib. 9. tit. 31. l. 3. Por falta de madéra, pipas ò *botíjas.* OV. Hist. Chil. fol. 91. Al rededór de un estandarte, que tiene en medio el Alférez que elígen para esto, y junto à él se ponen las *botíjas* de vino" (*Aut.*, *s. v.* "Botija").

160. "Cierta medída de las cosas líquidas, como agua, vino, vinagre, ò leche, que es la octava parte de una arróba: y promiscuamente se llama azumbre la medída, y lo que se contiene en ella: y assi se dice comunmente que Fuláno se bebió una azumbre de vino, esto es la cantidád de vino que se contiéne en la medída dicha azumbre. Es voz Arabe, que viene de *Zumbri*, que significa esto mismo, y añadída la partícula A se dixo *azumbre*. Lat. *Congius.* RECOP. lib. 5. tit. 13. l. 2. Que la medída del vino, assi de arrobas, como de cántaras y *azumbres*, y medias azumbres, y quartillos, que sean la medída Toledana" (*Aut.*, *s. v.* "Azumbre").

161. "El sudór que despide de sí el gato llamado de algália: al qual se le fatiga batiendole con unas varas, de suerte que se le hace sudar, y recogiendo el sudór con una cucharilla junto hace como una espécie de mantéca, la qual es sumamente odorífera. Las partes del cuerpo de este animál donde acúde el sudór es debaxo de las ingles, de los brazos y pescuezo; pero principalmente es à las ingles. Algunos son de sentir que no es sudór, sino suciedád que se engendra en una bolsilla que este animál

De noche ponga unos piñones hechos con tacamahaca[162] en [f. 157b] los oídos, y quítelos a la mañana y vuélvase a poner los algodones. El aceite de las pepitas de los albaricoques quita maravillosamente el dolor de los oídos, si los untan con él dentro y fuera. El unto del gazapo, que es el conejo nuevo quita el dolor, y el zumbido del oído y lo abre para oír.

Otro remedio muy experimentado: asen una anguila cortada a trozos y tomen con ella un poco de zumo de madreselva[163] o de ruda, y caliente echen dos gotas o tres en el oído, cada noche, y tápenlo con unos algodones de algalia. [f. 157b]

Para mitigar los dolores crueles de gota [f. 157b]

Pues no podemos curar esta tan grave enfermedad, pongamos algunos remedios que mitiguen sus graves dolores.[164] Para que la gota venga

---

tiene junto à los compañónes, y orificio. El orígen de esta voz, segun Urréa, Guadix, y otros, viene del Arábigo Galietum, que significa cosa de mucho précio. Lat. *Felis odoratae pulvis*. LAG. Diosc. lib. 1. cap. 20. El algália es una suciedád que se engendra junto à los compañónes de cierta espécie de gato, que en veheméncia y grácia de olór no debe nada al almizcle. CERV. Quix. tom. 1. cap. 4. No le mana esso que decís, sino ambar y *algália* entre algodónes" (*Aut.*, *s. v.* "Algalia").

162. Nicolás Monardes no refiere su uso para contrarrestar el dolor de oído. Sin embargo, nos revela el pequeño secreto que Farfán se guarda: "Aplícase de ordinario en todo dolor: yo le mezclo la tercia parte de cera amarilla, porque se aplica mejor: y es tan celebrado su uso, que no sabe el pueblo otro remedio para qualquier dolor, sino el uso desta resina, como no sea en inflamaciones muy calientes, y aun en estas después de pasado el principio y la furia aprovecha mucho, para resolver el residuo". Además, el doctor Monardes explica: "Así mismo traen de Nueva España otro género de goma, o resina, que: llaman los indios tacamahaca. Y este mismo nombre le dieron nuestros españoles. [...] Desta resina o goma, usan muchos los indios en sus enfermedades, mayormente en hinchazones, en qualquiera parte del cuerpo que se engendren, porque las resuelve, madura, y deshaze maravillosamente. Y assí mismo, quita qualquier dolor causado de humores fríos, o ventosos, en esto lo usan los indios muy común y familiarmente. E para estos mismos efectos lo han traído los españoles" (*op. cit.*, ff. 4r-5r).

163. "La madre selva común. [...] La raíz es inútil. Nace en lugares ásperos. Su fruto, si se bebe la cantidad de una dracma, con dos cíatos de vino blanco, durante cuarenta días, reduce el bazo por medio de la orina y del vientre. Se bebe también contra la ortopnea. Y purga lo concerniente al parto, una vez bebido" (Dioscórides, *Plantas y remedios medicinales*, libros I-III, pp. 342-343).

164. Ante la impotencia de poder curar esta enfermedad se recurrían a remedios extremos. Así, un tratado médico del siglo xv recoge creencias populares de la medi-

menos veces, y para que los dolores sean de menos fuerzas, no hay otro remedio mejor que ayunar todo el año, comiendo de un ave, y de un poco de carnero, y be[f. 158a]ber agua cocida y cenar muy poco. El vino aumenta la gota y él solo basta a causarla a quien no la tuvo.

*

Lavando los lugares que duelen de la gota con orines calientes, y en ellos un poco de tequesquite,[165] mitiga los dolores. [f. 158b]

Para detener la demasiada purgación de los meses [f. 158b]

A las mujeres que les baja cada mes estando preñadas, si no tienen desmayos, ni sienten con la sangre flaqueza, no les hagan beneficio

---

cina medieval para atacar la gota caduca: ¡beber el cráneo molido de un hombre muerto o un hueso quemado!: "Dixo quien lo provó que tomen para esto calavera de omne muerto e que la dexen remojar en agua una noche e rráyanla bien con cochillo e desque sea seca muélanla, es a saber, el casco de la calavera. E denle della en ayunas amasada con çumo de ruda e miel, den de todo contía de una chica nuez a beber con agua. E primero púrgenle con tristeles e con alguna segura purga e aya fecho gargarismos e tórnengelo a dar dos vezes cada mes fasta que sane [...] Dizen para este mal que el hueso del omen darlo a beber quemado e molido que non sepa el que lo bevier qué es" (Chirino, *op. cit.*, p. 135).

165. "Capítulo XIII. Del *tequíxquitl* o nitro mexicano. A ninguna otra tierra es inferior Nueva España en la producción del verdadero nitro, llamado por los árabes *aurac* y por los indios *tequíxquitl*. Lo barren de la tierra seca del lago o lo raspan de los muros o de las grutas; es rosado y blanco [...] Parece, a este propósito, muy extrañada la opinión de los que sostienen porfiadamente que el nitro común, usado para licuar y disolver los metales y para hacer que las armas guerreras disparen balas de plomo, es diferente del nitro de los antiguos, o no saben distinguir la espuma de nitro, que se encuentra principalmente en grutas, cuevas y demás cavidades subterráneas en forma de espuma y ligera y admirablemente blanca [...] En ciertos alimentos y viandas es más propio y agradable que la sal misma, pues su efecto no es el mismo de ésta, sino que añade un algo de más gustoso [...] Lo administran los médicos indios mezclado a otras medicinas, que ellos llaman patli, y dicen que es frío. No es de asombrar, entonces, que muchos aseguren que el alcanfor tan picante y fácilmente inflamable, es de naturaleza frigorífica, y que el nitro echado en el vino o el agua los enfría extraordinariamente, con más eficacia que al granizo mismo, el hielo o la nieve. Ablanda además las mazorcas de maíz mezclado al agua en que se cuecen, y mejora su saber notablemente. Es muy bueno, espolvoreado en el agua, para lavar y limpiar las piernas y los pies, pues los protege, por cierta virtud tónica y astringente, contra el frío y las grietas que suele causar. Me aseguran las indias médicas que se extirpan los piojos y se cura completamente la alopecia, lavando y limpiando enérgicamente la cabeza con orina nitrada, y untándola luego con sangre menstrual de una primeriza, reservada al efecto (Hernández, *Obras completas*, t. III, vol. II, p. 408).

alguno. Porque la naturaleza se descarga de mucha sangre que, si se detuviere, con el peso de ella se romperían los ligamentos y ataduras de la criatura, y muera la mujer más fácilmente. Y sepan los que no lo saben: que la sangre que sale a las preñadas cada mes no viene de las venas que están adentro de la madre, sino de las que están fuera, y pegadas al orificio y boca de ella. [f. 159a]

Para defender el mal parir y para echar la criatura muerta[166] [f. 159b]

Echen media dracma de grana,[167] con que tiñen, y otra media dracma de incienso molidos en un huevo asado, y sin clara, y denlo a beber a la preñada, las veces que fueren necesarias, y con esto se detendrá la criatura. Si la criatura se muriere (como acontece) y las pares[168] se detienen en el cuerpo, denle a la mujer a beber dos onzas de leche de burra. La leche de la perra, mezclada con un poco de aceite y vino, hace lo mismo.[169] Es buen remedio un poco de colilla

166. Durante la Baja Edad Media había la creencia en ensalmos y conjuros para expeler una criatura muerta: "A la mujer que no pueda expeler la criatura, colócale al cuello este escrito copiado y parirá: *Qui dicunt mi exmanite usque ad fundamentum in ea leo peperit leone, Anna peperit santam Mariam, Maria peperit Xpm. Infas exi foras, epus clamavit ab eo. O gloriosa filla de Joacchim, eu filia et dna engendrada de pietat de Josep, et e Jhu Xst conatu fou Xpus.* Que le sea puesto al cuello y ten cuidado que no se lo ponga sino cuando sea menester" (Anónimo, *Flores del tesoro de la belleza*, p. 58). Ningún ensalmo formará parte de este tratado ni del anterior, de 1579. Farfán, como muchos humanistas de su tiempo, veía con malos ojos este tipo de "curaciones", tan arraigado en las creencias folklóricas del orbe hispánico. Por ello es que, aunque ningún ensalmo será aconsejado como remedio en esta obra, su práctica para distintos males seguirá vigente durante los trecientos años del virreinato de la Nueva España, tal y como puede atestiguarse en los distintos procesos realizados por la Inquisición.

167. "Capítulo XXVII. Del Nochéztic o grana tintórea que nace en las tunas. Echa raíces ramificadas, tallos purpúreos sarmentosos, y en ellos hojas descoloridas por debajo, vellosas, redondeadas y del tamaño casi de las de albahaca y flores en el extremo de los tallos agrupados como en pequeños manojos, purpúreas y redondas, de donde el nombre de *nochéztic*; pues son parecidas a la cochinilla para teñir que suele nacer en las tunas. Es de naturaleza caliente y seca en tercer grado con alguna astringencia" (Hernández, *Obras completas*, t. III, vol. II, p. 64).

168. Es decir, la placenta.

169. Durante la Baja Edad Media la leche de otros mamíferos era considerada como un abortivo de gran eficacia, incluso la leche materna. Así se puede leer en el *Fascicu-*

de tlacuache[170] molida y dada con vino. Diez granos molidos de la semilla del laurel, y con vino, hace el mismo efecto, porque ayuda mucho y facilita a echar la criatura muerta y las pares. [f. 159b]

Para quitar las manchas, y el paño[171] del rostro y las señales de las viruelas [f. 160a]

Quita muy bien este licor las manchas y el paño, que llaman de la cara, y las señales de las viruelas. Tomen cáscaras de naranjas agras, limpias

---

lus de Johannes de Ketham: "Para la mujer que tiene la criatura muerta en el cuerpo y no la puede echar, es muy provechoso [...] la leche de otra mujer, si la bebe con aceite. La misma virtud tienen la piedra jaspe, la leche de la perra mezclada con vino, o la mirra bien picada, mezclada con vino, bebiéndola después de que haya perdido un poquito el frío, según escribe Avicena" (Ketham, *op. cit.*, p. 112).

170. En el original: "tacuachin": "Capítulo V. Del *Tlacuatzin*. Es animal inocuo y sin malicia, aunque por cierta congénita astucia se finge muerto a veces, cuando no puede escapar de otro modo de mano de los hombres, o bien para engañar a sus aprehensores y morderlos. La cola de este animal es un medicamento excelente, pues molida en dosis de un dracma y tomada algunas veces en agua sin haber ingerido antes ningún alimento, limpia admirablemente el conducto de la orina, provocando y arrastrando con ella las piedrecillas y todo lo que obstruye su conducto; excita la actividad genésica, produce leche, cura las fracturas y los cólicos, acelera el parto, atrae las reglas, ablanda el vientre, y machacada y aplicada extrae las espinas que se han clavado en la carne; y quizá no hay medicamento más eficaz para producir todos estos efectos. Vive en lugares cálidos, y se alimenta de carne, frutas, pan, verduras, granos y toda clase de comida, como lo comprobamos por experiencia alimentándolo en casa con mucho regalo" (Hernández, *Obras completas*, t. III, vol. II, pp. 298-299). "Animal perteneciente a la familia de los marsupiales. La cola del tlacuache era empleada, desde tiempos prehispánicos, para acelerar el parto. No obstante, se cree que este marsupial tiene múltiples beneficios para contrarrestar distintos males físicos y metafísicos. En distintas zonas de México se prepara una infusión de tlacuache: con la cola, sola o con otros ingredientes, como la raspadura de pezuña de venado. También, sin más preámbulos, se introduce la cola en la boca de la mujer que está por parir, para provocar náuseas y con ello activar las contracciones. La carne y los huesos también se dan a comer en guisos para ayudar en partos difíciles. En ciertas zonas de Veracruz, con la cola se golpea la cara de las niñas en ciertas fiestas del calendario litúrgico cristiano. La intención de este ritual está relacionado con la fertilidad y el embarazo saludables. La disecación de la cola también es común y su consumo se recomienda para atender enfermedades de la sangre" (*BDMTM*, *s. v.* "Tlacuache").

171. "Significa tambien la mancha obscúra que varía el color natural del cuerpo, especialmente del rostro. Latín. *Sugillata, orum. Liventia, ium.* JACINT. POL. pl. 135. *Un paño o mancha pequeña, / que en fe de mucha más finas, / sábia la naturaleza, / te dexó en la frente escrita*" (*Aut.*, *s. v.* "Paño").

de lo blanco que tienen dentro, y ensártenlas en hilos, y métanlas en una redoma grande de vidrio, y queden colgadas en el aire. Tapen la redoma con cera, y pónganla al sol, y con el calor de él destilaran las cáscaras todo el licor que tienen. Saquen las cáscaras, y a dos onzas del licor echen una de miel blanca y limpia —y sea de la que llaman virgen—, mezclen allí media dracma de alumbre[172] quemado y muy molido. Vuélvanlo a echar en una redoma de vidrio pequeña, y ténganla siempre tapada con cera entre la ropa, en una caja. Cuando se quisieren lavar el rostro, tomen media onza del licor, y mézclenlo con media clara de huevo fresco batida y con un pañito se laven antes que se acuesten. Da muy lindo color al rostro y hermosea mucho. [f. 160a]

Para que los cabellos caídos nazcan[173] [f. 160b]

Tomen un poco de corcho muy quemado, y molido, y con un poco de aceite de laurel, lo mezclen, y tres veces al día unten el lugar donde faltan los cabellos. Otro remedio admirable: tomen culantrillo de pozo, salvia,[174] séquenlo todo y muélanlo, y con esta ceniza o polvos hagan un poco de lejía, y mezclen con ella un poco de aceite de laurel y vino. Unten el lugar pelado —cada cuatro horas— con un pañito mojado en la lejía tibia, de noche, cuando quieran acostarse, unten con este ungüento tibio la parte donde falta el cabello. Tomen un poco de la ceniza dicha y mézclenla con una poca de enjundia

172. "Piedra minerál de naturaleza de sal estíptica, ò adstringente, blanquecína y transparente, y de sabór ágrio. Viene del Latino *Alumen*, que significa esto mismo. COMEND. sob. las 300. fol. 86. Con água caliente que hierve de suyo, porque passa por minéros de azufre, ò *alumbre*, que son de natúra calientes. MARIAN. Hist. Esp. lib. 27. cap. 18. Con la tenencia de la Isla y minas de los *alumbres*. CALIXT. Y MELIB. fol. 15. Hacia legía para enrubiar de corrosca de centéno, con salitre y alumbre" (*Aut.*, *s. v.* "Alumbre").

173. "La abundancia o escasez de pelo depende de la amplitud o estrechez de los poros, del mismo modo que la pluma abunda y engrosa por la amplitud de éstos o el pelo disminuye por su estrechez" (Al-Razi, *Libro de la introducción al arte de la medicina o "Isagoge"*, Salamanca, Universidad de Salamanca, 1979, p. 30).

174. "La Salvia [...] La decocción de las hojas tiene la virtud de provocar la orina, los menstruos y los partos [...] Ennegrece también los cabellos, suelda las heridas, restaña la sangre y purifica las llagas ferinas. La decocción de sus hojas y ramos, con vino, hace cesar la comezón de los genitales, si se bañan con ella" (Dioscórides, *Plantas y remedios medicinales*, libros I-III, p. 393-394).

derretida de gallina. Cada día se peinen, y unten con el ungüento el peine y volverá el cabello a nacer y negro (aunque sea cano) con este beneficio. Entre muchas virtudes que tiene el culantrillo de pozo, diré algunas del agua cocida con él, y son: que limpia y clarifica la sangre, deshace las opilaciones del estómago y del hígado. Quiebra y deshace las piedras de los riñones, hace [f. 161a] bajar la regla, limpia la madre, ablanda el pecho, y hace escupir muy bien a los asmáticos si la acostumbran beber.

Para los dolores de muelas y dientes [f. 161a]

Tomando en la boca dos veces o tres un poco de vinagre caliente, y trayéndolo un rato, sentirán luego alivio en el dolor, aunque sea muy grande. Las hojas de xoxocapatli,[175] y por otro nombre cumiatl,[176] el que tiene las hojas anchas y largas, cocidas en agua, molidas y puestas de fuera, quitan el dolor de las muelas y dientes. Y hace lo mismo el agua de ellas si se enjuagan la boca. Sirve también esta agua tibia de lavatorios para la gota, porque resuelve el humor. [f. 161a]

Es cosa muy experimentada, que si untan muchas veces un palito de ocote[177] en chile seco y molido, y se escarban con él los dientes y las muelas, quita el dolor. Untando la cabeza de un alfiler grueso en un chile verde, que pique, y metiéndolo por las narices tres veces o

175. La entrada más semejante que registra Francisco Hernández, "xococpatli o medicamento ácido" tiene "hojas largas y angostas", y no menciona nada sobre su eficacia para los dientes (*Obras completas*, t. III, vol. II, p. 210). Quizá se refiera a la planta xoxopatzin: "planta que brota en tiempos de lluvias. Las hojas y la corteza de los tallos se aplican a los dientes poco firmes para fortalecerlos y afirmarlos" (*Obras completas*, t. VII, p. 293).

176. Esta palabra no aparece en ninguna de las fuentes citadas en las notas al pie de la presente edición; tampoco se registra en el gran diccionario náhuatl en línea. Aparece también registrada sin modificaciones en la reimpresión del *Tratado breve de medicina* de 1610, f. 121.

177. "Este árbol es originario de México. El uso más común de esta especie es contra la tos en los estados de México y Tlaxcala: se bebe un té de corteza del árbol. Como expectorante, se sahuman la ropa y a la persona enferma. También se usa contra la bronquitis aguda. Interviene además en el tratamiento de reumas, dermatitis, en la cicatrización de heridas y se usa como antiséptico de las vías urinarias y como diurético" (*BDMTM*, *s. v.* "Ocote").

cuatro, quita el dolor de cabeza, purgando el humor que lo causa.[178] [f. 161a]

Para resolver los lobanillos[179] y para los dolores antiguos de riñones [f. 162a]

Los lobanillos pequeños se resuelven con facilidad, puesta sobre ellos una planchuela de plomo, mayor dos veces que el lobanillo. Háganle muchos agujeros, y cósanla en una venda de lienzo, y tráiganla un mes o dos. Las mañanas refrieguen blandamente el lobanillo con los dedos y la saliva, y con esto, aunque sea muy duro, se resolverá. [f. 162a]

Para los restriñidos del vientre y para matar las lombrices [f. 162a]

Muchas personas, cuanto más crecen en la edad, más estreñidos se hallan del vientre, y por esta causa padecen grandes dolores en él, y muy mayores de cabeza, con algunos váguidos y pasiones de corazón. [f. 162b]

*

Los que beben el chocolate,[180] me certifican y es verdad, que tomándolo muy caliente por las mañanas les hace proveer de cámara; las mu-

178. A principios del siglo xv, se recomendaba atacar el dolor de muelas de la siguiente manera: "Para dolor de muelas o dientes dizen muy provado tomar la yerba que dizen capud monache, que paresçe a cabeça de monge. Pongan el çumo della en las suelas de los pies después de lavadas e bien raydas las suelas. Para el dolor de muela dixo quien lo provó taer consigo pedaço de la concha del galápago por propiedat. Si la muela es foradada meta en el forado de la goma que se falla en la rayz de la yervatur" (Chiriro, *op. cit.*, p. 146).

179. "Tumor o bulto, que se vá haciendo poco a poco en la cabeza o otra parte del cuerpo, el qual proviene de humores crassos y viscosos, por congestión, por hallarse la facultad concotriz débil, y no tener la expultríz fuerza para expelerlos, por cuya razón se ván aumentando con el tiempo infinitamente. Son de dificultosa curación. Latín. *Gangilium. Tuberculum. Papula*. LAG. Diosc. lib. 5. cap. 57. Apretada una lámina de plomo, llena de agujerícos, sobre los callos o lobanillos, los allana y resuelve" (*Aut.*, *s. v.* "Lobanillo").

180. "Dicha bebida hecha de la semilla *cacáhoatl* sin agregarle ninguna otra cosa, suele administrarse para templar el calor y mitigar los ardores a los enfermos de gravedad, así como a los que sufren destemplanza cálida del hígado o de alguna otra

jeres que (por la mayor parte) son estreñidas, pueden usar del algunas veces, como los hombres.

Las lombrices —anchas como las pepitas de las calabazas— salen con facilidad si untan el ombligo cinco o seis veces con este ungüento: tomen dos onzas [f. 163a] de hiel[181] de toro, y media onza de acíbar[182] molido, mézclenlos con zumo de yerbabuena.[183]

Para flacos de estómago y cabeza que tratan cosas de letras y cosas arduas[184] [f. 163b]

Los hombres estudiosos y de negocios, los flacos de estómago y cabeza, si las mañanas se desayunasen con dos docenas de pasas sin los granillos, y habiendo estado un cuarto de hora en dos onzas de vino,

---

parte [...] El uso excesivo de la bebida de *cachóatl* obstruye las vísceras, descompone el color y ocasiona caquexia y otras enfermedades incurables" (Hernández, *Obras completas*, t. II, vol. I, p. 305).

181. "Dice Plino que, en realidad, de verdad, algunos hombres no tienen hiel, y éstos viven más sanos que los demás y vida más larga. Y fuera de lo que es física, yo entiendo que a muchos a muerto la cólera y el tener tanta hiel, porque ella fomenta las rencillas y las cuestiones de donde viene matarse unos a otros. Dicen no tener hiel los caballos, los mulos, los asnos, los cirvos, las cabras, y los jabalíes, camellos y delfínes. Es verdad que afirman tener el caballo la hiel en las tripas, y los ciervos en las mismas o en la cola" (*Tesoro*, *s. v.* "Hiel").

182. "El zumo que se saca de las pencas de la hierba llamada Zábila. Viene de la voz Arabe Cebar, mudada la e en i, y añadiendole la partícula A se dixo Acíbar. Covarrub. dice que viene del Arabigo *Ciberum*, que vale lo mismo que Zábila. Es mui util en la Medicina. Lat. Aloe, es. LAG. Diosc. lib. 3. cap. 23. El zumo de aquesta planta se llama tambien Aloe, y es aquel endurecído y mui amargo liquór que en Castilla se dice *Acibar*. FR. LUIS DE GRAN. Esc. Espir. cap. 4. Con todo esto el acibar purga las heces de los malos humóres. BRAV. Benedict. Cant. 1. *Acibar desabrido y mirrha amarga*" (*Aut.*, *s. v.* "Acíbar").

183. Otro remedio medieval era el siguiente: "dizen que para la lonbrizes aprovecha poner ençima del vientre cuerno de ciervo quemado e molido e amassado con miel e vinagre. E tengo que será mejor limado el cuerno" (Chirino, *op. cit.*, p. 189).

184. Con este mismo remedio, más breve, termina el libro de 1579: "Ternían salud los hombres estudiosos, y de negocios, y los que son flacos de estómago, y los que tienen váguedos o son flacos de cabeça. Si por las mañanas se desayunasen con una dozena de passas sin los granoillos que tienen dentro, echándolas en un poco de vino (medio quarto de hora antes) y sobre ellas beviessen el vino: podrían trabajar, y andar buenos de la cabeça y del estómago, y los studiosos exercitarse en sus letras" (Farfán, *Tratado breve de cirugía*, f. 274a).

y lo beben sobre ellas, vivirán con más salud.[185] Los estudiosos dejen los libros[186] después de comer y de cenar, y con esto no se quejarán tanto del estómago y cabeza. Si usando de estos remedios anduvieren achacosos, hagan este que es muy fácil: tomen cuatro cucharadas de miel rosada[187] tres días arreo,[188] y la noche postrera, a las nueve (habiendo cenado poco y temprano), tomen estas dos píldoras y duerman con ellas, y úsenlas cada mes dos veces y tres: agárico[189] bueno, media dracma; acíbar de levante, un escrúpulo; jengibre[190] y clavos,[191] de cada

185. "Pero la peor disposición que se halla en los hombres de letras y en los demás que se dan a la meditación, es la flaqueza de estómago, que siempre cuece el manjar sin calor natural, por estar ordinariamente en la cabeza; y así, está lleno de crudezas y flemas. Por donde, Cornelio Celso encomienda que a los hombres que se dan a letras les confortemos e estómago más que otra parte ninguna" (Huarte de San Juan, *op. cit.*, p. 262).

186. Desde el periodo incunable, los médicos bajomedievales hispánicos hallaron un uso práctico para el novedoso invento de la imprenta: "El çumo de qualquier carne salle todo e ayna, apretándolo en el torno que aprietan los libros para enquadernar" (Chirino, *op. cit.*, p. 226).

187. "Especie de electuario o jarabe, que se compone de una porción de miel, disuelta y mezclada con zumo de rosa. Latín. *Mel rosaceum*. PALAC. Palest. part. 2. cap. 31. Se deben preferir a todos los géneros de rosas, las rosas rubias, para hacer esta miel rosada" (*Aut.*, *s. v.* "Miel rosada").

188. "Sucessivamente, sin interrupción ni intermissión. Es voz compuesta de la partícula A, y del nombre Reo, que vale vez. Voz baxa. Lat. *Continenter*. Continuò. ESPIN. Escuder. fol. 134. No por esso dexámos de hacerlo, y fuímos diez ò doce dias arréo. PIC. JUSTIN. fol. 57. Mi Madre era mui ojienxuta, y nosotras no podíamos llorar sino era comenzando Madre yendo arréo" (*Aut.*, *s. v.* "Arreo").

189. "El agárico [...] unos dicen que el agárico es raíz de una planta. Otros dicen que nace por corrupción sobre troncos de robles silvestres, como también se brotan los hongos [...] Eficaz contra los retortijones de tripas e indigestiones, roturas internas y prolapsos [...] Para los que padecen del estómago, mascado y tragado, sin beber ningún otro líquido, y para los que tienen acidez de estómago, igualmente [...] Es antídoto de venenos mortíferos, si se toma el peso de una dracma con vino aguado" (Dioscórides, *Plantas y remedios medicinales*, libros I-III, pp. 365-366).

190. "Usan de él en los principios de mesa, verde hecho ensalda, y allende de ser apetitoso, ablanda el vientre y por otra parte retiene las cámaras causadas por la indigestión. Hacen de esta raíz conserva de azúcar, picándola primero muy bien, e infundiéndola en muchas aguas para que sea más dulce. Y de éste, el que es cogido en sazón, y bien curado y preparado, primero que lo cueza en el azúcar, es muy bueno y muy sabroso y tierno al comer; y el que deja hilos en la boca y amarga es malo" (Acosta, *op. cit.* p. 261).

191. "Las mujeres lo mascan ordinariamente para hacer buen olor de boca [...] Paulo Agineta los hace agudos, clientes y secos en el orden tercero; y otros los hacen calientes y secos en el segundo. Y además de esto conforta mucho el estómago, el hígado y el corazón. Ayudan notablemente a la digestión, y provocan la orina y

cosa medio escrúpulo. Todo lo dicho muelan blandamente, y con miel cocida se formen cuatro píldoras, y [f. 164a] podranlas tomar todas cuatro a las dos de la mañana. No hay píldoras de regimiento como estas para la cabeza y estómago.

Para que aborrezca el vino el que se toma de él [f. 164a]

Qué males y maldades causa el demasiado vino todos lo sabemos, pues que perdiendo uno con él su juicio, no hay pecado que no haga. Cuando, muchas veces, hayan amonestado a alguno que se temple en el beber demasiado, y si no quiere, háganle este remedio y con él aborrecerá el vino: tomen una anguila y ahóguenla en el vino, y luego la guisen y aderecen muy bien, y denla a comer al enfermo, y denle a beber el mismo vino, en que ahogaron a la anguila, y verán el buen efecto que hace a estos enfermos.

Algunos hombres hay que son tan flacos de cabeza, que con muy poco vino (de lo que siempre acostumbran beber) que toman, lo sienten luego en la cabeza y les hace gran mal; para que estos (cuando hubiere algún convite y regocijo) no se [f. 164b] pierdan, coman antes de sentarse a la mesa seis almendras amargas, o coman un migajón de pan mojado en agua, y con esto no sentirán daño. Aunque lo mejor es que sean templados siempre, y allí más, pues la demasía en cualquiera cosa (sabiendo que hace mal) es pecado mortal.

---

restriñene el vientre. Enfistolados los ojos, clarifican la vista y quitan las nubérculas de los ojos. Y tomando cuatro dracmas con leche, venéreas vires adaugent" (*op. cit.*, p. 33).

Para atajar el cáncer en una llaga, aunque parezca imposible [f. 167a] Capítulo doce

Tomen los cangrejos de agua dulce,[192] y vivos los tuesten en un vaso de cobre o de hierro, y muélanlos. Echen sobre toda la llaga, y apriétenlos bien, y harán una costra dura. Pasado un día natural, pongan sobre la costra un poco de manteca de vacas tendida en unas hilas o en un lienzo, y despegara brevemente. Si de una vez el cáncer no se quitare, échenlos hasta que se quite. La demás cura se hará como lo mando en la cirugía. Si estos polvos de cangrejos se hacen por el mes de julio y agosto, son de más efecto. [f. 167a]

Para uno que, estando bueno y robusto, pierde el habla [f. 167a]

Vemos a muchos hombres, que estando colorados, siendo robustos y al parecer [f. 167b] muy buenos, perder el habla y el pulso. Tienen los ojos abiertos, y parece que miran a todos los que están allí. Y si les hablan o dan voces, no responden. Si les lastiman y causan dolor en alguna parte de su cuerpo, lo que más hacen, es: llegarse la mano, o gemir bajo. Otras veces, teniendo los ojos abiertos, no miran ni los menean, y otras veces los tienen cerrados, sin abrirlos, aunque les den garrotes. La causa de este mal es las más veces abundancia de humores fríos y secos; y otras veces es la causa algún gran frío que les dio, como a los que pasan por Segovia a Valladolid, y por el puerto que llaman de la Fuenfría.[193]

---

192. La medicina bajomedieval consideraba al cangrejo de río como un magnífico antiabortivo. Al parecer esta creencia era tomada de Plinio, según lo afirma Johannes de Ketham en su *Fasciculus* (Venecia 1491 y 1495): "Para que la mujer no aborte, tome el cangrejo de río y, bien estrujado, bébalo mezclado con buen vino viejo, según dice Plinio en el libro XXXII, capítulo VI" (Ketham, *op. cit.*, p. 115).

193. En el original: "Fuenfrida". Es un paso montañoso que pasa la sierra de Guadarrama, muy usado por quienes transitaban entre las provincias de Segovia y Madrid.

Llaman a esta enfermedad catalepsia o congelatio. Lo que a los tales se les ha de hacer, es: refregarles todo su cuerpo con las manos y con paños bastos. Y procurar de que beban una buena vez de vino, y envolverlos en una sábana mojada en agua y exprimida, y arroparles bien, y procurar que suden media hora, poniéndoles un ladrillo caliente a los pies. Con esto volverán los espíritus y el calor natural que estaba como ahogado. Con el frío de la sabana se esfuerza y fortifica el mis[f. 168a]mo calor natural, y también echará fuera el humor que le tenía ahogado. Y así conviene hacerse, aunque parezca a algunos cosa no usada.

Para que paran las que lo desean[194] [f. 168b]

Tiénese por cosa cierta, que si la mujer que no pare (por no tener la madre llena de [f. 169a] malos humores), se purga una vez y dos, y más si fueren menester, y haciendo lo que aquí diré, vendrá a parir: tome cuatro meses arreo (quince días en cada uno) una onza de zumo de salvia, y una poquita de sal mezclada con él. Juntamente con esto, beba el agua cocida con la salvia; y en estos cuatro meses, tome cada día a cucharadas este lamedor: tomen un cuartillo de zumo de salvia, y cuando no hallaren tanta, cuezan la cantidad que pudieren en dos cuartillos de agua y quede en uno, y cuélenla, y [añadan] dos libras de azúcar, y cueza a fuego manso y espume, y quede en punto de lamedor. Este dicho lamedor y el agua cocida de la salvia es muy bueno para todas las enfermedades del cerebro, para las pasiones de nervios, y para la perlesía y para que los que escupen sangre.[f. 169a]

*

Alcanza cerca de los 1.800 metros sobre el nivel del mar. Su historia se remonta a tiempos romanos, quienes utilizaron este puerto para comunicar las montañas de La Mujer Muerta y los Siete Picos. La calzada romana se construyó desde las dehesas de Cercedilla hasta Segovia. Hoy en día tiene un uso recreativo y deportivo. El puerto fue socavado en 1720, perdiendo unos cinco metros de su altura original.

194. Si el problema era que abortaban a menudo, aquí un remedio bajomedieval para contrarrestar este padecer: "Para la mujer que a menudo aborta: A la mujer que aborta a menudo, dale a beber, cada mañana, hasta que se cumplan nueve días, nueve dedales llenos de jugo de brotes de zarza bien picados, y le será muy provechoso" (Anónimo, *Flores del tesoro de la belleza*, p. 56).

Sea aviso a la mujer casada que desea parir, que aquellos días que hace la cura se abstenga de la comunicación del marido porque, si Dios fuere servido, que le aproveche la cura; hace muy mucho al caso haberse abste[f. 169b]nido de lo dicho, porque la madre apetezca recibir la semilla.

Para las ventosidades del estómago y vientre y para la retención de la orina [f. 169b]

Si los que padecen dolores en el vientre de ventosidades, y juntamente de alguna retención de orina, [si] bebieren siempre el agua cocida con la mejorana[195] —que por otro nombre llaman almoradux[196]—, y por las mañanas tomaren seis granos tragados de pimienta, y algunas veces sobre ellos tres tragos de agua caliente, gastarlas han sin ninguna duda. [f. 169b]

De los accidentes[sic] y males que vienen a los ojos[197] [f. 170b]

Aunque las enfermedades de los ojos suelen ser largas, la cura de ellas también, yo procuraré tratar de todas con brevedad, poniendo aquí los remedios más esenciales y que los puedan hacer donde quiera. Los ojos como tan principales miembros de nuestro cuerpo son muy sensibles, y así conviene, que luego se les ponga el remedio necesario en cualquiera accidente[sic] que les venga. La enfermedad que más comúnmente padecen los ojos es: la que llaman los griegos *ophtalmiam*,[198] y

195. En el original: "majorana".
196. En el original: "amoradux".
197. "Dice el príncipe de los cirujanos Juan de Vigo que la oftalmia es enfermedad de la conjuntiva, la cual viene a los ojos por causas primitivas y antecedentes; acontece haber golpe y caer polvo en los ojos, por las cuales causas por poco que sea vienen a accidentarse los ojos. La causa antecedente es el humor que corre de la cabeza y de estos accidentes vienen la virtud de los ojos a enflaquecerse, durar mucho la enfermedad y criarse nubes en los ojos por la mucha continuación de tiempo que corre allí el humor. [...] Es propiamente enfermedad contagiosa porque con facilidad se pega al otro ojo" (López de Hinojosos, *Suma y recopilación de cirugía*, 1578, p. 130).
198. "Enfermedad de los ojos, o inflamación de ellos. Es voz Griega, y mui usada de los Médicos. Latín. *Ophtalmia*" (*Aut.*, *s. v.* "Ophtalmia").

los latinos *lippitudinem*,[199] y en romance ceguera, o accidente[sic] de los ojos. Ella es la inflamación, o tumor no natural, que en la membrana (llamada *adnata*[200]) se hace por estar llena de muchas venas.

Las causas de esta inflamación o accidentes[sic] son interiores o exteriores; las exteriores o de fuera son: mucho sol, o mucho humo, y otras cosas que causa[n] dolor y calor, y mueven algún corrimiento a los ojos; las causas interiores o de dentro del cuerpo, son: corrimien[f. 171a]to de sangre, por estar muy lleno el cuerpo, o las venas de la cabeza, y también vienen los accidentes[sic] a los ojos por algún humor colérico, mezclado con la sangre, aunque no haya abundancia de ella.

En estas inflamaciones y accidentes[sic] de los ojos conviene muy mucho la dieta, y que el enfermo esté en aposento oscuro, porque la mucha claridad ofende a los ojos y los inflama más. Los tres días o cuatro primeros conténtese el enfermo con comer cosas bebidas y de cuchara, como son: atole, pan rallado, y almidón, hordiate y beba agua cocida con cebada;[201] y cada día se provea de cámara, aunque sea con una melecina[sic] común. [f. 171a]

*

Para evacuar el humor más presto de los ojos, mando que se hagan las sangrías de los brazos desde el principio, y de la vena de la cabeza.[202] Y no se vayan a los pies, como algunos lo hacen, y mal, aunque sea en mujer que le haya faltado la regla. Y créanme que esto —y todo lo que aquí digo— lo he antes mirado muy bien y estudiado. Que como

199. Lippitudinem: acusativo de *lippitudo*, es decir, inflamación de los ojos.

200. "Aquella túnica, que abraza la parte interiór de los ojos, immediata à la Retina. TOSC. tom. 6. p. 83. Lat. *Adnata in oculis túnica*" (*Aut.*, *s. v.* "Adnata").

201. "La cura de la oftalmia tiene seis intenciones. La primera comer y beber; serán cosas frías y delicadas como son almendras, pasas y atole, y el agua que bebiere se cueza en cebada" (López de Hinojosos, *Suma y recopilación de cirugía*, 1578, p. 130).

202. "Acerca de las sangrías que los autores todos mandan hazer en pasiones y inflamaciones de los ojos, se han de notar, que los árabes casi todos mandan que se hagan de la vena cephalica, que es de la cabeza, y del mesmo lado, por aver hallado en esto notable provecho, y así lo manda Galeno en el libro *Sanguinis missione* espressamente, y dize, a los que padecieren mal en los ojos, se les abra la vena que está en el lado derecho del ojo enfermo, y si ambos los ojos padecieren, hágase la sangría primera de la vena del ojo, que más padeciere. Y así lo veemos por experiencia cada día, que conviene [...] La cantidad de la sangre que se ha de sacar, dize Avizena en la tercera del tercero capítulo de Optalmia, que sea mucha, hasta que el paciente casi se desmaye, y que esta sangría copiosa sana en una hora" (Farfán, *Tratado breve de cirugía*, ff. 94b-95a).

escribo en romance (para bien y provecho de los que no tienen médicos) no trato de disputas,[203] como otras veces he dicho. Y en verdad que cada día vemos a muchos quedar sin vista, y a otros que les faltan los ojos de la cara, por no atreverse algunos que profesan la medicina a hacer las sangrías de la cabeza. [f. 171b]

203. La disputa entre médicos podría formar un extenso capítulo aparte en la historia de la medicina occidental. Ejemplo de ello el primer libro del tratado *Sobre las facultades naturales*, en el cual, su autor, Galeno, se dedica a disputar las tesis de Asclepíades, médico del siglo I a.C. del que no se conserva ni un solo manuscrito: "Creo que Asclepíades no había observado nunca el cálculo, salido de la orina, de los que sufren esta enfermedad ni que en la región comprendida entre los riñones y la vejiga, un dolor agudo precedía el paso del cálculo al uréter, ni que, después de expulsarlo a través de la orina, el dolor y la retención cesaban inmediatamente. Es digno de escuchar cómo, en su argumentación, llega la orina a la vejiga, y de admirar la sabiduría de este hombre que, dejando vías tan anchas y visibles, supuso unas invisibles, estrechas y absolutamente imperceptibles" (*op. cit.*, 31, p. 43).

De la apoplejía[204] y su cura [f. 176a] Capítulo trece

Aunque la apoplejía fuerte es incurable, y la no tan fuerte, se cura con dificultad, pongo aquí los remedios que para la cura de ella más convengan. Háganlos como van que placiendo a Dios, aprovecharán y darán salud al enfermo.

Lo primero que debe mirar el que ha de curar al que tiene apoplejía es: ver si respira con dificultad, y si es así, con mucha mayor [respiración] sanará. Si respira despacio y no muy apriesa, haciéndole los remedios, vivirá; y aunque algunos quedan con perlesía, no todos los que escapan de este mal, porque son pocos, cuando es fuerte. La apoplejía es privación del sentido y movimiento, por estar tapadas las vías y caminos del espíritu animal. Tapan las vías y caminos de los espíritus los humores gruesos y flemáticos, y otras veces, juntamente con estos humores, el humor [f.176b] melancólico.

*

Si el mal persevera, pasadas diez horas de la primera sangría, hagan otra de la vena cefálica, de tres onzas o cuatro, y abran la vena junto al hombro. Juntamente con estos remedios (porque la virtud no falte), denle al enfermo caldos esforzados, aunque le abran la boca por fuerza. Nunca cesen de traerle las piernas hacia abajo, y de echarle ventosas secas en las partes dichas y de ponerle calillas agudas. Porque a mal tan grave que tan presto mata, grandes remedios y continuos se deben hacer. Es tan breve que a los tres días, o cuatro, mata, y otras veces antes.

Ya dije que en la cabeza está esta enfermedad, y que priva casi totalmente la operación del espíritu animal, como lo vemos en el enfermo, que ni siente ni se mueve. [f. 177b]

204. "El pasmo y estupór de los nérvios en todo el cuerpo, con privación de sentídos y movimiento. Es voz Griega, y se pronúncia la x como j. Lat. *Apoplexia, ae. Stupor apoplecticus.* CERV. Nov. 4. fol. 136. Porque el Generál la noche antes havía muerto de una *apoplexía*" (*Aut.*, *s. v.* "Apoplexía").

*

Si el mal no crece, y el enfermo parece que va volviendo en sí, para digerir el humor usen de este remedio: tomen unos palominos pequeños, o unos perritos recién nacidos,[205] y vivos los abran con un cuchillo por las espaldas, y échenles de estos polvos: rosas, semilla de lechugas, flor de manzanilla, de cada cosa medio puño, clavos seis. Todo lo dicho muelan y échenlos sobre los palominos, y pónganlos sobre la mollera, y cada cuarto de hora pongan uno, y bastan tres o cuatro. [f. 178a]

*

Si la apoplejía viniere de humor flemático, como las más veces acontece, hagan la cura como en la apoplejía de sangre. Y aunque los árabes[206] no mandan hacer sangrías, en la que viene de humor flemático, Galeno (a quien debemos seguir) lo manda. Y debemos darle crédito, como autor tan grave, porque no hay remedio alguno (aunque sea el mejor y más fuerte de todos) que más presto evacue y divierta el humor (cualquiera que sea) como las sangrías, hechas de la vena cefálica. [f. 178b]

Para quitar las calenturas a los indios [f. 179b]

Cosa es muy experimentada entre los indios de esta tierra, que un manojo de verbena[207] verde o seca, muy molido, y desatado en agua

205. La tradición de curar con animales pequeños recién muertos y abiertos por la mitad, o con las vísceras de otros más grandes, es una costumbre medieval muy recurrente "en el tiempo de pestilencia". Así lo aconseja desde inicios del siglo xv Alonso de Chirino en su popular *Menor daño de la medicina*: "Los que siente el mal de la landre [tumor del tamaño de una bellota que se forma en los parajes glandulosos como el cuello, sobacos y las ingles] pongan encima pollos o ranas o perrillos chicos abiertos en calientes. E otros ponen butagos [bofes] como salen calientes del carnero o otra carne. E algunos probaron poner encima el sieso del gallo, teniéndolo firmemente e tiénenlo cuanto más tiempo puedan e más veces. E fallaron que provecha muchas vegadas" (Chirino, *op. cit.*, p. 43).

206. Se refiere a los médicos Al-Razi "Razes", Haly Abbas "Aliabas", como los llama Farfán; Averroes y Avicena, entre otros.

207. "La verbena [...] Cocinada toda la hierba en vino, extirpa las costras que se hacen en las amígdalas. Gargarizada, reprime las llagas corruptivas de la boca. Se dice que si se riega el lugar de un convite con el agua en que estuvo en remojo la planta, hace que los convidados estén más agradables. Se da a beber el tercer nudo, contando desde la raíz, con las hojas que lo rodean, contra las fiebres tercianas; el cuarto, contra las cuartanas. Se llama 'hierba sagrada' porque se utiliza como

tibia, y bebiéndolo tres días (en ayunas) o cuatro, les hace vomitar y sudar. Y recibiéndola por melecina desatada en aguamiel les hace purgar muy bien. Y con estas evacuaciones se les quitan las calenturas, como lo vera el que lo experimentare. Y verdaderamente los indios no sufren muchas sangrías, porque en salud comen poco, y enfermos casi nada.[208] Yo lo he visto muchas veces, y pasa así en todos ellos, que les ponen allí el atole y no saben decir al enfermo come o bebe. Y cierto que los más de ellos se mueren traspasados de hambre y de sed.[209] [f. 179b]

Para unos dolores crueles del estómago [f. 179b]

Muchas veces he visto tan crueles dolores de estómago, que con muchos remedios no se quitan y traen la muerte a los que los padecen. Viendo yo que un perrito de ocho [f. 180a] días nacido, si lo ponen sobre un dolor de gota rabioso, y se duerme allí una hora o dos, que lo quita, trayendo y sacando para si el mal humor, que en aquel miembro está. Yo he hecho poner sobre el estómago de algunos, y dormirse allí, y pasada una hora, o dos, quedare el enfermo sin dolor, sano y libre. Y el pobre perrillo morirse, por haber traído así el mal humor con su mismo calor natural. [f. 180a]

---

amuleto, por ser muy útil en las expiaciones" (Dioscórides, *Plantas y remedios medicinales*, libros IV-V, p. 43).

208. Al parecer, ni siquiera aguacates, fruta sustanciosa y buena para los enfermos, según Motolinía: "Esta es tan buena fruta que se da a los enfermos; de éstos se abstienen los indios en sus ayunos por ser fruta de sustancia. Digo de todos estos géneros de aucates, cómenlos los perros y los gatos mejor que gallinas, porque yo he visto que después de un perro harto de gallina darle auacates, y comerlos de muy buena gana, como un hombre harto de carne que come una aceituna. El árbol es tan grande como grandes perales; la hoja ancha y muy verde, huele muy bien, es buena para agua de piernas y mejor para agua de barbas" (Motolinía, *Historia de los indios de la Nueva España*, 1995, p. 157).

209. En cambio, una de las primeras crónicas franciscanas de las costumbres de los indios de la Nueva España, y su "maravillosa conversión", nos dice los siguiente: "Si alguna persona enfermaba de calenturas recias, tomaban por remedio hacer un perrillo de masa de maíz, y poníanle sobre una penca de maguey y luego de mañanica sácanle a un camino; y dicen que el primero que pase lleva el mal apegado en los zancajos [talón del pie], y con esto quedaba el paciente muy consolado" (Motolinía, *Historia de los indios de la Nueva España*, 1995, p. 101).

Para un flujo de sangre de cualquiera llaga [f. 180b]

Es muy buen remedio poner un rato el dedo sobre la vena cortada. Las telarañas y el algodón quemado; la levadura tostada y echa polvos; la harina que vuela en los molinos; y la clara de huevo batida y mezclada con ella un poco de acíbar molido, detiene la sangre. [f. 180b]

*

Una poca de cal viva molida y mezclada con cla[f.181a]ra de huevo batida detiene el flujo de sangre de las narices. Hace lo mismo el estiércol fresco del asno puesto en la frente.[210]

*

Lavando las partes vergonzosas con agua fría, o poniendo en ellas un paño mojado en agua fría, detiene el flujo de sangre. Todas las cosas que he dicho arriba se pueden tomar por la boca, para detener los flujos de sangre del pecho, excepto el remedio de la cal, porque es muy sospechoso. [f.181a]

210. El uso de estiércol de animales era una práctica común en el arte médico bajomedieval. No solo untado en emplasto junto con otras sustancias (miel, cera, etc.), sino bebido: "Si la mujer tuviere dolor en las tetas, deve tomar estiércol de palomas, e cera nueva, e miel" (Ketham, *op. cit.*, p. 97). "Dizen que el estiércol del oso e de las gallinas que beva con vino blanco o con agua, contía de peso de dos cornados de qualquier desto, que provecha mucho al dolor de colon. E aún dizen que trayéndolo consigo que aprovecha. E unte con ello el vientre que provecha" (Chirino, *op. cit.*, p. 187).

Para una sarnilla y comezón que da en los compañones[211] [f. 183b] Capítulo catorce

Es tan penosa una sarnilla y comezón que da en los compañones, que el que la tiene, hasta que salta sangre, no se deja de rascar,[212] y después queda un escocimiento mayor que la comezón que antes tenía. La causa de esta sarnilla y comezón es un humor mordaz y salado, que de la mala sangre del hígado[213] va allí con ella por las venas. Para curarla conviene tener muy buen regimiento en todo, porque [f. 184a] el hígado haga mejor sangre. Conténtese el enfermo con un poco de ave, o con un poco de carnero y no coma cosas saladas, ni cosas de leche, ni pescado, aunque sea fresco.

Para las llagas hechas con fuego, con agua, con aceite y con pólvora [f. 186a]

Aunque hay muchos remedios escritos para las llagas de quemaduras, los que yo pongo aquí los harán donde quiera con facilidad, y son muy

211. Compañones: testículos.
212. El arte de la medicina ha influenciado el pensamiento de grandes autores. Para mostrar el alcance de esta cuestión, un símil providencialista de san Agustín: "qué maravilla era yo, infeliz ovejuela descarriada de tu rebaño por no sufrir tu guarda, estuviera plagado de roña asquerosa? De aquí nacían, sin duda, los deseos de aquellos sentimientos de dolor, que, sin embargo, no quería que me penetrasen muy adentro, porque no deseaba padecer cosas como las representadas, sino que aquellas, oídas o fingidas, como que me rascasen por encima; más semejante a los que se rascan con las uñas, solía terminar produciéndome un tumor abrasador y una horrible postema y podredumbre" (Agustín de Hipona, *Confesiones*, Madrid, Gredos, 2015, p. 48).
213. "Yo he expuesto las pruebas en mi obra *Sobre las doctrinas de Hipócrates y Platón* [*De placitis Hipocratis et Platonis*]. Además, todo el mundo sitúa el alma pensante en el encéfalo, el alma viril y violenta en el corazón y la concupiscente en el hígado, lo que se deduce escuchando diariamente la afirmación de que un tonto no tiene cabeza y a un cobarde y timorato le falta coraje. Y tanto los poetas como los escultores y pintores describen el hígado del gigante Ticio [quien trato de violar a Leto] devorado por un águila [o serpientes]" (Galeno, *La localización de las enfermedades*, lib. III, 159-160, pp. 236-237).

experimentados.[214] Adviertan que si las quemaduras son grandes, conviene sangrar una o dos veces al enfermo y purgarle, porque no acuda el humor de todo el cuerpo a ellas, y venga fuego de san Antonio,[215] como muchas veces he visto. [f. 186a]

*

Para que se mitigue el dolor y el ardor pongan sobre todo lo quemado, muchas veces, con unas plumas de gallina, una clara de huevo batida y mezclada con agua rosada. Donde no hay agua rosada, échenle de llantén, o de yerba [f. 186b] mora,[216] o los zumos colados de estas yerbas dichas.

---

214. Algunos de estos remedios eran los siguientes trece años atrás: "También tengo hecha experiencia, que si se pone barniz de los espaderos (luego que la quemadura acabe de hazerse) que prohíbe y estorva las ampollas, y haze que no quede señal de lo que se quemó. Otro remedio ay muy experimentado, y es, tomen el laurel, digo las hojas dél, y con manteca de puerco hirviendo las pringuen, y unten bien, y después las muelas y hagan como un ungüento, con él úntelo quemado tres o quatro vezes al día" (Farfán, *Tratado breve de cirugía*, f. 210a).

215. "Enfermedad que consiste en la mortificación de alguna parte del cuerpo, que vá corroyendo y extendiéndose. Latín. *Ignis sacer.* RIBAD. Vid. del P. Lainez, lib. 2. cap. 1. Dentro de pocos días perecieron, unos en la guerra con tiros de artillería, otros consumidos con fuego, que llaman de Sant Antón. FRAG. Cirug. Gloss. de los Apostem. quest 46. El vulgo Castellano, y aun el Francés, llama Fuego de San Antón, y de San Marzal, a la mortificación total de algún miembro" (*Aut.*, *s. v.* "Fuego de san Anton"). Esta enfermedad en la actualidad se identifica con el ergotismo: "(Del fr. *ergotisme*, de *ergot* 'cornezuelo' e *-isme* '-ismo'). Conjunto de síntomas producidos por la intoxicación con cornezuelo [es decir, un hongo] de centeno" (*DRAE*, *s. v.* "Ergotismo").

216. "Como en otros casos, su denominación dentro de la medicina tradicional mexicana tiene variantes: hierba mora blanca, hoja de zalazar, quelite mora, yerbamora. Chiapas: *moen* (tzeltal), *muil itaj*, *mu mu itai*, *unem mu*, yerma mora (tzotzil); Morelos: *totunchichic*; Oaxaca: *yiwa tii* (mixteco); Puebla: *doerxa* (otomí), *mustulut* (totonaco), *tomaquilit* (nahua); San Luis Potosí: *wal ts'ok*, *wal pich*, *wal puta'* (tenek). La hierba mora es muy recomendada para problemas dermatológicos. La erisipela es el padecimiento en el que más se le emplea. Se dice que a quien la padece se le enrojecen los pies y luego le sube a la pierna. En Quintana Roo, para curarla, lavan la parte afectada con el cocimiento de las hojas. En Tabasco, se aplican las hojas previamente machacadas en alcohol. En Puebla, en cambio, se muele el fruto con sal y se coloca sobre el grano interno. En Morelos y Veracruz también se usa con el mismo fin. Es con frecuencia ocupada en trastornos digestivos, como calor en el estómago. Para la 'fiebre del estómago' se prepara un cocimiento con esta especie mezclada con otros hierbas de la medicina oriunda de México. En casos de infección ocular se exprime el fruto directamente sobre el ojo; para un alivio más rápido, se recomienda mezclar con la savia roja de sangre de drago (*Croton draco*) y, a veces, se le agrega sal. También se usa como lactógeno y se toma un té

Para dar gusto al que le tiene perdido [f. 186b]

Hay algunos hombres tan flacos de estómago y de mal comer, que aunque sea poco, no gustan ni tienen gana. Tengo entendido que tendrán gusto y les dará apetito alguno de estos adobos, si los hacen. En las gallinas o en el carnero que han de comer asadas, echen este ado[f. 187a]bo: tomen dos onzas de la semilla del hinojo, que se cría en los huertos, o jardines; culantro seco, una onza; sal, media onza, todo lo muelan mucho y polvoreen la carne toda bien, cortándola a cuchilladas; y estando dos días en el adobo, la coman asada. Otro adobo que da gusto: las gallinas de la tierra y las de Castilla cortadas por sus cuartos, y estando dos días en adobo de orégano, de vinagre, sal y un tantito de ajo, son sabrosas. Y cierto que a muchos (que les faltaba poco para morirse por no comer) les ha dado la vida, porque despierta la gana.[217] [f. 187a]

Melecina muy aguda para los que no pueden ventosear[218] ni obrar con otras [f. 190a]

Deshagan en media escudilla de agua cocida en manzanilla; un chile, de los secos y [f. 190b] molido; y échenle tanto piciete molido, o tabaco, como una nuez; y otro tanto de hueso de zapote,[219] y tibia la

preparado con las hojas de mora y las semillas de hinojo, o se colocan las hojas de hierba mora en la espalda de la mujer. Otros padecimientos en los que se aplican sus propiedades son para metafísicos: mal aire, mal de ojo y susto" (*BDMTM*, *s. v.* "Yerba mora").

217. Farfán es mucho más *gourmand* —si se me permite el anacronismo— que sus pares medievales. Alonso de Chirino a inicios del siglo xv se limitaba a recomendar: "Quando el apetito del comer se pierde lo que más conviene es tardar el comer e usar de viandas sotiles e muy tiernas e usar de miel e vinagre junto en salsas o en otra guisa qualquier en el comienço del comer e en lo adobado que comiere [...] quando con el grant perdimiento del apetito de comer es mucha la flaqueza o es mucho flaco el omne por mucho usar con mujeres non ha vianda que tanto le mantenga commo leche de cabras fresca así commo le dan al ético o tísico e beva e coma de ella" (*op. cit.*, pp. 165-166).

218. Ventosear, es decir, sacar del cuerpo los gases intestinales.

219. Francisco Hernández dice lo siguiente sobre este sabroso fruto: "Capítulo: CXXXVI. Del Tliltzapotl o tzápotl negro. Es un árbol con hojas como de cidro y fruto de la forma y tamaño de un membrillo mediano, verde al principio por fuera, después pardo y por último negro, y por dentro negro siempre, de donde le viene

reciba. Mojado el dedo segundo de la mano, y en el polvo del chile, y metiéndolo por el salvono, hace ventosear y es buen remedio para quien no tiene el recaudo que dije arriba.[220]

Calillas para purgar el vientre [f. 191a]

De las calillas, que donde quiera se pueden hacer, tratare aquí. Las calillas son muy buenas para los que por tener almorranas, o por estar ajenos del juicio, o con algún desmayo, no pueden recibir melecinas. También son buenas para los que tienen el vientre lleno de ventosidades, y por ellas no les cabe una gota de melecina, y para los que no tienen el recaudo con que hacerla o les falta la jeringa. Cinco dedos de la punta de un rábano untada con sal y aceite es buena calilla; y cuando faltare el aceite, úntenla con chile seco molido. La calilla de jabón es buena, y hace más operación si la untan con sal y aceite. Las calillas de tocino salado son buenas para las criaturas. Las calillas que se hacen con pelos de gato, o con pelos de liebre y miel blanca cocida son buenas para los niños y para los mayores. Las que [f. 191b] se hacen con miel blanca cocida y con acíbar son muy admirables de buenas para algunas mujeres y hombres, que con una melecina común se desmayan de flacos de complexión. Puédense poner a las recién paridas.

---

el nombre, blando y lleno de huesillos leonados, comestible, de alimento caliente que alivia la indigestión, y ya maduro, de sabor agradable para algunos; antes de la madurez es de naturaleza tan cáustica, que cura la lepra, la tiña, el salpullido y la sarna, y mata los peces echando en los ríos. Nace en regiones cálidas principalmente en lugares hortenses y húmedos" (*Obras completas*, t. II, vol. I, p. 91).

220. Para curar el dolor de ijada, López de Hinojosos da cuenta de otro remedio en el que también se mezclan huesos de zapote, chile y tabaco: "Toma cuezcos[sic] de zapote, chile ancho y piciete, una onza de cada cosa, y con miel y orines se le eche esta medicina" (López de Hinojosos, *Suma y recopilación de cirugía*, 1578, p. 150).

El suero, para qué es bueno y cómo se prepara mejor [f. 192a] Capítulo quince

El suero para contra la melancolía se prepara de esta manera: tomen una escudilla pequeña de suero, y desde las cinco de la tarde echen en el suero tres dracmas de sendeluna,[221] o de epitimo molido. A las cinco de la maña[f. 192b]na dé un hervor al rescoldo, como se cuece la leche, cuélenlo, y echen en él un poco de azúcar y bébalo. Si el que ha de tomar el suero es frío de estómago, en lugar de azúcar échenle un poco de miel blanca, cocida antes. Después de haber tomado el suero, no coma ni beba hasta pasadas tres horas o dos.

Para matar las lombrices de los niños [f. 192b]

Si los niños (por ser tragones y por comer mucho pan) crían lombrices, para matarlas es buen remedio este. Unten a los niños las mañanas y las noches el vientre con este ungüento caliente, hacerle ha purgar, y si tiene lom[f. 193a]brices (aunque estén en el estómago), las echará. Tomen dos onzas de unto sin sal añejo; miel blanca y hiel de toro, de cada cosa onza y media; acíbar molido, media onza; zumo de yerbabuena y de inciensos, de cada uno media onza. Todo se mezcle y tráiganlo a una mano, hasta que quede como ungüento. Este mismo ungüento es admirable para el ahíto, si untan también el estómago y el vientre.[222]

221. En el original: "sendeluna".

222. En 1579, Farfán preparaba de manera casi similar este mismo ungüento. Como puede apreciarse, el remedio de 1592 olía mejor gracias a la yerbabuena y los inciensos. Con ello puede pensarse en la sutileza que impera en algunos de los remedios del libro de 1592, en oposición a la urgencia y rudeza de algunos de 1579, aún nacidos bajo el influjo de una fuerte pestilencia que hubo en la Ciudad de México en 1576, el "cocoliste": "Un ungüento para que sin pesadumbre, haze purgar el vientre a los niños, aunque sean muy pequeños, y matar las lombrices: enxundia de puerco colada, dos onças, miel blanca, hiel de toro, de cada cosa una onça; acíbar

Del hule[223] y para que sea bueno [f. 193b]

El hule es un licor de un árbol, y sale por la corteza si la cortan. Este licor derretido a la lumbre, y mezclado con un poco de sebo de macho, y alcoholando con él los ojos, los regala, y quita el dolor y escocimiento. Reprime las lágrimas y los humores que a ellos vienen, y lo mismo hace el humo de él; quita el pujo[224] su sahumerio, y si con él untan las almorranas duras, las ablanda y quita el dolor de ellas. [f. 193b]

De algunos efectos de los suchietes[225] [f. 194a]

Un hombre que presumía de decir verdad, me certificó que había ocho años que tomaba los suchietes. Y que los primeros días le quitaron la

---

molido dos dragmas, todo se mezcle, y tibio unten el vientre del niño dos vezes en el día, y en quatro días haze effecto" (Farfán, *Tratado breve de cirugía*, f. 259a).

223. "Los usos medicinales en la tradición mexicana asocia al hule contra padecimientos de la piel. Se prescribe para secar heridas, llagas y sanar el ombligo del recién nacido; en el tratamiento de abscesos, supuraciones; y contra granos y espinillas; asimismo se le utiliza como antinflamatorio, en casos de ronquera; paperas y en irritaciones de los ojos. Los lacandones hacen figuras de dioses con hule; es posible que los antiguos mayas también los hubieran hecho. En los antecedentes históricos, se menciona que el hule tenía múltiples usos medicinales; mezclado con una bebida de cacao aliviaba malestares en el estómago y los intestinos y se suponía, quizá por sus características de emplasto adherible, que restauraba los órganos interiores, y para quitar las cataratas, se aplicaba un pedacito sobre los ojos. En el siglo xvi, Martín de la Cruz la señala como antidisentérico. Bernardino de Sahagún, la consigna como antiséptico, eupéptico y contra enfermedades de los ojos" (*BDMTM*, *s. v.* "Hule"). Por su parte, Francisco Hernández da cuenta de que, mezclado con el "tlalahoéhoetl" cura la disentería y el vómito con sangre: "El cocimiento de las raíces cura el vómito de sangre y detiene las disenterías; las demás partes de esta planta tienen las mismas aplicaciones, sobretodo mezcladas con yema de huevo cocida y con una goma que los mexicanos llaman *olli*" (*Obras completas*, t. II, vol. I, p. 48).

224. "Enfermedad mui penosa, que consiste en la gana continua de hacer cámara, con gran dificultad de lograrlo: lo qual causa mui graves dolores en el siesso. Procede de algunas porciones de humor acre, dentro del intestíno recto, que maltrata y hiere el esphínter. Usase regularmente en plural. Puede traher su origen la voz del verbo Pujar, por la fuerza que se hace para expeler el humor o las heces. Latín. *Tenasmus*, i. LAG. Diosc. lib. 2. cap. 63. Restriñe los fluxos del vientre acompañados de llagas, y semejantemente los pujos" (*Aut.*, *s. v.* "Pujo").

225. No he encontrado una sola referencia que me lleve a saber algo sobre los "suchietes". ¿Es el *succino*, es decir, el ámbar? Francisco Hernández declara sobre un *suc-*

potencia viril y aborrecía las mujeres. Y parece tenía razón, porque el calor de ellos consume y deshace las ventosidades. Y díjome que después de pocos días, con el fuego y calor de ellos, le provocaron mucho y le abrieron el apetito carnal. Por solo eso digo que (aunque los alaben para otras cosas) los que temen a Dios no deben usar de ellos. Y los otros efectos que tienen son: hacer proveer de cámara a los estreñidos, y a los fatigados de dolores de junturas, parece que dan alivio cómo los emborracha. Y luego vuelven con furia [f. 194b] y más fuerza. A los que trabajan corporalmente, parece que les quita el cansancio, porque les quita el sentir. Los resfriados, y los que se mojaron el cuerpo, dicen que sanan con el humo de ellos; y los ahítos dicen que cuecen el manjar. Descarga al pecho a los asmáticos, cuando comienzan a escupir, y quita los dolores de cabeza. Los mismo hace en un romadizo, cuando comienza a salir el humor por las narices. Los suchietes no harán tanto daño en los cuerpos flemáticos, y en los coléricos será fuego de alquitrán, como lo vi en la ciudad de Oaxaca en un fulano boquin[o].[226] Yo le avise muchas veces y le rogué que no los tomase, y no quiso obedecerme, hasta que murió, asados los hígados con ellos. Téngolo por remedio sospechoso, porque entorpece y priva el sentido. [f. 194b]

Para el salvono o sieso[227] relajado [f. 194b]

A los niños, más que a los hombres, se les relaja el salvono porque comen mucho y crían más humores flemáticos. Para remediar este mal, laven el salvono (todas las [f. 195a] veces que acaben de hacer cámara) con vino caliente, y úntenlo todo con sebo caliente de venado, o de macho, y vuélvanlo a su lugar blandamente.

---

cino mexicano: "Del *Apozonalli*, succino mexicano. Llaman así a nuestro ámbar amarillo, del que distinguen dos especies, una que tira más al rojizo y que llaman *tlétic apozonalli*, o sea *color de fuego*, y otra más pálida llamada *quetzal apozonalli*, o sea de pluma. Parece pertenecer a las especies del mismo el *xochipaliztli*, pequeña piedra amarilla y oscura, aunque podría creerse más bien una variedad del ámbar que llaman coagulado o de la piedra de la calcedonia. Dicen que tiene éste las mismas propiedades del succino" (*Obras completas*, t. III, vol. II, p. 210).

226. En el original: "boquin". "Dicho de una persona que por defecto congénito o por lesión sufrida no puede cerrar enteramente los labios" (*DRAE*, *s. v.* "Boquino").

227. "(Del lat. *sessus* 'asiento'). Ano con la porción inferior del intestino recto" (*DRAE*, *s. v.* "Sieso").

Para curar los lamparones[228] [f. 196a]

Hasta hoy se han visto consumir ni resolver los lamparones con ningún género de [f. 196a] remedios que sobre ellos pongan.[229] De lo que ahora diré use muchas veces, y muchos fueron curados. Corten los frenillos, que están debajo de los labios de la boca, y sea el cauterio delgado. Corten también las venas, que están dentro de las orejas, que son las que cortan para las reumas. Antes que las corten, purguen una vez o dos al enfermo con las purgas (que dije en la cura del dolor de cabeza de humor flemático en el capítulo diez de este libro). Si este remedio no bastare, hagan otro fácil y sin peligro: abran el lamparón por medio con una lanceta, y por lo abierto metan un trocisco,[230] que llaman Deminio, formado y hecho como un colmillo de perro, puntiagudo y tantito chato. Pongan sobre el un papel mojado en saliva, y un lienzo doblado y una venda. Dentro de cuatro días ha hecho el

228. "Enfermedad conocida que nace en la garganta, danle diversos nombres [...] Esta enfermedad es ordinaria en los puercos, y así tomó el nombre de ellos [...] porque el cutis del lamparón tiene un cierto resplandor albicante, por estar tan estirado y por su corrosión. Los reyes de Francia dicen tener gracia de curar los lamparones, y el primer rey inglés que fue Edovardo tuvo la misma gracia, y de algunos otros particulares también se ha dicho" (*Tesoro*, *s. v.* "Lamparón").

229. En efecto, era una de las peores enfermedades de la Edad Media. Su cura era, prácticamente, milagrosa. Por lo tanto, no es de extrañar que, en la narración de la vida de santo Domingo en una difundidísima fuente medieval, se lea el siguiente milagro relacionado con la cura de un enfermo de lamparones: "En tierra de Cecilia, en otra cibdat que dezían Pa[f. 165b]lacia, una muger pobre avía un fijo que era enfermo de lamparones, e agraviávanle mucho e non podía fallar para esto ningunt remedio. E fizo voto a Dios e santo Domingo que si sanase, que le daría para labrar en la iglesia de los fraires, que fazían entonce. E en la noche adelante apareciole uno commo fraire, e díxole:
— O, buena muger, ¿conocedes estas cosas: el verde, e la pez e el xugo del puerro?
E dixo ella:
— Conózcolas.
E dixo él:
— Ve e méscalas[sic] en uno con el xugo del puerro, e ponlo sobre el algodón, e ponlo al cuello de tu fijo e luego será sano.
E despertando, fízolo así. E luego fue sano e conplió lo que la madre prometiera" (Anónimo, *Flos sanctorum con sus ethimologías*, pp. 475-476).

230. "Trozo, que se hace de la massa, formada de varios ingredientes medicinales, y se dispone en varias figuras; y de ellos se forman despues las pildoras. Es voz Griega, que vale cosa redonda, porque regularmente se les dá esta figura. Lat. *Trochiscus*. QUEV. Fort. Y no debe nuestro sudor nada à los *trociscos* de la vibora" (*Aut.*, *s. v.* "Trocisco").

trocisco su efecto, y el lamparón se va despegando poco a poco, y sale entero. Cuando es grande el lamparón, no puede salir con un trocisco, y así conviene meter más la lanceta y el trocisco. Y si con uno no saliere, saquen el primero con unas pinzas, que ya estará deshecho, y metan otro largo, y saldrá entero. Si [f. 196b] alguno no saliere entero, pongan en lo que quedo otro trocisco. Los trociscos como son cáusticos,[231] inflaman todo lo que está junto al lamparón, para esto y para el dolor pongan este defensivo: aceite rosado una onza, bol arménico[232] y vinagre rosado, de cada cosa media onza, todo se mezcle y pónganlo cada dos horas.

Los trociscos se hacen de esta manera: tomen una parte de solimán,[233] y media de azarcón,[234] muelan estas dos cosas mucho, y con clara de huevo batida los masen un rato, y háganlos, como lo dije, y como un piñón, y otros (para arrancar los pedazos, que suelen quedar de los lamparones grandes) como medio piñón. Séquenlos al fuego sobre una cazuela o comal.

---

231. "Usado regularmente como s. m. term. de Médicos y Cirujanos. Epitheto que se da al medicamento corrosivo, que abrasa mucho, y consúme la carne, como si la quemara. Díxose assí del verbo Griego Kaustoo, que vale quemar mucho. Latín. *Causticus, a, um. Ustivus, a, um.* LAG. Diosc. lib. 2. cap. 9. Quemadas las conchas de todos estos (caracoles) son calientes y cáusticas, mundifican la sarna y los albarazos. LOP. Dorot. fol. 42. Déxame Celia, vere a tu labor, que mas me quiero estar sola, que con quien me pone en las heridas cáusticos para matarme. SAAV. Empr. 48. El superior use de la lanceta o navaja de la verdad para curar al inferior; pero este solamente del cáustico, que sin dolor amortigüe y roa lo vicioso del superior" (*Aut.*, *s. v.* "Cáustico").

232. "Voz de la Pintúra. Es una espécie de tierra roxa, pegajosa como greda, y colorada, la qual sirve para la última mano que se dá à lo que se ha de dorar de bruñido. Háila en España, y se suele traher tambien de Arménia. Pudo tomar el nombre de la figúra, por traficarse en forma de unos bolos. Covarr. le describe como droga medicinal astringente, y lo mismo Lagúna sobre Dioscórides, y uno y otro, como tambien los mas de los Autóres, le llaman Bolo arménico, y lo mismo en las Botícas. Lat. *Terra Armenica. Rubrica sinopica.* LAG. Diosc. lib. 5. cap. 70. La Rúbrica sinópica no es otra cosa, sino el vulgar y vil *bolo arménico*" (*Aut.*, *s. v.* "Bol").

233. "El azogue sublimado. Covarr. dice que viene de esta misma voz Sublimar; pero es mas cierto proceda del Arábigo *Xuliman*, que traduce el P. Alcalá en su Vocabulario en la voz Solimán. Lat. *Hydrargyrum, i.* PRAGM. DE TASS. año 1680. f. 18. Cada libra de solimán no pueda passar de veinte y quatro reales. QUEV. Mus. 6. Rom. 82. *Pereciendose de risa / tras los espejos se anda, / viendo como el solimán / mui de pintamonas campa*" (*Aut.*, *s. v.* "Solimán").

234. "Ceniza ò tierra de colór azúl, que se saca del plomo quemado. Segun Covarr. viene esta voz del Arábigo *Zarcon*, que vale cosa azúl. Lat. *Plumbum ustum.* LAG. Diosc. lib. 5. cap. 55. en el Indice de los nombres. En Castellano plomo quemado, y segun Lebrixa *Azarcón*" (*Aut.*, *s. v.* "Azarcón").

Estos trociscos molidos pueden servir en llagas viejas y sucias como los polvos de Ioanes de Vigo, si no los hay. Cuando hay cuatro lamparones o cinco juntos, salen todos por donde salió el primero. Curen la llaga con la cura general que digo en la cirugía, a donde me remito.[235] [f. 196b]

Para curar las almorranas que salen a las mujeres [en] los partos [f. 197b]

Tomen [f. 198a] inciensos verdes, y la yerba lombriguera[236] —si la hay—, de cada cosa un manojo; muélanlos un poco, y cuezan en un cuartillo de vino y den tres hervores, y al postrero, echen allí media onza de canela molida. Reciba la parida el vapor de este vino (dos veces al día) en las almorranas, y en el vino caliente mojen unos algodones, y echen sobre ellos un poco de acíbar, y pónganlo sobre las almorranas. [f. 198a]

Para quemar las almorranas cuando, con muchos remedios, no sanan [f. 198a]

Tomen una onza de aceite rosado,[237] y media de aceite de linaza,[238] y la cuarta parte de una onza del titímalo,[239] que es la lechetrez-

235. *Vid.*, f. 282a del libro cuarto de cirugía.
236. "Planta bien conocida, por otro nombre llamada Lombriguéra, la qual crece como arbolillo, sus hojas son blanquecínas y mui menúdas, y de suave olór. Usase mucho de esta planta en los jardínes para formar las labóres de los quadros. Hai macho y hembra, y sirve para muchos remédios, y particularmente para matar y hacer expeler las lombríces, por cuya razón se llama tambien Lombriguéra. Lat. *Abrótanum*. LAG. Diosc. lib. 3. cap. 27. Es el *abrótano* enemígo capitál del estómago, y con sus humos tienta fuertemente el celébro. GONG. Rom. Lyric. 19. *Donde se vén tan al vivo / de abrótano tantas naves, / que dirán, sino se mueven, / que es por faltarles el aire*" (*Aut.*, *s. v.* "Abrótano").
237. "Se llama tambien lo que está compuesto con rosas: como Azéite rosado, miel rosada, & c. Latín. *Rosaceus*. PALAC. Palestr. part. 2. cap. 31. Se deben preferir a todos los géneros de rosas, las rosas rubias, para hacer esta miel rosada" (*Aut.*, *s. v.* "Aceite rosado").
238. "La linaza [...] Con lejía, resuelve las parótidas y durezas. Cocida con vino, purifica las úlceras serpiginosas y las alveolares y extermina las uñas sarnosas y lepras, con igual cantidad de cárdamo y de miel [...] Mezclada con miel y con pimienta, a modo de pastilla, tomada en gran cantidad, estimula placeres afrodisíacos" (Dioscórides, *Plantas y remedios medicinales*, libros I-III, p. 297).
239. "El Titímalo [...] Su licor tiene virtud purgativa del vientre por abajo, arrastrando la flema y la bilis, si se toma la cantidad de dos óbolos con vinagre aguado; con

na[240] —y en mexicano lo llaman toloatzin[241]—, y con cera lo cuajen. Unten las almorranas con este ungüento cinco veces, y si el dolor cesare, usen de él.

Para que jamás salgan, cauterícenlas con esto: tomen tanta leche de higuera como cabe en media nuez, y cuatro granos de cardenillo[242] molidos, y uno con una yema de huevo, y aceite rosado, lo mezclen. De esto pongan un po[f. 198b]co en las almorranas, y si están dentro, unten con él una mecha y métanla, y téngala media hora o lo que más pudiere. Sentirán una hora y más muy grande ardor y dolor, y para esto tengan una jícara llena de agua, y lávense con ella. Habiéndose aplacado el dolor, pongan allí cada hora unos pañitos mojados en yema de huevo y aceite rosado, y un poco de manteca de vacas, hasta que sanen. [f. 198b]

---

aguamiel, provoca el vómito" (Dioscórides, *Plantas y remedios medicinales*, libros IV-V, p. 119).

240. En el original: "leche

241. Francisco Hernández apunta lo siguiente sobre algunas de las varias especies de "Toloatzin" y su uso: "Capítulo XLIII. De la Esqua. Es un arbusto de raíces ramificadas, de donde nacen tallos de seis codos de largo verdes, torcidos y nudosos, hojas vellosas como de solano (del cual parece ser una especie), pero más puntiagudas, y frutos parecidos a dátiles, con huesecillos dentro. Comen éstos los indios de noche después de ayunar todo el día y de purificar toda la casa, para encontrar así las cosas que han perdido o les han robado, y poder ver, encerrados dentro de su casa, la imagen del ladrón. Las hojas machacadas y untadas curan las inflamaciones. Los mechoacanenses lo llaman *esqua* y los mexicanos *toloatzin*. Nace en regiones templadas o frías, como son las de Pátzcuaro y México, y es de naturaleza fría y húmeda, aunque la raíz es un tanto dulce" (*Obras completas*, t. II, vol. I, pp. 369-370). "Del Toloatzin. Es una hierbecilla de raíz larga y delgada, de donde echa tallo voluble y ramoso, hojas como de olivo, pero menores y de punta más obtusa, ralas, opuestas, blanquecinas, y flores purpúreas en racimo. Es de naturaleza fría y seca en segundo grado, por lo que molido y tomado con agua cuantas veces convenga, contiene disenterías. Hay otra hierba del mismo nombre, pero que pertece a las variedades de tápatl, y de la que hemos hablado en su lugar" (*Obras completas*, t. III, vol. II, p. 174). "Del tlápatl. Puestas en la almohada producen sueño a los insomnes, y tomadas en alguna abundancia acarrean la locura" (*Obras completas*, t. III, vol. II, p. 67).

242. "Entre los Plateros se llama el que hacen artificialmente, echando el cobre con orines de muchachos en lugar de vinagre, el qual sirve para dar color al oro, y soldarle. Llámanle tambien Santerna, y otros Chrysocola. Latín. *Chrysocolla auraria*. LAG. Diosc. lib. 5. cap. 51. Aquel artificial cardenillo, que suelen preparar los Plateros, es de algunos llamado Santerna" (*Aut.*, *s. v.* "Cardenillo").

De unas hinchazones que salen en las cabezas de los niños recién nacidos [f. 199a]
Capítulo dieciséis

He visto muchas veces en esta Nueva España, en los niños recién nacidos, unas hinchazones de agua en la cabeza que espantan. Y algunas mujeres y cirujanos atrévense a abrirlas, y morir en pocos días de ellas.

La cura que en estas hinchazones se ha de hacer, es usar de uno de estos dos remedios: tomen polvos de inciensos, las flores de la manzanilla y harina de habas, de cada cosa de estas tres onzas; harina de cebada, dos onzas; manteca de vacas lavada y aceite de manzanilla, de cada cosa onza y media; aceite rosado, dos onzas. Todo dé un hervor al rescoldo, y con onza y media de cera blanca lo cuajen, y pónganlo un poco caliente tendido en un paño dos veces al día, y con el favor de Dios se resolverán en seis días o en ocho. [f. 199b]

*

En algunos niños crecen tanto estas hinchazones que levantan todo el cuerpo y abren las comisuras de la mollera. Aunque vean esto, no abran ni corten el cuero, ni den cauterio, sino usen de los remedios dichos, y la ama tenga buena regla en el comer. Y si fuere menester (para corregir la leche) purgarse, hágalo, siendo la purga noble y templada. [f. 199b]

Para la picadura de alacrán[243] [f. 203a]

Experiencia es hecha muchas veces, que en cualquiera picadura de alacrán, si llegan a ella tres veces o cuatro la punta del miembro de

243. Un remedio medieval "seguro" para distintos males y, entre estos, ahuyentar a los alacranes, era el siguiente: "Çumo de rayz de rábanos con miel e vinagre faze ayna vomitar e a mengua desto cuezen las fojas e sacan el çumo dellas. E su semiente es para en enpasto del baço e provocar orinar. E con vinagre e con miel es para gargarizar con ello para esquinançia en la garganta e su çumo con vinagre para pecas e

un niño o de un hombre, quita muy fácilmente el dolor y sana.[244] [f. 203a]

De las virtudes del Toloatzin[245] [f. 203a]

El toloatzin (llamado en castellano lechetrezna y en latín *titimalum*, y en el marque[f. 203b]sado[246] y en otras partes Tlama) puestas sus hojas sobre cualquiera llaga antigua, la enjuaga y sana. Y la carne que crece demasiada, la consume y gasta, como lo hace el alumbre. La leche de sus tallos quita las verrugas de todo el cuerpo,[247] y las del miembro viril sin dolor, ni pena. Tanta cantidad de la raíz del toloatzin, como una juntura de un dedo de la mano molida, y desatada en agua caliente, y

---

para señales prietas. E su çumo o su azeyte para el viento e ruydo en el oreja e para ydropesia. Dizen que fuye de su olor el escorpión" (Chirino, *op. cit.*, p. 226). Para un más profundo estudio sobre el uso del alacrán en la tratadística médica, *vid.*, Marcos Cortés Guadarrama, "Un veneno y su influencia en la tratadística médica novohispana de los siglos XVI y XVII", *Ulúa*, 31 (2018), pp. 15-40, disponible en <http://ulua.uv.mx/index.php/ulua/article/view/2577>.

244. El remedio de Farfán es propio de la escatología medieval. Por el contrario, Dioscórides parece seguir un principio del *Corpus Hippocraticum*: "La cosa contraria sana contra la contraria" (Anónimo, *Flos sanctorum con sus ethimologías*, p. 157). Dice Dioscórides: "El escorpión terrestre, crudo, majado, aplicado encima, es un auxilio de su propia punzada. Se come también asado para lo mismo" (*Plantas y remedios medicinales*, libros I-III, p. 241).

245. "Todas las partes del vegetal, y principalmente las semillas, afectan el sistema nervioso, originando una forma de locura transitoria o permanente, según las dosis ingeridas. Sahagún escribió: 'Quita la gana de comer a los que lo toman, emborracha y enloquece perpetuamente'" (Martínez, *op. cit.*, p. 326).

246. Quizá se refiera, por las continuas referencias que proporciona el mismo Farfán, al marquesado del Valle de Oaxaca, título nobiliario hereditario concedido el 20 de julio de 1529 por el emperador Carlos I al conquistador Hernán Cortés. Las tierras del marquesado cubrían una extensión territorial mucho más grande que el valle de Oaxaca de hoy en día, alcanzando los estados de Morelos, Veracruz, Michoacán y Ciudad de México.

247. En la Baja Edad Media uno de los pocos remedios contra las verrugas eran las berenjenas: "Tomen verenjenas fechas revanadas e bien fritas en azeyte, más que las fríen para comer, e sea en fuego manso. Tomen para una libra de azeyte las verengenas, e tornen en aquel mesmo buenamente se puedan con ello freyr, que sean quanto media libra de revanadas e después saquen aquellas berenjenas e tornen en aquel mesmo azeyte a freyr e otras tantas berenjenas o menos. E cuelen aquel azeyte e congélenlo con çera e unten con ello. E este ungüento de las berenjenas es bueno para tirar las verrugas de qualquier lugar" (Chirino, *op. cit.*, pp. 196-197).

bebida por la mañana o a cualquiera hora, hace vomitar las flemas y la cólera del estómago, y hacen con ella tres cámaras o cuatro. Puédenla tomar dos veces y tres cada tres días o cuatro. Es para los que comienzan a padecer de hidropesía admirable, si la continúan, porque la he dado muchas veces. Para la ciática, aunque sea antigua, es muy buena de esta manera: tomen las hojas verdes y molidas las pongan como emplasto sobre el dolor, refregándolo antes un poco con un paño, y habiendo tenido aquel lugar descubierto un rato al sol. Levantan unas ampollas, y por ellas sale mucha agua, y también el mal humor que causa dolor. Pónganlas tres veces, o cuatro, y hasta que todas las amp[f. 204a]ollas dejen de purgar no lo pongan, y guarden el orden dicho.

De la virtud del Topotzan[248] [f. 204a]

Las hojas verdes o secas y molidas del topotzan (llamado en castellano la vellosilla,[249] que es de la hechura de un hierro grande de lanza, y nace junto al agua) sana admirablemente cualquiera llaga, aunque parezca incurable, como lo he experimentado.[250] [f. 204a]

Polvos para los que no duermen [f. 204a]

Muchos, por falta de sueño, no tienen entera salud y están en ocasión de perder el juicio, como hemos visto a muchos sin él, de solo no dormir. Estos tomen tres noches en la semana el peso de dos tomines

248. Se refiere a la tepozana o tepozán: "(Tepozana o lengua de buey). La medicina tradicional mexicana confía en esta planta para evitar sangrados postparto, mediante una infusión con las raíces que debe beberse cuatro veces al día" (*BDMTM*, *s. v.* "Tepozana").

249. "Hierba, que produce un tallo velloso, y las hojas como las de la verdolaga mayor blanquecinas, y llenas de vello, de lo que tomó el nombre. La flor es amarilla, y las raices sutiles. Hai otra especie, que tiene las flores púrpureas, y se deshacen todas en fluecos; una y otra se llama en Latin *Pilosella*, de donde pudo tomar tambien el nombre" (*Aut.*, *s. v.* "Vellosilla").

250. "Capítulo CXXXIX. Del Topozan. Es árbol grande con hojas anchas, grandes, aserradas y ásperas. Su cocimiento, el jugo de las hojas o las hojas mismas, que son de temperamento frío, masticadas, curan las úlceras de las encías que provienen del calor y la inflamación de la boca. Nace en Quauhquechulla" (Hernández, *Obras completas*, t. III, vol. II, pp. 186-187).

de estos polvos desatados en agua cocida con cebada; y si está flaco, tómelos en vino aguado, media hora después de acostado. Esté cierto y seguro que no le harán mal ni daño, sino mucho provecho: tomen tantas cáscaras de adormideras[251] como de culantro[252] seco, y tostado y de azúcar, de manera que sean partes iguales. Muélanlo todo y páselo por un cedazo.[253]

Si la falta del sueño fuere grande, tome el enfermo, a las seis de la tarde, un cañuto de cañafístula comida, o desatada en agua de cebada. De allí a una hora o dos, cene de un pollo y de una poca de gallina asada. Si el enfermo, dentro [f. 205a] de una hora, después

251. "Planta bien conocída, que produce las hojas largas hendidas al rededór, y asidas à los tallos sin pezónes. Sus flores son mui parecídas à la rosa, mui vistosas, y de varios colóres. Su simiente es negra, y util para muchos remedios, y particularmente para causar sueño, por cuya razon se llamó Adormidéra, ò Dormidéra, como dice Lag. sob. Diosc. lib. 4. cap. 68. Lat. Papaver. GRAC. Mor. fol. 272. Para lo qual tomó un brebage con adormidéras, que pareciesse mortífero. Pellic Argen. part. 2. fol. 68. Quando Morphéo cargado de adormidéras y pomos de mandrágoras exerce su poder en los mortales" (*Aut.*, *s. v.* "Adormidera").

252. "Hierba bien conocida, mui poblada de hojas menúdas y arracimadas, cuya simiente son unos granillos redondos, mucho más pequeños que los de la pimienta, y después de secos se usa de ellos entre las espécias ordinárias, para sazonar varias cosas. Viene del Latino Coriandrum: y aunque oy se llama regularmente Cilantro, es más conforme al origen decir culantro. PRAGM. DE TASS. año 1680. fol. 48. La libra de culantro preparado, a quatro reales. LAG. Diosc. lib. 3. cap. 67. No me espanto si en nuestra España tenemos tantas casas de orates: pues comemos en todos los potages y salsas ordinariamente el culantro verde" (*Aut.*, *s. v.* "Culantro").

253. "Instrumento redondo a modo de caxa, hecho de una faxa o aro de madera, el qual se cierra por la una parte con tela (mas o menos clara, segun lo que por ella se huviere de passar) la que se estira, y compríme con un cincho tambien de madera, que juntamente la defiende para no rozarse, y assí viene a quedar casi en medio de la caxa. Sirve para el uso de limpiar y separar lo sutíl de lo gruesso, passándolo primero por la tela, y quedando encima de ella lo segundo. Tambien se suele hacer el aro de hoja de lata, o plancha de otro metal. Antiguamente se llamó Cerdazo, porque la tela mas común de que se hacían era texida de cerdas, y oy se hacen muchos de ella; pero yá se dice Cedazo quitada la r, assí por ser mas suave la pronunciación, como porque el tiempo ha inventado diversos géneros de telas, mas a propósito para los fines a que se destinan. Latín. *Incerniculum*, i. RECOP. lib. 9. tit. 22. l. 2. […] Adivinar por tela de cedazo. El exercício de la arte mágica, quando el demónio hace que los professores de esta diabólica ciencia, mirando por un cedazo vean las cosas que están mui distantes, ocultas, o por venir: a lo qual llamó la Gentilidad Coscinomancia. Latín. *Cribro divinare*" (*Aut.*, *s. v.* "Cedazo").

de acostado no durmiere, tome los polvos y con el favor de Dios dormirá.[254]

Para el dolor del estómago u otro cualquiera [f. 205a]

Estando escribiendo este tratado de medicina se me ofreció remediar un gravísimo dolor de gota. Y aunque se pusieron muchos remedios, no se quitó hasta que mandé poner el que ahora diré. Este enfermo estaba sangrado y purgado, y así le aprovechó mucho, y porque el humor de que procedía el dolor era ya más frío que cálido. Tomen media onza de Ololiuhqui[255] (que es una semilla) muy molida, y mézclenla

254. Alonso de Chirino, médico de Juan II de Castilla recopilaba, en el siglo XV, la siguiente creencia popular medieval en uno de sus tratados: "Dizen que para dormir que tomen un cuerno de cabrón blanco e que lo quemen e que pongan la su çeniza de yuso del cabesçal del enfermo sin que lo él sepa. E otros dizen que pongan muela de omen muerto de yuso del cabesçal" (Chirino, *op. cit.*, p. 131).

255. En el original: "*ololihueyqui*". "Hay una hierba que se llama cóatl *xoxouhqui*, y cría una semilla que se llama *ololiuhqui*; esta semilla emborracha y enloquece. Danla por bebedizos para hacer daño a los que quieren hacer el mal, y los que la comen paréceles que ven visiones y cosas espantables; danla a comer con la comida, o beber con la bebida los hechiceros, o los que aborrecen algunos para hacerlos mal. Esta hierba es medicinal, y su semilla es buena para la gota, moliéndola y poniéndola en el lugar donde está la gota" (Sahagún, *op. cit.*, lib. XI, cap. VII, 1, p. 666). Afortunadamente, el doctor Farfán aclara que se trata de una semilla, señalada como potente alucinógeno por Richard Evan Schultes y Albert Hofmann (*Plantas de los Dioses. Orígenes del uso de los alucinógenos*, Ciudad de México, Fondo de Cultura Económica, [1982], 2000), de tratarse de una raíz sería con seguridad una variante del *caxtlatlapan*, de la cual nos dice Francisco Hernández: "Capítulo XXXVI. Del segundo Caxtlatlapan. El segundo Caxtlatlapan, que otros llaman ololiuhqui, tiene raíz redondeada semejante a una trufa o a una pera, de donde nacen tallos amarillos con rojizo, delgados y cortos, y en ellos hojas redondeadas y pequeñas. Una de estas raíces, que generalmente pesan una onza, machacada y tomada cura el empacho evacuando y limpiando el estómago" (*Obras completas*, t. I, vol. I, p. 287). La semilla que emplea Farfán es la siguiente: "Capítulo I. Del Ololiuhqui o planta de hojas redondas. Otros llaman coaxíhuitl o sea hierba de la serpiente [...] Es planta caliente en cuarto grado, cura el contagio gálico, calma los dolores que provienen de frío, disipa la flatulencia y resuelve los tumores; su polvo mezclado con resina alivia admirablemente los huesos luxados o rotos y la cintura relajada de las mujeres fortaleciéndolas. Sólo se utiliza en medicina la semilla, que molida, tomada y untada en la cabeza y en la frente con leche y chilli, dicen que cura las enfermedades de los ojos; comida excita el apetito venéreo. Es dicha semilla de sabor acre y, como la planta misma, muy caliente. Los sacerdotes indios, cuando querían simular que conversaban con los dioses y

con tres onzas de aceite rosado, y con cera blanca lo cuajen. Unten con él las partes que duelen las veces que fueren necesarias, y siempre lo pongan un poco caliente. Si el dolor de la gota, o el de cualquiera parte del fuere causado de humor frío, el aceite sea de ruda —o frito en ruda— que basta. [f. 205a]

recibían respuesta de ellos, comían esta planta para delirar y ver mil fantasmas y figuras de demonios; propiedad en que puede decirse que es semejante al *solanum manicum* de Dioscórides. Nace en lugares campestres de regiones cálidas" (*Obras completas*, t. III, vol. II, p. 73).

De las virtudes y efectos de la raíz del cocolmécatl y por otro nombre el [ol]cacatzan[256] [f. 206a] Capítulo diecisiete

Entre muchas plantas medicinales que el doctor Francisco Hernández protomédico halló en esta Nueva España, cuando el rey, nuestro señor don Felipe, (que Dios guarde muchos años) le envió a ella para buscarlas y escribir de ellas todas las virtudes que tuviese. Y entre las que halló fue una raíz de una planta que llaman cocomécatl, y por otro nombre olcacatzan. Escribió de ella muchas [f. 206b] y muy grandes virtudes,[257] y comparola a una de las especies de las

256. Aquí se aprecia, como en ningún otro caso, que Farfán leyó con atención uno de los manuscritos de Francisco Hernández.

257. "Capítulo LXXII. "Del *cozolmécatl* o cuerda de cuna. El cozolmécatl, que otros llaman olcatzan parece pertenecer a las especies de la china mexicana, pues tiene raíz gruesa, redondeada, roja, fibrosa, pesada cuando está fresca, pero con el tiempo ligera, de donde nacen talos rojos cerca de la raíz, nudosos, delgados, espinosos, arundináceos y flexibles, llenos de zarcillos, volubles y que trepan hasta las copas de los árboles cercanos; hojas redondeadas de mediano tamaño y con tres nervaduras longitudinales, y fruto como de mirto lleno de semilla.Oigo decir maravillas acerca de esta planta a los que han experimentado sus efectos: que limpia en breve tiempo los ojos sanguinolentos y les devuelve su brillo con sólo aplicar sobre ellos una hoja; que cura las úlceras de la boca; que el polvo de la raíz consume las excrecencias y restituye la carne sana a las partes sexuales infectadas del mal gálico; que aunque es de temperamento templado, por cierta virtud oculta combate, sin embrago, tanto las enfermedades cálidas como las frías, y no sólo aplicada, sino también tomada aprovecha, ya se usen las hojas, ya la raíz siendo inocua en cualquier cantidad que se tome; que aumenta, afirma y restablece las fuerzas agotadas o perdidas con sólo tocarla, restituye del mismo modo el calor semiextinto, vuelve la vida a los moribundos; que las hojas aplicadas calman como por milagro los dolores de dientes, de cabeza, de las articulaciones y demás parte del cuerpo, y si se adhieren al lugar del dolor puede tenerse esperanza segura de salud, pues sólo se adhieren cuando el dolor ha de clamarse, y en caso contrario caen inmediatamente; que excita extraordinariamente la actividad genésica, alivia la cabeza, concilia el sueño, tomada con vino cura los cólicos, quita la flatulencia, combate los venenos, tonifica y ayuda la digestión; que devuelve las fuerza de un modo notable a los que están agotados por excesos venéreos, si se acuestan sobre ella; que quita las fiebres y aprieta las encías. Apenas hay, en fin, entre la variada

smilax,[258] a quien todos llamamos zarzaparrilla.[259] Y verdaderamente que conforme a lo que escribió de ella, a mi parecer esta raíz del cocolmécatl es la que los portugueses trajeron de la India, año de mil y quinientos y cuarenta y cuatro, y llamaron la China, tomando el nombre de donde la traían.[260]

Yo la vi muchas veces en Sevilla, y la tuve en mis manos, y acuérdome de lo que digo (aunque era pequeño) como si fuera ahora. De esta raíz de la China escribieron autores graves, y entre ellos Amato Lusitano,[261] médico digno de no tener en poco. Y lo que ellos dijeron, dijo también el doctor Francisco Hernández del cocolmécatl, y el color, la hechura y calidades de la una dan a la otra. Tengo entendido

multitud de enfermedades, alguna contra la cual digan que no aprovecha, y afirman, por tanto, que con sólo haber sido descubierta esta planta y dada a conocer a los habitantes de nuestro Vejo Mundo, no quedaron fallidos los reales esfuerzos, ni fueron inútiles los gastos hechos y trabajos realizados; todo lo cual el tiempo y el exacto conocimiento de las cosas confirmará y pondrá de manifiesto. Nace en los lugares de Juan de Cuenca, región cálida, en sitios altos o bajos de Mecatlán, y también en Totonacapa, donde dicen que hay dos especies de esta planta voluble: la que hemos descrito, fructífera, muy saludable y de cuyos tallos se fabrican bastones muy hermosos con vetas altamente leonadas y negras, y otra que carece de fruto y más bien debe clasificarse como venosa" (Hernández, *Obras completas*, t. II, vol. I, pp. 250-252).

258. En el original: "exmilax".

259. Nicolás Monardes respalda la aseveración tan rotunda con ese "todos" del doctor Farfán: "Llamáronla los españoles çarçaparrilla quando la vieron, por la gran semejança que tiene con al çarçaparrilla destas partes, que es *Smilace aspera*: yo tengo por cierto que la çarçaparrilla de aquellas partes es la misma que la nuestra, la qual he experimentado muchas vezes, y haze los mismos efectos la nuestra, que la de Nueva España, con la qual tiene semejança, más que con la de Honduras. Es de sabor insípida, sin acrimonia alguna, y el agua hecha della no tiene más sabor que agua de cevada" (*op. cit.*, f. 19r).

260. Tanto el doctor Farfán como el doctor Monardes coinciden en el año 1544, fecha en que fue llevada a Europa por los portugueses: "[La raíz de China] Avrá casi treinta años que la traxeron los portugueses a estas partes [España] con grande estima, para curar todas enfermedades, en especial mal de buvas, en el qual a hecho grandes efectos" (Monardes, *op. cit.*, f. 17r).

261. João Rodrigues de Castelo Branco, también conocido como Amato Lusitano (1511-1568), fue un médico portugués de origen judío. De entre sus descubrimientos destaca el proceso de la circulación de la sangre. Tal progreso le valió para escribir y enriquecer la literatura médica nacida durante el siglo XVI. Por lo tanto, gozó de la reputación y la admiración de sus colegas. Su obra más destacada fue *Centuriae*, publicada en siete volúmenes, con varias impresiones durante los siglos XVI y XVII en distintas plazas europeas: Florencia, Venecia, Basilea, París, Barcelona, etc.

que es toda una cosa, y que como nuestro buen Dios la crio aquélla, también la crio acá, como lo vemos, porque esta raíz del cocolmécatl es como la de las cañas de Castilla: es nudosa, y con unas puntas como púas, es gruesa y larga por de fuera es leonada, y por la parte de dentro no es tanto, y cortada a pedazos se des[f. 207a]hebra como la vaca cocida. Todo lo dicho tiene la raíz de la China,[262] y en los efectos es también como el cocolmécatl: gasta y deshace el agua cocida con esta raíz los corrimientos de los humores, consume las ventosidades, y deshace las opilaciones, y ayuda a cocer el manjar, y quita los dolores de ijada y de la cólica. Las hojas de esta raíz verdes y calientes, puestas en un dolor, le quita. El agua cocida (como yo diré aquí) quita los dolores de cabeza, provoca sudar con facilidad y cura muy bien las bubas, si la cuecen mucho. Esta raíz del cocolmécatl es caliente templada, y por otra parte seca casi en grado tercero; y si mucho la cuecen, restringen el vientre.

Esto todo que he dicho hace la raíz de la China, y así digo, que es la de acá como ella. Y si el doctor Francisco Hernández[263] no lo dijo, fue por no acordarse cuando escribió de ella, o por parecerle que acá no la podía haber. [f. 207a]

*

Tome media onza de esta raíz muy cortada, y cueza a fuego manso, en seis cuartillos de agua; y en tomando color de vino blanco, quítenla del fuego, y tapen la olla con un plato. Desque esté fría, la cuelen, y los

262. "La segunda medicina que viene de nuestras Indias es, una rayz que llaman China. Parece, escandalizara decir que la China la aya en nuestras Indias Occidentales, como comúnmente la traigan los portugueses de la Indias Orientales. Para esto sepan, que don Francisco de Mendoça, caballero muy illustre, quando vino de Nueva España y Perú, me mostró una rayz grande, y otras rayezes pequeñas, y me preguntó, qué rayzes eran aquellas, yo respondí que eran rayzes de China, pero que me parescían muy frescas, díxome que así era, porque avía poco tiempo que se avía cogido y traído de Nueva España, yo me espanté de que allí la uviesse, como creyese que en sola la China la avía: él me dixo que no sólo avía en Nueva España China, pero que presto vería traer mucha cantidad de Especería, de a do se traya aquella China lo qual crey, quando vide la contractación que hizo con su magestad de traer a España mucha cantidad de Especería, que ya tenía començada a poner y plantar: y yo vi jengibre verde traído de allá, así mismo la China" (Monardes, *op. cit.*, ff. 16r-16v).

263. El doctor Hernández intentó en sus textos asimilar la cosmogonía médica indígena: todo un saber curativo sumamente elaborado, complejo y milenario. Su gran labor como científico europeo en la Nueva España es admirable e influyó en el quehacer de otros colegas suyos durante el siglo XVII.

que (por necesidad) beben a comer un poco de vino, ágüenlo con ella, y entre día, teniendo sed, beban de ella.[264] [f. 208a]

Purga segura para las preñadas aunque estén en el mes [f. 210b]

Una jicamilla[265] que venden en los tianguis[266] —que en lengua mexicana se llama itztictlanoquiloni[267]—, molida y desatada en agua tibia, o en vino aguado, purga los humores del cuerpo sin revolución de él, como muchas veces se ha experimentado. Y por esto se puede dar seguramente a las preñadas, y sin peligro de mover. [f. 210b]

264. El doctor Monardes la preparaba de manera distinta, entre otras cosas, añadía media onza más que Farfán y dejaba reposar por un día. Su tratamiento es mucho más delicado, no tan rudo y parco como el del agustino: "Tomarán una de las rayzes, y cortarla han delgada del gordor y tamaño de un quartillo de plata, y de aquello así cortado, pesarán una onça, y echarla han en una olla nueva, y sobre ella se pondrá tres açumbres de agua, y estará en remojo por veynte y quatro horas: tapada la olla cueza a fuego manso de carbón ya encendidom hasta que mengüe la mitad, y quede el açumbre y medio [...] y después de fría se cuele, y guarde en vasija vidriada [...] [El enfermo] tomará por la mañana en ayunas diez onças de la dicha agua, quan caliente pudiere, y procurará sudor, y guardar lo ha dos horas, a lo menos" (*op. cit.*, f.17r).

265. Se refiere a un tipo de jícama, un tubérculo comestible o medicinal. El cirujano Alonso López de Hinojosos empleaba otro tipo de "jicamilla" —o quizá la misma, pero conocida por otro nombre— para curar el flemón, si es que este no mejoraba con ungüento: "Si no mundificare bien, se ponga el mundificativo de apio y si fuere menester, se torne a purgar el paciente con peso de un real de jicamillas que llaman chichimecapatli" (López de Hinojosos, *Suma y recopilación de cirugía*, 1578, p. 118).

266. En los tiempos de Farfán se encontraba maravillas superiores a las que se encuentran hoy en día en los tianguis de México. Por ejemplo: "El *Izcahuitl* es una masa de pequeñísimas lombrices que, capturadas con redes en el lago mexicano y guardadas en amplios recipientes, se venden en los mercados llamados *tianquiz*" (Hernández, *Obras completas*, t. III, vol. II, p. 395).

267. Quizá se refiera al *tlanoquiloni.* Fray Bernardino de Sahagún dice sobre ella: "Sólo la raíz [es medicinal]. Es redondilla, como los nabos. Sólo como hierba se da. Su tallo es uno. Sus hojas son pequeñillas. Se da allá en Tepzolco. Se le muele [la raíz mencionada] al que tiene hinchado el vientre o tiene calentura. La bebe para arrojar en el excremento la enfermedad. Y ya que la evacuó, se le da de beber yolatolli para que estriña" (citado en López-Austin, *op. cit.*, pp. 67-68). También puede referirse al *tlalitzmiquílitl* o *itzmiquílitl.* Francisco Hernández dice sobre ella: "Tiene raíz parcecida a un nabo, obtusa y fibrosa, de donde nacen tallos cortos [...] La raíz es fría y húmeda; machacada y tomada alivia a los que tienen fiebre [...] Nace en Huehuetocan, donde dicen que la raíz aplicada quita las inflamaciones, e introducida purga los intestinos" (*Obras completas*, t. III, vol. II, p. 16).

Para deshacer las piedras de los riñones y para el dolor de ijada antiguo [f. 211a]

Tomen un manojo de mecaxóchil, y una vainilla de tlilxóchil, quince granos de nacazxóchil, cinco chiles tzinquahuyo y veinte cacaos tostados.[268] Todo lo dicho muelan muy bien en un metate.[269] Tomen una escudilla de xocóatl,[270] y echen en ella tantas flores (como una nuez) de matlatin[271] —que venden en los tianguis— y estén [las flores] allí desde prima noche hasta la mañana. Cuelen el agua y exprímanla, y quedará como azul. Luego muelan tres nudos de la colilla del [f. 211b] taquatzin[272] cruda; todo lo deshagan en el xocóatl, y en amaneciendo

268. En el original, respectivamente: "mecasúchil", "tlilxúchil", "nacazxúchil". Sahagún dice lo siguiente sobre estos y el mencionado chile: "Los que escupen sangre se curarán bebiendo el cacao hecho con aquellas especies aromáticas que se llaman tlilxóchitl, mecaxóchitl y ueinacaztli, y con cierto género de chile llamado chiltecpin, muy tostados y mezclado con ulli" (Sahagún, *op. cit.*, lib. X, cap. XXVIII, 50, p. 591).

269. "(Del náhuatl métatl). Piedra sobre la cual se muelen manualmente con el metlapil el maíz y otros granos. En España se empleaba para hacer el chocolate a brazo" (*DRAE*, *s. v.* "Metate").

270. "Para las ampollas o calor de la lengua será necesario curarse tomando un poco de alumbre crudo, y traerlo en la lengua, y lavarla con cierta agua llamada en la lengua *xocóatl*, y también lavarse con el zumo de tomates dulces que en la lengua se dicen *miltomates*" (Sahagún, *op. cit.*, lib. X, cap. XXVIII, 34, p. 589). El *xocóatl* es un agua de cacao, un tanto avinagrada y con especias. En náhuatl significa 'agua amarga'.

271. Refiere Francisco Hernández: "Capítulo XXI. Del Matlalin Es una hierba de dos codos de largo, raíces fibrosas, tallos cilíndricos y delgados, hojas delicadas, numerosas, y flores parecidas a violetas purpúreas y azules. Se remoja en agua por espacio de una hora, se exprime después, y con ese líquido se tiñen las lanas, según dicen, de color verdemar o azul. Llaman algunos a esta hierba matlalxóchitl" (*Obras completas*, t. III, vol. II, p. 35). Sahagún recomienda el *matlalxíhuit*, combinado con orines calientes y una penca de maguey, para tratar las descalabraduras (lib. X, cap. 28, 69, p. 594). "En el siglo XVI, Martín de la Cruz la reporta como antipirético y para aliviar el 'calor de los ojos'. A principios del siglo XVIII, Juan de Esteyneffer lo usa contra la perlesía, el humor pituitoso o melancólico, contra las lombrices, la excesiva menstruación, como tratamiento de estrumas, lamparones y fuentes" (*BDMTM*, *s. v.* "Matlatin")

272. Se refiere a la cola del tlacuache. Francisco Hernández cuenta la siguiente anécdota sobre la cola del tlacuache como medicamento: "Esto fue comprobado por una experiencia extraordinaria en Madrid, corte de Felipe II, donde el obispo de Córdoba, que era entonces prelado de Cuenca y confesor de nuestro óptimo y máximo rey, sufrió una grave supresión de la orina y con el auxilio dicho [del *cocoztámal*] fue curado súbitamente y como por milagro abriéndose las vías y

Dios, en ayunas, lo beban caliente seis días, como quien bebe el chocolate.[273] Puédenlo tomar cada tres días, y cuando lo tomaren, estense en la cama abrigados una hora o dos.

La raíz de las flores azules que dije (llamada matlatin), molidas y echadas en una escudilla de xocóatl, quitan el calor de los riñones y los hace purgar por la orina. [f. 211b]

Para dolores de muelas y dientes [f. 211b]

Tomen un poco del palo del yecahuyexóchil,[274] que los indios lo ponen en tierra caliente por vallado,[275] y háganlo brasa y así lo echen en

evacuando una gran cantidad de orina, no sin gran recompensa para el médico, quien sin embrago no sabía de dónde provenía tal remedio, ni otra cosa sino que él mismo y otros muchos habían sido librados de igual manera de semejantes enfermedades por cierto médico indio que guardaba el secreto. Y aunque hay algunos que sostienen que esto se verificó no con el polvo dicho, sino con la cola del *tlacuatzin*, animal cuya efigie damos también y que presta asimismo notable auxilio en dichas enfermedades, sin embargo, bien investigado el caso, se descubrió que de la raíz de esta planta y no de la cola del animal citado se obtuvo la curación que narramos" (citado en López-Austin, *op. cit.*, pp. 113-114).

273. "La tercera especie de bebida, llamada *chocólatl* se prepara con granos de *póchotl* y de *cacáhoatl* en igual cantidad, y dicen que engorda extraordinariamente si se usa con frecuencia; molidos unos y otros granos se echan en una vasija y se agitan con un batidor hasta que sobrenada la parte grasosa y de naturaleza aérea, que separan y ponen aparte, mezclando al resto un puñado del antes dicho grano indio hablandado; cuando ya está lista la bebida para tomarse, mezclan de nuevo la parte grasosa que habían separado y la toman al fin tibia; la administran también con gran provecho a los tísicos, consumidos y extenuados" (Hernández, *Obras completas*, t. II, vol. I, p. 305).

274. En el original: "yecahuyexúchil". Solo por el dato de Francisco Hernández, el cual refiere su forma cilíndrica, más alta que un hombre y, por lo tanto, idóneos como "vallado", me parece que se refiere a la *yacaxíhuitl*: "Capítulo XXXIII. Del Yacaxíhuitl de Ocuila o hierba de hojas puntiagudas. Echa esta hierba raíz ramificada, tallos cenicientos, cilíndricos, más altos que un hombre, y en ellos hojas como de limón, pero mucho más puntiagudas, y flores blancas con amarillo, redondas y dispuestas en grupos. La raíz es de temperamento caliente y seco; molida y tomada en dosis de dos dracmas con agua, purga muy eficazmente a los artríticos por el conducto superior y por el inferior. Nace en regiones algo cálidas" (*Obras completas*, t. II, vol. I, p. 408).

275. "El cerco, que se hace à algun sitio, formado de tierra levantada, ù de otra qualquier cosa que le sirva de defensa, que le cierre, è impida la entrada. Es del Latino *Vallum*, i. FR. L. DE GRAN. Symb. part. 1. cap. 20. Edifican una casa grande, y magnífica conforme à la Dignidad Real, y cercanla de un vallado, como de un muro. SANDOV. Hist. de Carl. V. lib. 22. §. 21. Demás de esto el lugar era áspero con *vallados*, tapias, y muchas viñas" (*Aut.*, *s. v.* "Vallado").

agua. Caliente lo envuelvan en un lienzo y pónganlo sobre la muela o diente.[276] [f. 211b]

Para las almorranas [f. 211b]

Tomen las hojas verdes o secas molidas del xiztlantectli,[277] y pónganlas tres veces o cuatro sobre las almorranas,[278] quitan el dolor y sanan de ellas los que las tienen.[279] [f. 211b]

276. Como contraste para este remedio con plantas mexicanas, otro remedio medieval hispánico para el gran dolor de muelas era el siguiente: "Para el grant dolor pongan sal molida atada en paño de lino quanto bulto de avellanas e calléntelo en azeyte de comer e póngarlo callente encima de la muela. E si fuer azeyte de çuçenas es mejor" (Chirino, *op. cit.*, p. 146).

277. El protomédico de Indias la recomienda como remedio supresor de la diarrea, pero no trata así las almorranas: "Capítulo XV. Del Xiuhtlantectli o flor cortada con los dientes. Es hierba de raíz fibrosa, de donde nace un tallo purpúreo, estriado con ramas a intervalos y ornado de hojas como de la llamada graciola, con nervaduras longitudinales, y en el extremo de las ramas flores redondas, amarillas y pilosas. Es de gusto aromático, caliente en segundo grado con alguna sequedad, y tiene sabor de láber. Dicen que las hojas cocidas en agua contienen las diarreas y tiñen de color amarillo. Nace en lugares cálidos" (Hernández, *Obras completas*, t. III, vol. II, p. 212).

278. Los remedios para curar las hemorroides con plantas indígenas son muy diferentes, por ejemplo, en *Libellus de medicinalibus indorum herbis* (1552), de Martín de la Cruz, médico indígena, se dice: "Contra las hemorroides mucho aprovecha el tallo de la hierba cohmécatl, pues si se da molida en agua caliente con miel, con beberla expulsa la bilis" (citado en López-Austin, *op. cit.*, p. 97).

279. Este remedio prehispánico contrasta bastante con el siguiente de origen medieval: "Quando allí se fazen almorranas, o figo que llaman, es bueno para ello cozer la cebolla con manteca de vacas e enblandesçido en uno es para tirar el dolor. E eso mismo cozer puerros e que se asiente ençima maestramente para reçebir aquel bafo callente" (Chirino, *op. cit.*, p. 196). Y ni qué decir de este otro: "Para almorranas dizen que la cola de qualquier pescado salado, quemada e molida e polvorizada" (*ibid.*, p. 199).

Para la sordera, aunque sea antigua[280] [f. 214b]
Capítulo dieciocho

En las tierras calientes de esta Nueva España hay unos animalejos mansos y sin ponzoña, y llámanles armadillos. Los huesos de las colas de estos, muy molidos y hechas unas pelotillas con aceite de ruda, o con aceite de almendras dulces —si es de humor cálido, como acontece, o si entienden que el mal es de frío—, y metidas en el oído que no oye, muy adentro, y sobre las pelotillas unos algodones de algalia. [f. 215a] Cuando la pelotilla se fuere gastando, pongan otra. A tres días o cuatro, los que han de sanar, sienten un poco de dolor en el oído y en la cabeza, y parece que va haciendo operación por el dolor que causa. Doy por aviso, que antes que se pongan las pelotillas en los oídos, se purguen los enfermos, porque habiendo menos humor la medicina harás más presto el efecto.

Cuando la sordera[281] fuere antigua usen más días de las pelotillas, y así ablandara la membrana del oído, la cual, por estar muy dura, aunque el aire de la voz o sonido la hiere, no hay [modo de] moverla, por estar el humor en ella tan embebido y empapado. [f. 215a]

Para los mordidos de víboras [f. 216a]

Si los mordidos de víboras pudieran tomar luego la triaca en agua de azahar,[282] o en un poco de buen vino, fuérales gran reme-

280. Las siguientes dos enfermedades forman parte del capítulo dieciocho.

281. "Dice Luis Lobera de Ávila que la sordera se hace de venir algún humor de la parte del cerebro que tapa los poros que traen la virtud auditiva, la cual sordera si fuere desde niño o muchacho no recibe cura [...] Hecha la evacuación, para quitar la materia conjunta se haga lo siguiente: tome lana sucia de carnero, y fríela con aceite de manzanilla, lo cual tibio se le eche dentro del oído" (López de Hinojosos, *Suma y recopilación de cirugía*, 1578, p. 134).

282. "La flor del limón ò naranjo, que es blanca y pequeña, compuesta de quatro hojas gruessas y olorosas. Covarr. dice que viene del Hebreo Naha, y Zahar, que signi-

dio.[283] Cuando no hubiere, hagan esto: si fuere la mordedura en alguno de los dedos del pie, o de la mano, átenlo con una agujeta —o cordel delgado— un poco más arriba de la picadura, y sájenlo todo aunque sea con la punta de un cuchillo amolado. Luego metan el dedo todo en las degolladuras de gallinas, o de pollos, y sanará.

Si no hay gallinas, puede quien quiera chupar el dedo y echar siempre de la boca la saliva.[284] Hácese esto en España sin daño del que lo hace. Otro remedio se ha hallado en esta Nueva España, y jamás falta, aunque es asqueroso —y para huir de la muerte ninguno lo será—; el remedio es este: si alguno estuviere picado de víbora, aunque esté ya para reventar, tome la hienda o suciedad del hombre, aunque sea acabada de echar del cuerpo, y deshecha en agua la beba, y verá remedio

---

fica flor resplandeciente. Diego de Urréa y otros quieren que venga del Arábigo *Zahere*, que vale resplandecer. Lat. *Citrius flos.* OV. hist. Chil. fol. 5. Sin otras que se cultívan en los jardines, como son los clavéles, alhelíes y azahár. ALFAR. fol. 187. Y entre todas havía una de azahár y limón, que à la vista se venía. Agua de *azahár*. La destilada con azahár, ò con infusión de la misma flor. Lat. *Citrii floris aqua*. VILLALOB. Problem. fol. 38. No se puede creer lo que se expedió en *água rosada* y de *azahar*" (*Aut.*, *s. v.* "Azahar").

283. El médico agustino no construye —por lo menos en este pasaje— una narrativa providencialista, la cual suele identificar las primeras crónicas franciscanas. Por ejemplo, la serpiente, símbolo del mal y la traición, solo ataca a los pecadores en una tierra donde su abundancia es probada; este es el mensaje de Motolinía y su descripción de la Nueva España, tierra pródiga en serpientes: "En este tiempo está la yerba muy grande, y los camino tan cerrados que apenas parecía una pequeña senda, y éstas las más veces allega la yerba de la una parte a la otra a cerrar, y por debajo iban los pies sin poder ver el suelo; y había muy crueles víboras, que aunque en toda esta Nueva España hay más y mayores que en Castilla, las de la tierra fría, son menos ponzoñosas, y los indios tienen muchos remedios contra ellas; pero por esta tierra que digo son tan ponzoñosas que al que muerden no allega a veinte y cuatro horas; y como íbamos andando nos decían los indios: aquí murió un, allí otro y acullá otro, de mordedura de víboras; y todos los de la compañía iban descalzos; aunque Dios por su misericordia nos pasó a todos sin lesión, ni embarazo ninguno" (Motolinía, *Historia de los indios de la Nueva España*, 1995, p. 100).

284. La virtud de la "flema que hay en la boca", es decir, la saliva, nunca ha pasado desapercibida por la medicina hipocrática-galénica, incluso se considera que es capaz de acabar con ciertas enfermedades y de matar escorpiones y otros seres venenosos: "Y no te sorprendas, pues la flema que hay en la boca constituye un remedio para los líquenes y destruye inmediatamente a los escorpiones y a muchos animales venenosos, a unos los mata rápidamente, a otros después, pero ciertamente a todos los daña enormemente" (Galeno, *Sobre las facultades naturales*, 163, p. 127).

admirable.[285] Y si fuere en despoblado: en un sombrero la deshagan con orines, y el mismo picado puede tomar la suya.

Los indios que se ven picados de víbora, en alguno de los pies o mano, hacen un hoyo y métenlo allí hasta que se sienten buenos. Entiendo ser la causa, que la tierra no deja subir la ponzoña arriba, y que la atrae para sí.[286] [f. 216b]

Para dolores grandes y antiguos de cabeza [f. 218b]

Dicho he muchas veces en este tratado de medicina, que para una indisposición y enfermedad pongo muchos remedios en partes y no todos juntos. Y acontece al que tie[f. 219a]ne necesidad, probarlos todos, y usar del que más provecho le hace. Y así búsquenlos por la tabla y hallarlos han.

Este remedio que ahora pongo se me acordó en este punto, y lo experimenté muchas veces en dolores grandes de cabeza, y hacerlo han donde quiera que estén: tomen dos partes de las hojas del piziete —y por otro nombre tabaco—; y una parte de los polvos de estornudar, que todo se vende en los tianguis: mézclenlos y cada mañana, o cada dos días, mojen el extremo del dedo menor de la mano en saliva, y toque bien en los polvos, y métalos con el dedo en las narices, muy adentro, tres veces o cuatro; y sorba con fuerza y echará la reuma cuajada como claras de huevos. Para los que tienen reumas, y para los

285. Farfán reconoce la asquerosidad de tal remedio, a diferencia de las obras médicas bajomedievales (Ketham, Chirino, etc.), que también recomiendan la ingesta de excremento humano en tales emergencias.

286. Si Farfán ofrece un remedio contra las picaduras de víboras es porque era un mal común, principalmente al practicar la caza. El marcado providencialismo de uno de los frailes más escatológicos que haya pisado la Nueva España dice que los indios trataban con suma confianza a las víboras y culebras, pues contaban con un gran remedio que las adormecía, el tabaco (*piciete*): "Y en lo árboles muchas aves chicas y grandes; había halcones, cuervos, lechuzas, y en los mismos montes mucha caza de venados y liebres, y conejos, y adives, y muchas culebras; éstas atadas y sacados los colmillos, o dientes, porque las más de ellas eran de género de víboras, tan largas como una braza, y tan gruesas como el brazo de un hombre por la muñeca. Tómanlas los indios en la mano como a los pájaros porque para las bravas y ponzoñas tienen una yerba que las adormece, o entumece, la cual también es medicinable para muchas cosas; llámase esta yerba *picietl*" (Motolinía, *Historia de los indios de la Nueva España*, 1995, p. 62).

tocados del mal francés,[287] es remedio provechoso, como lo verán por la obra. [f. 219a]

287. "Usado regularmente en plurál. Enfermedád bien conocída y contagiosa, llamada tambien mal Francés, y Gálico, porque (segun algunos) la contraxeron los Francéses, quando entraron en Itália con el Rey Carlos Octavo, por medio del comercio ilícito que tuvieron con las mugéres de aquel País; pero otros dicen haverla padecido los Españoles en el descubrimiento de las Indias, tambien con el motivo del trato inhonesto, que freqüentaron con las mugéres de aquellas nuevas Regiones. Lo cierto es ser enfermedád sumamente antígua, cuyo conocimiento llegó à unas Províncias mas tarde que à otras, y que por indecente, ninguna quiere confessar haver sido la priméra à sentirla, y comuniarla. Algunas veces tiene uso esta voz en singulár, porque el grano con punta de matéria, que sale à la cara, se suele llamar buba. Puede haverse tomado del Griego Boubon, que significa tumór preternaturál, y en especiál en las ingles. Lat. *Lues venerea. Morbus Gallicus.* GOMARA, Hist. Ind. fol. 14. Probo la tierra los Españoles con muchas manéras de doléncias, de las quales fueron perpétuas bubas, que hasta entonces no sabían qué mal era": *Aut.*, *s. v.* "Buba").

Cómo se ha de curar la gota de los pies que llaman artética[288] [f. 220b] Capítulo diecinueve

Parecerá a algunos de los que leyeren este capítulo[289] que me atrevo a curar la enfermedad de la gota, contra la opinión de todos los que profesan ahora la medicina.[290] Como si los antiguos no pusieran muy grandes remedios contra ella, y muchas veces hemos visto muchos sanos y buenos. Con el favor de Dios y de su Madre bendita diré aquí lo que para curarla más conviene. Y si los que curan ponen un poco de cuidado, harán muy gran bien a los afligidos de tan grave mal. Todos los más que padecen esta enfermedad son regalados y desreglados en comer, en beber y en dormir hasta las ocho del día. No hacen ejercicio, danse a los placeres y contentos, que ellos saben. Comen hasta que se hartan, y beben vino sin discreción ni medida. De donde se

288. "La que da en los artejos y coyuntúras del cuerpo. Latín. *Morbus articularis*" (*Aut.*, *s. v.* "Gota Artética").

289. Este es uno de los apartados más extensos del *Tratado breve de medicina*, quizá porque aquí, Farfán, como él mismo lo dice, se atreve a curar una enfermedad que los médicos de su tiempo consideran incurables. Los remedios no son nada diferentes a los ya compilados en la presente edición.

290. En efecto, era una enfermedad que se dejaba a la Providencia. Por lo tanto, formaba parte del catálogo de las más diversas milagrerías medievales: "Una muger de Alimania estando encerrada en la horden de sant Sisto, aviendo grand gota en el inojo más avía de un año, en manera que nunca pudo aver remedio de salud; mas porque non podiera vesitar el sepulcro de sant Pedro con el cuerpo propio, por quanto estava so obediencia, pensó si ál que no de vesitar el sepulcro sancto con la voluntad e con muy grand devoción. Mas diziendo que podría ir [f. 107a] fasta Milán en quatorze días del lugar que ella estava, començó de tomar dieta. Por cada dieta dizía c pater nostres a honra de sant Pedro. E fue grand maravilla, ca començando estas dietas de la voluntad, en tal manera las fazía sienpre, que cada día se sentía mejor. Mas fizo la postrimera dieta, e vino al sepulcro sancto por la volunptat de Dios. Fincados los inojos, así commo si estudiese delante la sepultura suya, e començó a rezar todo el salterio con muy grant devoción. E acabado el salterio, sentiose así librada de aquel peligro, que dende adelante nunca más sintió de aquella enfermedat" (Anónimo, *Flos sanctorum con sus ethimologías*, p. 344).

vino a decir que la gota es hija [f. 221a] de Baco.[291] Estos tales viven poco, cargados de esta enfermedad y de otras. Estos tales hacen la gota incurable, porque no quieren tener orden, ni concierto en su vida y costumbres. Y si los que lo tuviesen no sanasen del todo, cuando la enfermedad viniese, sería menos grave y aun no volvería tan a menudo. También se hace esta enfermedad incurable porque las más veces viene desde su principio de mezcla de humores contrarios, como de fríos y calientes, y como los que curan no advierten ni reparan (como lo deben a buenos cristianos) de qué humores viene la gota —y si son dos [los humores], cuál predomina para evacuarlo, no olvidándose del otro—, hacen la cura al revés. Y así queda el pobre enfermo peor que estaba antes. Aquí pongo las señales más claras y evidentes que hay para conocer los humores; y con esto (si quisieren trabajar un poco) acertarán con el favor de Dios, a quien se deben encomendar. [f. 221a]

*

Mucho vino, el cual es la causa más principal de la gota, juntamente con el demasiado y desenfrenado vicio de la carne. Pues dice Hipócrates y Galeno —graves autores— que jamás vio a hombre capado, ni a mujer doncella (como no le faltase la regla), ni a mancebo antes de conocer mujer, con gota.[292] También se hereda esta enfermedad de

291. "Fingen los poetas haber sido hijo de Júpiter y de Semele, y diéronle diversos nombres. Cuenta Ovidio. Lib. 3 Metamor., que habiendo perdido Semele a persuación de Juno que la engañó, viniese Júpiter a juntarse con ella, cómo y en la forma que se iba a juntar con Juno, su mujer, no lo pudo escusar por el juramento que había hecho, y con los rayos que de sí despedía, la mató. Sacole del vientre al niño y enxiriole un muslo hasta cumplir el tiempo del parto: el cual nació con cuernos, y porque picaba con ellos el muslo del padre al nacer le llamaron Dionisio [...] Diversas razones hay por qué le pintan con cuernos. La una porque siendo dios del vino hace furioso al que se toma de él. [...] o porque fue el primero que enseñó a arar con bueyes. O porque se preciaba ser hijo de Júpiter [...] díxose Bacco [...] por la vocería de las bacchuides, que como locas iban dando voces y aullando por los campos" (*Tesoro*, s. *v.* "Baco").

292. "Que la raíz de los síntomas llamados histéricos está lógicamente en la matriz, como desde antiguo se ha creído, se comprueba fehacientemente por el hecho de que tales síntomas aparecen sólo en las viudas y en aquellas mujeres cuyas reglas están suprimidas. Y que el esperma retenido tiene mayor poder para la génesis de los síntomas histéricos, y menos, en cambio, la supresión de las reglas, se puede observar en las mujeres no viudas que tiene suprimida la regla; experimentan algunos síntomas de los que hablaremos después, pero no tienen apnea, ni fuertes desfallecimientos, ni el resto de los síntomas que hemos mencionado hace poco" (Galeno, *Sobre la localización de las enfermedades*, lib. VI, 424, pp. 419-420).

padres y abuelos, por estar la semilla[293] (de que es engendrado el hombre) inficionada y corrompida. De aquí se entende[f. 222a]rá, que en la generación del hombre, la semilla viene de todos los miembros del cuerpo, aunque toda la más desciende de la cabeza.[294] Y las causas interiores son abundancia de malos humores, que de malos manjares que comen, se crían. [f. 222a]

*

Los remedios (que para mitigar los grandes dolores) suelen poner, no los pongan luego al principio, hasta que hayan hecho dos sangrías, o más. Porque el humor no vaya a algún miembro principal y cause la muerte, como se ha visto en algunos. Si el dolor fuere intenso, pongan sobre él unos pañitos mojados en cualquiera leche, y antes que se sequen, pongan otros. Unas claras de huevos batidas, y mezcladas con agua rosada, y unas gotas de aceite rosado, puestas sobre el dolor con unos pañitos, lo mitiga. [f. 224b]

293. Galeno creía que el semen atrae la sangre, tal y como el imán atrae el hierro: "Pero es necesario ahora prestar atención y vigilar para no dotar, inconscientemente, al semen de razonamiento e intelecto, pues así no tendríamos ni semen i naturaleza, sino ya un animal vivo. Y si respetamos ambos principios, la atracción de la cantidad proporcionada y la falta de razonamiento, diremos que existe una cierta facultad del semen de atraer la sangre, como la piedra imán tiene sobre el hierro. Así pues, de nuevo, estamos obligados a reconocer una cierta facultad atractiva en el semen. ¿Qué es, pues, el semen? Claramente el principio activo del animal, pues el principio material es la menstruación" (Galeno, *Sobre las facultades naturales*, 85, pp. 77-78).

294. "Sabemos, efectivamente, que entre los hombres hay muchas diferencias; unos, ya a partir de la juventud, se debilitan tras las relaciones sexuales; otros, en cambio, si no hacen uso de ellas continuamente, tienen la cabeza pesada, náuseas, fiebre, menos apetito y malas digestiones. Platón comparaba su cuerpo con árboles más cargados de frutos de lo normal" (Galeno, *Sobre la localización de las enfermedades*, lib. VI, 418, p. 415).

Remedio para que los hombres casados tengan hijos y puedan dar el débito[295] [f. 230b] Capítulo veinte

Desde que Dios crio al hombre, le dio por compañera y regalo a la mujer, y formola de una de las costillas del mismo hombre para que más la amase y quisiese. Juntolos Dios y casolos [f. 231a] porque el género humano se aumentase y creciese, y porque el hombre (instigado y movido con la concupiscencia de la carne) no pecase. Acá los hombres casados (cuando no tienen hijos) no andan contentos y parece que no quieren bien a sus mujeres. Y cuando Dios se los da entonces, cesan las pasiones y las rencillas con tan grandes prendas de amor, como son los hijos. Esta es cosa natural como en los brutos se ve, que procuran conservar su especie por la generación. Y esto mucho más en los hombres como capaces de razón y entendimiento. Lo dicho es lo que me movió y obliga con caridad cristiana a dar remedio a algunos pobres, que viven muy tristes y disgustados con sus mujeres, los cuales, aunque tienen salud, y son de edad juvenil, y aunque tienen alguna potencia y voluntad, tienen tan flacos los miembros genitales que en llegando al acto natural aflojan de tal manera, como si no fuesen hombres.

Cuando este remedio no aprovechase para tener hijos, aprovechará para pagar el débito, que deben a la obligación. Y así con él se dejarán de hacer mu[f. 231b]chas ofensas a nuestro Señor, y Él (por quien es) no permita se aprovechen de este remedio algunos desalmados para ofenderle, que no es tal mi intento, sino el que arriba dejo dicho.

Dos causas más principales son las que hacen al hombre impotente: la una es tener relajados los nervios de los miembros genitales, o por

295. Se refiere al débito conjugal: "Se llama aquella recíproca obligacion que hai entre los casados. Latín. *Conjugale debitum.* NAVARR. Man. cap. 16. num. 32. Si pidió o pagó el débito conjugal en tiempo de ménstruo, quando la muger está con su costumbre" (*Aut.*, *s. v.* "Débito conjugal").

tenerlos muy fríos y llenos de humor flemático. La otra causa es por no criar la simiente, que para el tal acto es menester; o por ser flaco de riñones, teniendo siempre en ellos dolor y muchos malos humores. Cuando en algunos fuere esta la causa de la impotencia, coma manjares de buena sustancia, y beba de muy buen vino, y regálese en todo lo que más pudiere, y duerma en buena cama y así criará más simiente. Digo esto porque de la mejor sustancia y de la mejor sangre del cuerpo se cría la simiente.

Si la causa de la impotencia fuere la flaqueza de los nervios de los miembros genitales, y algún frío que hay en ellos, o que concurran juntamente ambas causas principales, coma buenas comidas, y beba de muy [f. 232a] buen vino y regálese en todo lo demás que he dicho. Coma gallinas, capones,[296] codornices y de los pajarillos que suelen cazar los indios con redes. Coma pollos criados en casa. Los compañones de los gallos y de los pollos son muy buenos. De las legumbres puede comer garbanzos, habas, cebollas, cardos,[297] y rábanos, porque criando ventosidades, mueven los miembros genitales y la potencia. Es bueno el mastuerzo[298] de Castilla, y también el del Pirú, la salsa de oruga[299] y el pebre[300] —que llaman— hecho de

296. "(Del lat. vulg. *cappo, por capo, -ōnis). Pollo que se castra cuando es pequeño, y se ceba para comerlo" (*DRAE*, *s. v.* "Capón").

297. Dioscórides registra tres tipos de cardos: blanco, arábigo y bravío. De los dos primeros solo se recomienda la raíz. El último es el más apetitoso: "El cardo bravío [...] Su raíz es negra, gruesa, de la que procede su virtud. Cocida con vino y bebida, es eficaz contra la sobaquina y el mal olor del resto del cuerpo. Provoca la orina, mucha y maloliente. La planta recién nacida se come cocida, como el espárrago" (*Plantas y remedios medicinales*, libros I-III, p. 379).

298. "Espécie de Sisymbrio dicho Cardamíno, el qual nace en lugáres aquosos, y las hojas de esta hierba al princípio son redondas, y conforme ván creciendo se hienden como las de la orúga. En las Boticas se llama Nasturtium aquaticum; pero su nombre común y vulgar en España es el de berros. Lat. *Nasturtium aquaticum.* LAG. Diosc. lib. 2. cap. 17. Calientan y dessecan los berros en el grado tercéro, ò à lo menos en el fin del segundo. PIC. JUSTIN. fol. 69. Viendo tanta gente, dixe à mi vergüenza que me fuesse à comprar unos berros à la Alhambra de Granada. QUEV. Mus. 2. Son. 39" (*Aut.*, *s. v.* "Berro").

299. "Salsa gustosa que se hace de la hierba deste nombre, con azúcar o miel, vinagre y pan tostado: y se distingue llamándola orúga de azúcar o de miel. Montiñ. Art. de Cocin. f. 191. Latín. *Conditura ex melle vel saccharo, pane erucaque*" (*Aut.*, *s. v.* "Oruga").

300. "Cierta especie de salsa, que se hace para sazonar algunas viandas: y se compone de pimienta, azafrán, clavos y otras espécias. Viene del Latino *Piper*, que significa Pimienta, por ser la que más sobresale en esta salsa. Latín. *Piperatum condimen-*

azafrán y vinagre; cabritos gordos, carnero castrado y manido; yemas de huevos frescos pasados por agua, y con pimienta, crían muy buena sustancia. Son muy buenas las uvas, los higos verdes y secos, y los palmitos, las nueces y las almendras. De todas estas frutas puede comer con los demás manjares o por sí [solos]; y excuse el beber agua sola, que es muy contraria para esta enfermedad. Adviertan que no está este negocio en comer demasiado, sino moderadamente, porque el estómago cueza mejor el manjar, y lo convierta en buena sustancia. [f. 232a]

*

Los remedios todos que aquí pongo se harán en botica —que convine—, y el que no estuviere donde la hay, envié por ellos y hágalos, porque fuera de ella no los hay ni se pueden hacer. Yo digo verdaderamente como religioso, que los he experimentado y han sido ciertos en todos, y el autor que los pone es digno de crédito, por ser docto en su facultad. [f. 232b]

*

Cada noche cuando se acueste, le unten todos los miembros genitales (que son los compañones y el miembro viril) con este ungüento caliente, y con un paño de manos calientes los abriguen: aceite de azucenas, seis onzas; polvos del estelión[301] (que es un animal), una onza, castóreo (que es el botón del befo), un escrúpulo; nuez moscada y pimienta luenga, de cada cosa media onza; cera amarilla, la que bastare. A fuego manso hagan unguen[f. 233b]to blando. De las cosas que faltaren,

---

tum. LAG. Diosc. lib 4. cap. 33. Usan de ella los cocineros para sus pebres y condimentos. PALM. La Pass. cap. 4. Luego tomando un bocado de pan, y mojándolo en algún pebre, o salsa que había en la mesa, se le dio a Judas" (*Aut.*, *s. v.* "Pebre").

301. "Estelión: Insecto semejante a una lagartija; pero más pequeño. Tiene la piel por la parte superior pintada con unas manchas relucientes, a manera de estrellas. Susténtase del rocio y de arañas. Todos los años muda la piel, y se la come, porque no se aprovechen de ella los hombres, por ser remedio especifico contra el mal cadúco, o de corazón. Comunmente se llama Salamanquesa. Es tomado del Latino *Stellio, nis.* SAAV. Empr. 48. Ningun animal más fraudulento que el Estelión [...] No mata el Estelión al que inficiona; si no le entorpece y saca de sí" (*Aut.*, *s. v.* "Estelión"). Un par de líneas arriba, Farfán recomendaba otra clase de reptil para curar esta terrible enfermedad: "Dos onzas de la carne que esta junto a los riñones o lomos de unos animales como lagartillos, llamados scincos [f. 233a]". Se refiere al escinco, "(Del lat. *scincus*, y este del gr. σκίγκος *skínkos*) Eslizón" (*DRAE*, *s. v.* "Escinco").

de las que aquí mando, echen la cantidad de las demás. Usen de este remedio un mes, o dos, y cuando sientan en sí más potencia y fuerza, encomiéndese a Dios, que con su favor conseguirán su santo deseo. Y para más abundancia y más seguridad, tomen (una hora antes del acto) una dracma del miembro seco y hecho polvos del ciervo desatados en un poco de buen vino.

Otro remedio: tomen, en un huevo asado, tanto atíncar[302] verdadero molido, como un garbanzo. [f. 233b]

Un socrocio[303] para confortar el estómago y cocer el manjar [f. 234b]

La receta de este socrocio o estomaticón[304] trajo a la Nueva España el marqués de Falces,[305] y es (para los que cuecen mal el manjar), admirable y de muy buen olor. Tomen spica[f. 235a]nardi,[306] flor de

302. "Goma de un arbol Indiano, que en las botícas llaman Borrax. Impropriamente le llaman Chrysocóla, por ser esta un liquór minerál, que se destila por la vena del oro, y se congéla con el frio del Invierno; y porque con ella se suelda el oro, como con el Atíncar, dice Covarr. que se puede llamar al Atíncar Chrysocóla; pero no es cierto, por ser uno diferente de otro. Lat. *Santra.* LAG. Diosc. lib. 2. cap. 73. Por donde à mi parecer están en grandissimo errór todos los simplicitas de nuestro tiempo, que por este vulgar Chrysocóla entienden nuestro común *Atíncar*" (*Aut.*, *s. v.* "Atíncar").

303. En el original: "çocrocio" y así cada vez que aparece referido. "Emplasto, ò epíctima de color de azafrán. Covarr. dice se dixo quasi subcroceum. Lat. *Medicamentum croceum.* BURG. Gatom. Sylv. 1. *Que alguna vez el ocio / Es de las armas cordial socrocio, / Y Venus en la paz, como Santelmo, / Con manos de marfil le quita el yelmo*" (*Aut.*, *s. v.* "Socrocio").

304. "Cierto género de emplasto compuesto de varios ingredientes aromáticos, que se pone sobre la boca del estómago para confortarle: y para que esté segúro, después de mezclados los ingredientes, se extienden sobre una piel delgada, la qual se aplica a la dicha parte. Latín. *Emplastrum stomachale.* CANC. Mogigang. del Portugués. *Trahigo estomaticón para el ahito, / Y aunque rabie de sed, bebo poquito*" (*Aut.*, *s. v.* "Estomaticón").

305. Gastón de Peralta y Bosquet (1510-1587) fue el tercer virrey de la Nueva España. Entre sus obras públicas, relacionadas con el orbe médico, destaca la apertura de un hospital.

306. "Una de las espécies de la planta o mata llamado Nardo, y es la que viene de Syria. Llámase assí porque parece espíga, aunque verdaderamente es raíz. Latín. Spica nardi. PRAGM. DE TASS. año 1680. f. 18. Cada libra de espicanardi no pueda passar de sesenta reales. LAG. Diosc. lib. 1. cap. 6. La espicanardi es estíptica, agúda, algún tanto amarga" (*Aut.*, *s. v.* "Espicanardi").

manzanilla, de cada uno una dracma; cortezas de cidra, cardamomo, almáciga, de cada cosa dos dracmas; ládano,[307] dos onzas; polvos de yerbabuena, tres dracmas; zumo de inciensos; agua rosada y vinagre rosado, de cada cosa un poco; cera amarilla, una onza. Todo se mezcle y traigan un tantito a una mano en un vaso nuevo a fuego manso, y hagan una masa. Tiendan un poco a manera de escudo, y pónganlo entre dos lienzos, y cósanlos, y colgados del cuello con unas cintas blancas, lo traigan sobre el estómago. [f. 235a]

Para unos barros o espinas que nacen en el rostro a las mujeres y a los hombres [f. 235b]

Son tan penosos unos barros o espinas que nacen en el rostro a las mujeres y a los hombres mancebos, que así les pican y atormentan como si tuviesen clavos hincados. Para remediar esto, úntense todo el rostro cada noche [f. 236a] con este ungüento: tomen una onza de aceite rosado y bátanlo bien con una yema de huevo fresco. Muelan medio tomín de albayalde de tetilla y échenlo allí, y con esta agua que diré lo vayan batiendo y mezclando un rato, el agua es esta: tomen desde la mañana un pedazo de solimán[308] crudo del tamaño del meollo[309] de

307. "El liquor píngue y crasso, que arroja de sí la Xara, llamada de algunos Lada o Ladón, y de ahí este liquor se dixo Ládano: que dispuesto y cuajado en forma de goma es el que se administra en las botícas. Hai uno natural, que le recogen los Pastores de las barbas y pelos de las cabras adonde se pega, y tambien azotando las Xaras con unos cordeles, de donde después le raen. Otro hai artificial, que se forma en las mismas boticas hirviendo los cogollos de la Xara en água, sobre la qual nada este humor a manera de azéite, y recogido le espessan y endurecen, quedando con el color y forma de pez. Antiguamente se trahía de Chipre, de adonde era el mejor de Arábia y Líbia menos bueno. Latín. *Ladanum*. LAG. Diosc. lib. 1. cap. 108. Llámase la Xara no solamente Cisto, empero tambien Ladón y Lada, de donde su liquor vino a llamarse Ladano. HUERT. Plin. lib. 12. cap. 17. Tambien se gloría la Arábia del Ládano: el qual, segun muchos han dicho, se hace fortuitamente y acaso" (*Aut.*, *s. v.* "Ládano").

308. *Vid.*, "Para curar los lamparones [f. 196a]"

309. "Lo mismo que Medúla. Tómase por Antonomasia por los sesos, y particularíssimamente por lo más interior de las más de las frutas. Covarr. siente sale del Latino *Medulla*. Latín. *Medulla. Nucleus*. VALVERD. Anat. lib. 1. cap. 9. El espinazo es como un aguadúcho, hecho de muchos arcadúces, por el qual passa el meollo que sale de los sesos. FR. L. DE LEÓN, Nomb. de Christ. en el de Jesús. Dentro de tus entrañas, en tus tuétanos mismos, en el meollo de tu corazón, y verdade-

una avellana, muélanlo y échenlo en cuatro onzas de agua, y a la tarde, con ellas, vayan haciendo el ungüento como una blandura, y pónganlo con un paño.[310] [f. 236a]

De algunas cosas muy necesarias que se deben advertir en este tratado [f. 236a]

Cuando hicieren algún jarabe o apócema[311] de los que aquí mando en este mi tratado, se advierta, que cuando faltaren algunas cosas de yerbas, o de raíces o de semillas pueden echar aquella cantidad de las que tienen, y con esto no harán falta.

Si el jarabe o apócema (después de algunos días) se fueren acedando, o criare encima como una telilla blanca, [f. 236b] denle un hervor a fuego manso y con él quedará bueno.

Adviertan, que cuando pongo muchos remedios juntos para algún dolor o hinchazón, usen al principio de los primeros y así vayan usando hasta el postrero, porque siempre pongo los menos fuertes al principio y los más fuertes a la postre.

Adviertan (como lo he dicho otras veces) que para muchas enfermedades pongo muchos remedios en partes diferentes, porque todos los he experimentado. Y como las complexiones de los hombres son diversas, así con diversos remedios se han de curar. Cada uno vaya usando de ellos, y continúen aquél con que mejor le fuere.

Adviertan los que se purgaren, que si no tienen las purgas donde residen que yo allí mando, se purguen con las que tienen. Y aunque

---

ramente de tu alma en el centro. VILLAL. Probl. Dial. del calor natural. Bonicos quedariamos, quando el cerebro echa fuera aquellas réumas y corrimientos que salen por las naríces y la boca, si entonces echasse los meollos con ellos" (*Aut.*, *s. v.* "Meollo").

310. Es algo similar este remedio de Farfán —a finales del siglo XVI— al que se mandaba para quitar los barros del rostro a inicios del siglo XV: "Es bueno para los barros del rostro sevo de cabrito e unto de gallina, majarlo bien con azeite de linuesco[sic] e sy no lo oviere sea de almendras dulces e beber con ello poco de albayalde molido e un poco de azogue e untar con ello en cada parte del cuerpo" (Chirino, *op. cit.*, p. 120).

311. "Pócima. Antiguamente se usó de la voz Apócema, y assi la trahe Lagúna en el Indice de las voces Médicas, donde dice *Apócema* es xaráve sutíl y claro. Lat. *Decoctum, i. Jus rei decoctae. Succus ex decocto expressus*" (*Aut.*, *s. v.* "Apocéma").

las haya, si alguno tiene otra purga, con que otras veces le ha ido bien, púrguese con ella, porque le hará más provecho.

Adviertan que el que conoce ya su estómago, y sabe con qué cantidad de purga suele purgar bien, aquella tome, más o menos, y no se atenga puntualmente a lo que yo mando. Empero de tal manera que tome lo que han menester, que ni excedan en [f. 237a] demasía, ni tomen tan poca cantidad, que muevan el humor y no lo purguen.

Advierto más: que el que se ha de sangrar, procure haber hecho antes cámara, aunque sea con una melecina o calilla, mayormente si siente algún henchimiento en el estómago o en el vientre. Más si la sangría se ha de hacer por algún gran flujo de sangre, o por alguna esquinencia, o flemón que ahoga, por algún dolor gravísimo, o por alguna apoplejía o grande caída, entonces no aguarden a que se provea; como después de hecha la sangría, haga cámara.

Adviertan todos los que se purgaren, que [al] otro día después se guarden del aire, más que el día de la purga. Porque en verdad que he visto a muchos locos, y a otros morirse muy neciamente, y los que los purgan no se acuerdan de avisarlo.

Adviertan más, que en una grave enfermedad que amenaza con sus accidentes[sic] peligro de muerte, luego hagan confesar al enfermo, y recibir los santos sacramentos, y que ordene en todo lo que a su alma conviene y no aguarde cuando no pueda.[312] [f. 237a]

*

Adviertan los que curan, que si la enfermedad no comienza con furia, o no la conocen luego al principio, vayan haciendo remedios fáciles al enfermo, como son: melecinas comunes, traerles las piernas y los brazos por las mañanas y tardes, antes de cenar, y mandarle que coma poco, hasta que la enfermedad se conozca y ella se manifieste más. [f. 237b]

---

312. "Como el onbre en la enfermedad es atormentado de dolores corporales, entonces el diablo añade otros dolores, representándole los pecados e mayormente los que non ha confessado, por lo traer en desesperación; et dízele así: '¡O cuitado de ti, cata aquí quántos pecados has cometido! Tantos e tan grandes son que jamás podrás alcançar perdón d'ellos, e bien puedes dizir como dixo Cahín: 'Mayor es la mi maldad que meresca perdón'. Mira cómo los mandamientos de Dios traspasaste, ca tú non amaste a Dios sobre todas las cosas, e allende has injuriado a muchos. E bien sabes tú que non puede ser salvo el que non guarda los mandamientos de Dios; porque Dios dixo: Si quieres entrar en la vida perdurable, guarda los mandamientos'" (*Arte de bien morir*, p. 93).

De la virtud de una piedra que se cría en el buche de la iguana[313] [f. 238a]

En el río arriba de Coatzacoalcos[314] hay unas iguanas machos llamadas en mexicano quacuetzpalintechutli,[315] que quiere decir principal o se-

313. En el original: "hyhuanas". "La medicina tradicional mexicana asume que, en el México de hoy existe una enfermedad llamada vergüenza. Esta afecta a los individuos que han sido humillados, ridiculizados u ofendidos en público. A continuación solo dos ejemplos de la conceptualización este padecimiento que se extiende a lo largo del territorio mexicano: en Oaxaca, los zapotecos del istmo de Tehuantepec creen que se origina cuando una persona es insultada o puesta en ridículo en público y no puede defenderse o responder a la agresión. Para los nahuas veracruzanos (de Mecayapan) se produce cuando se reclama un objeto perdido o por mantener una discusión vergonzosa. La curación más común se realiza recurriendo a la magia simpática, en la que el curandero ve a la enfermedad como si fuera una iguana y procede imaginariamente a cortarla en trozos que son repartidos entre varias personas, eliminando así el padecimiento. Por otra parte, en la comunidad de Pátzcuaro, Michoacán, se acostumbra comer la carne de la iguana en caldo para el tratamiento de la tosferina y la debilidad del pulmón" (*BDMTM*, *s. v.* "Iguana"). Por su parte, el doctor Francisco Hernández, refiere lo siguiente: "Capítulo IV. Del Acuecuetzpallin o colote de agua. Las que los haitianos llaman iguanas y los mexicanos Acuecuetzpallin parecen pertenecer a las especies de colotes [...] es animal inofensivo que habita en las aguas; pone gran cantidad de huevos de buen sabor y excelente alimento, como lo es también su carne (la queremos llamar así porque más parece carne que pescado), que no es inferior a la de pollo ni en gusto ni en calidad alimenticia. Casi nadie hay que al mirar por primera vez este animal no se amedrente, o que una vez que lo ha comido no lo procure con suma avidez. Hay también animales terrestres de este género llamados cuecuetzpallin, de color algo distinto y de mejor y más gustoso alimento, pero en lo demás casi iguales, y en los que se observa esto de notable, que cuando se arrastran por la tierra sobre su abdomen o vientre, engordan y se hacen más sabrosos. Viven en regiones cálidas, de donde son traídos a la ciudad de México principalmente en Cuaresma" (*Obras completas*, t. III, vol. II, p. 369).
314. En el original: "Huatzaqualco". Es un río que desemboca en el golfo de México. Es un río importante para el estado de Veracruz; lamentablemente, quizá sea uno de los cursos fluviales más contaminados del mundo, pues junto a él se encuentra una de las zonas más industrializadas de la región.
315. Francisco Hernández ubica dos tipos de iguanas: la *acuecuetzpallin* y la *cuecuetzpallin* (*Obras completas*, t. VII, p. 242). Sahagún, por su parte, dice: "Hay otro animal en esta tierra que se llama quauhcuetzpalin, y los españoles le llaman iguana; es espantable a la vista, parece dragón; tiene escamas, es tan largo como un brazo, es pintado de negro y amarillo, come tierra y moscas y otros coquillos; a tiempos anda en los árboles, a tiempos en el agua; no tiene ponzoña ni hace mal, antes es bueno de comer, estáse cuatro o cinco días sin comer; susténtase de aire" (*op. cit.*, lib. XI, cap. III, p. 647).

ñor entre las otras. Tiene una cresta grande de colores diversos; estas crían en el buche unas piedras como la bezaar,[316] salvo que son blandas, y blancas, y tengo una en mi poder. La virtud que tiene es admirable: que tomando tanta cantidad como de ocho gramos molidos de ella en agua, quita el dolor de ijada, y hace orinar, y proveerse de cámara dentro de dos credos [a los] que la han tomado. Han hecho la experiencia hombres fidedignos y yo también. [f. 238a]

Con esto hemos acabado el segundo libro. Sea nuestro Dios bendito y alabado, amén.

***

316. "Esta piedra bezaar tien muchos nombres porque los árabes la llaman 'hager': los persas 'bezaar': los indios 'bezar': los hebreos 'belzar': los griegos 'alexipharmacum': los latinos 'contra venenum': los españoles 'piedra contra venenos y desmayos'. Conrado Gesnero, en el libro que hizo de animales, hablando de la cabra montesa, dize 'este nombre belzaar es nombre hebreo, porque bel en hebreo quiere dezir tanto como dominus, y zaar venenum, como si dixesse señor de los venenos': y con razón tiene el tal nombre, pues es tan señora esta piedra de los venenos, que los estingue, mata y destruye como señora dellos. Y de aquí es, que a todas las cosas que son contra veneno, o cosas venenosas llaman bezaarticas, por excelencia. Esta piedra se engendra e lo interior de un animal que llaman cabra montesa. Engéndrse piedras en los animales, es cosa muy común: mayormente en el hombre, que no ay aparte en su cuerpo do no se engendran, y assí mismo en aves y pesces y reptiles del campo" (Monardes, *op. cit.*, ff. 133v-134r). Los cálculos renales del caballo son considerados como afrodisiacos. *Vid.*, Christian Rätsch, *Las plantas del amor. Los afrodisiacos en los mitos, la historia y el presente*, Ciudad de México, Fondo de Cultura Económica, 2011, p. 20.

Breve tratado de todas
las calenturas y de la cura de ellas,
hecho por el padre fray Agustín
Farfán, doctor en medicina
y religioso de la orden de san
Agustín en esta Nueva España.
[f. 238b]

* LIBRO TERCERO *

De la calentura de sangre corrompida y de su cura [f. 238b]
Capítulo primero

Por la mucha necesidad que tienen los que están (como otras veces he dicho) apartados de los pueblos grandes, y la grande pobreza que muchos de los que en ellos y fuera de ellos tienen, pues ya apenas pueden comer una tortilla, y una poca de vaca, me esfuerza y da ánimo a tomarle mayor para dar remedio a todas las calen[f. 239a]turas. Confiando más en la misericordia de nuestro buen Dios (por quien lo hago) que en mi ignorancia; y dejando a parte las cuestiones y argumentos, que para mi propósito no hacen al caso, pondré aquí las diferencias, y causas, y el conocimiento y curación de las calenturas. Los remedios se hallarán y harán donde quiera que los enfermos estén. Porque me acomodo a los que en esta Nueva España hay.

Volviendo a mi propósito, digo que las calenturas pueden estar en tres partes de nuestro cuerpo, como en sujetos y propios. Las calenturas que llaman diarias o efímeras —y que duran cuando más veinticuatro horas—, están en los espíritus del corazón, estos un poco más encendidos y calientes de lo que ellos son naturalmente. Las calenturas continuas, las tercianas[1] y las cuartanas[2] están en los cuatro humores.[3]

---

1. "Especie de calentura intermitente, que repite al tercero dia, de donde tomó el nombre, y quando repite todos los dias, se llama doble. Lat. Febris tertianâ. ESTEB. cap. 3. Habia entrado un Soldado de los adocenados, de bravo rumbo, à curarse unas tercianas" (*Aut.*, *s. v.* "Terciana").
2. "Especie de calentúra, que entra con frío de quatro en quatro días, de donde parece tomó el nombre. Llámanse dobles quando repite dos días con uno de hueco. Latín. *Febris quartana*. GUEV. Epist. Razonam. al Emper. En dexándole a vuestra Magestad la calentúra de la quartana, hacía poner delante de sí una mesa pequeña llena toda de medallas. CORR. Argen. lib. 3. f. 138. No ayudaba a estos brios el cuerpo flaco, y fatigado con una prolixa quartana" (*Aut.*, *s. v.* "Quartana").
3. "En marzo, abril y mayo, que es el verano, reina en el cuerpo humano la sangre. En junio, julio y agosto, que es el estío, reina la cólera. En septiembre, octubre y noviembre, que es el otoño, reina la melancolía y en diciembre, enero y febrero, que es el invierno, reina la flema. Y así mismo en el día natural de veinticuatro

Las calenturas hécticas[4] están en los miembros sólidos, como son: la carne y los huesos.

De la primera calentura que se me ofreció tratar es de la de sangre, y esta es en dos maneras: la una se llama calentura de sangre no podrida y la otra es de sangre podrida. La calen[f. 239b]tura de sangre no podrida se hace cuando la sangre es mucha, y esta demasiadamente caliente y alterada con más calor. La calentura de sangre corrompida se hace cuando la sustancia de ella está corrompida y de la corrupción se levantan muchos vapores. Las causas de esta calentura son: ira demasiada,[5] un gran sol, y un muy gran frío, mucho ejercicio, un aguacero, y caer en un río y usar de comidas muy sanguíneas. Esta calentura da (por la mayor parte) a mozos corpulentos, sanguíneos y comedores. La alteración y corrupción de la sangre está en las venas grandes, y en las pequeñas, con una manera de opilación y tapamiento de los poros del cuerpo. [f. 239b]

*

Lo primero y principal que el médico debe mandar en esta calentura y en todas las demás enfermedades peligrosas (como otras veces se ha dicho) es: que se confiese el enfermo, y no lo deje para cuando la

---

horas reinan en el cuerpo humano estos cuatro humores, porque desde las tres de la mañana hasta las nueve del día reina la sangre. Y desde las nueve de la mañana hasta las tres de la tarde reina la cólera. Y desde las tres de la tarde hasta las nueve de la noche reina la melancolía. Y desde las nueve de la noche hasta las tres de la mañana reina la flema. Y así veremos que los buenos médicos se informan a qué hora crece o mengua el accidente o calentura que tiene un enfermo para juzgar bien la enfermedad y de qué humor es causada" (Hinojosos, *Suma y recopilación de cirugía*, 1578, p. 97).

4. "Enfermedad que consiste en la intemperie cálida y seca de todo el cuerpo, con varios symptomas, especialmente de calor externo en las partes extremas, con acedía de estómago después de la comida, flaqueza de cuerpo, sudor nocturno, y otros. Proviene de la efervescencia de la sangre más acre y salada, continuada lentamente. Es voz Griega, y aunque algunos arreglándose al origen escriben y pronuncian Héctica, en el uso común se le ha quitado la c por suavizar la pronunciación. Otros la llaman Hetisía. Latín. Hectica" (*Aut.*, *s. v.* "Hetica").

5. "No hay que admitir los vicios en la práctica porque a veces algo han conseguido; en efecto, también las fiebres alivian ciertas clases de indisposición y no por eso deja de ser mejor estar del todo libre de ellas: es una clase abominable de remedio el deber la salud a la enfermedad. De manera similar la ira, aunque a veces ha sido provechosa sorprendentemente, como un veneno, una caída, un naufragio, no por eso ha de juzgarse saludable, pues a menudo han sido funestos para la salud" (Séneca, *Diálogos*, "Sobre la ira", p. 143).

enfermedad agrava más, porque piensa entonces que ya se muere. Y si es hombre de papeles y negocios, es muy bien que estando en su fuerza, y su juicio [f. 240b] ordene lo que tan necesario es a su alma. Mayormente, que con esta calentura se viene a perder el juicio. Y por no hacer con tiempo esto se pierde muchas veces el alma. [f. 240b]

*

No se escandalicen si mando dar yemas de huevos en calenturas, porque de esta manera aderezadas son muy buen mantenimiento y hacen muy buena sangre. Mantienen mucho, y dan sueño[6] al enfermo no bebiendo sobre ellos; y no crean al vulgo, que dice que hacen los huevos volver las calenturas, aunque se hayan quitado muchos días antes. Si fueren cocidos y duros, harán que las tenga, aunque no las haya habido. [f. 241b]

*

Una cosa veo hacer a algunos de los que se jactan de médicos al principio de esta calentura y de otras, y es: que como las más veces comienza con muy gran dolor de cabeza, sin haber sangrado al enfermo, ni mandando recibir [f. 243a] una melecina, les hacen echar ventosas sajadas; y otros mandan lavarles las piernas, y no reparan que el dolor tan grande de la cabeza procede de los muchos humos y vapores gruesos de la sangre que está en las venas grandes. Y que el remedio que mejor y más presto alivia y quita el dolor es el de las sangrías de los brazos. [f. 243a]

*

Sepan los que no [f. 243b] son médicos, que cuando la sangre se corrompe y pudre, lo sutil de ella se convierte en cólera, y lo más grueso en melancolía, recociéndola el mucho calor.

6. "El sueño es motivado por vaciamiento del neuma espiritual. Como ocurre a quien está cansado y consciente. Por una humedad que predomina en el cerebro. Por la ingestión de vino, el baño con agua dulce o el uso de alimentos húmedos. El sueño puede ser natural o por fuera del cauce natural. El primero es producido por una humedad equilibrada que sumerge al cerebro. El segundo es debido a un frío que lo paraliza hasta el punto de producirle letargo. Por exceso de humedad que pesa e inunda al cerebro. Por medicamentos calmantes, pero que no hacen dormir. Entre éstos hay también medicamentos soporíferos como las substancias humidificadoras. Medicamentos tranquilizantes que enfrían y secan y con los que se calma el dolor aunque no eliminan la secreción nociva, sino que sólo adormecen la capacidad perceptiva, entonces se cree que calma el dolor, produciendo el sueño al adormecer la sensación. Otros medicamentos calman en realidad el dolor porque evacúan la secreción dañina" (Al-Razi, *Libro de la introducción al arte de la medicina o "Isagoge"*, p. 92).

De la calentura que llaman tabardete [f. 248a] Capítulo segundo

A la calentura que llaman tabardete, por ser tan conjunta y como hermana con la de sangre, como lo dije arriba, me pareció tratar luego de ella. Las causas de las dos calenturas son casi unas, y la cura también lo es, salvo que los accidentes[sic] son más graves y más continuos en esta calentura. Estos son más o menos, si el humor es más o menos malo. ¿Qué humor sea el que cause esta calentura y enfermedad? Dejando las opiniones de algunos, digo que es la sangre, como la causa antecedente, y la cólera, como causa conjunta. Porque la sangre (mudando su naturaleza por corrupción) lo sutil de ella se convierte en cólera, y lo secoso y grueso, en melancolía; y cuanto más se asa y requema, más mala se hace. A esta calentura dan en este nombre de tabardete, por las pintas que salen. Estas manchas son un síntoma o acidente [f. 248b] que la malicia del humor causa.

Algunos dicen[7] que la causa del tabardete es el aire pestilencial y el vivir los hombres donde hay lagunas. Y que los malos vapores que de ella se levantan [y] corrompen el aire. Lo que vemos cada día es: que donde no hay lagunas ni aguas encharcadas hay tabardete. Y así digo, que es causa muy conjunta en la Nueva España la del tabardete en los manjares tan húmidos y de calor tan destemplados.[8] Y así lo son los que nacen en ella, que muy pocos de los que acá nacen pasan de cincuenta años.

---

7. Francisco Bravo, en su *Opera medicinalia* (Ciudad de México, Pedro Ocharte 1570), es uno de los primeros autores en interesarse por el tabardillo o tabardete en la Nueva España. Y el libro del doctor Luis de Toro (1532-1592), titulado *De febris epidemicae... vulgo Tabardillo*, publicado en Burgos en 1574, considerado como el primero en la materia, es un plagio de la obra de Bravo, poco conocido y comentado durante los siglos xvi, xvii y xviii (Martínez Baracs, *op. cit.*, 177).

8. "Para lo cual es de saber que fue antigua opinión de algunos médicos graves que todos los hombres que vivimos en regiones destempladas estamos actualmente enfermos y con alguna lesión, aunque por habernos engendrado y nacido con ella y no haber gozado de otra mejor templanza, no lo sentimos. Pero advirtiendo en las obras depravadas que hacen nuestras potencias y en los descontentos que cada hora pasan por nosotros sin saber de qué ni por qué, hallaremos claramente que

Tengo también por causa muy conjunta las frutas verdes que en ella se comen todo el año. Las frutas son de muy mal entendimiento, engendran y crían humores pútridos y corrutos. Claro está, que siendo la sangre tan caliente y húmida, está muy dispuesta a corromperse. Y así vemos que esta enfermedad da a los mozos carnosos y sanguíneos, más que a los viejos y a los templados. [f. 248b]

*

En cuanto a la cura del tabardete (presupuesto lo que he dicho de ordenar el alma en todo) digo: que se ha de curar con mucho cuidado, por ser una de las más graves enfermedades que hay, como lo muestran bien sus causas y los acidentes que trae consigo. [f. 249b]

*

De noche cene de una lechuga, o de unas acederas con vinagre templado con azúcar, y unas pocas pasas, o una escudilla de atole blanco,[9] o el xocoatole,[10] que aunque se hace de maíz acedo, es frío y quita la sed. [f. 250b]

*

no hay hombre que pueda decir con verdad que está sin achaque ni dolor" (Huarte de San Juan, *op. cit.*, p. 168).

9. "El *atolli blanco* que los mexicanos llaman *yollatolli* se hace del modo siguiente: cocido el maíz del modo antes dicho, pero sin cal ni ninguna otra cosa, se hace puche, se deja enfriar y se diluye con agua para beberse cómodamente, de igual manera que el agrio de que antes hablamos [el *xocoatolli*]. Dicen que extingue la sed cualquiera que sea su causa, y que la previene evitando así el tomar agua con exceso" (Hernández, *Obras completas*, t. II, vol. I, pp. 290-291).

10. "Suelen también preparar el llamado *atolli agrio*, que los mexicanos llaman *xocoatolli*, mezclando una libra de fermento o masa agria con dos libras de maíz ablandado y molido del dicho modo; el fermento se prepara con maíz negro hecho masa del mismo modo, lo cual se guarda cuatro o cinco días hasta que se acede a fin de que dé al *atolli* una acidez agradable. Ya servido se pone sal y chilli, y lo toman así por la mañana los enfermos para que limpie el cuerpo, provoque la orina y purgue el vientre. Con el mismo fermento disuelto en agua fría y tomado, se refresca el cuerpo cuando está abrasado de calor o fatigado del camino o del trabajo, o cuando los riñones están tan irritados que la orina escuece y ulcera los conductos urinarios" (Hernández, *Obras completas*, t. II, vol. I, p. 290). Por otra parte, uno de los ideales de la medicina hipocrática era que el médico debía conocer la ciudad y el entorno donde practicaba su arte. Farfán cumple con ello al recomendar distintos tipos de atoles para los enfermos de la Nueva España, como también lo hacían médicos bajomedievales de origen "alamanum" (alemán), como Johannes de Ketham, quien recomendaba la cerveza, la bebida más común y apreciada en su región, por encima del vino: "Cuando alguno fuese traspasado con espada o lanza, dale a beber cerveza tibia, mezclando en ella grosura de serpiente" (Ketham, *op. cit.*, p. 169).

Adviertan los que curaren esta enfermedad, y las demás enfermedades que proceden de sangre, que si los llamaren al cuarto, quinto, sexto o sétimo día, y no hubieren sangrado al enfermo, habiendo las señales que dije arriba, le manden luego sangrar las veces que fueren necesarias. Consejo y mandato es de Galeno, y no hagan lo que cada día veo hacer, y es: que [f. 251b] si han sangrado una o dos veces al principio al que tiene viruelas, y le ven con todo lo hecho que se va cuajando todo él de ellas, por ser mucha la sangre y el mal humor que hay en el cuerpo, antes dejan morir al enfermo que sangrarle más. Y si cuando los llaman las viruelas han comenzado a salir, aunque tengan los enfermos gran calentura, grandes ansias y congojas, no los quieren sangrar. Deles Dios su divina gracia y acaben de entender que no hay mejor parte, ni camino, por donde se evacue más presto y más fácilmente el humor de las venas que por sangrías.[11] [f. 251b]

*

Otro acidente más de los dichos suele venir a los que tienen tabardete, y es un sueño, tan profundo, que aunque les den voces y lastimen, solamente abren los ojos y luego los vuelven a cerrar, llaman a este sueño letargo, o litargia,[12] y quiere decir sueño profundo. Para contra este tan grave acidente, se hagan con mucho cuidado estos remedios: echen ventosas en las espaldas, y traigan los brazos y las piernas con unos paños bastos. Échenle melecinas agudas, y pónganle calillas, para que hagan algunas cámaras. [f. 253a]

Cuando con estos remedios dichos no despertare, porque el humor que causa este sueño es sangre flemática, conviene hacer una sangría de dos onzas o tres de la vena de la cabeza, y tomen la que está junto al codo. Luego le pongan en la mollera este defensivo: agua rosada, cuatro onzas; aceite rosado, dos onzas; vinagre rosado, una onza; mézclenlo.

De una cosa advierto, y es: que así como en los princi[f. 253b]pios de las inflamaciones (aunque sean de humor flemático) hemos de poner sobre ellas cosas frías, y algo estíticas,[13] para repeler el humor, aquí también

---

11. "Las venas comunes para sangrar, y que están en uso según Guido de Cauliaco, son treinta y una: trece en la cabeza, diez en los brazos y ocho en las piernas" (López de Hinojosos, *Suma y recopilación de cirugía*, 1578, p. 99).
12. Es decir, letargo.
13. "Lo que tiene virtúd de apretar, y consiguientemente de desecar y estreñir. Es voz mui usada en la Medicina, y tomada del Griego *Stipticus*. Latín. *Astringens*. LAG. Diosc. lib. 1. cap. 131. Los membrillos de su natural son fríos y estípticos" (*Aut.*, *s. v.* "Estíptico").

las debemos poner. Es buen remedio lavar la cabeza con leche, echándola de alto, y pueden usar del [remedio] los dos días primeros. Si con esto el sueño durare, échenle una ventosa en la nuca, quitando el cabello, y saquen con ella una onza y media de sangre. Y no despertando con esto, hagan otra sangría del pico de la nariz, o de la frente. Y aunque es más segura la de la vena del hombro, en esta ocasión es la de la frente de más provecho. Porque sacamos la sangre más conjunta de la parte enferma. Acabada de lavar la cabeza con la leche, unten la nuca y mollera con estos aceites calientes: aceite rosado, dos onzas; aceite de manzanillas, una onza; vinagre rosado, media onza. Pasados tres días para acabar de digerir el humor que está en la cabeza, pongan cuatro palominos vivos y abiertos con un cuchillo por las espaldas, o unos perritos recién nacidos o pollos en la mollera. Y no estén más, de cuanto estén calientes. [f. 253b]

Cómo se cura una mujer preñada si le da esta calentura con tabardete [f. 255a]

Lo que mucho conviene saber, es: que sangramos a las preñadas con más seguridad, cuando están en los primeros meses. Porque como la criatura es pequeña, tiene menos necesidad de mantenimientos; y cuando es mayor, ha menester más sangre. [f. 255b]

*

Si otra cosa fuere necesaria hacer, quede al buen juicio del que la curare. Porque no todo se puede escribir, como lo saben los que profesan el arte médica.[14] [f. 257a]

14. Séneca fue un enfermo crónico y, como tal, conocía el proceder médico tal y como se ve reflejado en algunos de sus más célebres *Diálogos*, aquí un ejemplo de cómo el arte médico —"del que no todo se puede escribir", según Farfán— influenciaba el pensamiento, las metáforas y los símiles de uno de los más grandes estoicos: "Sin duda, el médico en los achaques leves primero intenta no modificar mucho las costumbres cotidianas y poner orden a las comidas, bebidas y ejercicios, y fortalecer la salud cambiando un poco el régimen de vida. Lo siguiente es que la moderación sea eficaz. Si la moderación y el orden son eficaces, elimina y recorta algunos extremos; si tampoco responde a esto, prohíbe los alimentos y aligera el cuerpo con el ayuno; si los métodos más blandos resultan un fracaso, saja las venas y pone la mano en los miembros, si por mantenerse unidos perjudican y propagan la enfermedad; y no le parece duro ningún tratamiento cuyos efectos sean saludables. De este modo conviene el guardián de las leyes y gobernador de la ciudad se cuide de las mentes con las palabras, y éstas bien suaves todo el tiempo que pueda" (*Diálogos*, "Sobre la ira", pp. 136-137).

De la calentura ardiente [f. 257a]
Capítulo tercero

La calentura ardiente es también conjunta e igual con las que hemos dicho, salvo que los acidentes comienzan con la primera calentura, y son más acerbos[15] y crueles. Pues que las más veces y aun siempre comienza con gran dolor de cabeza, y con una sed insaciable. La lengua negra y áspera, y con grandes congojas, y desmayos, con una inquietud que el enfermo no cabe en toda la cama, y muchas veces con una manera de locura y, finalmente, con todas las señales que trae el tabardete. Las causas de esta calentura son las que dije de la calentura de la sangre y tabardete. El humor se podrece también en las venas con una opilación y tapamiento de los poros del cuerpo. Esta calentura da a mozos coléricos, y a los que trabajan mucho, y hacen ejercicios demasiados. Viene las más veces esta calentura en verano, otras al principio del otoño y otras en invierno. Y entonces no es mala, porque arguye ca[f. 258a]usa. Y si da a viejos no los perdona.

La confesión y comunión con los demás, que he dicho otras veces, encargo al médico la mande a hacer con tiempo, y sea luego al principio de la enfermedad.[16] [f. 258a]

---

15. "Metaphoricamente vale lo mismo que áspero, cruél, terrible, desapacible y riguroso. Lat. *Acerbus. Crudelis. Asper.* VILLALOB. Probl. fol. 26. A solos los hypocritas era acerbo y áspero. LOP. la Philom. fol. 29. *En dulces versos lamentable história, / Tan peregrina al mundo, quanto acerba, / Por dár con propria pena ajena glória*" (*Aut.*, *s. v.* "Acerbo").

16. "Porque communmente aun los enfermos non piensan de morir, e por quanto el marido o la mujer restante, e los fijos e parientes que entienden de heredar sus bienes, más procuran a lo inducir a su amor, llorándolo por que les dexe más bienes. E lo que peor es aun non dexan entrar a personas devotas que los confortarían, por recelo que les fagan mudar el testamento o mandas. E así, muchas vezes, las ánimas de los morientes miserablemente se peligran; porque cada uno procure en estudiar en su vida para que bien pueda morir e aver aquí gracia e en la patria, gloria. Amén" (*Arte de bien morir*, p. 119).

De la terciana que llaman exquisita [f. 260b] Capítulo cuarto

Después de la calentura ardiente viene muy bien tratar de la terciana, que llaman exquisita. Y aunque estas dos calenturas se hacen de cólera,[17] diferénciase en que la calentura ardiente está en las venas, y la terciana exquisita fuera de ellas. Mas la calentura ardiente es continua, y la terciana viene de tres a tres días. Este nombre de terciana exquisita tomó porque se hace de sola cólera, a diferencia de la terciana notha o espuria, que viene de cólera y flema. La terciana exquisita viene desde el prime[f. 261a]ro día con muy gran frío, dando en todo el cuerpo unas como punzadas. Dura esta terciana (cuando más) doce horas, y casi siempre acaba con sudor. El tiempo que más dura es de siete tercianas. Y si pasa de aquí, ya no es terciana exquisita. Esta calentura es de verano, y no trae peligro. [f. 261a]

17. La fama de la calentura terciana producida por cólera yace en la teoría médica del *corpus Hippocraticum* y se repitió, con sus ajustes y adaptaciones, por la Baja Edad Media hispánica tal y como puede leerse en un tratado del siglo xv de gran difusión (manuscrita y, posteriormente, impresa), escrito por el médico de Juan II de Castilla y que antecedió por más de cien años al tratado de Farfán: “La terciana que viene con frío o sin frío tiene fama que es de cólora e puede ser de otras umores e mesclada con otras umores. Esta muchas vezes viene con grandes espantos e grant dolor de cabeça, con rezia calentura e grant sed, con sequedat de la lengua e grant vista e en tiempo caliente, e muchas vezes non dura más del seteno día o del catorzeno” (Chirino, *op. cit.*, p. 65).

De la terciana que llaman notha o espuria [f. 264a] Capítulo quinto

La terciana notha o espuria (que quiere decir no legítima) tiene este nombre porque se hace de dos humores. Tiene sus paroxismos y acidentes como la terciana exquisita, aunque no son tan recios. Hácese algunas veces de cólera y de flema mezclada con la sangre, y otras veces de cólera y melancolía. Los humores de esta terciana se podrecen dentro y fuera de las venas. Y por esto la llaman también calentura pútrida. Conocemos la terciana notha o espuria en un rigor y espelucamiento[sic] que da en todo el cuerpo, antes del frío. Siéntese mucho el frío de ella, por el humor flemático que se ha mezclado con la cólera. Y así suele durar mucho tiempo, mayormente, cuando el enfermo no tiene regla en el comer y el beber. Dura el frío y la calentura más de doce horas. La orina sale gruesa, y el color es como cetrino,[18] que quiere decir color de sidra. Trae consigo esta [f. 264b] calentura muy gran dolor de cabeza y de cuerpo, y no pueden con ella los enfermos alzar los brazos y piernas. En los mal reglados (como dije arriba) y en los de mala complexión dura mucho esta calentura. Y si alcanza el otoño suele durar seis meses y parar en cuartana. Conoceremos esto cuando los fríos y calenturas duran más de doce horas. Trae poca sed, y casi no hay sudor, cuando hay mucha flema. Y cuando hay algún sudor, si es frío, dura más la enfermedad, como lo tenemos por experiencia. [f. 264b]

18. "Se aplica al color compuesto o mezclado de tres colores, cenizoso, cerúleo, y amarillo. Latín. *Color citrinus.* ESPIN. Escud. fol. 96. Amaneció el Sol el día siguiente con unos rayos entre verdes, y cetrínos, señal de agua. PANTAL. Vexam. 1. Si gustais de descubrirle el rostro [...] su color (como veis) es obscúro, libido, y cetríno" (*Aut.*, *s. v.* "Cetrino").

De la calentura continua [f. 268a]
Capítulo sexto

Dos maneras hay de calenturas continuas, a la una llaman intermitente, que quiere decir, que aunque viene cada día, se quita por algunas horas. Esta calentura continua intermitente comienza con notable frío, porque las narices, las manos y los pies se enfrían. El humor de esta calentura (que es la flema) se corrompe en las venas y en todo el cuerpo. La otra diferencia de calentura continua es, que jamás falta ni se quita. Tiene crecimiento grande, no viene con frío, porque la flema se corrompe en solas las venas. La causa de esta calentura es mucha flema, que de los manjares flemáticos se cría, como son pescado, legumbres, frutas verdes, mucha ociosidad y poco ejercicio. Arriba dije que la calentura continua intermitente venía con frío, también, es verdad, que algunas veces los primeros días viene sin él, y después no le falta. Cuando el frío y la calentura afligen y duran mucho, es señal de mucha flema, u que esta [f. 268b] corrompida. Y cuando el frío es poco, y la calentura no aflige, la flema es poca y no está corrompida. Esta calentura no trae sed, la orina sale clara como agua y, algunas veces, turbia, y se queda así, aunque la guarden un rato. El pulso es flaco y pequeño, y en el tocar de los dedos, se muestra como blanda la arteria, y los golpes son desiguales. Estas diferencias de pulso se ven en esta calentura por la mucha flema. No es calentura peligrosa en los flemáticos y viejos, y menos peligrosa es en invierno. Si algún sudor viene en esta calentura, es para acabarse del todo. Dura su fortaleza dieciocho horas, y las seis que faltan de un día natural, no son de tanto trabajo. [f. 268b]

De la cuartana [f. 271b]
Capítulo séptimo

No he visto más cuartanarios en la Nueva España que en la ciudad de Antequera, en el valle de Oaxaca,[19] y en algunos duran tres y cuatro años. En esta Ciudad de México hay algunas, y duran poco. Dos maneras hay de cuartanas, y ambas se hacen de un humor, y este se corrompe dentro y fuera de las venas. La una manera de cuartana no viene cada cuatro días, sino cada tres días y cada dos días, no guarda orden ni concierto. La otra más común viene cada cuatro días. El humor que causa la cuartana es melancólico, este se engendra y hace de él mucho u[f. 272a]so de comer manjares salados, y de comer carne de cabra, de liebre y de ciervo. También se causa la cuartana de las tercianas largas, mayormente si las tercianas alcanzan el otoño. El frío de la cuartana es muchas veces más molesto y penoso que la calentura.[20] El pulso de la cuartana, cuando comienza, es tardo y raro; y cuando está en el mayor crecimiento, es duro y la arteria está[21] y se siente muy tirante, como pulso de dolor de costado. Cuando quiere declinar la cuartana, el pulso está veloz y frecuente. La orina es delgada, blanca y como agua. Cuando los fríos y las calenturas de las cuartanas duran muchas horas, la enfermedad es larga. Aunque en todas las enfermedades es buena la dieta y la regla en todo, en la cuartana es más necesaria, porque cualquier exceso la hace durar. Y no deben creer a los que dicen que comiendo de todo se quitan las cuartanas. Y si alguna vez acontece acertar en esto, es por yerro, y así vemos que se mueren de ellas los mal reglados. La hora del comer en la cuartana se guarde,

19. En el original: "Guaxaca".

20. Así se decía del frío de la calentura cuartana en un tratado médico bajomedieval: "La quartana que viene con frío o sin él, tiene fama que es de malencolía e puede ser de otras humores e mesclada con ellas. Pero en la mayor parte viene con frío e dura más oras su frío e su calentura, más que las otras e con mayor rigor" (Chirino, *op. cit.*, p. 69).

21. Es decir, se mantiene constante.

como lo dije en la terciana, a donde me remito. Yo he quitado muchas ve[f. 272b]ces las cuartanas haciendo al enfermo que el día de ella no coma, ni beba, y purgándole una vez, o dos, el mismo día de la cuartana. Beba agua cocida con anís o con hinojo. No beba vino, salvo si fuere flaco de complexión y se crio con él. Procure hacer cámara cada día, aunque sea con melecina, o con calilla. [f. 272b]

*

La yerba que llaman epazote,[22] cocida en agua y bebida caliente, quita el frío. El agua cocida y caliente con flor de manzanilla, hace lo mismo. [f. 274a]

*

Más yo les ruego y les pido, por amor de nuestro Señor, excusen todo lo que más pudieren el beber, porque no hay cosa que les haga mayor da[f. 274b]ño.

*

Cuatro cucharadas de aceite de la higuerilla purgan bien el humor melancólico, como lo dije arriba. Un pollo cocido con poco caldo, y en él ocho cucharadas del dicho aceite, y comido y bebido el caldo, purga admirablemente la melancolía. Doce piñones molidos y cocidos con un pollo hacen lo mismo. [f. 275b]

22. En el original: "epaçotl". Sahagún la ubica dentro del capítulo de las hierbas olorosas: "Hay otra que se llama epaztl, es de comer y hacen con ella puchas y es sana" (*op. cit.*, lib. XI, cap. VII, 186, p. 689). "Uso medicinal: Lo que se agarra con los dedos de epazote, damiana, mariola, laurel de la sierra, 3 kichis de maíz (rabito de la mazorca), canela, 5 a 7 clavos, los cabellos de una mazorca en seco y una cucharada de aceite de comer (aceite de ajonjolí preparado) se ponen a cocer en 1 litro de agua y se toma calientito un vaso lleno en ayunas y al acostarse durante 2 días para el hombre o la mujer que no tiene familia o para no errarle. Causas y síntomas de la enfermedad: Se puede no tener familia porque la persona es muy fría. Durante los 8 días siguientes al tratamiento no se debe comer nada helado, ácido, carne de puerco, cerveza y se debe guardar dieta (no tener sexo) (*BDMTM*, *s. v.* "Epazote"). "Capítulo XL. Del Epázotl o hierba olorosa. Es una hierba con raíces ramificada, de donde nace tallos de un codo de largo con hojas oblongas, creneladas y rojizas, y semilla en espigas. Es acre, oloroso, y calorífico, en tercer grado; es comestible crudo o cocido, y agregado a las comidas fortalece, alivia a los asmáticos y enfermos del pecho, y proporciona alimento agradable. El cocimiento de las raíces contiene disenterías, quita las inflamaciones y arroja del vientre los animales nocivos. Nace en regiones cálidas o templadas, y se cultiva en los huertos de las mismas o de otras a causa de su utilidad" (Hernández, *Obras completas*, t. II, vol. I, p. 369).

De la calentura héctica [f. 277a] Capítulo octavo

Acuérdome haber dicho arriba, en el primer capítulo, que la calentura héctica tenía su asiento (como en su proprio sujeto) en los miembros sólidos, que son: la carne y los huesos, y así es la verdad. Y aunque esta calentura suele ser incurable, a honra y gloria de Dios yo he curado algunas en esta Nueva España.

Dos maneras hay de calenturas hécticas: una que se va haciendo; y otras que ya lo son y están confirmadas, y el mayor mal que hay es que entonces venimos en conocimiento de ellas, y por esto casi nunca sanan. Dos causas son las más principales las que causan y hacen la calentura héctica. La una, las calen[f. 277b]turas ardientes y grandes, y las calenturas continuas. Una muy grande inflamación de los humores todos, y esta es la más común. La segunda causa es una ira grande,[23] muy grandes y continuos trabajos, largos ayunos y vigilias, aunque pocas veces vienen por estas causas. Las señales más claras y de más fácil conocimiento que hay, para conocer la calentura héctica, pondré aquí, y la primera es: si pasadas dos horas, después de no haber uno comido, siente muchas veces (dos meses[sic] o tres) calor demasiado, es señal evi-

---

23. "Tampoco hay que creer que la ira aporta algo a la grandeza de ánimo. Pues no es eso grandeza sino hinchazón; y para los cuerpos inflados por el exceso de humores corrompidos su enfermedad no supone desarrollo, sino abundancia perniciosa. Todos aquellos a los que su espíritu extravagante eleva por encima de los pensamientos humanos creen aspirar a algo grandioso y sublime; por lo demás, no hay nada firme debajo, sino que es propenso al derrumbe lo que ha crecido sin cimientos. No tiene la ira en qué sustentarse; no nace de lo sólido y lo perdurable, sino que es juguete de los vientos y huera, y está tan lejos de la grandeza de espíritu como la temeridad de la valentía, la desfachatez de la confianza, la tristeza de la austeridad, la crueldad de la severidad: Hay mucha diferencia, digo, entre un espíritu sublime y uno soberbio. La ira no emprende nada grande ni hermoso; al contrario, me parece que, sabedora de su ánimo indolente y desdichado, de su debilidad, se queja a menudo, como los cuerpos llagados y enfermos, que gimen al más ligero roce" (Séneca, *Diálogos*, "Sobre la ira", pp. 150-151).

dente de calentura héctica. La razón es por ser esto muy contrario a las demás calenturas, porque con los vapores húmidos del manjar se mitiga el calor de ellas. Y los cuerpos sanos vemos que tienen frío después de haber comido. Y como la calentura héctica consume y hasta el húmido radical de nuestro cuerpo, cuando el manjar lo vuelve de nuevo a criar, entonces la calentura como que se fortifica más, para gastarle, y así la sentimos entonces. Conocemos también la calentura héctica en su calor, que ni crece ni se disminuye de día ni de noche con notable sentimiento. Y aunque va (como [f. 278a] dije) gastando la sustancia del cuerpo, no se parece, hasta que está confirmada. Otra señal hay clara para conocer la calentura héctica, y es: una manera de grasa como aceite que nada sobre la orina. Esta grasa es la sustancia del cuerpo que la calentura héctica derrite. Tomando el pulso, y teniendo los dedos en él un poco, se siente un calor agudo y vivo, y como que quema. Y por esto el pulso de los hécticos es duro y delgado, por la gran sequedad de la arteria. Otras veces el pulso se siente acelerado, y con mucha frecuencia de golpes, aunque no muy desiguales. Conocemos la calentura héctica en un encendimiento de rostro y mejillas coloradas, y en una sequedad del cuero, los ojos tristes y en los labios de la boca un color de sangre fina.

*

Los pronósticos de esta calentura son: que si con la calentura héctica dan unas camarillas, y el cabello se cae, encomienden a Dios el enfermo. [f. 278a]

*

La sangre de las tortugas acabadas de degollar es buena para el hético si la pueden beber sin asco. La carne de las tortugas[24] cocida con cebada, es buen mantenimiento, y el [f. 279a] caldo sana la calentura hética. Todos condenan el vino en la calentura héctica, y alaban el agua. Y si alguno hubiere, que sin él no puede vivir, denle el vino de manzanilla, que tiene poco yeso.[25]

---

24. Según el *corpus Hippocraticum*, la tortuga marina se recomendaba también para mujeres cuya matriz causaba sofocación: "Cuando la matriz causa sofocación por rozar con algo, encender una lámpara y apagarla bajo la nariz para que penetre el humo y el calor [...] Si hay bastante sofocación, administrar en bebida tres óbolos de tortuga marina triturada en vino blanco" (Hipócrates, *Sobre las enfermedades de las mujeres*, lib. II, 203, p. 281).

25. "Algunos dizen, que después del quarto día, o del séptimo, se puede dar vino a los heridos, dévese entender, habiendo necessesidad, y a de ser un vino blando, que ay en Castilla, en Ytalia, Francia, y en la Germania, y aquí en México el de Mançani-

Para curar esta calentura héctica he usado muchas veces de este remedio que ahora diré, y a honra y gloria de Dios han sanado siete enfermos —hombres y mujeres— de ocho o diez de los que han venido a mis manos, y el remedio es este: hago que el enfermo mame seis meses o cuatro, y los dos primeros le mando que no coma ni beba otra cosa, sino que mame.[26] [f. 279a]

***

lla, y de Castilleja de la Cuesta, los quales no quieren casi agua, de los demás que traen acá no convienen, por ser fuertes, y calidísimos: aunque (hablando la verdad) lo mejor sería no dar, sino fuesse tanta flaqueza, que no pueda el herido pasar sin él, y a los que no tiene necesidad (aunque sea de los blandos) hasta los veynte días o veynte y quatro no se le dé" (Farfán, *Tratado breve de cirugía*, ff. 126b-127a).

26. Así lo decía fray Agustín Farfán en el libro de 1579: "Haze el mesmo efecto y muy mejor, si el que está con calentura éthica es poderoso para tener dos amas, o chichiguas, que en lengua mexicana es lo mesmo, y mamare la leche dellas, volviendo a la primera edad. Y si en dos o tres meses con la sola leche se passare, le será muy más provechoso, y créanme que es remedio admirable" (Farfán, *Tratado breve de cirugía*, f. 264a).

Cirugía breve hecha por el padre fray Agustín Farfán, doctor en medicina, y religioso de la orden de San Agustín [f. 281a]

* LIBRO CUARTO *

De la cura general de todas las llagas simples y compuestas [f. 281a]
Capítulo primero

En la primera impresión que hice, traté de la cirugía largamente, porque se aprovechasen los que la ejercitan.[1] En esta segunda impresión soy más breve, y llevo otro modo de curar las llagas, diferente del primero, como se verá. No es invención mía sino volver a[l] uso y práctica [de] lo que los antiguos escribieron, habiendo ellos experimentado largos años con mucho estudio y trabajo suyo.[2] Este nuevo modo de curar las llagas he yo ex[f. 281b]perimentado muchas veces, y no me harto (como dicen) de dar gracias a nuestro buen Dios, de ver con cuánta facilidad y brevedad sana las heridas y llagas; y viendo y experimentado de esto que digo, determiné tomar el trabajo de ponerlo aquí, para que todos se aprovechen y consigan tan grande beneficio.[3] Y si

1. Farfán decía en su tratado de 1579: "Digo con Galeno en el libro primero de *usu partium corporis humani*: capitulo 7, y en el séptimo del método capítulo 6, que chirurgia es arte manual, o de manos, la qual solamente en el cuerpo humano se exercita, para echar dellas enfermedades estrañas. También chirurgia es scientia y arte, que enseña el modo y calidad de obrar de manos en la carne, nervios, y huesso del hombre enfermo. Y más claro, chirurgía es el postrero instrumento de la medicina. Como es verdad que no hay más que tres cosas, o tres instrumentos (como son) dieta, *potion* o bebida y chirurgía" (Farfán, *Tratado breve de cirugía*, f. 2a). En cambio, el cirujano más importante de la Nueva España, Alonso López de Hinojosos, definía así este arte: "Y así que Guido de Cauliaco, doctor en medicina y cirugía, en el arte que hizo de cirugía la definió de esta manera: La cirugía es ciencia que enseña el modo y calidad de obrar principalmente soldando, cortando y otras obras ejercitando [de] la cual sanan los hombres según sea posible" (López de Hinojosos, *Suma y recopilación de cirugía*, 1578, p. 80).
2. Definitivamente, cuando Farfán declara "volver a[l] uso y práctica [de] lo que los antiguos escribieron", no creo que haga alusión a esta curación recomendada por el físico de Juan II de Castilla: "Para tirar llagas de las piernas o de otra parte onde nazcan: Tomen mançanas podridas e azoge e vinagre todo bien encorporado e unten con ello. Quien lo provó a tres unturas dixo que sanó" (Chirino, *op. cit.*, p. 205).
3. "Ahora tractemos de la cura de las llagas frescas, por ser cosa más común, y que más necesidad ay, de saberlas curar, como cosa de mayor peligro. Y la causa es porque los romancistas aunque lean al Guido, y a Iuanes de Vigo, no los entien-

cada uno en su arte debe saber lo que ha de hacer para que acierte muy mucho más en el de la cirugía (tan necesaria a la vida del hombre), conviene que sepa el cirujano cómo ha de curar la herida simple y cómo la compuesta. Qué medicinas ha de poner a la una y qué a la otra. Yo confieso que estudiando cada día, y viendo lo que otros escriben y hacen, me he aprovechado y siempre me precio de aprender. Denos Dios su divina gracia, para que aprendamos a temerle; y pues el principio de la sabiduría, es el temor de Dios.

Tratando de la cura de la llaga fresca,[4] digo lo primero, que su definición es verdadera solución de continuidad, sin ninguna mala corrupción. La llaga fresca se divide en dos maneras, en llaga simple y en llaga compuesta. Estas [f. 282a] dos maneras de llagas también se toman en otras tres maneras: a la primera decimos llaga simple, porque está en un miembro simple y solo, como si estuviere en sola la carne o en solo el nervio; y por el contrario, llaga compuesta es la que está en muchos miembros simples, como en la carne, y el nervio y el hueso juntamente. La segunda manera de llaga simple es porque no tienen complicación ni mistura de acidentes, como son: pasmo, flujo de sangre y calentura. La tercera manera es: las llagas se llaman simples, porque son perdimiento de sustancia de algún miembro, y por el contrario, las llagas se llaman compuestas, por perdimiento de sustancia de algún miembro, como cuando se saca alguna parte de carne o de hueso.

La cura general de la llaga simple se hace de esta manera que ahora diré, y es ver y saber si ha salido bastante cantidad de sangre de la llaga, y no habiendo salido, procurar que salga la sangre que fuere menester. [f. 282a]

*

den, y los que algo saben, no quieren estudiar, y assi se hacen a cada passo mil yerros. Procuraré aquí con el favor de Dios, de darme a entender, quantos me fuere posible, para que se aprovechen, los que este mi tratado leyeren, lo qual será bien del próximo y honrra de elllos[sic]" (Farfán, *Tratado breve de cirugía*, f. 119a).

4. "Es muy saludable para una cuchillada o para llaga fresca, tomada una penca [de maguey] y echada en las brasas, y sacar el zumo así caliente es mucho bueno para la mordedura de la víbora; han de tomar de estos magueyes chiquitos, de tamaño de un palmo y la raíz que es tierna y blanca, y sacar el zumo, y mezclado con zumo de ajenjos de los de esta tierra, y lavar la mordedura, luego sana; esto yo le he visto experimentar y ser verdadera medicina; esto se entiende siendo fresca la mordedura" (Motolinía, *Historia de los indios de la Nueva España*, 1995, pp. 198-199).

Si la herida está en la parte nervosa, como es la mano, el pie, si está en juntura o en cabezas de músculos, que para esto conviene saber la anatomía que yo pongo al cabo de este libro, cúrenla de esta manera: siempre mire el cirujano si ha salido la cantidad de sangre bastante, y si no, procure sacarla.[5] Y si hay flujo de ella, ponga sobre las venas unos lechinos[6] de estopa o de hilas, y sobre ellos el dedo, y téngalo puesto un rato, hasta que se detenga. Si no ha salido sangre, y va corriendo, déjela salir. Porque muchas veces la poca sangre que sale de la herida es causa de los acidentes que vienen con ella. Luego cosa la herida y tome con la aguja la carne, igualmente de ambas partes. Junte los cueros y no deje el uno sobre el otro, que por esto quedan muchas heridas con fealdad, mayormente las del rostro. Si algunos nervios están cortados del todo, que jamás (aunque los junten) soldarán. Los ner[f. 285a]vios que estuvieren descubiertos, lávenlos con agua ardiente, o con vino caliente, y laven también la herida. Si al meter la aguja picaren algún nervio, que se entenderá en no querer pasar, procuren que pase, porque menos daño recibirá el nervio con esto que de solo picarle. [f. 285a]

5. "Nunca el barbero debe sangrar sin licencia del médico, mas estando en parte que no haya médico y sucediere flujo de sangre de narices, podrá sangrar al enfermo de la misma parte donde sale la sangre. Han de hacer esta sangría con posas, que se entiende tapar y destapar muchas veces la vena, y han de echar unas ventosas secas al paciente sobre el hígado, que se entiende debajo de las costillas del lado derecho en lo vacío. Si la sangre fuera por la ventana izquierda de la nariz, se le echen las ventosas por el lado izquierdo que es sobre el bazo, y se le han de poner en los testículos una clara de huevo o lavárselos con agua fría, ó ponerle estiércol de caballo en la cabeza. Si el enfermo fuere mujer se le ha de poner el dicho estiércol de caballo cocido en vino, en el ombligo, que lo detendrá aunque sea flujo de sangre por la vía de la orina" (López de Hinojosos, *Suma y recopilación de cirugía*, 1578, p. 103).

6. En el original: "lichinos": "(del lat. tardío *licinium*, transmitido por el mozár.). Compresa o gasa que se colocaba en el interior de las úlceras y heridas para facilitar la supuración" (*DRAE*, *s. v.* "Lechino")

De las heridas de cabeza hechas con instrumento que corta o que magulla[7] sin llegar al pericráneo [f. 287a] Capítulo segundo

Las heridas de cabeza se han de curar conforme al instrumento con que fueron hechas. Porque unas se [f. 287b] hacen con espada o con daga, y otras con palo o con piedra que magulla la carne —y a estas heridas llaman contusiones—. Estas heridas unas son grandes, y otras pequeñas, unas tienen una figura, y otras tienen otras, y todas llegan al pericráneo, que es la tela que cubre el casco. Para curar estas heridas llaman muchas veces a los no muy diestros en cirugía, y en llegando con sus manos a ellas, hacen otras mayores a manera de cruz, y atiéstanlas[sic] de hilas y lechinos, como si el casco estuviere cortado o quebrado. Y es el mal, que cuando las heridas tienen necesidad de que las abran y manifiesten más, no lo hacen, por ser ignorantes. Con esto alargan la cura, y muchas veces los más vienen a morir de una herida simple, como es de la que ahora yo trato. Para que estos daños se eviten, diré aquí (con el favor de Dios) cómo se deben curar estas heridas. Y con la experiencia verán la diferencia del curar de los antiguos a la que hacen ahora los no curiosos.

Para saber si hay casco quebrado o cortado, pregunte el cirujano[8]

---

7. "Comprimir violentamente, o machacar alguna cosa, hundiéndola o abollándola. Latín. *Contundere. Sugillare.* VALVERD. Anat. lib. 1. cap. 30. Este tolondrón sirve a que ahirmando sobre él el calcañar, no magullemos los sobredichos morcillos" (*Aut.*, *s. v.* "Mallugar").

8. "De aquí se sigue el error grande de algunos cirujanos que luego que ven al hombre aturdido, por ignorar y no saber la causa de que se hace el tal aturdimiento, inconsiderablemente se arrojan a abrirles la cabeza en la parte donde es recibido el golpe. Esto algunos lo hacen sin tener en consideración a dónde está el daño, ni cual es, y causan más daño y enfermedad donde no la hay. Porque habemos visto muchos que no los abren y de ahí a un espacio de tiempo tornan en sí por la causa arriba dicha. Y así entiendan los buenos cirujanos de aquí adelante que no usen abrirlos ni tal hagan porque es mal hecho; sino que antes ayuden al reposo de los espíritus con cosas confortativas y calientes del cerebro y después de vuelto en sí, entonces vean lo que conviene hacer con maduro consejo" (López de Hinojosos, *Suma y recopilación de cirugía*, 1578, p. 168).

al herido con qué instrumento le dieron la herida.[9] Si cayó en el suelo [f. 288a] del golpe, si perdió el sentido. Y no habiendo esto es de creer que no hay casco quebrado ni cortado. Lo primero que ha de hacer es: quitar el cabello que está a la redonda de la herida. Y habiendo salido bastante cantidad de sangre, junte la carne y cueros de la herida, y queden iguales. Si (con esto y sin dar puntos) puede el cirujano curar la herida, hacerlo ha como diestro. Para que suelde con más brevedad atraviese un hilo gordo muchas veces sobre la herida, y váyalo asiendo a las orejas y a toda la cabeza. Y con esto evitará el dolor de los puntos. Mas, si es la herida tan grande que sin ellos no puede se puede juntar, dé los que fueren menester. Y deje en la parte más baja una mecha mojada en una clara de huevo batida, y sobre la herida pongan otros pañitos mojados en la clara de huevo. Pongan sobre ellos dos cabezales, y una venda, que para la cabeza ha de ser lo ancho de un palmo. Otro día, a la misma hora, cure la herida y meta la mecha bien mojada en el licor o bálsamo[10] caliente. Unten muy bien toda la herida cuatro veces

9. "En esto (como dixe) ay diversidad de pareceres, y opiniones. Avicena en la quarta del quarto, tratado segundo capítulo décimo, Albucasis y el Guido dizen: que es mejor dexarlas saetas, y el hierro, hasta que la llaga comiença a hazer materia, y que entonces por estar la carne más blanda, se sacarán mejor, y con más facilidad. Lo contrario de esto tiene Iuanes de Vigo y Henrrico cirujano (digno de no tener en poco) en el libro tercer de su chirurgía en el tratado de extrahendis sagittis, y otros instrumentos, que se affixan en los cuerpos humanos, y dize: que se abra la herida, y se haga mayor, y que luego saquen las saetas, y otros instrumentos, aun que saco un caso, y es: que si (sacando luego la saeta o quebrando el asta de ella) se siguiese la muerte, por estar muy en lo profundo affixada (como es) en la garganta en el pecho o en la cabeça no se haga, porque en estos casos sacando la saeta, muere el paciente, por el grande fluxo de sangre, que luego sucede, y por los desmayos que al herido le vienen [...] Si fuere pelota de arcabuz y luego (sin grande daño) no pudiere sacarse dexenla, que no es mucho el inconviniente, sise quedasse dentro. Otras saetas y armas ay, que traen veneno, y hacen la llaga venenosa y ponçoñosa, y conocerse ha en esto, que la carne toda de la llaga se vuelve morada, o negra, y en este caso conviene, que toda aquella carne se corte, y quite, aunque lo mejor es, que toda la llaga se cauterize" (Farfán, *Tratado breve de cirugía*, ff. 124b-125a).

10. "Quando [el bálsamo] lo traxeron a España la primera vez, fue tenido en tanto quanto era razón, porque, le vieron hazer maravillosas obras, valía una onça diez y veynte dicados: y agora vale una arroba tres o quatro ducados. La primera vez que lo llevaron a Roma, vino a valer una onça cien ducados: después como han traydo tanto, y en tanta cantidad, so sólo no tiene precio, pero se da dado. Esto tiene la abundancia de las cosas, o la rareza dellas, que quando valía muy caro, todos se aprovechan de sus virtudes: y después como vino a valer tan vil precio, no lo tienen en nada, siendo el mismo bálsamo, el que era entonces, quando valía cien ducados la onça, que el de agora que no tiene precio. Cierto aunque no se

al día con una pluma de gallina mojada en el licor caliente, [f. 288b] y sobre él pongan este ceroto[11] de Juanes de Vigo[12] tendido en un lienzo, que para heridas de cabeza es admirable: aceite rosado bueno, aceite de aceitunas verdes, de cada uno dos onzas; aceite de almáciga y de arrayán, de cada uno una onza; sebo de macho castrado, onza y media. Todo lo derritan a fuego manso de brasa, hasta que se gaste la tercia parte. Cuélenlo y échenle diez onzas de almáciga; goma elemí,[13] seis onzas; trementina, tres onzas; cera blanca, dos onzas. Vuelva todo a cocer y quede como ceroto no muy duro.

Los que están apartados de pueblos do[nde] no hay boticas, tengan (como dije arriba, para cuando se ofrezca ocasión) el licor y los cerotos, porque les certifico con verdad que con solas estas medicinas curan las mayores heridas de este mundo. Y los que no pueden haberlas hagan la primera cura con la clara de huevo batida, y en lugar de licor, hagan este que es muy bueno, porque lo he experimentado en ocasiones grandes, y lo harán donde quiera: tomen de las rosas que llaman cempasúchil[14]

---

descubrieran las Indias, sino para efecto de embiarnos este licor maravilloso, era bien empleado el trabajo que tomaron los nuestros españoles. Porque el bálsamo que solía aver en Egypto, a muchos años que pereció, porque se secó la viña, de a donde se sacava, por do ya no lo ay en el mundo. Tuvo nuestro Señor por bien en su lugar darno este bálsamo, de Nueva España, el qual a mi juyzio, en virtudes medicinales, no es menos que a aquello de Egypto, según vemos sus grandes efectos, y lo muhco que aprovecha. Del qual usamos en medicina en tres maneras. O se toma por la boca o se aplica exteriormente, o sirve en cosa de chirurgía" (Monardes, *op. cit.*, ff. 9v-10r).

11. "Es el emplasto, que no tiene la solidez que los regulares; sino que es algo mas blando. Latín. *Ceratum, vel cerotum lenius*. LAG. Diosc. lib. 1. cap. 128. Mezclado el Myrtidano en los cerotos y en las calas [...] muestra mas eficacia que la simiente" (*Aut.*, *s. v.* "Ceroto").

12. El cirujano Giovanni de Vigo (castellanizado Juan) es uno de los autores favoritos de Farfán, en su *Tratado breve de cirugía* de 1579 nos ofrece algunos datos más de la eficacia de su arte: "Otro remedio pone el Guido [Guy de Chauliac], y es de Abenzoar [Ibn Zuhr], con el cual Iuanes de Vigo curó a Iulio segundo de una apostema en la oreja, la qual ya tenía llaga, con grande dolor, y dize que no halló otro mejor remedio, y fue el azeyte de las yemas de los huevos, el qual mezcló con un poco de miel rosada, y es buen remedio" (Farfán, *Tratado breve de cirugía*, ff. 99b-100a).

13. "(Del fr. *élémi*, y este del ár. clás. *Allāmī*). Resina sólida, amarillenta, de olor a hinojo, que se saca de ciertos árboles tropicales de la familia de las burseráceas y se usa en la composición de ungüentos y barnices" (*DRAE*, *s. v.* "Elemí").

14. "Capítulo CLXXIX. Del *Cempoalxóchitl* o flores de veinte hojas. Encontré siete principales variedades de la planta que da la flor llamada por los mexicanos *Cempoalxóchitl* a causa de la gran multitud de sus hojas, que los españoles llaman *clavel*

y de la yerba de la golondrina,[15] que llaman tianguizpe[f. 289a]tatl, y de otra yerba bajita que tiene unas flores moradas, que en mexicano

---

de Indias y que los antiguos llamaron, según dicen algunos erradamente, *otoma y flor de Júpiter*, aunque hay en esta Nueva España otras variedades distintas por la flor, por el nombre y por el tamaño [...] Tiene virtud resolutiva y aperitiva; el jugo de las hojas tomado o las mismas hojas machacadas y tomadas con agua fría o con vino atemperan el estómago frío, provocan las reglas, la orina, el sudor, alejan los fríos de las intermitentes untadas un poco antes del acceso, quitan la flatulencia, excitan el apetito venéreo, curan la debilidad que proviene de la destemplanza fría del hígado, abren las venas obstruidas, aflojan los miembros contraídos, alivian la hidropesía, provocan vómito tomadas con agua tibia, y curan los fríos de las fiebres y aun las fiebres mismas evacuando la causa por la orina y sudor" (Hernández, *Obras completas*, t. II, vol. I, p. 220). "También conocida como flor de muerto. El cempasúchil es una especie medicinal muy empleada en distintas partes de la República Mexicana. Se recomienda principalmente en padecimientos digestivos y con mayor frecuencia para el dolor de estómago (Chiapas, estado de México, Puebla, Tlaxcala, y Veracruz). Otras enfermedades para las que se recurre a la flor es para las fiebres, y para enfermedades metafísicas: espanto, mal de aire y susto. Para el tratamiento de las distintas enfermedades es muy común que se preparen las hojas con o sin la flor, ya sea en cocimiento, infusión, sahumerio o fritas para administrar oral o localmente (en baños, untada, como chiquiadores o en fomentos) e inhalada. Para calmar el dolor de cabeza causado por un 'mal aire', se deben tibiar las hojitas de la flor de muerto, untadas previamente con aceite de oliva y colocarse en forma de chiquiadores en la cabeza (uno a cada lado de la sien). Para que baje la leche, se fríen bastantes hojas de la flor en aceite, cuando están tibias se aplican frotándolas en el pulmón, se recomienda también tomar agua de horchata de arroz. La referencia más antigua se encuentra en el *Códice Florentino*, del siglo XVI donde se señala como ceremonial y estética. A finales del siglo XVIII, Vicente Cervantes describe: 'todas son discutientes, estimulantes, aperitivas y febrífugas'" (*BDMTM*, *s. v.* "Cempasúchil").

15. "También se le conoce como jiotosa, riñonina. La hierba de la golondrina es originaria de México a Honduras. Se encuentra presente en climas cálido, semicálido y templado. Es una planta muy usada contra afecciones de la piel como jiotes, sabañones, verrugas, llagas, mezquinos y heridas infectadas. En los estados de Nayarit, Tabasco y Yucatán, su principal aplicación es para curar granos. Las hojas son la parte más usada de la planta y dependiendo del padecimiento a tratar es la forma de preparación. De esta manera, para curar los granos, las hojas se tuestan o se asan y se aplican localmente. Contra el cáncer de la matriz se prepara la infusión con las hojas y se toma, también se aplica en lavados locales. Contra sabañones, se hacen las curaciones con la infusión alcohólica de las hojas. Además, se utiliza el látex aplicado sobre mezquinos, raspaduras, piquetes de mosquitos y granos. En el siglo XVI, Francisco Hernández menciona: 'machacado con agua y untado en el cuerpo, limpia y seca la sarna. El jugo de los tallos y de las raíces instilado en las llagas recientes suele curarlas como por milagro y por esta razón es sumamente apreciada por los indígenas'" (*BDMTM*, *s. v.* "Hierba de la golondrina").

llaman thonpoton,[16] de cada una tres manojos. Muélanlas y exprímanlas bien, y saquen el zumo que pudieren. Tomen otro tanto zumo de maguey,[17] como el que sacaron de las yerbas, y otro tanto sebo de macho castrado. Todo cueza hasta que la mitad de los zumos se gasten y echen allí dos onzas de unto[18] sin sal, añejo, y derrítase con lo demás, y cuélenlo y usen de él como del licor o bálsamo que dije arriba. [f. 289a]

16. Quizá se refiera al *topozanton*. Dado que es una hierba que se recomienda para las heridas, posiblemente así sea: "Capítulo XXXV. De *Topozanton* o topozan chico. Es una hierbecilla de poco más de un palmo con raíz ramificada, tallos purpúreos y hojas cenicientas, como de granado pero menores. Ha tomado el nombre del color de sus hojas, parecido al que tienen las de topozan. Molidas aquellas y espolvoreadas limpian úlceras, crían carne y producen la cicatrización; también curan los flujos. Es parecida esta planta a la *polygala* de Dioscórides en forma y propiedades, aunque las de la *polygala* son mucho menores. Nace en lugares fríos y campestres, y guardan los indios la raíz para usarla durante el año" (Hernández, *Obras completas*, t. III, vol. II, p. 136).
17. "La cepa que hace encima de la tierra, de adonde proceden aquellas pencas, será del tamaño de un buen cántaro, y allí dentro de aquella cepa le van cavando y haciendo una concavidad tan grande como una buena olla; y hasta gastarle del todo y hacerle aquella concavidad tardarán dos meses, más o menos según el grueso del maguey; y cada día de estos van cogiendo un licor de aquella olla, en la cual se recoge lo que destila. Este licor, luego como de allí se coge, es como aguamiel; cocido y hervido al fuego, hácese un vino dulcete limpio, lo cual beben los españoles, y dicen que es muy bueno y de mucha sustancia y saludable. Cocido este licor en tinajas como se cuece el vino, y echándole unas raíces que los indios llaman *ocpatl*, que quiere decir medicina o adobo de vino, hácese un vino tan fuerte, que a los que beben en cantidad embeoda reciamente. De este vino usaban los indios en su gentilidad para embeodarse reciamente, y para hacer más crueles y bestiales. Tiene este vino mal olor, y peor el aliento de los que beben mucho de él; y en la verdad, bebido templadamente es saludable y de mucha fuerza" (Motolinía, *Historia de los indios de la Nueva España*, 1995, pp. 197-198).
18. "Particularmente se toma por el crasso, ò gordúra interior del cuerpo del animal. Lat. Adeps. Axungia, æ. CALIXT. Y MELIB. f. 5. Untos, y mantecas de ballena, de garza, y alcarabán" (*BDMTM*, *s. v.* "Unto").

De la contusión o magullado con casco quebrado y sin llaga [f. 290a]
Capítulo tercero

Las más veces acontece recibir uno un golpe en la cabeza sin estar cortado el cuero, ni salir sangre, y el casco estar quebrado. Conviene [f. 290b] saber del herido si cayó en el suelo, si perdió la vista de los ojos y el sentido, si vomitó y le dio gana de proveerse. Si el instrumento con que le dieron era grande o si lo que le dio cayó de alto. Si el que lo dio era hombre de fuerzas y colérico; si le hirió con resistencia o sin ella. Aquí ayudan algunos y muy bien, si estando el casco hendido o quebrado, se deba trepanar por evitar cuestiones. Yo me conformo con los que dicen que (siendo el golpe grande, y habiendo tenido el herido las señales que dije arriba) se trepane por muchas razones. Algunas de ellas diré: la una es que es imposible (como lo he visto muchas veces) en golpe grande dejar de haber sangre fuera de las venas. Esta sangre forzosamente se ha de corromper y ha de inflamar las membranas y telas del cerebro. La segunda razón es que, aunque la sangre no esté fuera de las venas, por haber mucha allí, se corromperá, como la que está fuera de las venas. Y esta es la causa principal porque se mueren tantos heridos de cabeza, y de caídas de caballos y de lugares altos, teniendo los pobres de fuera sanas las cabezas. [f.291a] Reparen, por amor de Dios, los médicos en esto —y cirujanos— y en la gran conmoción del cerebro,[19] con la mucha sangre que está fuera de las venas de los que dan grandes caídas, y hagan lo que aquí diré. La tercera razón es de lo que vemos cada día, estar el casco sano por la parte de fuera y por la de dentro hecho pedazos. Y las astillas y puntas de él rompen las venas, por ser tan delgadas como un cabello. Pues cuanto más seguro es usar del trépano,[20] pues no por él se

19. "Puedes demostrar que la razón sólo tiene su centro y su sede en el cerebro. Que el coraje y nervio tiene su centro y sede en el corazón. Que el deseo tiene su centro en el hígado" (Al-Razi, *Libro de la introducción al arte de la medicina o "Isagoge"*, p. 93).

20. "Térrmino de Cirugía. El taladro, que sirve para horadar el casco de la cabeza. Lat. *Terebellum*, *i.* FRAGOS. Cirug. lib. 3. cap. 17. Son menester muchos para diver-

tarda el cirujano en curar la llaga, sino que con más brevedad sana, y con él asegura la vida de su prójimo. Y para esto acompáñese con los médicos, donde los hay, doble su brazo y ríndase al parecer de muy muchos y graves, que los hay.[21] [f. 291a]

sas partes del casco, porque en una es mas gruesso, que en otra, y para casco mas gruesso conviene trépano mas largo. FIGUER. Plaz. Disc. 7. Sus instrumentos son nabajas, sierras, lancetas... caxeta con sus casillas, trépano, raspador, y otros" (*Aut.*, *s. v.* "Trépano").

21. "El séptimo pronóstico es, toda fractura, o quebradura de casco es más mala, si está la Luna llena, y menos mala quando estuviere menguante, porque el cerebro crece, creciendo la luna, y los panículos que están llegados al casco, con facilidad se rompen, y quando la luna está menguante, el celebro se abaxa, y los panículos, y assí no tan fácilmente se rompen, y cúrase mejor la herida" (Farfán, *Tratado breve de cirugía*, f. 142b).

De las heridas de cabeza hechas con instrumento que corta [f. 294a] Capítulo cuarto

Las heridas de cabeza hechas con espada o cualquier instrumento que corta, si es honda o no, se conoce por el tamaño que tiene.[22] Y por esto conocemos también si hizo daño en el casco, y por el lugar donde está. Si es penetrante hasta las telas, conocerse ha muy bien por las señales que dije arriba. Lo primero que en esta herida se ha de hacer, es: manifestarla y formarla, para ver el daño. La mejor manifestación de todas es la triangular, porque con ella se ve todo el daño. Aparten con los dedos y con las uñas la carne y pericráneo del [f. 294b] casco, y pongan lechinos mojados en clara de huevo batida.[23]

Otro día, a la misma hora, hagan la segunda cura, y mojen cuatro veces con una pluma de gallina con el licor o bálsamo caliente el casco y la llaga. Mojen también los lechinos en el licor, y hagan lo demás como queda dicho. [f. 294a]

*

22. El gran problema de las heridas causadas por arma era cuando estas tenían "veneno o ponçoña, o con bocado de bívora o de perro o de otro animal". Farfán daba su pronóstico en tales situaciones, disputando las observaciones de Guy de Chauliac. Parece que, al hacerlo, se olvida de las armas envenenadas, concentrándose solo en la rabia causada por mordedura: "la mordedura del perro ravioso muchas vezes al principio no muestra su veneno y ponçoña. Y esto es posible y verdad, y cada día lo veemos, que ay veneno, el qual a cierto tiempo haze su efecto, de lo qual no ay que dudar. El Guido dize en el fin del capítulo de las llagas, que puede el veneno estar ascondido algún tiempo, y después matar, y pone por término un mes, y no más. Mas yo he visto que communmente esta quatro y seis meses ascondido el veneno, mayormente el que el perro ravioso causó, y al cabo dellos matar al pobre del mordido" (Farfán, *Tratado breve de cirugía*, f. 131a).
23. Farfán aconseja mejorar el proceder de los cirujanos, quienes al parecer siempre recurren a la clara de huevo batida después de cocer la herida: "Aunque el uso común de los cirujanos (después de haberla cocido) es poner la clara del huevo batida, y si temen fluxo de sangre, añaden a la clara polvos restrictivos: pónese la clara con estopas o planchuelas de hilas o con liencezicos pequeños, y quítase después con mucha facilidad" (Farfán, *Tratado breve de cirugía*, f. 125b).

Cosa áspera y rigurosa parecerá a algunos el haber dicho yo en el capítulo pasado que luego, a los tres días, pongan el trépano, aunque no estemos ciertos que lo cortado o quebrado del casco no llega a la segunda tabla, que dicen. Yo sé que a los que lo entienden no les parecerá,[24] porque no podemos estar seguros del daño que el golpe grande puede hacer en las venas y en el cerebro.[25] Y para esto debemos considerar que no saben todos cortar, y que todos los más, con la mucha fuerza del brazo, quiebran [f. 295a] el casco por la parte de dentro, mucho más de lo que parece por de fuera. Y con esto revientan las venas, por ser tan delgadas, como lo dije en el capítulo pasado. Más, cuando las señales de estos daños vienen a manifestarse, ya el pobre herido no tiene remedio, como lo vemos cada día. Cuando el herido (siendo preguntado) dijere que no cayó en el suelo, ni vomitó, ni se le turbo el juicio, manifiesten el casco con las legras,[26] comenzando con la mayor, y mediando con la menor y, a la postre, acaben con la

24. No les parecerá porque la condición natural del ser humano es la de un ser enfermo que nunca ve las cosas realmente como son. La destemplanza, debida a la región donde vive y a la que se ha acostumbrado, no lo hace darse cuenta de su padecimiento. Así lo explica al final de su proemio (en la edición expurgada de 1594) el médico Huarte de San Juan: "Y así concluyo, curioso lector, confesando llanamente que yo estoy enfermo y destemplado (y que tú lo podrás estar también), pues nací en tal región; y que nos podría acontecer lo mesmo que a aquellos cuatro hombres, que, siendo el paño azul, el uno juró que era colorado, el otro blanco, el otro amarillo y el otro negro, y ninguno acertó por la lesión particular que cada uno tenía en su vista" (Huarte de San Juan, *op. cit.*, p. 182).
25. "El noveno pronóstico es, toda calentura continua, que en heridas de cabeça durare, y fuere intensa, después del décimo día, aunque el pulso y la urina esté buena, es peligrosa señal, porque muchas vezes en heridas de cabeça, el buen pulso y la buena urina engañan, porque con toda su bondad, se va muriendo el enfermo. Y si con la fiebre continua vinieren rigores, o una manera de estremecimientos, o vómitos, o desuarios, es señal mortal: y la razón es, que los tales accidentes denotan grande corrupción, y podrición en el celebro, o en sus panículos y telas. Y así perseverando los accidentes, es cierta la muerte: como se vio en un hijo del Doctor Sedeño, Iurista cathedrático de prima en la universidad de México de 1578, el qual pronóstico todo (como queda dicho) se cumplió en él" (Farfán, *Tratado breve de cirugía*, f. 143a).
26. "Instrumento de hierro, con dos cortés mui sutíles, y torcido por la punta, del qual se sirven los Cirujanos y Albéitares para descubrir y raer el casco, para registrar si hai en él rotúra o contusión. Latín. Scalpra lunata. FRAG. Cirug. lib. 3. cap. 17. Qué instrumentos hai más comúnes y necessarios para horadar el casco? Trépano y legras; aunque, como dice Galeno, todos son peligrosos, el trépano, porque suele ofender y tocar en la tela, y la legra, porque mueve mucho la cabeza" (*Aut.*, *s. v.* "Legra").

más pequeña. Entonces miren lo que hacen, no se les vaya la legra de las manos y rompan las telas. Dejen el orificio del casco bastante, por donde salgan las materias, o la sangre. El resto de la cura harán, como queda dicho en el pasado capítulo. [f. 295a]

*

Los cascos de los niños vemos cada día abollados y hundidos, de caídas y golpes que se dan, sin que el cuero se rompa. La causa es tener tan blandos los huesos por la poca edad que tienen. Sea pues aviso, que (siendo el niño de cuatro años o cinco) no le abran el golpe, ni le toquen con hierro, aunque más hundido esté el golpe. Porque esto sana con facilidad con lo que aquí diré. En esta ocasión pueden sajar al niño de los brazos y de las piernas, sino le hallaren bien la vena en los brazos, y esto con condición que haya alguna calentura y dolor de cabeza. Con este remedio la sangre que va, y la que ha ido a la cabeza se divierte y evacua. Si mamare el niño, guarde la boca el ama que lo cría de todo aquello que le puede hacer da[f. 296b]ñar la leche.

De las heridas de la cara [f. 297a] Capítulo quinto

La buena cura de las heridas de la cara consiste en hacer bien la primera. Conseguiremos esto si juntamos los labios igualmente de la herida, y la cosemos tomando la carne con la aguja por partes parejas iguales. Los puntos no se den apartados, ni muy hondos, ni superficiales, ni quede en él un cuero sobre el otro. Si en la herida de la cara hay huesos cortados, sáquenlos luego, descarnándolos sutilmente, sin desgarrar la carne, y denle los puntos que fueren menester. Aquí conviene que sean un poco hondos, porque aprieten y suelde la carne con más brevedad. En lo bajo de la herida dejen metida una mecha, por donde salgan las materias, que las ha de haber forzosamente. Si [f. 297b] la herida de la cara no es honda, cósanla toda porque no hará materia, si la saben curar. Si es la herida a la larga, no tienen necesidad de darle puntos, sino limpiarla bien de la sangre, y lavarla con agua ardiente, o con muy buen vino, y juntar los labios de ella. [f. 297b]

*

Al que dijere que pongo en esta cura medicinas exquisitas, respondo que todo lo merece la cara, pues hermosea y adorna al hombre.[27] Los que no se atrevieren a curar la herida de la cara sin puntos, denlos menudos y quítenlos a los tres días naturales, que aunque la herida sea honda, habrá soldado y en muchos suelda a los dos días. Dije que

27. "Muchas cosas acontecen muchas vezes de grande estremo y admiración en la medicina, y chirurgía, como los monstruos en la naturaleza, y dixo esto muy bien Averroes en el 7 de su *Colliget* cap. *decimo* tercio, así también las heridas mortales algunas vezes sanan, y por esto havemos de curar con ánimo christiano y varonil, confiando primeramente en Dios, y poniendo todo el cuidado necesario, por el bien y salud del próximo" (Farfán, *Tratado breve de cirugía*, ff. 122a-122b).

diesen los puntos menudos, porque la carne y los cueros se juntan, e igualan mejor, y queda menos señal.[28] [f. 298b]

28. "Algunos han querido (quando las señales de la cara queda fea) quitarla, prometiendo a los que las tienen, de que los hermosearán, y les harán que no queden feos. Y hasta oy he visto que ayan hecho lo que prometen, mas antes han dexado a los pobres más feos, y más puestos del lodo. Y assí aconsejo al cirujano, que no se ponga en estas cosas, y al paciente, que no lo consienta, y quanto a esto baste lo dicho" (Farfán, *Tratado breve de cirugía*, f. 158b).

De las heridas penetrantes[29] del pecho[30] [f. 298b] Capítulo sexto

Algunas heridas del pecho, por culpa (como lo vemos cada día) de los que las curan, y las de los que sanan, quedan con una fístula y manantial de materia. [f. 299a] Y al cabo de algunos meses acaban con ella la vida. Muy graves autores dicen que las heridas penetrantes en el pecho son mortales, aunque cada día se ven muchos sanos de ellas. Si la cura (que yo ahora diré) se les hace, sanarán mucho más. Y si los que quedaren con fístulas hicieren la misma cura, sanarán sin duda. Y así aconsejo a los cirujanos[31] que, por amor de Dios, usen de ella, y ganarán honra y dineros.[32] [f. 299a]

---

29. "Práctica es que se usa en las heridas penetrantes, lavar las telas con leche de mujeres. Yo aconsejo, que sin mucha necesidad no se haga, a causa que tener las telas descubiertas mucho tiempo, es cosa muy dañosa, *quia omnis refrigida inimica est a natura*" (Arias de Benavides, *op. cit.*, ff. 1125r-125v).
30. "De las heridas penetrantes del pecho [...] La cura del pecho tiene muchas opiniones, porque unos dicen que se ha de coser y otros que no. Los que dicen que no se ha de cocer, dicen que el humor que está trasvenado es mejor que salga por la herida, que no que se quede dentro, porque de no salir causará grandes accidentes. Y en esto cualquier mal suceso que suceda echarán la culpa al cirujano, que no por haber dejado abierto el orificio de la llaga se vino a morir el enfermo. Los que dicen que se cosa como Guido que dice que el humor extravenado no sólo por los miembros blandos pero por medio de los duros pasa y se resuelve, lo que se tiene en uso y buena práctica y lo que yo tengo experimentado en este Hospital y en todos los demás que en México hay, habiéndolos yo curado muchos días a todos juntos en un mismo tiempo, es que si la herida fuere grande se cosa para que no se salgan los miembros lo de dentro a afuera o se resuelvan los espíritus demasiadamente, o el aire extraño entre a alterar el corazón" (López de Hinojosos, *Suma y recopilación de cirugía*, 1578, pp. 174-175).
31. Al parecer, los cirujanos tenían otras costumbres para sanar las fístulas en la Edad Media: "Para las fístulas viejas usan algunos çurugianos fazer agua de la que usan los alquimistas que es fecha de caparros e de salnitre e de alunbre e de otras sales fuertes molidas e puestas en alanbique de vedrio e sacan agua clara muy maestradamente e echan della en llagas podridas e mundifícalas mucho e non trava aquella agudeza salvo en lo podrido e trae carne nueva más ayna que otra cosa e alinpia con ella los dientes mejor que con otra cosa. Esto yo lo vi manifiesto" (Chirino, *op. cit.*, p. 208).
32. El doctor Pedro Arias de Benavides, quien, a diferencia de Nicolás Monardes, sí vivió las incomodadas del viaje en barco para estar en el Nuevo Mundo y, poste-

*

Acabada la cura, sangren al herido del brazo contrario de la herida, por ser el principio,[33] y sáquenle cinco onzas de sangre de la vena que mejor pulsare. La segunda sangría hagan del brazo de la herida. Si la herida está en medio del pecho, hagan la primera sangría del lado izquierdo, y la segunda del brazo derecho de la vena del arca. Desde el día primero tome el herido cuatro mañanas arreo esta bebida, y con ella purgará toda la sangre que se hubiere recogido en el pecho, y reprimirá la que avía de correr. En siendo la herida penetrante, mande el cirujano confesar al herido, porque tiene obligación precisa, so pena de pecado mortal.[34] La

---

riormente, regresar al Viejo para publicar sus resultados y experiencias para beneficio de españoles, ofrece una declaración que alude al dinero y el costo de los servicios médicos en América: "La mayor gente que va a las Indias es gente muy codiciosa, dessean y se curan como dicho tengo [con zarzaparrilla], y digo que en una razonable hazienda se gasta allá en una enfermedad, porque todos les cuesta muy caro y más les hurtan lo que tienen, creo lo causa que no tiene[n] todos quien les guarde su hazienda y desta manera passan en todas las Indias y aunque algunos destos se muera no llega acá la mitad de su hazienda que allá se consume la mayor parte della" (Arias de Benavides, *op. cit.*, ff. 17v-18r). Recuerda un poco el relato de Motolinía, quien, desde una visión sumamente escatológica y providencialista, sobre la maravillosa conversión de los indios de la Nueva España, alude el alto costo de los servicios médicos en el virreinato, oponiendo la realidad de tlaxcaltecas a la de los mexicanos, con una prosa construida a partir de modelos literarios que recuerdan a la hagiografía y la literatura ejemplar: "Si a alguno le duele la cabeza o cae enfermo, si algún médico entre ellos fácilmente se puede haber, sin mucho ruido ni costa, vanlo a ver, y si no, más paciencia tiene que un Job. No es como en México, que, cuando algún vecino adolece y muere, habiendo estado veinte días en la cama, para pagar la botica y el médico ha menester cuanta hacienda tiene, que apenas le queda para el entierro, que de responsos y pausas y vigilias le llevan tanto derechos, o tuertos, que quedan adeudada la mujer, y si la mujer muere, queda el marido perdido. Oí decir a un casado, hombre sabio, que cuando enfermase alguno de los dos, teniendo cierta la muerte, luego el marido había de matar a la mujer, y la mujer al marido, y trabajar de enterrar el uno al otro en cualquier cimenterio, por no quedar pobres, solos y adeudados. Todas estas cosas ahorra esta gente" (Motolinía, *Historia de los Indios de la Nueva España*, 2015, p. 81).

33. "Y porque Galeno quiere, que se haga la sangría por vía de revulsión a la parte contraria, imaginó el Guido y otros cirujanos, que se había de hazer del lado contrario, los quales se engañaron. Yo digo con todo esto, que aunque la sangría, que se haze del mesmo lado, sea (como lo es) revulsoria, que en casos de heridas, y llagas frescas (no estando la sangre corrompida) que del un lado o del otro va poco (siendo el principio) que se saque la sangre" (Farfán, *Tratado breve de cirugía*, f. 126a).

34. "Primeramente confiéssese de sus pecados en especial, e primero de los cinco sentidos naturales de su cuerpo, los quales mal regió, por los quales muchas vezes pecó. Primeramente, del sentido de la vista, mirando por los ojos alguna muge o

bebida es esta: ruibarbo[35] bueno, media drama; rubia de tintoreros[36] y carne de momia[37] (si la hay),[38] de cada cosa un escrúpulo; agua de borra-

---

si es mujer mirando, al ombre con deletación o con cubdicia non devida, o con indignación e saña e desplazamiento. Segundo, confiéssese del sentido del oído, el qual se faze por las orejas, vanas e cosas non provechosas oyendo, e malas palabras e non honestas de los otros mucho de grado oyendo. Tercero, confiéssese del sentido del odorado, el qual se faze por la nariz, olineod cosas olientes bien, así como rosas e especias e semejantes cosas. Quarto, del sentido del gusto, el qual se faze en la lengua, cosas delectables con grand avideza e delectación gustando, comiendo e bebiendo, etc. Quinto, confiéssese del tacto, el qual se faze en todas las partes del cuerpo, mayormente los miembros proprios non lícitamente tocando, a ombres o mujeres abraçando, o non debidamente besando. Dende confiésese de la cogitación e pensamiento e imaginación, que se faze en el celebro o en el coraçón, pensando e imaginando pensamientos malos muchos e diversos. Dende confiéssese de la boca, por la qual pecó fablando muchas vezes contra Dios, jurando e mal regraciando a Él, e a los próximos e a los otros mal infamando. Dende confiéssese de sus pies, con los quales se fue a lugares deshonestos e defendidos, así como a las puterías, tabernas et torneamentos" (*Arte de bien morir*, pp. 134-135).

35. "Planta que echa las hojas grandes, anchas y casi redondas, espesas, y de un verde obscúro, al rededor de sus vástagos, en lo alto de los quales arroja flores blancas en forma de campanillas. Su simiente es grande, triangular y de color castaño lustroso. Su raíz es gruessa y pesada, obscúra por afuera, y amarilla por adentro, de gusto o sabor amargo y áspero, y un olor suave. Viene de la China casi siempre, y es mui medicinal y usada en la Europa. Latín. *Radix barbara. Raponticum.* PRAGM. DE TASS. año 1680. f. 16. Cada libra de ruibarbo, no pueda passar d diez y ocho reales de a ocho. CERV. Quix. tom. 1. cap. 6. Pues esse, replicó el Cura, con la segunda, tercera y quarta parte, tienen necessidad de un poco de ruibarbo, para purgar la demasiada cólera suya" (*Aut.*, *s. v.* "Ruibarbo").

36. "Raiz bermeja, que produce los tallos quadrados y ásperos: los quales al rededor de los nudos están ceñidos de ciertas hojas estrelladas. Su fruto es redondo, verde primero, después bermejo, y yá maduro negro. De ella hai dos especies, mayor y menor. Tomó este nombre de su color rubio, y de esta usan mucho los Tintoreros. Llámase assí tambien la planta. Latín. *Rubia*. RECOP. lib. 7. tit. 17. l. 41. De aquí adelante ninguna persona, que cogiere la dicha rúbia, ni el que la comprare, ni otro alguno, no la muela en atahona, sino fuere en molinos: só pena que el que lo contrario hiciere incurra en perdimiento de la dicha rúbia. LAG. Diosc. lib. 3. cap. 154. La rúbia es una raíz bermeja, de la qual usan los Tintoreros: y hállanse dos especies de ella" (*Aut.*, *s. v.* "Rubia de tintoreros").

37. "Se dice que el rey Francisco I de Francia llevaba siempre consigo un saquito lleno de polvo de momia mezclado con ruibarbo. Las propiedades terapéuticas atribuidas a esa preparación iban más allá de toda ponderación. Se pensaba que sería útil tanto ingerida como en aplicación externa, es decir, lo mismo enfermedades de los órganos internos que de la piel, y aun heridas y facturas" (González Crussí, *op. cit.*, p. 12).

38. Ya desde 1579, Farfán dudaba que se pudiera conseguir la carne de momia, elemento muy eficaz, junto con la cañafístula y el ruibarbo, para hacer un remedio

jas y zumo de granadas dulces, de cada cosa onza y media; todo lo dicho se mezcle y beba. No habiendo carne de momia, echen del riu[f. 300a] barbo y de la rubia de tintoreros de cada cosa una drama.

*

Si en estas heridas penetrantes viere el cirujano al enfermo desde el día primero, o a los [f. 301b] tres días respirar con dificultad, le puede pronosticar la muerte. Y si con esta falta de respiración le dieren unos temblores como de pasmo, delo ya por muerto. Este tal enfermo ordene su alma desde el día primero, y haga todo lo que debe a buen cristiano. [f. 301b]

contra los golpes y contusiones de los miembros interiores: "En quanto a la carne [de] momia, no sé, si en estos tiempos la aya, yo dúdolo, porque la verdadera es de los cuerpos embalsamados" (Farfán, *Tratado breve de cirugía*, f. 130b).

De las fístulas que se hacen en el pecho de heridas penetrantes y de apostemas [f. 302a] Capítulo séptimo

En el capítulo pasado dije cómo muchas veces quedaban fístulas de las heridas penetrantes del pecho, y de postemas que dentro de él se hacen. Las fístulas son unas llagas callosas, que siempre echan de sí materia, o sangraza,[39] y algunas veces la vomitan los que las tienen, y la escupen a cada paso. Acompaña a la fístula (las más veces) una calentura continua y una flaqueza muy grande. Parece el enfermo que ya se muere, y cierto, que le falta poco para acabar la vida. Los que (con el favor de Dios) quisieren hacer la cura que ahora diré, aunque estén muy malos los de las fístulas, conseguirán salud. Lo primero que ha de hacer el cirujano es: purgar al enfermo, y dele [f. 302b] estos jarabes cuatro días arreo. Jarabe de infusión de rosas y miel rosada,[40] de cada cosa una onza; agua de borrajas, tres onzas, todo lo dicho mezclen. [f. 302b]

39. Sangre corrompida.
40. En 1578, el cirujano Alonso López de Hinojosos aconsejaba como reemplazo para esta clase de miel la del maguey. Esto para curar el flemón (la inflamación aguda del tejido celular en cualquier parte del cuerpo): "Toma miel rosada o de maguey o de cualquiera que hubiere y échense dentro de ella polvos de incienso, y encima de la miel un parchecito de ungüento amarillo" (López de Hinojosos, *Suma y recopilación de cirugía*, 1578, p. 118). El ungüento amarillo se preparaba así en la Baja Edad Media: "El ungento amarillo es de resina e azeyte e çera que sea tan blando commo quisieren segunt la cera que echares. E algunos encorporan con esto albayalde e tengo que es bien e fázese blanco" (Chirino, *op. cit.*, p. 309).

De los zaratanes[41] que nacen en los pechos [f. 304b]
Capítulo octavo

Los zaratanes[42] son más comunes en los pechos de las mujeres que en los de los hombres, y mucho más [f. 305a] en las doncellas y en las que les baja mal la regla. La cura de los zaratanes no es la menor de la cirugía, sino una de las principales de ella y digna de que se sepa hacer. Los autores antiguos dificultáronla tanto, que casi pusieron por incurable este mal.[43] Más ahora los modernos la hacen con facilidad. Dijeron los antiguos que el zaratán oculto sin llaga era incurable, y si lo dijeran del zaratán manifiesto y con llaga acertaran, porque estos casi nunca sanan. El que hiciere esta cura ha de tener manos liberales y mucha destreza en sacar entero el zaratán. Del que tiene estas dos cosas que dije se puede fiar, y no de los que no saben tomar las pinzas en la mano. Ninguno piense de resolver el zaratán, que será querer volver blanco a negro. Yo he visto que queriéndolos resolver, crecen más y se endurecen, y vienen a hacer llaga. El zaratán comienza como una lenteja, y casi no tiene dolor. Va creciendo poco a poco, y algunas veces crece o disminuye con las lunas. Tratar más de él no hay para

41. "Un género de enfermedad de cancer, que dá à las mugeres en los pechos, el que les vá royendo, y consumiendo de tal suerte la carne, que por lo regular vienen à morir de esta enfermedad. Covarr. dice es voz Arábiga, que en su Lengua significa lo mismo. Lat. *Carcinoma, tis*" (*Aut.*, *s. v.* "Zaratán").

42. "Ya diximos quando tractamos del cáncer o çaratán, como tomova el nombre del cangrejo marino, y éste es el que viene a llagarse" (Farfán, *Tratado breve de cirugía*, f. 192a).

43. "El primero pronóstico es de Hippocrates en la quinta parte de los *Aphorismos*, aphorismo quarto, el qual dize, a las mujeres que se les viene la sangre a las tetas, significa locura. Galeno no recibe este aphorismo por de Hippocrates, por no lo aver visto en práctica, aunque Lanfranco dize, haverlo visto y da esta razón: quando la sangre por muchedumbre y mordacidad y agudeza no se convierte en leche en los pechos de las mujeres, por ser de tan mala calida entonces muda su naturaleza y corrompe, y sus malos vapores suben al celebro, y así causa locura" (Farfán, *Tratado breve de cirugía*, f. 108).

qué, como mal tan conocido. Antes que lo saquen es necesario purgar dos veces a quien lo tiene. [f. 305a]

*

Pongan a la que tiene el zaratán acostada de espaldas [f. 306a] sobre una mesa, y tenga una fresada doblada debajo, y ponga la cabeza sobre una almohada, con poca lana. Ténganle dos hombres los brazos, y otros dos las piernas y el cuerpo, de manera que no sea señora de sí. Tome el cirujano con la mano izquierda el zaratán, y abra del cuero lo que bastare para que pueda salir. Desque esté descubierto el zaratán, vaya cortando de ambas partes como quien desuella el cuero. Y habiendo sangre, ponga una pelota de estopas o de hilas, el dedo encima. Estando descarnado el zaratán por la parte de fuera, sino puede (con la mano izquierda teniéndole asido) acabarlo de descarnar todo, meta por él una aguja en hilada, y tirando del hilo, la descarnará. De esta manera sale entero, y hágalo así, que va mucho en ello. [f. 306a]

*

Si me acuerdo bien, entiendo que puse este mismo ungüento al principio de la cirugía.[44] [f. 306b]

44. "De doctrina de Avicena en la cura de las tetas (que están endurecidas) es bueno el emplasto, que el Guido y Iuanes de Vigo alaba mucho, el qual es de harina de arroz hecho con manteca, y enxundia de gallina, y con arrope de uvas y faltando el arrope es buena la miel de Maguey, puédenlo hazer, hechando dos partes de la harina del arroz, y una de manteca y enxundia de galliana, y media de la miel" (Farfán, *Tratado breve de cirugía*, ff. 108b-109a).

De las heridas del vientre penetrantes o no penetrantes [f. 308a] Capítulo nono

Las heridas del vientre y de todas sus partes (si bien las curan) no son peligrosas. Las del ombligo tienen peligro por ocho nervios que vienen a él [f. 308b]. Este mismo peligro corren todas las espaldas por los nervios que de la nuca descienden en ellas. Y esto digo: se entienda, aunque no sean penetrantes, por los nervios que se cortan y por los acidentes y pasmos que vienen. Las heridas del vientre (como no corten las tripas) no tienen peligro. Y si otro miembro cortan, son muy peligrosas, aunque he visto a algunos vivir. La cura se haga de esta manera: si saliere el redaño[45] o las tripas por la herida, lávenlas con vino cocido con manzanilla, eneldo[46] y rosas, métanlas blandamente dentro. Y cuando no hallaren estas cosas, lávenlas con vino caliente. Todo lo que del redaño salió fuera de la herida lo aten con un hilo largo junto a ella, corten el redaño un dedo del hilo, y cauterícenlo, y métanlo dentro, y dejen fuera el hilo. Si la boca de la herida es grande, cósanla por la parte alta, y dejen el orificio cuanto pueda caber un

---

45. "Tela que cubre las tripas, en figura de una bolsa, que consta de dos membranas mui delicadas, que en medio dexan un grande espacio. De estas la externa o anterior se une al fondo del estómago, al intestino duodeno y a la parte cóncava del bazo. La interna y posterior al colón o pancreas, y a veces al trozo pequeño del hígado, y a la espalda. Llámase tambien Omento. Martin. Anat. Compl. cap. 2. Latín. *Omentum, i.* VALVERD. Anat. lib. 3. cap. 6. Este redáño es hecho de una tela doblada, lisa, sin hilos algunos, y sembrada de muchas mollejas, mezcladas con gordúra, y llenas de venas y artérias. SYLVEST. Proserp. Cant. 7. Oct. 36. *Los que antes no tomaran, yá partidos, / Dexa sangrienta su cuchilla vaga,/ Y al tomar el acero con engaños / Asquerosos vomitan los redáños*" (*Aut.*, *s. v.* "Redaño").

46. "El eneldo. Si se bebe la decocción de la cabellera y del fruto del eneldo seco, acrecienta la leche y mitiga los retortijones de tripas y las flatulencias. Restaña el vientre y los vómitos superficiales. Provoca la orina y reprime los hipos. Embota la vista y, bebido con continuidad, disminuye el esperma. Su decocción es útil para las mujeres con mal de matriz, en baños de asiento. La simiente quemada y aplicada en cataplasma, elimina los condilomas" (Dioscórides, *Plantas y remedios medicinales*, libros I-III, p. 413).

dedo. Al dar los puntos, asgan[47] con la aguja ambos cueros del vientre, y lo que llaman el mirchac y el cifaque,[48] porque de otra manera las tripas saldrán por allí, como a los que están quebrados. [f. 308b]

47. Asir, verbo.
48. En el original: "siphac". "El tercer cuero ù tela del vientre, que está immediato à las tripas. Es voz Anatómica. Lat. *Peritonaeum, i.* MONTER. DEL REY DON AL. lib. 2. part. 1. cap. 13. E porque son tres cueros en el vientre, en costúra ha de ser assi metida la aguja por el cuero primero, è por el segundo, è por el tercéro, que es el cifáque" (*Aut.*, *s. v.* "Cifaque"). "El peritoneo es una membrana del cuerpo y sus funciones en los animales son muchas. Una es la protección de todas las partes que están debajo de él: en el estómago, en los intestinos y en las vísceras debajo del diafragma; la segunda función es la de separar esas vísceras de los músculos externos que reposan en ellas; la tercera es que los residuos de los alimentos secos bajen más rápidamente; la cuarta consisten en evitar que el estómago y los intestinos se llenen fácilmente de aire, y la quinta función del peritoneo cosiste en unir todas las partes que están debajo del diafragma y en cubrir cada una particularmente como una especie de piel" (Galeno, *Del uso de las partes*, Madrid, Gredos, 2010, p. 231).

De las úlceras y llagas viejas [f. 310b] Capítulo décimo

En la cura de las llagas viejas seré breve, aunque, con el favor de Dios, diré todo lo que a la sanidad de ellas conviene, que esto es lo que pretendo.[49] Cuatro cosas muy necesarias debe mandar el cirujano al que tiene úlceras o llagas viejas. La primera es muy esencial, que se purgue las veces que fueren menester. La segunda, que se guarde y abstenga de malas comidas, y tenga regla y orden en todo lo que más conviene. La tercera, que le obedezcan en [f. 311a] lo que a la cura de la úlcera y llaga conviene. La cuarta, que se esté quieto, acostado o sentado para que sanen con más brevedad. Las úlceras y llagas viejas que se hacen en partes nerviosas se cuecen y mundifican[50] y digieren muy bien con el digestivo de trementina y yemas de huevos, mezclando unas gotas de aceite rosado. Las úlceras y llagas, que están en miembros carnosos, no han menester más de las yemas de huevos y el aceite rosado, aunque se puede mezclar un poco de trementina, porque modifique más presto. De cualquier digestivo de estos usen seis días, o hasta que la materia de la úlcera esté blanca. Las úlceras y llagas tienen dos humidades, la una es gruesa, y esta es fría. Conócese cuando la circunferencia de la llaga esta como negra. La otra humedad es sutil, y esta es cálida, y conócese quando la circunferencia está colorada, o morada. [f. 311a]

---

49. Séneca utiliza las úlceras para ejemplificar un razonamiento contra la ira: "En efecto, lo mismo que las úlceras duelen por un ligero roce, después incluso por la presunción de un roce, así el espíritu afectado se siente agraviado por nimiedades, hasta el punto de que algunos una salutación o una carta o una argumentación o una interpelación los provocan al pleito: nunca los enfermos se dejan rozar sin una queja" (Séneca, *Diálogos*, "Sobre la ira", p. 196).

50. "Limpiar, purgar y purificar alguna cosa. Latín. *Mundificare. Mundare.* FR. L. DE LEÓN, Nomb. de Christ. en el de Jesús. No solamente pinta las hojas, sino que propria y principalmente mundifica la raíz, y la fortifica. FRAG. Cirug. lib. 3. cap. 5. Estando digesta la llaga, qué intención se sigue? Mundificar, porque si la llaga no está limpia, por demás es que se crie carne nueva" (*Aut.*, *s. v.* "Mundificar").

De las hinchazones, de los apostemas y úlceras de la cabeza con corrupción de huesos [f. 315b]
Capítulo once

Las hinchazones, los apostemas y úlceras de la cabeza casi siempre se hacen de humor melancólico, se recoge y asienta sobre el pericráneo, que es una tela nervosa que cubre todo el casco. Y como es tan sensible, duelen tanto las úlceras y apostemas de la cabeza. Este humor tan pestífero y corrosivo, que antes que las hinchazones vengan a madurar, han apolillado y corrompido el hueso, como cada día lo vemos. Por esto aconsejo siempre que las abran antes que maduren del todo. Y es buen tiempo, cuando comienzan a ablandarse. Estas hinchazones (hablando verdad) casi no vienen a perfecta maduración.

De los incordios y llagas de las partes vergonzosas de los hombres y mujeres [f. 317b]
Capítulo doce

Común práctica es de algunos resolver los incordios cuando comienzan sin saber de qué causa proceden. No todos se deben resolver, ni todos madurar, y el porqué se dirá adelante en la cura de ellos. La destemplanza y mala complexión del hígado es mucha causa de los incordios. Y así, como miembro principal, echa de sí a las ingles (como albañales) todas sus superfluidades y malos humores.[51] Otras veces es causa de los incordios algunas llagas del miembro viril y de las piernas. Empero, el hígado juntamente padece y hace mala sangre. Cuando los incordios vienen por estas causas dichas, sangren al enfermo de ambos brazos, comenzando del brazo del incordio de la vena del arca, y sáquenle cada vez cinco onzas de sangre. [f. 317b]

*

Si los incordios vienen de mucha comunicación con mujeres no muy limpias de alguna sospecha de mal francés, de lo cual el hígado se debilita mucho, hagan dos sangrías de los brazos de la vena del arca, y saquen cada vez cuatro onzas de sangre, y denle los jarabes y purgas como queda dicho. [f. 318a]

51. La tradición de considerar los órganos sexuales como albañales, principalmente el de la mujer, por los menstruos, era una concepción medieval amparada en los grandes padres de la medicina: "¿Por qué tienen las mujeres madrigueras? Responde el Abenrroys: [...] Assí como acostumbran de estar los abbellones, en medio de los patines, para recebir las aguas e inmundicias que cahen de toda la casa, assi la madriguera está en medio de la mujer, y recibe toda la sangre mentruosa e inmunda della" (Ketham, *op. cit.*, pp. 146-147).

De las llagas de las partes vergonzosas de los hombres y mujeres [f. 319b]

A cada paso se ofrece la cura de estas llagas, y porque algunos no quieren manifestar sus miserias a todos, la pongo aquí. Muchas veces vienen estas llagas a los muy continentes, por alguna purgación de los riñones, y por criar humores adustos y melancólicos. Y a las mujeres les viene por ser la sangre del mestruo[sic] muy cálida y corrosiva. Y a otros les vienen de caminos largos por tierras cálidas, y por andar alto el caballo, y a otros por algunas poluciones que tienen durmiendo que abrasan todo el prepucio. Y en los de mala complexión esto solo basta, para cancerárseles las llagas con mucha facilidad si luego no las remedian. Cuando estas llagas son superficiales y no vienen de mal humor, sanan con buen regimiento, y poniéndoles un poco de albayalde o los polvos de la calabaza de Castilla. Mas [f. 320a] si no están limpias y son grandes, no sanan con lo que he dicho, si no las lavan y curan (dos veces o tres al día) con el famoso colirio[52] de Lamfranco,[53] y hácese de esta manera, que aquí digo: tomen medio cuartillo de buen vino blanco; seis onzas de agua rosada o de llantén;[54] y a falta de estas, sea de cebada; oropimente y alumbre quemado, y muy molidos, de cada cosa una dracma; cardenillo molido, media dracma. Todo junto de un hervor al rescoldo. Laven la llaga con un pañito tres veces al día, y pongan en albayalde o los polvos de la calabaza de Castilla. [f. 320a]

*

Cuando estas llagas (en hombres o mujeres) comienzan a tener un color morado, o están sucias, es señal de alguna corrupción, como se ven cada día. Luego que haya esto, échenles los polvos de Ioanes de Vigo,

52. "(Del lat. *collyrĭum*, y este del gr. *κολλύριον kollýrion*). Medicamento compuesto de una o más sustancias disueltas o diluidas en algún líquido, o pulverizadas y mezcladas, que se emplea en las enfermedades de los ojos" (*DRAE*, *s. v.* "Colirio").

53. Se refiere al agua o colirio de Lanfranc. Conocido con los nombres de Guido Lanfranchi, Lanfranco. En Lyon escribió la *Petite Chirurgie*. Posteriormente, fue un afamado profesor de cirugía en la Facultad de Medicina de París.

54. El agua de llantén era recomendada para lavar llagas en distintas partes del cuerpo, así lo aconsejaba el médico medieval Alonso de Chirino: "Para enxugar e alinpiar llagas viejas e sanarlas: rayz de cardo çuçar e çumo de coles viejas todo secado e bien molido e polvorizar ençima. E cada vegada laven primero la llaga con agua fría, pero que todo lavar de llaga es mejor con suero o con agua de llanten" (*op. cit.*, p. 122).

y prepárenlos si quieren como lo he dicho otras veces, porque no causen tanto dolor. Los polvos de los cangrejos de agua dulce tostados atajan cualquier cáncer, aunque sea muy grande. Hacen lo mismo los polvos de la hienda[55] del hombre. Cuando los polvos de Ioanes no quitaren la corrupción es muy mala señal. Entonces cautericen las llagas y corten antes lo que pudieren de la carne corrompida con unas tijeras. Con esto el fuego hará con más brevedad su efecto, y el enfermo recibirá menos dolor. [f. 321a]

*

Cautericen las llagas que hubiere en la bellota o cabeza del miembro. Las otras curas se hagan como las de las úlceras, a donde me remito.[56] Aquí hemos acabado la cirugía a honra y gloria de nuestro Dios. Amén. [f. 322b]

***

55. "Lo mismo que Estiercol. Es voz que se usa en las Boticas. Latín. *Fimus. Stercus.* PRAGM. DE TASS. año 1680. f. 18. Cada libra de hienda de lagarto, no pueda passar de doce reales" (*Aut.*, *s. v.* "Hienda").

56. "El Guido, y Ianes de Vigo afirman, que para la curación de las úlceras, hallaron grande remedio y provecho en las sangrías y purgas. Así mismo se han de poner en la circunferencia y redondez de la úlcera, medicinas que reprima y detengan el fluxo de los humores que a ellas corren: de manera que si fuere flegmón, lo que se juntare con la úlcera, curarse ha como en la cura dél queda dicho. Y si fuere apostema conforme a tal, y si abundancia de malos humores, hazer los remedios que en la cura de llagas frescas diximos, adonde me remito. Las vacuaciones generales se harán las vezes que fueren menester, y conforme al parecer del médico" (Farfán, *Tratado breve de cirugía*, f. 184b).

Anatomía breve hecha por el padre fray Agustín Farfán, doctor en medicina y religioso de la orden de San Agustín [f. 323a]

* LIBRO QUINTO *

De la anatomía [f. 323a)
Capítulo primero

Siendo el cuerpo humano[1] (como lo es) el sujeto del médico y del cirujano, es bien poner aquí una breve anotomía, para que sepan y conozcan todas las cualidades y complexiones y oficios de todas las partes y miembros de él. Y porque sepan también los sitios y lugares de cada miembro, para cuando les apliquen las medicinas.

El cirujano conviene que sepa cómo y por donde ha de cortar, abrir y cauterizar. Y muchos por no saber la anatomía hacen yerros irremediables cada día.[2] La definición de la anatomía es una ciencia recta y derecha, con la cual dividimos cortando [f. 323b] los miembros humanos con singularidad de las partes conforme a la etimología del vocablo, que viene de este nombre griego *ana*, y de *tomos*, que quiere decir recta división.

Primero que tratemos de la anatomía conviene saber que el cuerpo humano es compuesto de muchos miembros.[3] Llamamos miembro o

1. Para definir "Qué cosa es cuerpo humano", el cirujano Alonso López de Hinojosos citaba al famoso cirujano medieval Guy de Chauliac: "Cuerpo humano, según Guido, es un todo de muchos y diversos miembros y partículas compuesto. Se llama todo porque entre todos los cuerpos no hay otro de más noble forma o composición; la causa es por tener dentro de sí una cosa y substancia tan excelente como es el Ánima nuestra racional que es su forma y perfección. Está adornado de muchas partes y diversos miembros" (López de Hinojosos, *Suma y recopilación de cirugía*, 1578, pp. 84-85).
2. En 1579, fray Agustín Farfán se ceñía a la tradición literaria de su arte, pues era un tópico que el médico dictase las cualidades de un cirujano. Así, aconsejaba tomar en cuenta las siguientes características para llegar a ser un buen cirujano: "Las condiciones que el cirujano ha de tener son, que sea mancebo, o casi. Que tenga buena vista, facundo elegante, gracioso, de buena conversación, de lindo aire, pulido, y aseado en toda su persona, de buena condición y complexión y sobre todo buen cristiano y temeroso de Dios. Ha de ser también animoso y presto de manos en su obrar, teniendo para ello buenos instrumentos, sin los cuales no se puede hacer cosa alguna, ni con presteza, ni sin dolor" (Farfán, *Tratado breve de cirugía*, f. 2b).
3. "Es de saber que cada parte de nuestro cuerpo tiene cinco virtudes: atractiva, retentiva, digestiva, expulsiva y la virtud regitiva. Y para que las cosas del nutrimien-

parte a una cosa apartada de la otra. Los miembros del cuerpo que son engendrados por la primera mixtión[4] de los humores, unos simples y otros compuestos. Los miembros simples son diez: nervio, músculo, ligamento, cuerda, hueso, cartílago, panículo,[5] vena, arteria, carne, cuero, uñas, cabellos,[6] y grasa; aunque es verdad que las uñas, cabellos y grasa[7] no son propiamente miembros, sino superfluidades y sobras del nutrimento, producidos para provecho del cuerpo humano.

---

to sean bien ordenadas, proveyó naturaleza en el cuerpo humano cuatro digestiones, y en cada una de estas digestiones se aparta lo bueno de lo malo. En la postrera digestión que es para la conservación y acrecentamiento del individuo que es el hombre, ordenó naturaleza tres humedades. La primera digestión es en el estómago, como preparatoria de los demás miembros de todo el cuerpo. Lo bueno, que es el quimo, va por las venas miseráicas al hígado y allí toma color de sangre; y lo otro que es grueso va a las tripas. La segunda digestión es en el hígado y allí toma, como está dicho, color de sangre; la buena sangre va por las venas y el suero de ella va por los poros uritides a los riñones, que es la orina que va a la vejiga. La tercera digestión es en las venas y como la sangre de las venas por contener y abrazar los cuatro humores es gruesa, ordenó Dios por la naturaleza, como en todas las demás, dejarle a la dicha sangre una parte de acuosidad para ayudarla a pasar por los caminos y vías estrechas. La dicha acuosidad se llama icor o serosidad y es de notar que con cada vena de las que sangran, siendo grande, va a una arteria para ayudar a dar vida y hacer mejor su digestión, y aquí se aparta lo bueno de lo no tal y lo bueno se convierte en substancia del cuerpo o miembros. Y de lo no tal, que es como excremento, se hacen los cabellos o pelos del cuerpo y se mantienen y crecen las uñas y la grasa o gordura del cuerpo, y también se convierte en otras superfluidades diferentes" (López de Hinojosos, *Suma y recopilación de cirugía*, 1578, pp. 85-86).

4. "La mezcla o ayuntamiento de unas cosas con otras. Latín. *Mixtio*. SAAV. Republ. pl. 67. Por las mixtiones naturales y especies que se ofrecen entre los sentidos y cosas sensibles. HUERT. Probl. f. 103. Vemos lo contrario en muchas termas calidíssimas, que de ninguna suerte dán indicio ni muestra de su mixtión" (*Aut.*, *s. v.* "Mixtión").
5. "Membrana o tela que está debaxo de la gordura del cuerpo del animal, y cubre varias partes del: y segun elas varia los nombres como carnoso, nervoso, &c. Sirve para fortalecerlas y ayudar al movimiento de los músculos. Los más conocidos son los que llaman Paniculos del celebro. Latín. *Paniculus*. LAG. Diosc. lib. 1. cap. 39. Principalmente en aquellas que son penetrantes, por las quales se parecen los panículos del celebro" (*Aut.*, *s. v.* "Panículo").
6. "El pelo es el órgano más frío y seco, siguiéndole los huesos en extremo" (Al-Razi, *Libro de la introducción al arte de la medicina o "Isagoge"*, p. 4).
7. "Qué cosa es grasa o gordura. Grasa es miembro simple, de complexión fría y húmeda, hecha de las superfluidades de la cuarta digestión de los humores y de la resudación de las tres humedades que son: Ros, Glut y Cambio. Ros, a semejenza de rocío, Glut, que va engordando y Cambio, como cosa que se guarda para el efecto mismo" (López de Hinojosos, *Suma y recopilación de cirugía*, 1578, p. 87).

El nervio es miembro simple, como lo afirma Galeno y Avicena, es instrumento para dar sentido y movimiento a todos los otros miembros del cuerpo. Este sentido y movimiento toma el nervio del espíritu animal, y su complexión es fría y seca.

Músculo es miembro compuesto de nervio y ligamento. Y de unos [f. 324a] como hilos y de carne, y de un panículo que le cubre todo. Llámanle músculo porque se parece en la hechura a la cola de un ratón, es su complexión fría y seca. El ligamento es en dos maneras, uno nace de cuerda, como lo afirma Galeno, otro nace de hueso, según Avicena, y es de complexión fría y seca. La cuerda nace del músculo, su naturaleza es de nervios, y de panículos, como lo dice Galeno. Su complexión (según Hipócrates)[8] es fría y seca.

Los huesos son miembros simples y carecen de sentido, son secos y fríos.[9]

Cartílago o ternilla es casi de la naturaleza del hueso, adorna y honra mucho las partes del cuerpo humano, como las ternillas de las orejas, y de las narices y las de las pestañas de los ojos, es fría y seca.

El panículo es de naturaleza de nervio, aunque su daño no es de tanto peligro como el del nervio, es muy sensible y su complexión es fría y seca.

8. El complejo arte de la medicina y el nombre de uno de sus padres está presente en obras literarias, filosóficas y religiosas que van más allá de las intenciones y limitaciones de este arte. Por ello mismo, entre otras cuestiones planteadas en el estudio introductorio, postulo por el término poética del arte médico al encarar la construcción narrativa de los tratados de medicina de la temprana modernidad: "Había por aquel tiempo un sabio varón, peritísimo en el arte médica y muy celebrado en ella, quien, siendo procónsul, puso con su propia mano sobre mi cabeza insana aquella corona agonística, aunque no como médico, pues de aquella enfermedad mía sólo podías sanarme tú [...] No obstante, ¿dejaste por ventura de mirar por mí por medio de aquel anciano o desististe tal vez de curar mi alma? Lo digo porque, colgado e sus discursos, que eran elegantes y graves, no por la elegancia de su lenguaje, sino por la vivacidad de sus sentencias, como coligiese de mi conversación que estaba dado a los libros de genetlíacos o astrólogos, me amonestó benigna y paternalmente que los dejase y no gastara inútilmente en tal vanidad mis cuidados y trabajo, que debía emplear en cosas útiles, añadiendo que él también había aprendido aquel arte, hasta el punto de querer tomarla en los primeros años de su edad como profesión para ganarse la vida, puesto que, si había entendido a Hipócrates, lo mismo podía entender aquellos libros" (Agustín de Hipona, *op. cit.*, pp. 68-69).

9. "Qué cosa es hueso: Huesos son miembros simples, de esencia espermática, de complexión fría y seca, de substancia dura y terrestre, insensibles e incapaces de sentir dolor. Según Avicena son doscientos cuarenta y ocho todos los huesos" (López de Hinojosos, *Suma y recopilación de cirugía*, 1578, p. 89).

Vena es la que contiene la sangre que se engendra en el hígado, tiene una túnica, es fría y seca.[10]

Arteria es vaso de toda la sangre vital que se engendra en el corazón, como lo afirma Galeno, esta es fría y seca.[11]

Carne se divi[f. 324b]de en tres especies: en carne glandulosa, en carne musculosa y en carne simple. Carne simple es la de la bellota del miembro viril, la de las encías y la de las narices; carne glandulosa es la de los pechos de las mujeres y la de los compañones; carne musculosa es la de todo el cuerpo, y esta como parte primera se ofrece a la anatomía y esta es sensible.[12]

Cuero es una tela y cobertura de hilos, de nervios, de venas y de arterias menudas, tejido y hecho para detener el sentido. Llamase el cuero en griego *derma*, y hay dos especies de él: el uno cubre los miembros del cuerpo por la parte de fuera, y el otro los cubre por la parte de dentro. Este se llama panículo, como el del cerebro, y como la pleura,[13] donde se hace el dolor de costado. No llamo cuero al que con alguna quemadura se levanta haciendo ampolla, porque no lo es. El

---

10. "Qué cosa es vena: Vena es miembro simple, de complexión fría y seca de sí y por accidente caliente y húmeda a causa de la sangre que está en ella. Es de substancia dura y es hecha de hilos, de nervios y ligamentos, y no tiene más de una túnica" (López de Hinojosos, *Suma y recopilación de cirugía*, 1578, p. 88). Además, el grosor de las venas, en el galenismo arabizado, era de fundamental importancia: "Cuando observes cualquier situación en el hombre, has de tener en cuenta si se debe a su estado innato o si es productiva por el medio de vida. De esta manera decimos: quien tiene venas amplias es de naturaleza cálida, y quien tiene venas estrechas, de naturaleza fría, porque es intrínseco al calor dilatar y abrir las venas. Así, en la mayoría de los casos, la gordura constriñe y estrecha las venas, mientras que la delgadez las dilata" (Al-Razi, *Libro de la introducción al arte de la medicina o "Isagoge"*, p. 43).
11. "Qué cosa es arteria: Arteria es miembro simple a largo modo por ser de dos túnicas nerviosas ligamentales, y es creada para llevar los espíritus vitales por todo el cuerpo, para dar aire fresco al corazón y para expeler el aire que está caliente dentro del corazón" (López de Hinojosos, *Suma y recopilación de cirugía*, 1578, p. 88).
12. "Qué cosa es carne: [...] La carne musculosa es como la de los muslos que es a manera de ratón. La carne lacertosa es como a manera de lagarto y sirve en los brazos y piernas; la carne glandulosa o escrofulosa, es como la que está detrás de las orejas, en el cuello y lo que está en las ingles y debajo de los brazos o sobacos" (López de Hinojosos, *Suma y recopilación de cirugía*, 1578, p. 88).
13. Pleura: "(del gr. πλευρά *pleurá* 'costado'). Cada una de las membranas serosas que en ambos lados del pecho de los mamíferos cubren las paredes de la cavidad torácica y la superficie de los pulmones" (*DRAE*, *s. v.* Pleura).

cuero es templado caliente, y en algunas partes, por la parte de dentro, es húmido, sirve mucho al sentido del tacto. El calor más templado de nuestro cuerpo es el del cuero de la palma de la mano.

Las uñas sirven de tomar mejor con las manos lo que queremos, sirven de rascar [f. 325a] el cuerpo, y por ellas purgamos algunos humores. Los cabellos son guarda de la cabeza contra el aire, frío, agua y sol.[14] La grasa y gordura sirven al cuerpo en muchas cosas, como lo dice Galeno. Algunos miembros de estos que hemos dicho tienen su principio en la semilla del hombre, y llámanlos miembros espermáticos.

Cuatro humores hay en el cuerpo: sangre, flema, cólera y melancolía. La sangre es caliente y húmida; la flema fría y húmida.[15] La cólera caliente y seca; la melancolía fría y seca. La cólera tiene su asiento y lugar junto al hígado, en la vejiga que comúnmente llaman la hiel. Toma el nombre de lo que contiene, que hiel quiere decir, cólera, que es nombre griego, y en latín la llaman bilis, y es de naturaleza del fuego. La flema después que se derrama por el cuerpo y estómago, donde, por opinión de Galeno, también se engendra, es de la naturaleza del agua. La melancolía tiene su asiento en el bazo y es de la naturaleza de la tierra. La sangre tiene su asiento en el hígado, es de la naturaleza del aire.[16]

---

14. "La tierra que se encuentra en el alimento se convierte en hueso. La substancia que sigue a aquélla en grosor se transforma en nervio y la que es más blanda que la substancia de éste se vuelve carne, que en su transformación se hace grasa. El pelo las uñas se originan por un exceso de la sequedad de la misma naturaleza" (Al-Razi, *Libro de la introducción al arte de la medicina o "Isagoge"*, p. 30).
15. "Citaremos también la siguiente frase de Galeno: 'Si coges una vejiga y pones en ella agua, polvo, plomo enfriado y limaduras de hierro, después insuflas todo ello y lo dejas secar, encontrarás que todos y cada uno de los elementos, pese a su condición, se han reunido en una sola forma y se han fusionado'. Conforme a este ejemplo, así se combinan cada uno de los elementos del alimento con los órganos del cuerpo que se les asemeja, cualquiera que sea su camino y cualesquiera que sean las dificultades que le impidan ir al encuentro de su misma especie. Del mismo modo también se transforma toda substancia de los cuatro elementos fundamentales de los que se nutren los árboles en su especie, forma y aroma [...] Afirman algunos que la naturaleza del cuerpo es única y con un solo elemento. Esto es absurdo e ilógico, porque un solo elemento no puede formar distintas materias ni en mucha ni en poca cantidad" (Al-Razi, *Libro de la introducción al arte de la medicina o "Isagoge"*, p. 31).
16. Bazo, estómago e hígado, al estar relativamente en una misma zona del cuerpo, eran tratados con ungüentos que buscaban reestablecer su normalidad como

La carne y la grasa es caliente. Otros miembros hay que se componen de los miembros simples. Entre [f. 325b] estos miembros compuestos unos se llaman principales, y son forzosos para la vida, como es: el cerebro, el corazón y el hígado. Los testículos son principales, no para la vida, sino para la generación. Porque sin ellos viven los capados.

Otros miembros hay, que se llaman orgánicos, porque son instrumentos del alma, como son: el rostro, el corazón, y la mano y el hígado. Otros miembros hay simples, y no simples, como los primeros, sino simples entre los principales, como los ojos, las narices, y la cabeza, el cuello, la cara, los brazos, las nalgas, los muslos y las piernas. La anatomía de todos diré en breve. [f. 325b]

---

asientos de los humores, aquí uno recomendado por Farfán en 1579: "Ungüento desopilatorio para el baço, estómago, y hígado, aunque sea el mal muy antiguo, y proceda de humor gruesso: Tomen barbazas de la zargatona, vinagre fuerte, de cada cosa una onça; castóreo, dos dragmas; miel blanca, dos onças; çumo de rábanos, hiel de toro, de cada cosa una onça. Todo se mezcle, y a fego manso (meneándolo bien) se haga ungüento, y tibio se ponga por la mañana, y en la noche" (Farfán, *Tratado breve de cirugía*, ff. 257b-258a).

De la anatomía de la cabeza y de todos sus miembros [f. 325b]
Capítulo segundo

Habiendo de tratar de la anatomía de la cabeza (miembro orgánico y compuesto de partes semejantes) digamos de su lugar y sitio, y por qué la pusieron en lo más alto del cuerpo.

La cabeza, según Galeno y Avicena (cuyo nombre en grie[f. 326a] go es *cephas*, y en arábigo *ras*, y en latín *supremumventrem*) fue puesta en lo más alto del cuerpo porque fuese guardada mejor de los brazos, de las manos, de los ojos y de los oídos. También se puso en lo más alto del cuerpo porque tiene por vecina la raciocinación, y para que vea los daños que le pueden venir como señora de las otras partes.[17] Los ojos están más bajos porque las piernas huyan y el cuerpo no caiga. Todo esto es para guarda de la cabeza.

La forma de la cabeza es redonda a manera de esfera, por ser la tal figura, como dice Galeno, la menos pasible.[18] La cabeza es de igual diámetro y proporción. En la delantera es gibosa[19] o corcovada, y no sin misterio. De la cabeza nacen todos los lacertos[20] o músculos, que van a la cara y al cuello. En él hacen su asiento para mover la cabeza y sus partes.

La composición de la cabeza es de huesos, de panículos, y de la médula que llaman sesos, y su complexión es fría. Lo primero que ocurre a la cabeza es los cabellos; lo segundo el cuero; lo tercero la parte musculosa; lo [f. 326b] cuarto el panículo, llamado comúnmente pericráneo, en griego *periostis*, y en arábigo *almocatin*, y en latín membrana *adnata*, y en nombre común de la cirugía, la madre geni-

---

17. "La olla de la cabeza, según Guido [Guy de Chauliac], es una parte redonda llena de cabellos en la cual son contenidos los espíritus animales" (López de Hinojosos, *Suma y recopilación de cirugía*, 1578, p. 90).
18. En el sentido de susceptible, sufrible.
19. "(Del lat. *gibbōsus*): que tiene giba, joroba" (*DRAE*, *s. v.* "Gibosa").
20. "(Del lat. *lacertōsus*). Musculoso, membrudo, fornido" (*DRAE*, *s. v.* "Lacertoso").

tiva, porque nacen de ella las comisuras de los huesos de la cabeza, los cuales nacen de la durámater [f. 326b].[21] Lo quinto que ocurre a la cabeza es el casco, que en griego llaman *cranio*, en arábigo *techa*, y en latín *cerebrigalea*.

Dentro de estas partes continentes hay otras, y son cinco: la primera es el hueso de la segunda tabla del casco, esta se llama diploidis[sic] o vítrea; la segunda es el panículo más grueso, y es el que dije arriba que se llamaba de todos durámater, y en griego *meninx*, y en latín *cerebrivelamen*; la tercera es el panículo que cubre el cerebro, y llámase piamater[sic], y en griego *choroys*, y en arábigo *secundina*; la cuarta es la *rete mirabile*, que quiere decir red maravillosa; la quinta y postrera el hueso basilar, llamado en griego *hipsolidis* y en arábigo *lamdij*, y en latín *lamda*, que es el que sustenta toda la cabeza. [f. 326b]

21. "Una de las telas que envuelven los sessos y sus salidas, y todos los nervios de la cabeza, cubriendo la parte superior del celebro: y por ser esta tela más gruessa que las demás que envuelven los sessos por la parte de afuera, mui áspera y desigual, la llaman los Anatómicos Dura madre. Latín. *Dura mater*. FR. L. DE GRAN. Symb. part. 1. cap. 28. Y assimismo vá tambien ella envuelta con aquellas dos túnicas o camísas que diximos tener los sessos, que son la dura madre, y la pia madre que está junto a ella" (*Aut.*, *s. v.* "Dura Madre").

De la anatomía del cerebro [f. 328b] Capítulo tercero

El cerebro es parte medular, y divídese en tres ventrículos o vientrecillos. El uno está en la parte delantera de la cabeza y es de mayor cantidad que los otros. El otro está en medio de la cabeza. El tercero está en la parte postrera de la cabeza, y conforme a la doctrina de Galeno, este ventrículo es el fundamen[f. 329a]to y maquinación de la cogitativa y de la memoria.[22]

El cerebro es fuente y principio de los sentidos y del movimiento voluntario. La nuca (a quien los médicos llaman espina medular) es como un río, que mana y corre del cerebro. Y los nervios son como arroyos que salen de la misma nuca. Por esto el daño que viene al cerebro se comunica a los nervios, aunque no el daño todo de los nervios se comunica al cerebro.[23] La sustancia de que es hecho el cerebro es

22. "Galeno en el octavo libro de *Usu partium corporis humani*, capítulo décimo, cuenta aver él visto en la ciudad de Esmirnia de Samaria a un hombre, que teniendo cortado el celebro, sanó. Y los mismo dize de otros dos en el Aphorismo diez y ocho de la sexta parte, que vio en la ciudad de Nubia, los quales sanaron. Este véemoslo cada día, y teniendo menos alguna parte pequeña de la substancia del celebro, viven" (Farfán, *Tratado breve de cirugía*, f. 121a).

23. Es por esta creencia que el cirujano debía, en algunas ocasiones, fingir como gran actor y amenazar con vehemencia al paciente, aparentando que le haría mucho daño. Todo este teatro para propiciar que la virtud irascible se acelerara, ayudando a que los nervios tomasen su lugar en una fractura, evitando que se entiesaran: "De las fracturas y extensión de los nervios: De cuantos autores yo he visto y leído no he hallado autor ninguno que trate de quebradura que el miembro quebrado se extiende más que el otro. Mas yo diré lo que yo he visto y curado: que yendo a subir uno en un caballo se le quebró el brazo de la mano que tenía al arzón y viéndose con el brazo quebrado se bajó luego del caballo y se le quedó la mano asida al arzón y alargó tanto el brazo que parecía que totalmente se le había despegado el brazo del cuerpo. Así puede suceder a otros que caen de un caballo, y quedárseles el pie en el estribo y hacer grande extensión y alargarse los nervios más de lo que suelen. Esta quebradura es mucho más dificultosa de sanar que las que encogen los nervios, porque todas las demás quebraduras en que se han encogido los nervios se restauran más fácilmente por haber fuerzas o instrumentos que lo hagan. Y esta

blanca y blanda, de fría y húmida complexión y naturaleza. No fue hecha para que de ella se mantuviese el casco, como las otras médulas o tútanos,[24] sino para templar el calor del espíritu vital.

El espíritu animal es el que da todo el sentido y movimiento a todo el cuerpo enviando su virtud[25] por los nervios, como el sol que alumbra con sus rayos, quedándose él en el cielo. Esto es conforme a la doctrina de Galeno, y solo el [espíritu animal] va a los ojos por los nervios ópticos, a dar la vista a los ojos. Y así el mismo Galeno los hace vacuos o porosos.

De los tres ventrículos que tiene el cerebro, el anterior y más alto (según la opinión de to[f. 329b]dos los anatomistas) está apartado de los otros, y todos están divididos con unos panículos. En la parte primera y delantera de este ventrículo tiene la fantasía su aliento. Y es la que tiene las especies, especialmente, las que toma de los sentidos. En la parte última y postrera de este ventrículo está la imaginativa, que aprehende las especies detenidas en la fantasía. Y, aprehendiéndolas, compone y divide, más no dice esto es blanco, esto es negro. En medio del dicho ventrículo está el sentido común, que aprehende las especies traídas de los sentidos particulares. Y por esto es dirigido y determinado a este lugar el sentido común. De esta manera se manifiestan y declaran los juunamentos[sic26] y oficios de este ventrículo, que todos sirven para la imaginación, fantasía y sentido común; también sirven para dar a los miembros orgánicos sentido y espíritu animal.

---

de que al presente tratamos, que es de estenderse los nervios más de lo que suelen, tenemos necesidad de rectificarlos por cuanto están empapados y enflaquecidos en la flema, o por estar el hombre flaco o ser flemático. Para la cual cura yo he hallado muy provechoso lo siguiente: [...] Toma incienso y mirra y mostaza, partes iguales, en todo lo mojado del cerro y espinazo. Y si con lo dicho no hubiere vuelto el brazo a su lugar, o los nervios se hubieren rectificado, para que la virtud irascible se acelere y para que por esta industria se vuelvan a su lugar, sígase y digan al enfermo, con mucha vehemencia, que le quieren cauterizar el cerebro, y póngase recaudo de un brasero muy encendido en lumbre, diciéndole que le quieren quemar con cauterios de fuego" (López de Hinojosos, *Suma y recopilación de cirugía*, 1578, pp. 202-203).

24. Se refiere a los tuétanos.
25. "Qué cosa es virtud: Virtud es un vigor del alma atribuido a los miembros esencialmente o accidentalmente para hacer sus operaciones. Las virtudes que atrás quedan dichas se llaman Rus, Glut y Cambio" (López de Hinojosos, *Suma y recopilación de cirugía*, 1578, p. 86).
26. La misma palabra aparece en la edición de 1610. Quizá se refiera a juramentos o fundamentos.

De lo dicho se conocen los daños que a este ventrículo le puede venir, y las enfermedades que en él se pueden hacer, como son: solución de continuidad y mala complexión. Y si en el panículo que le cubre hay esto, causará hemicránea,[27] que es do[f. 330a]lor de jaqueca.[28] Puede también padecer postema caliente o fría; la caliente será frenesía,[29] que es locura; y la fría letargia,[30] que es modorra. Y si fuere en el mismo cerebro o en el ventrículo la postema, será mal mortal. Aquí se hacen los vaguidos, causados de los vapores que suben del estómago a él, y estos causan alguna opilación. Si esta opilación fuere de humor, seguirse ha de ella lo que llaman estupor, o torpeza de nervios o perlesía. Si esta opilación fue en todos los tres ventrículos, o en toda la sustancia de ellos, hacerse ha apoplejía.

Otra división dan del cerebro, y es en cuatro partes: en parte delantera, posterior, derecha e izquierda. La parte delantera abunda la sangre, la posterior de flema, la derecha de cólera y la izquierda de melancolía. Y siempre la parte derecha es caliente. [f. 330a]

---

27. Hemicránea: "(del lat. tardío *hemicranĭa*, y este del gr. ἡμικρανία *hēmikranía*, infl. en su forma por cráneo). Dolor de cabeza recurrente e intenso, localizado en un lado de la cabeza y relacionado con alteraciones vasculares del cerebro" (*DRAE*, *s. v.* "Hemicránea").
28. Aquí, otra planta con la que Francisco Hernández descubrió que podría contrarrestar la jaqueca: "Capítulo LXXXVII. Del segundo *Colotzitzicaztli*. El *Colotzitzicaztli* segundo, que otros llaman *quauhtzitzicaztli*, es otro género de ortiga semejante a las nuestras, pero que tira al color negro, espinosa, más profundamente crenelada y con tallo grueso y rojizo. Punzan con esta planta la cabeza de los que sufren jaqueca [...] con buenos resultados, según dicen" (*Obras completas*, t. II, vol. I, p. 121).
29. "Especie de locúra, o delirio acompañado de calentúra, causado de la inflamación de las membranas del celebro, o de las túnicas llamadas Meninges. Covarr. le llama Frenesía, y dice sale del nombre Griego *Phrenitis*, por cuya razón debiera escribirse con ph; pero el uso más común está en contrario. Latín. *Phrenesis, is.* NIEREMB. Var. ilustr. Vic. del P. Gaspar Barceo, §. 3. Dio el desdichado en un frenesí mortal, levantose, echó mano a la espada y quiso atravesarse con ella" (*Aut.*, *s. v.* "Frenesí").
30. En el original: "lithargia". "(Del lat. tardío *lethargĭa*, y este del gr. ληθαργία *lēthargía*). Estado patológico caracterizado por un sueño profundo y prolongado, propio de algunas enfermedades nerviosas, infecciosas o tóxicas" (*DRAE*, *s. v.* "Letargia").

Del segundo y tercero ventrículo de la cabeza [f. 330a] Capítulo cuarto

Dos añadiduras se hallan en el fin del primer ventrículo del cerebro, y son como las narices del hombre. Son como [f. 330b] aposento y descanso, sobre el cual el ventrículo se extiende a su placer cuando toma las cosas imaginadas. Después de tomadas, se encoje, como un gusano debajo de la tierra, y su sustancia es como la de un gusano. Encójese cuando (la virtud que saca) piensa sobre las cosas declaradas, tocantes al postrer ventrículo. Estas dos añadiduras o sustancias dichas, la una es de un color bermejo o leonado, y se encoje y alarga según su longitud y latitud, y por esto fue hecha como gusano. La otra añadidura es como lo ancho del muslo. Y cuando lo ancho se cierra y encoje, la otra parte se alarga. En aquel mismo tiempo la parte postrera del primer ventrículo que está junto al segundo ventrículo se cierra. Ordenolo así la naturaleza, porque las especies no pasen del[sic] un ventrículo al otro cuando el hombre quiere pensar las obras de los sentidos exteriores. Y si quiere entrar en pensamientos, el gusano se encoje y lo ancho de él (que es como un muslo) se dilata y ensancha para que las especies pasen del un ventrículo al otro.

El ventrículo del medio es delgado, y sirve de pasaje del primer ventrículo al [f. 331a] postrero, por ser continuo a los dos. Es también órgano de virtudes, como de la cogitativa, que ha de componer y dividir con cópula verbal, y cuando ha de inferir uno de otro. Es órgano de la estimativa, que está en medio del ventrículo, que coge las cosas sensatas de las insensatas.

El ventrículo tercero tiene su asiento en la parte postrera de la cabeza, y en su sustancia es más duro que los otros dos. Y por esto los nervios que (mediante la nuca cervical[31]) salen de él, son de sustancia más dura. Y así la naturaleza no produjo en este ventrículo el valimien-

31. En el original: "survicaria".

to, llamado piamáter,[32] como lo produjo en los otros dos ventrículos. Aunque por la parte de dentro está cubierto con él.

Este ventrículo postrero es figura piramidal, para poder tomar del segundo ventrículo las sentencias pronunciadas en lugar y fundamento, y guardarlas con secreto, como en casa fuerte de tesoro, su complexión es fría y seca; y la del segundo ventrículo caliente y húmida.

De la parte piramidal de este ventrículo procede la nuca, cubierta de los panículos del cerebro. Y por el agujero del hueso basilar o *lamda* va bajan[f. 331b]do por los espóndiles[33] —o espinazo— hasta llegar al postrer espóndil. La nuca es medular y de la misma sustancia del cerebro. Y así dice Galeno, que los acidentes de la nuca son como los del cerebro.

Siete nervios nacen del cerebro según su longitud inmediatamente. Treinta por medio de la nuca, uno de los cuales está sin compañero, y este nace de junto al hueso ossacrun. El panículo del cerebro está horadado en medio del hueso basilar,[34] y también debajo del hueso de la frente, para que el cerebro purgue sus superfluidades. También las purga por las carúnculas[35] de las narices, y por allí viene la virtud del olfato. [f. 331b]

32. "Llaman los Anatómicos una membrana sutíl y mui sensible, que cubre immediatamente todos los rodéos del celebro, y sirve de conducir las venas y artérias dentro de su substáncia. Latín. *Pia mater.* MARTIN. Anat. Compl. Lecc. 8. cap. 3. Debaxo de la dura se descubre la pia mater, que es una tenuíssima membrana, que está assida estrechamente al celebro" (*Aut.*, *s. v.* "Pia Madre").

33. Se refiere al espóndilo. "(Del lat. *spondy̆lus*, y este del gr. σπόνδυλος *spóndylos*). Vértebra" (*DRAE*, *s. v.* "Espóndilo").

34. Se refiere a la base.

35. "Carnosidad, que sobresale en alguna parte del cuerpo. Es voz puramente Latina *Caruncula*. RECOP. lib. 3. tit. 16. l. 7. num. 14. Permitimos que puedan dar licencias particulares para curar cataratas, tiña, carúnculas y algebristas y hernistas" (*Aut.*, *s. v.* "Carúncula").

De la anatomía de la garganta y de todas sus partes [f. 331b] Capítulo quinto

Antes que tratemos de la anatomía de la garganta, debemos saber que hay en ella dos agujeros o caminos. Por el uno pasa al estómago lo que comemos y bebemos, y este se llama en griego, *esophago*; en a[f. 332a] rábigo, *merin*; y en latín, *gula*; y en castellano, tragadero.[36]

*

El principio de estos dos caminos es la garganta. Tiene algún espacio y en él están las dos amígdalas, que comúnmente llamamos agallas. Una está en la parte izquierda y otra en la derecha. Estas agallas, según Avicena, son nervosas y carnosas, son fuertes para que ayuden a comer y a beber.[37] El epiglotis o tragadero es una eminencia que nace al cabo de la tráquea arteria, y es como una puerta que se abre y cierra, porque la comida y bebida (al tragar) no entre, sino solo el aire. Y cuando pasa algo, aunque sea una migaja, hasta que no vuelve a salir, no hay valerse de tose. Y cuando no sale, [f. 332b] ahógase el que lo trago.

---

36. "Dúdase, y bien, si es acertado, quando la campanilla de la garganta se relaxa muchas vezes, tanto que quita el comer, y el beber y la quietud al paciente (causándole grande flaqueza por lo dicho) que se corte, o no. Dexadas las opiniones todas, conformándome con Aecio, el qual trata a Galeno en la cura propia, digo: que se corte con tenazas agudas, o tiseras. Mas advierto, que quando la cortaren, no sea tan junto a su rayz y nacimiento, que sea causa, que el paciente quede gangoso, y así conviene que corten poca, porque viniendo después a su natural disposición, y grandeza, quede algo, y el enfermo hable bien. Haviéndose detenido la sangre, se lave con agua cozida con sarmientos, y dátiles, y un poco de alumbre y rosas, haciendo con ella gargarismo" (Farfán, *Tratado breve de cirugía*, f. 103a).
37. Aquí un experimento relacionado con la garganta y la voz que el doctor Farfán realizó en sus años de estudiante en la universidad de Alcalá de Henares: "Si los nervios (llamados reversivos del lado de la nuez de la garganta) se cortan atravessados, los tales heridos quedan siempre con la voz ronca, por ser estos nervios los principales instrumentos de la voz. Y si ambos nervios se cortan, se pierde la boz del todo, como lo vi yo en Alcalá de Henares, haziendo la experiencia, cortando estos nervios a algunos perros, los quales después (aunque dábamos de palos) no gañían, ni ladraban" (Farfán, *Tratado breve de cirugía*, ff. 162a-162b).

De la anatomía de los dientes, muelas, encías y quijadas [f. 333a]
Capítulo sexto

Los dientes (según la opinión de los anatomistas) son treinta y dos.[38] Unos son cortadores y están en la parte delantera de la boca. Otros son caninos, llámanlos dientes de los ojos y —comúnmente— los colmillos. Otros son molares, porque quiebran y como que muelen lo que se come. Estos son los que preparan el manjar para que se cueza y digiera en el estómago. Los diecisiete dientes de estos están metidos en la quijada de arriba, y está compuesta (según algunos) de catorce huesos, cuya compostura es oculta, y así no haremos anatomía de ella ni de su división. Basta que sepamos que se toma por solo un hueso.[39] [f. 333a]

---

38. "Nunca el barbero ha de intentar sacarlos hasta haber intentado algunos remedios para quitar el dolor, como son el vinagre cocido con algunos granos de pimienta y con ello se enjuague la boca y si con esto no se le quitare el dolor, que será por ser el humor frío. Hágase este remedio que es más principal y de mayor efecto que se ha visto, con el cual yo he reservado muchos dientes y muelas sin sacarlos, el cual es este que se sigue: Moja un pliego de papel blanco en agua fuerte y enjuáguese a la sombra y ya que esté seco toma jengibre, pelitre y pimienta, una onza de cada cosa, con seis granos de apio, y todo se haga polvos con el papel y se ponga en la encía de la muela que doliere, que aunque esté la encía hinchada se quitará el dolor. Y si todavía hubiese necesidad de venirse a sacar, sea con los instrumentos que para ello tiene los barberos" (López de Hinojosos, *Suma y recopilación de cirugía*, 1578, pp. 104-105).
39. Para limpiar los dientes, muelas y encías, los médicos medievales recurrían a un agua que preparaban los alquimistas: "Lo que más alinpia los dientes e los enblanqueçe de la primera vegada es el agua fuerte que fazen los alquimistas de caparros e alunbre e las otras sales, lo qual es para llagas podridas e para otras cosas" (Chirino, *op. cit.*, p. 147).

De la anatomía de la lengua orejas y espóndiles[40] [f. 333b] Capítulo séptimo

Para cosas muy diversas hizo la naturaleza la lengua, como se verá. Es de naturaleza esponjosa y carnosa, compuesta de nervios, de hilos y de murecillos. Tiene su raíz y nacimiento en el hueso *lamda* con [f. 334a] sus ligamentos. Los nervios con que la lengua (recibe el sentido) son del séptimo par de los nervios del cerebro. Dos venas hay debajo de la lengua, llamadas leónicas.

El oficio principal de la lengua es pronunciar bien las palabras, y menear bien la comida en la boca, y recibir el gusto de lo que se come. Los nervios de la lengua son los del gusto, tiene nueve murecillos, que proceden del hueso *lamda*. Debajo de la lengua hay dos carnosidades con dos agujeros que purgan la saliva a manera de coladero.

Las orejas[41] tienen su sitio y lugar en las extremidades de las quijadas, en la parte de arriba. Están asidas las orejas a los huesos postreros y allí están horadados. La potencia y virtud del oír viene por el quinto par de los nervios del cerebro. Y así las orejas son instrumento de la virtud auditiva. La sustancia de las orejas es de ternillas,[42] y de sus raíces se producen venas y arterias, vilos y nervios, ligamentos y panículos. Detrás de las orejas hay venas, y estas nacen del hígado. Hay también arterias, que nacen del corazón y, subiendo arriba, entran al

---

40. "(Del lat. *spondÿlus*, y este del gr. σπόνδυλος *spóndylos*). Vértebra" (*DRAE*, *s. v.* "Espóndilo").
41. "Lo que hay que decir de las inflamaciones o tumores de las orejas es que causan intensísimos y graves dolores, y grandes fiebres, por ser las orejas de tanto sentido" (Farfán, *Tratado breve de cirugía*, f. 98b).
42. "Parte interior del cuerpo del animal, mas dura que la carne, y mas blanda que el huesso. Díxose quasi Tiernecilla. Lat. *Cartilago, inis*. GRAC. Mor. f. 65. Una flecha de un arco le passó el pecho, y le dió en la ternílla, quedando el hastil de fuera blandiendo. VALVERD. Anatom. lib. 1. cap. 17. Fué tambien ordenado, que la ternílla, que cubre este seno, saliesse tanto hácia fuera, que haciendole mayor, supliesse la pequeñéza del hoyo, y no estorbasse el movimiento" (*Aut.*, *s. v.* "Ternilla").

cerebro por las comisuras del casco. Estas arterias bajan a las [f. 334b] orejas y traen alguna materia espermática hasta los testículos, y por esto algunos tienen por muy cierto que, cortadas estas venas, que están debajo de las orejas,[43] quitan al hombre la virtud de engendrar.[44] [f. 334b]

*

El espinazo (conforme a la doctrina de Galeno) tiene cuatro partes: la primera es el cuello, la segunda es los lomos, la tercera el hueso sacro y la cuarta acaba con seis espóndiles. La primera parte (que es el cuello) tiene [f. 335a] siete espóndiles, la segunda tiene doce, y la tercera y cuarta tiene cinco. De los músculos y nervios del cuello se dirá es sus capítulos.

---

43. "Lo que mitiga el dolor de las orejas es azeyte rosado batido con leche de mujer, es bueno el unto de la raposa [zorro], o del coyote, lo qual Avicena alaba mucho en la quarta del tercero copítulo[sic] de dolore Auris, y el Guido también lo alaba" (Farfán, *Tratado breve de cirugía*, ff. 99a-99b).

44. "Una cosa avisa el Guido, al abrir de los apostemas, que nacen detrás de las orejas y es que se guarden de las venas y arterias de aquel lugar, porque por cortarlas, quitan al varón la generación de los hijos, lo qual otros afirman también" (Farfán, *Tratado breve de cirugía*, f. 100a).

De la anatomía de los ojos [f. 335a]
Capítulo octavo

Los ojos fueron para el uso de la vida y para la dulzura de ella. Y así conviene que el médico se remite en el conocimiento y cura de las enfermedades de ellos. Y darles luego remedio como a miembros tan necesarios.[45]

El sitio y lugar de los ojos (como todos saben) es debajo de la frente. Son los ojos vacíos y horadados, son para defender el cuerpo de varios y diversos males, que a cada paso acontecen. Los ojos son atalayas y guardas del cuerpo. Son miembros compuestos de siete túnicas y de tres humores. En la forma que se sigue diré la disposición de ellos.

En la parte delantera del cerebro salen los dos nervios que llaman ópticos,[46] horadados o muy porosos, y vienen del primer par de los nervios del cerebro. Estos dos nervios, cuando salen [f. 335b] de su principio, que es la nuca, se apartan un poco y luego se juntan a manera de esta figura:)(y de los dos se hace una concavidad.

Son cubiertos con dos panículos del cerebro. Son estos nervios (como dije) horadados o muy poco porosos, porque todas las especies que toman de los ojos de una cosa no parezcan dos. Cada uno de

45. Séneca hace alusión a los ojos y a la vista para argumentar a favor del remedio de la ira: "Los remedios son más provechosos cuando remite el mal: ni tocamos los ojos tumefactos para estimular con el movimiento su rígida condición, ni los demás males mientras están rebullendo: el reposo repara los inicios de las enfermedades […] Cuentan que un médico, como debía curar a la hija del rey y no podía sin el bisturí, mientras con suavidad aplicaba fomentos en el pecho inflamado, le introdujo, tapándolo con una esponja, el escalpelo: la muchacha se habría resistido a un remedio aplicado sin tapujos; esa misma, como no se lo esperaba, soportó el dolor. Algunas cosas no se curan si no es engañadas" (*Diálogos*, "Sobre la ira", p. 222).

46. "Los nervios que llaman ópticos (por los quales viene el espíritu animal a hazer en persona la vista) se opilan, y tapan con humores gruessos, y viscosos. Galeno en el libro I. *De simptomatum causis*, cuenta haver curado a un niño, que con un garabato, o garfio, le hirieron en un ojo, el qual sanó, aunque esto es de lo que pocas vezes acontece" (Farfán, *Tratado breve de cirugía*, f. 159a).

los nervios desde su nacimiento va a su propio ojo, aunque se juntan como X allí se hace el panículo grueso, llamado esclerótico.[47]

Después del nervio se hace otro panículo, y llámase túnica *secundina*, porque es después de la primera. En su sitio y puesto abraza el humor vítreo de los ojos. Y llámase así por parecerse a un vidrio claro. Luego se sigue la tercera túnica del ojo, y llámanla retina, porque tiene figura de red. Esta túnica[48] contiene y abraza en sí, consecutivamente, la mitad del humor. De esta túnica se engendra otra, llamada *aranea*, y contiene en sí la mitad del humor cristalino. Llámanla *aranea* porque es hecha como la telaraña. Otra túnica hay después de esta, y llámanla *uvea* [f. 336a] porque parece al hollejito[49] de la uva. En medio de esta túnica *uvea* hizo la naturaleza un agujero, que llaman pupila o niñeta del ojo. Esta pupila se extiende o alarga según la necesidad de ver, y el humor cristalino se alarga y extiende lo que es necesario para que se acabe la virtud visiva. Esta túnica dicha, contiene en sí el humor albugíneo o blanco, para defensa y conservación del humor cristalino.

Hay otra túnica llamada cornea, y sirve de detener el humor albugíneo o blanco, que no salga por el agujero de la *uvea*. Llámanla cornea porque es transparente y tiene su nacimiento del panículo llamado esclerótico. Este panículo es grueso y duro para que él y la túnica (llamada conjuntiva) liguen y aten bien todo el ojo, excepto la pupila, que tiene su principio y nacimiento del panículo, que cubre el casco, que llamamos pericráneo.

47. En el original: "scliro:ico": "(Del lat. mediev. *scleroticus*, y este del gr. σκληρότης *sklērótēs* 'dureza' y el lat. *-ĭcus* '-ico'; la forma f., del lat. mediev. *Sclerotica*). Membrana dura, opaca, de color blanquecino, que cubre casi por completo el ojo de los vertebrados y cefalópodos decápodos, dejando solo dos aberturas, una posterior, pequeña, que da paso al nervio óptico, y otra anterior, más grande, en la que está engastada la córnea" (*DRAE*, *s. v.* "Esclerótico").

48. "Llaman assimismo à la membrana sutil, que cubre algunas partes del cuerpo: como las túnicas de los ojos, de las venas, &c. Lat. *Tunica*. VALVERD. Anat. lib. 3. cap. 4. Esto es todo el processo de las tripas, el qual tiene de largo mas de veinte varas de medir, y todas ellas tienen dos túnicas proprias, sin la comun" (*Aut.*, *s. v.* "Túnica").

49. "El pellejo delgado, que cubre y contiene dentro de sí la fruta: y comunmente se entiende por el de la uva. Viene del nombre Latino Folliculus. MARM. Descripc. lib. 3. cap. 6. Donde se cogen muchas nueces, higos, duraznos y uvas de parras mui gruessas, y delgadas de hollejo. ACOST. Hist. Ind. lib. 4. cap. 19. Y fuera del hollejo y huesso, apenas tienen carne que comer; pero esso poco que tienen es escogido y gustoso" (*Aut.*, *s. v.* "Hollejo").

De aquí se muestra el provecho tan grande que siempre hace la sangría de la frente para el corrimiento de los humores de la cabeza a los ojos. Otra vena se muestra en ambos ángulos o lagrimales de los ojos junto a la nariz, de la cual si sacan de ambos tanta sangre [f. 336b] como cabe en una cáscara de nuez, es de gran provecho para los grandes dolores e inflamaciones de los ojos, y para el continuo corrimiento de los humores a ellos. [f. 336b]

De la anatomía del pecho [f. 336b] Capítulo nono

El pecho (a quien los griegos llaman *thorax* y esternón; y los árabes *setasifu*) es arca de los miembros espirituales.[50] En el pecho hay unas partes que son continentes y otras que son contenidas. Las continentes son cuatro: la primera es el cuero, la segunda la carne musculosa, la tercera las tetas, la cuarta y última los huesos. Las partes contenidas son nueve: el pulmón, los panículos, los ligamentos, los nervios, y arterias, el tragadero y la caña del pulmón. El pecho es compuesto de siete huesos, en cuyas extremidades hay ternillas. En la parte alta del pecho está la que llaman *pixis* o *buxeta*, y en ella se forma la aslilla.[51] Los huesos

50. El galenismo arabizado desechaba el arte de la fisiognomía, que permitía saber del carácter de una persona con base en sus rasgos físicos. Lo desechaba por la charlatanería que podía propiciar; en cambio se decanta por el arte médico: conocer las verdaderas causas de la calidez, humedad, frialdad o sequedad en el cuerpo: "No ha de juzgarse el cuerpo entero por uno solo de sus órganos. Los que se ocupan de la enfermedad del frenesí, en sus distintos tipos, además de otros, tampoco hacen esto, sino que juzgan cada órgano por separado. Y si ven a un hombre que tiene mucho pelo en el pecho, consideran que es muy colérico y si es velludo en las piernas que tiene gran potencia sexual. También dicen: quien tiene mucho pelo en el pecho se asemeja al león y quien lo tiene en las piernas es parecido al águila. Sin embargo, la mayor parte de ellos desconoce la causa que ha convertido al león en un ser colérico y al águila en un animal de gran potencia reproductora. Por el contrario, el filósofo conoce su causa y la supone. Debido a esto, un cuerpo con mucho pelo en el pecc no ha de tender, necesariamente, a la calidez, y a la sequedad, sino que decimos que el calor predomina principalmente en el corazón y por eso es muy colérico. Y si la complexión del cuerpo es cálida y seca, el pecho necesariamente es ancho y las venas también, lo mismo que las arterias, el pulso muy fuerte, será muy velludo por todo el cuerpo y la piel dura con tendencia al negro. Además el pelo de la cabeza en la primera edad crecerá rápidamente y será rizado, pero con el paso del tiempo sufrirá calvicie" (Al-Razi, *Libro de la introducción al arte de la medicina o ʿIsagoge*", p. 44).
51. Se refiere al sobaco. "La parre que está debaxo del hombro, que hace un género de arco. Covarr. dice se tomó de las voces Latinas Sub, y Arcus, quasi Subarco. Lat. *Axilla. Ala, æ.* GRAC. Mor. f. 136. Las cosquillas de los sobácos mueven al

del pecho se juntan y pegan sobre el estómago, [f. 337a] y a ellas se juntan las siete costillas. Y ellas se juntan por ambas partes con el espinazo. Las costillas son encorvadas, y llámanse en la parte delantera del pecho. Otras cinco costillas hay de cada lado, y llámanse mendosas o falsas, y júntanse con los espóndiles o espinazo. Por la parte del pecho se juntan con los músculos del mismo pecho y con los del vientre. [f. 337a]

*

Hemos de comenzar de la anatomía del corazón como principal capitán de todos los miembros.[52] Y con esto tratamos de todas las [f. 337b] partes contenidas de él. El corazón, llamado de los griegos *cardia*, es casi una figura de piña, es de carne muy dura y mucho más en su raíz. Es compuesto de ligamentos duros, de nervios que lo envuelven todo, y de ninguno es tocado, sino en sola su raíz. Llaman a estos nervios del corazón en griego *pericardia*; en latín túnica o *involucrum*; y vulgarmente capa o telas del corazón.

La carne del corazón es dura porque no sea ofendida y lastimada fácilmente. Y si fuera rara y blanda, fuera el hombre de vida breve y corta, y con cualquiera ocasión leve acabará luego. Y por esto dice Avicena que el corazón no puede padecer solución de continuidad en tanto que vive el animal.

Su sitio y lugar es el pecho, como todos lo saben. La punta del corazón declina un poco al lado izquierdo. La causa de sentirse más en este lado que en el derecho, es: porque la vena arterial nace allí, y ella causa la común pulsación y movimiento que se siente en él. El corazón, conforme a la opinión de Rasis,[53] tiene dos muy grandes ventrículos: el

---

ánimo una risa, ni propria, ni suave, ni apacible, sino dura, y pesada" (*Aut.*, *s. v.* "Sobaco").

52. "El corazón es origen y fuente de la vida. Por su dilatación y la de sus venas atrae el aire de la boca. Por las fosas nasales y el pulmón refresca su calor innato. Es originador de neumas vitales. Por su contracción y la de sus venas expulsa las secreciones de vapor y viscosas en él acumuladas por la acción del calor, porque lo mismo que el fuelle del herrero se dilata y atrae el aire, el corazón se contrae y lo expulsa. Es también receptáculo conservador del calor innato, que conforme hemos explicado, dirige a todo el cuerpo [...] Todo animal tiene corazón o algo que lo reemplace; o sangre en su corazón o algo que la substituya. Las moscas y los animales que carecen de sangre, poseen un humor que substituye a la sangre y algo que substituye al corazón" (Al-Razi, *Libro de la introducción al arte de la medicina o "Isagoge"*, pp. 77-78).

53. También conocido como Rhazes. El gran médico Al-Razi (*ca.* 865-965), quien escribiera más de un centenar de obras. A grandes rasgos, no existe tratado me-

uno tiene en la parte derecha y el otro en la izquierda. En me[f. 338a] dio de los dos ventrículos, en la parte de arriba, está una como casilla cerrada con panículos y nervios, llámala Rasis tercero ventrículo.

En el ventrículo derecho hay dos agujeros, que hizo la naturaleza para que las venas que vienen del hígado entren en el dicho ventrículo y traigan la sangre de él. Sobre el un agujero se hallan tres panículos según Rasis, y todos se comienzan dentro y acaban dentro, porque lo que una vez entrare por allí no salga. El otro agujero es cabo y fin de una vena que sale del mismo ventrículo. Tiene muy gruesas túnicas y, por opinión de muchos anatomistas, la llaman vena arterias, por su composición. [f. 338a]

dieval que no confiese tomar tal o cual información de este autor. Su obra más importante para el arte médico es la traducción latina del siglo XIII conocida como *Liber Continens*. El influjo de Al-Razi es tal que llegó hasta el Nuevo Mundo, junto con Averroes, Avicena, etc., demostrando la fundamental aportación de la medicina árabe a las prácticas curativas de Occidente. Para rendirle homenaje, en esta edición he citado algunos pasajes de su *Isagoge*.

De la anatomía de las venas y arterias, del pulmón, del diafragma, mediastino[54] y pleura[55] [f. 338a]

Capítulo décimo

De más dura sustancia y de más grueso cuerpo son las arterias que las venas, pues tienen dos túnicas, y las venas una. Hizo la naturaleza las arterias de dos, por[f. 338b]que guarden y lleven mejor la sangre vital que se engendra y hace en el corazón. De aquí viene el daño grande de romperse una arteria. [f. 338b]

*

El pulmón es de sustancia rara y esponjosa. Está asido con el panículo que llaman media[f. 339a]stín. El pulmón tiene cubierto el corazón porque los huesos del pecho, y los de los espóndiles, no le toquen. El pulmón tiene una como caña, de la cual dije en la anatomía de la boca llamarse *tráquea arteria*. Esta se reparte por el pulmón, tiene por oficio de hacer atracción y llamamiento del aire que entra en el corazón por la parte izquierda de él. Este aire templa su fumosidad y calor. Apúrase y límpiase antes que entre en el pulmón, como por coladero.

---

54. "Es una continuación de la membrana llamada Pléura, que haciendo un doblez en el medio del pecho, le divide de alto abaxo en parte izquierda y derecha, desde el huesso del pecho, hasta el cuerpo y las vertebras, y se extiende desde las clavículas hasta el diaphragma. Latín. *Mediastinus.* VALVERD. Anat. lib. 4. cap. 2. Donde se les juntan tambien las telas que atajan el pecho, llamadas por esso el Mediastíno, que quiere decir el atajo. FRAG. Cirug. lib. 1. cap. 25. Esta reduplicación de la pléura, se llama Mediastíno" (*Aut.*, *s. v.* "Mediastino").

55. "Membrana duplicada y densa, que cubre interiormente la cavidad del pecho, cuya superficie interna es desigual, y la externa igual. Es mui sensible, por estar toda ella entretexida de muchos nérvios. Tiene muchos agujeros, unos inferiores que corresponden a los del peritóneo, para dar passo al essóphago, vena cava descendente y nérvios del octavo par: y otros superiores para el essóphago, áspera artéria, vena cava ascendente, y los mismos nérvios del par octavo. Su uso es cubrir la cavidad del pecho, dar una túnica a cada miembro contenido, y afianzar los músculos intercostales. Es voz Latina *Pleura, ae.* VALVERD. Anat. lib. 4. cap. 2. Esta pléura es una tela que está apegada a las costillas por la parte de dentro, y a todas las partes del cóncavo del pecho. FRAG. Cirug. lib. 1. cap. 25. Hácese en la pléura la inflamación que llamamos dolor de costado" (*Aut.*, *s. v.* "Pleura").

Este aire es el hálito[56] o anhélito[57] que recibimos por la boca y por las narices, tan continuo y necesario para la vida. [f. 339a]

Del diafragma [f. 339a]

Las heridas del diafragma son incurables por ser tan nervoso y por el continuo movimiento que tiene, dilatándose y encogiéndose. [f. 339b]

Del mediastino [f. 339b]

El mediastino (llamado por los griegos *diaphratón*) divide el pecho según su longitud, aparta por medio el pulmón y llégase a los espóndiles. [f. 339b]

56. "El huelgo o aliento que despide el cuerpo por la boca. Viene del Latino *Halitus*, que significa esto mismo. SABUC. Philos. Coloq. 1. tit. 12. El ciervo con el hálito y resuello, sorbiendo hácia dentro, saca las culebras de sus madrigueras. VILLAM. Fab. de Apolo y Daphne. Oct. 2. *Abria Flora el seno colorido / A los hálitos dulces de Favónio*" (*Aut.*, *s. v.* "Hálito").

57. "Lo mismo que respiración, ò aliento. Veanse. Viene del Lat. *Anhelitus*, que significa esto mismo. OV. Hist. Chil. fol. 26. No permitirá Dios que estas hydras de el Infierno apesten aquel aire con su venenóso anhélito. LOP. Dorot. fol. 164. Estoi con tan inusitado tédio, que parece que me estrangúlan el corazón los anhélitos de carecer de vuestro amabilissimo consorcio" (*Aut.*, *s. v.* "Anhélito").

De la anatomía del vientre y de sus partes, del estómago e hígado [f. 339b]
Capítulo once

Conforme a la doctrina de Galeno, el vientre se toma en dos maneras, o se toma [f. 340a] por el estómago o por la parte que contiene los miembros nutritivos.

*

Los miembros contenidos son siete, el primero es el redaño,[58] las tripas, el estómago, el hígado, el bazo, el mesenterio,[59] el séptimo y último, lo que comúnmente llaman las ancas.[60] De todas estas partes trataremos después. [f. 340a]

Anatomía del estómago [f. 340b]

El estómago (como dije arriba) tiene su principio en la extremidad de la boca, y por detrás del cuello baja sobre los espóndiles, hasta que horada el diafragma. Y en él está ligado con algunos panículos de los

58. "Tela que cubre las tripas, en figura de una bolsa, que consta de dos membranas mui delicadas, que en medio dexan un grande espacio. De estas la externa o anterior se une al fondo del estómago, al intestino duodeno y a la parte cóncava del bazo. La interna y posterior al colón o pancreas, y a veces al trozo pequeño del hígado, y a la espalda. Llámase tambien Omento. Martin. Anat. Compl. cap. 2. Latín. *Omentum, i.* VALVERD. Anat. lib. 3. cap. 6. Este redáño es hecho de una tela doblada, lisa, sin hilos algunos, y sembrada de muchas mollejas, mezcladas con gordúra, y llenas de venas y artérias" (*Aut.*, *s. v.* "Redaño").
59. "Lo mismo que Entresíjo. Es voz Griega, que significa entre las tripas. MARTIN. Anat. Compl. Lecc. 2. cap. 5. El mesentério o entresíjo es una membrana duplicada, que está en el centro del vientre" (*Aut.*, *s. v.* "Mesenterio").
60. "Lo mismo que Cadéra. Vease. Y aunque algunos vulgar, ó festivamente llaman ancas à las del hombre, con mas propriedád se entiende de los animáles. Lat. *Summa coxa. Coxendix.* MEND. Guerr. de Gran. lib. 2. num. 4. Passó el rio de Motríl la infantería à las ancas de los caballos, y llegó à las Guajaras. ESPIN. Escuder. fol. 80. Alzábanle los piés y las manos dándole palmádas en el pecho y en las ancas, estando él con mucha paciéncia y mansedumbre" (*Aut.*, *s. v.* "Anca").

espóndiles. Y así el estómago está más en las espaldas que en la parte del vientre. Y por esto se han de poner los remedios (contra los vómitos y su flaqueza) en ambas partes. [f. 340b]

*

Extiéndase mucho el estómago cuando comen demasiado. Y de aquí nace el dolor y fatiga a los que han comido mucho, y no se les quita hasta que lanzan y vomitan como perros.[61] [f. 341a]

Anatomía del hígado [f. 341a]

El hígado tiene su asiento y lugar debajo de las primeras costillas altas del lado derecho, y a lo último de ellas. Los griegos le llaman *hepar* y los latinos *Iecur*. [f. 341a]

*

De la parte cóncava del hígado nace una vena llamada vena porta, y esta es engendrada de su interior materia espermática. Esta vena porta se divide y derrama en partes diversas. Y de ella (según Rasis) nacen siete venas, como siete raíces, y extiéndense y derrámanse en partes innumerables. Unas suben al estómago; otras bajan al intestino duodeno; otras bajan al intestino que llaman jejuno o vacío; y por todos los demás intestinos, hasta que van a parar al intestino recto. Y conforme a esto que he dicho no se espanten algunos médicos de que el enfermo tiene cámaras de sangre, [que] eche tanta por las tripas, pues son tantas las venas que a ellas vienen. [f. 341b]

Las venas que suben del hígado al estómago se llaman venas meseraicas. Que valen tanto, como dijésemos: manos del hígado, y en efecto lo son, y porque estas dichas venas como que toman y traen el manjar más puro, y demás sustancia al hígado.[62]

61. El perro no solo era punto referencia para caracterizar una escandalosa manera de vomitar. Además, poseía una particular atracción dentro del vasto repertorio de los talismanes protectores de la medicina medieval. Aquí, un ejemplo: "El diente del perro ravioso que mordió a algunt omen dizen que trayéndolo qualquiera consigo que tira el dolor de la mordedura de perro e si lo trae niño consigo salen sus dientes sin dolor o quien lo trae en la mano que non le ladran los perros" (Chirino, *op. cit.*, p. 226).

62. "El tercer pronóstico es de Galeno y de Avicena sobre la quarta del tercero tratado, tercero capítulo veynte, y es, que las heridas del hígado superficiales algunas vezes sanan, y que las profundas y hondas jamás sanan. Mas con todo yo digo

El [f. 342a] quilo o qillo[63] es una masa blanca que el estómago convierte de todo el manjar que recibe. El estómago convierte el manjar por virtud suya propia, como las tetas y los testículos o compañones vuelven muy blanca la sangre que viene a ellas.

*

Dice Galeno que en el hígado se hacen tres sustancias por la decocción de la sangre. Dos son de superfluidades y una natural, como cada día lo vemos que se hace en el mosto cuando se cuece. Con esto hemos acabado la anatomía del vientre, y de sus partes del estómago e hígado. Gracias sean dadas a nuestro buen Dios por todo. Amen. [f. 342a]

---

verdad, que curé en México a un moço, al qual de una estocada le pasaron de parte a parte por el hígado, y tuvo fluxo de sangre más de diez y siete días, y quiso Dios, que sanasse, para que aviendo pasado dos años muriesse bien, confesando sus peccados, porque le ahorcaron por incorregible" (Farfán, *Tratado breve de cirugía*, f. 121a).

63. "(Del lat. cient. *chylus*, y este del gr. χυλός *chylós*; propiamente 'jugo'). Linfa de aspecto lechoso por la gran cantidad de grasa que acarrea, y que circula por los vasos quilíferos durante la digestión" (*DRAE*, *s. v.* "Quilo").

De la anatomía de las tripas y de otros miembros [f. 342b]
Capítulo doce

Los intestinos o tripas que se pueden contar son seis: a los cinco de arriba llaman gráciles, aunque los tres (están del ombligo abajo) llaman intestinos gruesos. Los intestinos son compuestos de dos túnicas. La de dentro tiene en sí pegada una viscosidad, como salitre que sale de lo encalado de las paredes. [f. 342b]

*

El sexto y último intestino se llama recto, cuyo oficio es recibir en su ancha capacidad la inmundicia de las otras tripas. En la extremidad de este intestino recto está el fundamento de un músculo, cuyo oficio es prohibir y estorbar que la cámara no salga hasta que sea menester. En la extremidad del intestino recto hay cinco venas, y llámanse comúnmente almorranas. Trajo estas venas hasta allí la naturaleza, para purgar por ellas la sangre melancólica de todo el cuerpo. [f. 343a]

De la anatomía del bazo [f. 343a]

El bazo es miembro largo cuyo sitio y lugar está en la parte izquierda del vientre, y está asido con panículos continuos. [f. 343a]

*

Del bazo van dos vías o caminos a la boca del estómago. Y según opinión de Galeno, el uno lleva un poco de humor melancólico, para provocar hambre y dar gana de comer. El otro camino va a la concavidad del hígado, para recibir el humor melancólico, cuyo receptáculo es el bazo.[64] [f. 343b]

64. "Pues como las heces humanas son gratísimas a los perros, del mismo modo también los residuos del hígado son apropiados unos al bazo, otros al conducto colédoco y otros a los riñones" (Galeno, *Sobre las facultades naturales*, 178, p. 137).

De la anatomía de los riñones [f. 343b]

Los riñones están de cada parte de los espóndiles. Tienen su sitio y lugar no muy lejos del hígado, el derecho está más alto que el izquierdo.[65] Cada riñón tiene dos cuellos: el uno está del lado de la vena grande, que sale de la parte gibosa o corcovada del hígado; y el otro está al otro lado izquierdo. Ambos cuellos bajan a la vejiga y llámanse uretras y venas emulgentes, porque chupan y maman la orina del hígado. Con la orina viene una poca de sangre con que los riñones se mantienen. [f. 343b]

De la anatomía del entresijo [f. 343b]

El entresijo o mesenterio es un miembro cuya sustancia es compuesta de panículos, de cuerdas y de ligamentos. Ordenó la naturaleza esta [f. 344a] composición para que ate y tenga bien las tripas. Es de sustancia gruesa, y sebosa y es miembro glanduloso; sirve también el entresijo de que los miembros blandos no padezcan de los duros. [f. 344a]

*

En este miembro que llamamos entresijo se hace (por opinión de algunos) la enfermedad que comúnmente llaman mirarchía,[66] y por otro nombre melancolía ventosa. [f. 344a]

---

65. A continuación, una suposición del galenismo arabizado sobre la imposibilidad de vida con un solo riñón, afirmaciones que entrarían a formar parte de la literatura médica a partir de la segunda mitad del siglo XIX, al realizarse la primera nefrectomía: "Es imposible que existiese un solo riñón, porque si fuese así, tendría que ser su tamaño como el de dos juntos, porque el volumen de cada órgano purificador de la sangre estará en proporción a las secreciones que se purifican de ésta. Y si hubiese un solo riñón de ese tamaño, el cuerpo se inclinaría a uno de sus lados y excedería en peso el derecho al izquierdo por tres motivos: 1) el hígado, que lo mismo que los riñones, es purificador de la sangre y por el cual penetra la vena máxima (aorta), está en el lado derecho porque necesita estar próximo a ésta. 2) La mayor parte de las venas de la parte convexa del hígado están unidas a la vena máxima (aorta) en su lado derecho para facilitar así la captación al riñón derecho del agua, de un modo paralelo. 3) El hígado está encima y el bazo debajo, por la causa que antes ha sido mencionada, por haber un sitio libre para el riñón izquierdo encima de la zona en la que está, como lo tiene el derecho" (Al-Razi, *Libro de la introducción al arte de la medicina o "Isagoge"*, pp. 66-67).

66. "De la mirrarchía que es enfermedad hecha en el mirraque. Esta enfermedad muchos autores han escrito largo della, y de su cura de diversas maneras. La suerte

De la anatomía del zirbo [f. 344a]

El postrero de los miembros contenidos es el zirbo o redaño. Es un panículo hecho de dos túnicas delgadas, y de varias arterias, y venas, y tiene alguna grasa. Su oficio es cubrir y calentar el estómago y las tripas, como lo afirma Galeno. [f. 344a]

---

cómo se cura en la Indias, yo nunca la he visto escrita, y a esta causa la pongo aquí, lo mejor y más provechoso que Dios me diera entender. La enfermedad es cosa harto conocida por ser dolorosa, a causa del mirraque, ser tela nerviosa, y que tiene comunicación con el celebro, como todas las pasiones nerviosas, y el humor que allí se encarcela, es rebelde y gruesso, y las purgas no llegan allí, ni menos por su grossedad. No va bien a obedecer al estómago el humor, y si algo va, es lo subtil, y quédasse lo pessado y gruesso. Y si exteriormente le aplican en el vientre medicinas, no penetran, es poca cosa, que mitiga de algun amanera del dolor, y no más de suerte que el humor se está allí encarcelado siempre, dando dolor, y siempre muy rebelde" (Benavides, *op. cit.*, ff. 106r-106v).

De la anatomía del cifaque, de los dídimos,[67] de los testículos y de otros miembros [f. 344b] Capítulo trece

Dos ramitos de venas suben los testículos por los dídimos, y llámanse vasos espermáticos, y por ellos envían los testículos la esperma al miembro viril.[68] El provecho más principal de los testículos es el de la generación. Y así son (como lo dije al [f. 345a] principio de la anatomía) miembros principales. Su forma es algo redonda, y el lugar donde están, todos lo saben. Son miembros glandulosos, de carne blanda. Son muy sensibles por la coligancia[69] que tienen con los miembros nerviosos. [f. 345a]

De los músculos del vientre [f. 345a]

Los músculos del vientre (según Rasis) son ocho. Produjólos la naturaleza para fuerza del mismo vientre, y ayudan a purgar las superfluidades y heces de él. [f. 345a]

---

67. En el original: "dindimos". "(Del gr. δίδυμος *dídymos* 'gemelo', 'testículo'). Dicho de algunas estructuras lobuladas o de algunos órganos de los seres vivos: Que se presentan emparejados" (*DRAE*, *s. v.* "Dídimos").
68. Así decía la medicina medieval "de los males de la verga e de los testículos": "Quando la esperma sale mucho a menudo en sueños trae muchos daños. Conviene para esto escusar toda vianda aguda e callente e las cosas que creçen la esperma e sy pudiere dexe el vino o lo más dello. E las lechugas e calabaças e borrajas e verduras frías e lantejas todas son buenas para esto. E refríe los riñones e la verga e testículos con azeyte rosado e agua rosada batido o con agua fría" (Chirino, *op. cit.*, p. 194).
69. "Correspondéncia, connexión o proporción de una cosa con otra o otras. Es voz poco usada. Latín. *Connexio. Nexus.* LAG. Diosc. lib. 2. cap. 130. Visto que no conoce la coligáncia y correspondéncia que hai entre el nacimiento de las narices, y los dos lagrimales. ESCOB. Preg. 219. *Que de la sangre o substáncia, / con suficiente abundancia / de lo que la Madre come, / porque aquel feto lo tome, / tiene mui gran coligáncia*" (*Aut.*, *s. v.* "Coligancia").

Del miembro viril o genital [f. 345a]

El miembro viril o genital es muy musculoso; es compuesto de muchos ligamentos, lleno [f. 345b] [de] venas y arterias, y es carnoso. Cuando se hinche la ventosidad (engendrada en las venas que llaman pulsátiles) se extiende y levanta. Cuando la ventosidad es mucha, causa una enfermedad que llaman priapismo.[70] Los ligamentos que tiene el miembro viril, o genital, sacan su principio de los huesos de las ancas. Sus nervios tienen su principio de la parte más baja de la nuca. El miembro viril o genital es muy sensible, y cualquier dolor en él es muy grande. Las venas del vienen de las venas del hígado, y las arterias vienen de la arteria que desciende del corazón. [f. 345b]

*

Este miembro viril tiene coligancia y comunicación con los más miembros del cuerpo, como son: nervios, vejiga, hígado y corazón, su complexión es fría y seca. [f. 345b]

De la vejiga [f. 345b]

La vejiga es receptáculo y lugar de la orina. Tiene su lugar entre el salvono y los músculos de la parte más baja del vientre. De la parte de fu[f. 346a]era es compuesta de dos túnicas, y en cuyo cuello se hallan dos músculos, que (cerrando), aprietan y defienden que no salga la orina hasta que haya necesidad.[71]

70. "Enfermedad que consiste en una erección continuada del miembro viril, sin apetito a cosa venérea. Latín. *Priapismus*. FRAG. Cirug. Gloss. de los Apostem. Qüest. 59. Hácese el priapismo, o por estar mui abiertos los orificios de las artérias, o porque el nérvio fistuloso, de que se forma el miembro, está lleno de ventosidad" (*Aut.*, *s. v.* "Priapismo").

71. La preparación del armamento medieval podía llevar a males de la vejiga: "En el mear sangre e los otros males de la vexiga: Algunas vezes viene el mear sangre por quebrantamiento de alçar grant pesga o armar ballesta e senbalntes u otro grant travajo" (Chirino, *op. cit.*, p. 190).

De la matriz, o madre de las mujeres [f. 346a]

La matriz o madre de las mujeres tiene su sitio y lugar entre el intestino recto y la vejiga, un poco más alta. Es toda ella muy nervosa porque pueda extenderse cuando ha concebido, y es de ancha figura. Tiene muy fuertes ligamentos porque en el parto no se extienda más de lo necesario. Tiene dos maneras de receptáculos, o vientres, y ambos van a parar a un orificio y boca. Tiene dos como añadiduras y llámanlas cuernos de la madre. Tiene dos testículos o compañones anchos y cortos, y por ellos baja la semilla a la madre. [f. 346a]

*

Cuando la mujer ha concebido, el cuello y las rugas[72] se cierran y aprietan tanto que una punta de aguja no puede entrar por él. Cuando viene el parto natural, o el forzoso, se abre el cuello y boca de la madre lo que es necesario para que salga la criatura. No trato aquí como se hace la generación, por no ser este lugar suyo. Lo que sustenta y mantiene la criatura en el vientre es la sangre, y esta le va por la tripa, que está pegada con el ombligo. La generación de los varones se hace más presto que la de las mujeres, por ser la semilla de más fuerza. Cuando llega la hora del parto, todas las ligaduras se rompen con gran movimiento de la criatura y con la fuerza que la naturaleza hace para echarla. [f. 346b]

---

72. "Lo mismo que Arrúga. Es voz puramente Latina. SART. P. Suar. lib. 3. cap. 22. Tenía la cabeza algo despoblada, hácia la parte anterior, la frente espaciosa y serena, y aun en los últimos años, sin rugas, ni otro vicio de la ancianidad" (*Aut.*, *s. v.* "Ruga").

Del número y distribución de los huesos[73] y músculos del cuerpo [f. 346b]
Capítulo catorce

En la anatomía de los miembros simples dije que los huesos del cuerpo humano son [f. 347a] ciento cuarenta y ocho;[74] y los músculos (según Avicena) quinientos treinta y uno.[75] Rasis, por autoridad de Galeno, cuenta quinientos y veintiocho. También dije que los pares de los nervios de los que nacen de la parte delantera del cerebro eran siete, y los que nacen de la nuca son treinta, sin uno, que está sin compañero y este está al fin de todo el espinazo, como lo dice Aliabas.[76] Los huesos de la cabeza, sin los dientes, son treinta y seis. Los huesos que forman la olla del cerebro son seis, como lo quiere Rasis, sin otro [hueso] que llaman en arábigo *alguatedi*.[77] [f. 347a]

73. "Los huesos, por su grosor, están sumergidos dentro del cuerpo, lo mismo que el hueso del fruto está cerrado en su interior. Además, fluye por ellos el tuétano, en la misma forma discurre el óleo del albaricoque. Ejemplo de ello: si perforas un hueso en sus junturas verás cómo todo el hueso se sumerge en el agua por su peso, entonces, necesariamente el agua penetra en la oquedad del hueso. Sin embargo, algunos huesos impiden que el agua penetre en el interior" (Al-Razi, *Libro de la introducción al arte de la medicina o "Isagoge"*, pp. 30-31).
74. El número de huesos en un hombre adulto oscila entre los 206 y 208.
75. Por arriba de 640 músculos cuentan los que se decantan por su numeración, habiendo quienes consideran que no hay número exacto para el conjunto de músculos del cuerpo humano.
76. Se refiere a Haly Abbas, tal su nombre occidentalizado. Fue un médico persa del siglo x, su obra más difundida y traducida al latín fue el *Liber regalis*, este trabajo, junto al de Al-Razi fue de gran influencia en el arte de la medicina medieval.
77. Todo este pasaje es traducción del latín al español del *Chirvrgici Claris* de Juan de Vigo (libro I, f. 31a; impreso en Lyon, 1582): "*sex eorum quae proprie capitis ollam faciunt. Et proprerea ab eodem Ras. dicuntur propria ossa capitis. Et unum, quod in Arabico. Alguatedi, dicitur, quod est fundamentum & sustemtaculum: ut alias diximus, dictorum sex ossium*". Texto que resume la magna obra del autor, la *Practica in arte chirurgica compendiosa* en nueve tomos publicada en Roma (1514), de indudable difusión y aplaudido durante los siglos xvi y xvii. La versión castellana *Teórica y práctica en cirugía*, de 1717, traducida por el doctor Miguel Juan Pascual, valenciano, dice: "Rasis mismo pone los dichos huesos ser propios de la cabeça 5, y uno, que en arábigo llaman alguatedi" [f. 23a].

De los músculos de todo el cuerpo [f. 349a] Capítulo quince

Ya dije arriba que los músculos del cuerpo humano son treinta y uno. Ahora decimos que músculo es un miembro compuesto de carne, de nervios, de vilos y de ligamentos. El músculo (según Galeno y Rasis) es instrumento del movimiento voluntario. La grandeza y tamaño de los músculos es conforme al tamaño del miembro, y conforme a su necesidad. Y así no hay para que hacer distinción de ellos. Solo hace al caso saber que los músculos grandes mueven grandes miembros y, por el contrario. Los músculos que mueven la nalga son grandes, y los que mueven las pestañas, son de cuerpo sutil. Los miembros que tienen movimiento voluntario, tienen músculos particulares. Unos músculos hay que extienden el miembro, y otros que lo encojen. Los que lo encojen están en la parte de dentro y los que lo extienden están en la de fuera. Y lo que digo en la mano,[78] al abrirla o cerrarla. [f. 349a]

*

En la cara se hallan cuarenta y cinco músculos. Los veinticuatro dio la naturaleza a los ojos, para su movimiento, con el de las pestañas. Doce músculos dio a las quijadas. Las otras partes de la cara, que tienen movimiento voluntario, se contentan con nueve músculos. Uno de ellos está debajo de la frente, cuyo oficio es abrir los ojos y alzar las pestañas. En las extremidades de las narices están dos músculos con que las movemos. Otros dos músculos mueven la boca y el labio de arriba; y otros dos que mueven ambas mejillas. Los músculos que

78. "Las partes de la gran mano son el cuero, la carne, las venas, las arterias, los nervios, los músculos, las cuerdas, los ligamentos, los panículos y cartílagos, los huesos y los dedos los cuales son cinco en cada mano. El primero se llama pólex, el segundo índex, el tercero medius, el cuarto anularis y el quinto minimus. Y por eso dice Guido [Guy de Chauliac]: las manos ante los órganos y la razón antes del arte" (López de Hinojosos, *Suma y recopilación de cirugía*, 1578, p. 92).

mueven la lengua son nueve; y los que mueven la epiglotis[79] o la gula son veintitrés. [f. 349b]

*

En los testículos de los hombres se hallan cuatro músculos, y cuatro en el miembro viril, y con ellos se mueve y levanta. [f. 350a]

79. "Lengüecita que tapa la via de la áspera artéria, a fin de que el manjar y la bebida no entren por ella al pulmón: y quando alguno se descuida y entra por ella alguna porción, por pequeña que sea, da congoja, y sobreviene una tós bastantemente penosa. Es voz Griega; pero mui usada de los Médicos y Cirujanos. Llámase comunmente Gallillo. Latín. *Epiglossis vel Epiglottis.* FRAG. Ciruj. lib. 1. cap. 28. Tiene la nuez una cobertúra, llamada de los Griegos Epiglotis, por ser como lengüeta, semejante a la de las flautas" (*Aut.*, *s. v.* "Epiglotis").

De la anatomía de los nervios[80] [f. 350b] Capítulo dieciséis

Los nervios tienen y sacan su origen y principio (como lo he dicho arriba) del cerebro y de la nuca. Son miembros simples y son instrumentos del sentido y movimiento del cuerpo. Del cerebro nacen siete pares de nervios inmediatamente. Todos los nervios (como lo afirma Rasis) son ciento diez, y uno que nace sin compañero.[81] [f. 350b]

*

Los nervios del cerebro se dividen y distribuyen de esta manera: del primer par van (como lo dije en la anatomía de ellos) a los ojos, y hacen los dos nervios ópticos. Estos dos son más gruesos que los otros nervios, y son de más potencia, y nacen de la parte anterior del primer ventrículo del cerebro. El modo como van a los ojos ya lo dixe. Tres provechos hacen grandes estos nervios ópticos, el pri[f. 352b]mero es ir por ellos el espíritu animal, que da la vista; el segundo que por ellos las especies visivas sean traídas de los ojos al sentido común; el tercero es que de ellos se produzcan y salgan todas las túnicas de los ojos, salvo la que llaman conjunta. El segundo par de los nervios va también enderezado a los ojos, para la composición de los músculos, y para darles movimiento voluntario. El tercero par es dividido en muchas partes, la una a la cara, y da sentido y movimiento a todas sus partes. [f. 352b]

---

80. "También hay hombres que tienen los nervios tan delgados que no tienen vigor ni virtud para soldar. En los robustos y anchos de nervios, luego sueldan" (Arias de Benavides, *op. cit.*, f. 147v).

81. "Todo lo que es frío, es enemigo de los nervios, y de las cuerdas, por lo qual, yo vi (de una leve picadura de un nervio) morir un hombre por un poco de frío que le dio, y otro estando en su cama picarse con una aguja (que estaba en el colchón) tres dedos de la rodilla arriba, y por darle un poco de frío, morirse en dos horas, y por esto conviene, que el paciente esté en aposento abrigado" (Farfán, *Tratado breve de cirugía*, ff. 133b-134a).

*

Así acabamos la anatomía, sean dadas muchas gracias a nuestro buen Dios. Amen. [f. 353a]

LAUS DEO

***

Bibliografía

Archivo y bibliotecas

(AGN) Archivo General de la Nación México.
(BNM) Biblioteca Nacional de México (Fondo Reservado).
(BNE) Biblioteca Nacional de España (Impresos Antiguos)
(CEHMC) Centro de Estudios de Historia de México CONDUMEX.

Fuentes antiguas

Acosta, Cristóbal, *Tratado de las drogas y medicinas de la Indias Orientales, con sus plantas dibujadas en vivo por Cristóbal Acosta, médico cirujano que las vio ocularmente*, Burgos, Martín de Victoria, 1578.

Agustín de Hipona, san, *Confesiones*, Madrid, Gredos, 2015.

Al-Razi, *Libro de la introducción al arte de la medicina o "Isagoge"*, ed. de Mª Concepción Vázquez de Benito, Salamanca, Universidad de Salamanca, 1979.

— *La médecine spirituelle*, trad. de Rémi Brague, Paris, GF Flammarion, 2003.

Alonso de la Veracruz, fray, *Del cielo*, ed. de Mauricio Beuchot, Roberto Heredia Correa, Ambrosio Velasco, *et al.*, Ciudad de México, Universidad Nacional Autónoma de México, 2012.

Anónimo, *Arte de bien morir y breve confesionario*, ed. de Francisco Gago Jover, Palma de Mallorca, José J. Olañeta/Universitat de les Illes Balears, 1999. [1ª ed., Zaragoza, Pablo Hurus, c. 1479-1484].

Anónimo, *Flos sanctorum con sus ethimologías. Lo maravilloso hagiográfico*, ed. de Marcos Cortés Guadarrama, Xalapa, Universidad Veracruzana, 2018. [1ª ed. ca. 1480].

Anónimo, *Flores del tesoro de la belleza. Tratado de muchas medicinas o curiosidades de las mujeres*, ed. de Teresa Mª Vinyoles, Josefina Roma y Oriol Comas, Palma de Mallorca, Olañeta, 2001.

Anónimo, *Fisiólogo*, ed. de Carmen Calvo Delcán, Madrid, Gredos, 2008.

Anónimo, *Relación breve de la venida de los de la Compañía de Jesús a la Nueva España. Año de 1602*, ed. de Francisco González de Cossio, Ciudad de México, Imprenta Universitaria, 1945.

Anónimo, *Speculum al joder. Tratado de recetas y consejos sobre el coito*, ed. de Teresa Vicens, Palma de Mallorca, Olañeta, 2000.

Arias de Benavides, Pedro, *Secretos de cirugía*, ed. de Juan Somolinos y Esperanza Medina, Ciudad de México, Academia Nacional de Medicina, 1992. [ed. facs. de la princeps, 1567].

Aristóteles, *Poética*, 2ª ed., ed. de Juan David García Bacca, Ciudad de México, Universidad Nacional Autónoma de México, 2000.

— *El hombre de genio y la melancolía. Problema XXX*, ed. de Jackie Pigeaud, Cristina Serna y Jaume Portulas, Barcelona, Acantilado, 2016.

Avicena, *Tres escritos esotéricos*, ed. de Miguel Cruz Hernández, Madrid, Tecnos, 2011.

Barrios, Juan de, *Verdadera medicina, cirugía y astrología, en tres libros dividida*, Ciudad de México, por Fernando Balli, 1607.

Bartolache, José Ignacio, *Mercurio Volante*, Ciudad de México, Universidad Nacional Autónoma de México, 1979. [1ª ed. 1772-1773].

Bautista, Juan fray, *Confesionario*, Ciudad de México, Melchor Ocharte, 1599.

Benavente, fray Toribio de ("Motolinía"), *Historia de los indios de la Nueva España*, ed. de Mercedes Serna y Bernat Castany, Madrid, RAE, 2015.

Browne, Thomas, *Religio Medici. La religión de un médico*, trad. Ángela Signorini, Ciudad de México, Fondo de Cultura Económica, 2016.

Capadocia, Areteo de, *Obra médica*, ed. de Miguel E. Pérez Molina, Madrid, Akal, 1998.

Cárdenas, Juan de, *Problemas y secretos maravillosos de las indias*, Ciudad de México, Pedro Ocharte, 1591.

Celso, Aurelio Cornelio, *Los ocho libros de medicina*, vols. I y II, ed. de Agustín Blánquez, Barcelona, Editorial Iberia, 1966.

CERVANTES DE SALAZAR, Francisco, *México en 1554. Tres diálogos latinos*, ed. de Miguel León-Portilla, Ciudad de México, Universidad Nacional Autónoma de México, 2001.

CHAUCER, Geoffrey, *Cuentos de Canterbury*, ed. de Pedro Guardia Massó, Madrid, Cátedra, 2001.

CHIRINO, Alonso de, *Menor daño de la medicina*, ed. de Mª Teresa Herrera, Salamanca, Universidad de Salamanca, 1973.

CISNEROS, Diego, *Sitio, naturaleza y propiedades de la Ciudad de México. Aguas y vientos a que está sujeta y tiempos del año. Necessidad de su conocimiento para el exercicio de la medicina; su incertidumbre y dificultad sin el de la astrología así para la curación como para los pronósticos*, Ciudad de México, en casa de Juan Blanco de Alcázar, 1618.

— *Sitio, naturaleza y propiedades de la Ciudad de México*, ed. de Martha Elena Venier, Ciudad de México, El Colegio de México, 2009.

CORTÉS, Gerónimo, *Lunario y pronóstico perpetuo general y particular*, Valladolid, Maxtor, 2003. [Facsímil].

DIOSCÓRIDES, *Plantas y remedios medicinales. (De materia médica). Libros I-III*, ed. de Manuela García Valdés, Madrid, Gredos, 1998.

— *Plantas y remedios medicinales. (De materia médica). Libros IV-V*, ed. de Manuela García Valdés, Madrid, Gredos, 2014.

DORANTES DE CARRANZA, Baltasar, *Sumaria relación de las cosas de la Nueva España*, México, Porrúa, 1987 [México, Jesús Medina Editor, 1970 (ed. facsimilar de 1902)].

DÍAZ DE GAMARRA, Juan Benito, *Tratados*, ed. de José Gaos, Ciudad de México, Universidad Nacional Autónoma de México, 1995.

Diccionario de Ciencias Médicas, tomo XV, Madrid, Imprenta de Mateo Repullés, 1823.

ELIANO, Claudio, *Historias curiosas*, ed. de Juan Manuel Cortés Copete, Madrid, Gredos, 2006.

FARFÁN, Agustín fray, *Tratado breve de cirugía y del conocimiento y cura de algunas enfermedades que en esta tierra más comúnmente suelen haber*, Ciudad de México, Antonio Ricardo, 1579.

— *Tratado breve de medicina y de todas las enfermedades que a cada passo se ofrecen*, Ciudad de México, en casa de Pedro Ocharte, 1592.

— *Tratado breve de medicina y de todas las enfermedades que a cada passo se ofrecen*, Ciudad de México, en la imprenta de Gerónymo Balli, 1610.

GALENO, *Sobre la localización de las enfermedades (De locis affectis)*, ed. de Luis García Ballester y Salud Andrés Aparicio, Madrid, Gredos, 1997.

— *Procedimientos anatómicos* (*Libros I-IX*), ed. de Mercedes López Salvá, Madrid, Gredos, 2002.

— *Sobre las facultades naturales / Las facultades del alma siguen los temperamentos del cuerpo*, ed. de Juana Zaragoza Gras, Madrid, Gredos, 2008.

GARCÍA, Esteban, *Crónica de la provincia agustiniana del Santísimo nombre de Jesús de México,* Libro quinto, ed. de Gregorio de Santiago Vela, Madrid, Imprenta G. López Hornos, 1918.

GORDINIO, Bernardo de, *Lilio de medicina*, vols. I y II, ed. de Brian Dutton y Mª Nieves Sánchez, Madrid, Arco Libros, 1993.

HERNÁNDEZ, Francisco, *Historia Natural de la Nueva España*, vols. I y II, Ciudad de México, Universidad Nacional Autónoma de México, disponible en <http://www.franciscohernandez.unam.mx/home.html>.

— *Obras completas,* ts. I-VII, Ciudad de México, Universidad Nacional Autónoma de México, 2015.

HIPÓCRATES *Sobre las enfermedades de las mujeres II*, ed. de Lourdes Sanz, Madrid, Gredos, 1988.

— *Tratados hipocráticos* (*Juramento; Sobre la ciencia médica; Sobre la medicina antigua; Sobre la enfermedad sagrada; El pronóstico; Sobre los aires, aguas y lugares; Sobre la dieta en las enfermedades agudas; Sobre la dieta*), ed. de Carlos García Gual, Mª D. Lara Nava, J. A. López Férez, *et al.*, Madrid, Gredos, 2000.

JOUBERT, Laurent, *Tratado de la risa*, trad. Julián Mateo Ballorca, Madrid, Asociación Española de Neuropsiquiatría, 2002. [1ª ed. 1579].

KETHAM, Johannes de, *Compendio de la humana salud*, ed. de Mª Teresa Herrera, Madrid, Arco Libros, 1990.

LÓPEZ, Alonso, "Pinciano", *Epístolas sobre el arte dramático. (De Filosofía Antigua Poética)*, Ciudad de México, Universidad Nacional Autónoma de México, 2006.

LÓPEZ AUSTIN, Alfredo (ed.), AA. VV., *Textos de medicina náhuatl*, Ciudad de México, Universidad Nacional Autónoma de México, 2000.

LÓPEZ DE HINOJOSOS, Alonso, *Suma y recopilación de cirugía. Con un arte para sangrar muy útil y provechosa*, ed. de Germán Somolinos D'ardois, Roberto Olivera, Samuel Fastlicht y Alfredo López Austin, Ciudad de México, Academia Nacional de Medicina, 1977. [1ª ed., Antonio Ricardo, México, 1578].

— *Suma y recopilación de cirugía. Con un arte para sangrar y examen de barberos. Va añadido en esta el origen y nascimiento de las reumas y las enfermedades que dellas proceden, con otras cosas muy provechosas para acudir al remedio dellas, y de otras muchas enfermedades*, Ciudad de México, en casa de Pedro Balli, 1595.

LÓPEZ, Gregorio, *Tesoro de medicinas para diversas enfermedades. Añadido, corregido y enmendado en esta segunda impresión, con notas de los doctores Mathías de Salzedo Mariaca y Joseph Días Brizuela. Con tres índices muy copiosos de diversos achaques: de yerbas, y simles, y sus virtudes y cualidades*, Ciudad de México, Francisco Rodríguez Lupercio, 1674.

MAIMÓNIDES, *Obras médicas I. El régimen de la salud. Tratado sobre la curación de las hemorroides*, ed. y trad. de Lola Ferre, Barcelona, Herder, 2016.

MAESTRO QUOQUIM, *Mofarandel de los Oráculos de Apolo*, ed. de Margarita Peña, Ciudad de México, Universidad Nacional Autónoma de México/Ediciones del Equilibrista, 1991.

MARTÍNEZ HERNÁNDEZ, Gerardo, *La medicina en la Nueva España, siglos* XVI *y* XVIII. *Consolidación de los modelos institucionales y académicos*, Ciudad de México, Universidad Nacional Autónoma de México, 2014.

MARTÍNEZ TOLEDO, Alfonso de, *Arcipreste de Talavera o Corbacho*, ed. de Joaquín González Muela, Madrid, Castalia, 1998. [1ª ed. 1498].

MÉNDEZ NIETO, Juan, *Discursos medicinales*, ed. de Luis S. Granjel, Teresa Santander, Gregorio del Ser y Luis E. Rodríguez, Salamanca, Universidad de Salamanca/Junta de Castilla y León, 1989.

MONARDES, Nicolás, *Primera y segunda y tercera partes de la historia medicinal de las cosas que se que se traen de nuestras Indias Occidentales, que sirven en medicina. Tratado de la Piedra Bezaar y de la yerua escuerçonera. Diálogo de las grandezas del hierro y de sus virtudes medicinales. Tratado de la nieue y del beuer frío*, Sevilla, en casa de Alonso Escrivano, 1574.

"MOTOLINÍA", fray Toribio de Benavente, *Historia de los indios de la Nueva España*, ed. de Edmundo O'Gorman, Ciudad de México, Porrúa, 1995.

— *Historia de los indios de la Nueva España*, ed. Mercedes Serna y Bernat Castany, Madrid, RAE, 2015.

NIEREMBERG, Juan Eusebio, *Oculta filosofía. Razones de la música y la naturaleza*, ed. de Ramón Andrés, Barcelona, Acantilado, 2004. [1ª ed. 1634].

PARACELSO, *Textos esenciales*, ed. de Jolande Jacobi, Madrid, Siruela, 2001.
— *Libro de las ninfas, los silfos, los pigmeos, las salamandras y los demás espíritus*, trad. Pedro Gálvez, Barcelona, Ediciones Obelisco, 2004.
PARÉ, Ambroise, *Des monstres et prodiges*, ed. de Michel Jeanneret, Paris, Gallimard, 2015. [1ª ed. 1585].
PSEUDO-ARISTÓTELES, *Fisiognomía*, ed. de Teresa Martínez Manzano, Madrid, Gredos, 2008.
PONCE, Pedro, Pedro Sánchez de Aguilar, Hernando Ruiz de Alarcón, *et al.*, *El alma encantada*, Ciudad de México, INI/Fondo de Cultura Económica, 1987.
Sagrada Biblia, 4ª ed., trad. Eloíno Nácar Fuster y Alberto Colunga, Madrid, Biblioteca de Autores Cristianos, 1985.
SAHAGÚN, fray Bernardino de, *Historia general de las cosas de la Nueva España*, ed. de Ángel María Garibay, Ciudad de México, Porrúa, 1999. [1ª ed. 1956].
SAN JUAN, Juan Huarte de, *Examen de ingenios para las ciencias*, ed. de Guillermo Serés, Madrid, Cátedra, 1989.
SÉNECA, *Consolaciones/Diálogos/Epístolas morales a Lucilio*, Madrid, Gredos, 2013.
VALLE Y CAVIDES, Juan del, *Guerras físicas, proezas medicales, hazañas de la ignorancia*, ed. de Carlos F. Cabanillas Cárdenas, Madrid/Frankfurt, Iberoamericana/Vervuert, 2013.
VIVES, Juan Luis, *Tratado del alma*, trad. José Ontañón, Madrid, Espasa-Calpe, 1923.
XIMENEZ, Francisco, fray, *Cuatro libros de la naturaleza y virtudes de las plantas y animales, de uso medicinal en la Nueva España, México*, Ciudad de México, Biblioteca Mexicana de la Fundación Miguel Alemán, 2001. [Facsímil de la edición mexicana de 1888. 1ª ed., Ciudad de México, en casa de la viuda de Diego López Dávalos, 1615].

FUENTES MODERNAS

ACHIM, Miruna, *Lagartijas medicinales. Remedios amerindios y debates científicos en la ilustración*, Ciudad de México, CONACULTA/Universidad Autónoma de México, 2008.
AGUIRRE BELTRÁN, Gonzalo, *Medicina y magia. El proceso de aculturación en la estructura colonial*, Ciudad de México, SEP-INI, 1980.
ARTIÈRES, Philippe, *Clínica de la escritura. Historia de la mirada médica sobre la escritura*, trad. Federico Villegas, Barcelona, Gedisa, 2015.

Bartra, Roger, *Cultura y melancolía. Las enfermedades del alma en la España del Siglo de Oro*, Barcelona, Anagrama, 2001.

— *Transgresión y melancolía en el México colonial*, Ciudad de México, Universidad Nacional Autónoma de México-CIICH, 2004.

Barros, Cristina y Marco Buenrostro (eds.), *La alimentación de los antiguos mexicanos en la Historia natural de Nueva España, de Francisco Hernández*, Ciudad de México, Universidad Nacional Autónoma de México, 2015.

Beristáin, Helena, *Diccionario de retórica y poética*, 8ª ed., Ciudad de México, Porrúa, 2001.

Blanco, Emilio, "Artes de bien morir: para vivir mejor", *Actas del VI Congreso Internacional de la Asociación Hispánica de Literatura Medieval*, Alcalá de Henares, Universidad de Alcalá, 1997, pp. 297-305.

Calvo, María Luisa y Jay M. Enoch, "Acerca del uso de lentes correctoras en las colonias españolas del Nuevo Mundo: una referencia al virrey Luis de Velasco y la tecnología en su época (s. xvi)", *Óptica pura y aplicada*, 35 (2002), pp. 1-6.

Cerejido, Marcelino y Fanny Blanck-Cerejido, *La muerte y sus ventajas*, 4ª ed. Ciudad de México, Fondo de Cultura Económica, 2012.

Chávez, Ignacio, *México en la cultura médica*, Ciudad de México, Fondo de Cultura Económica, 1987.

Chartier, Roger, "Les arts de mourir, 1450-1600", *Annales*, ESC, 34 (1976), pp. 51-75.

Cook, Noble David, *La conquista biológica. Las enfermedades en el Nuevo Mundo, 1492-1650*, trad. Ma. Asunción Gómez, Madrid, Siglo XXI, 2005.

Comas, Juan, "La influencia indígena en la medicina hipocrática en la Nueva España del siglo xvi", en José Mª López Piñero y José Luis Fresquet (eds.), *El mestizaje cultural y la medicina novohispana del siglo xvi*, Barcelona, IEDHC, 1995, pp. 91-127.

Cortés Guadarrama, Marcos, "Una perspectiva literaria de la medicina novohispana del siglo xvi: el *Tratado breve de medicina* de fray Agustín Farfán", *Revista Estudios*, 31, II (2015), pp. 1-24.

— "La risa franciscana en la evangelización novohispana y la *Historia de los indios de la Nueva España*", *La tabla redonda. Anuario de Estudios Torrentinos*, 14 (2016), pp. 85-104.

— "Un veneno y su influencia en la tratadística médica novohispana de los siglos xvi y xvii", *Ulúa*, 31 (2018), pp. 15-40.

— "Imaginerías del afeite en los textos médicos de la temprana modernidad: del *Lilio de medicina* de Bernardo de Gordonio (Sevilla,

1495) a la *Verdadera medicina, cirugía y astrología* de Juan de Barrios (México), 1607", *Itinerarios*, 30 (2019), pp. 157-181.
— "Curiosidad y censura en el arte del cirujano Alonso López de Hinojosos: una poética médica novohispana de finales del siglo XVI", en Silvia-Alexandra Ștefan, Simona Georgescu, Sorina-Dora Simion, Mihail Enăchescu (coords.), *Curiosidad y censura en la Edad Moderna*, București, Editura Universității din București, 2020, pp. 281-309.
— "Lactancia y lactantes novohispanos: prefiguración de un mal más allá del cuerpo. Un caso del eclecticismo literario en el arte médico de la Nueva España", en prensa.
Delgado-García, Guillermo, Carolina Rodríguez-Návarez y Bruno Estañol, "Sobre el filonio romano", *Gaceta Médica de México*, 152, 2016, pp. 838-852.
Echeverría, Bolívar, *La modernidad de lo barroco*, 2ª ed., Ciudad de México, Editorial Era, 2013.
Eliade, Mircea, *Lo sagrado y lo profano*, 6ª ed., trad. Luis Gil, Barcelona, Labor/Punto Omega, 1985.
— "La historia de la medicina en Rumania", en Mircea Eliade, *La isla de Eutanasius*, trad. Cristian Iuliu Ariesanu, Madrid, Trotta, 2005, pp. 133-140.
— *Mitos, sueños y misterios*, 3ª ed., trad. Miguel Portillo, Barcelona, Kairos, 2010.
— *El chamanismo y las técnicas arcaicas del éxtasis*, 2ª ed., trad. Ernestina de Champourcín, Ciudad de México, Fondo de Cultura Económica, 2013.
Esteva de Sagrera, Juan, "*La farmacia, comercio y ciencia. Monardes y Hernández como ejemplo*", *OFFARM*, 25, 11 (2006), pp. 68-73.
Evans Schultes, Richard y Albert Hofmann, *Plantas de los Dioses. Las fuerzas mágicas de las plantas alucinógenas*, Ciudad de México, Fondo de Cultura Económica, 2000.
Fajardo Ortiz, Guillermo, *Los caminos de la medicina colonial en Iberoamérica y las Filipinas*, Ciudad de México, Universidad Nacional Autónoma de México, 1996.
Fernández del Castillo, Francisco, *La facultad de medicina según el archivo de la Real y Pontificia Universidad de México*, Ciudad de México, Imprenta Universitaria, 1953.
— (comp.), *Libros y libreros en el siglo XVI*, Ciudad de México, Fondo de Cultura Económica, 2017.
Foucault, Michel, *El nacimiento de la clínica*, 2ª ed., trad. Francisca Perujo, Ciudad de México, Siglo XXI, 2012.

FRESQUET FEBRER, José Luis, *La experiencia americana y la terapéutica en los Secretos de cirugía (1567) de Pedro Arias de Benavides*, Valéncia, Instituto de Estudios Documentales e Históricos sobre la Ciencia/ Universitat de València/CSIC, 1993.

GADAMER, Hans-George, *El estado oculto de la salud*, trad. Nélida Machain, Barcelona, Gedisa, 1996.

GALEOTE, Manuel, "Nombres indígenas de plantas americanas en los tratados científicos de Fray Agustín Farfán", *Boletín de Filología de la Universidad de Chile*, XXXVI (1997), pp. 119-161.

GARCÍA ICAZBALCETA, Joaquín, *Bibliografía Mexicana del siglo XVI*, ed. de Millares Carlo, Ciudad de México, Fondo de Cultura Económica, 1981.

GONZÁLEZ CRUSSÍ, Francisco, *Remedios de antaño*, Ciudad de México, Fondo de Cultura Económica, 2012.

— *Tripas llevan corazón el significado médico y simbólico de nuestras entrañas a través de la historia*, trad. Jorge Brash, Xalapa, Universidad Veracruzana, 2012.

GRANADA, Miguel Á. (ed.), *Novas y cometas entre 1572 y 1618. Revolución cosmológica y renovación política y religiosa*, Barcelona, Universitat de Barcelona, 2012.

GRUZINSKI, Serge, *El pensamiento mestizo. Cultura amerindia y civilización del Renacimiento*, trad. Enrique Folch González, Barcelona, Paidós, 2007.

HERNÁNDEZ SALINAS, Alfonso, *Testimonios de vida de médicos indígenas*, Ciudad de México, INI, 1998.

JARCHO, Saul, "Medicine in the sixteenth-century. New Spain as illustrate by the writings of Bravo, Farfán and Vargas Machuca", *Bulletin of the History of Medicine*, 31 (1957), pp. 425-441.

— "Indigestion in Colonial Mexico (Farfán, 1592)", *Bulletin of the New York Academy of Medicine*, 44 (1968), pp. 1085-1087.

KERCKHOFF, Annette, *La enfermedad y la cura. Conceptos de una medicina diferente*, trad. Eduard Urbanek, Ciudad de México, Fondo de Cultura Económica, 2015.

KERENYI, Karl, *El médico divino*, trad. Brigitte Kiemann, Ciudad de México, Sexto Piso, 2009.

KRISTEVA, Juliana, *Las nuevas enfermedades del alma*, trad. Alicia Martorell, Madrid, Cátedra, 1995.

KURIYAMA, Shigehisa, *La expresividad del cuerpo y la divergencia de la medicina griega y china*, trad. Albert Galvany, Madrid, Siruela, 2005.

JAEGER, Werner, "La medicina griega considerada como Paideia", en Werner Jaeger, *Paideia: los ideales de la cultura griega*, 2ª ed., trad. Joaquín Xirau, Wenceslao Roces, Ciudad de México, Fondo de Cultura Económica, 2012, pp. 783-829.

JAIME LORÉN, José María de, "Emplasto conformativo de Vigo, emplasto contra la tiña de Vigo, polvos solutivos de Vigo. Juan de Vigo (Rapallo, 1460-Roma, 1520)", *Epónimos científicos*, julio (2010), pp. 1-3.

LARRALDE RANGEL, Américo, *El eclipse del sueño de Sor Juana*, Ciudad de México, Fondo de Cultura Económica, 2011.

LE GOFF, Jacques, *Lo maravilloso y lo cotidiano en el Occidente medieval*, 3ª ed., trad. Alberto L. Bixio, Barcelona, Gedisa, 2008.

LEONARD, Irving A., *Los libros del conquistador*, trad. Mario Monteforte Toledo, Ciudad de México, Fondo de Cultura Económica, 1996. [1ª ed. en inglés 1949].

LÓPEZ AUSTIN, Alfredo, *Cuerpo humano e ideología. Las concepciones de los antiguos nahuas*, 2 vols., Ciudad de México, Universidad Nacional Autónoma de México, 1984.

LÓPEZ PIÑERO, José M. (coord.), *Viejo y Nuevo continente: La medicina en el encuentro de dos mundos*, Madrid, Consejo General de Colegios Médicos de España/Laboratorios Beecham, 1992.

LÓPEZ PIÑERO, José María; BÁGUENA, José Luis Barona et. al., *Los impresos científicos españoles de los siglos XV y XVI. Inventario, bibliometría y thesaurus*, 2 vols., Valencia, Universidad de Valencia, 1984.

LÓPEZ PIÑERO, José María y José PARDO TOMÁS, *Nuevos materiales y noticias sobre la Historia de las Plantas de Nueva España. de Francisco Hernández*, Valencia, Instituto de Estudios Documentales e Históricos sobre la Ciencia/Universidad de Valencia/CSIC, 1994.

LÓPEZ PIÑERO, José María y José PARDO TOMÁS, *La influencia de Francisco Hernández (1515-1587) en la constitución de la botánica y la materia médica modernas*, Valencia, Instituto de Estudios Documentales e Históricos sobre la Ciencia/Universidad de Valencia/CSIC, 1996.

MALVIDO, Elsa y Carlos VIESCA, "La epidemia de cocoliztli de 1576", *Historias*, 11 (1985), pp. 27-33.

MARAVALL, José Antonio, *La cultura del Barroco. Análisis de una estructura histórica*, 9ª ed., Barcelona, Ariel, 2002.

MARTÍNEZ, Maximino, *Las plantas medicinales de México*, Ciudad de México, Ediciones Botas, 1969.

Martínez Baracs, Rodrigo, *El largo descubrimiento del Opera medicinalia de Francisco Bravo*, Ciudad de México, Fondo de Cultura Económica/CONACULTA, 2014.

Martínez Hernández, Gerardo, *La medicina en la Nueva España, siglos XVI y XVII. Consolidación de los modelos institucionales y académicos*, Ciudad de México, Universidad Nacional Autónoma de México, 2014.

Magnusson, Sally, *Life of Pee. The Story of how Urine got everywhere*, London, Aurum Press, 2010.

Mayer, Alicia, *Lutero en el Paraíso. La Nueva España en el espejo del reformador alemán*, Ciudad de México, Fondo de Cultura Económica, 2012.

Mignolo, Walter, *Historias locales/Diseños globales: colonialidad, conocimientos subalternos y pensamiento fronterizo*, Madrid, Akal, 2003.

Minois, Georges, *Le prêtre et le médicin. Des saints guérisseurs à la bioéthique*, Paris, CNRS Editions, 2015.

— *La Iglesia y la ciencia. Historia de un malentendido*, trad. Tomás Fernández Aúz, Beatriz Eguibar, Madrid, Akal, 2016.

Noica, Constantin, *Seis enfermedades del espíritu contemporáneo*, trad. Vasilia Cotofleac, Barcelona, Herder, 2009.

Ocaranza, Fernando, *Historia de la medicina en México*, 2ª ed., Ciudad de México, CONACULTA, 2011.

O'Gorman, Edmundo, *La idea del descubrimiento de América. Historia de esa interpretación y crítica de sus fundamentos*, Ciudad de México, Universidad Nacional Autónoma de México, 1951.

— *La incógnita de la llamada "Historia de los indios de la Nueva España" atribuida a fray Toribio Motolinía*, Ciudad de México, Fondo de Cultura Económica, 1982.

O'Malley, C. D., "Los saberes morfológicos en el Renacimiento", en *Historia Universal de la Medicina*, Barcelona, Salvat, 1973, vol. 4, pp. 43-85.

Ortega y Gasset, José, *Estudios sobre el amor*, 11ª ed., Madrid, Alianza, 2001.

Oviedo, Luis de, *Methodo de la coleccion y reposicion de las medicinas simples, de su correccion y preparacion, y de la composicion de los letuarios, jaraves, pildoras, trociscos, y azeytes que estàn en uso.* Madrid: en la Oficina de Melchor Álvarez, 1692.

Paniagua, Juan Antonio, *El doctor Chanca y su obra médica*, Madrid, Ediciones Cultura Hispánica, 1977.

PARDO TOMÁS, José, "¿Viajes de ida o de vuelta? La circulación de la obra de Francisco Hernández en México (1576-1672)", en Mª Eugenia Caddedu, Marco Guardo, *Il Tesoro messicano. Libri e saperi tra Europa e Nuevo Mundo*, Firenze, Leo S. Olschki, 2013, pp. 39-66.

— "Pluralismo médico y medicina de la conversión: Fray Agustín Farfán y los agustinos en la Nueva España, 1533-1610". *Hispania*, LXXIV, 248 (2014), pp. 749-776.

— "'Y los remedios serán los más caseros'. El arsenal terapéutico mesoamericano en la obra de fray Agustín Farfán: entre la desconfianza y la expropiación", en Angélica Morales, José Pardo Tomás y Mauricio Sánchez (eds.), *De la circulación del conocimiento a la inducción de la ignorancia. Culturas médicas trasatlánticas. Siglos XVI y XVII*, Ciudad de México, Universidad Nacional Autónoma de México, 2017, pp. 17-47.

PIETSCHMANN, Horst, "De 'la invención de América' a la 'historia como invención'", *Historia Mexicana*, XLVI, 4 (1996), pp. 705-709.

PÉREZ-TAMAYO, Ruy, *De la magia primitiva a la medicina moderna*, 2ª ed., Ciudad de México, Fondo de Cultura Económica, 2013.

PUTZ, Rodolfo, *Las plantas mágicas según Paracelso*, Valladolid, Maxtor, 2006. [Facsímil].

QUEZADA, Noemí, *Enfermedad y maleficio*, Ciudad de México, Universidad Nacional Autónoma de México, 1989.

RAMÍREZ GONZÁLEZ, Clara Inés, *Grupos de poder clerical en las universidades hispánicas II. Los regulares en Salamanca y México durante el siglo XVI*, Ciudad de México, Universidad Nacional Autónoma de México/CESU, 2002.

RÄTSCH, Christian, *Las plantas del amor. Los afrodisiacos en los mitos, la historia y el presente*, trad. Cecilia Sámano Queitsch, Ciudad de México, Fondo de Cultura Económica, 2011.

ROSELLÓ SOBERÓN, Estela, *Enfermar y curar: Historias cotidianas de cuerpos e identidades femeninas en la Nueva España*, Valencia, Universitat de València, 2017.

RUBIAL GARCÍA, Antonio, *El convento agustino y la sociedad novohispana (1533-1630)*, Ciudad de México, Universidad Nacional Autónoma de México, 1989.

— *La santidad controvertida. Hagiografía y consciencia criolla alrededor de los venerables no canonizados de Nueva España*, Ciudad de México, Fondo de Cultura Económica/Universidad Nacional Autónoma de México, 2001.

— "Fray Alonso de la Veracruz, agustino. Individualidad y corporativismo en la Nueva España del siglo XVI", en Carolina Ponce (coord.), *Innovación y tradición en fray Alonso de la Veracruz*, Ciudad de México, Universidad Nacional Autónoma de México-FFyL, 2007, pp. 79-101.

SACKS, Oliver, *El hombre que confundió a su mujer con un sombrero*, 7ª ed., trad. José Manuel Álvarez Flórez, Barcelona, Anagrama, 2006.

— *Diario de Oaxaca*, trad. Jordi Fibla, Barcelona, Anagrama, 2017. [*Oaxaca Journal*, Washington, National Geographic Society, 2002.]

SELLEN, Adam T., "'Cantáridas Mexicanas': una fuente para la historia de la medicina natural", *Relaciones. Estudios de Historia y Sociedad*, 151 (2017), pp. 161-191.

SENDRAIL, Marcel, *Historia cultural de la enfermedad*, trad. Clara Janés, Madrid, Espasa-Calpe, , 1983.

SILVERMANN, Milton, *Drogas mágicas*, trad. Elvira Durán, Buenos Aires, Editorial Sudamericana, 1942.

SOLÍS, Carlos, *La medicina magnética. Del ungüento armario al polvo simpático de Kenelm Digby*, Ciudad de México, Fondo de Cultura Económica, 2011.

SOMOLINOS D'ARDOIS, Germán, "Vida y obra de Francisco Hernández", en Francisco Hernández, *Obras completas*, vol. I, Ciudad de México, Universidad Nacional Autónoma de México, 2015, pp. 95-482. [1ª ed. 1960].

— *Capítulos de historia médica mexicana*, 4 vols., Ciudad de México, Sociedad Mexicana de Historia y Filosofía de la Medicina, 1978.

SONTAG, Susan, *La enfermedad y sus metáforas y El sida y sus metáforas*, trad. Mario Muchnik, Madrid, Taurus, 1996.

STOLS, Alexandre A. M., *Pedro Ocharte, el tercer impresor mexicano*, Ciudad de México, Universidad Nacional Autónoma de México, 1990.

TRABULSE, Elías, *El círculo roto*, Ciudad de México, Fondo de Cultura Económica, 1984.

— *Historia de la ciencia en México. Siglos XVI y XVII*, 2 vols., Ciudad de México, Fondo de Cultura Económica, 1992.

VALDÉS AGUILAR, Rafael, "La medicina en la *Historia verdadera* de Bernal Díaz del Castillo", *Clío*, 7 (1992), pp. 71-77.

VELLO DE BUSTAMANTE, Fernando, Margit FRENK (ed. introducción y notas), *Villancicos, romances y ensaladas y otras canciones devotas*, Ciudad de México, El Colegio de México, 1989.

VELLO DE BUSTAMANTE, Fernando, Ottón ARRÓNIZ (ed. y estudio) y Sergio LÓPEZ MENA (colaboración), *Coloquios espirituales y sacramentales y poesías sagradas*, Ciudad de México, Universidad Nacional Autónoma de México, 1998.

VENZMER, Gerhard, *Una enfermedad agonizante. Apogeo y decadencia de la sífilis*, Stuttgart, Depto. Médico Horw-Luzern/Montana-Verlag, 1930.

VILLANUEVA, Luis Alberto, "El sistema hospitalario en la Nueva España del siglo XVI. Un tema para una reflexión en el siglo XXI (1ª parte)", *Revista de la Facultad de Medicina, UNAM*, 47, 2 (2004), pp. 83-87.

VIVEROS, Germán, *Hipocratismo en México. Siglo XVI*, Ciudad de México, Universidad Nacional Autónoma de México, 1994.

WECKMANN, Luis, *La herencia medieval de México*, 2 vols., Ciudad de México, El Colegio de México, 1984.

WHITE, Hayden, *El texto histórico como artefacto literario y otros escritos*, trad. Verónica Tozzi, Nicolás Lavagnino, Barcelona, Paidós, 2001.

YATES, Frances A., *La filosofía oculta en la época isabelina*, trad. Roberto Gómez Ciriza, Ciudad de México, Fondo de Cultura Económica, 2001.

ZWEIG, Stefan, *La curación por el espíritu. (Mesmer, Mary Baker-Eddy, Freud)*, trad. J. Fontcuberta, Barcelona, Acantilado, 2007.

Tabla de las cosas más esenciales que en este *Tratado* se contienen